深度学习之 TensorFlow
工程化项目实战

李金洪◎编著

电子工业出版社
Publishing House of Electronics Industry
北京·BEIJING

内 容 简 介

这是一本非常全面的、专注于实战的 AI 图书，兼容 TensorFlow 1.x 和 2.x 版本，共 75 个实例。

全书共分为 5 篇：第 1 篇，介绍了学习准备、搭建开发环境、使用 AI 模型来识别图像；第 2 篇，介绍了用 TensorFlow 开发实际工程的一些基础操作，包括使用 TensorFlow 制作自己的数据集、快速训练自己的图片分类模型、编写训练模型的程序；第 3 篇，介绍了机器学习算法相关内容，包括特征工程、卷积神经网络（CNN）、循环神经网络（RNN）；第 4 篇，介绍了多模型的组合训练技术，包括生成式模型、模型的攻与防；第 5 篇，介绍了深度学习在工程上的应用，侧重于提升读者的工程能力，包括 TensorFlow 模型制作、布署 TensorFlow 模型、商业实例。

本书结构清晰、案例丰富、通俗易懂、实用性强。适合对人工智能、TensorFlow 感兴趣的读者作为自学教程。另外，本书也适合社会培训学校作为培训教材，还适合大中专院校的相关专业作为教学参考书。

未经许可，不得以任何方式复制或抄袭本书之部分或全部内容。
版权所有，侵权必究。

图书在版编目（CIP）数据

深度学习之 TensorFlow 工程化项目实战 / 李金洪编著. —北京：电子工业出版社，2019.5
ISBN 978-7-121-36392-4

Ⅰ. ①深… Ⅱ. ①李… Ⅲ. ①人工智能－算法 Ⅳ.①TP18

中国版本图书馆 CIP 数据核字（2019）第 076200 号

策划编辑：吴宏伟
责任编辑：牛　勇
印　　刷：三河市良远印务有限公司
装　　订：三河市良远印务有限公司
出版发行：电子工业出版社
　　　　　北京市海淀区万寿路 173 信箱　邮编：100036
开　　本：787×1092　1/16　印张：48　字数：1305 千字
版　　次：2019 年 5 月第 1 版
印　　次：2020 年 8 月第 5 次印刷
定　　价：159.00 元

凡所购买电子工业出版社图书有缺损问题，请向购买书店调换。若书店售缺，请与本社发行部联系，联系及邮购电话：（010）88254888，88258888。

质量投诉请发邮件至 zlts@phei.com.cn，盗版侵权举报请发邮件至 dbqq@phei.com.cn。
本书咨询联系方式：010-51260888-819，faq@phei.com.cn。

前　言

关注并访问公众号"xiangyuejiqiren"，在公众号中回复"深2"得到相关资源的下载链接。

本书由大蛇智能官网提供内容有关的技术支持。在阅读过程中，如有不理解的技术点，可以到论坛 https://bbs.aianaconda.com 发帖进行提问。

TensorFlow 是目前使用最广泛的机器学习框架，满足了广大用户的需求。如今 TensorFlow 已经更新到 2.x 版本，具有更强的易用性。

本书通过大量的实例讲解在 TensorFlow 框架上实现人工智能的技术，兼容 TensorFlow 1.x 与 TensorFlow 2.x 版本，覆盖多种开发场景。

书中的内容主要源于作者在代码医生工作室的工作积累。作者将自己在真实项目中使用 TensorFlow 的经验与技巧全部写进书里，让读者可以接触到最真实的案例、最实战的场景，尽快搭上人工智能的"列车"。

作者将自身的项目实战经验浓缩到三本书里，形成了"深度学习三部曲"。三本书形成一套完善的知识体系，构成了完备的技术栈闭环。

本书是"深度学习三部曲"的最后一本。

- 《Python 带我起飞——入门、进阶、商业实战》，主要讲解了 Python 基础语法。与深度学习关系不大，但包含了开发神经网络模型所必备的基础知识。
- 《深度学习之 TensorFlow——入门、原理与进阶实战》，主要讲解了深度学习的基础网络模型及 TensorFlow 框架的基础编程方法。
- 《深度学习之 TensorFlow 工程化项目实战》，主要讲解在实战项目中用到的真实模型，以及将 TensorFlow 框架用于各种生产环境的编程方法。

这三本书可以将一个零基础的读者顺利带入深度学习行业，并让其能够成为一名合格的深度学习工程师。

本书特色

1. 兼容 TensorFlow 1.x 与 2.x 版本，提供了大量的编程经验

本书兼顾 TensorFlow 1.x 与 2.x 两个版本，给出了如何将 TensorFlow 1.x 代码升级为 TensorFlow 2.x 可用的代码。

2. 覆盖了 TensorFlow 的大量接口

TensorFlow 是一个非常庞大的框架，内部有很多接口可以满足不同用户的需求。合理使用现有接口可以在开发过程中起到事半功倍的效果。然而，由于 TensorFlow 的代码迭代速度太快，有些接口的配套文档并不是很全。作者花了大量的时间与精力，对一些实用接口的使用方法进行摸索与整理，并将这些方法写到书中。

3. 提供了高度可重用代码，公开了大量的商用代码片段

本书实例中的代码大多都来自代码医生工作室的商业项目，这些代码的易用性、稳定性、可重用性都很强。读者可以将这些代码提取出来直接用在自己的项目中，加快开发进度。

4. 书中的实战案例可应用于真实场景

本书中大部分实例都是当前应用非常广泛的通用任务，包括图片分类、目标识别、像素分割、文本分类、语音合成等多个方向。读者可以在书中介绍的模型的基础上，利用自己的业务数据集快速实现 AI 功能。

5. 从工程角度出发，覆盖工程开发全场景

本书以工程实现为目标，全面覆盖开发实际 AI 项目中所涉及的知识，并全部配有实例，包括开发数据集、训练模型、特征工程、开发模型、保护模型文件、模型防御、服务端和终端的模型部署。其中，特征工程部分全面讲解了 TensorFlow 中的特征列接口。该接口可以使数据在特征处理阶段就以图的方式进行加工，从而保证了在训练场景下和使用场景下模型的输入统一。

6. 提供了大量前沿论文链接地址，便于读者进一步深入学习

本书使用的 AI 模型，大多来源于前沿的技术论文，并在原有论文基础上做了一些结构改进。这些实例具有很高的科研价值。读者可以根据书中提供的论文链接地址，进一步深入学习更多的前沿知识，再配合本书的实例进行充分理解，达到融会贯通。本书也可以帮助 AI 研究者进行学术研究。

7. 注重方法与经验的传授

本书在讲解知识时，更注重传授方法与经验。全书共有几十个"提示"标签，其中的内容都是含金量很高的成功经验分享与易错事项总结，有关于经验技巧的，也有关于风险规避的，可以帮助读者在学习的路途上披荆斩棘，快速进步。

本书读者对象

- 人工智能爱好者
- 人工智能专业的高校学生
- 人工智能专业的教师
- 人工智能初学者
- 人工智能开发工程师
- 使用 TensorFlow 框架的工程师
- 集成人工智能的开发人员

关于作者

本书由李金洪主笔编写，参与本书编写的还有以下作者。

石昌帅

代码医生工作室成员，具有丰富的嵌入式及算法开发经验，参与多款机器人、图像识别等项目开发，擅长机器人定位、导航技术、计算机视觉技术，熟悉 NVIDIA jetson 系列、Raspberry PI 系列等平台软硬件开发、算法优化。从事的技术方向包括机器人导航、图像处理、自动驾驶等。

甘月

代码医生工作室成员，资深 iOS 高级工程师，有丰富的 iOS 研发经验，先后担任 iOS 主管、项目经理、iOS 技术总监等职务，精通 Objective-C、Swift、C 等编程语言，参与过银行金融、娱乐机器人、婚庆、医疗等领域的多个项目。擅长 Mac 系统下的 AI 技术开发。

江枭宇

代码医生工作室成员，是大蛇智能社区成长最快的 AI 学者。半年时间，由普通读者升级为社区的资深辅导员。在校期间曾参加过电子设计大赛（获省级一等奖）、Google 校企合作的 AI 创新项目、省级创新训练 AI 项目。熟悉 Python、C 和 Java 等编程语言。擅长图像处理方向、特征工程方向及语义压缩方向的 AI 任务。

目　录

第 1 篇　准备

第 1 章　学习准备 ... 2
1.1 TensorFlow 能做什么 ... 2
1.2 学习 TensorFlow 的必备知识 ... 3
1.3 学习技巧：跟读代码 ... 4
1.4 如何学习本书 ... 4

第 2 章　搭建开发环境 ... 5
2.1 准备硬件环境 ... 5
2.2 下载及安装 Anaconda ... 6
2.3 安装 TensorFlow ... 9
2.4 GPU 版本的安装方法 ... 10
  2.4.1 在 Windows 中安装 CUDA ... 10
  2.4.2 在 Linux 中安装 CUDA ... 13
  2.4.3 在 Windows 中安装 cuDNN ... 13
  2.4.4 在 Linux 中安装 cuDNN ... 14
  2.4.5 常见错误及解决方案 ... 16
2.5 测试显卡的常用命令 ... 16
2.6 TensorFlow 1.x 版本与 2.x 版本共存的解决方案 ... 18

第 3 章　实例 1：用 AI 模型识别图像是桌子、猫、狗，还是其他 ... 21
3.1 准备代码环境并预训练模型 ... 21
3.2 代码实现：初始化环境变量，并载入 ImgNet 标签 ... 24
3.3 代码实现：定义网络结构 ... 25
3.4 代码实现：载入模型进行识别 ... 26
3.5 扩展：用更多预训练模型完成图片分类任务 ... 28

第 2 篇 基础

第 4 章 用 TensorFlow 制作自己的数据集 30
- 4.1 快速导读 30
  - 4.1.1 什么是数据集 30
  - 4.1.2 TensorFlow 的框架 31
  - 4.1.3 什么是 TFDS 31
- 4.2 实例 2：将模拟数据制作成内存对象数据集 32
  - 4.2.1 代码实现：生成模拟数据 32
  - 4.2.2 代码实现：定义占位符 33
  - 4.2.3 代码实现：建立会话，并获取数据 34
  - 4.2.4 代码实现：将模拟数据可视化 34
  - 4.2.5 运行程序 34
  - 4.2.6 代码实现：创建带有迭代值并支持乱序功能的模拟数据集 35
- 4.3 实例 3：将图片制作成内存对象数据集 37
  - 4.3.1 样本介绍 38
  - 4.3.2 代码实现：载入文件名称与标签 39
  - 4.3.3 代码实现：生成队列中的批次样本数据 40
  - 4.3.4 代码实现：在会话中使用数据集 41
  - 4.3.5 运行程序 42
- 4.4 实例 4：将 Excel 文件制作成内存对象数据集 42
  - 4.4.1 样本介绍 43
  - 4.4.2 代码实现：逐行读取数据并分离标签 43
  - 4.4.3 代码实现：生成队列中的批次样本数据 44
  - 4.4.4 代码实现：在会话中使用数据集 45
  - 4.4.5 运行程序 46
- 4.5 实例 5：将图片文件制作成 TFRecord 数据集 46
  - 4.5.1 样本介绍 47
  - 4.5.2 代码实现：读取样本文件的目录及标签 47
  - 4.5.3 代码实现：定义函数生成 TFRecord 数据集 48
  - 4.5.4 代码实现：读取 TFRecord 数据集，并将其转化为队列 49
  - 4.5.5 代码实现：建立会话，将数据保存到文件 50
  - 4.5.6 运行程序 51
- 4.6 实例 6：将内存对象制作成 Dataset 数据集 52
  - 4.6.1 如何生成 Dataset 数据集 52
  - 4.6.2 如何使用 Dataset 接口 53
  - 4.6.3 tf.data.Dataset 接口所支持的数据集变换操作 54

	4.6.4 代码实现：以元组和字典的方式生成 Dataset 对象	58
	4.6.5 代码实现：对 Dataset 对象中的样本进行变换操作	59
	4.6.6 代码实现：创建 Dataset 迭代器	60
	4.6.7 代码实现：在会话中取出数据	60
	4.6.8 运行程序	61
	4.6.9 使用 tf.data.Dataset.from_tensor_slices 接口的注意事项	62
4.7	实例 7：将图片文件制作成 Dataset 数据集	63
	4.7.1 代码实现：读取样本文件的目录及标签	64
	4.7.2 代码实现：定义函数，实现图片转换操作	64
	4.7.3 代码实现：用自定义函数实现图片归一化	65
	4.7.4 代码实现：用第三方函数将图片旋转 30°	65
	4.7.5 代码实现：定义函数，生成 Dataset 对象	66
	4.7.6 代码实现：建立会话，输出数据	67
	4.7.7 运行程序	68
4.8	实例 8：将 TFRecord 文件制作成 Dataset 数据集	69
	4.8.1 样本介绍	69
	4.8.2 代码实现：定义函数，生成 Dataset 对象	70
	4.8.3 代码实现：建立会话输出数据	71
	4.8.4 运行程序	72
4.9	实例 9：在动态图中读取 Dataset 数据集	72
	4.9.1 代码实现：添加动态图调用	72
	4.9.2 制作数据集	73
	4.9.3 代码实现：在动态图中显示数据	73
	4.9.4 实例 10：在 TensorFlow 2.x 中操作数据集	74
4.10	实例 11：在不同场景中使用数据集	77
	4.10.1 代码实现：在训练场景中使用数据集	78
	4.10.2 代码实现：在应用模型场景中使用数据集	79
	4.10.3 代码实现：在训练与测试混合场景中使用数据集	80
4.11	tf.data.Dataset 接口的更多应用	81

第 5 章 10 分钟快速训练自己的图片分类模型 82

5.1	快速导读	82
	5.1.1 认识模型和模型检查点文件	82
	5.1.2 了解"预训练模型"与微调（Fine-Tune）	82
	5.1.3 学习 TensorFlow 中的预训练模型库——TF-Hub 库	83
5.2	实例 12：通过微调模型分辨男女	83
	5.2.1 准备工作	84

	5.2.2	代码实现：处理样本数据并生成 Dataset 对象	85
	5.2.3	代码实现：定义微调模型的类 MyNASNetModel	88
	5.2.4	代码实现：构建 MyNASNetModel 类中的基本模型	88
	5.2.5	代码实现：实现 MyNASNetModel 类中的微调操作	89
	5.2.6	代码实现：实现与训练相关的其他方法	90
	5.2.7	代码实现：构建模型，用于训练、测试、使用	92
	5.2.8	代码实现：通过二次迭代来训练微调模型	94
	5.2.9	代码实现：测试模型	96

5.3 扩展：通过摄像头实时分辨男女 100
5.4 TF-slim 接口中的更多成熟模型 100
5.5 实例 13：用 TF-Hub 库微调模型以评估人物的年龄 100
    5.5.1 准备样本 101
    5.5.2 下载 TF-Hub 库中的模型 102
    5.5.3 代码实现：测试 TF-Hub 库中的 MobileNet_V2 模型 104
    5.5.4 用 TF-Hub 库微调 MobileNet_V2 模型 107
    5.5.5 代码实现：用模型评估人物的年龄 109
    5.5.6 扩展：用 TF-Hub 库中的其他模型处理不同领域的分类任务 113
5.6 总结 113
5.7 练习题 114
    5.7.1 基于 TF-slim 接口的练习 115
    5.7.2 基于 TF-Hub 库的练习 115

第 6 章 用 TensorFlow 编写训练模型的程序 117

6.1 快速导读 117
    6.1.1 训练模型是怎么一回事 117
    6.1.2 用"静态图"方式训练模型 117
    6.1.3 用"动态图"方式训练模型 118
    6.1.4 什么是估算器框架接口（Estimators API）..................... 119
    6.1.5 什么是 tf.layers 接口 120
    6.1.6 什么是 tf.keras 接口 121
    6.1.7 什么是 tf.js 接口 122
    6.1.8 什么是 TFLearn 框架 123
    6.1.9 该选择哪种框架 123
    6.1.10 分配运算资源与使用分布策略 124
    6.1.11 用 tfdbg 调试 TensorFlow 模型 127
    6.1.12 用钩子函数（Training_Hooks）跟踪训练状态 127
    6.1.13 用分布式运行方式训练模型 128

	6.1.14	用T2T框架系统更方便地训练模型	128
	6.1.15	将TensorFlow 1.x中的代码移植到2.x版本	129
	6.1.16	TensorFlow 2.x中的新特性——自动图	130

6.2 实例14：用静态图训练一个具有保存检查点功能的回归模型 ... 131

	6.2.1	准备开发步骤	131
	6.2.2	生成检查点文件	131
	6.2.3	载入检查点文件	132
	6.2.4	代码实现：在线性回归模型中加入保存检查点功能	132
	6.2.5	修改迭代次数，二次训练	135

6.3 实例15：用动态图（eager）训练一个具有保存检查点功能的回归模型 ... 136

	6.3.1	代码实现：启动动态图，生成模拟数据	136
	6.3.2	代码实现：定义动态图的网络结构	137
	6.3.3	代码实现：在动态图中加入保存检查点功能	138
	6.3.4	代码实现：按指定迭代次数进行训练，并可视化结果	139
	6.3.5	运行程序，显示结果	140
	6.3.6	代码实现：用另一种方法计算动态图梯度	141
	6.3.7	实例16：在动态图中获取参数变量	142
	6.3.8	小心动态图中的参数陷阱	144
	6.3.9	实例17：在静态图中使用动态图	145

6.4 实例18：用估算器框架训练一个回归模型 ... 147

	6.4.1	代码实现：生成样本数据集	147
	6.4.2	代码实现：设置日志级别	148
	6.4.3	代码实现：实现估算器的输入函数	148
	6.4.4	代码实现：定义估算器的模型函数	149
	6.4.5	代码实现：通过创建config文件指定硬件的运算资源	151
	6.4.6	代码实现：定义估算器	152
	6.4.7	用tf.estimator.RunConfig控制更多的训练细节	153
	6.4.8	代码实现：用估算器训练模型	153
	6.4.9	代码实现：通过热启动实现模型微调	155
	6.4.10	代码实现：测试估算器模型	158
	6.4.11	代码实现：使用估算器模型	158
	6.4.12	实例19：为估算器添加日志钩子函数	159

6.5 实例20：将估算器代码改写成静态图代码 ... 161

	6.5.1	代码实现：复制网络结构	161
	6.5.2	代码实现：重用输入函数	163
	6.5.3	代码实现：创建会话恢复模型	163
	6.5.4	代码实现：继续训练	163

6.6 实例21：用 tf.layers API 在动态图上识别手写数字 165
6.6.1 代码实现：启动动态图并加载手写图片数据集 165
6.6.2 代码实现：定义模型的类 166
6.6.3 代码实现：定义网络的反向传播 167
6.6.4 代码实现：训练模型 167

6.7 实例22：用 tf.keras API 训练一个回归模型 168
6.7.1 代码实现：用 model 类搭建模型 168
6.7.2 代码实现：用 sequential 类搭建模型 169
6.7.3 代码实现：搭建反向传播的模型 171
6.7.4 代码实现：用两种方法训练模型 172
6.7.5 代码实现：获取模型参数 172
6.7.6 代码实现：测试模型与用模型进行预测 173
6.7.7 代码实现：保存模型与加载模型 173
6.7.8 代码实现：将模型导出成 JSON 文件，再将 JSON 文件导入模型 ... 175
6.7.9 实例23：在 tf.keras 接口中使用预训练模型 ResNet 176
6.7.10 扩展：在动态图中使用 tf.keras 接口 178
6.7.11 实例24：在静态图中使用 tf.keras 接口 178

6.8 实例25：用 tf.js 接口后方训练一个回归模型 180
6.8.1 代码实现：在 HTTP 的头标签中添加 tfjs 模块 180
6.8.2 代码实现：用 JavaScript 脚本实现回归模型 181
6.8.3 运行程序：在浏览器中查看效果 181
6.8.4 扩展：tf.js 接口的应用场景 182

6.9 实例26：用估算器框架实现分布式部署训练 182
6.9.1 运行程序：修改估算器模型，使其支持分布式 182
6.9.2 通过 TF_CONFIG 进行分布式配置 183
6.9.3 运行程序 185
6.9.4 扩展：用分布策略或 KubeFlow 框架进行分布式部署 186

6.10 实例27：在分布式估算器框架中用 tf.keras 接口训练 ResNet 模型，识别图片中是橘子还是苹果 186
6.10.1 样本准备 186
6.10.2 代码实现：准备训练与测试数据集 187
6.10.3 代码实现：制作模型输入函数 187
6.10.4 代码实现：搭建 ResNet 模型 188
6.10.5 代码实现：训练分类器模型 189
6.10.6 运行程序：评估模型 190
6.10.7 扩展：全连接网络的优化 190

6.11 实例28：在T2T框架中用tf.layers接口实现MNIST数据集分类...................191
    6.11.1 代码实现：查看T2T框架中的数据集（problems）..........................191
    6.11.2 代码实现：构建T2T框架的工作路径及下载数据集..........................192
    6.11.3 代码实现：在T2T框架中搭建自定义卷积网络模型..........................193
    6.11.4 代码实现：用动态图方式训练自定义模型................................194
    6.11.5 代码实现：在动态图中用metrics模块评估模型............................195
6.12 实例29：在T2T框架中，用自定义数据集训练中英文翻译模型.....................196
    6.12.1 代码实现：声明自己的problems数据集................................196
    6.12.2 代码实现：定义自己的problems数据集................................197
    6.12.3 在命令行下生成TFrecoder格式的数据.................................198
    6.12.4 查找T2T框架中的模型及超参，并用指定的模型及超参进行训练..............199
    6.12.5 用训练好的T2T框架模型进行预测....................................201
    6.12.6 扩展：在T2T框架中，如何选取合适的模型及超参.........................202
6.13 实例30：将TensorFlow 1.x中的代码升级为可用于2.x版本的代码................203
    6.13.1 准备工作：创建Python虚环境......................................203
    6.13.2 使用工具转换源码..204
    6.13.3 修改转换后的代码文件..204
    6.13.4 将代码升级到TensorFlow 2.x版本的经验总结...........................205

第3篇 进阶

第7章 特征工程——会说话的数据.......................................208
7.1 快速导读...208
    7.1.1 特征工程的基础知识..208
    7.1.2 离散数据特征与连续数据特征.......................................209
    7.1.3 了解特征列接口..210
    7.1.4 了解序列特征列接口..210
    7.1.5 了解弱学习器接口——梯度提升树（TFBT接口）........................210
    7.1.6 了解特征预处理模块（tf.Transform）..................................211
    7.1.7 了解因子分解模块..212
    7.1.8 了解加权矩阵分解算法..212
    7.1.9 了解Lattice模块——点阵模型......................................213
    7.1.10 联合训练与集成学习...214
7.2 实例31：用wide_deep模型预测人口收入............................214
    7.2.1 了解人口收入数据集..214
    7.2.2 代码实现：探索性数据分析...217
    7.2.3 认识wide_deep模型..218

	7.2.4	部署代码文件	219
	7.2.5	代码实现：初始化样本常量	220
	7.2.6	代码实现：生成特征列	220
	7.2.7	代码实现：生成估算器模型	222
	7.2.8	代码实现：定义输入函数	223
	7.2.9	代码实现：定义用于导出冻结图文件的函数	224
	7.2.10	代码实现：定义类，解析启动参数	225
	7.2.11	代码实现：训练和测试模型	226
	7.2.12	代码实现：使用模型	227
	7.2.13	运行程序	228
7.3	实例32：用弱学习器中的梯度提升树算法预测人口收入		229
	7.3.1	代码实现：为梯度提升树模型准备特征列	230
	7.3.2	代码实现：构建梯度提升树模型	230
	7.3.3	代码实现：训练并导出梯度提升树模型	231
	7.3.4	代码实现：设置启动参数，运行程序	232
	7.3.5	扩展：更灵活的TFBT接口	233
7.4	实例33：用feature_column模块转换特征列		233
	7.4.1	代码实现：用feature_column模块处理连续值特征列	234
	7.4.2	代码实现：将连续值特征列转化成离散值特征列	237
	7.4.3	代码实现：将离散文本特征列转化为one-hot与词向量	239
	7.4.4	代码实现：根据特征列生成交叉列	246
7.5	实例34：用sequence_feature_column接口完成自然语言处理任务的数据预处理工作		248
	7.5.1	代码实现：构建模拟数据	248
	7.5.2	代码实现：构建词嵌入初始值	249
	7.5.3	代码实现：构建词嵌入特征列与共享特征列	249
	7.5.4	代码实现：构建序列特征列的输入层	250
	7.5.5	代码实现：建立会话输出结果	251
7.6	实例35：用factorization模块的kmeans接口聚类COCO数据集中的标注框		253
	7.6.1	代码实现：设置要使用的数据集	253
	7.6.2	代码实现：准备带聚类的数据样本	253
	7.6.3	代码实现：定义聚类模型	255
	7.6.4	代码实现：训练模型	256
	7.6.5	代码实现：输出图示化结果	256
	7.6.6	代码实现：提取并排序聚类结果	258
	7.6.7	扩展：聚类与神经网络混合训练	258

7.7 实例36：用加权矩阵分解模型实现基于电影评分的推荐系统 259
7.7.1 下载并加载数据集 259
7.7.2 代码实现：根据用户和电影特征列生成稀疏矩阵 260
7.7.3 代码实现：建立WALS模型，并对其进行训练 261
7.7.4 代码实现：评估WALS模型 263
7.7.5 代码实现：用WALS模型为用户推荐电影 264
7.7.6 扩展：使用WALS的估算器接口 265

7.8 实例37：用Lattice模块预测人口收入 265
7.8.1 代码实现：读取样本，并创建输入函数 266
7.8.2 代码实现：创建特征列，并保存校准关键点 267
7.8.3 代码实现：创建校准线性模型 270
7.8.4 代码实现：创建校准点阵模型 270
7.8.5 代码实现：创建随机微点阵模型 271
7.8.6 代码实现：创建集合的微点阵模型 271
7.8.7 代码实现：定义评估与训练函数 272
7.8.8 代码实现：训练并评估模型 273
7.8.9 扩展：将点阵模型嵌入神经网络中 274

7.9 实例38：结合知识图谱实现基于电影的推荐系统 278
7.9.1 准备数据集 278
7.9.2 预处理数据 279
7.9.3 搭建MKR模型 279
7.9.4 训练模型并输出结果 286

7.10 可解释性算法的意义 286

第8章 卷积神经网络（CNN）——在图像处理中应用最广泛的模型 287

8.1 快速导读 287
8.1.1 认识卷积神经网络 287
8.1.2 什么是空洞卷积 288
8.1.3 什么是深度卷积 290
8.1.4 什么是深度可分离卷积 290
8.1.5 了解卷积网络的缺陷及补救方法 291
8.1.6 了解胶囊神经网络与动态路由 292
8.1.7 了解矩阵胶囊网络与EM路由算法 297
8.1.8 什么是NLP任务 298
8.1.9 了解多头注意力机制与内部注意力机制 298
8.1.10 什么是带有位置向量的词嵌入 300
8.1.11 什么是目标检测任务 300

  8.1.12 什么是目标检测中的上采样与下采样 301

  8.1.13 什么是图片分割任务 301

8.2 实例 39：用胶囊网络识别黑白图中服装的图案 302

  8.2.1 熟悉样本：了解 Fashion-MNIST 数据集 302

  8.2.2 下载 Fashion-MNIST 数据集 303

  8.2.3 代码实现：读取及显示 Fashion-MNIST 数据集中的数据 304

  8.2.4 代码实现：定义胶囊网络模型类 CapsuleNetModel 305

  8.2.5 代码实现：实现胶囊网络的基本结构 306

  8.2.6 代码实现：构建胶囊网络模型 309

  8.2.7 代码实现：载入数据集，并训练胶囊网络模型 310

  8.2.8 代码实现：建立会话训练模型 311

  8.2.9 运行程序 313

  8.2.10 实例 40：实现带有 EM 路由的胶囊网络 314

8.3 实例 41：用 TextCNN 模型分析评论者是否满意 322

  8.3.1 熟悉样本：了解电影评论数据集 322

  8.3.2 熟悉模型：了解 TextCNN 模型 322

  8.3.3 数据预处理：用 preprocessing 接口制作字典 323

  8.3.4 代码实现：生成 NLP 文本数据集 326

  8.3.5 代码实现：定义 TextCNN 模型 327

  8.3.6 代码实现：训练 TextCNN 模型 330

  8.3.7 运行程序 332

  8.3.8 扩展：提升模型精度的其他方法 333

8.4 实例 42：用带注意力机制的模型分析评论者是否满意 333

  8.4.1 熟悉样本：了解 tf.keras 接口中的电影评论数据集 333

  8.4.2 代码实现：将 tf.keras 接口中的 IMDB 数据集还原成句子 334

  8.4.3 代码实现：用 tf.keras 接口开发带有位置向量的词嵌入层 336

  8.4.4 代码实现：用 tf.keras 接口开发注意力层 338

  8.4.5 代码实现：用 tf.keras 接口训练模型 340

  8.4.6 运行程序 341

  8.4.7 扩展：用 Targeted Dropout 技术进一步提升模型的性能 342

8.5 实例 43：搭建 YOLO V3 模型，识别图片中的酒杯、水果等物体 343

  8.5.1 YOLO V3 模型的样本与结构 343

  8.5.2 代码实现：Darknet-53 模型的 darknet 块 344

  8.5.3 代码实现：Darknet-53 模型的下采样卷积 345

  8.5.4 代码实现：搭建 Darknet-53 模型，并返回 3 种尺度特征值 345

  8.5.5 代码实现：定义 YOLO 检测模块的参数及候选框 346

  8.5.6 代码实现：定义 YOLO 检测块，进行多尺度特征融合 347

	8.5.7	代码实现：将 YOLO 检测块的特征转化为 bbox attrs 单元	347
	8.5.8	代码实现：实现 YOLO V3 的检测部分	349
	8.5.9	代码实现：用非极大值抑制算法对检测结果去重	352
	8.5.10	代码实现：载入预训练权重	355
	8.5.11	代码实现：载入图片，进行目标实物的识别	356
	8.5.12	运行程序	358
8.6	实例 44：用 YOLO V3 模型识别门牌号		359
	8.6.1	工程部署：准备样本	359
	8.6.2	代码实现：读取样本数据，并制作标签	359
	8.6.3	代码实现：用 tf.keras 接口构建 YOLO V3 模型，并计算损失	364
	8.6.4	代码实现：在动态图中训练模型	368
	8.6.5	代码实现：用模型识别门牌号	372
	8.6.6	扩展：标注自己的样本	374
8.7	实例 45：用 Mask R-CNN 模型定位物体的像素点		375
	8.7.1	下载 COCO 数据集及安装 pycocotools	376
	8.7.2	代码实现：验证 pycocotools 及读取 COCO 数据集	377
	8.7.3	拆分 Mask R-CNN 模型的处理步骤	383
	8.7.4	工程部署：准备代码文件及模型	385
	8.7.5	代码实现：加载数据构建模型，并输出模型权重	385
	8.7.6	代码实现：搭建残差网络 ResNet	387
	8.7.7	代码实现：搭建 Mask R-CNN 模型的骨干网络 ResNet	393
	8.7.8	代码实现：可视化 Mask R-CNN 模型骨干网络的特征输出	396
	8.7.9	代码实现：用特征金字塔网络处理骨干网络特征	400
	8.7.10	计算 RPN 中的锚点	402
	8.7.11	代码实现：构建 RPN	403
	8.7.12	代码实现：用非极大值抑制算法处理 RPN 的结果	405
	8.7.13	代码实现：提取 RPN 的检测结果	410
	8.7.14	代码实现：可视化 RPN 的检测结果	412
	8.7.15	代码实现：在 MaskRCNN 类中对 ROI 区域进行分类	415
	8.7.16	代码实现：金字塔网络的区域对齐层（ROIalign）中的区域框与特征的匹配算法	416
	8.7.17	代码实现：在金字塔网络的 ROIAlign 层中按区域边框提取内容	418
	8.7.18	代码实现：调试并输出 ROIAlign 层的内部运算值	421
	8.7.19	代码实现：对 ROI 内容进行分类	422
	8.7.20	代码实现：用检测器 DetectionLayer 检测 ROI 内容，得到最终的实物矩形	426
	8.7.21	代码实现：根据 ROI 内容进行实物像素分割	432
	8.7.22	代码实现：用 Mask R-CNN 模型分析图片	436

8.8	实例46：训练Mask R-CNN模型，进行形状的识别	439
	8.8.1 工程部署：准备代码文件及模型	440
	8.8.2 样本准备：生成随机形状图片	440
	8.8.3 代码实现：为Mask R-CNN模型添加损失函数	442
	8.8.4 代码实现：为Mask R-CNN模型添加训练函数，使其支持微调与全网训练	444
	8.8.5 代码实现：训练并使用模型	446
	8.8.6 扩展：替换特征提取网络	449

第9章 循环神经网络（RNN）——处理序列样本的神经网络 450

9.1	快速导读	450
	9.1.1 什么是循环神经网络	450
	9.1.2 了解RNN模型的基础单元LSTM与GRU	451
	9.1.3 认识QRNN单元	451
	9.1.4 认识SRU单元	451
	9.1.5 认识IndRNN单元	452
	9.1.6 认识JANET单元	453
	9.1.7 优化RNN模型的技巧	453
	9.1.8 了解RNN模型中多项式分布的应用	453
	9.1.9 了解注意力机制的Seq2Seq框架	454
	9.1.10 了解BahdanauAttention与LuongAttention	456
	9.1.11 了解单调注意力机制	457
	9.1.12 了解混合注意力机制	458
	9.1.13 了解Seq2Seq接口中的采样接口（Helper）	460
	9.1.14 了解RNN模型的Wrapper接口	460
	9.1.15 什么是时间序列（TFTS）框架	461
	9.1.16 什么是梅尔标度	461
	9.1.17 什么是短时傅立叶变换	462
	9.1.18 什么是Addons模块	463
9.2	实例47：搭建RNN模型，为女孩生成英文名字	463
	9.2.1 代码实现：读取及处理样本	464
	9.2.2 代码实现：构建Dataset数据集	466
	9.2.3 代码实现：用tf.keras接口构建生成式RNN模型	467
	9.2.4 代码实现：在动态图中训练模型	468
	9.2.5 代码实现：载入检查点文件并用模型生成名字	470
	9.2.6 扩展：用RNN模型编写文章	471
9.3	实例48：用带注意力机制的Seq2Seq模型为图片添加内容描述	471
	9.3.1 设计基于图片的Seq2Seq	471

9.3.2 代码实现：图片预处理——用 ResNet 提取图片特征并保存 472
9.3.3 代码实现：文本预处理——过滤处理、字典建立、对齐与向量化处理 476
9.3.4 代码实现：创建数据集 477
9.3.5 代码实现：用 tf.keras 接口构建 Seq2Seq 模型中的编码器 477
9.3.6 代码实现：用 tf.keras 接口构建 Bahdanau 类型的注意力机制 478
9.3.7 代码实现：搭建 Seq2Seq 模型中的解码器 Decoder 478
9.3.8 代码实现：在动态图中计算 Seq2Seq 模型的梯度 480
9.3.9 代码实现：在动态图中为 Seq2Seq 模型添加保存检查点功能 480
9.3.10 代码实现：在动态图中训练 Seq2Seq 模型 481
9.3.11 代码实现：用多项式分布采样获取图片的内容描述 482
9.4 实例49：用 IndRNN 与 IndyLSTM 单元制作聊天机器人 485
9.4.1 下载及处理样本 486
9.4.2 代码实现：读取样本，分词并创建字典 487
9.4.3 代码实现：对样本进行向量化、对齐、填充预处理 489
9.4.4 代码实现：在 Seq2Seq 模型中加工样本 489
9.4.5 代码实现：在 Seq2Seq 模型中，实现基于 IndRNN 与 IndyLSTM 的动态多层 RNN 编码器 491
9.4.6 代码实现：为 Seq2Seq 模型中的解码器创建 Helper 491
9.4.7 代码实现：实现带有 Bahdanau 注意力、dropout、OutputProjectionWrapper 的解码器 492
9.4.8 代码实现：在 Seq2Seq 模型中实现反向优化 493
9.4.9 代码实现：创建带有钩子函数的估算器，并进行训练 494
9.4.10 代码实现：用估算器框架评估模型 496
9.4.11 扩展：用注意力机制的 Seq2Seq 模型实现中英翻译 498
9.5 实例50：预测飞机发动机的剩余使用寿命 498
9.5.1 准备样本 499
9.5.2 代码实现：预处理数据——制作数据集的输入样本与标签 500
9.5.3 代码实现：构建带有 JANET 单元的多层动态 RNN 模型 504
9.5.4 代码实现：训练并测试模型 505
9.5.5 运行程序 507
9.5.6 扩展：为含有 JANET 单元的 RNN 模型添加注意力机制 508
9.6 实例51：将动态路由用于 RNN 模型，对路透社新闻进行分类 509
9.6.1 准备样本 509
9.6.2 代码实现：预处理数据——对齐序列数据并计算长度 510
9.6.3 代码实现：定义数据集 510
9.6.4 代码实现：用动态路由算法聚合信息 511
9.6.5 代码实现：用 IndyLSTM 单元搭建 RNN 模型 513
9.6.6 代码实现：建立会话，训练网络 514

	9.6.7	扩展：用分级网络将文章（长文本数据）分类	515
9.7	实例52：用TFTS框架预测某地区每天的出生人数		515
	9.7.1	准备样本	515
	9.7.2	代码实现：数据预处理——制作TFTS框架中的读取器	515
	9.7.3	代码实现：用TFTS框架定义模型，并进行训练	516
	9.7.4	代码实现：用TFTS框架评估模型	517
	9.7.5	代码实现：用模型进行预测，并将结果可视化	517
	9.7.6	运行程序	518
	9.7.7	扩展：用TFTS框架进行异常值检测	519
9.8	实例53：用Tacotron模型合成中文语音（TTS）		520
	9.8.1	准备安装包及样本数据	520
	9.8.2	代码实现：将音频数据分帧并转为梅尔频谱	521
	9.8.3	代码实现：用多进程预处理样本并保存结果	523
	9.8.4	拆分Tacotron网络模型的结构	525
	9.8.5	代码实现：搭建CBHG网络	527
	9.8.6	代码实现：构建带有混合注意力机制的模块	529
	9.8.7	代码实现：构建自定义wrapper	531
	9.8.8	代码实现：构建自定义采样器	534
	9.8.9	代码实现：构建自定义解码器	537
	9.8.10	代码实现：构建输入数据集	539
	9.8.11	代码实现：构建Tacotron网络	542
	9.8.12	代码实现：构建Tacotron网络模型的训练部分	545
	9.8.13	代码实现：训练模型并合成音频文件	546
	9.8.14	扩展：用pypinyin模块实现文字到声音的转换	551

第4篇 高级

第10章	生成式模型——能够输出内容的模型		554
10.1	快速导读		554
	10.1.1	什么是自编码网络模型	554
	10.1.2	什么是对抗神经网络模型	554
	10.1.3	自编码网络模型与对抗神经网络模型的关系	555
	10.1.4	什么是批量归一化中的自适应模式	555
	10.1.5	什么是实例归一化	556
	10.1.6	了解SwitchableNorm及更多的归一化方法	556
	10.1.7	什么是图像风格转换任务	557
	10.1.8	什么是人脸属性编辑任务	558

10.1.9 什么是TFgan框架 558
10.2 实例54：构建DeblurGAN模型，将模糊相片变清晰 559
10.2.1 获取样本 559
10.2.2 准备SwitchableNorm算法模块 560
10.2.3 代码实现：构建DeblurGAN中的生成器模型 560
10.2.4 代码实现：构建DeblurGAN中的判别器模型 562
10.2.5 代码实现：搭建DeblurGAN的完整结构 563
10.2.6 代码实现：引入库文件，定义模型参数 563
10.2.7 代码实现：定义数据集，构建正反向模型 564
10.2.8 代码实现：计算特征空间损失，并将其编译到生成器模型的训练模型中 566
10.2.9 代码实现：按指定次数训练模型 568
10.2.10 代码实现：用模型将模糊相片变清晰 569
10.2.11 练习题 572
10.2.12 扩展：DeblurGAN模型的更多妙用 572
10.3 实例55：构建AttGAN模型，对照片进行加胡子、加头帘、加眼镜、变年轻等修改 573
10.3.1 获取样本 573
10.3.2 了解AttGAN模型的结构 574
10.3.3 代码实现：实现支持动态图和静态图的数据集工具类 575
10.3.4 代码实现：将CelebA做成数据集 577
10.3.5 代码实现：构建AttGAN模型的编码器 581
10.3.6 代码实现：构建含有转置卷积的解码器模型 582
10.3.7 代码实现：构建AttGAN模型的判别器模型部分 ... 584
10.3.8 代码实现：定义模型参数，并构建AttGAN模型 ... 585
10.3.9 代码实现：定义训练参数，搭建正反向模型 587
10.3.10 代码实现：训练模型 592
10.3.11 实例56：为人脸添加不同的眼镜 595
10.3.12 扩展：AttGAN模型的局限性 597
10.4 实例57：用RNN.WGAN模型模拟生成恶意请求 597
10.4.1 获取样本：通过Panabit设备获取恶意请求样本 597
10.4.2 了解RNN.WGAN模型 600
10.4.3 代码实现：构建RNN.WGAN模型 601
10.4.4 代码实现：训练指定长度的RNN.WGAN模型 607
10.4.5 代码实现：用长度依次递增的方式训练模型 612
10.4.6 运行代码 613
10.4.7 扩展：模型的使用及优化 614

第 11 章 模型的攻与防——看似智能的 AI 也有脆弱的一面 616

11.1 快速导读 616
- 11.1.1 什么是 FGSM 方法 616
- 11.1.2 什么是 cleverhans 模块 616
- 11.1.3 什么是黑箱攻击 617
- 11.1.4 什么是基于雅可比矩阵的数据增强方法 618
- 11.1.5 什么是数据中毒攻击 620

11.2 实例 58：用 FGSM 方法生成样本，并攻击 PNASNet 模型，让其将"狗"识别成"盘子" 621
- 11.2.1 代码实现：创建 PNASNet 模型 621
- 11.2.2 代码实现：搭建输入层并载入图片，复现 PNASNet 模型的预测效果 623
- 11.2.3 代码实现：调整参数，定义图片的变化范围 624
- 11.2.4 代码实现：用梯度下降方式生成对抗样本 625
- 11.2.5 代码实现：用生成的样本攻击模型 626
- 11.2.6 扩展：如何防范攻击模型的行为 627
- 11.2.7 代码实现：将数据增强方式用在使用场景，以加固 PNASNet 模型，防范攻击 627

11.3 实例 59：击破数据增强防护，制作抗旋转对抗样本 629
- 11.3.1 代码实现：对输入的数据进行多次旋转 629
- 11.3.2 代码实现：生成并保存鲁棒性更好的对抗样本 630
- 11.3.3 代码实现：在 PNASNet 模型中比较对抗样本的效果 631

11.4 实例 60：以黑箱方式攻击未知模型 633
- 11.4.1 准备工程代码 633
- 11.4.2 代码实现：搭建通用模型框架 634
- 11.4.3 代码实现：搭建被攻击模型 637
- 11.4.4 代码实现：训练被攻击模型 638
- 11.4.5 代码实现：搭建替代模型 639
- 11.4.6 代码实现：训练替代模型 639
- 11.4.7 代码实现：黑箱攻击目标模型 641
- 11.4.8 扩展：利用黑箱攻击中的对抗样本加固模型 645

第 5 篇 实战——深度学习实际应用

第 12 章 TensorFlow 模型制作——一种功能，多种身份 648

12.1 快速导读 648
- 12.1.1 详细分析检查点文件 648
- 12.1.2 什么是模型中的冻结图 649
- 12.1.3 什么是 TF Serving 模块与 saved_model 模块 649

12.1.4　用编译子图（defun）提升动态图的执行效率 649
　　12.1.5　什么是 TF_Lite 模块 652
　　12.1.6　什么是 TFjs-converter 模块 653
12.2　实例 61：在源码与检查点文件分离的情况下，对模型进行二次训练 653
　　12.2.1　代码实现：在线性回归模型中，向检查点文件中添加指定节点 654
　　12.2.2　代码实现：在脱离源码的情况下，用检查点文件进行二次训练 657
　　12.2.3　扩展：更通用的二次训练方法 659
12.3　实例 62：导出/导入冻结图文件 661
　　12.3.1　熟悉 TensorFlow 中的 freeze_graph 工具脚本 661
　　12.3.2　代码实现：从线性回归模型中导出冻结图文件 662
　　12.3.3　代码实现：导入冻结图文件，并用模型进行预测 664
12.4　实例 63：逆向分析冻结图文件 665
　　12.4.1　使用 import_to_tensorboard 工具 666
　　12.4.2　用 TensorBoard 工具查看模型结构 666
12.5　实例 64：用 saved_model 模块导出与导入模型文件 668
　　12.5.1　代码实现：用 saved_model 模块导出模型文件 668
　　12.5.2　代码实现：用 saved_model 模块导入模型文件 669
　　12.5.3　扩展：用 saved_model 模块导出带有签名的模型文件 670
12.6　实例 65：用 saved_model_cli 工具查看及使用 saved_model 模型 672
　　12.6.1　用 show 参数查看模型 672
　　12.6.2　用 run 参数运行模型 673
　　12.6.3　扩展：了解 scan 参数的黑名单机制 674
12.7　实例 66：用 TF-Hub 库导入、导出词嵌入模型文件 674
　　12.7.1　代码实现：模拟生成通用词嵌入模型 674
　　12.7.2　代码实现：用 TF-Hub 库导出词嵌入模型 675
　　12.7.3　代码实现：导出 TF-Hub 模型 678
　　12.7.4　代码实现：用 TF-Hub 库导入并使用词嵌入模型 680

第 13 章　部署 TensorFlow 模型——模型与项目的深度结合 681

13.1　快速导读 681
　　13.1.1　什么是 gRPC 服务与 HTTP/REST API 681
　　13.1.2　了解 TensorFlow 对移动终端的支持 682
　　13.1.3　了解树莓派上的人工智能 683
13.2　实例 67：用 TF_Serving 部署模型并进行远程使用 684
　　13.2.1　在 Linux 系统中安装 TF_Serving 684
　　13.2.2　在多平台中用 Docker 安装 TF_Serving 685
　　13.2.3　编写代码：固定模型的签名信息 686

	13.2.4	在 Linux 中开启 TF_Serving 服务	688
	13.2.5	编写代码：用 gRPC 访问远程 TF_Serving 服务	689
	13.2.6	用 HTTP/REST API 访问远程 TF_Serving 服务	691
	13.2.7	扩展：关于 TF_Serving 的更多例子	694
13.3	实例68：在安卓手机上识别男女		694
	13.3.1	准备工程代码	694
	13.3.2	微调预训练模型	695
	13.3.3	搭建安卓开发环境	698
	13.3.4	制作 lite 模型文件	701
	13.3.5	修改分类器代码，并运行 App	702
13.4	实例69：在 iPhone 手机上识别男女并进行活体检测		703
	13.4.1	搭建 iOS 开发环境	703
	13.4.2	部署工程代码并编译	704
	13.4.3	载入 Lite 模型，实现识别男女功能	706
	13.4.4	代码实现：调用摄像头并采集视频流	707
	13.4.5	代码实现：提取人脸特征	710
	13.4.6	活体检测算法介绍	712
	13.4.7	代码实现：实现活体检测算法	713
	13.4.8	代码实现：完成整体功能并运行程序	714
13.5	实例70：在树莓派上搭建一个目标检测器		717
	13.5.1	安装树莓派系统	718
	13.5.2	在树莓派上安装 TensorFlow	721
	13.5.3	编译并安装 Protobuf	725
	13.5.4	安装 OpenCV	726
	13.5.5	下载目标检测模型 SSDLite	726
	13.5.6	代码实现：用 SSDLite 模型进行目标检测	727

第14章 商业实例——科技源于生活，用于生活 ... 730

14.1	实例71：将特征匹配技术应用在商标识别领域		730
	14.1.1	项目背景	730
	14.1.2	技术方案	730
	14.1.3	预处理图片——统一尺寸	731
	14.1.4	用自编码网络加夹角余弦实现商标识别	731
	14.1.5	用卷积网络加 triplet-loss 提升特征提取效果	731
	14.1.6	进一步的优化空间	732
14.2	实例72：用 RNN 抓取蠕虫病毒		732
	14.2.1	项目背景	733

| | 14.2.2 | 判断是否恶意域名不能只靠域名 | 733 |
| | 14.2.3 | 如何识别恶意域名 | 733 |

14.3 实例73：迎宾机器人的技术关注点——体验优先 ... 734
  14.3.1 迎宾机器人的产品背景 ... 734
  14.3.2 迎宾机器人的实现方案 ... 734
  14.3.3 迎宾机器人的同类产品 ... 736

14.4 实例74：基于摄像头的路边停车场项目 ... 737
  14.4.1 项目背景 ... 737
  14.4.2 技术方案 ... 738
  14.4.3 方案缺陷 ... 738
  14.4.4 工程化补救方案 ... 738

14.5 实例75：智能冰箱产品——硬件成本之痛 ... 739
  14.5.1 智能冰箱系列的产品背景 ... 739
  14.5.2 智能冰箱的技术基础 ... 740
  14.5.3 真实的非功能性需求——低成本 ... 740
  14.5.4 未来的技术趋势及应对策略 ... 741

第 1 篇　准备

通过本篇内容，读者不仅可以对 TensorFlow 有一个初步的了解，还可以对如何用 TensorFlow 开发进行 AI 模型有一个大致的了解，为后面的学习做准备。

- 第 1 章　学习准备
- 第 2 章　搭建开发环境
- 第 3 章　实例 1：用 AI 模型来识别图像是桌子、猫、狗，还是其他

第 1 章

学习准备

本章将介绍一些基本概念和常识，以及学习本书的方法。

1.1 TensorFlow 能做什么

TensorFlow 框架可以支持多种开发语言，可以在多种平台上部署。
- 在代码领域：可以支持 C、JavaScript、Go、Java、Python 等多种编程语言。
- 在应用平台领域：可以支持 Windows、Linux、Android、Mac 等。
- 在硬件应用领域：可以支持 X86 平台、ARM 平台、MIPS 平台、树莓派、iPhone、Android 手机平台等。
- 在应用部署领域：可以支持 Hadoop、Spark、Kubernetes 等大数据平台。

1. TensorFlow 的应用领域

从应用角度来看，用 TensorFlow 几乎可以搭建出来 AI 领域所能触及的各种网络模型。其中包括：
- NLP（自然语言处理）领域的分类、翻译、对话、摘要生成、模拟生成等。
- 图片处理领域的图片识别、像素语义分析、实物检测、模拟生成、压缩、超清还原、图片搜索、跨域生成等。
- 数值分析领域的异常值监测、模拟生成、时间序列预测、分类等。
- 语音领域的语音识别、声纹识别、TTS（语音合成）模拟合成等。
- 视频领域的分类识别、人物跟踪、模拟生成等。
- 音乐领域的生成音乐、识别类型等。

甚至还可以实现跨领域的文本转图像、图像转文本、根据视频生成文本摘要等。

2. 本书所介绍的 TensorFlow 内容

作为深度学习领域应用广泛的框架，TensorFlow 集成了多种高级接口，可以方便地进行开发、调试和部署。有的接口，甚至只通过命令行操作便可以实现定制化的 AI 模型。

本书将花大量篇幅来介绍这些高级接口的使用方法与技巧。

3. 本书所用到的 TensorFlow 版本

在书中，大部分的代码都是以 TensorFlow 1.x 版本来实现的。TensorFlow 1.x 目前比较稳定，建议读者使用 TensorFlow 1.x 版本开发实际项目，并跟进 2.x 版本所更新的技术。待 2.x 版本迭代到 2.3 以上，再考虑使用 2.x 版本开发实际项目。

另外，由于在 TensorFlow 1.x 版本中开发的部分代码在 TensorFlow 2.x 版本中不能直接运行。所以本书也介绍了具体的转化方法，可以将 1.x 版本的代码转化为 2.x 版本的代码。同时还介绍了 2.x 与 1.x 版本的使用区别，并配有相关例子。

4. Python 和 TensorFlow 的关系

随着人工智能的兴起，Python 语言越来越受关注。到目前为止，使用 Python 语言开发 AI 项目已经成为一种行业趋势。

综合来看，在 TensorFlow 框架中用 Python 进行开发，是保持自己技术不被淘汰的上选。

1.2 学习 TensorFlow 的必备知识

随着智能化时代的到来，AI 的工程化与理论化逐渐分离的特点越来越明显。所以，如果想学好 TensorFlow，则需要先搞清楚自己的定位——是偏工程应用，还是偏理论研究。

1. 对于偏工程应用的读者

如果是偏工程应用的读者，就目前的各种集成 API 来看，主要需要编程技术与调试能力。推荐先从 Python 基础开始，将基础知识掌握扎实，可以让后面的开发事半功倍。

> 提示：
> 推荐作者的《Python 带我起飞——入门、进阶、商业实战》一书。该书涵盖了在 TensorFlow 开发过程中可能会遇到的各种 Python 语法，同时又去除了在深度学习中不常用的知识点，并配有 47 段教学视频，可以让零基础的读者以最少的时间迅速掌握语法。

接下来就是 TensorFlow 的基本 API 和基本网络模型的实现。

> 提示：
> 这里推荐作者的另一本书《深度学习之 TensorFlow——入门、原理与进阶实战》。该书有 96 个实例，涵盖了 AI 开发中所需的基础网络模型与基础技巧。全书无公式，所有理论都用大白话讲解，可以让读者顺畅地跟着实例做出真实结果。通过练习 96 个实例，读者可以成为一个中级的 AI 工程师。

最后就是对本书的学习了。本书中的例子和知识更偏重于端到端的工程交付，几乎涵盖了 AI 领域的各大主流应用，也分享了许多来源于实际项目的经验与技巧。读者在打牢基础之后，将有能力修改本书中的例子，并将它们运用到真实项目中。学会本书中的内容，可以让自己的职场身价有一个质的飞跃。

2. 对于偏理论研究的读者

研究工作者推动了社会的进步、行业的发展，值得人们尊敬。要想成为一名优秀的研究人员,付出的精力会远远大于工程应用人员。本书并不能引导读者如何成为一个研究人员,但是可以在工作中起到催化器的作用。

本书中把深度学习实践过程中的很多细节和各种情况都进行了拆分和归类并用代码实现。研究者可以通过将这些代码拼凑起来,迅速地将自己的理论转化为代码实现,并验证结果。本书可以大大提升研究者将理论落地的进度。

如果是刚入行的研究者,同样也是建议先把编程基础打扎实。这个过程与偏工程应用的读者是一样的,没有捷径可走。另外,在《深度学习之 TensorFlow——入门、原理与进阶实战》一书中,还介绍了许多底层 API 的原理及实现。读者可以重点关注这部分,对于开发相对底层的神经网络算法,以及开发自己的深度学习框架会很有帮助。

1.3 学习技巧:跟读代码

要掌握好深度学习的知识,需要理论与实践相结合。但一定要目标明确,要知道自己花时间和精力做这件事情的目标是什么。

花了大量的时间研究理论、推导公式、阅读海量的论文,只能使自己更透彻地了解技术原理,但还需要配合一定的编程能力将理论知识转化成代码,这样才能真正体现出技术的价值。

与其学好理论再去研究代码,还不如直接从代码入手,将理论与编码能力同时提高。而其中的捷径就是跟读代码。因为它源于实践,用于实践。

在跟读代码过程中,有以下几点值得注意:
- 先从代码的语句来了解技术的原理。
- 如果遇到不懂的逻辑,则再去有针对性地查阅相关文献。
- 如果遇到已经封装好的底层代码,只要弄明白其输入、输出、能完成什么功能即可。
- 在没有阅读大量的代码之前,切记少去自己编写代码。从作者个人经验来看,提升自己快速编码能力的捷径确实是跟读代码。因为代码里包含了别人思考的成果、遇到的陷阱和凝聚的经验。这是提升自己编码能力的快捷通道。否则,你只有把前人经历过的事情再做一遍,才能到达同样的水平。

1.4 如何学习本书

本书从实用角度讲述了用 TensorFlow 开发人工智能项目。本书配有大量的实例,从样本制作到网络模型的导入、导出,覆盖了日常工作中的所有环节。每个实例都有对应的知识点。

每章都可以分为"快速导读"与"实例"两部分。
- "快速导读"部分介绍了本章实例所对应的理论知识。
- "实例"部分注重一步一步完成具体实例。对于希望快速上手的读者,直接使用书中的实例即可。

如果想了解更多相关的原理,推荐先阅读作者的另一本书《深度学习之 TensorFlow——入门、原理与进阶实战》,然后再学习每章的"快速导读"部分,这样会有一个透彻的理解。

第 2 章

搭建开发环境

本章主要介绍了搭建 TensorFlow 框架的方法。讲解用集成化的 Python 开发工具 Anaconda 来完成 Python 环境的整体部署,以及选择硬件配置、软件版本的相关知识。

2.1 准备硬件环境

本书中的实例大都是相对较大的模型,所以建议读者准备一个带有 GPU 的机器,并使用和 GPU 相配套的主板及电源。

> **提示:**
> 在已有的主机上直接添加 GPU(尤其是在原有服务器上添加 GPU),需要考虑以下问题:
> - 主板的插槽是否支持。例如,需要 PCIE x16(16 倍数)的插槽。
> - 芯片组是否支持。例如,需要 C610 系列或是更先进的芯片组。
> - 电源是否支持。GPU 的功率一般都会很大,必须采用配套的电源。如果检查驱动已安装正常,但在系统中却找不到 GPU,则可以考虑是否是由于电源供电不足导致的。

如果不想准备硬件,则可以用云服务的方式训练模型。云服务是需要单独购买的,且按使用时间收费。如果不需要频繁训练模型,则推荐使用这种方式。

读者在学习本书的过程中,需要频繁训练模型。如果使用云服务,则会花费较高的成本。建议直接购买一台带有 GPU 卡的机器会好一些。

1. 如何选择 GPU

(1)如果是个人学习使用。

推荐选择英伟达公司生产的 GPU,型号最好高于 GTX1070。选择 GPU 还需要考虑显存的大小。推荐选择显存大于 8GB 的 GPU。这一点很重要,因为在运行大型神经网络时,系统默认将网络节点全部载入显存。如果显存不足,则会显示资源耗尽提示,导致程序不能正常运行。

(2)如果企业级使用。

应根据运算需求量、具体业务,以及公司资金情况来综合考虑。

2. 是否需要安装多块 GPU

(1)如果是个人学习使用。

不建议在一台机器上安装多块 GPU。可以直接用两块卡的资金购买一块高性能的 GPU，这种方式会更为划算。

（2）如果是用于企业级使用。

如果一块高配置的 GPU 无法满足运算需求，则可以使用多块 GPU 协同计算。不过 TensorFlow 多卡协同机制并不能完全智能地将整体性能发挥出来。有时会出现只有一个 GPU 的运算负荷较大，其他卡的运算不饱和的情况（这种问题在 TensorFlow 较新的版本中，也逐步得到了改善）。可以通过定义运算策略或是手动分配运算任务的方式，让多 GPU 协同的运算效率更高（见 6.1.10 小节）。

如果一台服务器上的多卡协同计算仍然满足不了需求，则可以考虑分布式并行运算。当然，根据自身具体的硬件资源，也可以将现有的机器集群起来，进行分布式运算。

2.2　下载及安装 Anaconda

下面来详细介绍 Anaconda 的下载及安装方法。

1．下载 Anaconda 开发工具

（1）通过 https://www.anaconda.com 来到 Anaconda 官网。

（2）单击右上角的 Download 按钮，如图 2-1 所示。

图 2-1　单击 Download 按钮

（3）在新弹出的页面中，单击文字链接"Anaconda Distribution"，如图 2-2 所示。

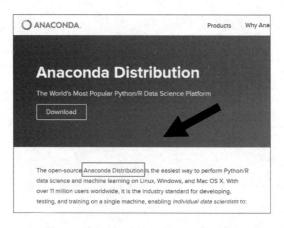

图 2-2　单击"Anaconda Distribution"链接

（4）进入 Anaconda Distribution 页，单击页面中的链接“Old package lists”，如图 2-3 所示。

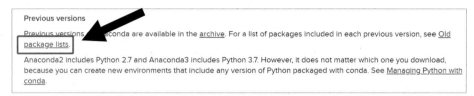

图 2-3　单击链接“Old package lists”

（5）进入 Old package lists 页面，单击图中的链接“Anaconda installer archive”（如图 2-4 所示），下载完全版本。

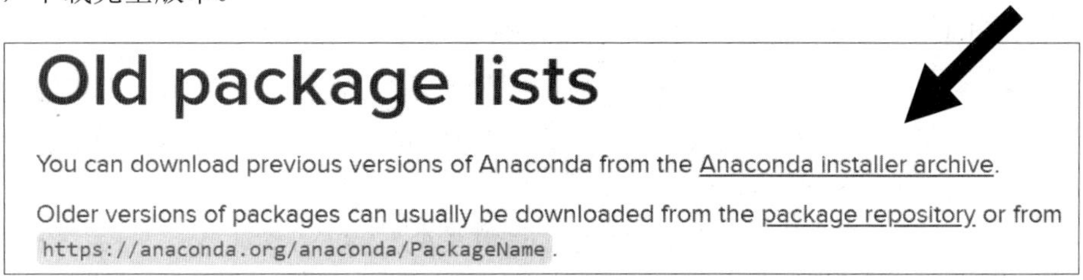

图 2-4 下载链接

（6）完全版本的安装文件如图 2-5 所示。其中有 Linux、Windows、Mac OSX 的多种版本可供选择。以 Windows 64 位下的 Python 3.6 版本为例，对应的安装包为 Anaconda3-5.0.1-Windows-x86_64.exe（见图 2-5 中的标注）。

Anaconda installer archive

Filename	Size	Last Modified	MD5
Anaconda2-5.1.0-Linux-ppc64le.sh	267.3M	2018-02-15 09:08:49	e894dcc547a1c7d67deb04f6bba7223a
Anaconda2-5.1.0-Linux-x86.sh	431.3M	2018-02-15 09:08:51	e26fb9d3e53049f6e32212270af6b987
Anaconda2-5.1.0-Linux-x86_64.sh	533.0M	2018-02-15 09:08:50	5b1b5784cae93cf696e11e66983d8756
Anaconda2-5.1.0-MacOSX-x86_64.pkg	588.0M	2018-02-15 09:08:52	4f9c197dfe6d3dc7e50a8611b4d3cfa2
Anaconda2-5.1.0-MacOSX-x86_64.sh	505.9M	2018-02-15 09:08:53	e9845ccf67542523c5be09552311666e
Anaconda2-5.1.0-Windows-x86.exe	419.8M	2018-02-15 09:08:55	a09347a53e04a15ee965300c2b95dfde
Anaconda2-5.1.0-Windows-x86_64.exe	522.6M	2018-02-15 09:08:54	b16d6d6858fc7decf671ac71e6d7cfdb
Anaconda3-5.1.0-Linux-ppc64le.sh	285.7M	2018-02-15 09:08:56	47b5b2b17b7dbac0d4d0f0a4653f5b1c
Anaconda3-5.1.0-Linux-x86.sh	449.7M	2018-02-15 09:08:58	793a94ee85baf64d0ebb67a0c49af4d7
Anaconda3-5.1.0-Linux-x86_64.sh	551.2M	2018-02-15 09:08:57	966406059cf7ed89cc82eb475ba506e5
Anaconda3-5.1.0-MacOSX-x86_64.pkg	594.7M	2018-02-15 09:09:06	6ed496221b843d1b5fe8463d3136b649
Anaconda3-5.1.0-MacOSX-x86_64.sh	511.3M	2018-02-15 09:10:24	047e12523fd287149ecd80c803598429
Anaconda3-5.1.0-Windows-x86.exe	435.5M	2018-02-15 09:10:28	7a2291ab99178a4cdec530861494531f
Anaconda3-5.1.0-Windows-x86_64.exe	537.1M	2018-02-15 09:10:26	83a8b1edcb21fa0ac481b23f65b604c6
Anaconda2-5.0.1-Linux-x86.sh	413.2M	2017-10-24 12:13:07	ae155b192027e23189d723a897782fa3
Anaconda2-5.0.1-Linux-x86_64.sh	507.7M	2017-10-24 12:13:52	dc13fe5502cd78dd03e8a727bb9be63f
Anaconda2-5.0.1-Windows-x86.exe	403.4M	2017-10-24 12:08:14	623e8d9ca2270cb9823a897dd0e9bfce
Anaconda3-5.0.1-Windows-x86.exe	420.4M	2017-10-24 12:37:10	9d2ffb0aac1f8a72ef4a5c535f3891f2
Anaconda3-5.0.1-Windows-x86_64.exe	514.8M	2017-10-24 12:37:59	3dde7dbbef158db6dc44fce495671c92
Anaconda2-5.0.1-MacOSX-x86_64.pkg	562.8M	2017-10-23 20:01:12	46fc99d1cf1e27f3b2a3eb63fee1a532
Anaconda2-5.0.1-MacOSX-x86_64.sh	486.5M	2017-10-23 19:51:04	17314016dced36614a3bef8ff3db7066
Anaconda2-5.0.1-Windows-x86_64.exe	499.8M	2017-10-23 21:57:22	b8d9bc02edd61af3f7ece3d07e726e91

图 2-5　下载列表（部分）

提示:

本书的实例均使用 Python 3.6 版本来实现。

虽然 Python 3 以上的版本算作同一阶段的,但是版本间也会略有区别(例如:Python 3.5 与 Python 3.6),并且没有向下兼容。在与其他的 Python 软件包整合使用时,一定要按照所要整合软件包的说明文件来找到完全匹配的 Python 版本,否则会带来不可预料的麻烦。

另外,不同版本的 Anaconda 默认支持的 Python 版本是不一样的:支持 Python 2 的版本 Anaconda,统一以 "Anaconda 2" 为开头来命名;支持 Python 3 的版本 Anaconda,统一以 "Anaconda 3" 为开头来命名。当前最新的版本为 Anaconda 5.1.0,可以支持 Python 3.6 版本。

2. 在 Windows 中安装

在 Windows 中 Anaconda 软件的安装方法,与一般软件的安装方法相似。右击安装包,在弹出的快捷菜单中选择"以管理员身份运行"命令,然后根据下一步的提示选择安装路径。这里假设安装路径是"C:\local\Anaconda"。

在安装期间,会出现注册环境变量的页面,如图 2-6 所示。

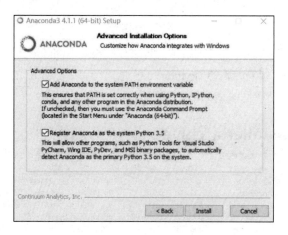

图 2-6 注册环境变量的页面

图 2-6 中有两个复选框,建议全部都勾选上,表示要注册环境变量。只有注册好环境变量,才可以在命令行下通过 Python 命令运行程序。

在安装 Anaconda 时,Python 常用的第三方库也会一起被安装了,路径如下:

```
C:\local\Anaconda3\Lib\site-packages
```

如果想要再安装其他的第三方库,可以使用 Anaconda 中自带的 pip 命令——在命令行下直接输入"pip+空格+第三方安装包名称"。运行 pip 命令之后,系统会自动从网上下载相关的安装包,并安装到本机。例如,下面是在本机上安装 TensorFlow 的命令:

```
C:\Users\Administrator>pip install tensorflow
```

如果要卸载某个第三方安装包,直接将上一行命令中的 install 替换成 uninstall 即可。

3. 在 Linux 中安装

这里以 Ubuntu 16.04 版本的操作系统为例。首先下载 Python 3.6 版的 Anaconda 集成开发工具（可以下载 Anaconda3-5.1.0-Linux-x86_64.sh 安装包），然后在命令行终端通过 chmod 命令为其增加可执行权限，接着输入以下命令运行该安装包：

```
chmod u+x Anaconda3-5.1.0-Linux-x86_64.sh
./Anaconda3-5.1.0-Linux-x86_64.sh
```

在安装过程中，会有各种交互性提示。有的需要按 Enter 键，有的需要输入"yes"，按照提示来即可。

2.3 安装 TensorFlow

安装 TensorFlow 有两种方式：
- 下载二进制安装包进行安装。
- 下载源码进行手动编译，然后再安装。

第一种方式比较简单、稳定，适用于大多数的情况。第二种方式相对较难，容易出错，但灵活度更高，适用于定制化场景。

为了让读者可以快速上手，本节将介绍第一种安装方法。第二种安装方法见本书 13.5.2 小节。

1. 了解 TensorFlow 的 Nightly 版本与 Release 版本

在 GitHub 网站上，TensorFlow 项目的主页（https://github.com/tensorflow/tensorflow）中介绍了 TensorFlow 两种版本的安装包：Nightly 版本与 Release 版本。这两个版本的含义以下。

- Nightly 版本：TensorFlow 的源码更新非常活跃。为此，TensorFlow 开发团队搭建了一个自动构建版本的平台。该平台会定期（一般是一天一次）将最新的 TensorFlow 源码编译成二进制安装包。这个安装包被称为 Nightly 版本。
- Release 版本：当 Nightly 更新到一定程度，根据更新功能的完成量与当前版本的 BUG 情况，会推出一个阶段性的发布版本。这个版本被称为 Release 版本。

在 Nightly 版本中包含了 TensorFlow 的最新功能，但稳定性不如 Release 版本，所以它常用于提升自我技术的研究场景；Release 版本的稳定性更好，但功能相对滞后，常用于开发工程项目。

2. 下载 TensorFlow 的二进制安装包，并进行安装

在装好 Anaconda 之后，可以用 pip 命令安装 TensorFlow 了。这个步骤与系统无关。保持电脑联网状态即可。

（1）安装 TensorFlow 的 Release 版本。

在命令行里输入以下命令：

```
pip install tensorflow-gpu
```

上面命令执行后，系统会将支持 GPU 的 TensorFlow Release 版本安装包下载到机器上，并进行安装。

如果是想安装 CPU 版本，则可以输入下列命令：

```
pip install tensorflow
```

如果想安装指定版本，则可以直接在命令后面加上版本号：

```
pip install  tensorflow-gpu==1.13.1
```

该命令执行后，系统会将 1.13.1 版本的 TensorFlow 安装到本机。

（2）安装 TensorFlow 的 Nightly 版本，可以使用以下命令：

```
pip install tf-nightly-gpu           安装 Nightly 的 gpu 版本
pip install tf-nightly               安装 Nightly 的 cpu 版本
```

还有更多关于 TensorFlow 的安装、卸载、更新方法，可以参考《深度学习之 TensorFlow——入门、原理与进阶实战》一书的 2.2 节。这里不再详述。

> 📝 提示：
> 如果安装的是 GPU 版本，还需要按照 2.4 节的方法安装配套的开发包，才可以正常使用。

还有一种更简单的方式安装 GPU 版本的 TensorFlow。在安装完 Anaconda 软件后，直接使用以下命令：

conda install tensorflow-gpu

系统会自动把 TensorFlow 的 GPU 版本及对应的 NVIDIA 驱动安装到本机，不再需要按照 2.4 节的描述进行手动安装。

用 conda 命令安装虽然方便，但这不属于 TensorFlow 官方支持的安装方式。用这种方式只能安装比最新发布的版本滞后一些。如果想及时安装最新发布的 TensorFlow，还得用 pip 命令。

如果想查看 Anaconda 软件中集成的 TensorFlow 安装包版本，可以通过以下命令：

anaconda search -t conda tensorflow

2.4 GPU 版本的安装方法

如果用 pip 命令安装 TensorFlow 框架的 GPU 版本，还需要安装 CUDA 软件包和 CuDnn 库。如果是用 conda 命令安装 TensorFlow，则可以跳过此节。

2.4.1 在 Windows 中安装 CUDA

来到官方网站：https://developer.nvidia.com/cuda-downloads，如图 2-7 所示。

根据自己的环境选择对应的版本。以 Windows 为例，exe 文件分为网络版和本地版：

- 网络版安装包比较小，但是在安装过程中需要联网下载其他文件。
- 本地版安装包是直接下载完整安装包，下载之后就可以正常安装了。

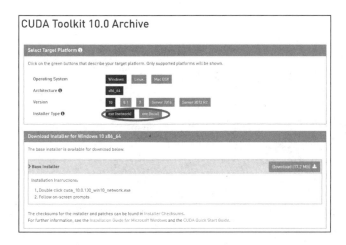

图 2-7　CUDA 页面

1. 安装 Visual Studio 以支持 CUDA 的更多工具包

CUDA 中的部分工具需要运行在 Visual Studio 之上。Visual Studio 是微软开发的集成化开发工具包。如果需要以源码编译的方式安装 TensorFlow，则建议安装 Visual Studio。否则也可以跳过该步骤。在安装 CUDA 过程中，如果出现如图 2-8 所示界面，则表明本机没有安装 Visual Studio。单击图 2-8 中的链接"Visual Studio"，即可下载 Visual Studio 工具包。

单击图 2-9 中的"免费下载"按钮，将"vs_community__1673162104.1537510790.exe"安装文件下载到本地。以管理员方式运行该安装文件进行安装。

图 2-8　CUDA 提示页面

图 2-9　Visual Studio 的下载页面

安装过程需要保持网络畅通，系统需要从网络下载数据，如图 2-10 所示。

图 2-10　Visual Studio 的安装界面

2. 安装 CUDA 的补丁包

在已经发布的 CUDA 版本中,有些是有补丁包的。补丁包的作用是对该版本的功能扩充和问题修复。建议读者安装。

以 CUDA 9.0 为例,基于 Windows 的 CUDA 软件包带有配套的补丁包,建议一起下载下来。共 3 个文件:cuda_9.0.176_win10.exe、cuda_9.0.176.1_windows.exe 和 cuda_9.0.176.2_windows.exe,需要按照版本、补丁的序号顺序依次安装。

> **提示:**
> CUDA 软件包也有多个版本,必须与 TensorFlow 的版本对应才行。TensorFlow 版本与 CUDA 版本的对应关系如下:
> - TensorFlow 1.0 至 1.4 版本只支持 CUDA 8.0。
> - TensorFlow 1.5 至 1.12 版本支持支持 CUDA 9.0。
> - TensorFlow 1.13 之后的版本,支持 CUDA10.0。
>
> 读者可以根据以下链接找到 CUDA 的更多版本:https://developer.nvidia.com/cuda-toolkit-archive。
>
> 另外,还可以根据以下网址找到 TensorFlow 版本对应的 CUDA 版本:https://github.com/tensorflow/tensorflow/blob/master/RELEASE.md。

图 2-11 显示的是 TensorFlow 1.5 版本支持 CUDA 9.0 和 cuDNN 7 版本。

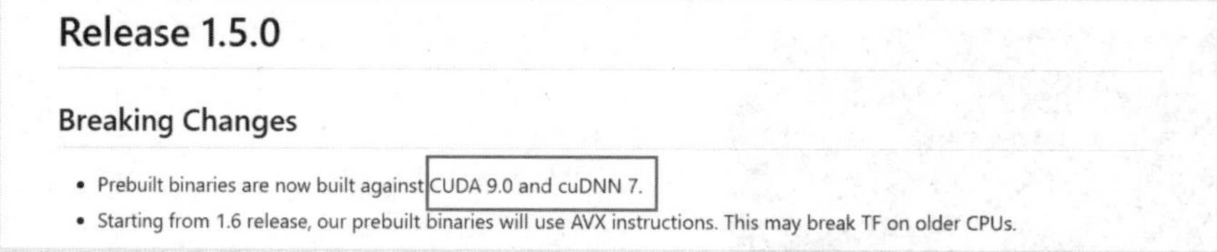

Release 1.5.0

Breaking Changes
- Prebuilt binaries are now built against CUDA 9.0 and cuDNN 7.
- Starting from 1.6 release, our prebuilt binaries will use AVX instructions. This may break TF on older CPUs.

图 2-11 TensorFlow 发布页面

当然,如果选择编译源码的方式安装 TensorFlow,则可以随意指定所需要的 CUDA 版本。

> **提示:**
> 如果要安装 TensorFlow 的 1.13 版本,则需要下载 CUDA10.0 进行安装(CUDA 的版本必须严格匹配,比如使用 10.1 的版本会报错误)。CUDA10.0 没有补丁包,直接安装即可。
>
> 如果本机已经装有 CUDA9.0,想要升级到 CUDA10.0,则可以在控制面板里将 CUDA9.0 相关的软件包卸载,再进行 CUDA10.0 的安装即可。

2.4.2 在 Linux 中安装 CUDA

以 Ubuntu 16.04 版本为例，CUDA 软件包还提供了两个补丁文件，建议一起下载下来。一共 3 个文件：cuda_9.0.176_384.81_linux.run、cuda_9.0.176.1_linux.run 和 cuda_9.0.176.2_linux.run。

然后用以下命令依次进行安装：

```
sudo sh cuda_9.0.176_384.81_linux.run
sudo sh cuda_9.0.176.1_linux.run
sudo sh cuda_9.0.176.2_linux.run
```

执行命令后，还需要检查一下环境变量是否更新。可以通过以下命令查看环境变量：

```
echo $PATH
```

执行后，会输出当前环境中的可执行目录，如下所示：

```
/root/anaconda3/bin:/root/anaconda3/bin:/usr/local/cuda-9.0/bin:/usr/local/sbin:
/usr/local/bin:/usr/sbin:/usr/bin:/sbin:/bin:/usr/games:/usr/local/games:/snap/bin
```

从上面的信息中可以看到，新安装的 CUDA 生效的路径是：/usr/local/cuda-9.0/bin，表示安装正确。

> **提示：**
>
> 执行 "echo $PATH" 命令后，如果在本机输出的信息中没有安装好的 CUDA 文件夹，则需要手动在环境变量里添加。具体做法是：用 vim 编辑~/.bashrc 文件，将 CUDA 文件的路径添加到最后一行的变量 PATH 中。假设 CUDA 的路径是/usr/local/cuda-9.0/bin,则在~/.bashrc 文件中添加以下内容：
>
> export PATH=/usr/local/cuda-9.0/bin${PATH:+:${PATH}}

2.4.3 在 Windows 中安装 cuDNN

通过以下网址来到下载页面。需要注册并且填写问卷才能下载这个安装包。

```
https://developer.nvidia.com/cudnn
```

cuDNN 库的版本选择也是有规定的。以 Windows 10 操作系统为例，具体如下：

- TensorFlow 1.0 到 1.2 版本使用的是 cuDNN 5.1 版本（安装包为 cudnn-8.0- windows10-x64-v5.1.zip）。
- TensorFlow 1.3 和 1.4 版本使用的是 cuDNN 6.0 版本（安装包为 cudnn-8.0- windows10-x64-v6.0.zip）。
- TensorFlow 1.5 到 1.10 版本使用的是 cuDNN 7.0 版本（安装包为 cudnn-9.0- windows10-x64-v7.rar）。
- TensorFlow 1.11 和 1.12 版本使用的是 cuDNN 7.2 版本（安装包为 cudnn-9.0- windows10-x64-v7.2.1.38.zip）。

- TensorFlow 1.13 之后的版本使用的是 cuDNN 7.5 版本（安装包为 cudnn-10.0-windows10-x64-v7.5.0.56.zip）。

得到相关包后将其解压缩，并复制到 CUDA 路径对应的文件夹下，覆盖原有文件，如图 2-12 所示。

图 2-12　安装 cuDNN 库

2.4.4　在 Linux 中安装 cuDNN

这里介绍两种安装方法：自动安装与手动安装。

自动安装比较简单。不过由于 Linux 系统配置过于灵活，在某种特定的环境下，有可能会失败。而手动安装相对麻烦，但是不会出现失败问题。

（1）自动安装。

使用自动安装时，需要下载 Deb 安装包。如图 2-13 所示，一定要选择开发库（Developer Library）的安装包，而不能选择运行时库（Runtime Library）的安装包。

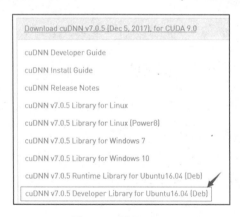

图 2-13　选择 cuDNN

下载完之后，输入以下命令即可进行安装：

```
sudo dpkg -i libcudnn7_7.0.5.15-1+cuda9.0_amd64.deb
sudo apt-get update
sudo apt-get install libcudnn7-dev
```

（2）手动安装。

手动安装的方法与 Windows 中的安装方法非常相似，需要直接下载 cuDNN 的"Library for Linux"安装包，并将安装包里的文件手动复制到指定路径即可。以下载一个 CUDA 9.0 版本的 cuDNN 7.2.1 安装包为例，具体操作如下。

> **提示：**
> 在 GitHub 上发布的 TensorFlow 新版本说明中用到的 cuDNN 版本，有时会在 NVIDIA 官网上找不到。例如，TensorFlow1.11.0 版本使用的是 cuDNN 7.2.1，而在 NVIDIA 的官方网站上找不到 CUDA 9.0 版本的 cuDNN 7.2.1 下载链接，只有 CUDA9.2 版本的 cuDNN 7.2.1。这时，可以将 9.2 版本对应的链接（如图 2-14 所示）复制下来，得到以下网址：
> https://developer.nvidia.com/compute/machine-learning/cudnn/secure/v7.2.1/prod/9.2_20180806/cudnn-9.2-linux-x64-v7.2.1.38
> 手动将 9.2 全部变成 9.0，一样可以下载。改后的网址如下：
> https://developer.nvidia.com/compute/machine-learning/cudnn/secure/v7.2.1/prod/9.0_20180806/cudnn-9.0-linux-x64-v7.2.1.38

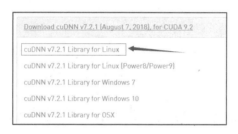

图 2-14　下载 cuDNN 库在 Linux 系统中的安装包

单击图 2-14 中箭头所指的链接，会将"cudnn-9.0-linux-x64-v7.2.1.38.jigsawpuzzle8"文件下载到本地。

下载完成后，将"cudnn-9.0-linux-x64-v7.2.1.38.jigsawpuzzle8"文件的扩展名改为 zip 并解压缩，会得到一个 cudnn-9.0-linux-x64-v7.2.1.38 文件。再继续将该文件的扩展名改为 zip 并解压缩，会得到真正的 cuDNN 库文件，如图 2-15 所示。

将其中的内容全部复制到 Linux 系统中 cuda-9.0 安装目标中对应的文件夹里，如图 2-16 所示。

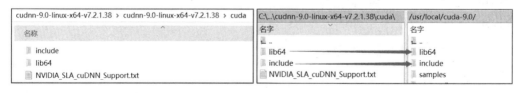

图 2-15　cuDNN 解压缩后的内容　　　　　　图 2-16　复制 cuDNN

当复制完成后，还要对库文件的权限进行修改。可以使用以下命令：

```
sudo chmod a+r /usr/local/cuda-9.0/include/cudnn.h /usr/local/cuda-9.0/lib64/libcudnn*
```

2.4.5 常见错误及解决方案

安装好 TensorFlow 的 GPU 版及配套的软件包后,在运行 TensorFlow 的代码时有时会出现 Numpy 库冲突的情况,如图 2-17 所示。

```
ModuleNotFoundError: No module named
'numpy.core._multiarray_umath'
Traceback (most recent call last):
  File "<frozen importlib._bootstrap>", line 968, in
_find_and_load
SystemError: <class '_frozen_importlib._ModuleLockManager'>
returned a result with an error set
ImportError: numpy.core._multiarray_umath failed to import
ImportError: numpy.core.umath failed to import
```

图 2-17 Numpy 库冲突

出现这种情况是因为本地 Numpy 库的版本与 TensorFlow 所依赖的版本库不兼容。可以先将其卸载,再重新安装一次 TensorFlow 即可。具体命令如下:

```
conda uninstall numpy                #卸载当前的 Numpy 库
pip install tensorflow-gpu==1.13.1                          #重新安装 TensorFlow
```

在重新安装 TensorFlow 时,系统会重新下载匹配的 Numpy 库并进行安装。待安装完成之后,重启 Anaconda 中的 Spyder 编译器,即可正常运行 TensorFlow 的代码。

2.5 测试显卡的常用命令

这里介绍几个小命令,它可以帮助读者定位在安装过程产生的问题。

1. 用 nvidia-smi 命令查看显卡信息

nvidia-smi 指的是 NVIDIA System Management Interface。该命令用于查看显卡的信息及运行情况。

(1)在 Windows 系统中使用 nvidia-smi 命令。

在安装完成 NVIDIA 显卡驱动之后,对于 Windows 用户而言,DOS 窗口中还无法识别 nvidia-smi 命令,需要将相关环境变量添加进去。如将 NVIDIA 显卡驱动安装在默认位置,则 nvidia-smi 命令所在的完整路径是:

```
C:\Program Files\NVIDIA Corporation\NVSMI
```

将上述路径添加进 Path 系统环境变量中。之后在 DOS 窗口中运行 nvidia-smi 命令,可以看到如图 2-18 所示界面。

图中第 1 行是作者的驱动信息,第 3 行是显卡信息"GeForce GTX 1070",第 4 行和第 5 行是当前使用显卡的进程。

如果这些信息都存在,则表示当前的安装是成功的。

提示：

在安装CUDA时，建议本机NVIDIA的显卡驱动更新到最新版本。否则，在执行nvidia-smi命令时有可能出现如下错误：

C:\Program Files\NVIDIA Corporation\NVSMI>nvidia-smi.exe

NVIDIA-SMI has failed because it couldn't communicate with the NVIDIA driver. Make sure that the latest NVIDIA driver is installed and running. This can also be happening if non-NVIDIA GPU is running as primary display, and NVIDIA GPU is in WDDM mode.

该错误表明本机NVIDIA的显卡驱动版本过老，不支持当前的CUDA版本。将驱动更新之后再运行"nvidia-smi"命令即可恢复正常。

（2）在Linux系统中使用"nvidia-smi"命令。

在Linux系统中，可以通过在命令行里输入"nvidia-smi"来显示显卡信息，显示的信息如图2-19所示。

图2-18　Windows系统的显卡信息　　　　图2-19　Linux系统的显卡信息

 提示：

还可以用"nvidia-smi -l"命令实时查看显卡状态。

2. 查看CUDA的版本

在装完CUDA之后，可以通过以下命令来查看具体的版本：

```
nvcc -V
```

在Windows与Linux系统中的操作都一样，直接在命令行里输入命令即可，如图2-20所示。

图2-20　查看CUDA版本

3. 查看cuDNN的版本

在装完cuDNN之后，可以通过查看include文件夹下的cudnn.h文件的代码找到具体的版本：

（1）在Windows系统中查看cuDNN版本。

在Windows系统中找到CUDA安装路径下的include文件夹，打开cudnn.h文件，在里面如果找到以下代码，则代表当前是 7 版本。

```
#define CUDNN_MAJOR 7
```

（2）在 Linux 系统中查看 cuDNN 版本。

在 Linux 系统中，默认的安装路径是"/usr/local/cuda/include/cudnn.h"，在该路径下打开文件即可查看。

也可以使用以下命令：

```
root@user-NULL:~# cat /usr/local/cuda/include/cudnn.h | grep CUDNN_MAJOR -A 2
```

显示内容如图 2-21 所示。

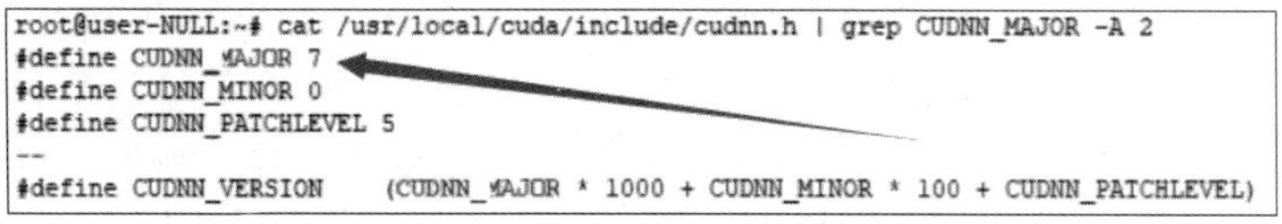

```
root@user-NULL:~# cat /usr/local/cuda/include/cudnn.h | grep CUDNN_MAJOR -A 2
#define CUDNN_MAJOR 7
#define CUDNN_MINOR 0
#define CUDNN_PATCHLEVEL 5
--
#define CUDNN_VERSION    (CUDNN_MAJOR * 1000 + CUDNN_MINOR * 100 + CUDNN_PATCHLEVEL)
```

图 2-21　查看 cuDNN 版本

在 Linux 和 MAC 系统中的安装方法可以参考以下网址：

```
http://www.tensorfly.cn/tfdoc/get_started/os_setup.html
```

2.6　TensorFlow 1.x 版本与 2.x 版本共存的解决方案

由于 TensorFlow 框架的 1.x 版本与 2.x 版本差异较大。在 1.x 版本上实现的项目，有些并不能直接运行在 2.x 版本上。而新开发的项目推荐使用 2.x 版本。这就需要解决 1.x 版本与 2.x 版本共存的问题。

如用 Anaconda 软件创建虚环境的方法，则可以在同一个主机上安装不同版本的 TensorFlow。

1. 查看 Python 虚环境及 Python 的版本

在装完 Anaconda 软件之后，默认会创建一个虚环境。该虚环境的名字是"base"是当前系统的运行主环境。可以用"conda info --envs"命令进行查看。

（1）在 Linux 系统中查看所有的 Python 虚环境。

以 Linux 系统为例，查看所有的 Python 虚环境。具体命令如下：

(base) root@user-NULL:~# conda info --envs 该命令执行后，会显示如下内容：

```
# conda environments:
#
base                  *  /root/anaconda3
```

在显示结果中可以看到，当前虚环境的名字是"base"，是 Anaconda 默认的 Python 环境。

（2）在 Linux 系统中查看当前 Python 的版本

可以通过"python --version"命令查看当前 Python 的版本。具体命令如下：

```
(base) root@user-NULL:~# python --version
```

执行该命令后会显示如下内容:

```
Python 3.6.4 :: Anaconda, Inc.
```

在显示结果中可以看到,当前 Python 的版本是 3.6.4。

2. 创建 Python 虚环境

创建 Python 虚环境的命令是 "conda create"。在创建时,应指定好虚环境的名字和需要使用的版本。

(1)在 Linux 系统中创建 Python 虚环境。

下面以在 Linux 系统中创建一个 Python 版本为 3.6.4 的虚环境为例(在 Windows 系统中,创建方法完全一致)。具体命令如下:

```
(base) root@user-NULL:~# conda create --name tf2 python=3.6.4
```

该命令创建一个名为 "tf2" 的 Python 虚环境。具体步骤如下:

① 在创建过程中会提示是否安装对应软件包,如图 2-22 所示。输入 "Y",则下载及安装软件包。

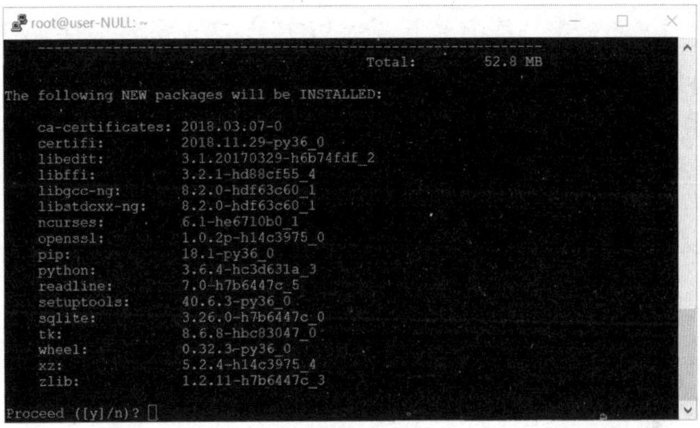

图 2-22　提示是否安装对应的软件包

② 安装完软件包后,系统将会自动进行其他配置。如果出现如图 2-23 所示的界面,则表示创建 Python 虚拟环境成功。

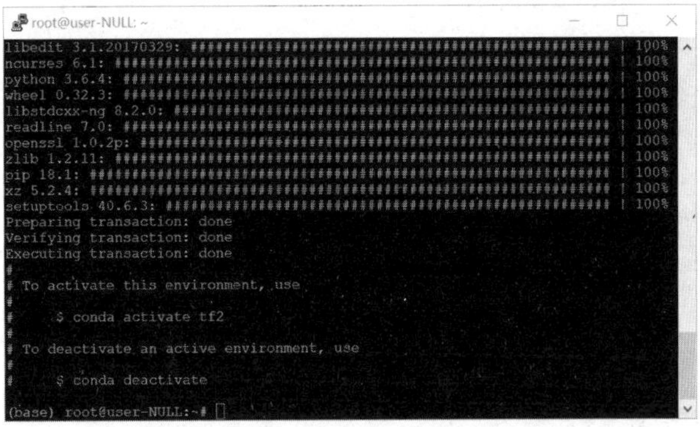

图 2-23　Python 虚拟环境创建成功

在图 2-23 中显示了使用虚拟环境的命令：

```
conda activate tf2            #将虚拟环境tf2作为当前的Python环境
conda deactivate              #使用默认的Python环境
```

 提示：

在 Windows 中，激活和取消激活虚拟环境的命令如下：

activate tf2

deactivate

（2）检查 Python 虚环境是否创建成功。

再次输入"conda info --envs"命令，查看所有的 Python 虚环境。具体命令如下：

```
(base) root@user-NULL:~# conda info -envs
该命令执行后，会显示如下内容：# conda environments:
#
base                   *  /root/anaconda3
tf2                       /root/anaconda3/envs/tf2
```

可以看到，相比 2.6 节，虚环境中多了一个"tf2"，表示创建成功。

（3）删除 Python 虚环境。

如果想删除已经创建的虚环境，则可以使用"conda remove"命令。具体命令如下：

```
(base) root@user-NULL:~# conda remove --name tf2 --all
```

该命令执行后没有任何显示。可以再次通过"conda info --envs"命令查看 Python 虚环境是否被删除。

3. 在 Python 虚环境中安装 TensorFlow

激活新创建的虚拟环境"tf2"，然后按照 2.3 节中介绍的方法安装 TensorFlow。具体命令如下：

```
(base) root@user-NULL:~# conda activate tf2                    激活tf2虚拟环境
(tf2) root@user-NULL:~# pip install tf-nightly-2.0-preview     安装TensorFlow 2.0版
```

第 3 章

实例1：用AI模型识别图像是桌子、猫、狗，还是其他

本章用训练好的模型去识别图像，让读者对模型的应用有一个直观的感受。

实例描述

用代码载入一个训练好的 AI 模型。调用该模型，让其对输入的任意图片进行分类识别，并观察识别结果。

本实例使用的是在 ImgNet 数据集上训练好的 PNASNet 模型。PNASNet 模型是一个很优秀的图片识别模型，可以识别出 1000 种类别的物体。

3.1 准备代码环境并预训练模型

本实例要用到 TensorFlow 1.x 版本的 TF-slim 接口。在具体操作之前，需要确保本机已经安装了 TensorFlow 1.x 版本。

> **提示：**
> 本书的代码环境以 TensorFlow 1.13.1 版本为主。因为 TensorFlow 2.x 版本的代码是基于 TensorFlow 1.13.1 转化而来。TensorFlow 1.13.1 版本可以部分支持 TensorFlow 2.0 版本的代码，详情可见 4.9.4 小节的实例。
> 在本书中基于 TensorFlow 其他版本（例如：2.x 版本）的实例会有特殊说明。建议读者按照 2.6 节内容在本机建立一个虚环境，实现 TensorFlow 1.x 与 2.x 两个版本共存。

1. 下载 TensorFlow 的 models 模块

models 模块中有许多成熟模型，可以直接拿来使用。在项目中，用 models 模块进行二次开发可以大大提升工作效率。

models 模块独立于 TensorFlow 项目，在使用时需要额外下载。下载地址如下：

https://github.com/tensorflow/models/

打开上述的网址链接，可以将 models 模块的源码下载到本地。

> **提示：**
> 下载 models 模块的源码，可以手动直接下载，也可以使用 Git 工具进行下载。Git 工具的使用方法见 13.5.5 小节"（1）下载 models 代码"中的介绍。

2. 部署 TensorFlow 的 slim 模块

将下载的 models 模块解压缩之后，将其\models-master\research 路径下的 slim 文件夹（如图 3-1 所示），复制到本地代码的同级路径下。

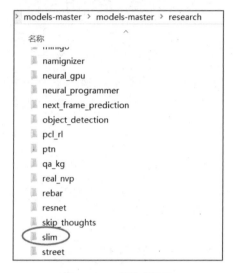

图 3-1　slim 模块的路径

在 slim 文件夹中，有许多成熟模型的代码实现。这些代码都是使用 TF-slim 接口来实现的。TF-slim 接口是 TensorFlow 1.0 之后推出的一个新的轻量级高级 API。该接口将很多常见的 TensorFlow 函数做了二次封装，使代码变得更加简洁。

本实例将使用 slim 文件夹中的 PNASNet 模型。

> **提示：**
> 本书以 TF-slim 接口的应用作为第一个实例，意在让熟悉 TensorFlow 1.x 版本的读者更容易上手，可以快速进入学习状态。
> 在 TensorFlow 1.x 版本中，TF-slim 接口非常稳定、实用，适用用于开发处理图像方面的模型。但在 TensorFlow 2.x 版本中，TF-slim 接口被边缘化了。
> 如果读者已经用 TF-slim 接口开发了部分项目，建议一直在 TensorFlow 1.x 版本中运行。
> 如果要开发新的模型，则建议少用 TF-slim 接口。推荐使用 tf.keras 接口（见 6.1.6 小节）。该接口可以兼容 TensorFlow 1.x 与 2.x 两个版本。

3. 下载 PNASNet 模型

（1）访问以下网站，下载训练好的 PNASNet 模型：

```
https://github.com/tensorflow/models/tree/master/research/slim
```

打开该链接后，可以在网页中找到模型文件“pnasnet-5_large_2017_12_13.tar.gz”的下载地址，如图 3-2 所示。

VGG 16	Code	vgg_16_2016_08_28.tar.gz	71.5	89.8
VGG 19	Code	vgg_19_2016_08_28.tar.gz	71.1	89.8
MobileNet_v1_1.0_224	Code	mobilenet_v1_1.0_224.tgz	70.9	89.9
MobileNet_v1_0.50_160	Code	mobilenet_v1_0.50_160.tgz	59.1	81.9
MobileNet_v1_0.25_128	Code	mobilenet_v1_0.25_128.tgz	41.5	66.3
MobileNet_v2_1.4_224^*	Code	mobilenet_v2_1.4_224.tgz	74.9	92.5
MobileNet_v2_1.0_224^*	Code	mobilenet_v2_1.0_224.tgz	71.9	91.0
NASNet-A_Mobile_224#	Code	nasnet-a_mobile_04_10_2017.tar.gz	74.0	91.6
NASNet-A_Large_331#	Code	nasnet-a_large_04_10_2017.tar.gz	82.7	96.2
PNASNet-5_Large_331	Code	pnasnet-5_large_2017_12_13.tar.gz	82.9	96.2

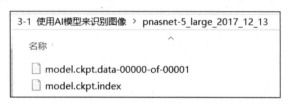

图 3-2　PNASNet 模型的下载页面

（2）将预训练模型下载到本地并进行解压缩，得到如图 3-3 所示的文件结构。

图 3-3　PNASNet 模型文件

（3）将整个 pnasnet-5_large_2017_12_13 文件夹放到本地代码的同级目录下。

提示：

在图 3-2 中可以看到，除本实例要用的 PNASNet 模型外，还有好多其他的模型。其中倒数第 4 行的 mobilenet_v2_1.0_224.tgz 模型也是比较常用的。该模型体积小、运算快，常用在移动设备中。

4. 准备 ImgNet 数据集标签

预训练模型 PNASNet 是在 ImgNet 数据集上训练好的。在用该模型进行分类时，还需要配合与其对应的标签文件一起使用。在 slim 文件夹中，将获得标签文件的操作封装到了代码里，在使用时直接调用即可。

提示：

由于标签文件采用英文进行分类，读起来不太直观。书籍同步的配套资源中提供了一个翻译好的中文标签分类文件“中文标签.csv”。读者可以将该中文标签文件下载到本地进行加载。

将预训练模型文件、slim 文件夹、代码文件、中文标签都准备好后，目录结构如图 3-4 所示。

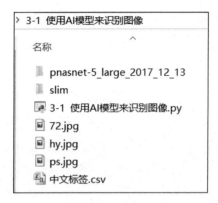

图 3-4 实例 1 文件结构

在图 3-4 中有三个图片文件"72.jpg""hy.jpg""ps.jpg",它们是用来测试的图片,读者可以将其替换为自己所要识别的文件。

3.2 代码实现:初始化环境变量,并载入 ImgNet 标签

首先将本地的 slim 文件夹作为引用库路径载入系统的环境变量里,然后载入 ImgNet 标签并显示出来。

代码 3-1 用 AI 模型识别图像

```
01  import sys                                          #初始化环境变量
02  nets_path = r'slim'
03  if nets_path not in sys.path:
04      sys.path.insert(0,nets_path)
05  else:
06      print('already add slim')
07
08  import tensorflow as tf                             #引入模块
09  from PIL import Image
10  from matplotlib import pyplot as plt
11  from nets.nasnet import pnasnet
12  import numpy as np
13  from datasets import imagenet
14  slim = tf.contrib.slim
15
16  tf.reset_default_graph()
17
18  image_size = pnasnet.build_pnasnet_large.default_image_size   #获得图片的尺寸
19  labels = imagenet.create_readable_names_for_imagenet_labels()  #获得标签
20  print(len(labels),labels)                                     #显示输出标签
21
22  def getone(onestr):
23      return onestr.replace(',',' ')
24
```

```
25  with open('中文标签.csv','r+') as f:                    #打开文件
26      labels =list( map(getone,list(f))  )
27      print(len(labels),type(labels),labels[:5])         #输出中文标签
```

在代码中读取了英文和中文两种标签,并将其输出。程序运行后,输出结果如下:

```
1001 {0: 'background', 1: 'tench, Tinca tinca', 2: 'goldfish, Carassius auratus',
3: 'great white shark, white shark, man-eater, man-eating shark, Carcharodon carcharias',
4: 'tiger shark, Galeocerdo cuvieri', 5: 'hammerhead, hammerhead shark',……,994:
'gyromitra', 995: 'stinkhorn, carrion fungus', 996: 'earthstar', 997: 'hen-of-the-woods,
hen of the woods, Polyporus frondosus, Grifola frondosa', 998: 'bolete', 999: 'ear, spike,
capitulum', 1000: 'toilet tissue, toilet paper, bathroom tissue'}
 1001 <class 'list'> ['背景known    \n', '丁鲷        \n', '金鱼        \n', '大白鲨       \n', '
虎鲨      \n']
```

结果中一共输出了两行信息:第 1 行是英文标签,第 2 行是中文标签。

3.3 代码实现:定义网络结构

定位网络结构的步骤如下:

(1)定义占位符 input_imgs,用于输入待识别的图片(见代码第 30 行)。

(2)对占位符进行归一化处理,生成张量 x1。

(3)将张量 x1 传入 pnasnet 对象的 build_pnasnet_large 方法中,生成处理结果 logits 与 end_points。其中 end_points 是字典类型,里面是模型输出的具体结果。

(4)从字典 end_points 中取出关键字"Predictions"所对应的值 prob。prob 是一个包含 1000 个元素的数组,数组中的元素表示被预测图片在这 1000 个分类中的概率。

(5)用 tf.argmax 函数在数组 prob 中找到数值最大的索引,该索引便是该图片的分类。

具体代码如下:

代码 3-1 用 AI 模型识别图像(续)

```
28  sample_images = ['hy.jpg', 'ps.jpg','72.jpg']          #定义待测试图片的名称
29
30  input_imgs = tf.placeholder(tf.float32, [None, image_size,image_size,3]) #
    定义占位符
31
32  x1 = 2 *( input_imgs / 255.0)-1.0                      #归一化图片
33
34  arg_scope = pnasnet.pnasnet_large_arg_scope()          #获得模型的命名空间
35  with slim.arg_scope(arg_scope):
36      logits, end_points = pnasnet.build_pnasnet_large(x1,num_classes = 1001,
        is_training=False)
37      prob = end_points['Predictions']
38      y = tf.argmax(prob,axis = 1)                       #获得结果的输出节点
```

代码第 28 行指定了待识别图片的名称。如果想识别自己的图片,直接修改这里的图片名称

即可。

在代码第 34 行中，arg_scope 是命名空间的意思。在 TensorFlow 中，相同名称的不同张量是通过命名空间来标识的。关于命名空间的更多知识可以参考《深度学习之 TensorFlow——入门、原理与进阶实战》一书的 4.3 节。

3.4 代码实现：载入模型进行识别

本节的代码步骤如下：
（1）定义要加载的预训练模型的路径。
（2）建立会话。
（3）在会话中载入预训练模型。
（4）将图片输入预训练模型进行识别。

具体代码如下：

代码 3-1　用 AI 模型识别图像（续）

```
39  checkpoint_file = r'pnasnet-5_large_2017_12_13\model.ckpt'    #定义预训练模型的路径
40  saver = tf.train.Saver()                                       #定义 saver，用于加载模型
41  with tf.Session() as sess:                                     #建立会话
42      saver.restore(sess, checkpoint_file)                       #载入模型
43
44      def preimg(img):                                           #定义图片预处理函数
45          ch = 3
46          if img.mode=='RGBA':                                   #兼容 RGBA 图片
47              ch = 4
48
49          imgnp = np.asarray(img.resize((image_size,image_size)),
50                      dtype=np.float32).reshape(image_size,image_size,ch)
51          return imgnp[:,:,:3]
52
53      #获得原始图片与预处理图片
54      batchImg = [ preimg( Image.open(imgfilename) ) for imgfilename in sample_images ]
55      orgImg = [ Image.open(imgfilename) for imgfilename in sample_images ]
56      #输入模型
57      yv,img_norm = sess.run([y,x1], feed_dict={input_imgs: batchImg})
58
59      print(yv,np.shape(yv))                                     #输出结果
60      def showresult(yy,img_norm,img_org):                       #定义显示图片的函数
61          plt.figure()
62          p1 = plt.subplot(121)
63          p2 = plt.subplot(122)
64          p1.imshow(img_org)                                     #显示图片
65          p1.axis('off')
```

```
66        p1.set_title("organization image")
67
68        p2.imshow((img_norm * 255).astype(np.uint8))        #显示图片
69        p2.axis('off')
70        p2.set_title("input image")
71
72        plt.show()
73        print(yy,labels[yy])
74
75   for yy,img1,img2 in zip(yv,batchImg,orgImg):            #显示每条结果及图片
76        showresult(yy,img1,img2)
```

在TensorFlow的静态图中，运行模型时有一个"图"的概念。在本实例中，原始的网络结构会在静态图中定义好，接着通过建立一个会话（见代码第41行）让当前代码与静态图连接起来，然后调用sess中的run函数将数据输入静态图中并返回结果，从而实现图片的识别。

在进行模型识别之前，所有的图片都要统一成固定大小（见代码第49行），并进行归一化处理（见代码第32行）。这个过程被叫作图片预处理。将经过预处理后的图片放到模型中，才能够得到准确的结果。

代码运行后，输出以下结果：

图 3-5　PNASNet 识别结果（a）

621 笔记本电脑

图 3-5　PNASNet 识别结果（b）

342 猪

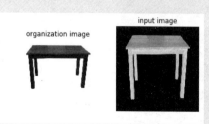

图 3-5　PNASNet 识别结果（c）

533 餐桌板

结果一共显示了 3 幅图和 3 段文字。每幅图片下一行的文字是模型识别出来的结果。在每幅图中，左侧是原始图片，右侧是预处理后的图片。

3.5 扩展：用更多预训练模型完成图片分类任务

在本书的配套资源中提供了一个用 NASNet-Mobile 模型来识别图像的例子（详见代码文件"3-2　用 nasnet-mobile 模型识别图像.py"），有兴趣的读者可以自行研究。

还可以在 tf.keras 接口中使用预训练模型（见 6.7.9 小节的实例）。用 tf.keras 接口编写的代码可以直接运行在 TensorFlow 1.x 版本和 2.x 版本中。用 tf.keras 接口编写代码是 TensorFlow 2.x 版本主推的代码编写方式。其实现起来更为简洁，可以使代码量大大减少，比 TF-slim 接口还要方便。

第 2 篇 基础

通过本篇的学习,读者可以掌握用 TensorFlow 开发实际工程的一些基本操作。掌握这些操作之后,读者便可以把精力重点放在模型的开发上。
- 第 4 章 用 TensorFlow 制作自己的数据集
- 第 5 章 10 分钟快速训练自己的图片分类模型
- 第 6 章 用 TensorFlow 编写训练模型的程序

第 4 章

用TensorFlow制作自己的数据集

本章来学习数据集的创建和使用。其中，创建部分包括将内存对象、文件对象、TFRecord 对象、Dataset 对象制作成数据集；使用部分包括用生成器、队列、TFRecorder、Dataset 迭代器等方法从数据集中读取数据。

4.1 快速导读

在学习实例之前，有必要了解一下数据集的基础知识。

4.1.1 什么是数据集

数据集是样本的集合。深度学习离不了样本的学习。在用 TensorFlow 框架开发深度学习模型之前，需要为模型准备好数据集。在训练模型环节，程序需要从数据集中不断地将数据注入模型中，模型通过对注入数据的计算来学习特征。

1. TensorFlow 的数据集格式

TensorFlow 中有 4 种数据集格式：

- 内存对象数据集：直接用字典变量 feed_dict，通过注入模式向模型输入数据。该数据集适用于少量的数据集输入。
- TFRecord 数据集：用队列式管道（tfRecord）向模型输入数据。该数据集适用于大量的数据集输入。
- Dataset 数据集：通过性能更高的输入管道（tf.data）向模型输入数据。该数据集适用于 TensorFlow 1.4 之后的版本。
- tf.keras 接口数据集：支持 tf.keras 语法的数据集接口。该数据集适用于 TensorFlow 1.4 之后的版本。

2. 学习建议

本章会通过多个实例介绍前 3 种数据集的使用方法。建议读者：

- 简单了解前两种数据集（内存对象数据集、TFRecord 数据集）的使用方法，达到能读懂代码的程度即可。
- 重点掌握第 3 种数据集（Dataset 数据集）。在 TensorFlow 2.x 之后，主要推荐使用 Dataset

数据集。
- tf.keras 接口数据集对数据预处理的一些方法进行了封装，并集成了许多常用的数据集，这些数据集都有对应的载入函数，可以直接调用它们。所以，这种数据集使用起来非常方便。

4.1.2 TensorFlow 的框架

数据集的使用方法，跟框架的模式有关。在 TensorFlow 中，大体可以分为 5 种框架。
- 静态图框架：是一种 "定义"与"运行"相分离的框架，是 TensorFlow 最原始的框架，也是最灵活的框架。定义的张量，必须要在会话（session）中调用 run 方法才可以获得其具体值。
- 动态图框架：更符合 Python 语言的框架。即在代码被调用的同时，便开始计算具体值，不需要再建立会话来运行代码。
- 估算器框架：是一个集成了常用操作的高级 API。在该框架中进行开发，代码更为简单。
- Keras 框架：是一个支持 Keras 接口的框架。
- Swift 框架：是一个可以在苹果系统中使用 Swift 语言开发 TensorFlow 模型的框架，使用了动态图机制。

本章重点讲解的是数据集的制作。为了配合数据集，还需要用到框架方面的知识。静态图框架是 TensorFlow 中最早的框架，也是最基础的框架，本书中的大多实例都是基于该框架实现的。当然，在少数实例中也会使用其他框架。每个框架的具体使用方法，会伴随实例进行详细讲解。

另外，Swift 框架不在本书的介绍范围之内。有兴趣的读者可以在以下链接中找到相关资料自行研究：

```
https://github.com/tensorflow/swift
```

4.1.3 什么是 TFDS

TFDS 是 TensorFlow 中的数据集集合模块。该模块将常用的数据集封装起来，实现自动下载与统一的调用接口，为开发模型提供了便利。

1. 安装 TFDS

TFDS 模块要求当前的 TensorFlow 版本在 1.12 或者 1.12 之上。在满足这个条件之后，可以使用以下命令进行安装：

```
pip install tensorflow-datasets
```

2. 用 TFDS 加载数据集

在装好 TFDS 模块后，可以编写代码从该模块中加载数据集。以 MNIST 数据集为例，具体代码如下：

```
import tensorflow_datasets as tfds
```

```
tf.enable_eager_execution()          #启动动态图
print(tfds.list_builders())          #查看有效的数据集
ds_train, ds_test = tfds.load(name="mnist", split=["train", "test"]) #加载数据集
ds_train = ds_train.shuffle(1000).batch(128).prefetch(10)#用 tf.data.Dataset 接口加
工数据集
for features in ds_train.take(1):
  image, label = features["image"], features["label"]
```

在上面代码中,用 tfds.load 方法实现数据集的加载。还可以用 tfds.builder 方法实现更灵活的操作。具体可以参考以下链接:

https://github.com/tensorflow/datasets
https://www.tensorflow.org/datasets/api_docs/python/tfds

在该链接中还介绍了 tfds.as_numpy 方法,该方法会将数据集以生成器对象的形式进行返回,该生成器对象的类型为 Numpy 数组。更多应用请参考 6.6 节实例。

3. 在 TFDS 中添加自定义数据集

TFDS 模块还支持自定义数据集的添加。具体方法可以参考如下链接:

https://github.com/tensorflow/datasets/blob/master/docs/add_dataset.md

4.2 实例 2:将模拟数据制作成内存对象数据集

本实例将用内存中的模拟数据来制作成数据集。生成的数据集被直接存放在 Python 内存对象中。这种做法的好处是——让数据集的制作独立于任何框架。

当然,由于本实例没有使用 TensorFlow 中的任何框架,所以,所有需要特征变换的代码都得手动编写,这会增加很大的工作量。

实例描述

生成一个模拟 $y \approx 2x$ 的数据集,并通过静态图的方式显示出来。

为了演示一套完整的操作,在生成数据集之后,还要在静态图中建立会话,将数据显示出来。本实例的实现步骤如下:

(1)生成模拟数据。
(2)定义占位符。
(3)建立会话(session),获取并显示模拟数据。
(4)将模拟数据可视化。
(5)运行程序。

4.2.1 代码实现:生成模拟数据

在样本制作过程中,最忌讳的是一次性将数据都放入内存中。如果数据量很大,这样容易造成内存用尽。即使是模拟数据,也不建议一次性将数据全部生成后一次放入内存。

一般常用的做法是：

（1）创建一个模拟数据生成器。

（2）每次只生成指定批次的样本（见 4.2.2 小节）。

这样在迭代过程中，就可以用"随用随制作"的方式来获得样本数据。

下面定义 GenerateData 函数来生成模拟数据，并将 GenerateData 函数的返回值设为生成器方式。这种做法使内存被占用得最少。具体代码如下：

代码 4-1　将模拟数据制作成内存对象数据集

```
01  import tensorflow as tf
02  import numpy as np
03  import matplotlib.pyplot as plt
04
05  #在内存中生成模拟数据
06  def GenerateData(batchsize = 100):
07      train_X = np.linspace(-1, 1, batchsize)        #生成-1~1之间的100个浮点数
08      train_Y = 2 * train_X + np.random.randn(*train_X.shape) * 0.3   #y=2x,
    但是加入了噪声
09      yield train_X, train_Y                          #以生成器的方式返回
```

代码第 9 行，用关键字 yield 修饰函数 GenerateData 的返回方式，使得函数 GenerateData 以生成器的方式返回数据。生成器对象只使用一次，之后便会自动销毁。这样做可以为系统节省大量的内存。

> **提示：**
> 有关生成器的更多知识，请参考《Python 带我起飞——入门、进阶、商业实战》一书中 5.8 节"迭代器"与 6.8 节"生成器"部分的内容。

4.2.2　代码实现：定义占位符

在正常的模型开发中，这个环节应该是定义占位符和网络结构。在训练模型时，系统会将数据集的输入数据用占位符来代替，并使用静态图的注入机制将输入数据传入模型，进行迭代训练。

因为本实例只需要从数据集中获取数据，所以只定义占位符，不需要定义其他网络节点。具体代码如下：

代码 4-1　将模拟数据制作成内存对象数据集（续）

```
10  #定义模型结构部分，这里只有占位符张量
11  Xinput = tf.placeholder("float",(None))          #定义两个占位符，用来接收参数
12  Yinput = tf.placeholder("float",(None))
```

代码第 11 行的 Xinput 用于接收 GenerateData 函数的 train_X 返回值。

代码第 12 行的 Yinput 用于接收 GenerateData 函数的 train_Y 返回值。

> **提示：**
> 关于静态图和注入机制的更多内容，建议参考《深度学习之 TensorFlow——入门、原理与进阶实战》一书的第 4 章内容。

4.2.3 代码实现：建立会话，并获取数据

首先定义数据集的迭代次数，接着建立会话（session）。在 session 中，使用了两层 for 循环：第 1 层是按照迭代次数来循环；第 2 层是对 GenerateData 函数返回的生成器对象进行循环，并将数据打印出来。

因为 GenerateData 函数返回的生成器对象只有一个元素，所以第 2 层循环也只运行了一次。

代码 4-1　将模拟数据制作成内存对象数据集（续）

```
13  #建立会话，获取并输出数据
14  training_epochs = 20                              #定义需要迭代的次数
15  with tf.Session() as sess:                        #建立会话（session）
16      for epoch in range(training_epochs):          #迭代数据集20遍
17          for x, y in GenerateData():               #通过for循环打印所有的点
18              xv,yv = sess.run([Xinput,Yinput],feed_dict={Xinput: x, Yinput: y})
                                                      #通过静态图注入的方式传入数据
19              #打印数据
20              print(epoch,"| x.shape:",np.shape(xv),"| x[:3]:",xv[:3])
21              print(epoch,"| y.shape:",np.shape(yv),"| y[:3]:",yv[:3])
```

代码第 14 行，定义了数据集的迭代次数。这个参数在训练模型时才会用到。本实例中，变量 training_epochs 代表读取数据的次数。

4.2.4 代码实现：将模拟数据可视化

为了使本实例的结果更加直观，下面把取出的数据以图的方式显示出来。具体代码如下：

代码 4-1　将模拟数据制作成内存对象数据集（续）

```
22  #显示模拟数据点
23  train_data =list(GenerateData())[0]                #获取数据
24  plt.plot(train_data[0], train_data[1], 'ro', label='Original data') #生成
        图像
25  plt.legend()                                       #添加图例说明
26  plt.show()                                         #显示图像
```

图像显示部分不是本实例重点，读者了解一下即可。

4.2.5 运行程序

代码运行后，输出以下结果：

```
0 | x.shape: (100,) | x[:3]: [-1.         -0.97979796 -0.959596  ]
0 | y.shape: (100,) | y[:3]: [-2.0518072 -1.7162607 -1.9215399]
1 | x.shape: (100,) | x[:3]: [-1.         -0.97979796 -0.959596  ]
1 | y.shape: (100,) | y[:3]: [-1.7399402 -1.8851279 -1.8028339]
……
18 | x.shape: (100,) | x[:3]: [-1.         -0.97979796 -0.959596  ]
18 | y.shape: (100,) | y[:3]: [-2.1623547 -2.1738577 -2.6779299]
19 | x.shape: (100,) | x[:3]: [-1.         -0.97979796 -0.959596  ]
19 | y.shape: (100,) | y[:3]: [-2.2008154 -1.9220618 -1.3616668]
```

程序循环运行了 20 次，每次都会生成 100 个 x 与 y 对应的数据。

输出结果的第 1、2 行可以看到，在第 1 次循环时，取出了 x 与 y 的内容。每行数据的内容被"|"符号被分割成三段，依次为：迭代次数、数据的形状、前 3 个元素的值。

同时，程序又生成了数据的可视化结果，如图 4-1 所示。

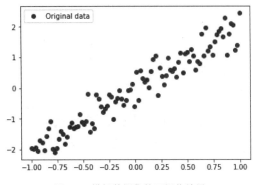

图 4-1　模拟数据集的可视化结果

4.2.6　代码实现：创建带有迭代值并支持乱序功能的模拟数据集

下面对本实例的代码做更进一步的优化：

（1）将数据集与迭代功能绑定在一起，让代码变得更简洁。

（2）对数据集进行乱序操作，让生成的 x 数据无规则。

通过对数据集的乱序，可以消除样本中无用的特征，从而大大提升模型的泛化能力。下面详细介绍具体实现方法。

1. 修改 GenerateData 函数，生成带有多个元素的生成器对象，并对其进行乱序操作

在函数 GenerateData 的定义中传入参数 training_epochs，并按照 training_epochs 的循环次数生成带有多个元素的生成器对象。具体代码如下：

提示：

在乱序操作部分使用的是 sklearn.utils 库中的 shuffle 方法。要使用该方法需要先安装 sklearn 库。具体命令如下：

pip install sklearn

在本书的 4.4.3 和 4.6.5 小节中，还会介绍一些打乱数据集中样本顺序的方法。

代码 4-2　带迭代的模拟数据集

```
01  import tensorflow as tf
02  import numpy as np
03  import matplotlib.pyplot as plt
04  from sklearn.utils import shuffle              #导入sklearn库
05
06  #在内存中生成模拟数据
07  def GenerateData(training_epochs ,batchsize = 100):
08      for i in range(training_epochs):
09          train_X = np.linspace(-1, 1, batchsize)    #train_X是-1~1之间连续的100个浮点数
10          train_Y = 2 * train_X + np.random.randn(*train_X.shape) * 0.3 #y=2x，但是加入了噪声
11          yield shuffle(train_X, train_Y),i
```

在代码第 8 行，加入了 for 循环，按照指定的迭代次数生成了带有多个元素的迭代器对象。在代码第 11 行，将生成的变量 train_X、train_Y 传入 shuffle 函数中进行乱序。这样所得到的样本 train_X、train_Y 的顺序就会被打乱。

2. 修改 session 处理过程，直接遍历生成器对象获取数据

在 session 中，用 for 循环来遍历函数 GenerateData 返回的生成器对象（见代码第 18 行）。具体代码如下：

代码 4-2　带迭代的模拟数据集（续）

```
12  Xinput = tf.placeholder("float",(None))        #定义两个占位符，用来接收参数
13  Yinput = tf.placeholder("float",(None))
14
15  training_epochs = 20                           #定义需要迭代的次数
16
17  with tf.Session() as sess:                     #建立会话(session)
18      for (x, y) ,ii in GenerateData(training_epochs):   #用一个for循环来遍历生成器对象
19          xv,yv = sess.run([Xinput,Yinput],feed_dict={Xinput: x, Yinput: y})
            #通过静态图注入的方式传入数据
20          print(ii,"| x.shape:",np.shape(xv),"| x[:3]:",xv[:3])
            #输出数据
21          print(ii,"| y.shape:",np.shape(yv),"| y[:3]:",yv[:3])
```

3. 获得并可视化只有一个元素的生成器对象

再次调用函数 GenerateData，并传入参数 1。函数 GenerateData 会返回只有一个元素的生成器，生成器中的元素为一个批次的模拟数据。获得数据后，将其以图的方式显示出来。

代码 4-2　带迭代的模拟数据集（续）

```
22  #显示模拟数据点
```

```
23  train_data =list(GenerateData(1))[0]                    #获取数据
24  plt.plot(train_data[0][0], train_data[0][1], 'ro', label='Original data')
    #生成图像
25  plt.legend()                                             #添加图例说明
26  plt.show()                                               #显示图像
```

代码第 23 行，用函数 GenerateData 返回了一个生成器对象，该生成器对象具有一个元素。

4. 该数据集运行程序

整个代码改好后，运行效果如下：

```
0 | x.shape: (100,) | x[:3]: [-0.8787879   0.97979796  0.8787879 ]
0 | y.shape: (100,) | y[:3]: [-1.4220259  1.4639419  1.8528527]
1 | x.shape: (100,) | x[:3]: [-0.97979796  0.83838385  0.7171717 ]
1 | y.shape: (100,) | y[:3]: [-1.5776895  2.3976982  1.0726162]
……
18 | x.shape: (100,) | x[:3]: [ 0.7777778  1.         -0.03030303]
18 | y.shape: (100,) | y[:3]: [ 1.3839471  1.7204176 -0.62857807]
19 | x.shape: (100,) | x[:3]: [0.8181818  0.01010101 0.61616164]
19 | y.shape: (100,) | y[:3]: [ 2.1516888 -0.2165111  1.3852897]
```

可以看到 x 的数据每次都不一样，这是与 4.2.4 小节结果的最大区别。原因是，x 的值已经被打乱顺序了。这样的数据训练模型还会有更好的泛化效果。

> **总结：**
> 通过本实例的学习，读者在掌握基础的制作模拟数据集方法的同时，更需要记住两个知识点：生成器与乱序。
> 生成器语法在 TensorFlow 底层的数据集处理中应用得非常广泛。在实际应用中，它可以为系统节省很大的内存。要学会使用生成器语法。
> 对数据集进行乱序是深度学习中的一个重要知识点，但很容易被开发者忽略。这一点值得注意。

4.3 实例 3：将图片制作成内存对象数据集

本实例将使用图片样本数据来制作成数据集。在数据集的实现中，使用了 TensorFlow 的队列方式。这样做的好处是：能充分使用 CPU 的多线程资源，让训练模型与数据读取以并行的方式同时运行，从而大大提升效率。

实例描述

有一套从 1~9 的手写图片样本。

首先将这些图片样本做成数据集，输入静态图中；然后运行程序，将数据从静态图中输出，并显示出来。

在读取图片过程中，最需要考虑的一个因素是内存。如果样本比较少，则可以采用较简单的方式——直接将图片一次性全部读入系统。如果样本足够大，则这种方法会将内存全部占满，使程序无法运行。

所以，一般建议使用"边读边用"的方式：一次只读取所需要的图片，用完后再读取下一批。这种方式能够满足程序正常执行。但是，频繁的 I/O 读取操作也会使性能受到影响。

最好的方式是——以队列的方式进行读取。即使用至少两个线程并发执行：一个线程用于从队列里取数据并训练模型，而另外一个线程用于读取文件放入缓存。这样既保证了内存不会被占满，又赢得了效率。

4.3.1　样本介绍

本实例使用的是 MNIST 数据集，该数据集以图片的形式存放。在随书配套的资源中，找到文件夹为"mnist_digits_images"的样本，并将其复制到本地代码的同级路径下。

打开文件夹"mnist_digits_images"可以看到 10 个子文件夹，如图 4-2 所示。

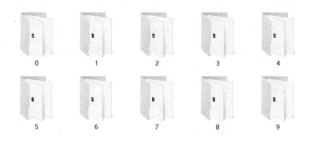

图 4-2　MNIST 图片文件夹

每个子文件夹里放的图片内容都与该文件夹的名称一致。例如，打开名字为"0"的文件夹，会看到各种数字是"0"的图片，如图 4-3 所示。

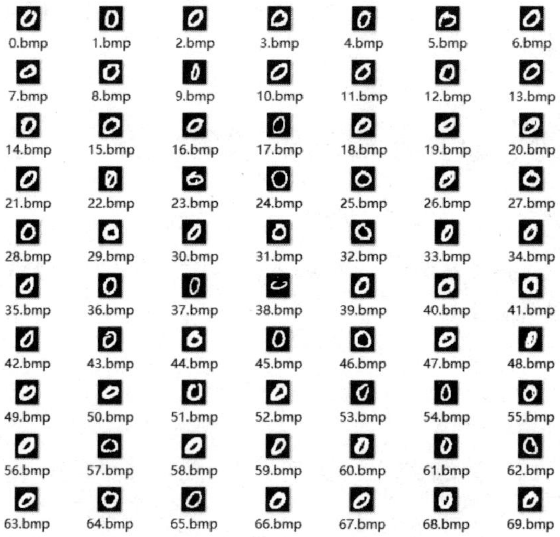

图 4-3　MNIST 图片文件

4.3.2 代码实现：载入文件名称与标签

编写函数 load_sample 载入指定路径下的所有文件的名称载入，并将文件所属目录的名称作为标签。

load_sample 函数会返回 3 个对象。
- lfilenames：文件名称数组。将根据文件名称来读取图片数据。
- labels：数值化后的标签。与每一个文件的名称一一对应。
- lab：数值化后的标签与字符串标签的对应关系。用于显示使用。

因为标签 labels 对象主要用于模型的训练，所以这里将其转化为数值型。待需要输出结果时，再通过 lab 将其转化为字符串。

载入文件名称与标签的具体代码如下：

代码 4-3　将图片制作成内存对象数据集

```
01  import tensorflow as tf
02  import os
03  from matplotlib import pyplot as plt
04  import numpy as np
05  from sklearn.utils import shuffle
06
07  def load_sample(sample_dir):
08      '''递归读取文件。只支持一级。返回文件名、数值标签、数值对应的标签名'''
09      print ('loading sample  dataset..')
10      lfilenames = []
11      labelsnames = []
12      for (dirpath, dirnames, filenames) in os.walk(sample_dir):#遍历文件夹
13          for filename in filenames:                            #遍历所有文件名
14              filename_path = os.sep.join([dirpath, filename])
15              lfilenames.append(filename_path)                  #添加文件名
16              labelsnames.append( dirpath.split('\\')[-1] )     #添加文件名对应的标签
17
18      lab= list(sorted(set(labelsnames)))                       #生成标签名称列表
19      labdict=dict( zip( lab ,list(range(len(lab))) ))          #生成字典
20
21      labels = [labdict[i] for i in labelsnames]
22      return shuffle(np.asarray( lfilenames),np.asarray( labels)),np.asarray(lab)
23
24  data_dir = 'mnist_digits_images\\'                            #定义文件路径
25
26  (image,label),labelsnames = load_sample(data_dir)   #载入文件名称与标签
27  print(len(image),image[:2],len(label),label[:2])#输出load_sample返回的结果
28  print(labelsnames[ label[:2] ],labelsnames) #输出load_sample返回的标签字符串
```

代码运行后，输出以下结果：

```
loading sample dataset..
 8000 ['data\\mnist_digits_images\\2\\520.bmp'  'data\\mnist_digits_images\\2\\
1.bmp'] 8000 [2 2]
     ['2' '2'] ['0' '1' '2' '3' '4' '5' '6' '7' '8' '9']
```

输出结果的第 2 行共分为 4 部分，依次是：图片的长度（8000）、头两个图片的文件名、标签的长度（8000）、前两个标签的具体值（[2 2]）。

因为函数 load_sample 已经将返回值的顺序打乱（见代码第 23 行），所以该函数返回数据的顺序是没有规律的。

4.3.3　代码实现：生成队列中的批次样本数据

编写函数 get_batches，返回批次样本数据。具体步骤如下：

（1）用 tf.train.slice_input_producer 函数生成一个输入队列。
（2）按照指定路径读取图片，并对图片进行预处理。
（3）用 tf.train.batch 函数将预处理后的图片变成批次数据。

在第（3）步调用函数 tf.train.batch 时，还可以指定批次（batch_size）、线程个数（num_threads）、队列长度（capacity）。该函数的定义如下：

```
def batch(tensors, batch_size, num_threads=1, capacity=32,
        enqueue_many=False, shapes=None, dynamic_pad=False,
        allow_smaller_final_batch=False, shared_name=None, name=None)
```

在实际使用时，按照对应的参数进行设置即可。

函数 get_batches 的完整实现及调用代码如下：

代码 4-3　将图片制作成内存对象数据集（续）

```
29 def get_batches(image,label,resize_w,resize_h,channels,batch_size):
30
31     queue = tf.train.slice_input_producer([image ,label])  #实现一个输入队列
32     label = queue[1]                                        #从输入队列里读取标签
33
34     image_c = tf.read_file(queue[0])                        #从输入队列里读取image路径
35
36     image = tf.image.decode_bmp(image_c,channels)           #按照路径读取图片
37
38     image = tf.image.resize_image_with_crop_or_pad(image,resize_w,resize_h)
       #修改图片的大小
39
40     #将图像进行标准化处理
41     image = tf.image.per_image_standardization(image)
42     image_batch,label_batch = tf.train.batch([image,label], #生成批次数据
43              batch_size = batch_size,
44              num_threads = 64)
45
46     images_batch = tf.cast(image_batch,tf.float32)          #将数据类型转换为float32
```

```
47      #修改标签的形状
48      labels_batch = tf.reshape(label_batch,[batch_size])
49      return images_batch,labels_batch
50  batch_size = 16
51  image_batches,label_batches = get_batches(image,label,28,28,1,batch_size)
```

代码第 50、51 行定义了批次大小,并调用 get_batches 函数生成两个张量(用于输入数据)。

4.3.4 代码实现:在会话中使用数据集

首先,定义 showresult 和 showimg 函数,用于将图片数据进行可视化输出。

接着,建立 session,准备运行静态图。在 session 中启动一个带有协调器的队列线程,通过 session 的 run 方法获得数据并将其显示。

具体代码如下:

代码 4-3 将图片制作成内存对象数据集(续)

```
52  def showresult(subplot,title,thisimg):          #显示单个图片
53      p =plt.subplot(subplot)
54      p.axis('off')
55      #p.imshow(np.asarray(thisimg[0], dtype='uint8'))
56      p.imshow(np.reshape(thisimg, (28, 28)))
57      p.set_title(title)
58
59  def showimg(index,label,img,ntop):              #显示批次图片
60      plt.figure(figsize=(20,10))                 #定义显示图片的宽和高
61      plt.axis('off')
62      ntop = min(ntop,9)
63      print(index)
64      for i in range (ntop):
65          showresult(100+10*ntop+1+i,label[i],img[i])
66      plt.show()
67
68  with tf.Session() as sess:
69      init = tf.global_variables_initializer()
70      sess.run(init)                              #初始化
71
72      coord = tf.train.Coordinator()              #建立列队协调器
73      threads = tf.train.start_queue_runners(sess = sess,coord = coord)#启动
    队列线程
74      try:
75          for step in np.arange(10):
76              if coord.should_stop():
77                  break
78              images,label = sess.run([image_batches,label_batches])#注入数据
79
80              showimg(step,label,images,batch_size)           #显示图片
```

```
81            print(label)                                    #打印数据
82
83    except tf.errors.OutOfRangeError:
84        print("Done!!!")
85    finally:
86        coord.request_stop()
87
88    coord.join(threads)                                      #关闭列队
```

关于线程、队列及队列协调器方面的知识，属于 Python 的基础知识。如果读者不熟悉这部分知识，可以参考《Python 带我起飞——入门、进阶、商业实战》一书的 10.2 节。

4.3.5 运行程序

程序运行后，输出以下结果：

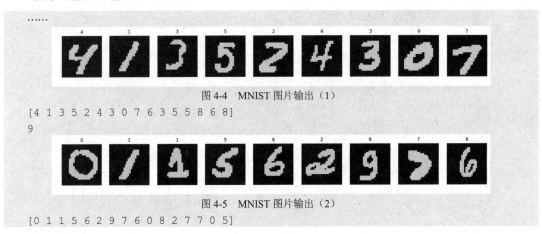

……

图 4-4　MNIST 图片输出（1）

[4 1 3 5 2 4 3 0 7 6 3 5 5 8 6 8]
9

图 4-5　MNIST 图片输出（2）

[0 1 1 5 6 2 9 7 6 0 8 2 7 7 0 5]

图 4-4 的内容为一批次图片数据的前 9 张输出结果。

在图 4-5 的上面有一个数字"9"，代表第 9 次输出的结果。

在图 4-5 的下面有一个数组，代表这一批次数据对应的标签。因为批次大小为 16（见代码第 50 行），所以图 4-5 下面的数组元素个数为 16。

4.4　实例 4：将 Excel 文件制作成内存对象数据集

用 TensorFlow 中的队列方式，将 Excel 文件格式的样本数据制作成数据集。

实例描述

有两个 Excel 文件：一个代表训练数据，一个代表测试数据。

现在需要做的是：（1）将训练数据的样本按照一定批次读取并输出；（2）将测试数据的样本按照顺序读取并输出。

在制作数据集时，习惯将数据分成 2 或 3 部分，这样做的主要目的是，将训练模型使用的数据与测试模型使用的数据分开，使得训练模型和评估模型各自使用不同的数据。这样做可以很好地反应出模型的泛化性。

4.4.1 样本介绍

本实例的样本是两个 csv 文件——"iris_training.csv"和"iris_test.csv"。这两个文件的内部格式完全一样，如图 4-6 所示。

	A	B	C	D	E	F
1	Id	SepalLengthCm	SepalWidthCm	PetalLengthCm	PetalWidthCm	Species
2	1	5.9	3	4.2	1.5	1
3	2	6.9	3.1	5.4	2.1	2
4	3	5.1	3.3	1.7	0.5	0
5	4	6	3.4	4.5	1.6	1
6	5	5.5	2.5	4	1.3	1
7	6	6.2	2.9	4.3	1.3	1
8	7	5.5	4.2	1.4	0.2	0
9	8	6.3	2.8	5.1	1.5	2
10	9	5.6	3	4.1	1.3	1

图 4-6　iris_training 和 iris_test 文件的数据格式

在图 4-6 中，样本一共有 6 列：
- 第 1 列（Id）是序号，可以不用关心。
- 第 2~5 列（SepalLengthCm、SepalWidthCm、PatalLengthCm、PatalWidthCm）是数据样本列。
- 最后一列（Species）是标签列。

下面就通过代码读取样本。

4.4.2　代码实现：逐行读取数据并分离标签

定义函数 read_data 用于读取数据，并将数据中的样本与标签进行分离。在函数 read_data 中，实现以下逻辑：

（1）调用 tf.TextLineReader 函数，对单个 Excel 文件进行逐行读取。
（2）调用 tf.decode_csv，将 Excel 文件中的单行内容按照指定的列进行分离。
（3）将 Excel 单行中的多个属性列按样本数据列与标签数据列进行划分：将样本数据列（featurecolumn）放到第 2~5 列，用 tf.stack 函数将其组合到一起；将标签数据列（labelcolumn）放到最后 1 列。

具体代码如下：

代码 4-4　将 Excel 文件制作成内存对象数据集

```
01  import tensorflow as tf
02
03  def read_data(file_queue):                              #CSV 文件的处理函数
04      reader = tf.TextLineReader(skip_header_lines=1) #tf.TextLineReader 可以每次读取一行
05      key, value = reader.read(file_queue)
06
```

```
07    defaults = [[0], [0.], [0.], [0.], [0.], [0]]    #为每个字段设置初始值
08    cvscolumn = tf.decode_csv(value, defaults)        #对每一行进行解析
09
10    featurecolumn = [i for i in cvscolumn[1:-1]]      #划分出列中的样本数据列
11    labelcolumn = cvscolumn[-1]                       #划分出列中的标签数据列
12
13    return tf.stack(featurecolumn), labelcolumn       #返回结果
```

4.4.3 代码实现:生成队列中的批次样本数据

编写 create_pipeline 函数,用于返回批次数据。具体步骤如下:

(1)用 tf.train.string_input_producer 函数生成一个输入队列。
(2)用 read_data 函数读取 csv 文件内容,并进行样本与标签的分离处理。
(3)在获得数据的样本(feature)与标签(label)之后,用 tf.train.shuffle_batch 函数生成批次数据。

其中, tf.train.shuffle_batch 函数的具体定义如下:

```
def shuffle_batch(tensors, batch_size, capacity, min_after_dequeue,
        num_threads=1, seed=None, enqueue_many=False, shapes=None,
        allow_smaller_final_batch=False, shared_name=None, name=None)
```

在 tf.train.shuffle_batch 函数中,可以指定批次(batch_size)、线程个数(num_threads)、队列的最小的样本数(min_after_dequeue)、队列长度(capacity)等。

 提示:

min_after_dequeue 的值不能超过 capacity 的值。min_after_dequeu 的值越大,则样本被打乱的效果越好。

具体代码如下。

代码 4-4 将 Excel 文件制作成内存对象数据集(续)

```
14  def create_pipeline(filename, batch_size, num_epochs=None):   #创建队列数
                                                                  据集函数
15      #创建一个输入队列
16      file_queue = tf.train.string_input_producer([filename],
    num_epochs=num_epochs)
17
18      feature, label = read_data(file_queue)                    #载入数据和标签
19
20      min_after_dequeue = 1000  #在队列里至少保留1000条数据
21      capacity = min_after_dequeue + batch_size                 #队列的长度
22
23      feature_batch, label_batch = tf.train.shuffle_batch(#生成乱序的批次数据
24          [feature, label], batch_size=batch_size, capacity=capacity,
25          min_after_dequeue=min_after_dequeue
```

```
26        )
27
28      return feature_batch, label_batch              #返回指定批次数据
29 #读取训练集
30 x_train_batch, y_train_batch = create_pipeline('iris_training.csv', 32,
   num_epochs=100)
31 x_test, y_test = create_pipeline('iris_test.csv', 32)    #读取测试集
```

程序的最后两行（第 30、31 行）代码，分别用 create_pipeline 函数生成了训练数据集和测试数据集。其中，训练数据集的迭代次数为 100 次。

4.4.4　代码实现：在会话中使用数据集

建立 session，准备运行静态图。在 session 中，先启动一个带有协调器的队列线程，然后通过 run 方法获得数据并将其显示。

具体代码如下：

代码 4-4　将 Excel 文件制作成内存对象数据集（续）

```
32 with tf.Session() as sess:
33
34      init_op = tf.global_variables_initializer()       #初始化
35      local_init_op = tf.local_variables_initializer()  #初始化本地变量
36      sess.run(init_op)
37      sess.run(local_init_op)
38
39      coord = tf.train.Coordinator()                    #创建协调器
40      threads = tf.train.start_queue_runners(coord=coord) #开启线程列队
41
42      try:
43          while True:
44              if coord.should_stop():
45                  break
46              example, label = sess.run([x_train_batch, y_train_batch])#注入训
   练数据
47              print ("训练数据：",example)               #打印数据
48              print ("训练标签：",label)                 #打印标签
49      except tf.errors.OutOfRangeError:                 #定义取完数据的异常处理
50          print ('Done reading')
51          example, label = sess.run([x_test, y_test])   #注入测试数据
52          print ("测试数据：",example)                   #打印数据
53          print ("测试标签：",label)                     #打印标签
54      except KeyboardInterrupt:                         #定义按 ctrl+c 键对应的异常处理
55          print("程序终止...")
56      finally:
57          coord.request_stop()
58
```

```
59    coord.join(threads)
60    sess.close()
```

在代码第 46 行,用 sess.run 方法从训练集里不停地取数据。当训练集里的数据被取完之后,会触发 tf.errors.OutOfRangeError 异常。

在代码第 49 行,捕获了 tf.errors.OutOfRangeError 异常,并接着将测试数据输出。

更多异常的知识请参考《Python 带我起飞——入门、进阶、商业实战》一书的第 7 章。

 提示:

代码第 35 行,初始化本地变量是必要的。如果不进行初始化则会报错。

4.4.5 运行程序

程序运行后,输出以下结果:

```
……
 [5.7 4.4 1.5 0.4]
 [6.2 2.8 4.8 1.8]
 [5.7 3.8 1.7 0.3]]
训练标签: [0 2 0 1 0 2 2 2 0 1 2 1 1 1 0 2 2 0 2 2 2 0 0 2 1 2 0 0 1 1 0 0]
训练数据: [[5.1 3.8 1.6 0.2]
 [6.  2.9 4.5 1.5]
……
 [7.6 3.  6.6 2.1]
训练标签: [0 1 2 0 2 0 1 0 1 2 0 2 0 1 2 0 0 0 1 0 1 0 2 1 0 2 2 0 1 2 0]
Done reading
测试数据: [[6.3 2.8 5.1 1.5]
 [6.7 3.1 4.7 1.5]
……
 [6.  3.4 4.5 1.6]]
测试标签: [2 1 1 1 0 1 2 0 1 1 1 0 0 1 0 1 0 1 1 1 0 1 2 2 2 1 1 2 1 1 0 1]
```

4.5 实例 5:将图片文件制作成 TFRecord 数据集

实例描述

有两个文件夹,分别放置男人与女人的照片。

现要求:(1)将两个文件夹中的图片制作成 TFRecord 格式的数据集;(2)从该数据集中读数据,将得到的图片数据保存到本地文件中。

TFRecord 格式是与 TensorFlow 框架强绑定的格式,通用性较差。

但是,如果不考虑代码的框架无关性,TFRecord 格式还是很好的选择。因为它是一种非常高效的数据持久化方法,尤其对需要预处理的样本集。

将处理后的数据用 TFRecord 格式保存并进行训练,可以大大提升训练模型的运算效率。

4.5.1 样本介绍

本实例的样本为两个文件夹——man 和 woman，其中分别存放着男人和女人的图片，各 10 张，共计 20 张，如图 4-7 所示。

图 4-7 man 和 woman 图片样本

从图 4-7 可以看出，样本被分别存放在两个文件夹下。
- 文件夹的名称可以被当作样本标签（man 和 woman）。
- 文件夹中的具体图片文件可以被当作具体的样本数据。

下面通过代码完成本实例的功能。

4.5.2 代码实现：读取样本文件的目录及标签

定义函数 load_sample，用来将图片路径及对应标签读入内存。具体代码如下：

代码 4-5 将图片文件制作成 TFRecord 数据集

```
01  import os
02  import tensorflow as tf
03  from PIL import Image
04  from sklearn.utils import shuffle
05  import numpy as np
06  from tqdm import tqdm
07
08  def load_sample(sample_dir,shuffleflag = True):
09      '''递归读取文件。只支持一级。返回文件名、数值标签、数值对应的标签名'''
10      print ('loading sample  dataset..')
11      lfilenames = []
12      labelsnames = []
13      for (dirpath, dirnames, filenames) in os.walk(sample_dir):  #递归遍历文件夹
14          for filename in filenames:                              #遍历所有文件名
15              #print(dirnames)
16              filename_path = os.sep.join([dirpath, filename])
17              lfilenames.append(filename_path)              #添加文件名
18              labelsnames.append( dirpath.split('\\')[-1]) #添加文件名对应的标签
19
20      lab= list(sorted(set(labelsnames)))              #生成标签名称列表
21      labdict=dict( zip( lab  ,list(range(len(lab))) ))   #生成字典
```

```
22
23      labels = [labdict[i] for i in labelsnames]
24      if shuffleflag == True:
25          return
    shuffle(np.asarray( lfilenames),np.asarray( labels)),np.asarray(lab)
26      else:
27          return
    (np.asarray( lfilenames),np.asarray( labels)),np.asarray(lab)
28
29  directory='man_woman\\'                                    #定义样本路径
30  (filenames,labels),_ = load_sample(directory,shuffleflag=False)        #载入文
    件名称与标签
```

在代码第 6 行中引入了第三方库——tqdm,以便在批处理过程中显示进度。如果运行时提示找不到该库,则可以在命令行中用以下命令进行安装:

```
pip install tqdm
```

load_sample 函数的返回值有三个,分别是:图片文件的名称列表(lfilenames)、每个图片文件对应的标签列表(labels)、具体的标签数值对应的字符串列表(lab)。

在代码的最后两行(第 29、30 行),用 load_sample 函数返回具体的文件目录信息。

4.5.3 代码实现:定义函数生成 TFRecord 数据集

定义函数 makeTFRec,将图片样本制作成 TFRecord 格式的数据集。具体代码如下:

代码 4-5 将图片文件制作成 TFRecord 数据集(续)

```
31  def makeTFRec(filenames,labels): #定义生成 TFRecord 的函数
32      #定义 writer,用于向 TFRecords 文件写入数据
33      writer= tf.python_io.TFRecordWriter("mydata.tfrecords")
34      for i in tqdm( range(0,len(labels) ) ):
35          img=Image.open(filenames[i])
36          img = img.resize((256, 256))
37          img_raw=img.tobytes()      #将图片转化为二进制格式
38          example = tf.train.Example(features=tf.train.Features(feature={
39                          #存放图片的标签 label
40              "label":
    tf.train.Feature(int64_list=tf.train.Int64List(value=[labels[i]])),
41                          #存放具体的图片
42              'img_raw':
    tf.train.Feature(bytes_list=tf.train.BytesList(value=[img_raw]))
43              }))          #用 example 对象对 label 和 image 数据进行封装
44
45          writer.write(example.SerializeToString())    #序列化为字符串
46      writer.close()                                   #数据集制作完成
47
48  makeTFRec(filenames,labels)
```

代码第 34 行调用了第三方库——tqdm，实现进度条的显示。

函数 makeTFRec 接收的参数为文件名列表（filenames）、标签列表（labels）。内部实现的流程是：

（1）按照 filenames 中的路径读取图片。
（2）将读取的图片与标签组合在一起。
（3）用 TFRecordWriter 对象的 write 方法将读取的图片与标签数据写入文件。

依次读取 filenames 中的图片文件内容，并配合对应的标签一起，调用 TFRecordWriter 对象的 write 方法进行写入操作。

代码第 48 行调用了 makeTFRec 函数。该代码执行后，可以在本地文件路径下找到 mydata.tfrecords 文件。这个文件就是制作好的 TFRecord 格式样本数据集。

4.5.4　代码实现：读取 TFRecord 数据集，并将其转化为队列

定义函数 read_and_decode，用来将 TFRecord 格式的数据集转化为可以输入静态图的队列格式。

函数 read_and_decode 支持两种模式的队列格式转化：训练模式和测试模式。
- 在训练模式下，会对数据集进行乱序（shuffle）操作，并将其按照指定批次组合起来。
- 在测试模式下，会按照顺序读取数据集一次，不需要乱序操作和批次组合操作。

具体代码如下：

代码 4-5　将图片文件制作成 TFRecord 数据集（续）

```
49  def read_and_decode(filenames,flag = 'train',batch_size = 3):
50      #根据文件名生成一个队列
51      if flag == 'train':
52          filename_queue = tf.train.string_input_producer(filenames)#乱序操作，并循环读取
53      else:
54          filename_queue = tf.train.string_input_producer(filenames,num_epochs = 1,shuffle = False)
55
56      reader = tf.TFRecordReader()
57      _, serialized_example = reader.read(filename_queue)      #返回文件名和文件
58      features = tf.parse_single_example(serialized_example,   #取出包含image和label的feature
59                                          features={
60                                              'label': tf.FixedLenFeature([], tf.int64),
61                                              'img_raw' : tf.FixedLenFeature([], tf.string),
62                                          })
63
64      #tf.decode_raw可以将字符串解析成图像对应的像素数组
65      image = tf.decode_raw(features['img_raw'], tf.uint8)
```

```
66      image = tf.reshape(image, [256,256,3])
67
68      label = tf.cast(features['label'], tf.int32)      #转换标签类型
69
70      if flag == 'train':                  #如果是训练使用,则应将其归一化,并按批次组合
71          image = tf.cast(image, tf.float32) * (1. / 255) - 0.5  #归一化
72          img_batch, label_batch = tf.train.batch([image, label],#按照批次组合
73                                       batch_size=batch_size,
    capacity=20)
74          return img_batch, label_batch
75
76      return image, label
77
78  TFRecordfilenames = ["mydata.tfrecords"]
79  image, label =read_and_decode(TFRecordfilenames,flag='test')   #以测试的方式
    打开数据集
```

函数 read_and_decode 接收的参数有：TFRecord 文件名列表（filenames）、运行模式（flag）、划分的批次（batch_size）。

- 如果是测试模式，则返回一个标签数据，代表被测图片的计算结果。
- 如果是训练模式，则返回一个列表，其中包含一批次样本数据的计算结果。

代码第 78、79 行调用了函数 read_and_decode，并向函数 read_and_decode 的参数 flag 设置为 test，代表是以测试模式加载数据集。该函数被执行后，便可以在会话（session）中通过队列的方式读取数据了。

> **提示：**
> 如果要以训练模式加载数据集，则直接将函数 read_and_decode 的参数 flag 设置为 train 即可。完整的代码可以参考本书配套资源中的代码文件"4-5　将图片文件制作成 TFRecord 数据集.py"。

4.5.5　代码实现：建立会话，将数据保存到文件

将数据保存到文件中的步骤如下：
（1）定义要保存文件的路径。
（2）建立会话（session），准备运行静态图。
（3）在会话（session）中启动一个带有协调器的队列线程。
（4）用会话（session）的 run 方法获得数据，并将数据保存到指定路径下。
具体代码如下：

代码 4-5　将图片文件制作成 TFRecord 数据集（续）

```
80  saveimgpath = 'show\\'                #定义保存图片的路径
81  if tf.gfile.Exists(saveimgpath):       #如果存在 saveimgpath,则将其删除
```

```
82      tf.gfile.DeleteRecursively(saveimgpath)
83  tf.gfile.MakeDirs(saveimgpath)                    #创建saveimgpath路径
84
85  #开始一个读取数据的会话
86  with tf.Session() as sess:
87      sess.run(tf.local_variables_initializer())    #初始化本地变量,没有这句会报错
88
89      coord=tf.train.Coordinator()                  #启动多线程
90      threads= tf.train.start_queue_runners(coord=coord)
91      myset = set([])                               #建立集合对象,用于存放子文件夹
92
93      try:
94          i = 0
95          while True:
96              example, examplelab = sess.run([image,label]) #取出image和label
97              examplelab = str(examplelab)
98              if examplelab not in myset:
99                  myset.add(examplelab)
100                 tf.gfile.MakeDirs(saveimgpath+examplelab)
101             img=Image.fromarray(example, 'RGB')   #转换Image格式
102             img.save(saveimgpath+examplelab+'/'+str(i)+'_Label_'+'.jpg') #保存图片
103             print( i)
104             i = i+1
105     except tf.errors.OutOfRangeError:             #定义取完数据的异常处理
106         print('Done Test -- epoch limit reached')
107     finally:
108         coord.request_stop()
109         coord.join(threads)
110         print("stop()")
```

代码第 82 行是删除指定目录的操作,也可以用代码 shutil.rmtree(saveimgpath)来实现。

在代码第 91 行,建立了集合对象 myset,用于按数据的标签来建立子文件夹。

在代码第 95 行,用无限循环的方式从训练集里不停地取数据。当训练集里的数据被取完之后,会触发 tf.errors.OutOfRangeError 异常。

在代码第 98 行,会判断是否有新的标签出现。如果没有新的标签出现,则将数据存到已有的文件夹里;如果有新的标签出现,则接着创建新的子文件夹(见代码第 100 行)。

4.5.6 运行程序

程序运行后,输出以下结果:

```
loading sample dataset..
100%|████████████| 20/20 [00:00<00:00, 246.26it/s]
0
1
```

```
......
18
19
Done Test -- epoch limit reached
stop()
```

执行之后,在本地路径下会发现有一个 show 的文件夹,里面放置了生成的图片,如图 4-8 所示。

图 4-8 转化后的 man 和 woman 样本

show 文件夹中有两个子文件夹:0 和 1。0 文件夹中放置的是男人图片,1 文件夹中放置的是女人图片。

4.6 实例 6:将内存对象制作成 Dataset 数据集

tf.data.Dataset 接口是一个可以生成 Dataset 数据集的高级接口。用 tf.data.Dataset 接口来处理数据集会使代码变得简单。这也是目前 TensorFlow 主推的一种数据集处理方式。

实例描述

生成一个模拟 $y≈2x$ 的数据集,将数据集的样本和标签分别以元组和字典类型存放为两份。建立两个 Dataset 数据集:一个被传入元组类型的样本,另一个被传入字典类型的样本。

对这两个数据集做以下操作,并比较结果:

(1)处理数据源是元组类型的数据集,将前 5 个数据依次显示出来。

(2)处理数据源是字典类型的数据集,将前 5 个数据依次显示出来。

(3)处理数据源是元组类型的数据集,按照每批次 10 个样本的格式进行划分,并将前 5 个批次的数据依次显示出来。

(4)对数据源是字典类型的数据集中的 y 变量做变换,将其转化成整形。然后将前 5 个数据依次显示出来。

(5)对数据源是元组类型的数据集进行乱序操作,将前 5 个数据依次显示出来。

本节先介绍 tf.data.Dataset 接口的基本使用方法,然后介绍 Dataset 数据集的具体操作。

4.6.1 如何生成 Dataset 数据集

tf.data.Dataset 接口是通过创建 Dataset 对象来生成 Dataset 数据集的。Dataset 对象可以表示为一系列元素的封装。

有了 Dataset 对象之后，就可以在其上直接做乱序（shuffle）、元素变换（map）、迭代取值（iterate）等操作。

Dataset 对象可以由不同的数据源转化而来。在 tf.data.Dataset 接口中，有三种方法可以将内存中的数据转化成 Dataset 对象，具体如下。

- tf.data.Dataset.from_tensors：根据内存对象生成 Dataset 对象。该 Dataset 对象中只有一个元素。
- tf.data.Dataset.from_tensor_slices：根据内存对象生成 Dataset 对象。内存对象是列表、元组、字典、Numpy 数组等类型。另外，该方法也支持 TensorFlow 中的张量类型。
- tf.data.Dataset.from_generator：根据生成器对象生成 Dataset 对象。具体可以参考 8.3 节的自然语言处理（NLP）实例。

这几种方法的使用基本类似。本实例中使用的是 tf.data.Dataset.from_tensor_slices 接口。

> 提示：
> 在使用 tf.data.Dataset.from_tensor_slices 之类的接口时，如果传入了嵌套 list 类型的对象，则必须保证 list 中每个嵌套元素的长度都相同，否则会报错。
> 正确使用举例：
> Dataset.from_tensor_slices([[1, 2], [1, 2]])   #list 里有两个子 list，并且长度相同
> 错误使用举例：
> Dataset.from_tensor_slices([[1, 2], [1]])   #list 里有两个子 list，并且长度不同

4.6.2 如何使用 Dataset 接口

使用 Dataset 接口的操作步骤如下：
（1）生成数据集 Dataset 对象。
（2）对 Dataset 对象中的样本进行变换操作。
（3）创建 Dataset 迭代器。
（4）在会话（session）中将数据取出。

其中，第（1）步是必备步骤，第（2）步是可选步骤。

1. Dataset 接口所支持的数据集操作

在 tf.data.Dataset 接口的 API 中，支持的数据集变换操作有：有乱序（shuffle）、自定义元素变换（map）、按批次组合（batch）、重复（repeat）等。

2. Dataset 接口在不同框架中的应用

第（3）步和第（4）步是在静态图中使用数据集的步骤，作用是取出数据集中的数据。在实际应用中，第（3）步和第（4）步会随着 Dataset 对象所应用的框架不同而有所变化。例如：

- 在动态图框架中，可以直接迭代 Dataset 对象进行取数据（见本书 9.3 节中 Dataset 数据

集的使用实例）。

- 在估算器框架中，可以直接将 Dataset 对象封装成输入函数来进行取数据（见本书 9.4 节中 Dataset 数据集的使用实例）。

4.6.3 tf.data.Dataset 接口所支持的数据集变换操作

在 TensorFlow 中封装了 tf.data.Dataset 接口的多个常用函数，见表 4-1。

表 4-1 tf.data.Dataset 接口的常用函数

函　　数	描　　述
range(*args)	根据传入的数值范围，生成一系列整数数字组成的数据集。其中，传入参数与 Python 中的 xrange 函数一样，共有 3 个：start（起始数字）、stop（结束数字）、step（步长）。 例：import tensorflow as tf Dataset =tf.data.Dataset 　　Dataset.range(5) == [0, 1, 2, 3, 4] 　　Dataset.range(2, 5) == [2, 3, 4] 　　Dataset.range(1, 5, 2) == [1, 3] 　　Dataset.range(1, 5, -2) == [] 　　Dataset.range(5, 1) == [] 　　Dataset.range(5, 1, -2) == [5, 3]
zip(datasets)	将输入的多个数据集按内部元素顺序重新打包成新的元组序列。它与 Python 中的 zip 函数意义一样。更多内容可参考《Python 带我起飞——入门、进阶、商业实战》一书 5.3.5 小节。 例：import tensorflow as tf Dataset =tf.data.Dataset 　　a = Dataset.from_tensor_slices([1, 2, 3]) 　　b = Dataset.from_tensor_slices([4, 5, 6]) 　　c = Dataset.from_tensor_slices((7, 8), (9, 10), (11, 12)) 　　d = Dataset.from_tensor_slices([13, 14]) 　　Dataset.zip((a, b)) == { (1, 4), (2, 5), (3, 6) } 　　Dataset.zip((a, b, c)) == { (1, 4, (7, 8)), 　　　　　　　　　　　　　　　(2, 5, (9, 10)), 　　　　　　　　　　　　　　　(3, 6, (11, 12)) } Dataset.zip((a, d)) == { (1, 13), (2, 14) }
concatenate(dataset)	将输入的序列（或数据集）数据连接起来。 例：import tensorflow as tf Dataset =tf.data.Dataset 　　a = Dataset.from_tensor_slices([1, 2, 3]) 　　b = Dataset.from_tensor_slices([4, 5, 6, 7]) 　　a.concatenate(b) == { 1, 2, 3, 4, 5, 6, 7 }

续表

函　数	描　述
list_files(file_pattern, shuffle=None)	获取本地文件，将文件名做成数据集。提示：文件名是二进制形式。 例：在本地路径下有以下 3 个文件： ● facelib\one.jpg ● facelib\two.jpg ● facelib\嘴炮.jpg 制作数据集代码： import tensorflow as tf Dataset =tf.data.Dataset dataset = Dataset.list_files('facelib*.jpg') 得到的数据集： { b'facelib\\two.jpg' b'facelib\\one.jpg' b'facelib\\\xe5\x98\xb4\xe7\x82\xae.jpg'} 生成的二进制可以转成字符串来显示。 例： str1 = b'facelib\\\xe5\x98\xb4\xe7\x82\xae.jpg' print(str1.decode()) 输出：facelib\嘴炮.jpg 更多二进制与字符串转化信息，可参考《Python 带我起飞——入门、进阶、商业实战》一书 8.5 节
repeat(count=None)	生成重复的数据集。输入参数 count 代表重复的次数。 例：import tensorflow as tf 　　Dataset =tf.data.Dataset 　　a = Dataset.from_tensor_slices([1, 2, 3]) 　　a.repeat(1) == { 1, 2, 3 ,1 , 2, 3 } 也可以无限次重复，例如：a.repeat()
shuffle(　　buffer_size, 　　seed=None, 　　reshuffle_each_iteration=None)	将数据集的内部元素顺序随机打乱。参数说明如下。 ● buffer_size：随机打乱元素排序的大小（越大越混乱）。 ● seed：随机种子。 ● reshuffle_each_iteration：是否每次迭代都随机乱序。 例：import tensorflow as tf 　　Dataset =tf.data.Dataset 　　a = Dataset.from_tensor_slices([1, 2, 3, 4 ,5]) 　　a.shuffle(1) == { 1, 2, 3 ,4 ,5 } 　　a.shuffle(10) == { 4, 1, 3 ,2 ,5 }
batch(batch_size, drop_remainder)	将数据集的元素按照批次组合。参数说明如下。 ● batch_size：批次大小。 ● drop_remainder：是否忽略批次组合后剩余的数据。 例：import tensorflow as tf 　　Dataset =tf.data.Dataset 　　a = Dataset.from_tensor_slices([1, 2, 3, 4 ,5]) 　　a.batch(1) == { [1], [2], [3] ,[4], [5] } 　　a.batch(2) == { [1 2], [3 4], [5] }

续表

函　数	描　述
padded_batch(　　batch_size, 　　padded_shapes, 　　padding_values=None)	为数据集的每个元素补充 padding_values 值。参数说明如下。 ● batch_size：生成的批次。 ● padded_shapes：补充后的样本形状。 ● padding_values：所需要补充的值（默认为 0）。 例：data1 = tf.data.Dataset.from_tensor_slices([[1, 2],[1,3]]) 　　　data1 = data1.padded_batch(2,padded_shapes=[4]) == { [[1 2 0 0] [1 3 0 0]] } 在每条数据后面补充两个 0，使其形状变为 [4]
map(　　map_func, 　　num_parallel_calls=None)	通过 map_func 函数将数据集中的每个元素进行处理转换，返回一个新的数据集。参数说明如下。 ● map_func：处理函数。 ● num_parallel_calls：并行的处理的线程个数。 例：import tensorflow as tf 　　　Dataset =tf.data.Dataset 　　　a = Dataset.from_tensor_slices([1, 2, 3, 4 ,5]) 　　　a.map(lambda x: x + 1) == { 2, 3 ,4 ,5 ,6 }
flat_map(map_func)	将整个数据集放到 map_func 函数中去处理，并将处理完的结果展平。 例：import tensorflow as tf 　　　Dataset =tf.data.Dataset 　　　a = Dataset.from_tensor_slices(　[[1,2,3],[4,5,6]]　) 　　　a.flat_map(lambda x:Dataset.from_tensors(x)) == { [1 2 3] [4 5 6] } 将数据集展平后返回
interleave(　　map_func, 　　cycle_length, 　　block_length=1)	控制元素的生成顺序函数。参数说明如下。 ● map_func：每个元素的处理函数。 ● cycle_length：循环处理元素个数。 ● block_length：从每个元素所对应的组合对象中，取出的个数。 例： 　　在本地路径下有以下 4 个文件： 　　● testset\1mem.txt： 　　● testset\1sys.txt 　　● testset\2mem.txt 　　● testset\2sys.txt 　　mem 的文件为每天的内存信息，内容为： 　　　　　　1day 9:00 CPU mem 110 　　　　　　1day 9:00 GPU mem 11 　　sys 的文件为每天的系统信息，内容为： 　　　　　　1day 9:00 CPU　 11.1 　　　　　　1day 9:00 GPU　 91.1 　　现要将每天的内存信息和系统信息按照时间的顺序放到数据集中。 　　def parse_fn(x): 　　　 print(x)

续表

函 数	描 述

	return x
	  dataset = (Dataset.list_files('testset*.txt', shuffle=False)
	            .interleave(lambda x:
	                tf.data.TextLineDataset(x).map(parse_fn, num_parallel_calls=1), cycle_length=2, block_length=2))
	生成的数据集为：
	b'1day 9:00 CPU mem 110'
	b'1day 9:00 GPU mem 11'
	b'1day 9:00 CPU 11.1'
	b'1day 9:00 GPU 91.1'
	b'1day 10:00 CPU mem 210'
	b'1day 10:00 GPU mem 21'
	b'1day 10:00 CPU 11.2
	'b'1day 10:00 GPU 91.2'
	b'1day 11:00 CPU mem 310'
	b'1day 11:00 GPU mem 31'
	本实例的完整代码及数据文件在随书的配套资源中，见代码文件"4-6 interleave 例子.py"

filter(predicate)	将整个数据集中的元素按照函数 predicate 进行过滤，留下使函数 predicate 返回为 True 的数据。
	例：import tensorflow as tf
	      dataset = tf.data.Dataset.from_tensor_slices([1.0, 2.0, 3.0, 4.0, 5.0])
	      dataset = dataset.filter(lambda x: tf.less(x, 3))
	      == { [1.0 2.0] } 过滤掉大于 3 的数字

apply(transformation_func)	将一个数据集转换为另一个数据集。
	例：data1 = np.arange(50).astype(np.int64)
	      dataset = tf.data.Dataset.from_tensor_slices(data1)
	dataset = dataset.apply((tf.contrib.data.group_by_window(key_func=lambda x: x%2, reduce_func=lambda _, els: els.batch(10), window_size=20)))
	    =={ [0 2 4 6 8 10 12 14 16 18] [20 22 24 26 28 30 32 34 36 38] [1 3 5 7 9 11 13 15 17 19] [21 23 25 27 29 31 33 35 37 39] [40 42 44 46 48] [41 43 45 47 49] }
	该代码内部执行逻辑如下：
	（1）将数据集中偶数行与奇数行分开。
	（2）以 window_size 为窗口大小，一次取 window_size 个偶数行和 window_size 个奇数行。
	（3）在 window_size 中，按照指定的批次 batch 进行组合，并将处理后的数据集返回

shard(num_shards, index)	用在分布式训练场景中，代表将数据集分为 num_shards 份，并取第 index 份数据

续表

函 数	描 述
prefetch(buffer_size)	设置从数据集中取数据时的最大缓冲区。buffer_size 是缓冲区大小。推荐将 buffer_size 设置成 tf.data.experimental.AUTOTUNE，代表由系统自动调节缓存大小

表 4-1 中完整的代码在随书的配套资源代码文件"4-7　Dataset 对象的操作方法.py"中。一般来讲，处理数据集比较合理的步骤是：

（1）创建数据集。
（2）乱序数据集（shuffle）。
（3）重复数据集（repeat）。
（4）变换数据集中的元素（map）。
（5）设定批次（batch）。
（6）设定缓存（prefetch）。

> **提示：**
> 在处理数据集的步骤中，第（5）步必须放在第（3）步后面，否则在训练时会产生某批次数据不足的情况。在模型与批次数据强耦合的情况下，如果输入模型的批次数据不足，则训练过程会出错。
> 造成这种情况的原因是：如果数据总数不能被批次整除，则在批次组合时会剩下一些不足一批次的数据；而在训练过程中，这些剩下的数据也会进入模型。
> 如果先对数据集进行重复（repeat）操作，则不会在设定批次（batch）操作过程中出现剩余数据的情况。
> 另外，还可以在 batch 函数中将参数 drop_remainder 设为 True。这样，在设定批次（batch）操作过程中，系统将会把剩余的数据丢弃。这也可以起到避免出现批次数据不足的问题。

4.6.4　代码实现：以元组和字典的方式生成 Dataset 对象

用 tf.data.Dataset.from_tensor_slices 接口分别以元组和字典的方式，将 $y≈2x$ 模拟数据集转为 Dataset 对象——dataset（元组方式数据集）、dataset2（字典方式数据集）。

代码 4-8　将内存数据转成 DataSet 数据集

```
01  import tensorflow as tf
02  import numpy as np
03
04  #在内存中生成模拟数据
05  def GenerateData(datasize = 100 ):
06      train_X = np.linspace(-1, 1, datasize) #定义在-1~1之间连续的100个浮点数
07      train_Y = 2 * train_X + np.random.randn(*train_X.shape) * 0.3   #y=2x,但是加入了噪声
```

```
08        return train_X, train_Y                    #以生成器的方式返回
09
10   train_data = GenerateData()
11
12   #将内存数据转化成数据集
13   dataset = tf.data.Dataset.from_tensor_slices( train_data )#以元组的方式生成
     数据集
14   dataset2 = tf.data.Dataset.from_tensor_slices( {    #以字典的方式生成数据集
15        "x":train_data[0],
16        "y":train_data[1]
17        } )
```

代码第 10 行，定义的变量 train_data 是内存中的模拟数据集。

代码第 14 行，以字典方式生成的 Dataset 对象 dataset2。在 dataset2 对象中，用字符串 "x" "y" 作为数据的索引名称。索引名称相当于字典类型数据中的 key，用于读取数据。

4.6.5 代码实现：对 Dataset 对象中的样本进行变换操作

依照实例的要求，对 Dataset 对象中的样本依次进行批次组合、类型转换和乱序操作。具体代码如下。

代码 4-8　将内存数据转成 DataSet 数据集（续）

```
18   batchsize = 10                                 #定义批次样本个数
19   dataset3 = dataset.repeat().batch(batchsize)   #按批次组合数据集
20
21   dataset4 = dataset2.map(lambda data:
     (data['x'],tf.cast(data['y'],tf.int32)) )      #转化数据集中的元素
22   dataset5 = dataset.shuffle(100)                #乱序数据集
```

在本小节代码中，一共生成了 3 个新的数据集——dataset3、dataset4、dataset5。具体解读如下：

- 代码第 18、19 行，对数据集进行批次组合操作，生成了数据集 dataset3。首先调用数据集对象 dataset 的 repeat 方法，将数据集对象 dataset 变为可以无限制重复的循环数据集；接着调用 batch 方法，将数据集对象 dataset 中的样本按照 batchsize 大小进行划分（batchsize 大小为 10，即按照 10 条一批次来划分），这样每次从数据集 dataset3 中取出的数据都是以 10 条为单位的。
- 代码第 21 行，对数据集中的元素进行自定义转化操作，生成了数据集 dataset4。这里用匿名函数将字典类型中 key 值为 y 的数据转化成整形。有关匿名函数的更多知识请参考《Python 带我起飞——入门、进阶、商业实战》一书的 6.3 节。
- 代码第 22 行，对数据集做乱序操作，生成了数据集 dataset5。这里调用了 shuffle 函数，并传入参数 100。这样可以让数据乱序得更充分。

4.6.6 代码实现：创建 Dataset 迭代器

在本实例中，通过迭代器的方式从数据集中取数据。具体步骤如下：
（1）调用数据集 Dataset 对象的 make_one_shot_iterator 方法，生成一个迭代器 iterator。
（2）调用迭代器的 get_next 方法，获得一个元素。
具体代码如下：

代码 4-8　将内存数据转成 DataSet 数据集（续）

```
23  def getone(dataset):
24      iterator = dataset.make_one_shot_iterator()  #生成一个迭代器
25      one_element = iterator.get_next()             #从 iterator 里取出一个元素
26      return one_element
27
28  one_element1 = getone(dataset)     #从 dataset 里取出一个元素
29  one_element2 = getone(dataset2)    #从 dataset2 里取出一个元素
30  one_element3 = getone(dataset3)    #从 dataset3 里取出一个批次的元素
31  one_element4 = getone(dataset4)    #从 dataset4 里取出一个元素
32  one_element5 = getone(dataset5)    #从 dataset5 里取出一个元素
```

代码第 23 行的函数 getone 用于返回数据集中具体元素的张量。

代码第 28～32 行，分别将制作好的数据集 dataset、dataset2、dataset3、dataset4、dataset5 传入函数 getone，依次得到对应数据集中的第 1 个元素。

> **提示：**
> 代码第 24 行，用 make_one_shot_iterator 方法创建数据集迭代器。该方法内部会自动实现迭代器的初始化。如果不使用 make_one_shot_iterator 方法，则需要在会话（session）中手动对迭代器进行初始化。如：
>
> iterator = dataset.make_initializable_iterator()　　#直接生成迭代器
> one_element1 = iterator.get_next()　　　　　　　　　#生成元素张量
> with tf.Session() as sess:
> 　　sess.run(iterator.initializer)　　　　　　　　　#在会话（session）中对迭代器进行初始化
> ……
>
> 另外，在 TensorFlow 中还有一些其他方式可用来迭代数据集，以适应更多的场景。具体可以参考 4.9 与 4.10 节。

4.6.7 代码实现：在会话中取出数据

由于运行框架是静态图，所以整个过程中的数据都是以张量类型存在的。必须将数据放入会话（session）中的 run 方法进行计算，才能得到真实的值。

定义函数 showone 与 showbatch，分别用于获取数据集中的单个数据与多个数据。

具体代码如下。

代码 4-8　将内存数据转成 DataSet 数据集（续）

```
33  def showone(one_element,datasetname):              #定义函数，用于显示单个数据
34      print('{0:-^50}'.format(datasetname))          #分隔符
35      for ii in range(5):
36          datav = sess.run(one_element)              #通过静态图注入的方式传入数据
37          print(datasetname,"-",ii,"| x,y:",datav)   #分隔符
38  
39  def showbatch(onebatch_element,datasetname):       #定义函数，用于显示批次数据
40      print('{0:-^50}'.format(datasetname))
41      for ii in range(5):
42          datav = sess.run(onebatch_element)         #通过静态图注入的方式传入数据
43          print(datasetname,"-",ii,"| x.shape:",np.shape(datav[0]),"| x[:3]:",datav[0][:3])
44          print(datasetname,"-",ii,"| y.shape:",np.shape(datav[1]),"| y[:3]:",datav[1][:3])
45  
46  with tf.Session() as sess:                         #建立会话(session)
47      showone(one_element1,"dataset1")               #调用showone函数，显示一条数据
48      showone(one_element2,"dataset2")
49      showbatch(one_element3,"dataset3")             #调用showbatch函数，显示一批次数据
50      showone(one_element4,"dataset4")
51      showone(one_element5,"dataset5")
```

代码第 34、40 行，是输出一个格式化字符串的功能代码。该代码会输出一个分割符，使结果看起来更工整。

有关字符串格式化模板的更多信息，可以参考《Python 带我起飞——入门、进阶、商业实战》一书的 4.4.3 小节。

4.6.8　运行程序

整个代码运行后，输出以下结果：

```
--------------------dataset1--------------------
dataset1 - 0 | x,y: (-1.0, -2.1244706266287157)
dataset1 - 1 | x,y: (-0.9797979797979798, -1.9726405683713444)
dataset1 - 2 | x,y: (-0.9595959595959596, -1.6247158752571687)
dataset1 - 3 | x,y: (-0.9393939393939394, -1.9846861456039562)
dataset1 - 4 | x,y: (-0.9191919191919192, -1.9161218907604878)
--------------------dataset2--------------------
dataset2 - 0 | x,y: {'x': -1.0, 'y': -2.1244706266287157}
dataset2 - 1 | x,y: {'x': -0.9797979797979798, 'y': -1.9726405683713444}
dataset2 - 2 | x,y: {'x': -0.9595959595959596, 'y': -1.6247158752571687}
dataset2 - 3 | x,y: {'x': -0.9393939393939394, 'y': -1.9846861456039562}
dataset2 - 4 | x,y: {'x': -0.9191919191919192, 'y': -1.9161218907604878}
--------------------dataset3--------------------
```

```
dataset3 - 0 | x.shape: (10,) | x[:3]: [-1.         -0.97979798 -0.95959596]
dataset3 - 0 | y.shape: (10,) | y[:3]: [-2.12447063 -1.97264057 -1.62471588]
dataset3 - 1 | x.shape: (10,) | x[:3]: [-0.7979798  -0.77777778 -0.75757576]
dataset3 - 1 | y.shape: (10,) | y[:3]: [-1.77361254 -1.71638089 -1.6188056 ]
dataset3 - 2 | x.shape: (10,) | x[:3]: [-0.5959596  -0.57575758 -0.55555556]
dataset3 - 2 | y.shape: (10,) | y[:3]: [-0.80146675 -1.1920661  -0.99146132]
dataset3 - 3 | x.shape: (10,) | x[:3]: [-0.39393939 -0.37373737 -0.35353535]
dataset3 - 3 | y.shape: (10,) | y[:3]: [-1.41878264 -0.97009554 -0.81892304]
dataset3 - 4 | x.shape: (10,) | x[:3]: [-0.19191919 -0.17171717 -0.15151515]
dataset3 - 4 | y.shape: (10,) | y[:3]: [-0.11564091 -0.6592607   0.16367008]
--------------------dataset4--------------------
dataset4 - 0 | x,y: (-1.0, -2)
dataset4 - 1 | x,y: (-0.9797979797979798, -1)
dataset4 - 2 | x,y: (-0.9595959595959596, -1)
dataset4 - 3 | x,y: (-0.9393939393939394, -1)
dataset4 - 4 | x,y: (-0.9191919191919192, -1)
--------------------dataset5--------------------
dataset5 - 0 | x,y: (-0.5353535353535352, -1.0249665887548258)
dataset5 - 1 | x,y: (0.39393939393939403, 0.64536214996727984)
dataset5 - 2 | x,y: (0.2323232323232325, 0.641307921857285)
dataset5 - 3 | x,y: (0.6161616161616164, 0.8879358507776747)
dataset5 - 4 | x,y: (0.7373737373737375, 1.60192581924349)
```

在结果中，每个分隔符都代表一个数据集，在分割符下面显示了该数据集中的数据。

- dataset1：元组数据的内容。
- dataset2：字典数据的内容。
- dataset3：批次数据的内容。可以看到，每个 x、y 的都有 10 条数据。
- dataset4：将 dataset2 转化后的结果。可以看到，y 的值被转成了一个整数。
- datasct5：将 dataset1 乱序后的结果。可以看到，前 5 条的 x 数据与 dataset1 中的完全不同，并且没有规律。

4.6.9 使用 tf.data.Dataset.from_tensor_slices 接口的注意事项

在 tf.data.Dataset.from_tensor_slices 接口中，如果传入的是列表类型对象，则系统将其中的元素当作数据来处理；而如果传入的是元组类型对象，则将其中的元素当作列来拆开。这是值得注意的地方。

下面举例演示：

代码 4-9　from_tensor_slices 的注意事项

```
01  import tensorflow as tf
02
03  #传入列表对象
04  dataset1 = tf.data.Dataset.from_tensor_slices( [1,2,3,4,5] )
05  def getone(dataset):
06      iterator = dataset.make_one_shot_iterator()    #生成一个迭代器
07      one_element = iterator.get_next()              #从 iterator 里取出一个元素
```

```
08      return one_element
09
10 one_element1 = getone(dataset1)
11
12 with tf.Session() as sess:                    #建立会话(session)
13     for i in range(5):                        #通过for循环打印所有的数据
14         print(sess.run(one_element1))         #用sess.run读出Tensor值
```

运行代码，输出以下结果：

```
1
2
3
4
5
```

结果中显示了列表中的所有数据，这是正常的结果。

1. 错误示例

如果将代码第 4 行传入的列表对象改成元组对象，则代码如下：

```
dataset1 = tf.data.Dataset.from_tensor_slices((1,2,3,4,5) )   #传入元组对象
```

代码运行后将会报错，输出以下结果：

```
……
IndexError: list index out of range
```

报错的原因是：函数 from_tensor_slices 自动将外层的元组拆开，将里面的每个元素当作一个列的数据。由于每个元素只是一个具体的数字，并不是数组，所以报错。

2. 修改办法

将数据中的每个数字改成数组，即可避免错误发生，具体代码如下：

```
dataset1 = tf.data.Dataset.from_tensor_slices( ([1],[2],[3],[4],[5]) )
one_element1 = getone(dataset1)
with tf.Session() as sess:                    #建立会话(session)
    print(sess.run(one_element1))             #用sess.run读出Tensor值
```

则代码运行后，输出以下结果：

```
(1, 2, 3, 4, 5)
```

4.7 实例 7：将图片文件制作成 Dataset 数据集

本实例将前面 4.5 节与 4.6 节的内容综合起来，将图片转为 Dataset 数据集，并进行更多的变换操作。

实例描述

有两个文件夹，分别放置男人与女人的照片。

现要求：
（1）将两个文件夹中的图片制作成 Dataset 的数据集；
（2）对图片进行尺寸大小调整、随机水平翻转、随机垂直翻转、按指定角度翻转、归一化、随机明暗度变化、随机对比度变化操作，并将其显示出来。

在图片训练过程中，一个变形丰富的数据集会使模型的精度与泛化性成倍地提升。一套成熟的代码，可以使开发数据集的工作简化很多。

本实例中使用的样本与 4.5 节实例中使用的样本完全一致。具体的样本内容可参考 4.5.1 小节。

4.7.1　代码实现：读取样本文件的目录及标签

定义函数 load_sample，用来将样本图片的目录名称及对应的标签读入内存。该函数与 4.5.2 小节中介绍的 load_sample 函数完全一样。具体代码可参考 4.5.2 小节。

4.7.2　代码实现：定义函数，实现图片转换操作

定义函数 _distorted_image，用 TensorFlow 自带的 API 实现单一图片的变换处理。函数 distorted_image 的结果不能直接输出，需要通过会话形式进行显示。

具体代码如下：

代码 4-10　将图片文件制作成 Dataset 数据集

```
01 def distorted_image(image,size,ch=1,shuffleflag = False,cropflag  = False,
   brightnessflag=False,contrastflag=False):        #定义函数
02
03     distorted_image =tf.image.random_flip_left_right(image)
04
05     if cropflag == True:                                             #随机裁剪
06         s = tf.random_uniform((1,2),int(size[0]*0.8),size[0],tf.int32)
07         distorted_image = tf.random_crop(distorted_image,
   [s[0][0],s[0][0],ch])
08     #上下随机翻转
09     distorted_image = tf.image.random_flip_up_down(distorted_image)
10     if brightnessflag == True:                                       #随机变化亮度
11         distorted_image =
   tf.image.random_brightness(distorted_image,max_delta=10)
12     if contrastflag == True:                                         #随机变化对比度
13         distorted_image =
   tf.image.random_contrast(distorted_image,lower=0.2, upper=1.8)
14     if shuffleflag==True:
15         distorted_image = tf.random_shuffle(distorted_image) #沿着第 0 维打乱顺序
16     return distorted_image
```

在函数_distorted_image 中使用的图片处理方法在实际应用中很常见。这些方法是数据增强操作的关键部分，主要用在模型的训练过程中。

4.7.3 代码实现：用自定义函数实现图片归一化

定义函数 norm_image，用来实现对图片的归一化。由于图片的像素值是 0~255 之间的整数，所以直接除以 255 便可以得到归一化的结果。具体代码如下：

代码 4-10 将图片文件制作成 Dataset 数据集（续）

```
17  def _norm_image(image,size,ch=1,flattenflag = False):    #定义函数，实现归一
       化，并且拍平
18      image_decoded = image/255.0
19      if flattenflag==True:
20          image_decoded = tf.reshape(image_decoded, [size[0]*size[1]*ch])
21      return image_decoded
```

本实例只用最简单的归一化处理，将图片的值域变化为 0~1 之间的小数。在实际开发中，还可以将图片的值域变化为–1~1 之间的小数，让其具有更大的值域。

4.7.4 代码实现：用第三方函数将图片旋转 30°

定义函数 random_rotated30 实现图片旋转功能。在函数 random_rotated30 中，用 skimage 库函数将图片旋转 30°。skimage 库需要额外安装，具体的安装命令如下：

```
pip install scikit-image
```

在整个数据集的处理流程中，对图片的操作都是基于张量进行变化的。因为第三方函数无法操作 TensorFlow 中的张量，所以需要其进行额外的封装。

用 tf.py_function 函数可以将第三方库函数封装为一个 TensorFlow 中的操作符（OP）。

具体代码如下：

代码 4-10 将图片文件制作成 Dataset 数据集（续）

```
22  from skimage import transform
23  def _random_rotated30(image, label):#定义函数，实现图片随机旋转操作
24
25      def _rotated(image):                #封装好的skimage模块，将进行图片旋转30°
26          shift_y, shift_x = np.array(image.shape.as_list()[:2],np.float32) / 2.
27          tf_rotate = transform.SimilarityTransform(rotation=np.deg2rad(30))
28          tf_shift = transform.SimilarityTransform(translation=[-shift_x, -shift_y])
29          tf_shift_inv,image.size = transform.SimilarityTransform(translation=[shift_x, shift_y]),image.shape#兼容transform函数
30          image_rotated = transform.warp(image, (tf_shift + (tf_rotate + tf_shift_inv)).inverse)
31          return image_rotated
```

```
32
33      def _rotatedwrap():
34          image_rotated = tf.py_function( _rotated,[image],[tf.float64])   #调
     用第三方函数
35          return tf.cast(image_rotated,tf.float32)[0]
36
37      a = tf.random_uniform([1],0,2,tf.int32)                    #实现随机功能
38      image_decoded = tf.cond(tf.equal(tf.constant(0),a[0]),lambda:
     image,_rotatedwrap)
39
40      return image_decoded, label
```

为了实现随机转化的功能，使用了 TensorFlow 中的 tf.cond 方法，用来根据随机条件判断是否需要对本次图片进行旋转（见代码第 38 行）。

> **提示：**
> 本实例使用第三方函数进行图片旋转处理，主要是为了演示函数 tf.py_function 的使用方法。如果仅要实现旋转的功能，则可以直接使用 TensorFlow 中的函数 tf.contrib.image.rotate 来实现。具体用法见 11.2.7 小节的实例。

4.7.5 代码实现：定义函数，生成 Dataset 对象

在函数 dataset 中，用内置函数 _parseone 将所有的文件名称转化为具体的图片内容，并返回 Dataset 对象。具体代码如下：

代码 4-10 将图片文件制作成 Dataset 数据集（续）

```
41  def dataset(directory,size,batchsize,random_rotated=False):           #定义函数，
     创建数据集
42      """ parse dataset."""
43      (filenames,labels),_ =load_sample(directory,shuffleflag=False)  #载入文
     件名称与标签
44      def _parseone(filename, label):                          #解析一个图片文件
45          """读取并处理每张图片"""
46          image_string = tf.read_file(filename)                #读取整个文件
47          image_decoded = tf.image.decode_image(image_string)
48          image_decoded.set_shape([None, None, None])   #对图片做扭曲变化
49          image_decoded = _distorted_image(image_decoded,size)
50          image_decoded = tf.image.resize (image_decoded, size)     #变化尺寸
51          image_decoded = _norm_image(image_decoded,size)  #归一化
52          image_decoded = tf.cast(image_decoded, dtype=tf.float32)
53          label = tf.cast( tf.reshape(label, []),dtype=tf.int32 )     #将
     label 转为张量
54          return image_decoded, label
55      #生成 Dataset 对象
56      dataset = tf.data.Dataset.from_tensor_slices((filenames, labels))
```

```
57      dataset = dataset.map(_parseone)            #转化为图片数据集
58
59      if random_rotated == True:
60          dataset = dataset.map(_random_rotated30)
61
62      dataset = dataset.batch(batchsize)          #批次组合数据集
63
64      return dataset
```

4.7.6 代码实现：建立会话，输出数据

首先，定义两个函数——showresult 和 showimg，用于将图片数据进行可视化输出。

接着，创建两个数据集 dataset、dataset2：

- dataset 是一个批次为 10 的数据集，支持随机反转、尺寸转化、归一化操作。
- dataset2 在 dataset 的基础上，又支持将图片旋转 30°。

定义好数据集后建立会话（session），然后通过会话（session）的 run 方法获得数据并将其显示出来。

具体代码如下：

代码 4-10　将图片文件制作成 Dataset 数据集（续）

```
65  def showresult(subplot,title,thisimg):          #显示单个图片
66      p =plt.subplot(subplot)
67      p.axis('off')
68      p.imshow(thisimg)
69      p.set_title(title)
70
71  def showimg(index,label,img,ntop):              #显示结果
72      plt.figure(figsize=(20,10))                 #定义显示图片的宽、高
73      plt.axis('off')
74      ntop = min(ntop,9)
75      print(index)
76      for i in range (ntop):
77          showresult(100+10*ntop+1+i,label[i],img[i])
78      plt.show()
79
80  def getone(dataset):
81      iterator = dataset.make_one_shot_iterator() #生成一个迭代器
82      one_element = iterator.get_next()           #从iterator里取出一个元素
83      return one_element
84
85  sample_dir=r"man_woman"
86  size = [96,96]
87  batchsize = 10
88  tdataset = dataset(sample_dir,size,batchsize)
89  tdataset2 = dataset(sample_dir,size,batchsize,True)
```

```
90    print(tdataset.output_types)                              #打印数据集的输出信息
91    print(tdataset.output_shapes)
92
93    one_element1 = getone(tdataset)                           #从tdataset里取出一个元素
94    one_element2 = getone(tdataset2)                          #从tdataset2里取出一个元素
95
96    with tf.Session() as sess:                                #建立会话(session)
97        sess.run(tf.global_variables_initializer())           #初始化
98
99        try:
100           for step in np.arange(1):
101               value = sess.run(one_element1)
102               value2 = sess.run(one_element2)
103               #显示图片
104               showimg(step,value2[1],np.asarray( value2[0]*255,np.uint8),10)
105               showimg(step,value2[1],np.asarray( value2[0]*255,np.uint8),10)
106
107       except tf.errors.OutOfRangeError:                     #捕获异常
108           print("Done!!!")
```

这部分代码与 4.6.7 小节、4.5.5 小节中的代码比较类似,不再详述。

4.7.7 运行程序

整个代码运行后,输出如下结果:

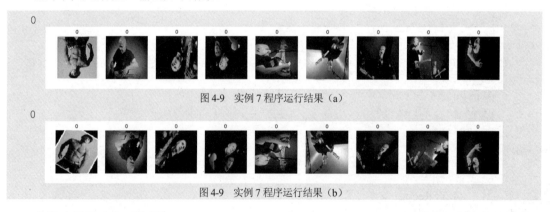

图 4-9 实例 7 程序运行结果(a)

图 4-9 实例 7 程序运行结果(b)

在输出结果中有两张图:
- 图 4-9 (a)是数据集 tdataset 中的内容。该数据集对原始图片进行了随机裁剪,并将尺寸变成了边长为 96pixel 的正方形。
- 图 4-9 (b)是数据集 tdataset2 中的内容。该数据集在 tdataset 的变换基础上,进行了随机 30°的旋转。

> **提示:**
> skimage 库是一个很强大的图片转化库,读者还可以在其中找到更多有关图片变化的

功能。

本实例中介绍了第三方库与 tf.data.Dataset 接口结合使用的方法,需要读者掌握。通过这个方法可以将所有的第三方库与 tf.data.Dataset 接结合起来使用,以实现更强大的数据预处理功能。

4.8 实例 8:将 TFRecord 文件制作成 Dataset 数据集

tf.data 接口是生成 Dataset 数据集的高级接口,可以将多种格式的样本文件转化成 Dataset 数据集。其中包括:文本格式、二进制格式、TFRecord 格式。在 tf.data 接口中,针对不同格式的样本文件,提供了对应的转化函数。具体如下。

- tf.data.TextLineDataset:根据文本文件生成 Dataset 对象。支持单个或多个文件读取,将文件中的每一行转化为 Dataset 对象中的每个元素。该方法可以用来读入 CSV 文件,见 4.6.3 小节中表 4-1 的内容描述和 7.2 节的实例代码。
- tf.data.FixedLengthRecordDataset:该方法专门用于读入数据源是二进制格式的文件,根据二进制文件生成 Dataset 对象。它支持单个或多个文件读取。在使用时,需要传入文件列表和每次读取二进制数据的长度。该方法会将文件中指定的二进制长度转化为 Dataset 对象中的每个元素。
- tf.data.TFRecordDataset:该方法用于读入数据源是 TFRecord 格式的文件(见 4.1.2 小节)。它可以将 TFRecord 文件中的 TFExample 对象转成 Dataset 数据集中的元素。

> **提示:**
> 如果是在 Linux 中使用 tf.data 接口,则样本的文件名尽量用英文。
> 作者在测试时发现,1.8 版本的 tf.data.TextLineDataset 接口在 Ubuntu 16.04 系统中,找不到文件名为中文的文件。如果文件名使用英文命名,则会省去很多额外的麻烦。

本实例用 tf.data 接口将 TFRecord 文件制作成 Dataset 数据集。

实例描述

有一个 TFRecord 格式的数据集,里面的内容为男人与女人的照片。

现要求:将 TFRecord 格式的数据集载入内存中,将其转化为 Dataset 数据集,并将返回的图片显示出来。

在程序中使用 TFRecord 格式的数据集,是 TensorFlow 早期版本的主流开发方式。在学习或工作过程中,也常会遇到 TFRecord 格式的数据集。下面就来演示如何用 tf.data.Dataset 接口加载 TFRecord 格式的数据集。

4.8.1 样本介绍

将 4.5 节实例中生成的 TFRecord 格式文件复制一份,放到代码同级目录下,如图 4-10 所示。

图 4-10　TFRecord 格式文件

4.8.2　代码实现：定义函数，生成 Dataset 对象

定义函数 dataset，并实现以下步骤：

（1）用 tf.data.TFRecordDataset 接口读取 TFRecord 数据文件，并将其转为 Dataset 对象。

（2）用 Dataset 对象的 map 方法将该数据集中的每条数据放到内置函数_parseone 中，解析成具体的图片与标签。

（3）用 Dataset 对象的 batch 方法将数据集按批次组合，并将组合后的结果返回。

具体代码如下：

代码 4-11　将 TFRecord 文件制作成 Dataset 数据集

```
01  import tensorflow as tf
02  from PIL import Image
03  import numpy as np
04  import matplotlib.pyplot as plt
05
06  def dataset(directory,size,batchsize):                      #定义函数，创建数据集
07      """ parse  dataset."""
08      def _parseone(example_proto):                           #解析一个图片文件
09          """ Reading and handle  image"""
10          #定义解析的字典
11          dics = {}
12          dics['label'] = tf.FixedLenFeature(shape=[],dtype=tf.int64)
13          dics['img_raw'] = tf.FixedLenFeature(shape=[],dtype=tf.string)
14          #解析一行样本
15          parsed_example = tf.parse_single_example(example_proto,dics)
16
17          image = tf.decode_raw(parsed_example['img_raw'],out_type=tf.uint8)
18          image = tf.reshape(image, size)
19          image = tf.cast(image,tf.float32)*(1./255)-0.5  #对图像数据做归一化处理
20
21          label = parsed_example['label']
22          label = tf.cast(label,tf.int32)
23          label = tf.one_hot(label, depth=2, on_value=1)      #转为One-hot 编码
24          return image,label
25
```

```
26    dataset = tf.data.TFRecordDataset(directory)
27    dataset = dataset.map(_parseone)
28    dataset = dataset.batch(batchsize)               #按批次组合数据集
29    dataset = dataset.prefetch(batchsize)
30    return dataset
```

在代码第 8 行的内建函数 _parseone 中可以看到，整个过程与 4.5.4 小节读取 TFRecord 数据集的方式非常相似——也是定义一个字典作为参数，并按照该字典的形状和类型来解析数据。

4.8.3　代码实现：建立会话输出数据

本小节代码的步骤如下：

（1）定义两个函数——showresult 和 showimg，用于将图片数据进行可视化输出。
（2）创建一个批次为 10 条数据的数据集 dataset 对象。
（3）在 dataset 对象中，将每 10 条数据组合在一起形成一个批次。
（4）建立会话（session），并通过会话（session）的 run 方法获得数据。
（5）将取到的数据显示出来。

具体代码如下：

代码 4-11　将 TFRecord 文件制作成 Dataset 数据集（续）

```
31 def showresult(subplot,title,thisimg):              #显示单个图片
32     p =plt.subplot(subplot)
33     p.axis('off')
34     p.imshow(thisimg)
35     p.set_title(title)
36
37 def showimg(index,label,img,ntop):                  #显示结果
38     plt.figure(figsize=(20,10))                     #定义显示图片的宽、高
39     plt.axis('off')
40     ntop = min(ntop,9)
41     print(index)
42     for i in range (ntop):
43         showresult(100+10*ntop+1+i,label[i],img[i])
44     plt.show()
45
46 def getone(dataset):
47     iterator = dataset.make_one_shot_iterator()    #生成一个迭代器
48     one_element = iterator.get_next()              #从 iterator 里取出一个元素
49     return one_element
50
51 sample_dir=['mydata.tfrecords']
52 size = [256,256,3]
53 batchsize = 10
54 tdataset = dataset(sample_dir,size,batchsize)
55
```

```
56    print(tdataset.output_types)                          #打印数据集的输出信息
57    print(tdataset.output_shapes)
58
59    one_element1 = getone(tdataset)                       #从 tdataset 里取出一个元素
60
61    with tf.Session() as sess:                            #建立会话（session）
62        sess.run(tf.global_variables_initializer())      #初始化
63        try:
64            for step in np.arange(1):
65                value = sess.run(one_element1)
66                showimg(step,value[1],
67                    np.asarray( (value[0]+0.5)*255,np.uint8),10)  #显示图片
68        except tf.errors.OutOfRangeError:                 #捕获异常
69            print("Done!!!")
```

这部分代码与前面 4.7.7 小节比较类似，不再详述。

4.8.4 运行程序

整个代码运行后，输出以下结果：

图 4-11 实例 8 程序运行结果

在输出结果中可以看到，每张图片的标题都显示了两个数字。这是由于，在处理数据集过程中对标签数据进行了 one-hot 编码（见代码第 32 行）。

4.9 实例 9：在动态图中读取 Dataset 数据集

从 TensorFlow 1.4 版本开始，动态图（读者对动态图先有一个概念即可，在 6.1.3 小节会详细介绍）的功能越来越完善。到了 1.8 版本，对 tf.data.Dataset 接口的支持变得更加友好。使用动态图操作 Dataset 数据集，就如同从普通序列对象中取数据一样简单。

在 TensorFlow 2.0 版本中，动态图已经取代静态图成为系统默认的开发框架。

实例描述

将 4.7 节中的数据以 TensorFlow 动态图的方式显示出来。

该实例重用了 4.7 节的部分代码制作数据集，然后用动态图框架读取数据集的内容。

4.9.1 代码实现：添加动态图调用

在代码的最开始位置引入相关模块，并启用动态图功能。

> 💡 **提示：**
> 启动动态图的语句必须在其他所有语句之前执行（见下面代码第 8 行）。

代码如下：

代码 4-12　在动态图里读取 Dataset 数据集

```
01  import os
02  import tensorflow as tf
03
04  from sklearn.utils import shuffle
05  import numpy as np
06  import matplotlib.pyplot as plt
07
08  tf.enable_eager_execution()                                  #启用动态图
09  print("TensorFlow 版本: {}".format(tf.__version__))          #打印版本，确保是1.8
    以后的版本
10  print("Eager execution: {}".format(tf.executing_eagerly()))  #验证动态图
    是否启动
```

4.9.2　制作数据集

制作数据集的内容与 4.7 节完全一致。可以将 4.7.1~4.7.6 小节中的代码完全移到本实例中。

4.9.3　代码实现：在动态图中显示数据

将 4.7.1~4.7.6 小节中的代码复制到本实例中之后，接着添加以下代码即可将数据内容显示出来。

代码 4-12　在动态图里读取 Dataset 数据集（续）

```
11  for step,value in enumerate(tdataset):
12      showimg(step, value[1].numpy(),np.asarray( value[0]*255,np.uint8),10)
    #显示图片
```

可以看到，这次的代码中没有再建立会话，而是直接将数据集用 for 循环的方式进行迭代读取。这就是动态图的便捷之处。

代码第 12 行中，对象 value 是一个带有具体值的张量。这里用该张量的 numpy 方法将张量 value[1] 中的值取出来。同样，还可以用 np.asarray 的方式直接将张量 value[0] 转化为 numpy 类型的数组。

代码运行后显示以下结果：

```
TensorFlow 版本: 1.13.1
Eager execution: True
loading sample dataset..
loading sample dataset..
loading sample dataset..
```

```
    (tf.float32, tf.int32)
    (TensorShape([Dimension(None), Dimension(96), Dimension(96), Dimension(None)]),
TensorShape([Dimension(None)]))
```

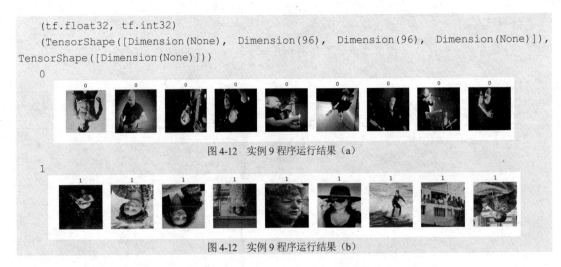

图4-12 实例9程序运行结果（a）

图4-12 实例9程序运行结果（b）

本实例用 tf.data.Dataset 接口的可迭代特性，实现对数据的读取。

更多数据集迭代器的用法见 4.10 节。

4.9.4 实例10：在 TensorFlow 2.x 中操作数据集

下面在代码文件 "4-12　在动态图里读取 Dataset 数据集.py" 的基础之上稍加调整，将其升级成可以支持 TensorFlow 2.x 版本的代码。

完整代码如下：

代码4-13　在动态图里读取 Dataset 数据集_tf2 版

```
01  import os
02  import tensorflow as tf
03  from PIL import Image
04  from sklearn.utils import shuffle
05  import numpy as np
06  import matplotlib.pyplot as plt
07  print("TensorFlow 版本: {}".format(tf.__version__))
08  print("Eager execution: {}".format(tf.executing_eagerly()))
09
10  def load_sample(sample_dir,shuffleflag = True):
11      '''递归读取文件。只支持一级。返回文件名、数值标签、数值对应的标签名'''
12      print ('loading sample  dataset..')
13      lfilenames = []
14      labelsnames = []
15      for (dirpath, dirnames, filenames) in os.walk(sample_dir):
16          for filename in filenames:                          #遍历所有文件名
17              filename_path = os.sep.join([dirpath, filename])
18              lfilenames.append(filename_path)                #添加文件名
19              labelsnames.append( dirpath.split('\\')[-1] )#添加文件名对应的标签
20
21      lab= list(sorted(set(labelsnames)))                     #生成标签名称列表
```

```
22      labdict=dict( zip( lab ,list(range(len(lab))) ))   #生成字典
23
24      labels = [labdict[i] for i in labelsnames]
25      if shuffleflag == True:
26          return shuffle(np.asarray( lfilenames),np.asarray( labels)),np.asarray(lab)
27      else:
28          return (np.asarray( lfilenames),np.asarray( labels)),np.asarray(lab)
29
30  directory='man_woman\\'                              #定义样本路径
31  (filenames,labels),_ =load_sample(directory,shuffleflag=False)
32  #定义函数，实现增强数据操作
33  def _distorted_image(image,size,ch=1,shuffleflag = False,cropflag = False,
34                       brightnessflag=False,contrastflag=False):
35      distorted_image =tf.image.random_flip_left_right(image)
36
37      if cropflag == True:                             #随机裁剪
38          s = tf.random.uniform((1,2),int(size[0]*0.8),size[0],tf.int32)
39          distorted_image = tf.image.random_crop(distorted_image, [s[0][0],s[0][0],ch])
40      #上下随机翻转
41      distorted_image = tf.image.random_flip_up_down(distorted_image)
42      if brightnessflag == True:   #随机变化亮度
43          distorted_image = tf.image.random_brightness(distorted_image,max_delta=10)
44      if contrastflag == True:     #随机变化对比度
45          distorted_image = tf.image.random_contrast(distorted_image,lower=0.2, upper=1.8)
46      if shuffleflag==True:
47          distorted_image = tf.random.shuffle(distorted_image)#沿着第0维打乱顺序
48      return distorted_image
49
50  #定义函数，实现归一化，并且拍平
51  def _norm_image(image,size,ch=1,flattenflag = False):
52      image_decoded = image/255.0
53      if flattenflag==True:
54          image_decoded = tf.reshape(image_decoded, [size[0]*size[1]*ch])
55      return image_decoded
56  from skimage import transform
57  def _random_rotated30(image, label):  #定义函数，实现图片随机旋转操作
58      def _rotated(image):              #用封装好的skimage模块将图片旋转30°
59          shift_y, shift_x = np.array(image.shape[:2],np.float32) / 2.
60          tf_rotate = transform.SimilarityTransform(rotation=np.deg2rad(30))
```

```python
61          tf_shift = transform.SimilarityTransform(translation=[-shift_x,
-shift_y])
62          tf_shift_inv = transform.SimilarityTransform(translation=[shift_x,
shift_y])
63          image_rotated = transform.warp(image, (tf_shift + (tf_rotate +
tf_shift_inv)).inverse)
64          return image_rotated
65
66      def _rotatedwrap():
67          image_rotated = tf.py_function( _rotated,[image],[tf.float64])    #
调用第三方函数
68          return tf.cast(image_rotated,tf.float32)[0]
69
70      a = tf.random.uniform([1],0,2,tf.int32)#实现随机功能
71      image_decoded = tf.cond(tf.equal(tf.constant(0),a[0]),lambda:
image,_rotatedwrap)
72
73      return image_decoded, label
74  #定义函数，创建数据集
75  def dataset(directory,size,batchsize,random_rotated=False):
76      #载入文件的名称与标签
77      (filenames,labels),_ =load_sample(directory,shuffleflag=False)
78      def _parseone(filename, label):                #解析一个图片文件
79          image_string = tf.io.read_file(filename)        #读取整个文件
80          image_decoded = tf.image.decode_image(image_string)
81          image_decoded.set_shape([None, None, None])
82          image_decoded = _distorted_image(image_decoded,size)#扭曲图片
83          image_decoded = tf.image.resize(image_decoded, size)  #变化尺寸
84          image_decoded = _norm_image(image_decoded,size)#归一化
85          image_decoded = tf.cast(image_decoded,dtype=tf.float32)
86          #将label 转为张量
87          label = tf.cast( tf.reshape(label, []) ,dtype=tf.int32 )
88          return image_decoded, label
89      #生成Dataset 对象
90      dataset = tf.data.Dataset.from_tensor_slices((filenames, labels))
91      dataset = dataset.map(_parseone)    #有图片内容的数据集
92
93      if random_rotated == True:
94          dataset = dataset.map(_random_rotated30)
95      dataset = dataset.batch(batchsize)            #批次划分数据集
96      return dataset
97
98  def showresult(subplot,title,thisimg):          #显示单个图片
99      p =plt.subplot(subplot)
100     p.axis('off')
101     p.imshow(thisimg)
102     p.set_title(title)
```

```
103
104  def showimg(index,label,img,ntop):              #显示图片结果
105      plt.figure(figsize=(20,10))                  #定义显示图片的宽、高
106      plt.axis('off')
107      ntop = min(ntop,9)
108      print(index)
109      for i in range (ntop):
110          showresult(100+10*ntop+1+i,label[i],img[i])
111      plt.show()
112
113  sample_dir=r"man_woman"
114  size = [96,96]
115  batchsize = 10
116  tdataset = dataset(sample_dir,size,batchsize)
117  tdataset2 = dataset(sample_dir,size,batchsize,True)
118  print(tdataset.output_types)                     #打印数据集的输出信息
119  print(tdataset.output_shapes)
120
121  for step,value in enumerate(tdataset):   #显示图片
122      showimg(step, value[1].numpy(),np.asarray( value[0]*255,np.uint8),10)
```

在 TensorFlow 2.x 版本中，将 TensorFlow 1.x 版本中的部分函数名字进行了调整，具体如下：

- 将函数 tf.random_uniform 改成了 tf.random.uniform（见代码第 38 行）。
- 将函数 tf.random_crop 改成了 tf.image.random_crop（见代码第 39 行）。
- 将函数 tf.random_shuffle 改成了 tf.random.shuffle（见代码第 47 行）。
- 将函数 tf.read_file 改成了 tf.io.read_file（见代码第 79 行）。

这些变化的函数名，都是可以通过工具自动转化的。读者可以直接使用 TensorFlow 2.x 版本中提供的工具，对 TensorFlow 1.x 版本的代码进行升级。具体命令如下：

```
tf_upgrade_v2 --infile "1.x的代码文件" -outfile "2.x的代码文件"
```

具体实例还可以参考本书 6.13 节。

代码运行后，可以输出与 4.9.3 小节一样的结果。这里不再详述。

> **提示：**
> 如果将本实例代码第 7 行换作启动动态图的语句，即：
> tf.enable_eager_execution()
> 则该代码也可以在 TensorFlow 1.13.1 版本上正常运行。这说明了一个问题：TensorFlow 2.x 版本的内部代码与 TensorFlow 1.13.1 版本非常接近。TensorFlow 1.13.1 版本既可以支持 TensorFlow 1.x 版本，又可以部分支持 TensorFlow 2.x 版本，具有更好的兼容性。

4.10　实例 11：在不同场景中使用数据集

本节将演示数据集的其他几种迭代方式，分别对应不同的场景。

实例描述

在内存中定义一个数组，将其转化成 Dataset 数据集。在训练模型、测试模型、使用模型的场景中使用数据集，将数组中的内容输出来。

4.6、4.7、4.8 节中关于数据集的使用，更符合于训练模型场景的用法。可以通过用 tf.data.Dataset 接口的 repeat 方法来实现数据集的循环使用。在实际训练中，只能控制训练模型的迭代次数，无法直观地控制数据集的遍历次数。

4.10.1 代码实现：在训练场景中使用数据集

为了指定数据集的遍历次数，在创建迭代器时使用了 from_structure 方法，该方法没有自动初始化功能，所以需要在会话（session）中对其进行初始化。当整个数据集遍历结束后，会产生 tf.errors.OutOfRangeError 异常。通过在捕获 tf.errors.OutOfRangeError 异常的处理函数中对迭代器再次进行初始化的方式，将数据集内部的指针清零，让数据集可以再次从头遍历。

> **提示：**
> 虽然在多次迭代过程中会频繁调用迭代器初始化函数，但这并不会影响整体性能。系统只是对迭代器做了初始化，并不是将整个数据集进行重新设置，所以这种方案是可行的。

具体代码如下：

代码 4-14　在不同场景中使用数据集

```
01  import tensorflow as tf
02
03  dataset1 = tf.data.Dataset.from_tensor_slices( [1,2,3,4,5] )#定义训练数据集
04
05  #创建迭代器
06  iterator1 = tf.data.Iterator.from_structure(dataset1.output_types,
    dataset1.output_shapes)
07
08  one_element1 = iterator1.get_next()                    #获取一个元素
09
10  with tf.Session()  as sess2:
11      sess2.run( iterator1.make_initializer(dataset1) )   #初始化迭代器
12      for ii in range(2):                                 #将数据集迭代两次
13          while True:                                     #通过for循环打印所有的数据
14              try:
15                  print(sess2.run(one_element1))          #调用sess.run读出Tensor值
16              except tf.errors.OutOfRangeError:
17                  print("遍历结束")
18                  sess2.run( iterator1.make_initializer(dataset1) )
19                  break
```

整体代码运行后，输出以下结果：

```
1
2
3
4
5
遍历结束
1
2
3
4
5
遍历结束
```

从结果中可以看出,整个数据集迭代运行了两遍。

> **提示:**
> 代码中第 6 行的 tf.data.Iterator.from_structure 方法还可以换作 dataset1.make_initializable_iterator,一样可以实现通过初始化的方法实现从头遍历数据集的效果。
> 例如,代码中的第 6~11 行可以写成如下:
> iterator = dataset1.make_initializable_iterator()   #直接生成迭代器
> one_element1 = iterator.get_next()   #生成元素张量
> with tf.Session() as sess2:
> sess.run(iterator.initializer)   #在会话(session)中需要对迭代器进行初始化

4.10.2 代码实现:在应用模型场景中使用数据集

在应用模型场景中,可以将实际数据注入 Dataset 数据集中的元素张量,来实现输入操作。具体代码如下:

代码4-14 在不同场景中使用数据集(续)

```
20    print(sess2.run(one_element1,{one_element1:356}))    #往数据集中注入数据
```

代码第 20 行,将数字"356"注入到张量 one_element1 中。此时的张量 one_element1 起到占位符的作用,这也是在使用模型场景中常用的做法。

整个代码运行后,输出以下结果:

```
356
```

从输出结果可以看出,"356"这个数字已经进入张量图并成功输出到屏幕上。

> **提示:**
> 这种方式与迭代器的生成方式无关,所以它不仅适用于通过 from_structure 生成的迭代器,也适用于通过 make_one_shot_iterator 方法生成的迭代器。

4.10.3 代码实现：在训练与测试混合场景中使用数据集

在训练 AI 模型时，一般会有两个数据集：一个用于训练，一个用于测试。在 TensorFlow 中提供了一个便捷的方式，可以在训练过程中对训练与测试的数据源进行灵活切换。

具体的方式为：

（1）创建两个 Dataset 对象，一个用于训练、一个用于测试。

（2）分别建立两个数据集对应的迭代器——iterator（训练迭代器）、iterator_test（测试迭代器）。

（3）在会话中，分别建立两个与迭代器对应的句柄——iterator_handle（训练迭代器句柄）、iterator_handle_test（测试迭代器句柄）。

（4）生成占位符，用于接收迭代器句柄。

（5）生成关于占位符的迭代器，并定义其 get_next 方法取出的张量。

在运行时，直接将用于训练或测试的迭代器句柄输入占位符，即可实现数据源的使用。具体代码如下：

代码 4-14　在不同场景中使用数据集（续）

```
21 dataset1 = tf.data.Dataset.from_tensor_slices( [1,2,3,4,5] )#创建训练Dataset
   对象
22 iterator = dataset1.make_one_shot_iterator()              #生成一个迭代器
23
24 dataset_test = tf.data.Dataset.from_tensor_slices( [10,20,30,40,50] )  #
   创建测试Dataset对象
25 iterator_test = dataset1.make_one_shot_iterator()         #生成一个迭代器
26 #适用于测试与训练场景中的数据集方式
27 with tf.Session()  as sess:
28     iterator_handle = sess.run(iterator.string_handle())     #创建迭代器句柄
29     iterator_handle_test = sess.run(iterator_test.string_handle()) #创建迭
   代器句柄
30
31     handle = tf.placeholder(tf.string, shape=[])              #定义占位符
32     iterator3 = tf.data.Iterator.from_string_handle(handle,
   iterator.output_types)
33
34     one_element3 = iterator3.get_next()                       #获取元素
35     print(sess.run(one_element3,{handle: iterator_handle}))  #取出元素
36     print(sess.run(one_element3,{handle: iterator_handle_test}))
```

运行代码后，显示以下结果：

```
1
10
```

其中，1 是训练集的第 1 个数据，10 是训练集中第 1 个数据。

由于篇幅限制，制作数据集的介绍到这里就结束了。

4.11 tf.data.Dataset 接口的更多应用

目前，tf.data.Dataset 接口是 TensorFlow 中主流的数据集接口。在编写自己的模型程序时，建议优先使用 tf.data.Dataset 接口。

> 提示：
> 本章除介绍了主流的 Dataset 数据集外，还介绍了一些其他形式的数据集（例如：内存对象数据集、TFRecord 格式的数据集）。这些内容是为了让读者对数据集这部分知识有一个全面的掌握，这样在阅读别人代码，或在别人的代码上做二次开发时，就不会出现技术盲区。

用 tf.data.Dataset 接口还可以将更多其他类型的样本制作成数据集。另外，也可以对 tf.data.Dataset 接口进行二次封装，使 tf.data.Dataset 接口用起来更为简单。

> 提示：
> 10.3.3 小节还介绍了一个同时支持静态图与动态图的工具类。它是对原有 tf.data.Dataset 接口的封装。读者可以直接拿来使用，以提升编写代码的效率。

更多的内容可以参考官网中的教程。

第 5 章

10分钟快速训练自己的图片分类模型

本章重点讲解微调技术，即用自己的数据集在预训练模型上进行二次训练。该技术可以在样本较少的情况下快速地训练出自己的可用模型。

通过本章的学习，读者可以用成熟模型快速训练出自己的图片分类器。

5.1 快速导读

在学习实例之前，有必要了解一下模型的基础知识。

5.1.1 认识模型和模型检查点文件

1. 什么是模型

模型是通过神经网络训练得来的，是机器运算后所产出的结果。用 TensorFlow 开发程序，最终的目的就是要得到模型。有了模型之后，便可以用模型来做一些对应的回归、分类等任务。

模型默认存在内存中，会随着程序的关闭而销毁。在关闭当前程序时，为了防止模型丢失，一般会把模型保存到文件里，以便下次使用。保存模型的文件，就是模型文件。

2. 什么是模型中的检查点

模型中的检查点，就好比游戏中的还原点。在训练模型过程中，可以将模型以文件的方式保存到硬盘上。这样在之后的训练中可以直接载入上次生成的检查点文件，接着上次的结果继续训练。

在训练中，引入检查点是非常有用的。在训练模型时，难免会出现中断的情况。及时将模型的训练成果保存下来，这样即使出现中断情况，也不会耽误模型的训练进度。

5.1.2 了解"预训练模型"与微调（Fine-Tune）

预训练模型等同于检查点文件。在使用时，既可以将检查点文件载入已有模型，接着训练；也可以将检查点文件载入到别的模型中，做二次开发。

这样，新的模型就会在原有模型的训练结果之上再进行训练，从而大大缩短了训练时间。这种二次开发被叫作微调（Fine-Tune）。

可以说微调是一种转移学习的技巧。它是指，将一个已经在相关任务上训练过的模型用在新模型中重新使用，继续训练。在本章中，将调用一个通过 ImageNet 数据集训练好的模型，将该模型中的"提取图像特征"能力转移到现有的分类任务上。

该方法适用于中等量级（几千到几万个）的数据集。如果是大型数据集（数百万个），还是建议重头训练比较好。

5.1.3　学习 TensorFlow 中的预训练模型库——TF-Hub 库

TF-Hub 库是 TensorFlow 中专门用于预训练模型的库，其中包含很多在大型数据集上训练好的模型。如需在较小的数据集上实现识别任务，则可以通过微调这些预训练模型来实现。另外，它还能够提升原有模型在具体场景中的泛化能力，加快训练的速度。

TF-Hub 库可以支持 TensorFlow 的 1.x 与 2.x 版本。

1. 安装 TF-Hub 库

该库独立与 TensorFlow 安装包。如想使用，则需要额外安装。可以在命令行里输入以下命令：

```
pip install tensorflow-hub
```

2. TF-Hub 库的说明

在 GitHub 网站上还有 TF-Hub 库的源码链接,其中包含了众多详细的说明文档。地址如下：

```
https://github.com/tensorflow/hub
```

有兴趣的读者可以根据该链接中的文档内容自行学习。

5.2　实例 12：通过微调模型分辨男女

本实例是在第 3 章和第 4 章的基础上实现的。利用第 4 章的数据集制作方法，制作自己的数据集；然后使用自己的数据集，在已有的模型上展开二次训练。如何使用已有模型是第 3 章的内容；而如何用已有的模型做二次训练，则是本实例的内容。

实例描述

有一组照片，分为男人和女人。

训练模型来学习这些照片，让模型能够找到其中的规律。接着，用该模型对图片中的人物进行识别，区分其性别是"男"还是"女"。

本实例中，用 NASNet_A_Mobile 模型来做二次训练。具体过程分为 4 步：

（1）准备样本。
（2）准备 NASNet_A_Mobile 模型。
（3）编写代码进行二次训练。
（4）用已经训练好的模型进行测试。

5.2.1 准备工作

1. 准备样本

通过以下链接下载 CelebA 数据集：

`http://mmlab.ie.cuhk.edu.hk/projects/CelebA.html`

待数据集下载完后，将其解压缩，并手动分出一部分男人与女人的照片。

在本实例中，一共用 20000 张图片来训练模型，其中：

- 训练样本由 8421 张男性头像和 11599 张女性头像构成（在 train 文件夹下）。
- 测试样本由 10 张男性头像和 10 张女性头像构成（在 val 文件夹下）。

部分样本数据如图 5-1 所示。

图 5-1 男女数据集样本示例

将样本整理好后，统一放到 data 文件夹下。

2. 准备代码环境并预训练模型

具体步骤如下。

（1）下载与部署 slim 模块。

该部分的内容与 3.1 节完全一样，这里不再详述。

（2）下载 NASNet_A_Mobile 模型。

该部分的内容与 3.1 节类似。在图 3-2 中，找到 "nasnet-a_mobile_04_10_2017.tar.gz" 的下载链接，将其下载并解压缩。

（3）完整代码文件的结构。

本实例是通过 4 个代码文件来实现的，具体文件及描述如下。

- 5-1 mydataset.py：处理男女图片数据集的代码。
- 5-2 model.py：加载预训练模型 NASNet_A_Mobile 并进行微调的代码。
- 5-3 train.py：训练模型的代码。
- 5-4 test.py：测试模型的代码。

部署时,将这 4 个代码文件与 slim 模块、NASNet_A_Mobile 模型、样本一起放到一个文件夹下。完整代码文件的结构如图 5-2 所示。

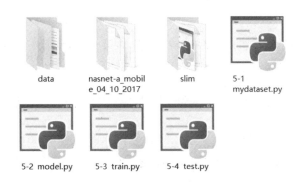

图 5-2　分辨男女实例的文件结构

5.2.2　代码实现:处理样本数据并生成 Dataset 对象

本实例中,直接将数据集的相关操作封装到代码文件"5-1　mydataset.py"中。在该文件中包含用于训练与测试的数据集。
- 在训练模式下,会对数据进行乱序处理。
- 在测试模式下,按照数据的原始顺序直接使用。

这部分的知识在第 4 章已经有全面的介绍,这里不再详述。完整代码如下:

代码 5-1　mydataset

```
01  import tensorflow as tf
02  import sys
03  nets_path = r'slim'                                  #加载环境变量
04  if nets_path not in sys.path:
05      sys.path.insert(0,nets_path)
06  else:
07      print('already add slim')
08  from nets.nasnet import nasnet                       #导出 nasnet
09  slim = tf.contrib.slim                               #载入 TF-slim 接口
10  image_size = nasnet.build_nasnet_mobile.default_image_size
11  from preprocessing import preprocessing_factory      #图像处理
12
13  import os
14  def list_images(directory):
15      """
16      获取所有 directory 中的所有图片和标签
17      """
18
19      #返回 path 指定的文件夹所包含的文件或文件夹的名字列表
20      labels = os.listdir(directory)
21      #对标签进行排序,以便训练和验证按照相同的顺序进行
```

```
22      labels.sort()
23      #创建文件标签列表
24      files_and_labels = []
25      for label in labels:
26          for f in os.listdir(os.path.join(directory, label)):
27              #将字符串中所有大写字符转换为小写字符，再判断
28              if 'jpg' in f.lower() or 'png' in f.lower():
29                  #加入列表
30                  files_and_labels.append((os.path.join(directory, label, f), label))
31      #理解为解压缩，把数据路径和标签解压缩出来
32      filenames, labels = zip(*files_and_labels)
33      #转换为列表，分别储存数据路径和对应的标签
34      filenames = list(filenames)
35      labels = list(labels)
36      #列出分类总数，比如两类：['man', 'woman']
37      unique_labels = list(set(labels))
38
39      label_to_int = {}
40      #循环列出数据和数据下标，给每个分类打上标签{'woman': 2, 'man': 1, none: 0}
41      for i, label in enumerate(sorted(unique_labels)):
42          label_to_int[label] = i+1
43      print(label,label_to_int[label])
44      #把每个标签化为 0、1 这种形式
45      labels = [label_to_int[l] for l in labels]
46      print(labels[:6],labels[-6:])
47      return filenames, labels              #返回储存数据路径和对应转换后的标签
48
49  num_workers = 2                           #定义并行处理数据的线程数量
50
51  #图像批量预处理
52  image_preprocessing_fn = preprocessing_factory.get_preprocessing('nasnet_mobile', is_training=True)
53  image_eval_preprocessing_fn = preprocessing_factory.get_preprocessing('nasnet_mobile', is_training=False)
54
55  def _parse_function(filename, label):    #定义图像解码函数
56      image_string = tf.read_file(filename)
57      image = tf.image.decode_jpeg(image_string, channels=3)
58      return image, label
59
60  def training_preprocess(image, label):   #定义函数，调整图像的大小
61      image = image_preprocessing_fn(image, image_size, image_size)
62      return image, label
63
```

```
64  def val_preprocess(image, label):        #定义评估图像的预处理函数
65      image = image_eval_preprocessing_fn(image, image_size, image_size)
66      return image, label
67
68  #创建带批次的数据集
69  def creat_batched_dataset(filenames, labels,batch_size,isTrain = True):
70
71      dataset = tf.data.Dataset.from_tensor_slices((filenames, labels))
72
73      dataset = dataset.map(_parse_function, num_parallel_calls=num_workers)
    #对图像进行解码
74
75      if isTrain == True:
76          dataset = dataset.shuffle(buffer_size=len(filenames))
    #打乱数据顺序
77          dataset = dataset.map(training_preprocess,
    num_parallel_calls=num_workers)#调整图像大小
78      else:
79          dataset = dataset.map(val_preprocess,num_parallel_calls=num_workers)
    #调整图像大小
80
81      return dataset.batch(batch_size)                    #返回批次数据
82
83  #根据目录返回数据集
84  def creat_dataset_fromdir(directory,batch_size,isTrain = True):
85      filenames, labels = list_images(directory)
86      num_classes = len(set(labels))
87      dataset = creat_batched_dataset(filenames, labels,batch_size,isTrain)
88      return dataset,num_classes
```

代码第 11 行导入了 preprocessing_factory 函数。该函数是 slim 模块中封装好的工厂函数，用于生成模型的预处理函数。用该函数对样本进行操作（见代码第 60、61 行），可以提升开发效率，并能够减小出错的可能性。

工厂函数的知识点，属于 Python 基础知识，这里不再详述。有兴趣的读者可以参考《Python 带我起飞——入门、进阶、商业实战》一书的 6.10 节。

> **提示：**
> 这里用了一个技巧——仿照原 NASNet_A_Mobile 模型的分类方法，在对分类标签排号时，将标签为 0 的分类空出来，男人的分类是 1，女人的分类是 2。
> 代码第 42 行用到的变量 unique_labels 是从集合对象转化而来的。在使用时，需要对变量 unique_labels 固定顺序，所以用 sorted 函数进行变换。如果不对变量 unique_labels 固定顺序，在下次启动时，有可能出现标签序号与名称对应不上的现象。在多次中断多次训练的场景中，标签序号与名称对应不上的现象会使模型的准确率飘忽不定。这种问题很难排查。

5.2.3 代码实现：定义微调模型的类 MyNASNetModel

在微调模型的实现中，统一通过定义类 MyNASNetModel 来实现。在类 MyNASNetModel 中，大致可分为两大动作：初始化设置、构建模型。

- 初始化设置：定义构建模型时的必要参数。
- 构建模型：针对训练、测试、应用三种情况，分别构建不同的模型。在训练过程中，还需要加载预训练模型及微调模型。

定义类 MyNASNetModel，并对模型的设置进行初始化。具体如下：

代码 5-2　model

```
01  import sys
02  nets_path = r'slim'                                    #加载环境变量
03  if nets_path not in sys.path:
04      sys.path.insert(0,nets_path)
05  else:
06      print('already add slim')
07
08  import tensorflow as tf
09  from nets.nasnet import nasnet                         #导出 nasnet
10  slim = tf.contrib.slim
11
12  import os
13  mydataset = __import__("5-1  mydataset")
14  creat_dataset_fromdir = mydataset.creat_dataset_fromdir
15
16  class MyNASNetModel(object):
17      """微调模型类 MyNASNetModel
18      """
19      def __init__(self, model_path=''):
20          self.model_path = model_path                   #原始模型的路径
```

代码第 20 行是初始化 MyNASNetModel 类的操作。变量 model_path 指的是"要加载的原始预训练模型"。该操作只有在训练模式下才有意义。在测试和应用模式下，该变量可以为 None（空值）。

5.2.4 代码实现：构建 MyNASNetModel 类中的基本模型

在构建模型的过程中，无论是训练、测试还是应用，都需要载入最基本的 NASNet_A_Mobile 模型。这里通过定义 MyNASNetModel 类的 MyNASNet 方法来实现。具体的实现方式与 3.3 节的实现方式基本一致。

不同的是：3.3 节构建的是 PNASNet 模型结构，本节构建的是 NASNet_A_Mobile 模型结构。

代码 5-2　model（续）

```
21      def MyNASNet(self,images,is_training):
```

```
22          arg_scope = nasnet.nasnet_mobile_arg_scope()        #获得模型命名空间
23          with slim.arg_scope(arg_scope):
24              #构建 NASNet Mobile 模型
25              logits, end_points =
    nasnet.build_nasnet_mobile(images,num_classes = self.num_classes+1,
    is_training=is_training)
26
27          global_step = tf.train.get_or_create_global_step()#定义记录步数的张量
28
29          return logits,end_points,global_step                #返回有用的张量
```

代码第 25 行，在调用 nasnet.build_nasnet_mobile 方法时，向 num_classes 参数里传的值是"分类的个数 self.num_classes 加 1"。其中：

- 分类的个数 self.num_classes 的值是 2，表示男人和女人两类。该值是在 5.2.7 小节的 build_model 方法中被赋值的。
- 1 表示是一个空（None）类，即模型预测不出男还是女的情况。

5.2.5 代码实现：实现 MyNASNetModel 类中的微调操作

微调操作是针对训练场景的。它通过定义 MyNASNetModel 类中的 FineTuneNASNet 方法来实现。微调操作主要是对预训练模型的权重参数进行选择性恢复。

预训练模型 NASNet_A_Mobile 是在 ImgNet 数据集上训练的，有 1000 个分类。而本实例中识别男女的任务只有两个分类。所以，最后两个输出层的超参不应该被恢复（由于分类不同，导致超参的个数不同）。在实际使用时，最后两层的参数需要对其初始化并单独训练。

代码 5-2 model（续）

```
30      def FineTuneNASNet(self,is_training):    #实现微调模型的网络操作
31          model_path = self.model_path
32
33          exclude = ['final_layer','aux_7']   #恢复超参，除 exclude 外的超参全部恢复
34          variables_to_restore =
    slim.get_variables_to_restore(exclude=exclude)
35          if is_training == True:
36              init_fn = slim.assign_from_checkpoint_fn(model_path,
    variables_to_restore)
37          else:
38              init_fn = None
39
40          tuning_variables = []       #将没有恢复的超参收集起来，用于微调训练过程
41          for v in exclude:
42              tuning_variables += slim.get_variables(v)
43
44          return init_fn, tuning_variables
```

代码中，首先用 exclude 列表将不需要恢复的网络节点收集起来（见代码第 33 行）。

接着，将预训练模型中的超参值赋给剩下的节点，完成了预训练模型的载入（见代码第36行）。

最后，用 tuning_variables 列表将不需要恢复的网络节点权重收集起来（见代码第40行），用于微调训练过程。

> **提示：**
> 这里介绍一个技巧——如何获得 exclude 中的元素（见代码第33行）。具体方法是：通过额外执行代码 tf.global_variables()，将张量图中的节点打印出来；从里面找到最后两层的节点，并将该节点的名称填入代码中。
>
> 另外，在找到节点后，还可以用 slim.get_variables 函数来检查该名称的节点是否正确。例如：可以将 slim.get_variables('final_layer') 的返回值打印出来，观察张量图中是否有 final_layer 节点。

5.2.6 代码实现：实现与训练相关的其他方法

在 MyNASNetModel 类中，还需要定义与训练操作相关的其他方法，具体如下。
- build_acc_base 方法：用于构建评估模型的相关节点。
- load_cpk 方法：用于载入及生成模型的检查点文件。
- build_model_train 方法：用于构建训练模型中的损失函数及优化器等操作节点。

具体代码如下：

代码 5-2　model（续）

```
45      def build_acc_base(self,labels):#定义评估函数
46          #返回张量中最大值的索引
47          self.prediction = tf.cast (tf.argmax(self.logits, 1),tf.int32)
48          #计算 prediction、labels 是否相同
49          self.correct_prediction = tf.equal(self.prediction, labels)
50          #计算平均值
51          self.accuracy = tf.reduce_mean(tf.cast(self.correct_prediction),tf.float32)
52          #将正确率最高的 5 个值取出来，计算平均值
53          self.accuracy_top_5 = tf.reduce_mean(tf.cast(tf.nn.in_top_k(predictions=self.logits, targets=labels, k=5),tf.float32))
54
55      def load_cpk(self,global_step,sess,begin = 0,saver= None,save_path = None):                              #储存和导出模型
56          if begin == 0:
57              save_path=r'./train_nasnet'                      #定义检查点文件的路径
58              if not os.path.exists(save_path):
59                  print("there is not a model path:",save_path)
60              saver = tf.train.Saver(max_to_keep=1)             #生成 saver
```

```python
61                return saver,save_path
62            else:
63                kpt = tf.train.latest_checkpoint(save_path)    #查找最新的检查点文件
64                print("load model:",kpt)
65                startepo= 0                                    #计步
66                if kpt!=None:
67                    saver.restore(sess, kpt)                   #还原模型
68                    ind = kpt.find("-")
69                    startepo = int(kpt[ind+1:])
70                    print("global_step=",global_step.eval(),startepo)
71                return startepo
72
73        def build_model_train(self,images,
74            labels,learning_rate1,learning_rate2,is_training):
75            self.logits,self.end_points,
76                self.global_step= self.MyNASNet(images,is_training=is_training)
77            self.step_init = self.global_step.initializer
78
79            self.init_fn,self.tuning_variables = self.FineTuneNASNet(
80                is_training=is_training)
81            #定义损失函数
82            tf.losses.sparse_softmax_cross_entropy(labels=labels,
83                logits=self.logits)
84            loss = tf.losses.get_total_loss()
85            #定义微调训练过程的退化学习率
86            learning_rate1=tf.train.exponential_decay(
87                    learning_rate=learning_rate1, global_step=self.global_step,
88                    decay_steps=100, decay_rate=0.5)
89            #定义联调训练过程的退化学习率
90            learning_rate2=tf.train.exponential_decay(
91                learning_rate=learning_rate2, global_step=self.global_step,
92                decay_steps=100, decay_rate=0.2)
93            last_optimizer = tf.train.AdamOptimizer(learning_rate1)  #优化器
94            full_optimizer = tf.train.AdamOptimizer(learning_rate2)
95            update_ops = tf.get_collection(tf.GraphKeys.UPDATE_OPS)
96            with tf.control_dependencies(update_ops):      #更新批量归一化中的参数
97                #定义模型优化器
98                self.last_train_op = last_optimizer.minimize(loss,
    self.global_step,var_list=self.tuning_variables)
99                self.full_train_op = full_optimizer.minimize(loss,
    self.global_step)
100
101            self.build_acc_base(labels)                    #定义评估模型的相关指标
102            #写入日志,支持 tensorBoard 操作
103            tf.summary.scalar('accuracy', self.accuracy)
104            tf.summary.scalar('accuracy_top_5', self.accuracy_top_5)
105
```

```
106        #将收集的所有默认图表并合并
107        self.merged = tf.summary.merge_all()
108        #写入日志文件
109        self.train_writer = tf.summary.FileWriter('./log_dir/train')
110        self.eval_writer = tf.summary.FileWriter('./log_dir/eval')
111        #定义要保持到检查点文件中的变量
112        self.saver,self.save_path = self.load_cpk(self.global_step,None)
```

代码第 82 行，用 tf.losses.sparse_softmax_cross_entropy 函数计算 loss 值，函数会将 loss 值添加到内部集合 ops.GraphKeys.LOSSES 中。

代码第 84 行，用 tf.losses.get_total_loss 函数从 ops.GraphKeys.LOSSES 集合中取出所有的 loss 值。

在代码第 96 行，在反向优化时，用 tf.control_dependencies 函数对批量归一化操作中的均值与方差进行更新。函数 tf.control_dependencies 的作用是，将依赖运行的功能添加到 last_train_op 与 full_train_op 的操作上。即：在执行代码 last_train_op 与 full_train_op（见代码第 98、99 行）之前，需要先执行 tf.GraphKeys.UPDATE_OPS 中的 OP。

tf.GraphKeys.UPDATE_OPS 中的 OP 就是更新 BN 中的移动均值（μ）和移动方差（σ）的实际操作。在调用 TF-slim 接口中的 BN 函数时，默认不会直接更新移动均值（μ）和移动方差（σ）。而是将其封装为一个 OP（静态图中的操作符）放到 tf.GraphKeys.UPDATE_OPS 中。关于这部分知识，在 10.3.5 小节还会涉及。

5.2.7 代码实现：构建模型，用于训练、测试、使用

在 MyNASNetModel 类中，定义了 build_model 方法用于构建模型。在 build_model 方法中，用参数 mode 来指定模型的具体使用场景。具体代码如下：

代码 5-2 model（续）

```
113    def build_model(self,mode='train',testdata_dir='./data/val',
    traindata_dir='./data/train',
    batch_size=32,learning_rate1=0.001,learning_rate2=0.001):
114
115        if mode == 'train':
116            tf.reset_default_graph()
117            #创建训练数据和测试数据的 Dataset 数据集
118            dataset,self.num_classes =
    creat_dataset_fromdir(traindata_dir,batch_size)
119            testdataset,_ =
    creat_dataset_fromdir(testdata_dir,batch_size,isTrain = False)
120
121            #创建一个可初始化的迭代器
122            iterator = tf.data.Iterator.from_structure(dataset.output_types,
    dataset.output_shapes)
123            #读取数据
124            images, labels = iterator.get_next()
```

```
125
126             self.train_init_op = iterator.make_initializer(dataset)
127             self.test_init_op = iterator.make_initializer(testdataset)
128
129             self.build_model_train(images,
    labels,learning_rate1,learning_rate2,is_training=True)
130             self.global_init = tf.global_variables_initializer()  #定义全局初
    始化OP
131             tf.get_default_graph().finalize()           #将后续的图设为只读
132         elif mode == 'test':
133             tf.reset_default_graph()
134
135             #创建测试数据的Dataset数据集
136             testdataset,self.num_classes =
    creat_dataset_fromdir(testdata_dir,batch_size,isTrain = False)
137
138             #创建一个可初始化的迭代器
139             iterator =
    tf.data.Iterator.from_structure(testdataset.output_types,
    testdataset.output_shapes)
140             #读取数据
141             self.images, labels = iterator.get_next()
142
143             self.test_init_op = iterator.make_initializer(testdataset)
144             self.logits,self.end_points, self.global_step=
    self.MyNASNet(self.images,is_training=False)
145             self.saver,self.save_path = self.load_cpk(self.global_step,None)
    #定义用于操作检查点文件的相关变量
146             #评估指标
147             self.build_acc_base(labels)
148             tf.get_default_graph().finalize()           #将后续的图设为只读
149         elif mode == 'eval':
150             tf.reset_default_graph()
151             #创建测试数据的Dataset数据集
152             testdataset,self.num_classes =
    creat_dataset_fromdir(testdata_dir,batch_size,isTrain = False)
153
154             #创建一个可初始化的迭代器
155             iterator =
    tf.data.Iterator.from_structure(testdataset.output_types,
    testdataset.output_shapes)
156             #读取数据
157             self.images, labels = iterator.get_next()
158
159             self.logits,self.end_points, self.global_step=
    self.MyNASNet(self.images,is_training=False)
```

```
160            self.saver,self.save_path = self.load_cpk(self.global_step,None)
               #定义用于操作检查点文件的相关变量
161            tf.get_default_graph().finalize()            #将后续的图设为只读
```

代码第 115 行，对 mode 进行了判断，获得当前的使用场景。并根据不同的使用场景实现不同的代码分支。针对训练、测试、使用这三个场景，构建的步骤几乎一样，具体如下：

（1）清空张量图（见代码第 116、133、150 行）。
（2）生成数据集（见代码第 118、136、152 行）。
（3）定义网络结构（见代码第 129、144、159 行）。

代码第 147 行用 build_acc_base 方法生成评估节点，用于评估模型。

> **提示：**
> 在每个操作分支的最后部分都加了代码"tf.get_default_graph().finalize()"（见代码第 131、148、161 行），这是一个很好的习惯。
> 该代码的功能是把图锁定，之后如想添加任何新的操作则都会产生错误。这么做的意图是：防止在后面训练或是测试过程中，由于开发人员疏忽在图中添加额外的图操作。
> 如果在循环内部额外定义了其他张量，则会使整体性能大大下降，然而这种错误又很难发现。所以，利用锁定图的方法可以避免这种情况的发生。

5.2.8 代码实现：通过二次迭代来训练微调模型

训练微调模型的操作是在代码文件"5-3 train.py"中单独实现的。与正常的训练方式不同，这里用两次迭代的方式。

- 第 1 次迭代：微调模型，固定预训练模型载入的权重，只训练最后两层。
- 第 2 次迭代：联调模型，用更小的学习率训练全部节点。

先将 MyNASNetModel 类实例化，再用其 build_model 方法构建模型，然后用会话（session）开始训练。具体代码如下：

代码 5-3 train

```
import tensorflow as tf
model = __import__("5-2  model")
MyNASNetModel = model.MyNASNetModel

batch_size = 32
train_dir = 'data/train'
val_dir  = 'data/val'

learning_rate1 = 1e-1                                    #定义两次迭代的学习率
learning_rate2 = 1e-3
#初始化模型
mymode = MyNASNetModel(r'nasnet-a_mobile_04_10_2017\model.ckpt')
```

```python
mymode.build_model('train',val_dir,train_dir,batch_size,learning_rate1 ,
learning_rate2 )                                  #载入模型

num_epochs1 = 20                                  #微调的迭代次数
num_epochs2 = 200                                 #联调的迭代次数

with tf.Session() as sess:
    sess.run(mymode.global_init)                  #初始全局节点

step = 0
step = mymode.load_cpk(mymode.global_step,sess,1,mymode.saver,mymode.save_path)#载入模型
print(step)
if step == 0:                                     #微调
    mymode.init_fn(sess)                          #载入预训练模型的权重

    for epoch in range(num_epochs1):
        #输出进度
        print('Starting1 epoch %d / %d' % (epoch + 1, num_epochs1))
        #用训练集初始化迭代器
        sess.run(mymode.train_init_op)            #数据集从头开始
        while True:
            try:
                step += 1
                #预测，合并图，训练
                acc,accuracy_top_5, summary, _ = sess.run([mymode.accuracy,
mymode.accuracy_top_5,mymode.merged,mymode.last_train_op])

                #mymode.train_writer.add_summary(summary, step)#写入日志文件
                if step % 100 == 0:
                    print(f'step: {step} train1 accuracy: {acc},{accuracy_top_5}')
            except tf.errors.OutOfRangeError:     #数据集指针在最后
                print("train1:",epoch," ok")
                mymode.saver.save(sess, mymode.save_path+"/mynasnet.cpkt",
global_step=mymode.global_step.eval())
                break

    sess.run(mymode.step_init)                    #微调结束，计数器从0开始

#整体训练
for epoch in range(num_epochs2):
    print('Starting2 epoch %d / %d' % (epoch + 1, num_epochs2))
    sess.run(mymode.train_init_op)
    while True:
        try:
```

```
            step += 1
            #预测,合并图,训练
            acc, summary, _ = sess.run([mymode.accuracy, mymode.merged,
mymode.full_train_op])

            mymode.train_writer.add_summary(summary, step)#写入日志文件

            if step % 100 == 0:
                print(f'step: {step} train2 accuracy: {acc}')
        except tf.errors.OutOfRangeError:
            print("train2:",epoch," ok")
            mymode.saver.save(sess, mymode.save_path+"/mynasnet.cpkt",
global_step=mymode.global_step.eval())
            break
```

将以上代码运行后,会在本地"train_nasnet"文件夹中生成训练好的模型文件。

5.2.9 代码实现:测试模型

测试模型的操作是在代码文件"5-4 test.py"中单独实现的。下面用测试数据集评估现有模型,并且将单张图片放到模型里进行预测。

1. 定义测试模型所需要的功能函数

首先,定义函数 check_accuracy,以实现准确率的计算。

接着,定义函数 check_sex,以实现男女性别的识别。

具体代码如下:

代码 5-4 test

```
01 import tensorflow as tf
02 model = __import__("5-2 model")
03 MyNASNetModel = model.MyNASNetModel
04
05 import sys
06 nets_path = r'slim'                              #加载环境变量
07 if nets_path not in sys.path:
08     sys.path.insert(0,nets_path)
09 else:
10     print('already add slim')
11
12 from nets.nasnet import nasnet                   #载入 nasnet 模型
12 slim = tf.contrib.slim                           #载入 TF-slim 接口
14 image_size = nasnet.build_nasnet_mobile.default_image_size  #获得输入尺寸
   224
15
16 import numpy as np
17 from PIL import Image
```

```
18
19  batch_size = 32
20  test_dir  = 'data/val'
21
22  def check_accuracy(sess):
23      """
24      测试模型准确率
25      """
26      sess.run(mymode.test_init_op)                    #初始化测试数据集
27      num_correct, num_samples = 0, 0                  #定义正确个数和总个数
28      i = 0
29      while True:
30          i+=1
31          print('i',i)
32          try:
33              #计算correct_prediction
34              correct_pred,accuracy,logits =
    sess.run([mymode.correct_prediction,mymode.accuracy,mymode.logits])
35              #累加correct_pred
36              num_correct += correct_pred.sum()
37              num_samples += correct_pred.shape[0]
38              print("accuracy",accuracy,logits)
39
40
41          except tf.errors.OutOfRangeError:      #捕获异常，数据用完后自动跳出
42              print('over')
43              break
44
45      acc = float(num_correct) / num_samples           #计算并返回准确率
46      return acc
47
48  #定义函数用于识别男女
49  def check_sex(imgdir,sess):
50      img = Image.open(image_dir)                      #读入图片
51      if "RGB"!=img.mode :                             #检查图片格式
52          img = img.convert("RGB")
53
54      img = np.asarray(img.resize((image_size,image_size)),      #图像预处理
55  dtype=np.float32).reshape(1,image_size,image_size,3)
56      img = 2 *( img / 255.0)-1.0
57      #将图片传入nasnet模型的输入中，得出预测结果
58      prediction = sess.run(mymode.logits, {mymode.images: img})
59      print(prediction)
60
61      pre = prediction.argmax()                        #返回张量中值最大的索引
62      print(pre)
```

```
63
64      if pre == 1: img_id = 'man'
65      elif pre == 2: img_id = 'woman'
66      else: img_id = 'None'
67      plt.imshow( np.asarray((img[0]+1)*255/2,np.uint8 ) )
68      plt.show()
69      print(img_id,"--",image_dir)                    #返回类别
70      return pre
```

2. 建立会话，进行测试

首先，建立会话（session），对模型进行测试。

接着，将两张图片输入模型，进行男女的判断。

具体代码如下：

代码 5-4　test（续）

```
71  mymode = MyNASNetModel()                                    #初始化模型
72  mymode.build_model('test',test_dir )                        #载入模型
73
74  with tf.Session() as sess:
75      #载入模型
76      mymode.load_cpk(mymode.global_step,sess,1,mymode.saver,
    mymode.save_path )
77
78      #测试模型的准确性
79      val_acc = check_accuracy(sess)
80      print('Val accuracy: %f\n' % val_acc)
81
82      #单张图片测试
83      image_dir = 'tt2t.jpg'                                  #选取测试图片
84      check_sex(image_dir,sess)
85
86      image_dir = test_dir + '\\woman' + '\\000001.jpg'       #选取测试图片
87      check_sex(image_dir,sess)
88
89      image_dir = test_dir + '\\man' + '\\000003.jpg'         #选取测试图片
90      check_sex(image_dir,sess)
```

该程序使用的模型文件，只迭代训练了 100 次（如果要提高效果，则可以再多训练几次）。代码运行后，输出以下结果。

（1）显示测试集的输出结果：

```
i 1
accuracy 0.90625 [[-3.813714   1.4075054   1.1485975 ]
 [-7.3948846  6.220533  -1.4093535 ]
 [-1.9391974  3.048838   0.21784738]
 [-3.873174   4.530942   0.43135062]
 ……
```

```
[-3.8561587  2.7012844 -0.3634925 ]
 [-4.4860134  4.7661724 -0.67080706]
 [-2.9615571  2.8164086  0.71033645]]
i 2
accuracy 0.90625 [[ -6.6900268  -2.373093    6.6710057 ]
 [ -4.1005263   0.74619263  4.980012  ]
 [ -5.6469827   0.39027584  1.2689826 ]
……
 [ -5.8080773   0.9121424   3.4134243 ]
 [ -4.242001    0.08483959  4.056322  ]]
i 3
over
Val accuracy: 0.906250
```

上面显示的是测试集中 man 和 woman 文件夹中的图片的计算结果。最终模型的准确率为90%。

（2）显示单张图片的运行结果：

```
[[-4.8022223  1.9008529  1.9379601]]
2
```

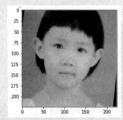

图 5-3　分辨男女测试图片（a）

```
woman -- tt2t.jpg
[[-6.181205  -2.9042015  6.1356106]]
2
```

图 5-3　分辨男女测试图片（b）

```
woman -- data/val\woman\000001.jpg
[[-4.896065   1.7791721  1.3118265]]
1
```

图 5-3　分辨男女测试图片（c）

```
man -- data/val\man\000003.jpg
```

上面显示了 3 张图片，分别为：自选图片、测试数据集中的女人图片、测试数据集中的男人图片，每张图片下面显示了模型识别的结果。可以看到，结果与图片内容一致。

5.3 扩展：通过摄像头实时分辨男女

下面在 5.2.9 小节的例子基础上加入摄像头的采集功能，这样便可以实现实时分辨男女。

> **提示：**
> 由于本书重点内容聚焦在深度学习部分，所以摄像头采集部分不再介绍，有兴趣的读者可以参考《Python 带我起飞——入门、进阶、商业实战》一书的第 14 章。那里有完整的人脸识别实例及配套代码。

将摄像头采集的图片输入本实例的模型中即可实现。最终呈现的效果如图 5-4 所示。

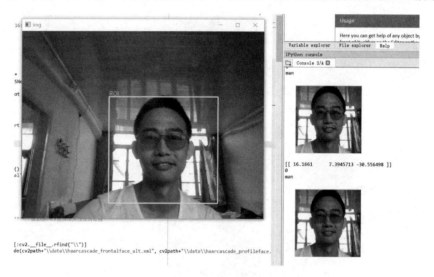

图 5-4　通过摄像头实时分辨男女

5.4 TF-slim 接口中的更多成熟模型

在 3.1 节下载 PNASNet 模型部分，可以看到图 3-2 中有很多其他模型（VGG、ResNet、Inception v4、Inception-ResNet-v2 等）。这些模型都可以被下载，并使用本节实例中的方法进行二次训练。

5.5 实例 13：用 TF-Hub 库微调模型以评估人物的年龄

本节将使用 TF-Hub 库对预训练模型进行微调。

实例描述

有一组照片，每个文件夹的名称为具体的年龄，里面放的是该年纪的人物图片。

微调 TF-Hub 库，让模型学习这些样本，找到其中的规律，可以根据具体人物的图片来评估人物的年龄。

本实例与 5.2 节的实例一样，都是让 AI 模型具有人眼的评估能力。

即便是通过人眼来观察他人的外表，也不能准确判断出被观察人的性别和年纪。所以在应用中，模型的准确度应该与用人眼的估计值来比对，并不能与被测目标的真实值来比对。

5.5.1 准备样本

本实例所用的样本来自于 IMDB-WIKI 数据集。IMDB-WIKI 数据集中包含与年龄匹配应的人物图片。该数据集的介绍及下载地址可以参考以下链接：

`https://data.vision.ee.ethz.ch/cvl/rrothe/imdb-wiki/`

因为该数据集相对粗糙（有些年纪对应的图片特别少），所以需要在该数据集的基础上做一些简单的调整：

- 补充了一些与年龄匹配的人物图片。
- 删掉了若干不合格的样本。

整理后的图片一共有 105500 张，如图 5-5 所示。

图 5-5 显示的是数据集中的文件。文件夹的名称代表年龄，文件夹里面放的是该年纪的人物图片。

读者可以直接使用本书配套的数据集，将该数据集（IMBD-WIKI 文件夹）放到当前代码的本地同级文件夹下即可使用。

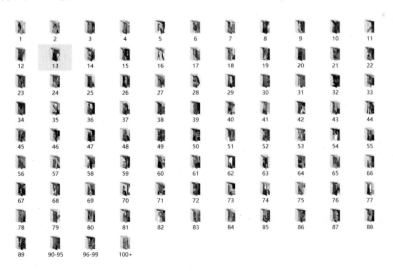

图 5-5 数据集中的文件

5.5.2 下载 TF-Hub 库中的模型

安装 TF-Hub 库的具体方法见 5.1.3 小节。在安装完成之后，可以按照以下步骤进行操作。

1. 找到 TF-Hub 库中的模型下载链接

在 GitHub 网站中找到 TF-Hub 库中所提供的模型及下载地址，具体网址如下（国内可能访问不了，请读者自行想办法）：

```
https://tfhub.dev/
```

打开该网页后，可以看到在列表中有很多模型及下载链接，如图 5-6 所示。

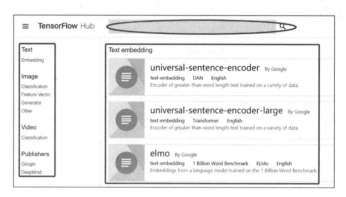

图 5-6　预训练模型列表

在图 5-6 可以分为 3 部分，具体如下：

- 最顶端是搜索框。可以通过该搜索框搜索想要下载的预训练模型。
- 左侧是模型的分类目录。将 TF-Hub 库中的预训练模型按照文本、图像、视频、发布者进行分类。
- 右侧是具体的模型列表。其中列出每个模型的具体说明和下载链接。

因为本例需要图像方面的预训练模型，所以重点介绍左侧分类目录中 image 下的内容。在 image 分类下方还有 4 个子菜单，具体含义如下：

- Classification：是一个分类器模型的分类。该类模型可以直接输出图片的预测结果。用于端到端的使用场景。
- Feature_vector：一个特征向量模型的分类。该类模型是在分类器模型基础上去掉了最后两个网络层，只输出图片的向量特征，以便在预训练时使用。
- Generator：一个生成器模型的分类。该类别的模型可以完成合成图片相关的任务。
- Other：一个有关图像模型的其他分类。

2. 在 TF-Hub 库中搜索预训练模型

在图 5-6 中的搜索框里输入 "mobilenet" 并按 Enter 键，即可显示出与 MobileNet 相关的模型，如图 5-7 所示。

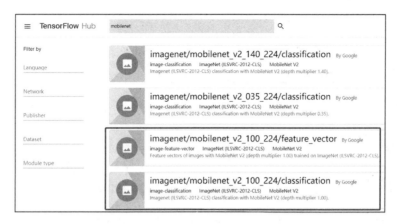

图 5-7　搜索 MobileNet 预训练模型

在图 5-7 右侧的列表部分，可以找到 MobileNet 模型。以 MobileNet_v2_100_224 模型为例（图 5-7 右侧列表中的最下方 2 行），该模型有两个版本：classification 与 feature_vector。

单击图 5-7 右侧列表中的最后下面一行，进入 MobileNet_v2_100_224 模型 classification 版本的详细说明页面，如图 5-8 所示。

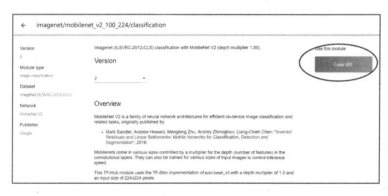

图 5-8　NASNet_Mobile 模型 feature_vector 版本的详细说明页

在如图 5-8 所示的页面中，可以看到该网页介绍了 MobileNet_v2_100_224 模型的来源、训练、使用、微调，以及历史日志等方面的内容。在页面的右上角有一个 "Copy URL" 按钮，该按钮可以复制模型的下载，方便下载使用。

3. 在 TF-Hub 库中下载 MobileNet_V2 模型

下载 TF-Hub 库中的模型方法有两种：自动下载和手动下载。

- 自动下载：单击图 5-8 中的 "Copy URL" 按钮，复制下载的 URL 地址，并将该地址填入调用 TF-Hub 库时的参数中。具体做法见 5.5.3 小节。
- 手动下载：从图 5-8 所示页面中复制的 URL 地址不能直接使用，需要将其前半部分的 "https://tfhub.dev" 换成 "https://storage.googleapis.com/tfhub-modules"，并在 URL 后加上 ".tar.gz"。

以 MobileNet_v2_100_224（简称 MobileNet_V2）模型的 classification 版本为例，手动下载的步骤如下。

（1）单击 5-8 中的"Copy URL"按钮，所得到的 URL 地址如下：

https://tfhub.dev/google/imagenet/mobilenet_v2_100_224/feature_vector/2

（2）将其改成正常下载的地址。具体如下：

https://storage.googleapis.com/tfhub-modules/google/imagenet/mobilenet_v2_100_224/feature_vector/2.tar.gz

（3）用下载工具按照（2）中的地址进行下载。

5.5.3　代码实现：测试 TF-Hub 库中的 MobileNet_V2 模型

为了验证 TF-Hub 库中的模型效果，本小节将使用与第 3 章类似的代码：将 3 张图片输入 MobileNet_V2 模型的 classification 版本中，观察其输出结果。

编写代码载入 MobileNet_V2 模型，具体代码如下：

代码 5-5　测试 TF-Hub 库中的 NASNet_Mobile 模型

```
01  from PIL import Image
02  from matplotlib import pyplot as plt
03  import numpy as np
04  import tensorflow as tf
05  import tensorflow_hub as hub
06
07  with open('中文标签.csv','r+') as f:                      #打开文件
08      labels =list( map(lambda x:x.replace(',',' '),list(f))  )
09      print(len(labels),type(labels),labels[:5])           #显示输出中文标签
10
11  sample_images = ['hy.jpg', 'ps.jpg','72.jpg']            #定义待测试图片路径
12
13  #加载分类模型
14  module_spec =
    hub.load_module_spec("https://tfhub.dev/google/imagenet/mobilenet_v2_100
    _224/classification/2")
15  #获得模型的输入图片尺寸
16  height, width = hub.get_expected_image_size(module_spec)
17
18  input_imgs = tf.placeholder(tf.float32, [None, height,width,3])#定义占位符
19  images = 2 *( input_imgs / 255.0)-1.0                   #归一化图片
20
21  module = hub.Module(module_spec)                        #将模型载入张量图
22
23  logits = module(images)    #获得输出张量，其形状为[batch_size, num_classes]
24
25  y = tf.argmax(logits,axis = 1)                          #获得结果的输出节点
26  with tf.Session() as sess:
27      sess.run(tf.global_variables_initializer())
28      sess.run(tf.tables_initializer())
```

```
29
30      def preimg(img):                                          #定义图片预处理函数
31          return np.asarray(img.resize((height, width)),
32                     dtype=np.float32).reshape(height, width,3)
33
34      #获得原始图片与预处理图片
35      batchImg = [ preimg( Image.open(imgfilename) ) for imgfilename in sample_images ]
36      orgImg = [  Image.open(imgfilename)  for imgfilename in sample_images ]
37
38      #将样本输入模型
39      yv,img_norm = sess.run([y,images], feed_dict={input_imgs: batchImg})
40      print(yv,np.shape(yv))                                     #显示输出结果
41      def showresult(yy,img_norm,img_org):                       #定义显示图片函数
42          plt.figure()
43          p1 = plt.subplot(121)
44          p2 = plt.subplot(122)
45          p1.imshow(img_org)                                     #显示图片
46          p1.axis('off')
47          p1.set_title("organization image")
48
49          p2.imshow((img_norm * 255).astype(np.uint8))           #显示图片
50          p2.axis('off')
51          p2.set_title("input image")
52          plt.show()
53
54          print(yy,labels[yy])
55
56      for yy,img1,img2 in zip(yv,batchImg,orgImg):               #显示每条结果及图片
57          showresult(yy,img1,img2)
```

在代码第 14 行，用 TF-Hub 库中的 load_module_spec 函数加载 MobileNet_V2 模型。该步骤是通过将 TF-Hub 库中的模型链接（Module URL="https://tfhub.dev/google/imagenet/mobilenet_v2_100_224/classification/2"）传入函数 load_module_spec 中来完成的。

在链接里可以找到该模型文件的名字：mobilenet_v2_100_224。TF-Hub 库中的命名都非常规范，从名字上便可了解该模型的相关信息：

- 模型是 MobileNet_V2。
- 神经元节点是 100%（无裁剪）。
- 输入的图片尺寸是 224。

得到模型之后，便将模型文件载入图中（见代码第 21 行），并获得输出张量（见代码第 23 行），然后通过会话（session）完成模型的输出结果。

运行代码后，显示以下结果：

```
1001 <class 'list'> ['背景known   \n', '丁鲷      \n', '金鱼      \n', '大白鲨     \n', '虎鲨      \n']
```

```
INFO:tensorflow:Downloading   TF-Hub   Module   'https://tfhub.dev/google/imagenet/
mobilenet_v2_100_224/classification/2'.
......
INFO:tensorflow:Initialize   variable   module/MobilenetV2/expanded_conv_9/project/
weights:0   from   checkpoint   b'C:\\Users\\ljh\\AppData\\Local\\Temp\\tfhub_modules\\
bb6444e8248f8c581b7a320d5ff53061e4506c19\\variables\\variables'   with   MobilenetV2/
expanded_conv_9/project/weights
 [852 490 527] (3,)
```

852 电视

图 5-9　测试 MobileNet_V2 模型结果（a）

490 围栏

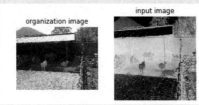

图 5-9　测试 MobileNet_V2 模型结果（b）

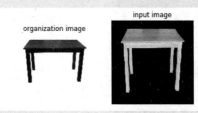

图 5-9　测试 MobileNet_V2 模型结果（c）

527 书桌

在显示的结果中，可以分为两部分内容：
- 第 1 行是标签内容。
- 从第 2 行开始，所有以"INFO:"开头的信息都是模型加载具体参数时的日志信息。

在每条信息中都能够看到一个相同的路径："checkpoint b'C:\\Users\\ljh\\AppData\\Local\\Temp\\tfhub_modules\\bb6444e8248f8c581b7a320d5ff53061e4506c19"，这表示系统将 mobilenet_v2_100_224 模型下载到 C:\Users\ljh\AppData\Local\Temp\tfhub_modules\bb6444e8248f8c581b7a320d5ff53061e4506c19 目录下。

如果想要让模型缓存到指定的路径下，则需要在系统中设置环境变量 TFHUB_CACHE_DIR。例如，以下语句表示将模型下载到当前目录下的 my_module_cache 文件夹中。

```
TFHUB_CACHE_DIR=./my_module_cache
```

> **提示:**
> 如果由于网络原因导致模型无法下载成功,还可以将本书的配套模型资源复制到当前代码同级目录下,并传入当前模型文件的路径。具体操作是,将代码第 14 行换为以下代码:
> module_spec = hub.load_module_spec("mobilenet_v2_100_224")

在最后一条的 INFO 信息之后便是模型的预测结果。

> **提示:**
> 如果感觉输出的 INFO 内容太多,则可以在代码的最前面加上 "tf.logging.set_verbosity (tf.logging.ERROR)" 来关闭 info 信息输出。

5.5.4 用 TF-Hub 库微调 MobileNet_V2 模型

在 TF-Hub 库的 GitHub 网站上提供了微调模型的代码文件,运行该代码可以直接微调现有模型。该文件的地址如下:

https://github.com/tensorflow/hub/raw/master/examples/image_retraining/retrain.py

将代码文件下载后,直接用命令行的方式运行,便可以对模型进行微调。

1. 修改 TF-Hub 库中的代码 BUG

当前代码存在一个隐含的 BUG:在某一类的数据样本相对较少的情况下,运行时会产生错误。需要将其修改后才可以正常运行。

在 "retrain.py" 代码文件中的函数 get_random_cached_bottlenecks 里添加代码(见代码第 477 行),当程序在产生错误时,让其再去执行一次随机选取类别的操作(见代码第 515~525 行)。具体代码如下:

代码 retrain(片段)

```
……
477 def get_random_cached_bottlenecks(sess, image_lists, how_many, category,
478                                    bottleneck_dir, image_dir, jpeg_data_tensor,
479                                    decoded_image_tensor, resized_input_tensor,
480                                    bottleneck_tensor, module_name):
……
507   class_count = len(image_lists.keys())
508   bottlenecks = []
509   ground_truths = []
510   filenames = []
511   if how_many >= 0:
512     # Retrieve a random sample of bottlenecks.
513     for unused_i in range(how_many):
514
515       IsErr = True           #添加检测异常标志
516       while IsErr==True:     #如果出现异常就再运行一次
```

```
517         try:
518             label_index = random.randrange(class_count)
519             label_name = list(image_lists.keys())[label_index]
520             image_index = random.randrange(MAX_NUM_IMAGES_PER_CLASS + 1)
521             image_name = get_image_path(image_lists, label_name, image_index,
522                                         image_dir, category)
523             IsErr = False      #没有异常
524         except ZeroDivisionError:
525             continue            #出现异常,再运行一次
...
```

2. 用命令行运行微调程序

将代码文件"retrain.py"与 5.5.1 小节准备的样本数据、5.5.2 小节下载的 MobileNet_V2 模型文件一起放到当前代码的同级目录下。在命令行窗口中输入以下命令:

```
python    retrain.py              --image_dir   ./IMBD-WIKI       --tfhub_module
mobilenet_v2_100_224_feature_vector
```

也可以输入以下命令,直接从网上下载 MobileNet_V2 模型,并进行微调。

```
python    retrain.py              --image_dir   ./IMBD-WIKI       --tfhub_module
https://tfhub.dev/google/imagenet/mobilenet_v2_100_224/feature_vector/2
```

程序运行之后,会显示如图 5-10 所示界面。

图 5-10 微调 MobileNet_V2 模型结束

从图 5-10 中可以看到,生成的模型被放在默认路径下(根目录下的 tmp 文件夹里)。来到该路径下(作者本地的路径是"G:\tmp"),可以看到微调模型程序所生成的文件,如图 5-11 所示。

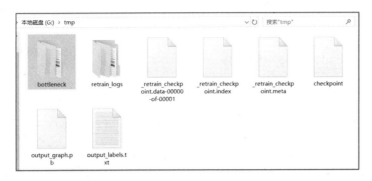

图 5-11　微调 MobileNet_V2 模型后生成的文件

在图 5-11 中可以看到有两个文件夹。

- bottleneck：用预训练模型 MobileNet_V2 将图片转化成的特征值文件。
- retrain_logs：微调模型过程中的日志文件。该文件可以通过 TensorBoard 显示出来（TensorBoard 的使用方法见 13.3.2 小节）。

其他的文件是训练后生成的模型。每个模型文件的具体意义在第 6 章会有介绍。

> **提示：**
> 本实例只是一个例子，重点在演示 TF-Hub 的使用。因为实例中所使用的数据集质量较低，所以训练效果并不是太理想。读者可以按照本实例的方法使用更优质的数据集训练出更好的模型。

3. 支持更多的命令行操作

代码文件 "retrain.py" 是一个很强大的训练脚本。在使用时，还可以通过修改参数实现更多的配置。

本实例只演示了部分参数的使用，其他的参数都用默认值，例如：迭代训练 4000 次，学习率为 0.01，批次大小为 100，训练集占比为 80%，测试集与验证集各占比 10%等。

可以通过以下命令获得该脚本的全部参数说明。

```
python retrain.py   -h
```

5.5.5　代码实现：用模型评估人物的年龄

用代码文件 "retrain.py" 微调后的模型是以扩展名为 "pb" 的文件存在的（在图 5-11 中，第 2 行的左数第 1 个）。该模型文件属于冻结图文件。冻结图的知识在第 13 章会详细讲解。

将冻结图格式的模型载入内存，便可以人评估物的年纪。

1. 找到模型中的输入、输出节点

冻结图文件中只有模型的具体参数。如果想使用它，则还需要知道与模型文件对应的输入和输出节点。

这两个节点都可以在代码文件 "retrain.py" 中找到。以输入节点为例，具体代码如下：

代码 retrain（片断）

```
...
290 def create_module_graph(module_spec):
......
303    height, width = hub.get_expected_image_size(module_spec)
304    with tf.Graph().as_default() as graph:
305      resized_input_tensor = tf.placeholder(tf.float32, [None, height, width, 3])
306      m = hub.Module(module_spec)
307      bottleneck_tensor = m(resized_input_tensor)
308      wants_quantization = any(node.op in FAKE_QUANT_OPS
309                              for node in graph.as_graph_def().node)
310    return graph, bottleneck_tensor, resized_input_tensor, wants_quantization
...
```

从代码文件"retrain.py"的第 305 行代码可以看到，输入节点的张量是一个占位符——placeholder。

 提示：

直接使用 print(placeholder.name)和 print(final_result.name)两行代码即可将输入节点和输出节点的名称打印出来。

将输入节点和输出节点的名称记下来，填入代码文件"5-6 用微调后的 mobilenet_v2 模型评估人物的年龄.py"中，便可以实现模型的使用。

更多有关张量的介绍可以参考《深度学习之 TensorFlow——入门、原理与进阶实战》的 4.4.2 小节。

2. 加载模型并评估结果

将本书的配套图片样例文件"22.jpg"和"tt2t.jpg"放到代码的同级目录下，用于测试模型。同时把生成的模型文件夹"tmp"也复制到本地代码的同级目录下。

这部分代码可以分为 3 部分。

- 样本文件加载部分（见代码第 1~34 行）：这部分重用了本书 4.7 节的代码。
- 加载冻结图（见代码第 35~69 行）：读者可以先有一个概念，在第 13 章还有详细讲解。
- 图片结果显示部分（见代码第 70~94 行）：这部分重用了本书 3.4 节中显示部分的代码。

完整的代码如下：

代码 5-6　用模型评估人物的年龄

```
01 from PIL import Image
02 from matplotlib import pyplot as plt
03 import numpy as np
04 import tensorflow as tf
05
06 from sklearn.utils import shuffle
07 import os
08
```

```python
09  def load_sample(sample_dir,shuffleflag = True):
10      '''递归读取文件。只支持一级。返回文件名、数值标签、数值对应的标签名'''
11      print ('loading sample dataset..')
12      lfilenames = []
13      labelsnames = []
14      for (dirpath, dirnames, filenames) in os.walk(sample_dir):
15          for filename in filenames:                    #遍历所有文件名
16              #print(dirnames)
17              filename_path = os.sep.join([dirpath, filename])
18              lfilenames.append(filename_path)          #添加文件名
19              labelsnames.append( dirpath.split('\\')[-1] )#添加文件名对应的标签
20  
21      lab= list(sorted(set(labelsnames)))               #生成标签名称列表
22      labdict=dict( zip( lab ,list(range(len(lab))) ))  #生成字典
23  
24      labels = [labdict[i] for i in labelsnames]
25      if shuffleflag == True:
26          return shuffle(np.asarray( lfilenames),np.asarray( labels)),np.asarray(lab)
27      else:
28          return (np.asarray( lfilenames),np.asarray( labels)),np.asarray(lab)
29  
30  #载入标签
31  data_dir = 'IMBD-WIKI\\'                              #定义文件的路径
32  _,labels = load_sample(data_dir,False)                #载入文件的名称与标签
33  print(labels)                                         #输出 load_sample 返回的标签字符串
34  
35  sample_images = ['22.jpg', 'tt2t.jpg']                #定义待测试图片的路径
36  
37  tf.logging.set_verbosity(tf.logging.ERROR)
38  tf.reset_default_graph()
39  #分类模型
40  thissavedir= 'tmp'
41  PATH_TO_CKPT = thissavedir +'/output_graph.pb'
42  od_graph_def = tf.GraphDef()
43  with tf.gfile.GFile(PATH_TO_CKPT, 'rb') as fid:
44      serialized_graph = fid.read()
45      od_graph_def.ParseFromString(serialized_graph)
46      tf.import_graph_def(od_graph_def, name='')
47  
48  fenlei_graph = tf.get_default_graph()
49  
50  height,width = 224,224
51  
52  with tf.Session(graph=fenlei_graph) as sess:
53      result = fenlei_graph.get_tensor_by_name('final_result:0')
```

```
54      input_imgs = fenlei_graph.get_tensor_by_name('Placeholder:0')
55      y = tf.argmax(result,axis = 1)
56
57      def preimg(img):                                          #定义图片的预处理函数
58          reimg = np.asarray(img.resize((height, width)),
59                      dtype=np.float32).reshape(height, width,3)
60          normimg = 2 *( reimg / 255.0)-1.0
61          return normimg
62
63      #获得原始图片与预处理图片
64      batchImg = [ preimg( Image.open(imgfilename) ) for imgfilename in sample_images ]
65      orgImg = [ Image.open(imgfilename)  for imgfilename in sample_images ]
66
67      yv = sess.run(y, feed_dict={input_imgs: batchImg})    #输入模型
68      print(yv)
69
70      print(yv,np.shape(yv))                                    #显示输出结果
71      def showresult(yy,img_norm,img_org):                      #定义显示图片的函数
72          plt.figure()
73          p1 = plt.subplot(121)
74          p2 = plt.subplot(122)
75          p1.imshow(img_org)                                    #显示图片
76          p1.axis('off')
77          p1.set_title("organization image")
78
79          img = ((img_norm+1)/2)*255
80          p2.imshow( np.asarray(img,np.uint8)     )             #显示图片
81          p2.axis('off')
82          p2.set_title("input image")
83
84          plt.show()
85
86          print("索引: ",yy,",","年纪: ",labels[yy])
87
88      for yy,img1,img2 in zip(yv,batchImg,orgImg):              #显示每条结果及图片
89          showresult(yy,img1,img2)
```

代码第 41 行，指定了要加载的模型动态图文件。

代码第 53 行，指定了与模型文件对应的输入节点"final_result:0"。

代码第 54 行，指定了与模型文件对应的输出节点"Placeholder:0"。

代码运行后显示以下结果：

```
['1' '10' '100+' '11' '12' '13' '14' '15' '16' '17' '18' '19' '2' '20' '21' '22' '23'
 '24' '25' '26' '27' '28' '29' '3' '30' '31' '32' '33' '34' '35' '36' '37' '38' '39' '4'
 '40' '41' '42' '43' '44' '45' '46' '47' '48' '49' '5' '50' '51' '52' '53' '54' '55' '56'
 '57' '58' '59' '6' '60' '61' '62' '63' '64' '65' '66' '67' '68' '69' '7' '70' '71' '72'
```

'73' '74' '75' '76' '77' '78' '79' '8' '80' '81' '82' '83' '84' '85' '86' '87' '88' '89'
'9' '90-95' '96-99']

图 5-12　年纪预测结果（a）

索引：32，年纪：38

图 5-12　年纪预测结果（b）

索引：1，年纪：10

输出结果可以分为两部分：
- 第 1 部分是标签的内容。
- 第 2 部分是评估的结果。

在第 2 部分中，每张图片的下面都会显示这个图片的评估结果，其中包括：在模型中的标签索引、该索引对应的标签名称。

5.5.6　扩展：用 TF-Hub 库中的其他模型处理不同领域的分类任务

TF-Hub 库中实现了一个通用的模型框架，它不仅可以处理图像方面的任务，还可以处理很多其他领域的任务。

 提示：
可以通过 5.5.2 小节中介绍的预训练模型下载方法获取更多领域的预训练模型。

另外，还可以在 GitHub 网站上的 TF-Hub 主页中找到更多的示例代码。其中包括了文本处理、微调、模型创建、模型使用等多种操作的代码演示。

https://github.com/tensorflow/hub/tree/master/examples

同时，本书第 13 章会通过一个创建 TF-Hub 模型的例子，来详细介绍 TF-Hub 库的相关知识。

5.6　总结

本节将对微调模型方面的技术做一下总结，包括微调的方法及模型选取的方法。

1. 用 TF-Hub 库与 TF-slim 接口微调模型的区别

TF-Hub 库冻结了已有的权重，操作简单，对训练硬件相对要求不高。但它只能微调最后的输出层，不支持整体联调。

TF-slim 接口不仅仅可以用于微调模型，还可以实现更灵活的训练方式：既可以完全实现 TF-Hub 库中模型的微调方式，也可以实现近似与重新训练的微调方式。

读者可以根据自己的硬件情况、知识储备、任务的紧急程度、对准确度的要求程度来自行选择。

2. 微调模型的更多方法

在 TensorFlow 中，微调模型的方法有很多种，还可以基于 tf.keras 接口进行微调（见 6.10 节），基于 T2T 框架接口进行微调（见 6.12 节），基于 tf.lite 接口进行微调（见 13.3 节）。读者可以根据不同的应用场景灵活运用。

3. 在微调过程中，如何选取预训练模型

在微调过程中，选取预训练模型也是有讲究的，应根据不同的应用场景来定。建议按照以下规则进行选取。

- 单独使用的预训练模型：如果样本量充足，则可以首选精度最高的模型；如果样本量不足，则可以使用 ResNet 模型。
- 嵌入到模型中的预训练模型：需要根据模型的功能来定。
  - 如果模型的输入尺寸固定，则优先 ResNet 模型（例如 8.7 节）。
  - 如果模型的输入尺寸不固定，则可以使用类似 VGG 模型这种支持输入变长尺寸的模型（例如 10.2 节）。

> **提示：**
> 以上在实际工作中还是应根据具体的网络特征来定。例如，YOLO V3 模型（一个知名的目标识别模型）中就用 Darknet-53 模型作为嵌入层，而非 ResNet 模型（见 8.5 节）。

- 在嵌入式上运行的预训练模型：优先选择 TensorFlow 中提供的裁剪后的模型（见 13.3 节）。

在选取模型的建议中，多次提到了 ResNet 模型。原因是，ResNet 模型在 Imgnet 数据集上输出的特征向量所表现的泛化能力是最强的。具体可以参考以下论文：

```
https://arxiv.org/pdf/1805.08974.pdf
```

另外，微调模型只是适用于样本不足或运算资源不足的情况下。如果样本不足，则模型微调后的精度与泛化能力会略低于原有的预训练模型；如果样本充足，最好还是使用精度最高的模型，从头开始训练。因为：在样本充足情况下，能在 Imgnet 数据集上表现出高精度的模型，在自定义数据集上也同样可以。

5.7 练习题

由于篇幅有限，本章只针对 TF-slim 接口与 TF-Hub 库各介绍了一个实例。读者还可以在此基础上做更多的练习，真正掌握实际的用法。

5.7.1 基于 TF-slim 接口的练习

1. 使用输出两个分类结果的模型

在实例 11 中，虽然输出结果只有两个（男和女），但是在模型搭建时使用了 3 个分类（又加了一个 None 分类）。读者可以自行尝试一下，看看搭建模型时，使用输出两个分类结果的模型能否正常工作。想想为什么？

2. 尝试从 0 开始训练模型，体会微调与完整训练的区别

在实例 11 中，使用的是预训练模型。如果读者的算力资源充足，则可以尝试从 0 开始训练模型，感受二者的区别。

3. 自己动手准备数据集，实现更高精度的专用模型

在 5.3 节中，介绍了一个用摄像头连接该模型的应用扩展。读者可以尝试用 opencv 库来独立完成该程序（可以参考 13.5 节中 opencv 的使用方法）。另外，读者还可以通过自己的摄像头收集一些与应用场景中一致的样本数据，然后仿照本实例的方法进行训练。

理论上，用自己收集的样本进行训练所得到的模型，会比用本实例中的数据集训练所得到的模型有更高的准确度。因为，训练样本更接近真实样本。

4. 更换模型，实现更高精度的效果

在实例 11 里用的是 NASNet_A_Mobile 模型，该模型相对较小，速度较快，但是准确率偏低。还可以使用其他模型（例如 PNASNet 模型）来进行训练，以达到更好的准确度。读者可以选几个其他的模型尝试一下训练效果。

5. 自由发挥分类任务，玩转图片分类器

如果前面的知识都掌握了，读者可以自行尝试完成一些图片分类的任务。从制作数据集开始，到选择模型、编写代码、训练模型。只要细心就会发现，日常生活中有很多场景都可以用图片分类功能来解决问题。尝试着用本章所学知识来解决它们。

5.7.2 基于 TF-Hub 库的练习

1. 用预处理样本来优化模型

在实例 12 中，使用的是端到端模式对图片中的人物进行年纪评估。还可以对样本进行预处理，只把头像部分截取出来，然后进行训练。看看是否会有更好的效果。

2. 使用更丰富的数据集

在实例 12 中，使用的数据集质量不是太高。还可以写一个爬虫来自己收集数据集。爬虫的做法可以参考《Python 带我起飞——入门、进阶、商业实战》一书的第 11 章。

具体做法是：在百度图片中按照年纪依次进行搜索，将返回的图片结果用爬虫截取下来；然后用自己收集的数据来训练模型，并对目标图片进行测试，观察其准确度。

3. 使用更大的模型或全局微调来提升准确度

将 5.5 节中的模型换作 PNASNet 模型，可以进一步提升准确度。另外还可以仿照 5.7.1 小节中用 TF-slim 接口进行全局微调，这样也可以将准确度提升。读者都可以自己尝试一下。

第 6 章

用TensorFlow编写训练模型的程序

本章介绍如何用 TensorFlow 编写训练模型的程序。通过本章的学习，读者可以掌握多种模型的编写方法，并能够使用几种常用的框架训练模型。

6.1 快速导读

在学习实例之前，有必要了解一下训练模型的基础知识。

6.1.1 训练模型是怎么一回事

训练模型是指，通过程序的反复迭代来修正神经网络中各个节点的值，从而实现具有一定拟合效果的算法。

在训练神经网络的过程中，数据的流向有两个：正向和反向。

- 正向负责预测生成结果，即沿着网络节点的运算方向一层一层地计算下去。
- 反向负责优化调整模型参数，即用链式求导将误差和梯度从输出节点开始一层一层地传递归去，对每层的参数进行调整。

训练模型的完整的步骤如下：

（1）通过正向生成一个值，然后计算该值与真实标签之间的误差。
（2）利用反向求导的方式，将误差从网络的最后一层传到前一层。
（3）对前一层中的参数求偏导，并按照偏导结果的方向和大小来调整参数。
（4）通过循环的方式，不停地执行（1）（2）（3）这 3 步操作。从整个过程中可以看到，步骤（1）的误差越来越小。这表示模型中的参数所需要调整的幅度越来越小，模型的拟合效果越来越好。

在反向的优化过程中，除简单的链式求导外，还可以加入一些其他的算法，使得训练过程更容易收敛。

在 TensorFlow 中，反向传播的算法已经被封装到具体的函数中，读者只需要明白各种算法的特点即可。使用时，可以根据适用的场景直接调用对应的 API，不再需要手动实现。

6.1.2 用"静态图"方式训练模型

"静态图"是 TensorFlow 1.x 版本中张量流的主要运行方式。其运行机制是将"定义"与"运行"相分离。相当于：先用程序搭建起一个结构（即在内存中构建一个图），让数据（张量流）按照图中的结构顺序进行计算，最终运行出结果。

1. 了解静态图的操作方式

静态图的操作方式可以抽象成两种：模型构建和模型运行。
- 模型构建：从正向和反向两个方向搭建好模型。
- 模型运行：在构建好模型后，通过多次迭代的方式运行模型，实现训练的过程。

在 TensorFlow 中，每个静态图都可以理解成一个任务。所有的任务都要通过会话（session）才能运行。

2. 在 TensorFlow 1.x 版本中使用静态图

在 TensorFlow 1.x 版本中使用静态图的步骤如下：
（1）定义操作符（调用 tf.placeholder 函数）。
（2）构建模型。
（3）建立会话（调用 tf.session 之类的函数）。
（4）在会话里运行张量流并输出结果。

3. 在 TensorFlow 2.x 版本中使用静态图

在 TensorFlow 2.x 版本中，使用静态图的步骤与在 TensorFlow 1.x 版本中使用静态图的步骤完全一致。

但是，由于静态图不是 TensorFlow 2.x 版本中的默认工作模式，所以在使用时还需要注意两点：

（1）在代码的最开始处，用 tf.compat.v1.disable_v2_behavior 函数关闭动态图模式（见 6.1.3 小节）。

（2）将 TensorFlow 1.x 版本中的静态图接口，替换成 tf.compat.v1 模块下的对应接口。例如：
- 将函数 tf.placeholder 替换成函数 tf.compat.v1.placeholder。
- 将函数 tf.session 替换成函数 tf.compat.v1.session。

6.1.3 用"动态图"方式训练模型

"动态图"（eager）是在 TensorFlow 1.3 版本之后出现的。到了 1.11 版本时，它已经变得较完善。在 TensorFlow 2.x 版本中，它已经变成了默认的工作方式。

动态图主要是在原始的静态图上做了编程模式的优化。它使得使用 TensorFlow 变得更简单、更直观。

例如，调用函数 tf.matmul 后，在动态图与静态图中的区别如下：
- 在动态图中，程序会直接得到两个矩阵相乘的值。
- 在静态图中，程序只会生成一个 OP（操作符）。该 OP 必须在绘画中使用 run 方法才能进行真正的计算，并输出结果。

1. 了解动态图的编程方式

所谓的动态图是指，代码中的张量可以像 Python 语法中的其他对象一样直接参与计算。不再需要像静态图那样用会话（session）对张量进行运算。

2. 在 TensorFlow 1.x 版本中使用动态图

启用动态图，只需要在程序的最开始处加上以下代码：

```
tf.enable_eager_execution()
```

这行代码的作用是——开启动态图的计算功能。

> **提示：**
> 代码"tf.enable_eager_execution()"必须在所有的代码之前执行，否则会报错。

3. 在 TensorFlow 2.x 版本中使用动态图

在 TensorFlow 2.x 版本中，已经将动态图设为了默认的工作模式。使用动态图时，直接编写代码即可。

TensorFlow 1.x 中的 tf.enable_eager_execution 函数在 TensorFlow 2.x 版本中已经被删除，另外在 TensorFlow 2.x 版本中还提供了关闭动态图与启用动态图的两个函数。

- 关闭动态图函数：tf.compat.v1.disable_v2_behavior。
- 启用动态图函数：tf.compat.v1.enable_v2_behavior。

4. 动态图的原理及不足

在创建动态图的过程中，默认也建立了一个会话（session）。所有的代码都在该会话（session）中进行，而且该会话（session）具有进程相同的生命周期。这表示：当前程序中只能有一个会话（session），并且该会话一直处于打开状态，无法被关闭。

动态图的不足之处是：在动态图中，无法实现多会话（session）操作。

对于习惯了多会话（session）开发模式的用户，需要将静态图中的多会话逻辑转化单会话逻辑后才可以移植到动态图中。

6.1.4 什么是估算器框架接口（Estimators API）

估算器框架接口（Estimators API）是 TensorFlow 中的一种高级 API。它提供了一整套训练模型、测试模型的准确率，以及生成预测的方法。

用户在估算器框架中开发模型，只需要实现对应的方法即可。整体的数据流向搭建，全部交给估算器框架来做。估算器框架内部会自动实现：检查点文件的导出与恢复、保存 TensorBoard 的摘要、初始化变量、异常处理等操作。

> **提示：**
> TensorFlow 2.x 版本可以完全兼容 TensorFlow 1.x 版本的估算器框架代码。用估算器框架开发模型代码，不需要考虑版本移植的问题。

1. 估算器框架的组成

估算器框架是在 tf.layers 接口（见 6.1.5 小节）上构建而成的。估算器框架可以分为三个主要部分。

- 输入函数：主要由 tf.data.Dataset 接口组成，可以分为训练输入函数（train_input_fn）和测试输入函数（eval_input_fn）。前者用于输出数据和训练数据，后者用于输出验证数据和测试数据。
- 模型函数：由模型（tf.layers 接口）和监控模块（tf.metrics 接口）组成，主要用来实现训练模型、测试（或验证）模型、监控模型参数状况等功能。
- 估算器：将各个部分"粘合"起来，控制数据在模型中的流动与变换，并控制模型的各种行为（运算）。它类似于计算机中的操作系统。

2. 估算器中的预置模型

估算器框架除支持自定义模型外，还提供了一些封装好的常用模型，例如：基于线性的回归和分类模型（LinearRegressor、LinearClassifier）、基于深度神经网络的回归和分类模型（DNNRegressor、DNNClassifier）等。直接使用这些模型，可以省去大量的开发时间。在第 7 章中会介绍模型的具体使用。

3. 基于估算器开发的高级模型

在 TensorFlow 中，还有两个基于估算器开发的高级模型框架——TFTS 与 TF-GAN。
- TFTS：专用于处理序列数据的通用框架。
- TF-GAN：专用于处理对抗神经网络（GAN）的通用框架。

在 9.7 节会有 TFTS 框架的具体介绍及详细实例。

4. 估算器的利与弊

估算器框架的价值主要是，对模型的训练、使用等流程化的工作做了高度集成。它适用于封装已经开发好的模型代码。它会使整体的工程代码更加简洁。该框架的弊端是：由于对流程化的工作集成度太高，导致在开发模型过程中无法精确控制某个具体的环节。

综上所述，估算器框架不适用于调试模型的场景，但适用于对成熟模型进行训练、使用的场景。

6.1.5 什么是 tf.layers 接口

tf.layers 接口是一个与 TF-slim 接口类似的 API，该接口的设计是与神经网络中"层"的概念相匹配的。

例如，在用 tf.layers 接口开发含有多个卷积层、池化层的神经网络时，会针对每一层网络定义一个以"tf.layers."开头的函数，然后再将这些神经网络层依次连接起来。

tf.layers 接口的所有函数都可以在本地的以下路径中找到：

Anaconda3\lib\site-packages\tensorflow\tools\api\generator\api\layers__init__.py

在源码中，可以通过查看函数定义的方法了解每个 tf.layers 接口的用法。具体操作如下：

（1）用鼠标右击指定的函数名。
（2）在弹出的菜单中选择"go to definition"命令，如图 6-1 所示。

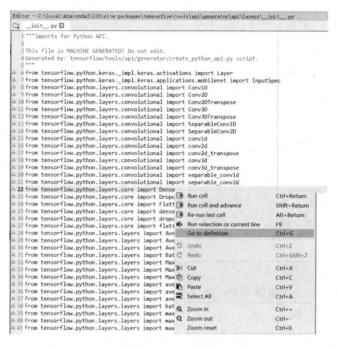

图 6-1　tf.layers 函数

tf.layers 接口常用于动态图中，而 TF-slim 接口则更多地应用在静态图中。

> **提示：**
> 用 tf.layers 接口开发模型代码，需要考虑版本移植的问题。在 TensorFlow 2.x 版本中，所有 tf.layers 接口都需要被换作 tf.compat.v1.layers。
> 另外，在 TensorFlow 2.x 版本中，tf.layers 模块更多用于 tf.keras 接口的底层实现。如果是开发新项目，则建议直接使用 tf.keras 接口。如果要重构已有的项目，也建议使用 tf.keras 接口进行替换。

6.1.6　什么是 tf.keras 接口

tf.keras 接口是 TensorFlow 中支持 Keras 语法的高级 API。它可以将用 Keras 语法实现的代码程序移植到 TensorFlow 上来运行。

1. 什么是 Keras

Keras 是一个用 Python 编写的高级神经网络接口。它是目前最通用的前端神经网络接口。

基于 Keras 开发的代码可以在 TensorFlow、CNTK、Theano 等主流的深度学习框架中直接运行。在 TensorFlow 2.x 版本中用 tf.keras 接口在动态图上开发模型是官网推荐的主流方法之一。

> **提示：**
> 用 tf.keras 接口开发模型代码，不需要考虑版本移植的问题。TensorFlow 2.x 版本可以完全兼容 TensorFlow 1.x 版本的估算器框架代码。

2. 如何学习 Keras

与 TensorFlow 不同的是，Keras 的帮助文档做得特别详细，并赋有代码实例。可以直接在其官网的网站上学习。具体网址如下：

```
https://keras.io
```

另外，Keras 还推出了中文的在线文档，具体网址如下：

```
https://keras.io/zh
```

上面的链接中介绍了 Keras 的特点和由来，以及数据预处理工具、可视化工具、集成的数据集等常用工具。另外还有详细的教程说明，讲解了 Keras 中常用函数的使用方法，以及用实例进行演示。

另外，在 TensorFlow 的官网中也有 tf.keras 接口的详细教程。

3. 如何在 TensorFlow 中使用 Keras

在 TensorFlow 中，除可以使用 tf.keras 接口外，还可以直接使用 Keras。

在本机安装完 TensorFlow 之后，通过以下命令行安装 keras。

```
pip install keras
```

这时使用的 Keras 代码，会默认将 TensorFlow 作为后端来进行运算。

4. Keras 与 tf.keras 接口

在开发过程中，所有的 Keras 都可以用 tf.keras 接口来无缝替换（具体细节略有一点差别，可以忽略）。

在开发算法原型时，可以直接用 tf.keras 接口中集成的数据集（如 boston_housing、cifar10、cifar100、fashion_mnist、imdb、mnist、reuters 等）来快速验证模型的效果。

当然，在实际开发中，每种不同的高级接口都有它的学习成本。读者应根据自己对某个 API 的熟练程度选取适合自己的 API。

6.1.7 什么是 tf.js 接口

tf.js（TensorFlow.js）是基于 JavaScript 的 TensorFlow 支持库，它可以用浏览器 API（比如 WebGL）来加速计算。这意味着，TensorFlow 程序可以运行在不同的环境当中，让 AI 无处不在。

tf.js 接口的出现，对大量的 web 开发工程师是一件好事。它使得"用 JavaScript 开发 AI"变成可能。

更多信息可以参考以下链接：

```
https://js.tensorflow.org
```

6.1.8 什么是 TFLearn 框架

TFLearn 是一个建立在 TensorFlow 之上的模块化的深度学习框架，属于一个 TensorFlow 的第三方 API，其官方网站如下：

```
http://tflearn.org
```

对应的代码链接如下：

```
https://github.com/tflearn/tflearn
```

可以通过以下的 pip 命令安装 TFLearn：

```
pip install tflearn
```

类似于 Keras，TFLearn 框架的底层也还是要调用 TensorFlow 的。在 TensorFlow 安装之后才可以安装和使用 TFLearn 框架。

6.1.9 该选择哪种框架

与 TensorFlow 相关的多种 API 已经非常多。对于使用者来讲，没必要把全部的 API 都学精。所有的 API 从使用角度来看，大致可以分为 3 个层面：
- 对于网络单层的封装（TF-slim、tf.layers）。
- 对于处理框架的封装（Estimators、eager）。
- 对于框架及网络的整体封装（TFLearn、tf.keras）。

> **提示：**
> 读者可以根据自己的知识基础和使用场景，选择一至两种 API 并学精它，便于在自己开发模型时使用。
> 至于其他的 API，大致了解一下即可，能够达到从 GitHub 网站上下载源码并进行简单的修改、调试的地步就可以了。

1. 从学习的角度分析

从学习的角度来讲，原生的 API 是必须要学的。它可以最大化地掌控 TensorFlow 程序。有了这个基础再去了解其他 API 就不会费劲。上面说的 3 个层面的 API，建议每一个层面都挑选一个去了解即可。额外强调的是，tf.keras 接口还是非常值得去认真学习的，因为：在整个 GitHub 网站上的代码中，使用 Keras 实现的深度学习项目占比很高。

2. 从工程的角度

从工程的角度来讲，推荐使用 tf.keras、Estimators、eager 这三种框架。因为这三种是

TensorFlow 2.x 版本中支持的主流框架，具有很好的技术延续性。在实际开发中，根据不同的开发场景，给出的搭配建议如下。

- 在开发并调试模型的场景中，推荐用 tf.keras 接口搭建模型，并在 eager 框架进行训练和调参。动态图框架有更好的灵活性，可以对网络的各个环节进行改动。
- 在对成熟模型进行训练的场景中，在模型开发工作结束之后，可以用 tf.keras 接口中 model 类的集成方法或将模型代码封装在 Estimators 框架中，进行训练或评估等操作。
- 在对外发布模型的源代码的场景中，在公布开源模型或项目交付时，也会将模型代码封装在 Estimators 框架中。Estimators 框架对模型的流程化代码进行了高度的集成，可以使源码变得更加简洁。

6.1.10 分配运算资源与使用分布策略

在 TensorFlow 中，分配 GPU 的运算资源是很常见的事情。大体可以分为 3 种情况：
- 为整个程序指定 GPU 卡。
- 为整个程序指定所占的 GPU 显存。
- 在程序内部调配不同的 OP（操作符）到指定 GPU 卡。

通过指定硬件的运算资源，可以提高系统的运算性能，从而缩短模型的训练时间。在实现时，可以调用底层的接口进行手动调配；也调用上层的高级接口，进行分布策略的应用。具体的做法如下：

1. 为整个程序指定 GPU 卡

主要是通过设置 CUDA_VISIBLE_DEVICES 变量来实现的。例如：

```
CUDA_VISIBLE_DEVICES=1        #代表只使用序号（device）为1的卡
CUDA_VISIBLE_DEVICES=0,1      #代表只使用序号（device）为0和1的卡
CUDA_VISIBLE_DEVICES="0,1"    #代表只使用序号（device）为0和1的卡
CUDA_VISIBLE_DEVICES=0,2,3    #代表只使用序号（device）为0、2、3的卡，序号为1的卡不可见
CUDA_VISIBLE_DEVICES=""       #代表不使用GPU卡
```

设置该变量有两种方式：

（1）命令行方式。

在通过命令行运行程序时，可以在"python"前加上"CUDA_VISIBLE_DEVICES"，如下所示：

```
root@user-NULL:~/test# CUDA_VISIBLE_DEVICES=1  python  要运行的Python程序.py
```

（2）在程序中设置。

在程序的最开始处添加以下代码：

```
import os
os.environ["CUDA_VISIBLE_DEVICES"] = "0"
```

CUDA_VISIBLE_DEVICES 的值可以是字符串类型，也可以是数值类型。

> **提示：**
> 设置 CUDA_VISIBLE_DEVICES，主要是为了让程序对指定的 GPU 卡可见。这时系统只会对可见的 GPU 卡编号。在运行时，这个编号并不代表 GPU 卡的真正序号。
> 例如：
> 设置 CUDA_VISIBLE_DEVICES=1，则运行程序后会显示当前任务是在 device:GPU:0 上运行的。见下面的输出信息：
> 2018-06-24 06:24:53.535524: I tensorflow/core/common_runtime/gpu/gpu_device.cc:1053] Created TensorFlow device (/job:localhost/replica:0/task:0/device:GPU:0 with 10764 MB memory) -> physical GPU (device: 0, name: Tesla K80, pci bus id: 0000:86:00.0, compute capability: 3.7)
> 这说明，当前程序会把系统中的序号为"1"的卡当作自己的第 0 块卡来使用。

2. 为整个程序指定所占的 GPU 显存

在 TensorFlow 中，为整个程序分配 GPU 显存的方式，主要是靠构建 tf.ConfigProto 类来实现的。tf.ConfigProto 类可以理解成一个容器。在以下网址可以找到该类的定义：

https://github.com/tensorflow/tensorflow/blob/master/tensorflow/core/protobuf/config.proto

在上述链接中可以看到各种定制化选项的定义。这些定制化选项，都可以放置到 tf.ConfigProto 类中。例如：RPCOptions、RunOptions、GPUOptions、graph_options 等。

可以通过定义 GPUOptions 来控制运算时的硬件资源分配，例如：使用哪个 GPU、需要占用多大缓存等。在 6.4 节还会通过一个具体的例子演示如何使用 tf.ConfigProto 类。

3. 在程序内部，调配不同的 OP（操作符）到指定 GPU 卡

在代码前使用 tf.device 语句，可以指定当前的语句在哪个设备上运行。例如：

```
with tf.device('/cpu:0'):
```

表示当前代码在第 0 块 CPU 上运行。

4. 其他配置相关的选项

其他与指派设备的选项如下。

（1）自动选择运行设备：allow_soft_placement。

如果 tf.device 指派的设备不存在或者不可用，为防止程序发生等待或异常，可以设置 tf.ConfigProto 中的参数 allow_soft_placement=True，表示允许 TensorFlow 自动选择一个存在并且可用的设备来运行操作。

（2）记录设备指派情况：log_device_placement。

设置 tf.ConfigProto 中参数 log_device_placement = True，可以得到 operations 和 Tensor 被指派到哪个设备（几号 CPU 或几号 GPU）上的运行信息，并在终端显示。

5. 动态图的设备指派

在动态图中，也可以用 with tf.device 方法对硬件资源进行指派。

除此之外，还可以调用动态图中张量的 gpu、cpu 方法来进行硬件资源的指派。以下面代码为例：

```python
import tensorflow as tf
import tensorflow.contrib.eager as tfe
tf.enable_eager_execution()              #启动动态图
print(tf.contrib.eager.num_gpus())       #获取当前 GPU 个数
x = tf.random_normal([10, 10])           #定义一个张量
x_gpu0 = x.gpu()                         #通过该张量的 gpu 方法，将其复制到 GPU 上执行，默认是 0 号 GPU
x_cpu = x.cpu()                          #通过该张量的 cpu 方法，将其复制到 CPU 上执行

_ = tf.matmul(x_gpu0, x_gpu0)            #在第 0 号 GPU 上运行乘法
_ = tf.matmul(x_cpu, x_cpu)              #在 CPU 上运行乘法

if tfe.num_gpus() > 1:                   #当 GPU 个数大于 1 时
    x_gpu1 = x.gpu(1)                    #将该在张量复制到 1 号 GPU 上
    _ = tf.matmul(x_gpu1, x_gpu1)        #在第 1 号 GPU 上运行乘法
```

6. 使用分布策略

分配运算资源的最简单方式就是使用分布策略。使用分布策略也是官方推荐主流方式。该方式针对几种常用的训练场景，将资源分配的算法封装成不同的分布策略。用户在训练模型时，只需要选择对应的分布策略即可。运行时，系统会按照该策略中的算法进行资源分配，使机器的运算性能最大化的发挥出来。

（1）具体的分布策略及对应的场景如下。

- MirroredStrategy（镜像策略）：该策略适用于一机多 GPU 的场景，将计算任务均匀地分配到每块 GPU 上。
- CollectiveAllReduceStrategy（集合规约策略）：该策略适用于分布训练场景，用多台机器训练一个模型任务。先将每台机器上使用 MirroredStrategy 策略进行训练，再将多台机器的结果进行规约合并。
- ParameterServerStrategy（参数服务器策略）：适用于分布训练场景。也是用多台机器来训练一个模型任务。在训练过程中，使用参数服务器来统一管理每个 GPU 的训练参数。

（2）使用方式。

分布策略的使用方式非常简单。需要实例化一个分布策略对象，并将其作为参数传入训练模型中。以 MirroredStrategy 策略为例，实例化的代码如下：

```python
distribution = tf.contrib.distribute.MirroredStrategy()
```

实例化后的对象 distribution 可以传入 tf.keras 接口中 model 类的 fit 方法中，用于训练。例如：

```python
model.compile(loss='mean_squared_error',
              optimizer=tf.train.GradientDescentOptimizer(learning_rate=0.2),
              distribute=distribution)
```

也可以传入估算器的 RunConfig 中，生成配置对象 config，并将该对象传入估算器的

Estimator 方法中进行模型的构建。例如：

```
config = tf.estimator.RunConfig(train_distribute=distribution)
classifier = tf.estimator.Estimator(model_fn=model_fn, config=config)
```

在使用多机训练的分布策略时，还需要指定网络中的角色关系。更多例子可参考以下链接：

```
https://github.com/tensorflow/tensorflow/blob/master/tensorflow/contrib/distribute/README.md
```

6.1.11　用 tfdbg 调试 TensorFlow 模型

在 TensorFlow 中提供了可以调试程序的 API——tfdbg。用 tfdbg 可以轻松地对原生的 TensorFlow 程序、TF-slim 程序、Estimators 程序、tf.keras 程序、TFLearn 程序进行调试。官网上提供了详细的文档教程。具体链接如下：

```
https://www.tensorflow.org/programmers_guide/debugger
```

在该链接中，介绍了用 tfdbg 调试一个训练过程中生成 inf 和 nan 值的例子。这也是 tfdbg 的重要价值所在。由于篇幅原因，这里不再详细介绍。读者可以跟着该网站教程自行学习。

TensorFlow 中还提供了配合 tfdbg 的可视化插件，该插件可以集成到 Tensorboard 中进行使用。具体说明见以下链接：

```
https://github.com/tensorflow/tensorboard/blob/master/tensorboard/plugins/debugger/README.md
```

6.1.12　用钩子函数（Training_Hooks）跟踪训练状态

在 TensorFlow 中有一个 Training_Hooks 接口，它实现了钩子函数的功能。该接口由多种 API 组成。在程序中使用 Training_Hooks 接口，可以跟踪模型在训练、运行过程中各个环节的具体的状态。该接口的说明见表 6-1。

表 6-1　Training_Hooks 接口的说明

接口名称	描述
tf.train.SessionRunHook	所有钩子函数的基类。若想自定义钩子函数，则可以集成该类。更多信息参考：https://www.tensorflow.org/api_docs/python/tf/train/SessionRunHook
tf.train.LoggingTensorHook	按照指定步数输出指定张量的值。这是十分常用的钩子函数。更多信息参考：https://www.tensorflow.org/api_docs/python/tf/train/LoggingTensorHook
tf.train.StopAtStepHook	在指定步数之后停止跟踪。更多信息参考：https://www.tensorflow.org/api_docs/python/tf/train/StopAtStepHook
tf.train.CheckpointSaverHook	按照指定步数或时间生成检查点文件。还可以用 tf.train.CheckpointSaverListener 函数监听生成检查点文件的操作，并可以在操作过程的前、中、后 3 个阶段设置回调函数。更多信息参考：https://www.tensorflow.org/api_docs/python/tf/train/CheckpointSaverHook

续表

Training_Hooks 的接口名称	描 述
tf.train.StepCounterHook	按照指定步数或时间计数。更多信息参考： https://www.tensorflow.org/api_docs/python/tf/train/StepCounterHook
tf.train.NanTensorHook	指定要监视的 loss 张量。如果 loss 为 NaN，则停止运行。更多信息参考： https://www.tensorflow.org/api_docs/python/tf/train/NanTensorHook
tf.train.SummarySaverHook	按照指定步数保存摘要信息。更多信息参考： https://www.tensorflow.org/api_docs/python/tf/train/SummarySaverHook
tf.train.GlobalStepWaiterHook	直到 Global step 的值达到指定值后才开始执行。更多信息参考： https://www.tensorflow.org/api_docs/python/tf/train/GlobalStepWaiterHook
tf.train.FinalOpsHook	获取某个张量在会话（session）结束时的值。更多信息参考： https://www.tensorflow.org/api_docs/python/tf/train/FinalOpsHook
tf.train.FeedFnHook	指定输入，并获取输入信息的钩子函数。更多信息参考： https://www.tensorflow.org/api_docs/python/tf/train/FeedFnHook
tf.train.ProfilerHook	捕获硬件运行时的分配信息。更多信息参考： https://github.com/catapult-project/catapult/blob/master/tracing/README.md

表 6-1 中的钩子（Hook）类一般会配合 tf.train.MonitoredSession 一起使用，有时也会配合估算器一起使用。在本书 6.4.12 小节会通过详细实例来演示其用法。

想了解更多信息，还可以参考官方文档：

```
https://www.tensorflow.org/api_guides/python/train#Training_Hooks
```

6.1.13 用分布式运行方式训练模型

在大型的数据集上训练神经网络，需要的运算资源非常大，而且还要花上很长时间才能完成。

为了缩短训练时间，可以用分布式部署的方式将一个训练任务拆成多个小任务，分配到不同的计算机上，来完成协同运算。这样用计算机群运算来代替单机计算，可以使训练时间大大变短。

TensorFlow 1.4 版本之后的估算器具有 train_and_evaluate 函数。该函数可以使分布式训练的实现变得更为简单。只需要修改 TF_CONFIG 环境变量（或在程序中指定 TF_CONFIG 变量），即可实现分布式中不同的角色的协同合作，具体可见 6.9 节。

6.1.14 用 T2T 框架系统更方便地训练模型

Tensor2Tensor（T2T）是谷歌开源的一个模块化深度学习框架，其中包含当前各个领域中最先进的模型，以及训练模型时常用到的数据集。

1. T2T 框架的详细介绍

T2T 框架构建在 TensorFlow 之上。在 T2T 框架中定义了深度学习系统所需的各个组件：数据集、模型架构、优化器、学习速率衰减方案、超参数等。

每个组件中都采用了目前最好的机器学习方法，例如：序列填充（padding）、计算交叉熵损失、用调试好的 Adam 优化器参数、自适应批处理、同步的分布式训练、调试好的图像数据增强、标签平滑和大量的超参数配置等。

组件彼此之间统一采用标准化接口，形成模块化的架构。使用者只需选择数据集、模型、优化器并设定好超参数，就可以实现训练模型、查看性能等操作。

另外，在整个模块化架构中，每个组件都是通过一个函数来实现的。每个函数的输入和输出都是一个标准格式的张量，以便使用者用自定义组件对现有组件进行替换。

2. T2T 框架的使用环境

T2T 框架主要用于谷歌的 TPU 开发环境，当然也可用于本地开发环境。

用 T2T 直接在云端进行训练，可以使研究者不再需要花费昂贵的成本购买硬件，为用户带来更便捷的体验。但是这种方式的弊端是——过分依赖网络。

本书只介绍 T2T 框架在本地环境下的使用。有关云端的使用方式，需要读者自行研究。

3. T2T 的环境搭建

T2T 的代码独立于 TensorFlow 主框架，需要单独安装，具体命令如下：

```
pip install tensor2tensor
```

如想了解更多关于 T2T 的细节，可以在以下链接中查看 T2T 框架的源码及教程：

```
https://github.com/tensorflow/tensor2tensor
```

有关 T2T 框架的使用实例，见本书 6.11 节、6.12 节。

6.1.15 将 TensorFlow 1.x 中的代码移植到 2.x 版本

在 TensorFlow 2.x 版本中，提供了一个升级 TensorFlow 1.x 版本代码的工具——tf_upgrade_v2。该工具可以非常方便地将 TensorFlow 1.x 版本中编写的代码移植到 TensorFlow 2.x 中。

tf_upgrade_v2 工具支持单文件转换和多文件批量转换两种方式。

1. 对单个代码文件进行转换

在命令行里输入 tf_upgrade_v2 命令，用"--infile"参数来指定输入文件，用"--outfile"参数来指定输出文件。具体命令如下：

```
tf_upgrade_v2 --infile foo_v1.py --outfile foo_v2.py
```

该命令可以将 TensorFlow 1.x 版本中编写的代码文件 foo_v1.py 转成可以支持 TensorFlow 2.x 版本的代码 foo_v2.py。

2. 批量转化多个代码文件

在命令行里输入 tf_upgrade_v2 命令，用"-intree"参数来指定输入文件路径，用"-outtree"参数来指定输出文件路径。具体命令如下：

```
tf_upgrade_v2 -intree foo_v1 -outtree foo_v2
```

该命令可以将目录为 foo_v1 下的所有代码文件转成支持 TensorFlow 2.x 版本的代码文件，并保存到目录 foo_v2 中。

> **提示：**
> 虽然 tf_upgrade_v2 工具的转化功能相能解决大部分的移植工作，但是对于一些特殊的 API 仍需要手动来移植。例如：
> TensorFlow 2.x 版本中不再有 TensorFlow 1.x 版本中的 tf.contrib 模块。
> 在 TensorFlow 2.x 版本中，TensorFlow 1.x 版本中的 tf.contrib 模块被拆分成两部分：
> - 一部分被移植到 TensorFlow 2.x 版本的主框架下，可以用 tf_upgrade_v2 工具进行转化。
> - 一部分将被移除，无法被转化。在升级代码时，需要手动编写代码。
>
> 另外，在 TensorFlow 1.x 版本中带有废弃标注的 API，也不会出现在 TensorFlow 2.x 版本中。这些转化失败的 API 都需要被替换成推荐使用的 API。

具体转化实例见本书 6.13 节。

6.1.16　TensorFlow 2.x 中的新特性——自动图

在 TensorFlow 1.x 版本中，要开发基于张量控制流的程序，必须使用 tf.conf、tf.while_loop 之类的专用函数。这增加了开发的复杂度。

在 TensorFlow 2.x 版本中，可以通过自动图（AutoGraph）功能，将普通的 Python 控制流语句转成基于张量的运算图。这大大简化了开发工作。

在 TensorFlow 2.x 版本中，可以用 tf.function 装饰器修饰 Python 函数，将其自动转化成张量运算图。示例代码如下：

```
import tensorflow as tf                          #导入TensorFlow2.0
@tf.function
def autograph(input_data):                       #用自动图修饰的函数
    if tf.reduce_mean(input_data) > 0:
        return input_data                        #返回是整数类型
    else:
        return input_data // 2                   #返回整数类型
a =autograph(tf.constant([-6, 4]))
b =autograph(tf.constant([6, -4]))
print(a.numpy(),b.numpy())                       #在TensorFlow 2.x上运行，输出:[-3  2] [ 6 -4]
```

从上面代码的输出结果中可以看到，程序运行了控制流 "tf.reduce_mean(input_data) > 0" 语句的两个分支。这表明被装饰器 tf.function 修饰的函数具有张量图的控制流功能。

> **提示：**
> 在使用自动图功能时，如果在被修饰的函数中有多个返回分支，则必须确保所有的分支都返回相同类型的张量，否则会报错。

6.2 实例 14：用静态图训练一个具有保存检查点功能的回归模型

本节用一个简单的模型来演示静态图的使用方法。

实例描述

假设有一组数据集，其中 x 和 y 的对应关系 $y\approx 2x$。

本实例就是让神经网络学习这些样本，并找到其中的规律，即让神经网络自己能够总结出 $y\approx 2x$ 这样的公式。

在训练的过程中将生成检查点文件，并在程序结束之后二次载入检查点文件，接着训练。

本实例属于一个回归任务。回归任务是指，对输入数据进行计算，并输出某个具体值的任务。与之相对的还有分类任务，它们都是深度学习中最常见的任务模式。这部分内容在第 7 章特征工程中还会重点介绍。

6.2.1 准备开发步骤

在实现过程中，需要完成的具体步骤如下：（1）生成模拟样本；（2）搭建全连接网络模型；（3）训练模型。其中，在第（3）步训练模型过程中，还需要完成对检查点文件的生成和载入。

> **提示：**
> 全连接网络是最基础的神经网络模型。它是将上层的网络节点与下层的网络节点全部连接起来。该结构可以通过增加网络节点个数的方式，实现拟合任意数据分布的效果，但是过多的节点又会降低模型的计算性能与泛化性。
>
> 有关全接网络的更多使用可以参考 7.2 节的 wide_deep 模型。
>
> 有关全接网络的更多原理可以参考《深度学习之 TensorFlow——入门、原理与进阶实战》一书的第 6、7 章。

6.2.2 生成检查点文件

在生成检查点文件时，步骤如下：
（1）实例化一个 saver 对象。
（2）在会话（session）中，调用 saver 对象的 save 方法保存检查点文件。

1. 生成 saver 对象

saver 对象是由 tf.train.Saver 类的实例化方法生成的。该方法有很多参数，常用的有以下几个。

- var_list:指定要保存的变量。
- max_to_keep:指定要保留检查点文件的个数。
- keep_checkpoint_every_n_hours:指定间隔几小时保存一次模型。

实例代码如下:

```
saver = tf.train.Saver(tf.global_variables(), max_to_keep=1)
```

该代码表示将全部的变量保存起来。最多只保存一个检查点文件(一个检查点文件包含 3 个子文件)。

2. 生成检查点文件

调用 saver 对象的 save 生成保存检查点文件。实例代码如下:

```
saver.save(sess, savedir+"linermodel.cpkt", global_step=epoch)
```

该代码运行后,系统会将检查点文件保存到 savedir 路径。同时,也将迭代次数 global_step 的值放到了检查点文件的名字中。

6.2.3 载入检查点文件

首先用 tf.train.latest_checkpoint 方法找到最近的检查点文件,接着用 saver.restore 方法将该检查点文件载入。实例代码如下:

```
kpt = tf.train.latest_checkpoint(savedir)        #找到最近的检查点文件
    if kpt!=None:
        saver.restore(sess, kpt)                 #载入检查点文件
```

6.2.4 代码实现:在线性回归模型中加入保存检查点功能

在代码第 37 行,定义了一个 saver 张量。在会话运行中,用 saver 对象的 save 方法来生成检查点文件(见代码第 66、69 行)。

具体代码如下:

代码 6-1 用静态图训练一个具有保存检查点功能的回归模型

```
01  import tensorflow as tf
02  import numpy as np
03  import matplotlib.pyplot as plt
04  print(tf.__version__)
05  #(1)生成模拟数据
06  train_X = np.linspace(-1, 1, 100)
07  train_Y = 2 * train_X + np.random.randn(*train_X.shape) * 0.3 #y=2x,但是
        加入了噪声
08  #图形显示
09  plt.plot(train_X, train_Y, 'ro', label='Original data')
10  plt.legend()
11  plt.show()
12
```

```
13  tf.reset_default_graph()
14
15  #(2)构建模型
16
17  #构建模型
18  #占位符
19  X = tf.placeholder("float")
20  Y = tf.placeholder("float")
21  #模型参数
22  W = tf.Variable(tf.random_normal([1]), name="weight")
23  b = tf.Variable(tf.zeros([1]), name="bias")
24  #前向结构
25  z = tf.multiply(X, W)+ b
26  global_step = tf.Variable(0, name='global_step', trainable=False)
27  #反向优化
28  cost =tf.reduce_mean( tf.square(Y - z))
29  learning_rate = 0.01
30  optimizer =
    tf.train.GradientDescentOptimizer(learning_rate).minimize(cost,global_st
    ep)  #梯度下降
31  #初始化所有变量
32  init = tf.global_variables_initializer()
33  #定义学习参数
34  training_epochs = 20
35  display_step = 2
36  savedir = "log/"
37  saver = tf.train.Saver(tf.global_variables(), max_to_keep=1)#生成saver。
    max_to_keep=1,表示只保留一个检查点文件
38
39  #定义生成loss值可视化的函数
40  plotdata = { "batchsize":[], "loss":[] }
41  def moving_average(a, w=10):
42      if len(a) < w:
43          return a[:]
44      return [val if idx < w else sum(a[(idx-w):idx])/w for idx, val in
    enumerate(a)]
45
46  #(3)建立会话(session)进行训练
47  with tf.Session() as sess:
48      sess.run(init)
49      kpt = tf.train.latest_checkpoint(savedir)
50      if kpt!=None:
51          saver.restore(sess, kpt)
52
53      #向模型输入数据
54      while global_step.eval()/len(train_X) < training_epochs:
55          step = int( global_step.eval()/len(train_X) )
```

```
56            for (x, y) in zip(train_X, train_Y):
57                sess.run(optimizer, feed_dict={X: x, Y: y})
58
59            #显示训练中的详细信息
60            if step % display_step == 0:
61                loss = sess.run(cost, feed_dict={X: train_X, Y:train_Y})
62                print ("Epoch:", step+1, "cost=", loss,"W=", sess.run(W), "b=", sess.run(b))
63                if not (loss == "NA" ):
64                    plotdata["batchsize"].append(global_step.eval())
65                    plotdata["loss"].append(loss)
66                saver.save(sess, savedir+"linermodel.cpkt", global_step)
67
68        print (" Finished!")
69        saver.save(sess, savedir+"linermodel.cpkt", global_step)
70        print ("cost=", sess.run(cost, feed_dict={X: train_X, Y: train_Y}), "W=", sess.run(W), "b=", sess.run(b))
71
72        #显示模型
73        plt.plot(train_X, train_Y, 'ro', label='Original data')
74        plt.plot(train_X, sess.run(W) * train_X + sess.run(b), label='Fitted line')
75        plt.legend()
76        plt.show()
77
78        plotdata["avgloss"] = moving_average(plotdata["loss"])
79        plt.figure(1)
80        plt.subplot(211)
81        plt.plot(plotdata["batchsize"], plotdata["avgloss"], 'b--')
82        plt.xlabel('Minibatch number')
83        plt.ylabel('Loss')
84        plt.title('Minibatch run vs. Training loss')
85
86        plt.show()
```

本实例中的模型只有一个神经网络节点。由于权重 W 和 b 都是一维的,所以在计算网络正向输出时,直接使用了乘法函数 multiply(X, W),也可以写成 X*W。

> 提示:
> 本实例中的模型非常简单,且输入批次为 1。实际工作中的模型会比这个复杂得多,且每批次都会同时处理多条数据。在计算网络输出时,更多的是用到矩阵相乘。
> 例如:
> a = tf.constant([1, 2, 3, 4, 5, 6], shape=[2, 3])
> b = tf.constant([7, 8, 9, 10, 11, 12], shape=[3, 2])
> with tf.Session() as sess:

```
c = tf.matmul(a, b)
print("c",c.eval() )        #输出 c [[ 58   64] [139 154]]
#也可以写成：
c = a@b
print("c",c.eval() )        #输出 c [[ 58   64] [139 154]]
```

上面代码运行完后，会看到在 log 文件夹下多了几个"linermodel.cpkt–2000"开头的文件。它就是检查点文件。

其中，"2000"表示该文件是运行优化器第 2000 次后生成的检查点文件。

在代码第 34 行，设置了 training_epochs 的值为"20"，表示将整个数据集迭代 20 次。每迭代一次数据集，需要运行 100 次优化器。

> **提示：**
>
> log 文件夹下的几个以"linermodel.cpkt-2000"开头的文件，会在后面 13 章有详细介绍。
>
> 扩展名 meta 的文件是图中的网络节点名称文件，可以删掉不影响模型恢复。
>
> 这里介绍一个小技巧：在生成模型检查点文件时（代码第 66、69 行），代码可以写成以下样子，让模型不再生成 meta 文件，从而可以减小模型所占的磁盘空间：
>
> saver.save(sess, savedir+"linermodel.cpkt", global_step,write_meta_graph=False)

6.2.5 修改迭代次数，二次训练

将数据集的迭代次数调大到 28（修改代码第 34 行 training_epochs 的值）。再次运行，输出以下结果：

```
1.13.1
INFO:tensorflow:Restoring parameters from log/linermodel.cpkt-2000
Epoch: 21 cost= 0.088184044 W= [2.0288355] b= [0.00869429]
Epoch: 23 cost= 0.08760502 W= [2.0110996] b= [0.00945178]
Epoch: 25 cost= 0.087475054 W= [2.0058548] b= [0.01136262]
Epoch: 27 cost= 0.08744553 W= [2.004488] b= [0.01188545]
 Finished!
cost= 0.08744063 W= [2.0042534] b= [0.01197556]
```

可以看到，输出结果的第 1 行代码直接从以"linermodel.cpkt-2000"开头的文件中读取参数。然后，接着第 20 次迭代继续向下运行（输出结果的第 2 行）。这部分结果对应的代码逻辑如下：

（1）查找最近生成的检查点文件（见代码第 49 行）。

（2）判断检查点文件是否存在（见代码第 50 行）。

（3）如果存在，则将检查点文件的值恢复到张量图中（见代码第 51 行）。

在程序内部是通过张量 global_step 的载入、载出来记录迭代次数的。

> **提示：**
> 静态图部分是 TensorFlow 的基础操作，但在 TensorFlow 2.x 版本后，已经不再推荐使用。这里也不会讲解得过于详细。如想要系统地了解该部分的知识，建议阅读《深度学习之 TensorFlow——入门、原理与进阶实战》一书的第 4 章。

6.3 实例 15：用动态图（eager）训练一个具有保存检查点功能的回归模型

下面实现一个简单的动态图实例。

实例描述

假设有这么一组数据集，其 x 和 y 的对应关系是 $y≈2x$。

训练模型来学习这些数据集，使模型能够找到其中的规律，即让神经网络自己能够总结出 $y≈2x$ 这样的公式。

要求使用动态图的方式来实现。同时与实例 13 进行比较，体会动态图和静态图实现时的不同之处。

本实例将内存数据制作成 Dataset 数据集，并在动态图里实现模型。

6.3.1 代码实现：启动动态图，生成模拟数据

这部分操作与前面 4.9.1 小节一致。都用 tf.enable_eager_execution 函数来启动动态图。在动态图启动之后，便开始生成模拟数据。具体代码如下：

代码 6-2 用动态图训练一个具有保存检查点功能的回归模型

```
01  import tensorflow as tf
02  import numpy as np
03  import matplotlib.pyplot as plt
04  import tensorflow.contrib.eager as tfe
05
06  tf.enable_eager_execution()                              #启动动态图
07  print("TensorFlow 版本: {}".format(tf.VERSION))
08  print("Eager execution: {}".format(tf.executing_eagerly()))
09
10  #生成模拟数据
11  train_X = np.linspace(-1, 1, 100)
12  train_Y = 2 * train_X + np.random.randn(*train_X.shape) * 0.3 #y=2x,但是
    加入了噪声
13  #图形显示
14  plt.plot(train_X, train_Y, 'ro', label='Original data')
15  plt.legend()
16  plt.show()
```

生成模拟部分与实例 13 中的一样,这里不再详述。

6.3.2 代码实现:定义动态图的网络结构

定义动态图的网络结构与定义静态图的网络结构有所不同,具体如下:
- 动态图不支持占位符的定义。
- 动态图不能使用优化器的 minimize 方法,需要使用 tfe.implicit_gradients 方法与优化器的 apply_gradients 方法组合(见代码第 30、31 行)

具体代码如下:

代码 6-2 用动态图训练一个具有保存检查点功能的回归模型(续)

```
17 #定义学习参数
18 W = tf.Variable(tf.random_normal([1]),dtype=tf.float32, name="weight")
19 b = tf.Variable(tf.zeros([1]),dtype=tf.float32, name="bias")
20 global_step = tf.train.get_or_create_global_step()
21
22 def getcost(x,y):#定义函数,计算loss值
23     #前向结构
24     z = tf.cast(tf.multiply(np.asarray(x,dtype = np.float32), W)+ b,dtype = tf.float32)
25     cost =tf.reduce_mean( tf.square(y - z))#计算loss值
26     return cost
27
28 learning_rate = 0.01
29 #将随机梯度下降法作为优化器
30 optimizer = tf.train.GradientDescentOptimizer(learning_rate=learning_rate)
31 grad = tfe.implicit_gradients(getcost)#获得计算梯度的函数
```

代码第 31 行,用函数 tfe.implicit_gradients 生成一个计算梯度的函数——grad。在迭代训练的反向传播过程中,grad 函数将会被传入优化器的 apply_gradients 方法中对模型的参数进行优化,见 6.3.4 小节。

> **提示:**
> 函数 getcost 的定义(见代码第 22 行)与使用(见代码第 31 行),还可以与装饰器的方法合并到一起。例如:
>
> @ tfe.implicit_gradients
> def getcost(x,y):#定义函数,计算loss值
>   #前向结构
>   z = tf.cast(tf.multiply(np.asarray(x,dtype = np.float32), W)+ b,dtype = tf.float32)

```
        cost =tf.reduce_mean( tf.square(y - z))#loss 值
    return cost
```
类似该用法的实例参考 6.11 节。

6.3.3 代码实现：在动态图中加入保存检查点功能

在动态图中保存检查点有两种方式。

- 用 tf.train.Saver 类操作检查点文件：实例化一个对象 saver，手动指定参数[W,b]进行保存（见代码第 35 行），并且将会话（session）有关的参数设为 None（见代码第 41 行）。
- 用 tensorflow.contrib.eager 模块的 Saver 类操作检查点文件：直接实例化一个对象 saver，在生成过程中不需要传入会话参数。

> **提示：**
> 在用 tf.train.Saver 类操作检查点文件时，必须手动指定要保存的参数。因为动态图里没有会话和图的概念，所以不支持用 tf.global_variables 函数获取所有参数。

具体代码如下：

代码 6-2　用动态图训练一个具有保存检查点功能的回归模型（续）

```
32  #定义 saver，演示两种方法处理检查点文件
33  savedir = "logeager/"
34  savedirx = "logeagerx/"
35  saver = tf.train.Saver([W,b], max_to_keep=1)#生成 saver。max_to_keep=1 表示
    最多只保存一个检查点文件
36  saverx = tfe.Saver([W,b])#生成 saver。max_to_keep=1 表示只保存一个检查点文件
37
38  kpt = tf.train.latest_checkpoint(savedir)    #找到检查点文件
39  kptx = tf.train.latest_checkpoint(savedirx)#找到检查点文件
40  if kpt!=None:
41      saver.restore(None, kpt)#用 tf.train.Saver 的实例化对象加载模型
42      saverx.restore(kptx)        #用 tfe.Saver 的实例化对象加载模型
43
44  training_epochs = 20         #迭代训练次数
45  display_step = 2
```

在复杂模型中，模型的参数会非常多。用手动指定变量的方式来保存模型（见代码第 35、36 行）会显得过于麻烦。

动态图框架一般会与 tf.layers 接口或 tf.keras 接口配合使用（在 TensorFlow 2.x 框架中，主要与 tf.keras 接口配合使用）。利用这两个接口，可以很容易地将参数放到定义时的 saver 对象中。具体可见 6.6 节在动态图中使用 tf.layers 接口的实例，以及 9.2 节在动态图中使用 tf.keras 接口的实例。

提示：

在 TensorFlow 2.x 版本中，主要推荐用 tf.train.Checkpoint 方法操作检查点文件。TensorFlow 1.x 版本中的 tf.train.Saver 类未来可能会被去掉。在使用 tf.train.Checkpoint 方法时，要求必须将网络结构封装成类，否则无法调用，具体用法可以参考 9.2 节。

6.3.4 代码实现：按指定迭代次数进行训练，并可视化结果

迭代训练过程的代码是最容易理解的。它是动态图的真正优势所在，使张量程序像 Python 中的普通程序一样运行。

在动态图程序中，可以对每个张量的 numpy 方法进行取值（见代码第 66 行），不再需要使用 run 函数与 eval 方法。

代码 6-2 用动态图训练一个具有保存检查点功能的回归模型（续）

```
46 plotdata = { "batchsize":[], "loss":[] }              #收集训练参数
47
48 while global_step/len(train_X) < training_epochs:     #迭代训练模型
49     step = int( global_step/len(train_X) )
50     for (x, y) in zip(train_X, train_Y):
51         optimizer.apply_gradients(grad(x, y),global_step)  #应用梯度
52
53     #显示训练中的详细信息
54     if step % display_step == 0:
55         cost = getcost (x, y)                          #用于显示
56         print ("Epoch:", step+1, "cost=", cost.numpy(),"W=", W.numpy(), "b=", b.numpy())
57         if not (cost == "NA" ):
58             plotdata["batchsize"].append(global_step.numpy())
59             plotdata["loss"].append(cost.numpy())
60         saver.save(None, savedir+"linermodel.cpkt", global_step)
61         saverx.save(savedirx+"linermodel.cpkt", global_step)
62
63 print (" Finished!")
64 saver.save(None, savedir+"linermodel.cpkt", global_step)
65 saverx.save(savedirx+"linermodel.cpkt", global_step)
66 print ("cost=", getcost (train_X, train_Y).numpy() , "W=", W.numpy(), "b=", b.numpy())
67
68 #显示模型
69 plt.plot(train_X, train_Y, 'ro', label='Original data')
70 plt.plot(train_X, W * train_X + b, label='Fitted line')
71 plt.legend()
72 plt.show()
73
74 def moving_average(a, w=10):#定义生成loss值可视化的函数
75     if len(a) < w:
```

```
76              return a[:]
77          return [val if idx < w else sum(a[(idx-w):idx])/w for idx, val in
    enumerate(a)]
78
79 plotdata["avgloss"] = moving_average(plotdata["loss"])
80 plt.figure(1)
81 plt.subplot(211)
82 plt.plot(plotdata["batchsize"], plotdata["avgloss"], 'b--')
83 plt.xlabel('Minibatch number')
84 plt.ylabel('Loss')
85 plt.title('Minibatch run vs. Training loss')
86
87 plt.show()
```

6.3.5 运行程序，显示结果

代码运行后，输出以下结果：

```
TensorFlow 版本: 1.13.1
Eager execution: True
```

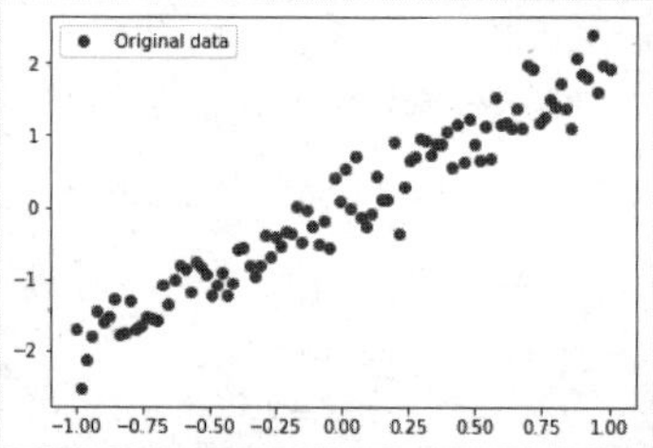

图 6-2 动态图回归模型结果（a）

```
Epoch: 1 cost= 2.7563627 W= [0.26635304] b= [0.01309205]
Epoch: 3 cost= 0.14655435 W= [1.5330775] b= [0.01505858]
Epoch: 5 cost= 0.0032546197 W= [1.8566017] b= [0.01509316]
Epoch: 7 cost= 0.0006836037 W= [1.9392302] b= [0.01509374]
Epoch: 9 cost= 0.0022461722 W= [1.9603337] b= [0.01509374]
Epoch: 11 cost= 0.0027899994 W= [1.9657234] b= [0.01509374]
Epoch: 13 cost= 0.0029383437 W= [1.9671] b= [0.01509374]
Epoch: 15 cost= 0.0029768397 W= [1.9674516] b= [0.01509374]
Epoch: 17 cost= 0.002986682 W= [1.9675411] b= [0.01509374]
Epoch: 19 cost= 0.0029891713 W= [1.9675636] b= [0.01509374]
Finished!
cost= 0.080912225 W= [1.9675636] b= [0.01509374]
```

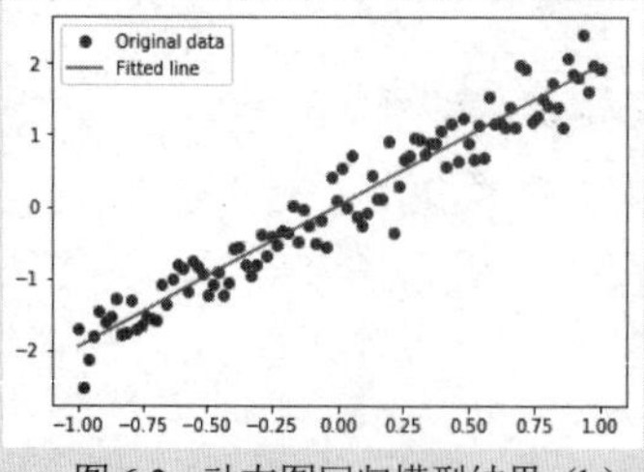

图 6-2 动态图回归模型结果（b） 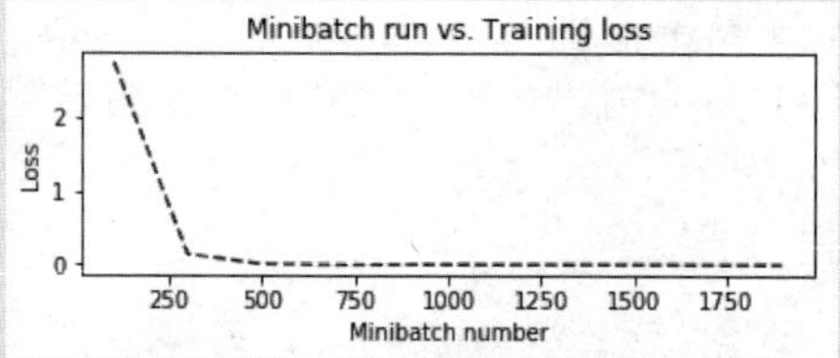 　　图 6-2 动态图回归模型结果（c）

图 6-2（c）显示的是 loss 值经过移动平均算法的结果（见代码第 75 行）。用移动平均算法可以使生成的曲线更加平滑，便于看出整体趋势。

6.3.6 代码实现：用另一种方法计算动态图梯度

在 6.3.2 小节中，介绍了用 tfe.implicit_gradients 方法在动态图中进行反向训练。

本节再介绍一种同样很常用的方法——tf.GradientTape。

tf.GradientTape 方法可以在反向传播过程中跟踪自动微分（Automatic differentiation）之后的梯度计算工作。

具体代码如下：

代码 6-3　动态图另一种梯度方法

```
01  import tensorflow as tf
02  import numpy as np
03  import matplotlib.pyplot as plt
04  import tensorflow.contrib.eager as tfe
05
06  tf.enable_eager_execution()
07  ……
08  def getcost(x,y):                                      #定义函数，计算loss值
09      #前向结构
10      z = tf.cast(tf.multiply(np.asarray(x,dtype = np.float32), W)+ b,dtype = tf.float32)
11      cost =tf.reduce_mean( tf.square(y - z))#loss值
12      return cost
13
14  def grad( inputs, targets):                            #封装梯度计算函数
15      with tf.GradientTape() as tape:       #用 tf.GradientTape 跟踪梯度计算
16          loss_value = getcost(inputs, targets)
17      return tape.gradient(loss_value,[W,b])
18  ……
19  while global_step/len(train_X) < training_epochs:      #迭代训练模型
20      step = int( global_step/len(train_X) )
21      for (x, y) in zip(train_X, train_Y):
22          grads = grad( x, y)                            #计算梯度
23          optimizer.apply_gradients(zip(grads, [W,b]), global_step=global_step)
……
```

相比于代码文件"6-2 中用动态图训练一个具有具有检查点功能的回归模型"，这里主要改动了两处：

- 在代码 14 行，将损失函数用 tf.GradientTape 函数封装起来。
- 在使用时，需要传入训练参数（见代码第 23 行）。

使用 tf.GradientTape 函数可以对梯度做更精细化的控制（可以自由指定需要训练的变量），

而使用 tfe.implicit_gradients 函数会使代码变得相对简洁。在 TensorFlow 2.x 中，只保留了 tf.GradientTape 函数用于计算梯度。tfe.implicit_gradients 函数在 TensorFlow 2.x 中将不再被支持。

在本书的 6.11 节中，还使用了另一种求梯度的方法——tfe.implicit_value_and_gradients。该方式同样也是在 contrib 模块中的代码。有兴趣的读者可以了解一下。

在真正应用时，可根据实际情况来具体选择。

> 提示：
>
> 在用 tf.GradientTape 函数计算损失时，要求传入指定的参数。在本节的实例代码中，要计算损失的指定参数（W、b）是预先定义好的。
>
> 如果用 TensorFlow 的高级接口构建模型，则参数是在 API 内部定义的，无法直接调试。在这种情况下，可以用 tfe.EagerVariableStore() 的方法将动态图的变量保存到全局集合里，然后通过实例化的对象取出变量并传入 tf.GradientTape 中。具体操作可以参考 6.3.7 小节。

6.3.7 实例16：在动态图中获取参数变量

动态图的参数变量存放机制与静态图截然不同。

动态图用类似 Python 变量生命周期的机制来存放参数变量，不能像静态图那样通过图的操作获得指定变量。但在训练模型、保存模型等场景中，如何在动态图里获得指定变量呢？这里提供以下两种方法。

- 方法一：将模型封装成类，借助类的实例化对象在内存中的生命周期来管理模型变量，即使用模型的 variables 成员变量。这种也是最常用的一种方式（见 6.6 节的 tf.layers 接口实例、9.2 节的 tf.keras 接口实例）。
- 方法二：用 tfe.EagerVariableStore() 方法将动态图的变量保存到全局集合里，然后再通过实例化的对象取出变量。这种方式更加灵活，编程人员不必以类的方式来实现模型。

下面将演示方法二，具体代码如下：

代码 6-4　从动态图种获取变量

```
01  import tensorflow as tf
02  import numpy as np
03  import tensorflow.contrib.eager as tfe
04
05  tf.enable_eager_execution()
06  print("TensorFlow 版本: {}".format(tf.VERSION))
07  print("Eager execution: {}".format(tf.executing_eagerly()))
08
09  #生成模拟数据
10  train_X = np.linspace(-1, 1, 100)
11  train_Y = 2 * train_X + np.random.randn(*train_X.shape) * 0.3
12
13  #建立数据集
```

```
14  dataset =
    tf.data.Dataset.from_tensor_slices( (np.reshape(train_X,[-1,1]),np.resha
    pe(train_X,[-1,1])) )
15  dataset = dataset.repeat().batch(1)
16  global_step = tf.train.get_or_create_global_step()
17  container = tfe.EagerVariableStore()            #用于保存动态图变量
18  learning_rate = 0.01
19  #随机梯度下降法作为优化器
20  将optimizer =
    tf.train.GradientDescentOptimizer(learning_rate=learning_rate)
21
22  def getcost(x,y):                                #定义函数,计算loss值
23      with container.as_default():#将动态图使用的层包装起来,可以得到变量
24          z = tf.layers.dense(x,1, name="l1")      #前向结构
25          cost =tf.reduce_mean( tf.square(y - z))  #计算loss值
26      return cost
27
28  def grad( inputs, targets):#计算梯度函数
29      with tf.GradientTape() as tape:
30          loss_value = getcost(inputs, targets)
31      return tape.gradient(loss_value,container.trainable_variables())
32
33  training_epochs = 20                             #迭代训练次数
34  display_step = 2
35
36  for step,value in enumerate(dataset):            #迭代训练模型
37      grads = grad( value[0], value[1])
38      optimizer.apply_gradients(zip(grads, container.trainable_variables()),
    global_step=global_step)
39      if step>=training_epochs:
40          break
41
42      #显示训练中的详细信息
43      if step % display_step == 0:
44          cost = getcost (value[0], value[1])
45          print ("Epoch:", step+1, "cost=", cost.numpy())
46
47  print (" Finished!")
48  print ("cost=", cost.numpy() )
49  for i in container.trainable_variables():
50      print(i.name,i.numpy())
```

上面代码的主要流程解读如下:

(1) 代码第 14 行,将模拟数据做成了数据集。

(2) 代码第 17 行,实例化 tfe.EagerVariableStore 类,得到 container 对象。

(3) 代码第 22 行,计算损失值函数 getcost。在该函数中,通过 with container.as_default 作

用域将网络参数保存在 container 对象中。

（4）代码第 28 行，计算梯度函数 grad。其中使用了 tf.GradientTape 方法，并通过 container.trainable_variables 方法取得需要训练的参数，然后传入 tape.gradient 中计算梯度。

（5）代码第 38 行，再次通过 container.trainable_variables 方法取得需要训练的参数，并传入优化器的 apply_gradients 方法中，以更新权重参数。

代码运行后，输出以下结果：

```
TensorFlow 版本: 1.13.1
Eager execution: True
Epoch: 1 cost= 0.11828259153554481
Epoch: 3 cost= 0.09272109443044181
Epoch: 5 cost= 0.07258319799191404
Epoch: 7 cost= 0.05665282399104451
Epoch: 9 cost= 0.04400892987470931
Epoch: 11 cost= 0.033949746009501354
Epoch: 13 cost= 0.025937515234633546
Epoch: 15 cost= 0.01955791804589977
Epoch: 17 cost= 0.01449008591006717
Epoch: 19 cost= 0.010484296911198973
 Finished!
cost= 0.010484296911198973
l1/bias:0 [-0.08494885]
l1/kernel:0 [[0.71364929]]
```

在输出结果的倒数第 5 行，可以看到模型迭代训练了 19 次之后，损失值 cost 降到了 0.01。

在输出结果的最后两行，可以看到所训练出来的模型中，包含有两个权重："l1/bias:0" 与 "l1/kernel:0"。这表示使用 tf.layers.dense 函数构建的全连接网络模型，与代码文件 "6-3 动态图另一种梯度方法.py" 中手动构建的模型具有一样的结构（两个权重）。只不过两者权重名字不同而已（本实例中的权重名称是 l1/bias 和 l1/kernel，而代码文件 "6-3 动态图另一种梯度方法.py" 中模型的权重名称是 W 和 b）。

 提示：

在本实例中，container 对象还可以用 container.variables 方法来获得全部的变量，以及用 container. non_trainable_variables 方法获得不需要训练的变量。

另外，还需要注意 API 在动态图中的使用。在 6.1.5 小节介绍过，动态图对 tf.layers 接口的支持比较友好，但是换为 TF-slim 接口会出问题（详细请见 6.3.8 小节）。

6.3.8 小心动态图中的参数陷阱

习惯使用 TF-slim 接口的开发人员，很容易会将 6.3.7 小节代码中第 24 行用 TF-slim 接口来实现。例如改成以下样子：

```
z = tf.contrib.slim.fully_connected(x, 1)        #用 TF-slim 接口实现全连接网络
```

这样的代码整体运行是没有问题的。代码运行后，得到以下的结果：

```
……
Epoch: 19 cost= 1.4630528048775695
 Finished!
cost= 1.4630528048775695
fully_connected/biases:0 [-0.02064418]
……
fully_connected_30/weights:0 [[-0.8784894]]
fully_connected_4/biases:0 [0.]
……
fully_connected_9/weights:0 [[-0.83005739]]
```

从结果中会发现两个问题：
- 训练的 loss 值（cost）没有收敛（结果第 2 行显示的值为 1.46）。
- 输出的模型参数并不是两个，而是多个（在输出的结果中，第 5 行之后全是模型参数）。

这表示：在迭代训练中，每调用一次 TF-slim 接口的全连接函数，系统就会重新创建一层全连接网络。最终会生成很多模型参数。

如果尝试使用共享变量的方式解决呢？见下面的代码，将该全连接设为 tf.AUTO_REUSE。通过以下代码让其只创建一次：

```
z = tf.contrib.slim.fully_connected(x, 1,reuse=tf.AUTO_REUSE)
```

代码运行后会直接报错。输出以下结果：

```
AttributeError: reuse=True cannot be used without a name_or_scope
```

这是由于共享变量的机制造成的。在动态图中使用了与静态图完全不同的机制，这导致了共享变量失效。可以这样理解：TensorFlow 中的共享变量只在静态图中有效。

> **提示：**
> 本实例是通过打印简单模型输出参数的方法，来排查模型不收敛的问题。在实际环境中，这种问题很难被发现，因为程序可以完美地执行下去，并且模型本来就会有上千个参数。经过多次迭代训练后会出现 loss 值一直不收敛的情况，常常会使人怀疑这是模型自身的结构问题。
>
> 尽量在动态图里使用 tf.layers 与 tf.keras 接口，这样会使开发变得顺畅一些。

6.3.9 实例 17：在静态图中使用动态图

在整体训练时，动态图对 loss 值的处理部分显得比静态图烦琐一些。但是在正向处理时，使用动态图确实非常直观、方便。

下面介绍一种在静态图中使用动态图的方法——正向用动态图，反向用静态图。这样可以使程序兼顾二者的优势。

用 tf.py_function 函数可以实现在静态图中使用动态图的功能。在 4.7 节的实例中用

tf.py_function函数就是为实现这个功能。tf.py_function函数可以将正常的Python函数封装起来，在动态图中进行张量运算。

修改6.2节中的静态图代码，在其中加入动态图部分。具体代码如下：

代码6-5　在静态图中使用动态图

```
01  import tensorflow as tf
02  import numpy as np
03  import matplotlib.pyplot as plt
04
05  ……
06  tf.reset_default_graph()
07
08  def my_py_func(X, W,b):                    #将网络中的正向张量图用函数封装起来
09      z = tf.multiply(X, W)+ b
10      print(z)
11      return z
12  ……
13  X = tf.placeholder("float")
14  Y = tf.placeholder("float")
15  #模型参数
16  W = tf.Variable(tf.random_normal([1]), name="weight")
17  b = tf.Variable(tf.zeros([1]), name="bias")
18  #前向结构
19  z = tf.py_function(my_py_func, [X, W,b], tf.float32)    #将静态图改成动态图
20  global_step = tf.Variable(0, name='global_step', trainable=False)
21  #反向优化
22  cost =tf.reduce_mean( tf.square(Y - z))
23  ……
24      print ("cost=", sess.run(cost, feed_dict={X: train_X, Y: train_Y}), "W=", sess.run(W), "b=", sess.run(b))
25      #显示模型
26      plt.plot(train_X, train_Y, 'ro', label='Original data')
27      v = sess.run(z, feed_dict={X: train_X})         #再次调用动态图，生成y值
28      plt.plot(train_X, v, label='Fitted line')       #将其显示出来
29      plt.legend()
30      plt.show()
```

代码第19行，用tf.py_function函数对自定义函数my_py_func进行了封装。这样，my_py_func函数里的张量便都可以在动态图中运行了。

在my_py_func函数中，张量z可以像Python中的数值对象一样直接被使用（见代码第10行，可以通过 print函数将其内部的值直接输出）。在静态图中用动态图的方式可以使模型的调试变得简单。

代码运行后，可以看到以下结果：

```
……
  1.8424727   1.8831174   1.923762    1.9644067 ], shape=(100,), dtype=float32)
Epoch: 33 cost= 0.07197194 W= [2.0119123] b= [-0.04750564]
```

```
tf.Tensor([-2.059418], shape=(1,), dtype=float32)
tf.Tensor([-2.025845], shape=(1,), dtype=float32)
```

上面截取的结果是训练过程中的一个片段。在结果的最后两行输出了 z 的值。可以看到，虽然 z 还是张量，但是已经有值。

代码第 10 行也可以用 print(z.numpy())代码来代替，该代码可以直接将 z 的具体值打印出来。

6.4 实例 18：用估算器框架训练一个回归模型

估算器框架（Estimators API）属于 TensorFlow 中的一个高级 API。由于它对底层代码实现了高度封装，使得开发模型过程变得更加简单。但在带来便捷的同时，也带来了学习成本。本章就来为读者扫清障碍。通过本实例，读者可以掌握估算器的基本开发方法。

实例描述

假设有一组数据集，其中 x 和 y 的对应关系为 $y \approx 2x$。

本实例就是让神经网络学习这些样本，找到其中的规律，即让神经网络自己能够总结出 $y \approx 2x$ 这样的公式。

要求用估算器框架来实现。

在 6.1.4 小节中已经介绍了估算器框架的主要组成部分。下面就通过具体实例来介绍如何用估算器框架接口开发模型，以及各个主要部分（输入函数、模型函数、估算器）的代码编写方式。

6.4.1 代码实现：生成样本数据集

这部分操作与前面的实例 13、实例 14 中的样本处理方式一致。代码如下：

代码 6-6　用估算器框架训练一个回归模型

```
01  import tensorflow as tf
02  import numpy as np
03
04  #在内存中生成模拟数据
05  def GenerateData(datasize = 100 ):
06      train_X = np.linspace(-1, 1, datasize)        #train_X 为-1~1 之间连续的 100 个浮点数
07      train_Y = 2 * train_X + np.random.randn(*train_X.shape) * 0.3   #y=2x，但是加入了噪声
08      return train_X, train_Y                       #以生成器的方式返回
09
10  train_data = GenerateData()                       #生成原始的训练数据集
11  test_data = GenerateData(20)                      #生成 20 个测试数据集
12  batch_size=10
13  tf.reset_default_graph()                          #清空图
```

6.4.2 代码实现：设置日志级别

可以通过 tf.logging.set_verbosity 方法来设置日志级别。
- 当设成 INFO 时，则所有级别高于 INFO 的都可以显示。
- 当设置成其他级别时（例如 ERROR），则只显示级别比 ERROR 高的日志，INFO 将不显示。

代码 6-6　用估算器框架训练一个回归模型（续）

```
14  tf.logging.set_verbosity(tf.logging.INFO)          #能够控制输出信息
```

代码第 14 行设置了程序运行时的输出日志级别。在 TensorFlow 中对应的日志级别如下：

```
from tensorflow.python.platform.tf_logging import ERROR
from tensorflow.python.platform.tf_logging import FATAL
from tensorflow.python.platform.tf_logging import INFO
from tensorflow.python.platform.tf_logging import TaskLevelStatusMessage
from tensorflow.python.platform.tf_logging import WARN
......
from tensorflow.python.platform.tf_logging import flush
from tensorflow.python.platform.tf_logging import get_verbosity
from tensorflow.python.platform.tf_logging import info
```

更多的可见代码：

```
Anaconda3\lib\site-packages\tensorflow\tools\api\generator\api\logging\
__init__.py
```

6.4.3 代码实现：实现估算器的输入函数

估算器的输入函数实现起来很简单：将原始的数据源转化成为 tf.data.Dataset 接口的数据集并返回。

在本实例中，创建了两个输入函数：
- train_input_fn 函数用于训练使用，对数据集做了乱序，并且使其可以自我重复使用。
- eval_input_fn 函数用于测试及使用模型进行预测，支持不带标签的输入。

具体代码如下：

代码 6-6　用估算器框架训练一个回归模型（续）

```
15  def train_input_fn(train_data, batch_size):        #定义训练数据集输入函数
16      #构造数据集的组成：一个特征输入，一个标签输入
17      dataset = tf.data.Dataset.from_tensor_slices( ( train_data[0],train_data[1]) )
18      dataset = dataset.shuffle(1000).repeat().batch(batch_size)   #将数据集乱序、重复、批次组合
19      return dataset                                 #返回数据集
20  #定义在测试或使用模型时数据集的输入函数
21  def eval_input_fn(data,labels, batch_size):
```

```
22      #batch 不允许为空
23      assert batch_size is not None, "batch_size must not be None"
24
25      if labels is None:                          #如果是评估，则没有标签
26          inputs = data
27      else:
28          inputs = (data,labels)
29      #构造数据集
30      dataset = tf.data.Dataset.from_tensor_slices(inputs)
31
32      dataset = dataset.batch(batch_size)          #按批次组合
33      return dataset                               #返回数据集
```

6.4.4 代码实现：定义估算器的模型函数

在定义估算器的模型函数时，函数名可以任意起，但函数的参数与返回值的类型必须是固定的。

1. 估算器模型函数中的固定参数

估算器模型函数中有四个固定的参数。

- features：用于接收输入的样本数据。
- labels：用于接收输入的标签数据。
- mode：指定模型的运行模式，分为 tf.estimator.ModeKeys.TRAIN（训练模式）、tf.estimator.ModeKeys.EVAL（测试模型）、tf.estimator.ModeKeys.PREDICT（使用模型）三个值。
- params：用于传递模型相关的其他参数。

2. 估算器模型函数中的固定返回值

估算器模型函数的返回值有固定要求：必须是一个 tf.estimator.EstimatorSpec 类型的对象。该对象的初始化方法如下：

```
def __new__(cls,                   #类实例（属于Python类相关的语法，在类中默认传值）
    mode,                          #使用模式
    predictions=None,              #返回的预测值节点
    loss=None,                     #返回的损失函数节点
    train_op=None,                 #训练的OP
    eval_metric_ops=None,          #测试模型时，需要额外输出的信息
    export_outputs=None,           #导出模型的路径
    training_chief_hooks=None,     #分布式训练中的主机钩子函数
    training_hooks=None,           #训练中的钩子函数（如果是分布式，将在所有的机器上生效）
    scaffold=None,                 #使用自定义的操作集合，可以进行自定义初始化、摘要、生成检查点文件等
    evaluation_hooks=None,         #评估模型时的钩子函数
    prediction_hooks=None):        #预测时的钩子函数
```

在本实例中，用函数 my_model 作为模型函数。根据传入的 mode 不同，返回不同的

EstimatorSpec 对象,即:
- 如果 mode 等于 ModeKeys.PREDICT 常量,此时模型类型为预测,则返回带有 predictions 的 EstimatorSpec 对象。
- 如果 mode 等于 ModeKeys.EVAL 常量,此时模型类型为评估,则返回带有 loss 的 EstimatorSpec 对象。
- 如果 mode 等于 ModeKeys.TRAIN 常量,此时模型类型为训练,则返回带有 loss 和 train_op 的 EstimatorSpec 对象。

提示:
> EstimatorSpec 对象初始化参数中的钩子函数,可以用于监视或保存特定内容,或在图形和会话中进行一些操作。

3. 估算器模型函数中的网络结构

在估算器模型函数中定义网络结构的方法,与在正常的静态图中的定义方法几乎一样。估算器框架支持 TensorFlow 中的各种网络模型 API,其中包括:TF-slim、tf.layers、tf.keras 等。

因为估算器本来就是在 tf.layers 接口上构建的,所以在模型中使用 tf.layers 的 API 会更加友好。

下面通过一个最基本的模型来介绍估算器的使用。具体代码如下:

代码6-6　用估算器框架训练一个回归模型（续）

```
34  def my_model(features, labels, mode, params):#自定义模型函数。参数是固定的:一个特征,一个标签
35      #定义网络结构
36      W = tf.Variable(tf.random_normal([1]), name="weight")
37      b = tf.Variable(tf.zeros([1]), name="bias")
38      #前向结构
39      predictions = tf.multiply(tf.cast(features,dtype = tf.float32), W)+ b
40
41      if mode == tf.estimator.ModeKeys.PREDICT: #预测处理
42          return tf.estimator.EstimatorSpec(mode, predictions=predictions)
43
44      #定义损失函数
45      loss = tf.losses.mean_squared_error(labels=labels, predictions=predictions)
46
47      meanloss = tf.metrics.mean(loss)#添加评估输出项
48      metrics = {'meanloss':meanloss}
49
50      if mode == tf.estimator.ModeKeys.EVAL: #测试处理
51          return tf.estimator.EstimatorSpec( mode, loss=loss, eval_metric_ops=metrics)
52
53      #训练处理
```

```
54        assert mode == tf.estimator.ModeKeys.TRAIN
55        optimizer =
     tf.train.AdagradOptimizer(learning_rate=params['learning_rate'])
56        train_op = optimizer.minimize(loss,
     global_step=tf.train.get_global_step())
57        return tf.estimator.EstimatorSpec(mode, loss=loss, train_op=train_op)
```

代码第 51 行，在返回 EstimatorSpec 对象时，传入了 eval_metric_ops 参数。eval_metric_ops 参数会使模型在评估时多显示一个 meanloss 指标（见代码第 48 行）。eval_metric_ops 参数是通过 tf.metrics 函数创建的，它返回的是一个元组类型对象。

如果需要只显示默认的评估指标，则可以将第 51 行代码改为：

```
return tf.estimator.EstimatorSpec(mode, loss=loss)
```

即不向 EstimatorSpec 方法中传入 eval_metric_ops 参数。

> 提示：
> 在 Anaconda 的安装路径中可以找到 tf.metrics 函数的全部内容，具体路径如下：
> \Anaconda3\lib\site-packages\tensorflow\tools\api\generator\api\metrics__init__.py
> 在该路径的代码文件中包含准确率、召回率、均值、错误率等一系列常用的评估函数，便于在开发过程中使用。

6.4.5 代码实现：通过创建 config 文件指定硬件的运算资源

在默认情况下，估算器会占满全部显存。如果不想让估算器占满全部显存，则可以用 tf.GPUOptions 类限制估算器使用的 GPU 显存。具体做法如下：

代码 6-6　用估算器框架训练一个回归模型（续）

```
58 gpu_options = tf.GPUOptions(per_process_gpu_memory_fraction=0.333)    #构建
   gpu_options，防止显存占满
59 session_config=tf.ConfigProto(gpu_options=gpu_options)
```

代码第 58 行，生成了 tf.GPUOptions 类的实例化对象 gpu_options。该对象用来控制当前程序，使其只占用系统 33.3% GPU 显存。

代码第 59 行，用 gpu_options 对象对 tf.ConfigProto 类进行实例化，生成 session_config 对象。session_config 对象就是用于指定硬件运算的变量。

> 提示：
> 这种方法也同样适用于会话（session）。一般使用以下方式创建会话（session）：
> with tf.Session(config=session_config) as sess:

1. 估算器占满全部显存所带来的问题

如果不对显存加以限制，一旦当前系统中还有其他程序也在占用 GPU，则会报以下错误：

```
InternalError: Blas GEMV launch failed: m=1, n=1
    [[Node: linear/linear_model/x/weighted_sum = MatMul[T=DT_FLOAT, transpose_a=false,
transpose_b=false,
_device="/job:localhost/replica:0/task:0/device:GPU:0"](linear/linear_model/x/Resha
pe, linear/linear_model/x/weights/part_0/read/_35)]]
```

为了避免类似问题发生，一般都会对使用的显存加以限制。当多人共享一台服务器进行训练时可以使用该方法。

2. 限制显存的其他方法

另外，第 58 行代码还可以写成以下形式：

```
config = tf.ConfigProto()
config.gpu_options.per_process_gpu_memory_fraction = 0.333  #占用GPU33.3%的显存
```

除指定显存占比外，还可用 allow_growth 项让 GPU 占用最小显存。例如：

```
config = tf.ConfigProto()
config.gpu_options.allow_growth = True
```

6.4.6 代码实现：定义估算器

估算器的定义主要通过 tf.estimator.Estimator 函数来完成。其初始化函数如下：

```
def __init__(self,              #类对象实例（属于Python类相关的语法，在类中默认传值）
    model_fn,                   #自定义的模型函数
    model_dir=None,             #训练时生成的模型目录
    config=None,                #配置文件，用于指定运算时的附件条件
    params=None,                #传入自定义模型函数中的参数
    warm_start_from=None):      #热启动的模型目录
```

上述的参数中，热启动（warm_start_from）表示从指定目录下的文件参数或 WarmStartSettings 对象中，将网络节点的权重恢复到内存中。该功能类似于在二次训练时载入检查点文件（见 6.4.9 节），常常在对原有模型进行微调时使用。

在代码第 61 行中，用 tf.estimator.Estimator 方法生成一个估算器（estimator）。该估算器的参数如下：

- 模型函数 model_fn 的值为 my_model 函数。
- 训练时输出的模型路径是 "./myestimatormode"。
- 将学习率 learning_rate 放到 params 字典里，并将字典 params 传入模型。
- 通过 tf.estimator.RunConfig 方法生成 config 配置参数，并将 config 配置参数传入模型。

具体代码如下：

代码 6-6　用估算器框架训练一个回归模型（续）

```
60  #构建估算器
61  estimator =
    tf.estimator.Estimator( model_fn=my_model,model_dir='./myestimatormode',
    params={'learning_rate': 0.1},
```

```
config=tf.estimator.RunConfig(session_config=tf.ConfigProto(gpu_options=
gpu_options))
62              )
```

在代码第 61 行中,params 里的学习率（learning_rate）会在 my_model 函数中被使用（见代码第 55 行）。

6.4.7 用 tf.estimator.RunConfig 控制更多的训练细节

在代码第 61 行中,tf.estimator.Estimator 方法中的 config 参数接收的是一个 tf.estimator.RunConfig 对象。该对象还有更多关于模型训练的设置项。具体代码如下:

```
def __init__(self,
             model_dir=None,           #指定模型的目录（优先级比estimator的高）
             tf_random_seed=None,      #初始化的随机种子
             save_summary_steps=100,   #保存摘要的频率
             save_checkpoints_steps=_USE_DEFAULT, #生成检查点文件的步数频率
             save_checkpoints_secs=_USE_DEFAULT,  #生成检查点文件的时间频率
             session_config=None,      #接受tf.ConfigProto的设置
             keep_checkpoint_max=5,    #保留检查点文件的个数
             keep_checkpoint_every_n_hours=10000, #生成检查点文件的频率
             log_step_count_steps=100, #在训练过程中,同级loss值的频率
             train_distribute=None):   #通过tf.contrib.distribute.
DistributionStrategy指定的一个分布式运算实例
```

其中,参数 save_checkpoints_steps 和 save_checkpoints_secs 不能同时设置,只能设置一个。
- 如果都没有指定,则默认 10 分钟保存一次模型。
- 如果都设置为 None,则不保存模型。

在本实例中都采用默认的设置。读者可以用具体的参数来调整模型,以熟练掌握各个参数的意义。

 提示：

在分布式训练时,keep_checkpoint_max 可以大一些,否则,一旦超过 keep_checkpoint_max 的检查点文件会被提前回收,将导致其他 work 在同步估算模型时找不到对应的模型。

6.4.8 代码实现：用估算器训练模型

通过调用 estimator.train 方法可以训练模型。该方法的定义如下:

```
def train(self,
          input_fn,              #输入函数
          hooks=None,            #钩子函数（优先级比estimator中的钩子的高）
          steps=None,            #训练的次数
          max_steps=None,        #最大训练次数,为一个累积值
          saving_listeners=None): #保存的回调函数
```

其中:

- self 是 Python 语法中的类实例对象。
- 输入函数 input_fn 没有参数。
- hooks 是 SessionRunHook 类型的列表。
- 如果 Steps 为 None，则一直训练，不停止。
- saving_listeners 是一个 CheckpointSaverListener 类型的列表，可以设置在保存模型过程中的前、中、后环节，对指定的函数进行回调。

在本实例中，传入了指定数据集的输入函数与训练步数。具体代码如下：

代码 6-6 用估算器框架训练一个回归模型（续）

```
63 estimator.train(lambda: train_input_fn(train_data, batch_size),steps=200)
   #执行训练 200 次
64
65 tf.logging.info("训练完成.")                                    #输出：训练完成
```

代码运行后，输出以下信息：

```
 INFO:tensorflow:Using         config:        {'_model_dir':      './myestimatormode',
'_tf_random_seed': None, '_save_summary_steps': 100, '_save_checkpoints_steps': None,
'_save_checkpoints_secs': 600, '_session_config': gpu_options {
   per_process_gpu_memory_fraction: 0.333
 }
 ,    '_keep_checkpoint_max':   5,   '_keep_checkpoint_every_n_hours':    10000,
'_log_step_count_steps':   100,  '_train_distribute':  None,  '_service':  None,
'_cluster_spec':    <tensorflow.python.training.server_lib.ClusterSpec   object   at
0x000002C53AA769B0>, '_task_type': 'worker', '_task_id': 0, '_global_id_in_cluster':
0, '_master': '', '_evaluation_master': '', '_is_chief': True, '_num_ps_replicas': 0,
'_num_worker_replicas': 1}
 INFO:tensorflow:Calling model_fn.
 INFO:tensorflow:Done calling model_fn.
 INFO:tensorflow:Create CheckpointSaverHook.
 INFO:tensorflow:Graph was finalized.
 INFO:tensorflow:Running local_init_op.
 INFO:tensorflow:Done running local_init_op.
 INFO:tensorflow:Saving checkpoints for 1 into ./myestimatormode\model.ckpt.
 INFO:tensorflow:loss = 2.0265186, step = 0
 INFO:tensorflow:global_step/sec: 648.135
 INFO:tensorflow:loss = 0.29844713, step = 100 (0.156 sec)
 INFO:tensorflow:Saving checkpoints for 200 into ./myestimatormode\model.ckpt.
 INFO:tensorflow:Loss for final step: 0.15409622.
 INFO:tensorflow:训练完成.
```

在输出信息中，以"INFO"开头的输出信息都可以通过 tf.logging.set_verbosity 来设置。最后一行的输出结果是通过 tf.logging.info 方法实现的（见代码第 65 行）。

在以"INFO"开头的结果信息中，可以看到第 1 行是估算器的配置项信息。该信息中包含估算器框架在训练时的所有详细参数，可以通过调节这些参数来更好地控制训练过程。

> **提示：**
> 在代码第 63 行的 estimator.train 方法中，第 1 个参数是样本输入函数。该函数使用匿名函数的方法进行了封装。
> 由于框架支持的输入函数要求没有参数，而自定义的输入函数 train_input_fn 是有参数的，所以这里用一个匿名函数给原有的输入函数 train_input_fn 包上了一层，这样才可以传入 estimator.train 中。还可以通过偏函数或装饰器技术来实现对输入函数 train_input_fn 的包装。
> 例如：
> （1）偏函数的形式：
> from functools import partial
> estimator.train(input_fn=partial(train_input_fn, train_data=train_data, batch_size=batch_size),
>   steps=200)
> （2）装饰器的形式：
> ```
> def wrapperFun(fn):                                          #定义装饰器函数
>     def wrapper():                                           #包装函数
>         return fn(train_data=train_data, batch_size=batch_size)  #调用原函数
>     return wrapper
>
> @wrapperFun
> def train_input_fn2(train_data, batch_size):   #定义训练数据集输入函数
>     #构造数据集的组成：一个特征输入，一个标签输入
>     dataset = tf.data.Dataset.from_tensor_slices( (   train_data[0],train_data[1]) )
>     #将数据集乱序、重复、批次组合
> dataset = dataset.shuffle(1000).repeat().batch(batch_size)
>     return dataset         #返回数据集
> estimator.train(input_fn=train_input_fn2, steps=200)
> ```
> 关于函数封装的更多知识，可以参考《Python 带我起飞——入门、进阶、商业实战》一书的 6.4 节"偏函数"和 6.10 节"装饰器"。

代码的第 63 行是将 Dataset 数据集转化为输入函数。在 6.4.10 小节中，还会演示一种更简单的方法——直接将 Numpy 变量转化为输入函数。

6.4.9 代码实现：通过热启动实现模型微调

本小节将通过代码演示热启动的实现，具体步骤如下：
（1）重新定义一个估算器 estimator2。
（2）将事先构造好的 warm_start_from 传入 tf.estimator.Estimator 方法中。

（3）将路径"./myestimatormode"中的检查点文件恢复到估算器 estimator2 中。
（4）对估算器 estimator2 进行继续训练，并将训练的模型保存在"./myestimatormode3"中。
具体代码如下：

代码 6-6　用估算器框架训练一个回归模型（续）

```
66  #热启动
67  warm_start_from = tf.estimator.WarmStartSettings(
68          ckpt_to_initialize_from='./myestimatormode',
69          )
70  #重新定义带有热启动的估算器
71  estimator2 =
    tf.estimator.Estimator( model_fn=my_model,model_dir='./myestimatormode3'
    ,warm_start_from=warm_start_from,params={'learning_rate': 0.1},
72
    config=tf.estimator.RunConfig(session_config=session_config)  )
73  estimator2.train(lambda: train_input_fn(train_data,
    batch_size),steps=200)
```

代码第 67 行，用 tf.estimator.WarmStartSettings 类的实例化来指定热启动文件。模型启动后，将通过 tf.estimator.WarmStartSettings 类实例化的对象读取"./myestimatormode"下的模型文件，并为当前模型的权重赋值。

该类的初始化参数有 4 个，具体如下。

- ckpt_to_initialize_from：指定模型文件的路径。系统将会从该路径下加载模型文件，并将其中的值赋给当前模型中的指定权重。
- vars_to_warm_start：指定将模型文件中的哪些变量赋值给当前模型。该值可以是一个张量列表，也可以是指定的张量名称，还可以是一个正则表达式。当该值为正则表达式时，系统会在模型文件里用正则表达式过滤出对应的张量名称。默认值为".*"。
- var_name_to_vocab_info：该参数是一个字典形式。用于将模型文件恢复到 tf.estimator.VocabInfo 类型的张量。默认值都为 None。tf.estimator.VocabInfo 是对词嵌入的二次封装，支持将原有的词嵌入文件转化为新的词嵌入文件并进行使用。
- var_name_to_prev_var_name：该参数是一个字典形式。当模型文件中的变量符号与当前模型中的变量不同时，则可以用该参数进行转换。默认值为 None。

这种方式常用于加载词嵌入文件的场景，即将训练好的词嵌入文件加载到当前模型中指定的词嵌入变量中进行二次训练。有关词嵌入的更多例子，可以参考 7.4.3 小节、8.3.2 小节的实例。

代码运行后，生成以下结果（实际输出中并没有序号）：

```
1.   INFO:tensorflow:Using    config:    {'_model_dir':    './myestimatormode',
'_tf_random_seed': None,
2.   ……
3.   INFO:tensorflow:Saving checkpoints for 200 into ./myestimatormode\model.ckpt.
4.   INFO:tensorflow:Loss for final step: 0.14718035.
5.   INFO:tensorflow:训练完成。
```

```
 6.   INFO:tensorflow:Using config: {'_model_dir': './myestimatormode3',
'_tf_random_seed': None, '_save_summary_steps': 100, '_save_checkpoints_steps':
None, '_save_checkpoints_secs': 600, '_session_config': gpu_options {
 7.   per_process_gpu_memory_fraction: 0.333
 8.   }
 9.   ……
 10.  INFO:tensorflow:Warm-starting             with            WarmStartSettings:
WarmStartSettings(ckpt_to_initialize_from='./myestimatormode',
vars_to_warm_start='.*', var_name_to_vocab_info={}, var_name_to_prev_var_name={})
 11.  INFO:tensorflow:Warm-starting from: ('./myestimatormode',)
 12.  INFO:tensorflow:Warm-starting variable: weight; prev_var_name: Unchanged
 13.  INFO:tensorflow:Initialize variable weight:0 from checkpoint ./myestimatormode
with weight
 14.  INFO:tensorflow:Warm-starting variable: bias; prev_var_name: Unchanged
 15.  INFO:tensorflow:Initialize variable bias:0 from checkpoint ./myestimatormode
with bias
 16.  INFO:tensorflow:Create CheckpointSaverHook.
 17.  ……
 18.  INFO:tensorflow:Saving checkpoints for 200 into ./myestimatormode3\model.ckpt.
 19.  INFO:tensorflow:Loss for final step: 0.08332317.
```

下面介绍输出结果。

- 第 3 行，显示了模型的保存路径是 "./myestimatormode\model.ckpt"。
- 第 5 行，显示了估算器 estimator 的训练结束。
- 从第 6 行开始，是估算器 estimator2 的创建。在第 2 个省略号的下一行，可以看到屏幕输出了 "INFO:tensorflow:Warm-starting"，这表示 estimator2 实现了热启动模式，正在从 "./myestimatormode\model.ckpt" 中恢复参数。
- 第 16 行，显示模型恢复完参数后开始继续训练。
- 第 18 行，显示估算器 estimator2 将训练的结果保存到 "./myestimatormode3\model.ckpt" 下，完成了微调模型的操作。

> **提示：**
> 这里介绍一个使用 tf.estimator.WarmStartSettings 类时的调试技巧。
> 由于 tf.estimator 属于高集成框架，所以，如果使用了带有正则表达式的 tf.estimator.WarmStartSettings 类，则一旦代码出错会非常难于调试。
> 如果在估算器的模型代码中引入了 warm_starting_util 模块，则可以对 WarmStartSettings 类的正则表达式进行独立调试，以确保热启动环节正常运行，从而降低 tf.estimator 框架的复杂度。
> 具体代码如下：
> import tensorflow as tf
> from tensorflow.python.training import warm_starting_util   #引入 warm_starting_util 模块
> with tf.Graph().as_default() as g: #定义静态图

```
       with tf.Session(graph=g) as sess:                    #建立会话
           W = tf.Variable(tf.random_normal([1]), name="weight") #定义热启动目标权重
           #测试热启动功能
           warm_starting_util.warm_start('./myestimatormode', vars_to_warm_start='.*weight.*')
           sess.run(tf.global_variables_initializer())
           print(W.eval())                                  #输出热启动得到的变量结果
```

代码运行后，程序成功将模型文件中的变量 W 恢复到当前模型并输出。运行结果如下：

```
INFO:tensorflow:Warm-starting from: ('./myestimatormode',)
INFO:tensorflow:Warm-starting variable: weight; prev_var_name: Unchanged
[2.146502]
```

6.4.10　代码实现：测试估算器模型

测试的代码与训练的代码非常相似。直接调用 estimator 的 evaluate 方法，并传入输入函数即可。

在本实例中，使用了估算器的另一个输入函数的方法——tf.estimator.inputs.numpy_input_fn。该方法直接可以把 Numpy 变量的数据包装成一个输入函数返回。

具体代码如下：

代码 6-6　用估算器框架训练一个回归模型（续）

```
74 test_input_fn = tf.estimator.inputs.numpy_input_fn(test_data[0],test_data
   [1],batch_size=1,shuffle=False)
75 train_metrics = estimator.evaluate(input_fn=test_input_fn)
76 print("train_metrics",train_metrics)
```

代码第 74 行，将 Numpy 类型变量制作成估算器的输入函数。与该方法类似，还可以用 tf.estimator.inputs.pandas_input_fn 方法将 Pandas 类型变量制作成估算器的输入函数（见 7.8 节实例）。

代码运行后，输出以下结果：

```
……
INFO:tensorflow:Saving dict for global step 200: global_step = 200, loss = 0.08943534,
meanloss = 0.08943534
train_metrics {'loss': 0.08943534, 'meanloss': 0.08943534, 'global_step': 200}
```

在输出结果的最后一行可以看到"meanloss"这一项，该信息就是代码第 48 行中添加的输出信息。

6.4.11　代码实现：使用估算器模型

调用 estimator 的 predict 方法，分别将测试数据集和手动生成的数据传入模型中进行预测。

- 在使用测试数据集时,调用输入函数 eval_input_fn(见代码第 21 行),并传入值为 None 的标签。
- 在使用手动生成的数据时,用函数 tf.estimator.inputs.numpy_input_fn 生成输入函数 predict_input_fn,并将输入函数 predict_input_fn 传入估算器的 predict 方法。

具体代码如下:

代码 6-6　用估算器框架训练一个回归模型（续）

```
77  predictions = estimator.predict(input_fn=lambda:
    eval_input_fn(test_data[0],None,batch_size))
78  print("predictions",list(predictions))
79  #定义输入数据
80  new_samples = np.array( [6.4, 3.2, 4.5, 1.5], dtype=np.float32)
81  predict_input_fn =
    tf.estimator.inputs.numpy_input_fn( new_samples,num_epochs=1,
    batch_size=1,shuffle=False)
82  predictions = list(estimator.predict(input_fn=predict_input_fn))
83  print( "输入, 结果: {}  {}\n".format(new_samples,predictions))
```

函数 estimator.predict 的返回值是一个生成器类型。需要将其转化为列表才能打印出来(见代码第 82 行)。

代码运行后,输出以下结果:

```
……
INFO:tensorflow:Restoring parameters from ./myestimatormode\model.ckpt-200
INFO:tensorflow:Running local_init_op.
INFO:tensorflow:Done running local_init_op.
predictions [-1.8394374, -1.6450617, -1.4506862, -1.2563106, -1.061935, -0.8675593,
-0.6731837, -0.4788081, -0.28443247, -0.09005685, 0.10431877, 0.29869437, 0.49307,
0.68744564, 0.8818213, 1.0761969, 1.2705725, 1.4649482, 1.6593237, 1.8536993]
……
INFO:tensorflow:Restoring parameters from ./myestimatormode\model.ckpt-200
INFO:tensorflow:Running local_init_op.
INFO:tensorflow:Done running local_init_op.
输入, 结果: [6.4 3.2 4.5 1.5] [11.825169, 5.91615, 8.316689, 2.7769835]
```

从输出结果中可以看出,两种数据都有正常的输出。

如果是在生产环境中,还可以将估算器的模型保存成冻结图文件,通过 TF Serving 模块来部署。见 13.2 节的实例。

6.4.12　实例 19:为估算器添加日志钩子函数

将代码文件"6-6 用估算器框架训练一个回归模型.py"复制一份,并在其内部添加日志钩子函数,将模型中的 loss 值按照指定步数输出。

1. 在模型中添加张量

在模型函数 my_model 中，用 tf.identity 函数复制张量 loss，并将新的张量命名为"loss"。具体代码如下：

代码 6-7　为估算器添加钩子

```
01  def my_model(features, labels, mode, params):#自定义模型函数：参数是固定的。一个特征，一个标签
02      ……
03      return tf.estimator.EstimatorSpec(mode, predictions=predictions)
04
05      #定义损失函数
06      loss = tf.losses.mean_squared_error(labels=labels, predictions=predictions)
07      lossout = tf.identity(loss, name="loss")           #复制张量用于显示
08      meanloss = tf.metrics.mean(loss)                    #添加评估输出项
09      ……
10      return tf.estimator.EstimatorSpec(mode, loss=loss, train_op=train_op)
```

2. 定义钩子函数，并加入训练中

在调用训练模型方法 estimator.train 之前，用函数 tf.train.LoggingTensorHook 定义好钩子函数，并将生成的钩子函数 logging_hook 放入 estimator.train 方法中。

具体代码如下：

代码 6-7　为估算器添加钩子（续）

```
……
12  tensors_to_log = {"钩子函数输出": "loss"}              #定义要输出的内容
13  logging_hook = tf.train.LoggingTensorHook( tensors=tensors_to_log, every_n_iter=1)
14
15  estimator.train(lambda: train_input_fn(train_data, batch_size),steps=200,
16                  hooks=[logging_hook])
17  tf.logging.info("训练完成。")#输出训练完成
```

代码第 13 行用 tf.train.LoggingTensorHook 函数生成了钩子函数 logging_hook。该函数中的参数 every_n_iter 表示，在迭代训练中每训练 every_n_iter 次就调用一次钩子函数，输出参数 tensors 所指定的信息。

代码执行后输出如下结果：

```
……
INFO:tensorflow:钩子函数输出 = 0.0732526 (0.004 sec)
INFO:tensorflow:钩子函数输出 = 0.09113709 (0.004 sec)
INFO:tensorflow:Saving checkpoints for 4200 into ./estimator_hook\model.ckpt.
INFO:tensorflow:Loss for final step: 0.09113709.
INFO:tensorflow:训练完成。
```

从结果中可以看出，程序每迭代训练一次，输出一次钩子信息。

在本书 9.4 节还会介绍一个在估算器中用 hook 输出模型节点的例子。另外在随书配套资源中，还有一个关于自定义 hook 配合 tf.train.MonitoredSession 使用的例子，具体请见代码文件"6-8 自定义 hook.py"。

6.5 实例 20：将估算器代码改写成静态图代码

对于使用者来说，估算器框架在带来便捷开发的同时也带来了不方便性。如果要对模型做更为细节的调整和改进，则优先使用静态图或动态图框架。

本实例将估算器代码改写成静态图代码。

实例描述

在 6.4 节中，有一个用估算器实现的模型，能够实现 $y \approx 2x$ 的关系。需要先将该估算器模型转成静态图模型，然后重用估算器模型训练所生成的检查点文件。

本实例参照 6.4 节代码进行开发，将估算器代码改写成静态图代码。

需要以下几个步骤。

（1）复制网络结构：将 6.4 节代码中 my_model 函数中的网络结构重新复制一份，作为静态图的网络结构。

（2）重用输入函数：将输入函数生成的数据集作为静态图的输入数据源。

（3）创建会话恢复模型：在会话里载入检查点文件。

（4）继续训练。

6.5.1 代码实现：复制网络结构

作为程序的开始部分，在复制网络结构之前需要引入模块，并把模拟生成数据集函数一起移植过来。

在复制网络结构时，还需要额外处理几个地方。

- 定义输入占位符（features、labels）：在 6.4 节的 my_model 函数中，features、labels 是估算器传入的迭代器变量，在静态图中已经不再适合，所以需要手动定义输入节点。
- 定义全局计步器（global_step）：估算器框架会在内部生成一个 global_step，但是普通的静态图模型并不会自动创建 global_step，所以需要手动定义一个 global_step。
- 定义保存文件对象（saver）：在估算器框架中，saver 也是内置的。在静态图中，需要重新创建。

具体代码如下：

代码 6-9　将估算器模型转为静态图模型

```
01  import tensorflow as tf
02  import numpy as np
03  import matplotlib.pyplot as plt
04
```

```
05  #在内存中生成模拟数据
06  def GenerateData(datasize = 100 ):
07      train_X = np.linspace(-1, 1, datasize)#train_X 是-1~1 之间连续的 100 个
    浮点数
08      train_Y = 2 * train_X + np.random.randn(*train_X.shape) * 0.3
09      return train_X, train_Y                        #以生成器的方式返回
10
11  train_data = GenerateData()
12
13  batch_size=10
14
15  def train_input_fn(train_data, batch_size):        #定义训练数据集输入函数
16      #构造数据集的组成：一个特征输入，一个标签输入
17      dataset =
    tf.data.Dataset.from_tensor_slices( ( train_data[0],train_data[1]) )
18      dataset = dataset.shuffle(1000).repeat().batch(batch_size) #将数据集乱序、
    重复、批次组合
19      return dataset                                 #返回数据集
20
21  #定义生成 loss 值可视化的函数
22  plotdata = { "batchsize":[], "loss":[] }
23  def moving_average(a, w=10):
24      if len(a) < w:
25          return a[:]
26      return [val if idx < w else sum(a[(idx-w):idx])/w for idx, val in
    enumerate(a)]
27
28  tf.reset_default_graph()
29
30  features = tf.placeholder("float",[None])          #重新定义占位符
31  labels = tf.placeholder("float",[None])
32
33  #其他网络结构不变
34  W = tf.Variable(tf.random_normal([1]), name="weight")
35  b = tf.Variable(tf.zeros([1]), name="bias")
36  predictions = tf.multiply(tf.cast(features,dtype = tf.float32), W)+ b#前向
    结构
37  loss = tf.losses.mean_squared_error(labels=labels,
    predictions=predictions)#定义损失函数
38
39  global_step = tf.train.get_or_create_global_step() #重新定义 global_step
40
41  optimizer = tf.train.AdagradOptimizer(learning_rate=0.1)
42  train_op = optimizer.minimize(loss, global_step=global_step)
43
44  saver = tf.train.Saver(tf.global_variables(), max_to_keep=1)#重新定义 saver
```

代码第 39 行，用函数 tf.train.get_or_create_global_step 生成张量 global_step。这样做的好处是：不用再考虑自定义的 global_step 与估算器中的 global_step 类型匹配问题。

> **提示：**
> 定义保存文件对象（saver）必须放在网络定义的最后进行创建，否则在其后面定义的变量将不会被 saver 对象保存到检查点文件中。
> 原因是：在生成 saver 对象时，系统会用 tf.global_variables 函数获得当前图中的所有变量，并将这些变量保存到 saver 对象的内部空间中，用于保存或恢复。如果生成 saver 对象的代码在定义网络结构的代码之前，则 tf.global_variables 函数将无法获得当前图中定义的变量。

6.5.2 代码实现：重用输入函数

直接使用在 6.4 节中实现的输入函数 train_input_fn，该函数将返回一个 Dataset 类型的数据集。从该数据集中取出张量元素，用于输入模型。

具体实现见以下代码：

代码 6-9　将估算器模型转为静态图模型（续）

```
45  #定义学习参数
46  training_epochs = 500    #设置迭代次数为500
47  display_step = 2
48
49  dataset = train_input_fn(train_data, batch_size)#复用输入函数 train_input_fn
50  one_element = dataset.make_one_shot_iterator().get_next()#获得输入数据的张量
```

6.5.3 代码实现：创建会话恢复模型

估算器生成的检查点文件，与一般静态图的模型文件完全一致。只要在载入模型值前保证当前图的结构与模型结构一致即可（6.5.1 小节所做的事情）。具体见以下代码：

代码 6-9　将估算器模型转为静态图模型（续）

```
51  with tf.Session() as sess:
52
53      #恢复估算器的检查点
54      savedir = "myestimatormode/"
55      kpt = tf.train.latest_checkpoint(savedir)           #找到检查点文件
56      print("kpt:",kpt)
57      saver.restore(sess, kpt)                            #恢复检查点数据
```

6.5.4 代码实现：继续训练

该部分代码没有新知识点。具体代码如下：

代码6-9　将估算器模型转为静态图模型（续）

```
58  #向模型输入数据
59      while global_step.eval() < training_epochs:
60          step = global_step.eval()
61          x,y =sess.run(one_element)
62
63          sess.run(train_op, feed_dict={features: x, labels: y})
64
65          #显示训练中的详细信息
66          if step % display_step == 0:
67              vloss = sess.run(loss, feed_dict={features: x, labels: y})
68              print ("Epoch:", step+1, "cost=", vloss)
69              if not (vloss == "NA" ):
70                  plotdata["batchsize"].append(global_step.eval())
71                  plotdata["loss"].append(vloss)
72              saver.save(sess, savedir+"linermodel.cpkt", global_step)
73
74      print (" Finished!")
75      saver.save(sess, savedir+"linermodel.cpkt", global_step)
76
77      print ("cost=", sess.run(loss, feed_dict={features: x, labels: y}))
78
79      plotdata["avgloss"] = moving_average(plotdata["loss"])
80      plt.figure(1)
81      plt.subplot(211)
82      plt.plot(plotdata["batchsize"], plotdata["avgloss"], 'b--')
83      plt.xlabel('Minibatch number')
84      plt.ylabel('Loss')
85      plt.title('Minibatch run vs. Training loss')
86
87      plt.show()
```

运行代码后，输出以下结果：

```
……
Epoch: 483 cost= 0.08857741
Epoch: 485 cost= 0.07745837
Epoch: 487 cost= 0.07305251
Epoch: 489 cost= 0.14077939
Epoch: 491 cost= 0.035170306
Epoch: 493 cost= 0.025990102
Epoch: 495 cost= 0.07111463
Epoch: 497 cost= 0.08413558
Epoch: 499 cost= 0.074357346
 Finished!
cost= 0.07475543
```

显示的损失值曲线如图6-3所示。

图 6-3　静态图对估算器生成的模型进行二次训练

从结果和损失曲线可以看出，程序运行正常。

> **练习题：**
> 在 TensorFlow 2.x 版本之后，动态图框架会变得更加常用。读者可以根据本节的方法，结合动态图的特性（见 6.3 节），自己尝试将估算器代码改写成动态图代码。

6.6　实例 21：用 tf.layers API 在动态图上识别手写数字

本实用一个卷积网络在 MNIST 数据集上进行识别任务。通过该实例，演示如何用 tf.layers API 构建模型，并在动态图中进行训练。

实例描述

有一组手写数字图片。要求用 tf.layers API 在动态图上搭建模型，将其识别出来。

6.6.1　代码实现：启动动态图并加载手写图片数据集

本例加载 TFDS 模块中集成好的 MNIST 数据集。该数据集常用于验证模型的功能性实验中。用 tf.enable_eager_execution 函数启动动态图，并加载 MNIST 数据集。具体代码如下：

代码 6-10　tf_layer 模型

```
01  import tensorflow as tf
02  import tensorflow.contrib.eager as tfe
03  tf.enable_eager_execution()
04  print("TensorFlow 版本: {}".format(tf.VERSION))
05  import tensorflow_datasets as tfds
06  import numpy as np
07  #加载训练和验证数据集
08  ds_train, ds_test = tfds.load(name="mnist", split=["train", "test"])
09  ds_train =
    ds_train.shuffle(1000).batch(10).prefetch(tf.data.experimental.AUTOTUNE)
```

代码第 8 行，调用 tfds.load 方法加载 MNIST 数据集。该方法返回的两个变量 ds_train 与 ds_test 都属于 DatasetV1Adapter 类型。DatasetV1Adapter 类型的数据集的使用方式与 tf.data.Dataset 接口的数据集的使用方式非常相似。

代码第 9 行，对数据集 ds_train 进行打乱顺序、按批次组合和设置缓存操作。

6.6.2 代码实现：定义模型的类

下面定义 MNISTModel 类对模型进行封装。MNISTModel 类继承于 tf.layers.Layer 类。其中有两个方法——__init__ 与 call。

- __init__ 用于定义网络的各个操作层。本实例中所用到的卷积网络、全连接网络都是用 tf.layers 实现的，其用法与 TF-slim 接口非常相似。
- call 用于将网络中的各层链接起来，形成正向运算的神经网络。

整个网络结构是：卷积操作+最大池化+卷积操作+最大池化+全连接+dropout 方法+全连接。其中，卷积和池化部分在第 8 章还会深入探讨。

全连接是最基础的神经网络模型之一，该网络的结构是将所有的下层节点与每一个上层节点全部连在一起。

dropout 是一种改善过拟合的方法。通过随机丢弃部分网络节点来忽略数据集中的小概率样本。

具体代码如下：

代码 6-10　tf_layer 模型（续）

```
10  class MNISTModel(tf.layers.Layer):                        #定义模型类
11    def __init__(self, name):
12      super(MNISTModel, self).__init__(name=name)
13
14      self._input_shape = [-1, 28, 28, 1]                   #定义输入形状
15      #定义卷积层
16      self.conv1 =tf.layers.Conv2D(32, 5, activation=tf.nn.relu)
17      #定义卷积层
18      self.conv2 = tf.layers.Conv2D(64, 5, activation=tf.nn.relu)
19      #定义全连接层
20      self.fc1 =tf.layers.Dense(1024, activation=tf.nn.relu)
21      self.fc2 = tf.layers.Dense(10)
22      self.dropout = tf.layers.Dropout(0.5) #定义dropout层
23      #定义池化层
24      self.max_pool2d = tf.layers.MaxPooling2D(
25          (2, 2), (2, 2), padding='SAME')
26
27    def call(self, inputs, training):                       #定义call方法
28      x = tf.reshape(inputs, self._input_shape)             #将网络连接起来
29      x = self.conv1(x)
30      x = self.max_pool2d(x)
31      x = self.conv2(x)
32      x = self.max_pool2d(x)
33      x = tf.keras.layers.Flatten()(x)
34      x = self.fc1(x)
35      if training:
36        x = self.dropout(x)
```

```
37        x = self.fc2(x)
38        return x
```

6.6.3 代码实现：定义网络的反向传播

该部分与 6.3 节类似：定义 loss 函数，并建立优化器及梯度 OP。具体代码如下：

代码 6-10　tf_layer 模型（续）

```
39  def loss(model,inputs, labels):
40      predictions = model(inputs, training=True)
41
42      cost =
    tf.nn.sparse_softmax_cross_entropy_with_logits( logits=predictions,
    labels=labels )
43      return tf.reduce_mean( cost )
44  #训练
45  optimizer = tf.train.AdamOptimizer(learning_rate=1e-4)
46  grad = tfe.implicit_gradients(loss)
```

6.6.4 代码实现：训练模型

该部分与 6.3 节类似：定义 loss 函数，并建立优化器及梯度 OP。具体代码如下：

代码 6-10　tf_layer 模型（续）

```
47  model = MNISTModel("net")                #实例化模型
48  global_step = tf.train.get_or_create_global_step()
49  for epoch in range(1):                   #按照指定次数迭代数据集
50      for i,data  in enumerate (ds_train):
51          inputs, targets = tf.cast( data["image"],tf.float32), data["label"]
52          optimizer.apply_gradients(grad( model,inputs, targets) ,
    global_step=global_step)
53          if i % 100 == 0:
54              print("Step %d: Loss on training set : %f" %
55                 (i, loss(model,inputs, targets).numpy()))
56          #获取要保存的变量
57          all_variables = ( model.variables + optimizer.variables() +
    [global_step])
58          tfe.Saver(all_variables).save(        #生成检查点文件
59              "./tfelog/linermodel.cpkt", global_step=global_step)
60  ds = tfds.as_numpy(ds_test.batch(100))
61  onetestdata = next(ds)
62  print("Loss on test set: %f" %
    loss( model,onetestdata["image"].astype(np.float32),
    onetestdata["label"]).numpy())
```

代码第 57 行，手动将要保存的文件一起传入 tfe.Saver 进行保存。这是动态图接口使用起来相对不方便的地方。它并不能自动将全局的变量都搜集起来。

代码运行后,输出以下结果:

```
TensorFlow 版本: 1.13.1
Step 0: Loss on training set : 2.252767
......
Step 5600: Loss on training set : 0.002125
Loss on test set: 0.055677
```

6.7 实例22:用 tf.keras API 训练一个回归模型

本实例将开发一个简单的回归模型,以此来演示 tf.keras API 的基本使用方法。

实例描述

用 tf.keras API 开发模型,对一组数据进行拟合,找出 $y \approx 2x$ 的对应关系。

tf.keras API 是 TensorFlow 中一个集成了 Keras 框架语法的高级 API。用 tf.keras API 开发神经网络模型的过程,与在 Keras 框架中开发神经网络的过程非常相似。

6.7.1 代码实现:用 model 类搭建模型

在 tf.keras API 中,搭建模型主要有两种:
- 用基础的 model 类来搭建模型。
- 用更高级的 Sequential 类来搭建模型。

本小节将通过实例代码来演示用 model 类搭建模型的方法。

1. 搭建模型的最基本步骤

首先演示一下用 tf.keras 接口搭建模型的最基本步骤。具体代码如下:

代码 6-11　keras 回归模型

```
01  import tensorflow as tf
02  import numpy as np
03  import os
04
05  #在内存中生成模拟数据
06  def GenerateData(datasize = 100 ):
07      train_X = np.linspace(-1, 1, datasize)   #train_X是-1~1之间连续的100个浮点数
08      train_Y = 2 * train_X + np.random.randn(*train_X.shape) * 0.3
09      return train_X, train_Y                   #以生成器的方式返回
10
11  train_data = GenerateData()
12
13  #直接用model定义网络
14  inputs = tf.keras.Input(shape=(1,))                #构建输入层
15  outputs= tf.keras.layers.Dense(1)(inputs)          #构建全连接层
```

```
16  model = tf.keras.Model(inputs=inputs, outputs=outputs)  #构建模型
```

代码第 13 行之前是创建数据集的操作。

代码第 14~16 行用 tf.keras 接口搭建模型，其步骤如下。

（1）构建输入层：与 TensorFlow 框架中的占位符类似，用于输入数据。在指定形状（shape）时，不需要指定批次维度。

（2）构建全连接层：使用了 Dense 类，后面的第 1 个括号是该类的实例化。这里传入了 1，代表一个输出节点。第 2 个括号代表对该类实例化对象的函数调用，将输入层传入全连接网络，并生成 outputs 网络节点。

（3）创建模型：用于在图中生成网络的正向模型。只需指定输入的张量节点和输出的张量节点即可。

2. 搭建多层模型

仿照代码第 15 行的写法构建两个全连接层，并将它们依次连起来，实现多层模型的搭建。具体代码如下。

代码 6-11　keras 回归模型（续）

```
17  x = tf.keras.layers.Dense(1, activation='tanh')(inputs)      #第1层全连接
18  outputs_2 = tf.keras.layers.Dense(1)(x)                       #第2层全连接
19  model_2 = tf.keras.Model(inputs=inputs, outputs=outputs_2)    #定义模型
```

代码第 18 行中定义了第 2 层全连接，并将第 1 层全连接的输出（见代码第 17 行）作为输入，完成了二层网络的定义。

对于其他类型的网络（卷积、循环等）可以参考 Keras 框架的教程。原有的 Keras 框架语法用 keras.layers.Dense 类，而在 tf.keras 接口中需要用 tf.keras.layers.Dense 类。

3. 继承 Model 类，进行搭建网络

除采用对 tf.keras.Model 类进行实例化的方式来构建模型外，还可以通过定义 tf.keras.Model 类的子类方式来构建模型。具体操作如下：

（1）定义一个子类继承 tf.keras.Model 类。

（2）在子类的 __init__ 方法中，对模型中的各层网络进行单独定义。

（3）在子类的 call 方法中，将定义好的各层网络连起来。

该过程的具体代码演示可以参考 9.2 节的例子代码。

6.7.2　代码实现：用 sequential 类搭建模型

下面开始介绍用更高级的 Sequential 类来搭建模型。

用 Sequential 类搭建模型更为灵活：可以指定输入层的维度、形状。具体步骤如下：

1. 用 Sequential 类搭建模型的基本步骤

使用 Model 类的方式是"先搭建网络，后定义模型"。而用 Sequential 类搭建模型的方式与直接使用 Model 类的方式正相反，是"先定义模型，后搭建网络"。具体代码如下：

代码6-11 keras回归模型（续）

```
20  model_3 = tf.keras.models.Sequential()                          #定义模型对象
21  model_3.add(tf.keras.layers.Dense(1, input_shape=(1,)))          #添加一层全连接
22  model_3.add(tf.keras.layers.Dense(units = 1))                    #再添加一层全连接
```

在代码第20行中，定义了一个模型对象model_3。然后，用该模型对象的add方法将神经网络逐层搭建起来。

在用Sequential类定义网络模型过程中，不需要额外定义输入层，直接在第1层指定输入的形状即可。后续的神经网络层会自动根据上一层的输出设置自己的输入形状层。

 提示：

如果网络层数较多，则构建时需要写很多个model_3.add，显然非常不方便。还可以用以下的简单方法将所有的网络层放到数组里传入：

model_3=tf.keras.models.Sequential([tf.keras.layers.Dense(1, input_shape=(1,)),
tf.keras.layers.Dense(units = 1)]
)

2. 通过带指定批次的input形状来搭建模型

在模型的第1层，还可以用batch_input_shape参数来描述输入层。在batch_input_shape参数的赋值过程中所指定的形状要包含批次信息，这与指定占位符形状的方式完全一致。具体代码如下：

代码6-11 keras回归模型（续）

```
23  model_4 = tf.keras.models.Sequential()                                   #定义模型
24  model_4.add(tf.keras.layers.Dense(1, batch_input_shape=(None, 1)))  #添加全
    连接网络层时，为输入层指定带批次的形状
```

代码第24行用网络模型model_4的add方法将全连接网络加入。

3. 通过指定input的维度来搭建模型

还可以使用更为简化的方式来构建模型的第1层：直接将输入张量的维度数量传入input_dim参数。具体代码如下：

代码6-11 keras回归模型（续）

```
25  model_5 = tf.keras.models.Sequential()                          #定义模型
26  model_5.add(tf.keras.layers.Dense( 1, input_dim = 1))           #指定输入维度
```

代码第28行，用网络模型model_5的add方法将链接网络加入进去。

4. 用默认输入来搭建模型

如果在构建模型第1层时没有对模型的输入进行设置，则系统将用默认的输入搭建模型。具体代码如下：

代码6-11　keras 回归模型（续）

```
27  model_6 = tf.keras.models.Sequential()           #定义模型
28  model_6.add(tf.keras.layers.Dense(1))            #用默认输入添加层
29  print(model_6.weights)                           #打印模型权重参数
30  model_6.build((None, 1))                         #指定输入，开始生成模型
31  print(model_6.weights)                           #打印模型权重参数
```

在代码第 28 行中，直接添加了一个网络层，却没有指定输入，这样也是可以的。但是模型并不会马上构建，只有通过模型的 build 方法或 fit 方法才会触发构建模型的事件。

这里用 build 方法构建网络。在构建过程中，需要为模型指定输入形状。

如果使用 fit 方法，则不需要为模型指定输入形状，因为 fit 方法会通过传入的输入数据来自动识别出输入的形状，然后构建网络。fit 方法可以同时完成网络的构建与训练，一般用在训练模型场景中（见 6.7.4 小节）。

运行上面这段代码后，会输出以下结果：

```
[]
[<tf.Variable 'dense_68/kernel:0' shape=(1, 1) dtype=float32>, <tf.Variable 'dense_68/bias:0' shape=(1,) dtype=float32>]
```

输出结果中第 1 行是空数组，表示模型并没有构建网络节点。

第 2 行是模型调用 build 之后的权重输出。可以看到，显示了具体的张量，这表示模型已经被构建。

> **提示：**
> tf.keras.Sequential 方式虽然比较方便，但它仅仅适用于按顺序堆叠的模型，无法表示复杂的模型，例如多输入、多输出、带有共享层的模型、非序列的数据流模型（残差连接）等。

6.7.3　代码实现：搭建反向传播的模型

搭建模型的反向传播过程只需要 1 行代码，即直接调用 Model 类的 compile 方法。具体代码如下：

代码6-11　keras 回归模型（续）

```
32  model.compile(loss = 'mse', optimizer = 'sgd')   #指定loss值的计算方法和优化器
33  model_3.compile(loss = tf.losses.mean_squared_error, optimizer = 'sgd')
```

这里搭建模型 model 与 model_3 的反向传播的网络。在实现的过程中，指定的损失函数与优化器既可以用字符串形式的传入（见代码第 32 行），也可以用 TensorFlow 中的函数形式传入（见代码第 33 行）。

在代码第 32 行用到的字符串可以在 Keras 的帮助文档（见 6.1.6 小节的帮助文档链接）中找到。

6.7.4 代码实现：用两种方法训练模型

训练模型可以使用集成度较低的 train_on_batch 方法，也可以使用集成度较高的 fit 方法。具体代码如下：

代码 6-11　keras 回归模型（续）

```
34 for step in range(201):
35     cost = model.train_on_batch(train_data[0], train_data[1]) #训练模型，返回损失值
36     if step % 10 == 0:
37         print ('loss: ', cost)
38
39 #直接使用fit函数来训练
40 model_3.fit(x=train_data[0],y=train_data[1], batch_size=10, epochs=20)
```

代码第 34~37 行，用 for 循环训练模型。每调用一次 train_on_batch，优化器便反向训练一次。

代码第 40 行，直接用 fit 方法进行训练。在指定好迭代的次数和批次后，会自动完成循环迭代。

代码运行后，输出以下结果：

```
loss: 1.0861262
……
loss: 0.1734276
Epoch 1/20
100/100 [==============================] - 0s 5ms/step - loss: 1.8135
……
Epoch 20/20
100/100 [==============================] - 0s 191us/step - loss: 0.3026
```

在输出结果中，前 3 行是使用 train_on_batch 方法训练模型的输出，后面几行是调用 fit 方法的输出。

6.7.5 代码实现：获取模型参数

对于训练好的模型，可以用 get_weights 方法获取参数。直接用 Model 类创建的网络与用 Sequential 类创建的网络，两者在使用 get_weights 方法时会有所不同。下面通过代码演示。

代码 6-11　keras 回归模型（续）

```
41 W,b= model.get_weights()                    #直接使用Model类定义模型
42 print ('Weights: ',W)
43 print ('Biases: ', b)
44 #指定具体层来获取参数
45 W, b = model_3.layers[0].get_weights()
46 print ('Weights: ',W)
47 print ('Biases: ', b)
```

比较代码第 41 与第 45 行可以看出：用 Sequential 类创建的网络，还可以指定提取某一层的权重；直接用 Model 类创建网络，只能将全部权重一次全部提取出来。

代码运行后，输出以下结果：

```
Weights: [[1.4668063]]
Biases: [-0.01882044]
Weights: [[1.071188]]
Biases: [-0.00182833]
```

在输出结果中，前两行是直接用 model 类定义的网络权重，后两行是用 Sequential 类定义模型的权重。

6.7.6 代码实现：测试模型与用模型进行预测

与估算器的方法类似，tf.keras 接口中也有 evaluate 方法与 predict 方法。前者用于测试，后者用于预测。

下面通过代码演示这两种方法的使用。

代码 6-11　keras 回归模型（续）

```
48 cost = model.evaluate(train_data[0], train_data[1], batch_size = 10)  #测试
49 print ('test loss: ', cost)
50
51 a = model.predict(train_data[0], batch_size = 10)                       #预测
52 print(a[:10])
53 print(train_data[1][:10])
```

代码运行后，输出以下结果：

```
100/100 [==============================] - 0s 3ms/step  test loss: 0.1835745729506016
 [[-1.4856267]
 ……
 [-1.2189347]]
 [-2.03062256 ……-1.6202334 ]
```

第 1 行是测试的输出结果，后面几行是预测的输出结果。

6.7.7 代码实现：保存模型与加载模型

tf.keras 接口保留了与 Keras 框架中保存模型的格式，可以生成扩展名为 ".h5" 的模型文件，也可以生成 TensorFlow 框架中检查点格式的模型文件。

1. 生成及载入 h5 模型文件

模型训练好之后，可以用 save 方法进行保存。保存后的模型文件可以通过函数 load_model 进行载入。具体代码如下：

代码6-11 keras回归模型(续)

```
54  model.save('my_model.h5')                                #保存模型
55  del model                                                #删除当前模型
56  model = tf.keras.models.load_model('my_model.h5')        #加载模型
57  a = model.predict(train_data[0], batch_size = 10)
58  print("加载后的测试",a[:10])
```

上面代码演示了一个保存模型并二次加载进行使用的过程。代码运行后,输出以下结果:

```
加载后的测试 [[-1.4856267]
……
 [-1.2189347]]
```

可以看到模型能够正常预测,这表示其已经被成功加载了。在本地代码的同级目录下,生成了模型文件"my_model.h5"。

> **提示:**
> h5文件属于h5py类型,可以直接手动调用h5py进行解析。例如,下列代码可以将模型中的节点显示出来:
> import h5py
> f=h5py.File('my_model.h5')
> for name in f:
>   print(name)
> 运行后,会输出以下结果:
> model_weights   #模型的权重
> optimizer_weights   #优化器的权重

2. 生成TensorFlow格式的模型文件

调用save_weights方法,可以生成TensorFlow检查点格式的文件。在save_weights方法中,可以根据save_format参数对应的格式生成指定的模型文件。

参数save_format的取值有两种:"tf"与"h5"。前者是TensorFlow检查点格式,后者是Keras检查点格式。

在不指定参数save_format的情况下,如果save_weights中的文件名不是以".h5"或".keras"结尾,则会生成TensorFlow检查点格式的文件,否则会生成Keras框架格式的模型文件。具体代码如下:

代码6-11 keras回归模型(续)

```
59  #生成tf格式的模型
60  model.save_weights('./keraslog/kerasmodel')  #默认生成tf格式的模型
61  #生成tf格式的模型,手动指定
62  os.makedirs("./kerash5log", exist_ok=True)
63  model.save_weights('./kerash5log/kerash5model',save_format = 'h5')#可以指
    定save_format是h5或tf来生成对应的格式
```

代码运行后，系统会在本地的 keraslog 文件夹下生成 TensorFlow 检查点格式的文件，在本地的 kerash5log 文件夹下生成 Keras 框架格式的模型文件 kerash5model（虽然没有扩展名，但它是 h5 格式）。

 提示：
将 Keras 框架格式的模型文件转化成 TensorFlow 检查点的模型文件，这个过程是单向的。目前 TensorFlow 的版本中，还没有提供将 TensorFlow 检查点格式的文件转化成 Keras 格式的模型文件的方法。

6.7.8 代码实现：将模型导出成 JSON 文件，再将 JSON 文件导入模型

TensorFlow 的检查点文件中包含模型的符号及对应的值。而 Keras 框架中生成的检查点文件（扩展名为 h5 的文件）只包含模型的值。

在 tf.keras 接口中，可以将模型符号转化为 JSON 文件再进行保存。具体代码如下：

代码 6-11　keras 回归模型（续）

```
64 json_string = model.to_json()    #模型JSON化，等价于 json_string = model.get_config()
65 open('my_model.json','w').write(json_string)
66
67 #加载模型数据和weights
68 model_7 = tf.keras.models.model_from_json(open('my_model.json').read())
69 model_7.load_weights('my_model.h5')
70 a = model_7.predict(train_data[0], batch_size = 10)
71 print("加载后的测试",a[:10])
```

上述代码实现的逻辑如下：

（1）将模型符号保存到 my_model.json 文件中。
（2）从 my_model.json 文件中载入权重到模型 model_7 中。
（3）为模型 model_7 恢复权重。
（4）用模型 model_7 进行预测。

代码运行后，输出以下结果：

```
加载后的测试 [[-1.4856267]
 ……
 [-1.2189347]]
```

可以看到，程序成功载入模型的符号及权重，并能够执行预测任务。

 提示：
用 tf.keras 接口开发模型时，常会把模型文件分成 JSON 和 h5 两种格式存储，用于不同的场景：

- 在使用场景中，直接载入 h5 模型文件。
- 在训练场景中，同时载入 JSON 与 h5 两个模型文件。

这种做法可以让模型训练场景与使用场景分离。通过隐藏源码的方式保证代码版本的唯一性（防止使用者修改模型而产生多套模型源码，难以维护），是合作项目中很常见的技巧。

6.7.9 实例 23：在 tf.keras 接口中使用预训练模型 ResNet

在 tf.keras 接口中也预制了许多训练好的成熟模型，其中包括了在 imgnet 数据集上训练好的 densenet、NASNet、mobilenet 等扩展名为 h5 的模型。

1. 获取预训练模型

具体地址如下：

```
https://github.com/fchollet/deep-learning-models/releases
```

每一种模型会有两个文件：一个是正常模型文件，另一个是以 no-top 结尾的文件。例如，resnet50 文件如下：

```
resnet50_weights_tf_dim_ordering_tf_kernels.h5
resnet50_weights_tf_dim_ordering_tf_kernels_notop.h5
```

其中，以"no-top"结尾的文件是提取特征的模型，用于微调模型或嵌入模型的场景；而正常的模型文件（NASNet-large.h5）直接用于预测场景。

在下载预训练模型时，如果 Keras 框架的后端运行在 Theano 框架（另一种支持 Keras 前端的深度学习框架）上，则需要将文件名称中间的"tf"换成"th"。例如：

```
resnet50_weights_th_dim_ordering_th_kernels.h5
resnet50_weights_th_dim_ordering_th_kernels_notop.h5
```

在 Theano 框架上运行的 Keras 模型文件，与在 TensorFlow 框架上运行的 Keras 模型文件最大的区别是：图片维度的默认顺序不同。在 Theano 框架中，图片的通道维度在前，例如(3,224,224)；而在 TensorFlow 中，图片通道维度在后，例如(224,224,3)。

2. 使用预训练模型

下面通过预训练模型 ResNet 来识别图片。

用 tf.keras 接口可以非常方便地预测模型，只需要几行代码。

代码 6-12 用 tf.keras 预训练模型

```
01 from tensorflow.python.keras.applications.resnet50 import ResNet50
02 from tensorflow.python.keras.preprocessing import image
03 from tensorflow.python.keras.applications.resnet50 import preprocess_input, decode_predictions
04 import numpy as np
05
06 model = ResNet50(weights='imagenet')                          #创建 ResNet 模型
```

```
07  #载入图片进行处理
08  img_path = 'hy.jpg'
09  img = image.load_img(img_path, target_size=(224, 224))
10  x = image.img_to_array(img)
11  x = np.expand_dims(x, axis=0)
12  x = preprocess_input(x)
13
14  preds = model.predict(x)                                    #使用模型预测
15  print('Predicted:', decode_predictions(preds, top=3)[0])    #输出结果
```

执行第 6 行代码时，会从网上下载模型文件并载入。

执行第 14 行代码时，会从网上下载类名文件并载入。

整个代码运行后，输出以下结果：

```
……
Downloading data from https://s3.amazonaws.com/deep-learning-models/image-models/imagenet_class_index.json
40960/35363 [==================================] - 2s 37us/step
Predicted: [('n03642806', 'laptop', 0.46727782), ('n03617480', 'kimono', 0.04840326), ('n03782006', 'monitor', 0.04691172)]
```

在结果中，前 4 行是下载类名文件，最后两行是显示结果。

该例子中使用的图片与第 3 章的一致，见图 3-5（a）。预测结果为 laptop（笔记本电脑）。

> **提示：**
> 改代码可以直接在 TensorFlow 1.x 版本和 TensorFlow 2.x 版本中运行。

3. 手动下载预训练模型

如果由于网络原因导致下载模型较慢，则可以手动下载，地址如下：

https://github.com/fchollet/deep-learning-models/releases/download/v0.2/resnet50_weights_tf_dim_ordering_tf_kernels.h5

将加载好的模型放到本地，将第 6 行代码改成以下即可：

代码 6-12　用 tf.keras 预训练模型（片段）

```
06  model = ResNet50(weights='resnet50_weights_tf_dim_ordering_tf_kernels.h5')
```

该代码的作用是，让 ResNet50 模型从指定的模型文件加载权重。

如果使用的是自己的模型，则可以按照以下参数来构建模型：

```
def ResNet50(include_top=True,          #是否返回顶层结果。False 代表返回特征
             weights='imagenet',        #加载权重路径
             input_tensor=None,         #输入张量，用于嵌入的其他网络中
             input_shape=None,          #输入的形状
             pooling=None,  #可以取值 avg、max, 对返回特征进行（全局平局、最大）池化操作
             classes=1000):             #分类个数
```

6.7.10　扩展：在动态图中使用 tf.keras 接口

在 tf.keras 接口中，训练和使用模型的方法与在估算器中的方法很类似，即对模型使用流程的高度集成化封装。所以这种方式无法适用于精细化调节模型的场景。

将 6.7.9 小节中的代码稍做改变，即可将其改为动态图框架中的代码。具体做法如下：

（1）在 6.7.9 小节的代码第 5 行，添加动态图启动函数 tf.enable_eager_execution()。

（2）修改 6.7.9 小节的代码第 14 行，将 tf.keras 模型的 predict 方法改成直接在动态图里使用模型的方式。

（3）修改 6.7.9 小节的代码第 15 行，将结果 preds 打印出来。

具体代码如下：

代码 6-12　用 tf.keras 预训练模型（片段）

```
05 tf.enable_eager_execution()
……
14 preds = model(x)
15 print('Predicted:', decode_predictions(preds.numpy(), top=3)[0])
```

如果是在 TensorFlow 2.x 版本中运行，则还需要将代码第 5 行删掉，不需要再额外执行启动动态图的代码。

6.7.11　实例 24：在静态图中使用 tf.keras 接口

本实例将 6.7.9 小节的用法改写成在静态图中调用 tf.keras 接口的方式。

具体代码如下：

代码 6-13　在静态图中使用 tf.keras

```
01 import tensorflow as tf
02 import matplotlib.pyplot as plt
03 from tensorflow.python.keras.applications.resnet50 import ResNet50
04 from tensorflow.python.keras.preprocessing import image
05 from tensorflow.python.keras.applications.resnet50 import preprocess_input,
   decode_predictions
06
07 inputs = tf.placeholder(tf.float32, (224, 224, 3))    #定义占位符
08
09 tensorimg = tf.expand_dims(inputs, 0)                 #预处理
10 tensorimg =preprocess_input(tensorimg)
11
12 with tf.Session() as sess:                            #在会话（session）中运行
13     sess.run(tf.global_variables_initializer())
14
15     Reslayer =
   ResNet50(weights='resnet50_weights_tf_dim_ordering_tf_kernels.h5')
16     logits = Reslayer(tensorimg)                      #模型
```

```
17
18      img_path = 'dog.jpg'
19      img = image.load_img(img_path, target_size=(224, 224))
20      logitsv = sess.run(logits,feed_dict={inputs: img})
21      Pred =decode_predictions(logitsv, top=3)[0]
22      print('Predicted:', Pred,len(logitsv[0]))
23
24  #可视化
25  fig, (ax1, ax2) = plt.subplots(1, 2, figsize=(10, 8))
26  fig.sca(ax1)
27  ax1.imshow(img)
28  fig.sca(ax1)
29
30  barlist = ax2.bar(range(3), [ i[2] for i in Pred ])
31  barlist[0].set_color('g')
32
33  plt.sca(ax2)
34  plt.ylim([0, 1.1])
35  plt.xticks(range(3),[i[1][:15] for i in Pred], rotation='vertical')
36  fig.subplots_adjust(bottom=0.2)
37  plt.show()
```

直接将 ResNet50 模型当成运行图中的一层即可（见代码第 21 行），这样由 ResNet50 模型构成的网络节点同样可以用占位符和会话形式运行。代码运行后，输出如下结果：

```
Predicted: [('n02109961', 'Eskimo_dog', 0.5246922), ('n02110185', 'Siberian_husky', 0.47256017), ('n02091467', 'Norwegian_elkhound', 0.0011198776)] 1000
```

可视化的结果如图 6-4 所示。

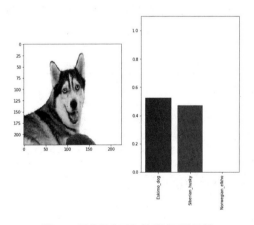

图 6-4　浏览器中回归模型返回的结果

🔔 提示：

因为 ResNet50 模型需要加载预训练模型（见代码第 21 行），所以加载模型的过程必须放到初始化过程（见代码第 19 行）之后。如果放到初始化过程之前，则在初始化时会将加载的权重清掉,从而导致模型无法正常输出预测结果。

另外,在使用 ResNet50 模型时,也可以将输入指定成占位符的形式。例如代码第 21、22 行,如果用下列代码替换,会得到一样的效果。

```
Reslayer = ResNet50(weights='resnet50_weights_tf_dim_ordering_tf_kernels.h5',
                 input_tensor=tensorimg,input_shape = (224, 224, 3) )    #指定输入层
logits = Reslayer.layers[-1].output                                      #指定输出层
print(logits)
```

6.8 实例 25:用 tf.js 接口后方训练一个回归模型

本实例是一个最简单的 tf.js 接口使用实例,来演示如何用 JS 脚本训练模型。

实例描述

在浏览器中,调用 TensorFlow 的 API,从而在两组看似混乱的数据中学习规律并进行拟合,找到其中的对应关系,并通过输入任意值进行预测。

该例子来源与 tf.js 接口的示例教程,具体链接如下:

```
https://github.com/tensorflow/tfjs
```

6.8.1 代码实现:在 HTTP 的头标签中添加 tfjs 模块

首先创建一个空的 txt 文件,并将其改名为 "6-14   tfjs 回归例子.html",然后在文件中添加引入 JS 的头文件。

这里使用的 tfjs 文件来自 CDN 网络。如果从本地加载,则需要将其放到本地站点对应的路径下。JS 脚本要通过<script>标签进行引入。具体代码如下:

代码 6-14   tfjs 回归例子

```
01  <html>
02      <head>
03      <!-- Load TensorFlow.js -->
04      <script src="https://cdn.jsdelivr.net/npm/@tensorflow/tfjs"> </script>
05      </head>
06      <body>
07          <div id="output_field"></div>
08      </body>
```

上面的代码有两部分:一部分是<head>,另一部分是<body>。在<body>中定义了一个 div,用于输出最终的结果。

6.8.2 代码实现：用 JavaScript 脚本实现回归模型

HTML 中的 JS 是通过<script>标签来标记的。在<script>中添加了一个函数 learnLinear，实现模型的训练与预测。

在 JavaScript 中建立网络模型的语法，与 Keral 的语法几乎相同：都是通过一个 model 对象实现基本结构，并通过模型 model 的 fit 方法进行训练，通过模型 model 的 predict 方法进行使用。

在 learnLinear 函数中完成了以下步骤：
（1）建立一个全连接网络。
（2）以平方差的方式计算损失值。
（3）设置优化器为 sgd。
（4）手动输入模拟数值作为样本（这里模拟样本 x、y 值的规律为 $y=2x-1$）。
（5）完成模型的训练。

具体代码如下：

代码 6-14　tfjs 回归例子（续）

```
09    <script>
10    async function learnLinear(){
11      const model = tf.sequential();
12      model.add(tf.layers.dense({units: 1, inputShape: [1]}));
13      model.compile( {loss: 'meanSquaredError',optimizer: 'sgd'} );
14
15      const xs = tf.tensor2d([-1, 0, 1, 2, 3, 4], [6, 1]);
16      const ys = tf.tensor2d([-3, -1, 1, 3, 5, 7], [6, 1]);
17
18      await model.fit(xs, ys, {epochs: 500});
19
20      document.getElementById('output_field').innerText =
21        model.predict(tf.tensor2d([9], [1, 1]));
22    }
23    learnLinear();
24    </script>
25  <html>
```

代码第 20~23 行的解读如下：
（1）将 9 传入模型（见代码第 21 行）。
（2）用模型 model 的 predict 方法进行计算。
（3）将模型的输出结果放入网页的 div 节点 "output_field" 中。
（4）用 learnLinear 函数使其运行（见代码第 23 行）。

6.8.3 运行程序：在浏览器中查看效果

在 Windows 操作系统中双击网页文件 "6-14　tfjs 回归例子.html"，系统会自动用浏览器打开该网页文件，如图 6-5 所示。

图 6-5　浏览器中的回归模型返回结果

tf.js 接口能让 TensorFlow 编写的 AI 模型以 Web 应用程序的方式运行在浏览器终端。这进一步提升了部署的灵活性。

本书的重点是基于 Python 语言进行开发。这里只介绍一个最简单的实例。用好 tf.js 接口还需要有扎实的 JavaScript 编程知识才可以。

6.8.4　扩展：tf.js 接口的应用场景

用 tf.js 接口开发的程序是在浏览器中运行的。模型使用了客户端的运算资源。在部署应用程序时，这种方案可以分担后端服务器的运算压力。

但是，用 tf.js 接口开发的应用程序在浏览器中运行时，浏览器内部会将模型下载到本地。如果模型文件太大，则会严重影响用户体验。

总结：用 tf.js 接口开发的应用程序适用于模型文件比较小、并发量很大的场景。在实际使用中，如果模型较大，则可以将模型拆成前处理和后处理两部分，并将前处理部分放到 tf.js 接口中去运行，让用户终端来分担一些后端的运算压力。

6.9　实例 26：用估算器框架实现分布式部署训练

本实例使用与 6.4 节一样的数据与模型进行分布式演示。

实例描述

假设有这么一组数据集，其 x 和 y 的对应关系是 $y \approx 2x$。

训练模型来学习这些数据集，使模型能够找到其中的规律，即让神经网络自己能够总结出 $y \approx 2x$ 这样的公式。

要求用估算器框架来实现，并完成分布式部署训练。

6.9.1　运行程序：修改估算器模型，使其支持分布式

在 6.4 节中，将 6.4.8 小节以前的代码全部复制过来，并在后面用 tf.estimator.train_and_evaluate 方法分布式训练模型。

具体代码如下：

代码 6-15　用估算器框架进行分布式训练

```
......
27 estimator = 
   tf.estimator.Estimator( model_fn=my_model,model_dir='myestimatormode',pa
   rams={'learning_rate': 0.1},
   config=tf.estimator.RunConfig(session_config=session_config)  )
28
29 #创建TrainSpec与EvalSpec
30 train_spec = tf.estimator.TrainSpec(input_fn=lambda:
   train_input_fn(train_data, batch_size), max_steps=1000)
31 eval_spec = tf.estimator.EvalSpec(input_fn=lambda:
   eval_input_fn(test_data,None, batch_size))
32
33 tf.estimator.train_and_evaluate(estimator, train_spec, eval_spec)
```

6.9.2　通过 TF_CONFIG 进行分布式配置

通过添加 TF_CONFIG 变量实现分布式训练的角色配置。添加 TF_CONFIG 变量有两种方法。

- 方法一：直接将 TF_CONFIG 添加到环境变量里。
- 方法二：在程序运行前加入 TF_CONFIG 的定义。例如在命令行里输入：

```
TF_CONFIG='内容' python xxxx.py
```

在上面的两种方法任选其一即可。在添加完 TF_CONFIG 变量之后，还要为其指定内容。具体格式如下。

1. TF_CONFIG 内容格式

变量 TF_CONFIG 的内容是一个字符串。该字符串用于描述分布式训练中各个角色（chief、worker、ps）的信息。每个角色都由 task 里面的 type 来指定。具体代码如下。

（1）chief 角色：分布式训练的主计算节点。

```
TF_CONFIG='{
   "cluster": {
      "chief": ["主机0-IP: 端口"],
      "worker": ["主机1-IP: 端口", "主机2-IP: 端口", "主机3-IP: 端口"],
      "ps": ["主机4-IP: 端口", "主机5-IP: 端口"]
   },
   "task": {"type": "chief", "index": 0}
}'
```

（2）worker 角色：分布式训练的一般计算节点。

```
TF_CONFIG='{
   "cluster": {
      "chief": ["主机0-IP: 端口"],
      "worker": ["主机1-IP: 端口", "主机2-IP: 端口", "主机3-IP: 端口"],
```

```
      "ps": ["主机4-IP:端口", "主机5-IP:端口"]
    },
    "task": {"type": "worker", "index": 0}
}'
```

(3) ps 角色：分布式训练的服务端。

```
TF_CONFIG='{
    "cluster": {
      "chief": ["主机0-IP:端口"],
      "worker": ["主机1-IP:端口", "主机2-IP:端口", "主机3-IP:端口"],
      "ps": ["主机4-IP:端口", "主机5-IP:端口"]
    },
    "task": {"type": "ps", "index": 0}
}'
```

有关这部分的更多内容，还可以参考《深度学习之 TensorFlow——入门、原理与进阶实战》一书的 4.5 节。

2. 代码实现：定义 TF_CONFIG 的环境变量

本实例只是一个演示程序，将三种角色放在了同一台机器上运行。具体步骤如下：

（1）将 TF_CONFIG 的环境变量放到代码里。

（2）将代码文件复制成 3 份，分别代表 chief、worker、ps 三种角色。

其中，代表 ps 角色的具体代码如下：

代码 6-16　用估算器框架分布式训练 ps

```
01  TF_CONFIG='''{
02      "cluster": {
03          "chief": ["127.0.0.1:2221"],
04          "worker": ["127.0.0.1:2222"],
05          "ps": ["127.0.0.1:2223"]
06      },
07      "task": {"type": "ps", "index": 0}
08  }'''
09
10  import os
11  os.environ['TF_CONFIG']=TF_CONFIG
12  print(os.environ.get('TF_CONFIG'))
......
```

该代码是 ps 角色的主要实现。将第 7 行中的 ps 改为 chief，得到代码文件 "6-17　用估算器框架进行分布式训练 chief.py"，用于创建 chief 角色。具体代码如下：

```
"task": {"type": "chief", "index": 0}
```

再将第 7 行中的 ps 改为 chief，得到代码文件 "6-18　用估算器框架进行分布式训练 worker.py"，用于创建 worker 角色。具体代码如下：

```
"task": {"type": "worker", "index": 0}
```

6.9.3 运行程序

在运行程序之前,需要打开 3 个 Console(控制台),如图 6-6 所示。第 1 个是 ps 角色,第 2 个是 chief 角色,第 3 个是 worker 角色。

图 6-6 打开 3 个控制台

按照图 6-6 中控制台的具体顺序,依次运行每个角色的代码文件。生成的结果如下:

(1)控制台 Console1:用于展示 ps 角色。启动后等待 chief 与 worker 的接入。

```
……
 '_cluster_spec': <tensorflow.python.training.server_lib.ClusterSpec object at 0x000002119752C9E8>, '_task_type': 'ps', '_task_id': 0, '_evaluation_master': '', '_master': 'grpc://127.0.0.1:2223', '_num_ps_replicas': 1, '_num_worker_replicas': 2, '_global_id_in_cluster': 2, '_is_chief': False}
 INFO:tensorflow:Start Tensorflow server.
```

(2)控制台 Console2:用于展示 chief 角色。在训练完成后保存模型。

```
……
 '_cluster_spec': <tensorflow.python.training.server_lib.ClusterSpec object at 0x0000025AD5B8B9E8>, '_task_type': 'chief', '_task_id': 0, '_evaluation_master': '', '_master': 'grpc://127.0.0.1:2221', '_num_ps_replicas': 1, '_num_worker_replicas': 2, '_global_id_in_cluster': 0, '_is_chief': True}
 ……
 INFO:tensorflow:loss = 0.13062291, step = 2748 (0.367 sec)
 INFO:tensorflow:global_step/sec: 565.905
 INFO:tensorflow:global_step/sec: 532.612
 INFO:tensorflow:loss = 0.11379747, step = 2953 (0.372 sec)
 INFO:tensorflow:global_step/sec: 578.003
 INFO:tensorflow:global_step/sec: 578.006
 INFO:tensorflow:loss = 0.11819798, step = 3157 (0.353 sec)
 INFO:tensorflow:global_step/sec: 574.74
 INFO:tensorflow:global_step/sec: 558.949
 ……
 INFO:tensorflow:loss = 0.09850123, step = 5814 (0.424 sec)
 INFO:tensorflow:global_step/sec: 572.337
 INFO:tensorflow:global_step/sec: 439.875
 INFO:tensorflow:Saving checkpoints for 6002 into myestimatormode\model.ckpt.
 INFO:tensorflow:Loss for final step: 0.04346009.
```

（3）控制台 Console3：用于展示 worker 角色。只负责训练。

```
......
<tensorflow.python.training.server_lib.ClusterSpec object at 0x00000209A423D9E8>,
'_task_type': 'worker',    '_task_id':    0,    '_evaluation_master': '',  '_master':
'grpc://127.0.0.1:2222',    '_num_ps_replicas':    1,    '_num_worker_replicas':    2,
'_global_id_in_cluster': 1, '_is_chief': False}
......
INFO:tensorflow:loss = 0.22635186, step = 2292 (0.408 sec)
INFO:tensorflow:loss = 0.07718446, step = 2457 (0.329 sec)
......
INFO:tensorflow:loss = 0.1483176, step = 5982 (0.405 sec)
INFO:tensorflow:Loss for final step: 0.08431114.
```

从输出结果的（2）、（3）部分中可以看到，训练的具体步数（step）并不是连续的，而是交叉进行的。这表示，chief 角色与 worker 角色二者在一起进行了协同训练。

6.9.4 扩展：用分布策略或 KubeFlow 框架进行分布式部署

在实际场景中，还可以用分布策略或 KubeFlow 框架进行分布式部署。其中，分布策略的方法介绍可以参考 6.1.9 小节，KubeFlow 框架的使用方法可以参考以下链接：

```
https://www.kubeflow.org/
```

6.10 实例 27：在分布式估算器框架中用 tf.keras 接口训练 ResNet 模型，识别图片中是橘子还是苹果

在估算器框架中使用 train_and_evaluate 方法是一个非常便捷的开发方案。可以根据实际情况自由部署：
- 如果训练量小，则可以直接在本机上运行。
- 如果训练量大，则可以通过添加环境变量的方式在多台机器上分布训练。

本实例就用 train_and_evaluate 方法对预训练模型进行微调。

实例描述

有一组包含苹果和橘子的图片数据集。通过微调预训练模型，使模型能够识别出图片中是苹果还是橘子。

在样本量不足的情况下，最快捷的方式就是对预训练模型进行微调。在 6.7.9 小节介绍过，tf.keras 接口中可以有好多预训练好的模型供微调使用。这里以 ResNet50 模型为例，演示其具体的用法。

6.10.1 样本准备

该实例的样本是各种各样的橘子和苹果的图片。样本下载地址如下：

https://people.eecs.berkeley.edu/~taesung_park/CycleGAN/datasets/

将样本下载后,放到本地代码的同级目录下即可。该样本结构与 4.7 节实例中的样本结构几乎一样。

在样本处理环节,可以直接重用 4.7 节数据集部分的代码:

(1)将 4.7 节数据集部分的代码复制到本地。

(2)修改数据集路径,使其指向本地的苹果橘子数据集。

运行程序后可以看到输出的结果,如图 6-7 所示。

图 6-7 橘子和苹果样本

6.10.2 代码实现:准备训练与测试数据集

将 4.7 节的实例中的代码文件"4-10 将图片文件制作成 Dataset 数据集.py"复制到本地代码的同级目录下,修改其中的图片归一化函数 _norm_image,具体代码如下:

代码 6-19 用 ResNet 识别橘子和苹果

```
01 def _norm_image(image,size,ch=1,flattenflag = False):   #定义函数,实现数据归一化处理
02     image_decoded = image/127.5-1
03     if flattenflag==True:
04         image_decoded = tf.reshape(image_decoded, [size[0]*size[1]*ch])
05     return image_decoded
```

6.10.3 代码实现:制作模型输入函数

制作模型的输入函数,并对其进行测试。具体代码如下:

代码 6-19 用 ResNet 识别橘子和苹果(续)

```
06 from tensorflow.python.keras.preprocessing import image
07 from tensorflow.python.keras.applications.resnet50 import ResNet50
08 from tensorflow.python.keras.applications.resnet50 import preprocess_input, decode_predictions
09
10 size = [224,224]                                        #图片尺寸
11 batchsize = 10                                          #批次大小
12
13 sample_dir=r"./apple2orange/train"
14 testsample_dir = r"./apple2orange/test"
15
16 traindataset = dataset(sample_dir,size,batchsize)       #训练集
```

```
17  testdataset = dataset(testsample_dir,size,batchsize,shuffleflag = False)#
    测试集
18
19  print(traindataset.output_types)                    #打印数据集的输出信息
20  print(traindataset.output_shapes)
21
22  def imgs_input_fn(dataset):
23      iterator = dataset.make_one_shot_iterator()     #生成一个迭代器
24      one_element = iterator.get_next()               #从iterator里取一个元素
25      return one_element
26
27  next_batch_train = imgs_input_fn(traindataset)      #从traindataset里取一个元素
28  next_batch_test = imgs_input_fn(testdataset)        #从testdataset里取一个元素
29      if flattenflag==True:
30  with tf.Session() as sess:                          #建立会话(session)
31      sess.run(tf.global_variables_initializer())     #初始化
32      try:
33          for step in np.arange(1):
34              value = sess.run(next_batch_train)
35              showimg(step,value[1],np.asarray(
36                      (value[0]+1)*127.5,np.uint8),10)   #显示图片
37      except tf.errors.OutOfRangeError:                  #捕获异常
38          print("Done!!!")
```

代码第 30 行是用会话（session）对输入函数进行测试。运行后，如果看到如图 6-7 所示的效果，则表示输入函数正确。

6.10.4 代码实现：搭建 ResNet 模型

搭建 ResNet 模型的步骤如下：

（1）手动将预训练模型文件 "resnet50_weights_tf_dim_ordering_tf_kernels_notop.h5" 下载到本地（也可以采用 6.7.9 小节的方法——在程序执行时通过设置让其自动从网上下载）。

（2）用 tf.keras 接口加载 ResNet50 模型，并将其作为一个网络层。

（3）用 tf.keras.models 类在 ResNet50 层之后添加两个全连接网络层。

（4）用激活函数 sigmoid 对模型最后一层的结果进行处理，得出最终的分类结果：是桔子还是苹果。

具体代码如下：

代码 6-19　用 ResNet 识别橘子和苹果（续）

```
39  img_size = (224, 224, 3)
40  inputs = tf.keras.Input(shape=img_size)
41  conv_base =
    ResNet50(weights='resnet50_weights_tf_dim_ordering_tf_kernels_notop.h5',
    input_tensor=inputs,input_shape = img_size ,include_top=False)#创建ResNet
42
```

```
43  model = tf.keras.models.Sequential()            #创建整个模型
44  model.add(conv_base)
45  model.add(tf.keras.layers.Flatten())
46  model.add(tf.keras.layers.Dense(256, activation='relu'))
47  model.add(tf.keras.layers.Dense(1, activation='sigmoid'))
48  conv_base.trainable = False                     #不训练 ResNet 的权重
49  model.summary()
50  model.compile(loss='binary_crossentropy',       #构建反向传播
51               optimizer=tf.keras.optimizers.RMSprop(lr=2e-5),
52               metrics=['acc'])
```

代码第 48 行，通过将 ResNet50 层（conv_base）的权重设为不可训练，固定 ResNet50 层的权重，让其只输出图片的特征结果，并用该特征结果去训练后面的两个全连接层。

6.10.5　代码实现：训练分类器模型

训练分类器模型的步骤如下：

（1）用 tf.keras.estimator.model_to_estimator 方法创建估算器模型 est_app2org。

（2）用 train_and_evaluate 方法对估算器模型 est_app2org 进行训练。

具体代码如下：

代码 6-19　用 ResNet 识别橘子和苹果（续）

```
53  model_dir ="./models/app2org"
54  os.makedirs(model_dir, exist_ok=True)
55  print("model_dir: ",model_dir)
56  est_app2org = tf.keras.estimator.model_to_estimator(keras_model=model,
    model_dir=model_dir)
57
58  #训练模型
59  train_spec = tf.estimator.TrainSpec(input_fn=lambda:
    imgs_input_fn(traindataset),
60                                     max_steps 500)
61  eval_spec = tf.estimator.EvalSpec(input_fn=lambda:
    imgs_input_fn(testdataset))
62
63  import time
64  start_time = time.time()
65  tf.estimator.train_and_evaluate(est_app2org, train_spec, eval_spec)
66  print("--- %s seconds ---" % (time.time() - start_time))
```

代码第 60 行，指定了迭代训练的次数是 500 次。还可以通过增大训练次数的方式提高模型的精度。如果想要缩短训练时间，则可以运用 6.9 节的知识在多台机器上进行分布训练。

代码运行后，在本地路径 "models\app2org" 下生成了检查点文件。该文件是最终的结果。

6.10.6 运行程序：评估模型

评估模型的代码实现部分与 6.4 节几乎一样，只是需要将 estimator.train 方法替换成 tf.estimator.train_and_evaluate 方法。

具体代码如下：

代码 6-19　用 ResNet 识别橘子和苹果（续）

```
67  img = value[0]                                                   #准备评估数据
68  lab = value[1]
69
70  pre_input_fn =
    tf.estimator.inputs.numpy_input_fn(img,batch_size=10,shuffle=False)
71  predict_results = est_app2org.predict( input_fn=pre_input_fn)#评估输入的图
    片
72
73  predict_logits = []                                              #处理评估结果
74  for prediction in predict_results:
75      print(prediction)
76      predict_logits.append(prediction['dense_1'][0])
77  #可视化结果
78  predict_is_org = [int(np.round(logit)) for logit in predict_logits]
79  actual_is_org = [int(np.round(label[0])) for label in lab]
80  showimg(step,value[1],np.asarray( (value[0]+1)*127.5,np.uint8),10)
81  print("Predict :",predict_is_org)
82  print("Actual  :",actual_is_org)
```

代码第 67、68 行将数组 value 分成图片和标签，作为待输入的样本数据。数组 value 是通过代码第 34 行从输入函数中取出的。

在实际应用中，第 67、68 行的代码还需要被换成真正的待测数据。代码运行后，可以看到评估结果，如图 6-8 所示。

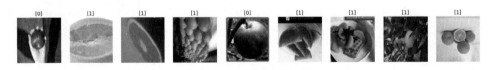

图 6-8　模型的评估结果

输出的预测结果与真实值如下：

```
Predict: [0, 1, 1, 1, 0, 1, 1, 1, 1, 0]
Actual:  [0, 1, 1, 1, 0, 1, 1, 1, 1, 1]
```

6.10.7 扩展：全连接网络的优化

如要想获得更高的精度，则除增加训练次数外，还可以使用以下优化方案：

- 在模型最后两层全连接网络中，加入 dropout 方法和正则化方法，使模型具有更好的泛

- 将模型最后两层全连接的网络结构改成"一层全尺度卷积与一层 1×1 卷积组合"的结构（见 8.7.19 小节"1. 实现分类器"的代码实现部分）。
- 在数据集处理部分，对图片做更多的增强变换。

有兴趣的读者可以自行尝试。

6.11 实例 28：在 T2T 框架中用 tf.layers 接口实现 MNIST 数据集分类

T2T 是 google 基于 TensorFlow 新开源的深度学习库。该库将深度学习所需要的元素（数据集、模型、学习率、超参数等）封装成标准化的统一接口，使用起来更加方便。

实例描述

有一个 MNIST 数据集，其中包含 0~9 之间的手写数字图片。要求在 T2T 框架中用 tf.layers 接口将这些数字识别出来。

MNIST 数据集属于深度学习领域使用最广的测试数据集。该例子用一个简单的卷积模型在 MNIST 上完成分类任务。在此过程中，重点演示如何在 T2T 框架中用统一的数据集、模型等接口进行训练。

6.11.1 代码实现：查看 T2T 框架中的数据集（problems）

在 T2T 框架中，将数据集统一命名为 problems。一个 problems 代表一个具体的数据集。

在按照 6.1.14 小节的方式安装好 T2T 框架之后，可以通过以下代码在 T2T 框架中查找其内部集成好的数据集。

代码 6-20　在 T2T 框架中训练 mnist

```
01  import tensorflow as tf
02  import matplotlib.pyplot as plt
03  import numpy as np
04  import os
05
06  from tensor2tensor import problems
07  from tensor2tensor.utils import trainer_lib
08  from tensor2tensor.utils import t2t_model
09  from tensor2tensor.utils import metrics
10
11  tfe = tf.contrib.eager
12  tf.enable_eager_execution()              #启动动态图
13
14  problems.available()                     #显示 T2T 中的数据集
```

代码第 14 行列出了 T2T 框架中的所有数据集。

代码运行后，输出以下结果：

```
['algorithmic_addition_binary40',              #算法数据集
……
'algorithmic_sort_problem',                    #语音数据集
'audio_timit_characters_tune',
……
'gym_simulated_discrete_problem_with_agent_on_wrapped_full_pong_autoencoded',
'gym_wrapped_full_pong_random',                #强化学习相关数据集
'image_celeba',                                #图片数据集
……
'image_mnist',
'image_mnist_tune',
……
'img2img_imagenet',
'lambada_lm',                                  #语义数据集
……
'languagemodel_wikitext103_characters',
……
'translate_enzh_wmt8k',
'video_bair_robot_pushing',                    #视频数据集
'video_bair_robot_pushing_with_actions',
……
'wsj_parsing']
```

从上面结果可以看出，T2T 框架中的数据集几乎涵盖当今与深度学习相关的所有领域。

6.11.2　代码实现：构建 T2T 框架的工作路径及下载数据集

在 T2T 框架中有两个通用的文件目录用来管理数据集。

- tempdir：用于存放数据集原始文件。
- datadir：用于放置预处理之后的 TFRecoder 格式文件。

下面按照指定路径建立文件目录并下载数据集。具体代码如下：

代码 6-20　在 T2T 框架中训练 mnist（续）

```
15  #建立文件目录
16  data_dir = os.path.expanduser("./t2t/data")
17  tmp_dir = os.path.expanduser("./t2t/tmp")
18  tf.gfile.MakeDirs(data_dir)
19  tf.gfile.MakeDirs(tmp_dir)
20
21  #下载数据集
22  mnist_problem = problems.problem("image_mnist")
23  mnist_problem.generate_data(data_dir, tmp_dir) #下载，并拆分为训练和测试数据集，
    存到 data_dir 路径下
24
```

```
25  #取出一个数据并显示
26  Modes = tf.estimator.ModeKeys          #获取统一的数据集分类标志（用于测试或训练）
27  mnist_example = tfe.Iterator(mnist_problem.dataset(Modes.TRAIN,
    data_dir)).next()
28  image = mnist_example["inputs"]        #一个数据集元素的张量
29  label = mnist_example["targets"]
30
31  plt.imshow(image.numpy()[:, :, 0].astype(np.float32),
    cmap=plt.get_cmap('gray'))
32  print("Label: %d" % label.numpy())
```

代码第 26 行，使用了估算器中统一定义的数据集分类标志。该标志与 T2T 框架中拆分好的数据集相对应，其内部取值为（TRAIN ='train'、EVAL ='eval'、PREDICT ='infer'），即在代码第 27 行通过指定 Modes.TRAIN 便可以从训练数据集中取出数据。

整个代码运行后输出以下内容：

```
Label: 7
```

同时也输出了样本图片，如图 6-9 所示。

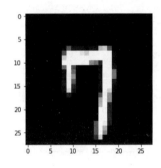

图 6-9　MNIST 数据集中 lable 为 7 的样本

6.11.3　代码实现：在 T2T 框架中搭建自定义卷积网络模型

如想在 T2T 框架中使用自己的模型，则需要以下几个步骤。

（1）自定义模型：需要继承 t2t_model.T2TModel 类，并实现 body 方法。
（2）为模型定义超参配置。
（3）定义损失函数集和优化器。

在具体实现时，定义 MySimpleModel 类继承于 t2t_model.T2TModel 类。在 MySimpleModel 类的 body 方法中，用 tf.layers 接口定义了 3 个 valid 形式的卷积层。这 3 个卷积层将输入图片（尺寸为[28,28]）转换为向量特征（尺寸为[1,1]）。

具体代码如下：

代码 6-20　在 T2T 框架中训练 mnist（续）

```
33  class MySimpleModel(t2t_model.T2TModel):    #自定义模型
34
```

```
35    def body(self, features):                        #实现body方法
36        inputs = features["inputs"]
37        filters = self.hparams.hidden_size
38        #h1 尺寸计算方法=(in_width-filter_width + 1) / strides_ width =[12*12]
39        h1 = tf.layers.conv2d(inputs, filters, kernel_size=(5, 5), strides=(2,
   2))#默认 valid
40        #h2 尺寸为 [4*4]
41        h2 = tf.layers.conv2d(tf.nn.relu(h1), filters, kernel_size=(5, 5),
   strides=(2, 2))
42        #返回尺寸为[1*1]
43        return tf.layers.conv2d(tf.nn.relu(h2), filters, kernel_size=(3, 3))
44
45 hparams = trainer_lib.create_hparams("basic_1", data_dir=data_dir,
   problem_name="image_mnist")
46 hparams.hidden_size = 64
47 model = MySimpleModel(hparams, Modes.TRAIN)
48
49 @tfe.implicit_value_and_gradients
50 def loss_fn(features):   #用装饰器 implicit_value_and_gradients 封装 loss 函数
51    _, losses = model(features)
52    return losses["training"]
53
54 BATCH_SIZE = 128          #指定批次
55 #创建数据集
56 mnist_train_dataset = mnist_problem.dataset(Modes.TRAIN, data_dir)
57 mnist_train_dataset = mnist_train_dataset.repeat(None).batch(BATCH_SIZE)
58
59 optimizer = tf.train.AdamOptimizer()#定义优化器
```

在定义好模型 MySimpleModel 类之后,搭建反向结构的步骤如下:

(1)用 trainer_lib.create_hparams 函数创建超参,并指定具体内容(hparams.hidden_size = 64),见代码第 45 行。

(2)创建 loss 函数 loss_fn,见代码第 50 行。

(3)定义 Adam 优化器,见代码第 59 行。

其中,在第(2)步创建 loss 函数时,使用了 MySimpleModel 类的实例化对象。该对象会返回两个结果:模型的预测值和 loss 值。在 loss_fn 函数中取出 loss 值,并忽略预测结果(见代码第 51 行)。

6.11.4 代码实现:用动态图方式训练自定义模型

在 T2T 框架中,训练自定义模型的方式与在动态图中训练模型的方式基本一致。具体代码如下:

代码 6-20 在 T2T 框架中训练 mnist(续)

```
60 NUM_STEPS = 500                                      #指定训练次数
61
```

```
62  for count, example in enumerate(mnist_train_dataset):
63      example["targets"] = tf.reshape(example["targets"], [BATCH_SIZE, 1, 1, 1])
    #转为 4D
64      loss, gv = loss_fn(example)
65      optimizer.apply_gradients(gv)
66
67      if count % 50 == 0:
68          print("Step: %d, Loss: %.3f" % (count, loss.numpy()))
    #输出训练过程中的 loss 值
69      if count >= NUM_STEPS:
70          break
```

代码第 63 行对标签做了形状变换。该标签用于计算 loss 值。因为自定义模型 MySimpleModel 输出的预测结果是一个形状为[BATCH_SIZE, 1, 1, 1]的张量(见 6.11.3 小节),所以在计算 loss 值时,需要将标签转成同样形状的张量。

6.11.5 代码实现:在动态图中用 metrics 模块评估模型

TensorFlow 中的 metrics 模块可以对模型进行自动评估。metrics 模块是一个工具模块,可以非常方便地在动态图中被使用。使用方法具体分为三步:

(1)用 metrics.create_eager_metrics 方法创建一个 metrics,返回两个函数 metrics_accum、metrics_result。见代码第 75 行。

(2)用 metrics_accum 函数计算评估结果。见代码第 87 行。

(3)用 metrics_result 函数获取计算后的评估结果。见代码第 89 行。

从评估数据集里获取 200 个数据进行评估。具体代码如下:

代码 6-20 在 T2T 框架中训练 mnist(续)

```
71  model.set_mode(Modes.EVAL)
72  mnist_eval_dataset = mnist_problem.dataset(Modes.EVAL, data_dir)  #定义评估
    数据集
73
74  #创建评估 metrics,返回准确率
75  metrics_accum, metrics_result = metrics.create_eager_metrics(
76      [metrics.Metrics.ACC, metrics.Metrics.ACC_TOP5])
77
78  for count, example in enumerate(mnist_eval_dataset):          #遍历数据
79      if count >= 200:                                          #只取 200 个
80          break
81
82      example["inputs"] = tf.reshape(example["inputs"], [1, 28, 28, 1])#变化形状
83      example["targets"] = tf.reshape(example["targets"], [1, 1, 1, 1])
84
85      predictions, _ = model(example)                           #用模型计算
86
87      metrics_accum(predictions, example["targets"])            #计算统计值
```

```
88
89 for name, val in metrics_result().items():            #输出结果
90     print("%s: %.2f" % (name, val))
```

代码运行后,输出以下结果:

```
Step: 0, Loss: 8.215
……
Step: 500, Loss: 0.409
INFO:tensorflow:Setting T2TModel mode to 'eval'
……
accuracy: 0.98
accuracy_top5: 1.00
```

6.12 实例 29:在 T2T 框架中,用自定义数据集训练中英文翻译模型

在 6.11 节中,实现了用 T2T 框架中的数据集训练自定义的模型。在实际应用中,更多的情况是——用自定义的数据集训练成熟的模型。

本实例将用自定义的中英文语料数据集训练 T2T 框架中的成熟模型,实现一个中英文翻译模型。

实例描述

有一个数据集,含有一万句中英文对应的平行语料。

要求用该数据集训练 T2T 框架中的成熟模型,使得模型能够用其他的样本完成翻译任务。

 提示:

平行语料是指,在中文、英文的两个数据文件中,每个文件中的样本都是按顺序一一对应的。

本实例使用了一个含有 10000 句平行语料的中英文样本集(在本书的配套资源中可以找到它)。在《深度学习之 TensorFlow——入门、原理与进阶实战》一书的 9.8.6 小节的机器翻译实例中也使用过该样本集。

6.12.1 代码实现:声明自己的 problems 数据集

在 T2T 框架中制作 problems 数据集的步骤如下:

(1)单独创建一个 problem 文件夹。
(2)在 problem 文件夹下,创建代码文件 "__init__.py" 与 "my_problem.py"。
(3)在代码文件 "__init__.py" 中添加代码,用于让系统自动加载 "my_problem.py" 代码文件。具体代码如下:

```
from . import my_problem
```

（4）在代码文件"my_problem.py"中定义 MyProblem 类，直接或间接继承于 problems 类。该类的名称必须与所在的代码文件名对应（对应规则为：将文件名"my_problem.py"中的下划线去掉，分成两个单词，并将每个单词的首字母大写）。

（5）用@registry.register_problem 装饰器对 MyProblem 类进行修饰。该装饰器的作用是将数据集 MyProblem 类注册到 T2T 框架中。

具体代码如下：

代码 my_problem

```
01  from tensor2tensor.utils import registry
02  from tensor2tensor.data_generators import problem, text_problems
03
04  #自定义的problem一定要加该装饰器，否则t2t库找不到自定义的problem
05  @registry.register_problem
06  class MyProblem(text_problems.Text2TextProblem):
```

本实例使用的是文本类型的数据集，所以直接继承于 Text2TextProblem 类。

如果要使用其他类型的数据集，则需要在 T2T 框架的源码中查找对应类型的数据集 problem 类，并在自己的数据集类中添加继承关系。

> **提示：**
> 在 T2T 框架的源码中，数据集的源代码文件在 tensor2tensor\data_generators 目录下。以作者本地路径为例，该文件的路径是：
> C:\local\Anaconda3\lib\site-packages\tensor2tensor\data_generators

6.12.2 代码实现：定义自己的 problems 数据集

下面按照 T2T 框架中规定的格式，在 MyProblem 类中实现 approx_vocab_size、is_generate_per_split、dataset_split、sgenerate_samples 这几个方法。每个方法的作用见代码中的具体注释。

代码 my_problem（续）

```
07  @property
08  def approx_vocab_size(self):#指定词的个数
09      return 2**11
10
11  @property
12  def is_generate_per_split(self):
13      return False              #调用一次generate_samples，拆分数据集
14
15  @property
16  def dataset_splits(self):     #划分训练与评估数据集的比例
17      return [{
18          "split": problem.DatasetSplit.TRAIN,
```

```
19                    "shards": 9,
20                },  {
21                    "split": problem.DatasetSplit.EVAL,
22                    "shards": 1,
23                }]
24    #生成数据集
25    def generate_samples(self, data_dir, tmp_dir, dataset_split):
26        del data_dir
27        del tmp_dir
28        del dataset_split
29        #读取原始的训练样本数据
30        e_r = open(r"E:/t2t_test/tmp/english1w.txt", "r",encoding='utf-8')
31        c_r = open(r"E:/t2t_test/tmp/chinese1w.txt", "r",encoding='utf-8')
32
33        comment_list = e_r.readlines()
34        tag_list = c_r.readlines()
35        c_r.close()
36        e_r.close()
37        for comment, tag in zip(comment_list, tag_list):
38            comment = comment.strip()
39            tag = tag.strip()
40            yield {                                               #返回样本与标签
41                "inputs": comment,
42                "targets": tag
43            }
```

代码第 12 行定义了方法 is_generate_per_split，用于设置数据集的制作方式。

- 如果方法 is_generate_per_split 的返回值是 True，则表示：在进行训练集与评估集拆分时，每次都需要调用 generate_samples 方法。
- 如果方法 is_generate_per_split 的返回值是 False，则表示：只用 generate_samples 方法将数据集解析一次，然后进行拆分。

在实际使用中，将方法 is_generate_per_split 的返回值设为 False 更为通用。

代码第 25 行定义了 generate_samples 方法，用于生成数据。具体步骤如下：

（1）按照指定路径及读取方式读入样本数据。

（2）将读入的数据分成 input 与 targets 形式的字典对象（见代码第 40 行）。

 提示：

代码第 30 行中使用的是作者的本地样本路径 "E:/t2t_test/tmp"。在使用时，读者可以根据自己的样本位置来修改路径。

6.12.3 在命令行下生成 TFRecoder 格式的数据

下面以命令行方式调用 T2T 框架中的工具，对文本进行预处理。以 Windows 系统为例，具体步骤如下：

（1）在 DOS 系统中，通过 cd 命令来到本地 T2T 框架的安装路径 bin 下（作者本地路径是：C:\local\Anaconda3\Lib\site-packages\tensor2tensor\bin）。

（2）指定 t2t_usr_dir 参数为新建的 my_problem.py 文件所在的路径（作者的本地路径是：E:\t2t_test\problem）。

（3）指定 problem 参数为新建的 my_problem.py 的文件名"my_problem"。

（4）指定 data_dir 路径为生成的 tfrecoder 文件路径（作者的本地路径是 E:\t2t_test\data）。

具体命令如下：

```
C:\local\Anaconda3\Lib\site-packages\tensor2tensor\bin>python    t2t_datagen.py
--t2t_usr_dir=E:\t2t_test\problem --problem=my_problem --data_dir=E:\t2t_test\data
```

执行该命令之后，可以在本地"E:\t2t_test\data"下看到生成的预处理文件及字典，如图 6-10 所示。

图 6-10　生成的预处理文件及字典

在图 6-10 中，按照从上到下的顺序，第 1 个文件是评估数据集，最后一个文件是字典，其他文件为训练数据集。

6.12.4　查找 T2T 框架中的模型及超参，并用指定的模型及超参进行训练

T2T 框架中内置了许多成熟模型及配套的超参。可以通过编写代码查看它们。

在得到可选的成熟模型及配套的超参之后，便可以直接在命令行中指定自己的数据集，并选取模型和超参进行训练，不再需要额外编写代码。

1. 在 T2T 中查找模型

编写代码查看 T2T 框架中的内置模型及对应超参。具体代码如下：

代码 6-21　查看 T2T 模型及超参

```
01 import tensorflow as tf
02 from tensor2tensor import models
03
04 from tensor2tensor.utils import t2t_model
```

```
05  from tensor2tensor.utils import registry
06
07  print(len(registry.list_models()), registry.list_models())  #显示所有的模型
08  print(registry.model('transformer'))                        #显示指定模型
09  print(len(registry.list_hparams()),registry.list_hparams('transformer'))
    #显示指定模型的所有超参
10  print(registry.hparams('transformer_base_v1'))    #显示指定模型的指定超参
```

代码运行后，输出以下结果：

（1）显示所有的模型。

```
60 ['aligned', 'attention_lm', 'attention_lm_moe', 'autoencoder_autoregressive',
'autoencoder_basic', 'autoencoder_basic_discrete',……
 'vqa_recurrent_self_attention', 'vqa_self_attention',
'vqa_simple_image_self_attention', 'xception']
```

结果显示，T2T 框架中一共包含 60 个成熟模型。

（2）显示指定模型。

这里随便指定一个"transformer"模型，并将其显示出来（见代码第 8 行）。

```
<class 'tensor2tensor.models.transformer.Transformer'>
```

结果显示，每个模型都是以类的方式存在的。

（3）显示指定模型的所有超参。

这里同样指定了"transformer"模型，并查看该模型的超参。

```
520 ['transformer_base_v1', 'transformer_base_v2', 'transformer_base',
'transformer_big',
……
 'transformer_symshard_base', 'transformer_symshard_sh4', 'transformer_symshard_lm
_0', 'transformer_symshard_h4', 'transformer_teeny']
```

结果显示，T2T 框架中一共有 520 个超参组合。它们都是已经微调过的超参组合。用户直接拿来即可使用，非常方便。在这 520 个超参组合中，可以找到关于"transformer"模型的超参组合。

（4）显示指定模型的指定超参组合。

这里对"transformer"模型的"transformer_base_v1"超参组合进行查看。

```
[('activation_dtype', 'float32'), ('attention_dropout', 0.0),
('attention_dropout_broadcast_dims', ''), ('attention_key_channels', 0),
('attention_value_channels', 0), ('attention_variables_3d', False), ('batch_size',
4096),
……
 ('target_modality', 'default'), ('use_fixed_batch_size', False),
('use_pad_remover', True), ('use_target_space_embedding', True),
('video_num_input_frames', 1), ('video_num_target_frames', 1), ('vocab_divisor', 1),
('weight_decay', 0.0), ('weight_dtype', 'float32'), ('weight_noise', 0.0)]
```

从结果中可以看到，超参组合里面放置了各个网络层的节点个数、优化算法等信息。

2. 在命令行中训练模型

下面在命令行中用 t2t_trainer.py 命令训练模型。这里指定模型为 transformer，超参为 transformer_base。

 提示：

如果本地机器只有一个 GPU，则可以将超参换为 transformer_base_single_gpu。

具体代码如下：

```
C:\local\Anaconda3\Lib\site-packages\tensor2tensor\bin>python       t2t_trainer.py
--t2t_usr_dir=E:\t2t_test\problem  --problem=my_problem  --data_dir=E:\t2t_test\data
--model=transformer --hparams_set=transformer_base --output_dir=E:\t2t_test\train
```

运行之后，程序将循环训练模型，并且每训练 1000 次模型之后保存一次检查点文件。

 提示：

T2T 框架模型也支持分布式训练。具体训练方法可以参考官方文档：

https://github.com/tensorflow/tensor2tensor/blob/master/docs/distributed_training.md

6.12.5 用训练好的 T2T 框架模型进行预测

准备好一个英文文档（路径是 E:\t2t_test\decoder\en.txt），在其中放置几个英语句子。通过在命令行里调用 T2T 框架中的 t2t_decoder.py 文件进行预测。具体命令如下：

```
C:\local\Anaconda3\Lib\site-packages\tensor2tensor\bin>python t2t_decoder.py
--t2t_usr_dir=E:\t2t_test\problem --problem=my_problem --data_dir=E:\t2t_test\data
--model=transformer --hparams_set=transformer_base --output_dir=E:\t2t_test\train
--decode_hparams="beam_size=4,alpha=0.6"
--decode_from_file=E:\t2t_test\decoder\en.txt
--decode_to_file=E:\t2t_test\decoder\ch.txt
```

本实例中，使用了一个训练 2000 次的模型文件。运行后输出如下信息：

```
……
INFO:tensorflow:Restoring parameters from E:\t2t_test\train\model.ckpt-2000
INFO:tensorflow:Running local_init_op.
INFO:tensorflow:Done running local_init_op.
……
INFO:tensorflow:Inference results INPUT: to support its network information service,
this super server is also installed with parallel network and e - mail service software,
thus being able to support all kinds of popular database software .
INFO:tensorflow:Inference results OUTPUT: 这些 问题 ， 可以 增加 信息 ， 但 网络 网络 网络
网络 网络 网络 网络 信息 ， 网络 网络 网络 网络 网络 网络 网络 网络 网络 的 网络 网络 .
……
INFO:tensorflow:Elapsed Time: 100.26935
INFO:tensorflow:Averaged Single Token Generation Time: 0.0214180
INFO:tensorflow:Writing decodes into E:\t2t_test\decoder\ch.txt
```

上面是训练 2000 次模型的预测结果，读者可以增加训练次数来达到更好的效果。运行之后，能够在 E:\t2t_test\decoder\ch.txt 路径中找到模型的输出文件。

> 提示：
>
> T2T 框架中默认的解码器只支持 UTF-8 格式。
>
> 如果是用 Windows 中新建的文本进行测试，还需要将其转为 UTF-8 格式，否则会报 "UnicodeDecodeError: 'utf-8' codec" 之类的错误信息。
>
> 将文本转换为 UTF-8 格式的方法有很多，比如：直接用编辑工具 UltraEdit 打开文本，然后单击菜单中的"文件"→"另存为"命令，选择编码为 UTF-8 格式。

6.12.6 扩展：在 T2T 框架中，如何选取合适的模型及超参

为了方便用户使用，在 T2T 框架的 GitHub 官网中给了一份详细的建议方案，针对不同的任务推荐不同的数据集、模型和超参，见表 6-2。

表 6-2 T2T 框架中不同任务的推荐训练方案

任务	数据集	模型与超参
图像分类	ImageNet（一个大型数据集）：对应的 problem 为 image_imagenet，以及其重新缩放的版本（image_imagenet224、image_imagenet64、image_imagenet32）。 CIFAR-10：对应的 problem 为 image_cifar10，以及关闭数据扩充版本（image_cifar10_plain）。 MNIST：对应的 problem 为 image_mnist	ImageNet：建议使用 ResNet（对应的超参为 resnet_50）或 Xception 模型（对应的超参为 xception_base）。Resnet 应该在 ImageNet 上能够达到 76％以上的准确率。 CIFAR 和 MNIST：建议使用 shake_shake 模型（对应的超参为 shakeshake_big）。经过 700000 次迭代训练后，该模型在 CIFAR-10 上可以达到接近 97％的准确度
图像生成	CelebA：对应的 problem 为 img2img_celeba。用于图像到图像的转换，即从 8×8 pixel 到 32×32 pixel 的超分辨率。 CelebA-HQ：对应的 problem 为 image_celeba256_rev。 CIFAR-10：对应的 problem 为 image_cifar10_plain_gen_rev。用于生成 32×32 pixel 的条件分类任务。 LSUN Bedrooms：对应的 problem 为 image_lsun_bedrooms_rev。 MS-COCO：对应的 problem 为 image_text_ms_coco_rev。用于文本到图像的生成。 Small ImageNet（大型数据集）：ImageNet 的缩放版，分为 image_imagenet32_gen_rev 与 image_imagenet64_gen_rev 两个版本	建议使用 Image Transformer 模型（imagetransformer）或 Image Transformer plus 模型（imagetransformerpp）。 CIFAR-10：推荐使用的超参集合为 imagetransformer_cifar10_base 或 imagetransformer_cifar10_base_dmol。 Imagenet-32：推荐使用的超参集合为 imagetransformer_imagenet32_base

续表

任务	数据集	模型与超参
语言建模	PTB（一个小数据集）：对应的 problem 为 languagemodel_ptb10k（用于字级建模）和 languagemodel_ptb_characters（用于字符级建模） LM1B（十亿字词语料库）：对应的 problem 为 languagemodel_lm1b32k（用于字词级建模）和 languagemodel_lm1b_characters（用于字符级建模）	建议使用 transformer 模型。 PTB：推荐使用超参 transformer_small。 LM1B：推荐使用超参 transformer_base
情绪分析	CNN / DailyMail：对应的 problem 为 summarize_cnn_dailymail32k	建议使用 transformer 模型（对应的超参为 transformer_prepend）
翻译	英语-德语：对应的 problem 为 translate_ende_wmt32k。 英语-法语：对应的 problem 为 translate_enfr_wmt32k。 英语-捷克语：对应的 problem 为 translate_encs_wmt32k。 英文-中文：对应的 problem 为 translate_enzh_wmt32k。 英语-越南语：对应的 problem 为 translate_envi_iwslt32k	建议使用 transformer 模型（对应的超参为 transformer_base）。 在单个 GPU 上，超参可使用 transformer_base_single_gpu。 在大型数据集上（例如 translate_enfr_wmt32k），超参可以使用 transformer_big

该建议方案支持的计算硬件为谷歌云 TPU 或带有 8 块 GPU 的机器。

更多的 T2T 框架示例，可以参考如下网址：

https://colab.research.google.com/github/tensorflow/tensor2tensor/blob/master/tensor2tensor/notebooks/hello_t2t.ipynb

6.13 实例 30：将 TensorFlow 1.x 中的代码升级为可用于 2.x 版本的代码

在 TensorFlow 2.x 版本中，推荐使用估算器框架、动态图框架与 tf.keras 接口。1.x 版本中的静态图框架、tf-slim 接口将不再推荐使用。

在版本交替过程中，代码升级工作是避免不了的。本节将通过 tf_upgrade_v2 工具实现对已有代码的升级。

实例描述

将 6.3 节中在 TensorFlow 1.x 版本中编写的动态图代码，升级成符合 TensorFlow 2.x 版本语法的代码，并在 TensorFlow 2.x 版本中运行通过。

6.13.1 准备工作：创建 Python 虚环境

本节的准备工作分为两部分。

（1）安装 TensorFlow 2.x 版本：按照本书 2.6 节的内容，在本机创建虚拟环境，并安装 TensorFlow 2.x 版本。

（2）准备带转换的代码文件：将6.3节代码文件"6-3　动态图另一种梯度方法.py"复制到本地，用于升级转换。

6.13.2　使用工具转换源码

安装好TensorFlow 2.x版本之后，在命令行中执行以下操作。
（1）激活该版本的虚环境（作者的TensorFlow 2.x版本所在的虚环境为tf2）。
（2）用tf_upgrade_v2工具进行转换。具体命令如下：

```
activate tf2
tf_upgrade_v2 --infile 6-3__动态图另一种梯度方法.py --outfile ./ 6-22__tf2code.py
```

该命令执行后，会在本地目录下生成一个report.txt文件。
在report.txt文件里记录了tf_upgrade_v2工具的详细转化工作。具体内容如下：

```
--------------------------------------------------------------------------------
Processing file '6-3　动态图另一种梯度方法.py'
 outputting to './6-22__tf2code.py'
--------------------------------------------------------------------------------

'6-3　动态图另一种梯度方法.py' Line 18
--------------------------------------------------------------------------------
……
--------------------------------------------------------------------------------
Renamed function 'tf.train.Saver' to 'tf.compat.v1.train.Saver'
    Old: saver = tf.train.Saver([W,b], max_to_keep=1)
                 ~~~~~~~~~~~~~~
    New: saver = tf.compat.v1.train.Saver([W,b], max_to_keep=1)
                 ~~~~~~~~~~~~~~~~~~~~~~~~
```

同时，在本地路径下也生成了源代码文件"6-22　tf2code.py"。

6.13.3　修改转换后的代码文件

因为TensorFlow 2.x版本不支持contrib模块，所以需要将用到conrib部分的代码全都删掉。具体代码如下：

代码6-22　tf2code（片段）

```
01  import tensorflow as tf
02  import numpy as np
03  import matplotlib.pyplot as plt
04  import tensorflow.contrib.eager as tfe        #不再支持contrib模块，所以需要删掉
05
06  tf.compat.v1.enable_eager_execution()         #默认就是启动动态图，所以需要删掉
07  print("TensorFlow 版本: {}".format(tf.version))
08  print("Eager execution: {}".format(tf.executing_eagerly()))
09  ……
10  #将tfe改为tf
```

```
11  W = tfe.Variable(tf.random.normal([1]),dtype=tf.float32, name="weight")
12  b = tfe.Variable(tf.zeros([1]),dtype=tf.float32, name="bias")
13  ……
14  #定义saver，演示两种操作检查点文件的方法
15  savedir = "logeager/"
16  savedirx = "logeagerx/"
17  saver = tf.compat.v1.train.Saver([W,b], max_to_keep=1)
18  saverx = tfe.Saver([W,b])         #删除contrib的检查点文件操作
19
20  kpt = tf.train.latest_checkpoint(savedir)            #找到检查点文件
21  kptx = tf.train.latest_checkpoint(savedirx)          #找到检查点文件
22  if kpt!=None:
23      saver.restore(None, kpt)
24      saverx.restore(kptx)          #删除contrib的恢复检查点文件操作
25  ……
26      #显示训练中的详细信息
27      if step % display_step == 0:
28          cost = getcost (x, y)
29          print ("Epoch:", step+1, "cost=", cost.numpy(),"W=", W.numpy(), "b=", b.numpy())
30          if not (cost == "NA" ):
31              plotdata["batchsize"].append(global_step.numpy())
32              plotdata["loss"].append(cost.numpy())
33          saver.save(None, savedir+"linermodel.cpkt", global_step)
34          saverx.save(savedirx+"linermodel.cpkt", global_step) #删除生成检查点文件的操作
35  ……
```

在修改代码时，直接将调用 contrib 模块操作检查点文件的代码删掉即可。程序运行时，会用静态图的方式对检查点文件进行操作。

代码运行后，程序输出的结果与 6.3.5 小节一致，这里不再详述。

6.13.4 将代码升级到 TensorFlow 2.x 版本的经验总结

下面将升级代码到 TensorFlow 2.x 版本的方法汇总起来，有如下几点。

1. 最快速转化的方法

在代码中没有使用 contrib 模块的情况下，可以在代码最前端加上如下两句，直接可以实现的代码升级。

```
import tensorflow.compat.v1 as tf
tf.disable_v2_behavior()
```

这种方法只是保证代码在 TensorFlow 2.x 版本上能够运行，并不能发挥 TensorFlow 的最大性能。

2. 使用工具进行转化的方法

在代码中没有使用 contrib 模块的情况下，用 tf_upgrade_v2 工具可以快速实现代码升级。

当然tf_upgrade_v2工具并不是万能的，它只能实现基本的API升级。一般在转化完成之后还需要手动二次修改。

3. 将静态图改成动态图的方法

静态图可以看作程序的运行框架，可以将输入输出部分原样的套用在函数的调用框架中。具体步骤如下：

（1）将会话（session）转化成函数。
（2）将注入机制中的占位符（tf.placeholder）和字典（feed_dict）转化成函数的输入参数。
（3）将会话运行（session.run）后的结果转化成函数的返回值。

在实现过程中，可以通过自动图功能，用简单的函数逻辑替换静态图的运算结构。自动图的详细介绍请参考6.1.16小节。

4. 将共享变量的作用于转成Python对象的命名空间

在定义权重参数时，用tf.Variable函数替换tf.get_variable函数。每个变量的命名空间（variable_scope）用类对象空间进行替换，即将网络封装成类的形式来搭建模型。

在封装类的过程中，可以继承tf.keras接口（如：tf.keras.layers.Layer、tf.keras.Model）也可以继承更底层的接口（如tf.Module、tf.layers.Layer）。

在对模型进行参数更新时，可以使用实例化类对象的variables和trainable_variables属性来控制参数。

5. 升级TF-slim接口开发的程序

TensorFlow 2.x版本将彻底抛弃TF-slim接口，所以升级TF-slim接口程序会有较大的工作量。官方网站给出的指导建议是：如果手动将TF-slim接口程序转化为tf.layers接口实现（因为二者的使用方法相对比较类似，见6.6节），则可以满足基本使用；如果想与TensorFlow 2.x版本结合得更加紧密，则可以再将其转化为tf.keras接口。

6. 使用contrib模块的程序

如果代码中使用了contrib模块，则需要额外安装Addons模块（见9.1.17小节），TensorFlow 2.x版本将contrib模块中的部分API，移植到了Addons模块中。在contrib模块中，常用的API都会在Addons模块中找到。如果当前代码中使用的contrib模块API在Addons模块下找不到，则只能使用已有的API对代码进行重新替换。

第 3 篇　进阶

本篇主要讲解机器学习算法的相关内容，主要分为两部分：特征工程、神经网络。

在特征工程部分，主要介绍特征列变换、机器学习的使用方法。这些方法都具有强解释性。

在神经网络部分，主要介绍卷积神经网络、循环神经网络的相关模型。这些模型都是目前相对主流的成熟模型。

通过本篇的学习，读者可以学会如何选择模型，以及使用模型完成特定的机器学习任务。

- 第 7 章　特征工程——会说话的数据
- 第 8 章　卷积神经网络（CNN）——图像处理中应用最广泛的模型
- 第 9 章　循环神经网络（RNN）——处理序列样本的神经网络

第 7 章

特征工程——会说话的数据

特征工程本质上是一种工程方法,即从原始数据中提取最优特征,以供算法或模型使用。在机器学习任务中,应用领域不同,特征工程的重要程度也不同。
- 在数值分析任务中,特征工程的重要性尤为突出。能否提取出好的特征,对模型的训练结果有很大影响。一旦提取不到有用的样本特征,或是太多无用的样本特征进入模型,都会让模型的精度大打折扣。
- 在图像处理任务中,特征工程的作用不大,因为在图像处理任务中,图片样本都是像素值在 0~255 的数字,是固定值域。
- 在文本处理任务中,将样本进行分词、向量化之后,也会将值域统一起来。不再需要使用特征工程的方法对样本数值进行重组。

本章重点介绍在数值分析任务中,从样本里提取特征,并进行转换的各种方法。如果读者掌握了这些方法,便可以根据已有任务选择合适的处理方法,对样本数据进行有效特征的提取,完成数值的分析。

7.1 快速导读

在学习实例之前,有必要了解特征工程的基础知识。

7.1.1 特征工程的基础知识

特征工程发生在训练模型之前的样本预处理环节。

在数值分析任务中,不同的样本具有不同的字段属性,如名字、年龄、地址、电话等,这些信息是以不同形式存在的。如果想要使用算法或模型进行分析,则需要将样本中的信息转化成模型能够处理的数据——浮点型数据。这便是特征工程主要做的事情。

1. 特征工程的作用

在特征工程中,为了降低模型的拟合难度,除需要对字段属性做数值转化外,还需要根据任务本身做属性的增减。这相当于用人的理解力对数据做一次加工,帮助神经网络更好地理解数据。特征工程做得越好,数据的表征能力就会越强。

在训练模型环节,表征能力强的样本会给神经网络一个明显的指导信号,使模型更容易学到样本中的潜在规则，表现出更好的预测效果。

2. 特征工程的方法

特征工程可以理解为数据科学中的一种，包含了许多数据分析的知识和技巧，让初学者很难入门。不过随着深度学习的发展，越来越多的解决方案倾向于通过拟合能力更强的机器学习算法来降低人工干预度，减小对特征工程的依赖程度。这使得特征工程的作用越来越接近于单纯的数值转化。所以，读者只需要掌握一些特征工程的基本方法即可，不再需要将更多的精力放在特征工程算法上。

在特征工程中，常用的特征提取方法有以下 3 种。
- 单纯对特征的选择操作。
- 通过特征之间的运算，构造出新的特征（比如有两个特征 x1、x2，通过计算 x1+x2 来生成一个新的特征）。
- 通过某些算法来生成新的特征（比如主成分分析算法，或先经过深度神经网络算出一部分特征值）。

这 3 种方法在使用时，只有相关的指导思想，没有固定的使用模式。除依靠个人经验外，还可以用机器学习算法进行筛选，但用机器学习算法进行筛选的过程会需要大量的算力作为支撑。

7.1.2 离散数据特征与连续数据特征

样本的数据特征主要可以分为两类：离散数据特征和连续数据特征。

1. 离散数据特征

离散数据特征类似于分类任务中的标签数据（例如，男人、女人）所表现出来的特征，即数据之间彼此没有连续性。具有该特征的数据被叫作离散数据。

在对离散数据做特征变换时，常常将其转化为 one-hot 编码或词向量，具体分为两类。
- 具有固定类别的样本（例如，性别）：处理起来比较容易，可以直接按照总的类别数进行变换。
- 没有固定类别的样本（例如，名字）：可以通过 hash 算法或类似的散列算法将其分散，然后再通过词向量技术进行转化。

2. 连续数据特征

连续数据特征类似于回归任务中的标签数据（例如，年纪）所表现出来的特征，即数据之间彼此具有连续性。具有该特征的数据被叫作连续数据。

在对连续数据做特征变换时，常对其做对数运算或归一化处理，使其具有统一的值域。

3. 连续数据与离散数据的相互转化

在实际应用中，需要根据数据的特性选择合适的转化方式，有时还需要实现连续数据与离散数据间的互相转化。

例如，对一个值域跨度很大（例如，0.1～10000）的特征属性进行数据预处理时，可以有以下 3 种方法。

（1）将其按照最大值、最小值进行归一化处理。

（2）对其使用对数运算。

（3）按照其分布情况将其分为几类，做离散化处理。

具体选择哪种方法还要看数据的分布情况。假设数据中有 90%的样本在 0.1~1 之间，只有 10%的样本在 1000~10000 之间。那么使用第（1）种和第（2）种方法显然不合理。因为这两种方法只会将 90%的样本与 10%的样本分开，并不能很好地体现出这 90%的样本的内部分布情况。

而使用第（3）种方法，可以按照样本在不同区间的分布数量对样本进行分类，让样本内部的分布特征更好地表达出来。

7.1.3 了解特征列接口

特征列（tf.feature_column）接口是 TensorFlow 中专门用于处理特征工程的高级 API。用 tf.feature_column 接口可以很方便地对输入数据进行特征转化。

特征列就像是原始数据与估算器之间的中介，它可以将输入数据转化成需要的特征样式，以便传入模型进行训练。

7.1.4 了解序列特征列接口

序列特征列接口（tf.contrib.feature_column.sequence_feature_column）是 TensorFlow 中专门用于处理序列特征工程的高级 API。它是在 tf.feature_column 接口之上的又一次封装。该 API 目前还在 contrib 模块中，未来有可能被移植到主版本中。

在序列任务中，使用序列特征列接口（sequence_feature_column）会大大减少程序的开发量。

在序列特征列接口中一共包含以下几个函数。

- sequence_input_layer：构建序列数据的输入层。
- sequence_categorical_column_with_hash_bucket：将序列数据转化成离散分类特征列。
- sequence_categorical_column_with_identity：将序列数据转化成 ID 特征列。
- sequence_categorical_column_with_vocabulary_file：将序列数据根据词汇表文件转化成特征列。
- sequence_categorical_column_with_vocabulary_list：将序列数据根据词汇表列表转化成特征列。
- sequence_numeric_column：将序列数据转化成连续值特征列。

在 7.5 节还会演示序列特征列 API 的使用实例。

7.1.5 了解弱学习器接口——梯度提升树（TFBT 接口）

TFBT 接口实现了梯度提升树（gradient boosted trees）算法。梯度提升树算法适用于多种机器学习任务。

TFBT 是一个弱学习器接口，其中包括两套 API，都可以处理"分类任务"和"回归任务"。以"分类任务"为例，这两套 API 如下所示。
- contrib 模块中的 API：tensorflow.contrib.boosted_trees 接口。
- 估算器框架中的 API：tf.estimator.BoostedTreesClassifier 接口。

其中，contrib 模块中的 API 都是非官方支持的第三方实验型 API，其功能较新、较全，但不稳定。

在主框架中的"回归任务"的接口是 tf.estimator.BoostedTreesRegressor。

> **提示：**
> 在 TensorFlow 2.x 版本中没有 contrib 模块。建议读者优先使用估算器框架中的 API。

7.1.6　了解特征预处理模块（tf.Transform）

特征预处理模块（tf.Transform）是一个对数据进行预处理的库。在训练 NLP、数值分析等模型时，利用它可以很方便地对数据进行预处理，例如：
- 将输入值做平均值计算或标准偏差归一化处理。
- 根据输入文本生成字典，并将文本按照字典转换为索引。
- 将输入的连续值数据特征按照指定界限进行划分（桶机制），并根据划分的界限将其转化为整数索引（离散数据特征）。

1. 安装 tf.Transform 模块

tf.Transform 模块独立于 TensorFlow 安装包，需要另外单独安装，具体方法是，在命令行里输入以下命令：

```
pip install tensorflow-transform
```

2. 了解 tf.Transform 的依赖库

如果 tf.Transform 模块在本地分布运行，则会依赖于 Apache Beam 库。如果在 TPU 云上运行，则依赖于 Google Cloud Dataflow。

> **提示：**
> 截至本书定稿时，tf.Transform 模块还在开发之中，只支持 Python 2.7 到 Python 3.0，对于本书使用的 Python 3.6 版本并不支持。这是由于当前的 tf.Transform 在 Python 3.0 之后的版本上还存在未能解决的重要 Bug，影响模块的发布。
>
> 读者可以先关注该模块的发布信息，具体链接如下：
>
> https://github.com/tensorflow/transform/
>
> 如果在未来发布了支持 Python 3.6 版本的 tf.Transform 模块，则便可以使用。

7.1.7 了解因子分解模块

TensorFlow 中提供了一个因子分解模块（factorization），其中包含 GMM（高斯混合模型）、kmeans（聚类算法）、WALS（加权矩阵分解）算法。它们是估算器框架的 3 种实例化实现。

因子分解模块的用法与估算器的用法基本一致，它可以使机器学习代码与深度学习无缝连接。它的具体使用方法见本书 7.4 节。

7.1.8 了解加权矩阵分解算法

加权矩阵分解（WALS）算法采用加权交替矩阵分解的最小二乘法实现，能够将非常稀疏的矩阵因子分解成两个稠密矩阵的乘积，如图 7-1 所示。

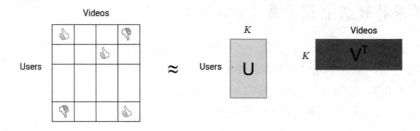

图 7-1　WALS 算法示例图

在图 7-1 的左侧：

- 横坐标为 Videos，代表视频的 ID。
- 纵坐标为 Users，代表用户的 ID。
- 二者交叉的方格，代表某个用户对某个视频给予的好评或差评。

如果该数据来自于一个视频网站，则 Users 和 Videos 的个数会非常多，且这两个字段都属于离散型字段。如果用 one-hot 编码来表征，则是非常庞大的维度，并且大部分的值都为 0，这显然不合适。

图 7-1 左侧的矩阵被分解成了右侧的两个稠密矩阵：Users 与 Videos。

- 在 Users 矩阵中，行数代表用户的个数，列数为 K（可以在算法中指定）。
- 在 Videos 矩阵中，列数为 K（与 Users 的行数相同），行数为视频的个数。

在图 7-1 中，左侧的矩阵可以理解为由右侧的 Users 矩阵与 Videos 矩阵相乘得来（中间的 K 个维度会在相乘过程中被约分掉）；图 7-1 右侧的 Users 矩阵与 Videos 矩阵可以理解为由左侧矩阵分解得来。

在训练 WALS 模型时，只关注稀疏矩阵中有值的部分。具体步骤如下：

（1）将 Users 矩阵与 Videos 矩阵中指定的元素相乘。

（2）将（1）的结果与对应的标签评论值进行比较，计算损失。

（3）根据损失来调整权重参数。

（4）多次迭代，使得 Users 矩阵与 Videos 矩阵中指定元素的相乘结果，越来越接近图 7-1 左侧中对应位置的评论值。

在使用 WALS 模型时，便可以在 Users 矩阵与 Videos 矩阵的相乘结果中，找到指定用户的所有视频评论值。如果对该评论值进行排名，便是一个关于该用户的推荐算法。

另外，通过 WALS 算法之后，每个用户或每个视频便都可以用 K 个维度的向量来表示，再也不需要用庞大的 one-hot 编码来表示了。

7.1.9　了解 Lattice 模块——点阵模型

TensorFlow 中的 Lattice 模块是一个点阵模型（插值查找表），该模型通过"单调校准插值查找表"算法实现。该算法通过插值方式配合单调函数来学习样本中的数据特征，具有很好的可解释性，善于解决低维数据的相关任务。

在样本比较少的情况下，Lattice 模块的准确性会高于深度学习模型的准确性，同时 Lattice 模块也为用户提供了更高的算法透明度。

更多理论可参考以下链接：

```
http://jmlr.org/papers/v17/15-243.html
https://ai.google/research/pubs/pub46327
```

1. 安装 Lattice 模块

Lattice 不在 TensorFlow 的官方模块里，所以需要单独安装。现有的二进制包只支持 Linux 与 Mac 操作系统（如果要在 Windows 系统中使用，则需要对源码进行编译）。具体安装命令如下：

```
pip install tensorflow-lattice
```

2. Lattice 的内部模块介绍

安装好的 Lattice 模块可用于回归和分类任务。它能够单独进行计算处理（类似估算器的使用方法），也可以作为神经网络中的一层进行联合的计算处理。

Lattice 模块内部包括以下 6 个子模块。

- 校准线性模型：将每个特征进行一维线性转换，然后把所有校准后的特征进行线性连接。它适用于训练非常小或没有复杂的非线性输入交互的数据集。
- 校准点阵模型：将校准后的特征用两层单个点阵模型进行非线性连接，可以展现数据集中的复杂非线性交互。它适用于特征数在 10 个以下的数据集。
- 随机微点阵模型（Random Tiny Lattices，RTL）：是一个优化后的点阵模型。它可以使参数的数量可控。正常来讲，一个具有 D 个特征的点阵模型，需要至少 2^D 个参数。RTL 的微点阵单元是由若干个点阵相加所组成，这种结构使得整体的点阵参数不至于随着特征的增加而呈指数级增长。在实现时，给每个微点阵单元设置一个特征维度 DL，每个微点阵单元从总的 D 维特征中随机取 DL（微点阵单元的特征维度）个特征来进行运算。然后由任意多个微点阵单元组成整个 RTL。
- 集合的微点阵模型（Ensembled Tiny Lattices，ETL）：与 RTL 模型类似，只不过每个微点阵的维度是个随机值。同时还会对输入的 D 维特征做一次线性变换。相比 RTL 模型，ETL 模型的灵活度更强，但会缺乏一些可解释性，而且也需要更长的时间训练。

- 校准层：对数据进行分段线性校准，可以对接到其他神经网络里。
- 点阵层：对数据进行内插值查表转化，可以对接到其他神经网络里。

7.1.10 联合训练与集成学习

联合训练（joint training）与集成学习（ensemble learning）都属于使用多模型处理单一任务的训练方法。

二者的相同之处是：将多种学习算法组合在一起，以便取得更好的结果。例如，采用多个分类器对数据集进行预测，从而提高整个分类器的泛化能力。

二者的不相同之处是：

- 集成学习方法中的每个模型都是独立进行训练的，模型的融合过程发生在最终的预测阶段。
- 联合训练方法中的所有模型都是同时训练的，彼此共享误差。模型的融合过程发生在训练阶段。每个模型的权重会随整体的训练误差进行调整。

本书 7.2 节实例中介绍的 wide_deep 模型，使用的就是联合训练方法。

7.2 实例 31：用 wide_deep 模型预测人口收入

本实例用 wide_deep 模型预测人口收入。wide_deep 模型来自于谷歌公司，在 Google Play 的 APP 推荐算法中就使用了该模型。

wide_deep 模型的核心思想是：结合线性模型的记忆能力（memorization）和 DNN 模型的泛化能力（generalization），在训练过程中同时优化两个模型的参数，从而实现最优的预测能力。

实例描述

有一个人口收入的数据集，其中记录着很多人的详细信息及收入情况。

现需要训练一个机器学习模型，使得该模型能够找到个人的详细信息与收入之间的关系。

最终实现：在给定一个人的具体详细信息之后，该模型能估算出他的收入水平。

本实例具有很好的学习价值，下面就来详细讲解一下。

7.2.1 了解人口收入数据集

该数据集的具体信息见表 7-1。

表 7-1 人口收入数据集

数据集项目	具体值
数据集的特征	多元
实例的数目	48842

续表

数据集项目	具体值
区域	社会
属性特征	分类，整数
属性的数目	14 个

数据集中收集了 20 多个地区的人口数据，每个人的详细信息包括年龄、职业、教育等 14 个维度，一共有 48842 条数据。本实例从其中取出 32561 条数据用作训练模型的数据集，剩余的数据将作为测试模型的数据集。

1. 部署数据集

在本书的配套资源里提供了两个数据集文件——adult.data.csv 与 adult.test.csv，将这两个文件复制到本地代码的 income_data 文件夹下，如图 7-2 所示。

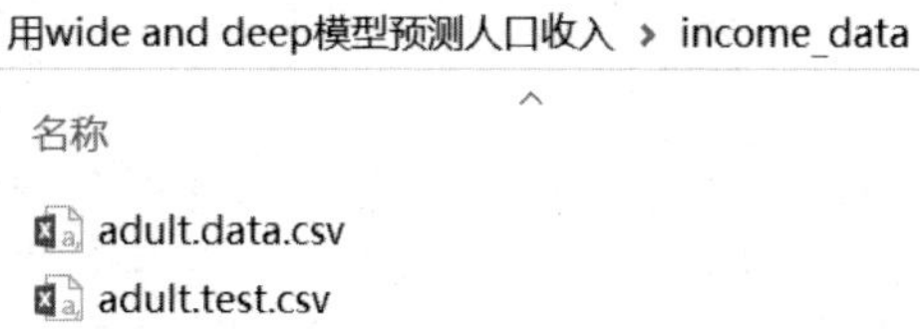

图 7-2　人口收入数据集

在图 7-2 中，adult.data.csv 是训练数据集，adult.test.csv 是测试数据集。

2. 数据集内容介绍

用 Excel 打开数据集文件，便可以看到具体内容，如图 7-3 所示。

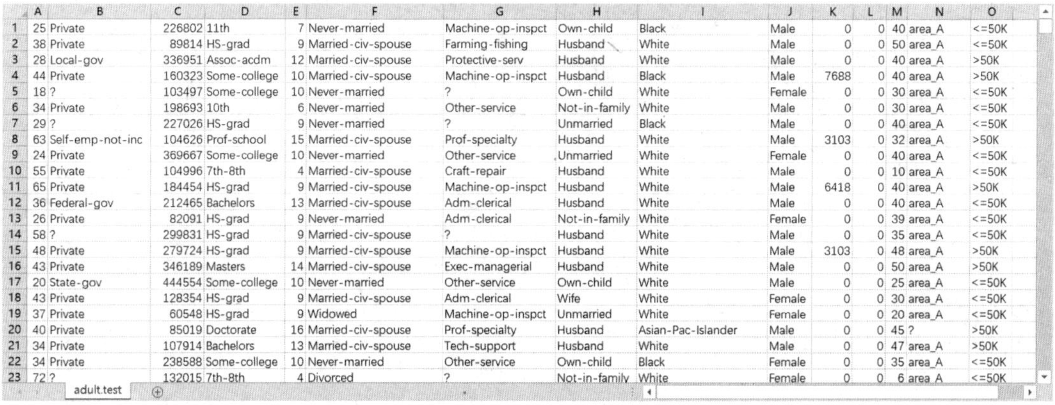

	A	B	C	D	E	F	G	H	I	J	K	L	M	N	O
1	25	Private	226802	11th	7	Never-married	Machine-op-inspct	Own-child	Black	Male	0	0	40	area_A	<=50K
2	38	Private	89814	HS-grad	9	Married-civ-spouse	Farming-fishing	Husband	White	Male	0	0	50	area_A	<=50K
3	28	Local-gov	336951	Assoc-acdm	12	Married-civ-spouse	Protective-serv	Husband	White	Male	0	0	40	area_A	>50K
4	44	Private	160323	Some-college	10	Married-civ-spouse	Machine-op-inspct	Husband	Black	Male	7688	0	40	area_A	>50K
5	18	?	103497	Some-college	10	Never-married	?	Own-child	White	Female	0	0	30	area_A	<=50K
6	34	Private	198693	10th	6	Never-married	Other-service	Not-in-family	White	Male	0	0	30	area_A	<=50K
7	29	?	227026	HS-grad	9	Never-married	?	Unmarried	Black	Male	0	0	40	area_A	<=50K
8	63	Self-emp-not-inc	104626	Prof-school	15	Married-civ-spouse	Prof-specialty	Husband	White	Male	3103	0	32	area_A	>50K
9	24	Private	369667	Some-college	10	Never-married	Other-service	Unmarried	White	Female	0	0	40	area_A	<=50K
10	55	Private	104996	7th-8th	4	Married-civ-spouse	Craft-repair	Husband	White	Male	0	0	10	area_A	<=50K
11	65	Private	184454	HS-grad	9	Married-civ-spouse	Machine-op-inspct	Husband	White	Male	6418	0	40	area_A	>50K
12	36	Federal-gov	212465	Bachelors	13	Married-civ-spouse	Adm-clerical	Husband	White	Male	0	0	40	area_A	<=50K
13	26	Private	82091	HS-grad	9	Never-married	Adm-clerical	Not-in-family	White	Female	0	0	39	area_A	<=50K
14	58	?	299831	HS-grad	9	Married-civ-spouse	?	Husband	White	Male	0	0	35	area_A	<=50K
15	48	Private	279724	HS-grad	9	Married-civ-spouse	Machine-op-inspct	Husband	White	Male	3103	0	48	area_A	>50K
16	43	Private	346189	Masters	14	Married-civ-spouse	Exec-managerial	Husband	White	Male	0	0	50	area_A	>50K
17	20	State-gov	444554	Some-college	10	Never-married	Other-service	Own-child	White	Male	0	0	25	area_A	<=50K
18	43	Private	128354	HS-grad	9	Married-civ-spouse	Adm-clerical	Wife	White	Female	0	0	30	area_A	<=50K
19	37	Private	60548	HS-grad	9	Widowed	Machine-op-inspct	Unmarried	White	Female	0	0	20	area_A	<=50K
20	40	Private	85019	Doctorate	16	Married-civ-spouse	Prof-specialty	Husband	Asian-Pac-Islander	Male	0	0	45	?	>50K
21	34	Private	107914	Bachelors	13	Married-civ-spouse	Tech-support	Husband	White	Male	0	0	47	area_A	>50K
22	34	Private	238588	Some-college	10	Never-married	Other-service	Own-child	Black	Female	0	0	35	area_A	<=50K
23	72	?	132015	7th-8th	4	Divorced	?	Not-in-family	White	Female	0	0	6	area_A	<=50K

图 7-3　数据集的内容

图 7-3 中，每一行都有 15 列，代表一个人的 15 个数据属性。每个属性的意义及取值见表 7-2。

表 7-2 数据集字段的含义

列	字 段	取 值
A	年龄（age）	连续值
B	工作类别（workclass）	Private（私企）、Self-emp-not-inc（自由职业）、Self-emp-inc（雇主）、Federal-gov（联邦政府）、Local-gov（地方政府）、State-gov（州政府）、Without-pay（没有工资）、Never-worked（无业）
C	权重值（fnlwgt）	连续值
D	教育（education）	Bachelors（学士）、Some-college、11th、HS-grad（高中）、Prof-school（教授）、Assoc-acdm、Assoc-voc、9th、7th-8th、12th、Masters（硕士）、1st-4th、10th、Doctorate（博士）、5th-6th、Preschool（学前班）
E	受教育年限（education_num）	连续值
F	婚姻状况（marital_status）	Married-civ-spouse（已婚）、Divorced（离婚）、Never-married（未婚）、Separated（分居）、Widowed（丧偶）、Married-spouse-absent（已婚配偶缺席）、Married-AF-spouse（再婚）
G	职业（occupation）	Tech-support（技术支持）、Craft-repair（工艺修理）、Other-service（其他服务）、Sales（销售）、Exec-managerial（行政管理）、Prof-specialty（专业教授）、Handlers-cleaners（操作工人清洁工）、Machine-op-inspct（机器操作）、Adm-clerical（ADM 职员）、Farming-fishing（农业捕鱼）、Transport-moving（运输搬家）、Priv-house-serv（家庭服务）、Protective-serv（保安服务）、Armed-Forces（武装部队）
H	关系（relationship）	Wife（妻子）、Own-child（自己的孩子）、Husband（丈夫）、Not-in-family（不是家庭成员）、Other-relative（其他亲戚）、Unmarried（未婚）
I	种族（race）	White（白种人）、Asian-Pac-Islander（亚洲太平洋岛民）、Amer-Indian-Eskimo（印度人）、Other（其他）、Black（黑种人）
J	性别（gender）	Female（女性）、Male（男性）
K	收益（capital_gain）	连续值
L	损失（capital_loss）	连续值
M	每周工作时间（hours_per_week）	连续值
N	地区（native_area）	area_A、area_B、area_C、area_D、area_E、area_F、area_G、area_H、area_I、Greece、area_K、area_L、area_M、area_N、area_O、area_P、Italy、area_R、Jamaica、area_T、Mexico、area_S、area_U、France、area_W、area_V、Ecuador、area_X、Columbia、area_Y、Guatemala、Nicaragua、area_Z、area_1A、area_1B、area_1C、area_1D、Peru、area_#、area_1G
O	收入档次（income_bracket）	>5 万美元、≤5 万美元

7.2.2 代码实现：探索性数据分析

探索性数据分析（Exploratory Data Analysis，EDA）是指，对原始样本进行特征分析，找到有价值的特征。常用的方法之一是：用散点图矩阵（scatterplot matrix 或 pairs plot）将样本特征可视化。可视化的结果可用于分析样本分布、寻找单独变量间的关系或发现数据异常情况，有助于指导后续的模型开发。

这里介绍一个工具——seaborn（https://seaborn.pydata.org），它能够在 Python 环境中快速创建散点图矩阵，并支持定制化。

下面举一个对数据进行可视化的例子，代码如下：

```
import seaborn as sns
import pandas as pd
import warnings
warnings.simplefilter(action = "ignore", category = RuntimeWarning)   #忽略警告（遇到空值的情况,会有警告）

_CSV_COLUMNS = [                                       #CSV 文件的列名
    'age', 'workclass', 'fnlwgt', 'education', 'education_num',
    'marital_status', 'occupation', 'relationship', 'race', 'gender',
    'capital_gain', 'capital_loss', 'hours_per_week', 'native_area',
    'income_bracket'
]
evaldata = r"income_data\adult.data.csv"               #加载 CSV 文件
df = pd.read_csv(evaldata,names=_CSV_COLUMNS,skiprows=0,encoding = "ISO-8859-1")
#,encoding = "gbk") #,skiprows=1,columns=list('ABCD')）

df.loc[df['income_bracket']=='<=50K','income_bracket']=0 #字段转化
df.loc[df['income_bracket']=='>50K','income_bracket']=1  #字段转化
df1 = df.dropna(how='all',axis = 1)                     #数据清洗：将空值数据去掉
sns.pairplot(df1)                                        #生成交叉表
```

运行代码之前，需要先通过 pip install seaborn 命令安装 seaborn 工具。运行之后便会看到其生成的字段交叉图表，如图 7-4 所示。

从图 7-4 中可以看出，seaborn 工具将数值类型的字段以交叉表的方式统一罗列了出来。可以得到以下结果。

- 最终的 income_bracket（收入档次）与前面的任何单一字段都没有明显的直接联系。
- 从 capital_gain（收益）字段来看，高收入与低收入人群之间存在着很大的差距。
- 从 hours_per_week（每周工作时间）字段来看特别高与特别低的人群都没有很好的年收益。
- 学历低的人群获得高收益的概率非常低。

在实际操作中，可以将其他非数值的字段数值化。对于较大数值的字段也可以取对数，将其控制在统一的取值区间。还可以在图上将某个字段的类别用不同颜色显示，从而方便分析。

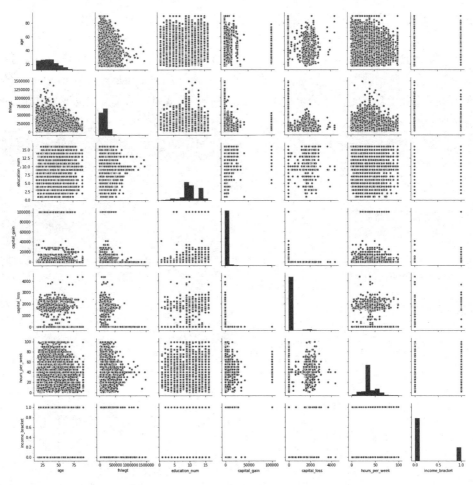

图 7-4　字段交叉图表

更多方法可参考官网或以下教程：

```
https://github.com/WillKoehrsen/Data-Analysis/blob/master/pairplots/Pair%20Plots
.ipynb
```

7.2.3　认识 wide_deep 模型

wide_deep 模型可以理解成是由以下两个模型的输出结果叠加而成的。
- wide 模型是一个线性模型（浅层全连接网络模型）。
- deep 模型是 DNN 模型（深层全连接网络模型）。

1. wide_deep 模型的训练方式

wide_deep 模型采用的是联合训练方法。模型的训练误差会同时反馈到线性模型和 DNN 模型中进行参数更新。

2. wide_deep 模型的设计思想

在 wide_deep 模型中，wide 模型和 deep 模型具有各自不同的分工。

- wide 模型：一种浅层模型。它通过大量的单层网络节点，实现对训练样本的高度拟合性。它的缺点是泛化能力很差。
- deep 模型：一种深层模型。它通过多层的非线性变化，使模型具有很好的泛化性。它的缺点是拟合度欠缺。

将二者结合起来——用联合训练方法共享反向传播的损失值来进行训练—可以使两个模型综合优点，得到最好的结果。

关于该模型的更多介绍可以参考论文：

```
https://arxiv.org/pdf/1606.07792.pdf
```

7.2.4 部署代码文件

将本书配套资源里的数据集与依赖文件复制到本地代码的同级目录下，如图 7-5 所示。

图 7-5　代码文件的结构

图 7-5 中有两个文件夹。其中，文件夹 income_data 里是数据集（见 7.2.1 小节），文件夹 utils 是本实例代码要依赖的库文件。

文件夹 utils 中的代码文件如图 7-6 所示。

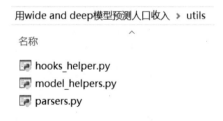

图 7-6　utils 中的代码文件

从图 7-6 中可以看到，utils 文件夹里有 3 个代码文件：

- hooks_helper.py：模型的辅助训练工具。它以钩子函数的方式输出训练过程中的内容。
- model_helpers.py：模型的辅助训练工具。实现早停功能。即在训练过程中，当损失值小于阈值时，自动停止训练。
- parsers.py：程序的辅助启动工具。利用它可以方便地设置和解析启动参数。

7.2.5 代码实现：初始化样本常量

编写代码引入库模块，并对如下常量进行初始化：
- 样本文件的列名常量。
- 每列样本的默认值。
- 样本集数量。
- 模型前缀。

具体代码如下：

代码 7-1　用 wide_deep 模型预测人口收入

```
01  import argparse                               #引入系统模块
02  import os
03  import shutil
04  import sys
05
06  import tensorflow as tf                       #引入 TensorFlow 模块
07
08  from utils import parsers            #引入 office.utils 模块
09  from utils import hooks_helper
10  from utils import model_helpers
11
12  _CSV_COLUMNS = [                              #定义 CVS 文件的列名
13      'age', 'workclass', 'fnlwgt', 'education', 'education_num',
14      'marital_status', 'occupation', 'relationship', 'race', 'gender',
15      'capital_gain', 'capital_loss', 'hours_per_week', 'native_area',
16      'income_bracket'
17  ]
18
19  _CSV_COLUMN_DEFAULTS = [                      #定义每一列的默认值
20          [0], [''], [0], [''], [0], [''], [''], [''], [''], [''],
21                      [0], [0], [0], [''], ['']]
22
23  _NUM_EXAMPLES = {                             #定义样本集的数量
24      'train': 32561,
25      'validation': 16281,
26  }
27
28  LOSS_PREFIX = {'wide': 'linear/', 'deep': 'dnn/'}   #定义模型的前缀
```

代码第 28 行是模型前缀，该前缀输出结果会在格式化字符串时用到，在程序功能方面没有任何意义。

7.2.6 代码实现：生成特征列

定义函数 build_model_columns，该函数以列表的形式返回两个特征列，分别对应于 wide

模型与 deep 模型的特征列输入。

具体代码如下：

代码 7-1　用 wide_deep 模型预测人口收入（续）

```
29  def build_model_columns():
30      """生成 wide 和 deep 模型的特征列集合."""
31      #定义连续值列
32      age = tf.feature_column.numeric_column('age')
33      education_num = tf.feature_column.numeric_column('education_num')
34      capital_gain = tf.feature_column.numeric_column('capital_gain')
35      capital_loss = tf.feature_column.numeric_column('capital_loss')
36      hours_per_week = tf.feature_column.numeric_column('hours_per_week')
37
38      #定义离散值列，返回的是稀疏矩阵
39      education = tf.feature_column.categorical_column_with_vocabulary_list(
40          'education', [
41              'Bachelors', 'HS-grad', '11th', 'Masters', '9th', 'Some-college',
42              'Assoc-acdm', 'Assoc-voc', '7th-8th', 'Doctorate', 'Prof-school',
43              '5th-6th', '10th', '1st-4th', 'Preschool', '12th'])
44
45      marital_status = tf.feature_column.categorical_column_with_vocabulary_list(
46          'marital_status', [
47              'Married-civ-spouse', 'Divorced', 'Married-spouse-absent',
48              'Never-married', 'Separated', 'Married-AF-spouse', 'Widowed'])
49
50      relationship = tf.feature_column.categorical_column_with_vocabulary_list(
51          'relationship', [
52              'Husband', 'Not-in-family', 'Wife', 'Own-child', 'Unmarried',
53              'Other-relative'])
54
55      workclass = tf.feature_column.categorical_column_with_vocabulary_list(
56          'workclass', [
57              'Self-emp-not-inc', 'Private', 'State-gov', 'Federal-gov',
58              'Local-gov', '?', 'Self-emp-inc', 'Without-pay', 'Never-worked'])
59
60      #将所有职业名称用 hash 算法散列成 1000 个类别
61      occupation = tf.feature_column.categorical_column_with_hash_bucket(
62          'occupation', hash_bucket_size=1000)
63
64      #将连续值特征列转化为离散值特征列
65      age_buckets = tf.feature_column.bucketized_column(
66          age, boundaries=[18, 25, 30, 35, 40, 45, 50, 55, 60, 65])
67
68      #定义基础特征列
69      base_columns = [
```

```
70        education, marital_status, relationship, workclass, occupation,
71        age_buckets,
72    ]
73    #定义交叉特征列
74    crossed_columns = [
75        tf.feature_column.crossed_column(
76            ['education', 'occupation'], hash_bucket_size=1000),
77        tf.feature_column.crossed_column(
78            [age_buckets, 'education', 'occupation'], hash_bucket_size=1000),
79    ]
80
81    #定义wide模型的特征列
82    wide_columns = base_columns + crossed_columns
83
84    #定义deep模型的特征列
85    deep_columns = [
86        age,
87        education_num,
88        capital_gain,
89        capital_loss,
90        hours_per_week,
91        tf.feature_column.indicator_column(workclass),#将workclass列的稀疏矩
    阵转成One-hot
92        tf.feature_column.indicator_column(education),
93        tf.feature_column.indicator_column(marital_status),
94        tf.feature_column.indicator_column(relationship),
95        tf.feature_column.embedding_column(occupation, dimension=8),# 用嵌入
    词embedding将散列后的每个类别进行转换
96    ]
97
98    return wide_columns, deep_columns
```

在生成特征列的过程中，多处使用了tf.feature_column接口。读者可以先将其简单理解成对原始数据的数值变换。tf.feature_column接口的详细使用方法见7.4节。

7.2.7 代码实现：生成估算器模型

将wide模型与deep模型一起传入DNNLinearCombinedClassifier模型进行混合训练。

> 提示：
> DNNLinearCombinedClassifier模型是一个混合模型框架，它可以将任意两个模型放在一起混合训练。

具体代码如下：

代码 7-1　用 wide_deep 模型预测人口收入（续）

```
 99 def build_estimator(model_dir, model_type):
100     """按照指定的模型生成估算器对象."""
101     wide_columns, deep_columns = build_model_columns()
102     hidden_units = [100, 75, 50, 25]
103     #将GPU个数设为0，关闭GPU运算。因为该模型在CPU上的运行速度更快
104     run_config = tf.estimator.RunConfig().replace(
105         session_config=tf.ConfigProto(device_count={'GPU': 0}),
106         save_checkpoints_steps=1000)
107
108     if model_type == 'wide':                      #生成带有wide模型的估算器对象
109         return tf.estimator.LinearClassifier(
110             model_dir=model_dir,
111             feature_columns=wide_columns,
112             config=run_config)
113     elif model_type == 'deep':                    #生成带有deep模型的估算器对象
114         return tf.estimator.DNNClassifier(
115             model_dir=model_dir,
116             feature_columns=deep_columns,
117             hidden_units=hidden_units,
118             config=run_config)
119     else:
120         return tf.estimator.DNNLinearCombinedClassifier(    #生成带有wide和
    deep模型的估算器对象
121             model_dir=model_dir,
122             linear_feature_columns=wide_columns,
123             dnn_feature_columns=deep_columns,
124             dnn_hidden_units=hidden_units,
125             config=run_config)
```

7.2.8　代码实现：定义输入函数

定义估算器输入函数 input_fn，具体步骤如下：

（1）用 tf.data.TextLineDataset 对 CSV 文件进行处理，并将其转成数据集。

（2）对数据集进行特征抽取、乱序等操作。

（3）返回一个由样本及标签组成的元组（features，labels）。

第（3）步返回的元组的具体内容如下：

- features 是字典类型，内部的每个键值对代表一个特征列的数据。
- labels 是数组类型。

具体代码如下：

代码 7-1　用 wide_deep 模型预测人口收入（续）

```
126 def input_fn(data_file, num_epochs, shuffle, batch_size):    #定义输入函数
127     """估算器的输入函数."""
```

```
128    assert tf.gfile.Exists(data_file), (      #用断言语句判断样本文件是否存在
129        '%s not found. Please make sure you have run data_download.py and '
130        'set the --data_dir argument to the correct path.' % data_file)
131
132    def parse_csv(value):                       #对文本数据进行特征抽取
133        print('Parsing', data_file)
134        columns = tf.decode_csv(value, record_defaults=_CSV_COLUMN_DEFAULTS)
135        features = dict(zip(_CSV_COLUMNS, columns))
136        labels = features.pop('income_bracket')
137        return features, tf.equal(labels, '>50K')
138
139    dataset = tf.data.TextLineDataset(data_file)   #创建dataset数据集
140
141    if shuffle:                                 #对数据进行乱序操作
142        dataset = dataset.shuffle(buffer_size=_NUM_EXAMPLES['train'])
143    #加工样本文件中的每行数据
144    dataset = dataset.map(parse_csv, num_parallel_calls=5)
145    dataset = dataset.repeat(num_epochs)        #将数据集重复num_epochs次
146    dataset = dataset.batch(batch_size)         #将数据集按照batch_size划分
147    dataset = dataset.prefetch(1)
148    return dataset
```

代码第 128 行，用断言（assert）语句判断样本文件是否存在。

 提示：

有关断言语句的更多信息，可以参考《Python 带我起飞——入门、进阶、商业实战》一书的 7.6 节。

代码第 132 行定义了内嵌函数 parse_csv，用于将每一行的数据转化成特征列。

7.2.9 代码实现：定义用于导出冻结图文件的函数

定义函数 export_model，用于导出估算器模型的冻结图文件。具体步骤如下：

（1）定义一个 feature_spec 对象，对输入格式进行转化。

（2）用函数 tf.estimator.export.build_parsing_serving_input_receiver_fn 生成函数 example_input_fn 用于输入数据。

（3）将样本输入函数 example_input_fn 与模型路径一起传入估算器的 export_savedmodel 方法中，生成冻结图（见代码第 167 行）。

 提示：

用 export_savedmodel 方法生成的冻结图可以与 tf.seving 模块配合使用。

export_savedmodel 方法是通过调用 saved_model 方法实现具体功能的。

saved_model 方法是 TensorFlow 中非常有用的生成模型方法，该方法导出的冻结图可以

非常方便地部署到生产环境中。

更详细的介绍请参考本书的 12.3 节与 13.2 节。

具体代码如下：

代码 7-1　用 wide_deep 模型预测人口收入（续）

```
149 def export_model(model, model_type, export_dir):    #定义函数export_model，
        用于导出模型
150     """导出模型
151
152     参数：
153         model：估算器对象
154         model_type：要导出的模型类型，可选值有"wide""deep" 或 "wide_deep"
155         export_dir：导出模型的路径
156     """
157     wide_columns, deep_columns = build_model_columns()    #获得列张量
158     if model_type == 'wide':
159         columns = wide_columns
160     elif model_type == 'deep':
161         columns = deep_columns
162     else:
163         columns = wide_columns + deep_columns
164     feature_spec = tf.feature_column.make_parse_example_spec(columns)
165     example_input_fn = (
166     tf.estimator.export.build_parsing_serving_input_receiver_fn(feature_spec
    ))
167     model.export_savedmodel(export_dir, example_input_fn)
```

7.2.10　代码实现：定义类，解析启动参数

定义解析启动参数的类 WideDeepArgParser，具体过程如下：

（1）将类 WideDeepArgParser 继承于类 argparse.ArgumentParser。

（2）在类 WideDeepArgParser 中，添加启动参数"--model_type"，用于指定程序运行时所支持的模型。

（3）在类 WideDeepArgParser 中，初始化环境参数。其中包括样本文件路径、模型存放路径、迭代次数等。

具体代码如下：

代码 7-1　用 wide_deep 模型预测人口收入（续）

```
168 class WideDeepArgParser(argparse.ArgumentParser):    #定义WideDeepArgParser
        类，用于解析参数
169     """该类用于在程序启动时的参数解析"""
170
```

```
171    def __init__(self):                                      #初始化函数
172        super(WideDeepArgParser, self).__init__(parents=[parsers.BaseParser()])
    #调用父类的初始化函数
173        self.add_argument(
174            '--model_type', '-mt', type=str, default='wide_deep',    #添加一个启动
    参数——model_type，默认值为 wide_deep
175            choices=['wide', 'deep', 'wide_deep'],           #定义该参数的可选值
176            help='[default %(default)s] Valid model types: wide, deep, wide_deep.',
    #定义启动参数的帮助命令
177            metavar='<MT>')
178        self.set_defaults(                                   #为其他参数设置默认值
179            data_dir='income_data',                          #设置数据样本路径
180            model_dir='income_model',                        #设置模型存放路径
181            export_dir='income_model_exp',                   #设置导出模型存放路径
182            train_epochs=5,                                  #设置迭代次数
183            batch_size=40)                                   #设置批次大小
```

7.2.11 代码实现：训练和测试模型

这部分代码实现了一个 trainmain 函数，并在函数体内实现模型的训练及评估操作。在 trainmain 函数体内，具体的代码逻辑如下：

（1）对 WideDeepArgParser 类进行实例化，得到对象 parser。

（2）用 parser 对象解析程序的启动参数，得到程序中的配置参数。

（3）定义样本输入函数，用于训练和评估模型。

（4）定义钩子回调函数，并将其注册到估算器框架中，用于输出训练过程中的详细信息。

（5）建立 for 循环，并在循环内部进行模型的训练与评估操作，同时输出相关信息。

（6）在训练结束后，导出模型的冻结图文件。

具体代码如下：

代码 7-1　用 wide_deep 模型预测人口收入（续）

```
184 def trainmain(argv):
185    parser = WideDeepArgParser()                            #实例化 WideDeepArgParser 类，
    用于解析启动参数
186    flags = parser.parse_args(args=argv[1:])                #获得解析后的参数 flags
187    print("解析的参数为：",flags)
188
189    shutil.rmtree(flags.model_dir, ignore_errors=True)#如果模型存在，则删除目录
190    model = build_estimator(flags.model_dir, flags.model_type)#生成估算器对象
191    #获得训练集样本文件的路径
192    train_file = os.path.join(flags.data_dir, 'adult.data.csv')
193    test_file = os.path.join(flags.data_dir, 'adult.test.csv')    #获得测试集
    样本文件的路径
194
195    def train_input_fn():        #定义训练集样本输入函数
```

```
196    return input_fn(       #返回输入函数，迭代输入epochs_between_evals次，并使用乱序后的数据集
197        train_file, flags.epochs_between_evals, True, flags.batch_size)
198
199  def eval_input_fn():                              #定义测试集样本输入函数
200    return input_fn(test_file, 1, False, flags.batch_size) #返回函数指针，用于在测试场景下输入样本
201
202  loss_prefix = LOSS_PREFIX.get(flags.model_type, '')#生成带有loss前缀的字符串
203  train_hook = hooks_helper.get_logging_tensor_hook( #定义钩子回调函数，获得训练过程中的状态
204      batch_size=flags.batch_size,
205      tensors_to_log={'average_loss': loss_prefix + 'head/truediv',
206                      'loss': loss_prefix + 'head/weighted_loss/Sum'})
207
208  #按照数据集迭代训练的总次数进行训练
209  for n in range(flags.train_epochs):
210    model.train(input_fn=train_input_fn, hooks=[train_hook])    #调用估算器的train方法进行训练
211    results = model.evaluate(input_fn=eval_input_fn)#调用evaluate进行评估
212    #定义分隔符
213    print('{0:-^60}'.format('evaluate at epoch %d'%( (n + 1))))
214
215    for key in sorted(results):                              #显示评估结果
216      print('%s: %s' % (key, results[key]))
217    #根据accuracy的阈值判断是否需要结束训练
218    if model_helpers.past_stop_threshold(
219        flags.stop_threshold, results['accuracy']):
220      break
221
222  if flags.export_dir is not None:         #根据设置导出冻结图文件
223    export_model(model, flags.model_type, flags.export_dir)
```

代码第203行定义了钩子函数，用于显示训练过程中的信息，其中"head/weighted_loss/Sum"是模型中张量的名称。

因为该模型已经被TensorFlow完全封装好，官方并没有提供如何获取内部张量名称的方法。所以，如果想要再输出额外的节点，则需要查看源码，或通过读取检查点文件符号的方式自行查找（通过检查点文件查找张量名称的方法可以参考本书12.2节）。

7.2.12 代码实现：使用模型

定义premain函数，并在该函数内部实现以下步骤。
（1）调用模型的predict方法，对指定的CSV文件数据进行预测。
（2）将前5条数据的结果显示出来。

具体代码如下:

代码 7-1　用 wide_deep 模型预测人口收入（续）

```
224 def premain(argv):
225     parser = WideDeepArgParser()          #实例化 WideDeepArgParser 类，用于解析启动参数
226     flags = parser.parse_args(args=argv[1:])       #获得解析后的参数 flags
227     print("解析的参数为: ",flags)
228     #获得测试集样本文件的路径
229     test_file = os.path.join(flags.data_dir, 'adult.test.csv')
230
231     def eval_input_fn():                                    #定义测试集的样本输入函数
232         return input_fn(test_file, 1, False, flags.batch_size)     #该输入函数
    按照 batch_size 批次，迭代输入 1 次，不使用乱序处理
233
234     model2 = build_estimator(flags.model_dir, flags.model_type)
235
236     predictions = model2.predict(input_fn=eval_input_fn)
237     for i, per in enumerate(predictions):
238         print("csv 中第",i,"条结果为: ",per['class_ids'])
239         if i==5:
240             break
```

代码第 234 行重新定义了模型 model2，并将模型 model2 的输出路径设为 flags.model_dir 的值。

> 提示：
> 代码第 234 行重新定义了模型部分，也可以改成使用热启动的方式。例如，可以用下列代码替换第 234 行代码：
> model2 = build_estimator('./temp', flags.model_type,flags.model_dir)

7.2.13　运行程序

添加代码，实现以下步骤。
（1）调用 trainmain 函数训练模型。
（2）调用 premain 函数，用模型来预测数据。
具体代码如下:

代码 7-1　用 wide_deep 模型预测人口收入（续）

```
241 if __name__ == '__main__':              #如果运行当前文件，则模块的名字__name__就会变为
    __main__
242     tf.logging.set_verbosity(tf.logging.INFO) #设置 log 级别为 INFO。如果想要显示
    的信息少一些，则可以设置成 ERROR
243     trainmain(argv=sys.argv)                              #调用 trainmain 函数，训练模型
244     premain(argv=sys.argv)                                #调用 premain 函数，使用模型
```

代码运行后,输出以下结果:

```
解析的参数为: Namespace(batch_size=40, data_dir='income_data', epochs_between_evals=1,
……
--------------------evaluate at epoch 1---------------------
accuracy: 0.8220011
accuracy_baseline: 0.76377374
auc: 0.87216777
auc_precision_recall: 0.6999677
average_loss: 0.3862863
global_step: 815
label/mean: 0.23622628
loss: 15.414527
precision: 0.8126649
prediction/mean: 0.23457089
recall: 0.32033283
Parsing income_data\adult.data.csv
Parsing income_data\adult.test.csv
--------------------evaluate at epoch 2---------------------
……
csv 中第 0 条结果为: [0]
csv 中第 1 条结果为: [0]
csv 中第 2 条结果为: [0]
csv 中第 3 条结果为: [1]
……
```

输出结果中有 3 部分内容,分别用省略号隔开。
- 第 1 部分为程序起始的输出信息。
- 第 2 部分为训练中的输出结果。
- 第 3 部分为最终的预测结果。

7.3 实例 32:用弱学习器中的梯度提升树算法预测人口收入

本实例继续预测人口收入。不同的是,用弱学习器中的梯度提升树算法来实现。

实例描述

有一个人口收入的数据集,其中记录着每个人的详细信息及收入情况。

现需要训练一个机器学习模型,使得该模型能够找到一个人的详细信息与收入之间的关系。

最终实现:在给定一个人的具体详细信息之后,估算出该人的收入水平。

要求使用梯度提升树算法实现。

本实例将使用 tf.estimator.BoostedTreesClassifier(TFBT)接口来实现梯度提升树的分类算法。该接口属于估算器框架中的一个具体算法的封装,具体用法与 7.2 节非常相似,可直接在 7.2 节代码上进行修改。

7.3.1 代码实现：为梯度提升树模型准备特征列

tf.estimator.BoostedTreesClassifier 接口目前只支持两种特征列类型：bucketized_column 与 indicator_column。这两种类型的特征列，在 7.4 节会详细介绍。

在数据预处理阶段，需要对 tf.estimator.BoostedTreesClassifier 接口不支持的特征列进行转化。

复制代码文件 "7-1 用 wide_deep 模型预测人口收入.py" 到本地，并直接修改 build_model_columns 函数。

具体代码如下：

代码 7-2　用梯度提升树模型预测人口收入

```
01  def build_model_columns():
02      """生成wide和deep模型的特征列集合"""
03      #定义连续值列
04      age = tf.feature_column.numeric_column('age')
05      education_num = tf.feature_column.numeric_column('education_num')
06      ……
07         tf.feature_column.embedding_column(occupation, dimension=8),
08      ]
09      #定义boostedtrees的特征列
10      boostedtrees_columns = [age_buckets,
11         tf.feature_column.bucketized_column(education_num, boundaries=[4, 5, 7, 9, 10, 11, 12, 13, 14, 15]),
12         tf.feature_column.bucketized_column(capital_gain, boundaries=[1000, 5000, 10000, 20000, 40000,50000]),
13         tf.feature_column.bucketized_column(capital_loss, boundaries=[100, 1000, 2000, 3000, 4000]),
14         tf.feature_column.bucketized_column(hours_per_week, boundaries=[7, 14, 21, 28, 35, 42, 47, 56, 63, 70,77,90]),
15         tf.feature_column.indicator_column(workclass), #将workclass列的稀疏矩阵转成one-hot编码
16         tf.feature_column.indicator_column(education),
17         tf.feature_column.indicator_column(marital_status),
18         tf.feature_column.indicator_column(relationship),
19         tf.feature_column.indicator_column(occupation)
20      ]
21      return wide_columns, deep_columns,boostedtrees_columns
```

在转化特征列的过程中，需要将 education_num、capital_gain、capital_loss、hours_per_week 这 4 个连续数值的特征列转化成 bucketized_column 类型，见代码第 11、12、13、14 行。

7.3.2 代码实现：构建梯度提升树模型

下面在 build_estimator 函数里，用 tf.estimator.BoostedTreesClassifier 接口构建梯度提升树模型。具体代码如下：

代码 7-2　用梯度提升树模型预测人口收入（续）

```
22  def build_estimator(model_dir, model_type,warm_start_from=None):
23      """按照指定的模型生成估算器对象."""
24      wide_columns, deep_columns ,boostedtrees_columns= build_model_columns()
25      hidden_units = [100, 75, 50, 25]
26      ……
27      elif model_type == 'deep':                        #生成带有deep模型的估算器对象
28          return tf.estimator.DNNClassifier(
29              model_dir=model_dir,
30              feature_columns=deep_columns,
31              hidden_units=hidden_units,
32              config=run_config)
33      elif model_type=='BoostedTrees':                  #构建梯度提升树模型
34          return tf.estimator.BoostedTreesClassifier(
35              model_dir=model_dir,
36              feature_columns=boostedtrees_columns,
37              n_batches_per_layer = 100,
38              config=run_config)
39      else:
40          ……
```

在 build_estimator 函数中，构建模型的过程是通过参数 model_type 来实现的。如果 model_type 的值是 BoostedTrees，则创建梯度提升树模型。

> **提示：**
> 如想了解 tf.estimator.BoostedTreesClassifier 接口的参数，可以通过输入命令 help（tf.estimator.BoostedTreesClassifier），或参考以下官网文档进行查看：
> https://www.tensorflow.org/api_docs/python/tf/estimator/BoostedTreesClassifier

7.3.3　代码实现：训练并导出梯度提升树模型

本小节代码实现以下两个操作。
- 在 trainmain 函数里修改代码，实现梯度提升树模型的训练过程。
- 在 export_model 函数中指定需要导出的列，将梯度提升树模型导出。

下面具体介绍。

1. 训练模型

在 trainmain 函数里修改代码，如果 model_type 的值是 BoostedTrees，则直接训练，不再使用钩子函数。具体代码如下。

代码 7-2　用梯度提升树模型预测人口收入（续）

```
41  def trainmain(argv):
42      parser = WideDeepArgParser()          #实例化 WideDeepArgParser 类，用于解析启动参数
```

```
43    ……
44    loss_prefix = LOSS_PREFIX.get(flags.model_type, '')#格式化输出loss值的前缀
45    train_hook = hooks_helper.get_logging_tensor_hook(  #定义钩子函数，用于获得
      训练过程中的状态
46        batch_size=flags.batch_size,
47        tensors_to_log={'average_loss': loss_prefix + 'head/truediv',
48                        'loss': loss_prefix + 'head/weighted_loss/Sum'})
49    #将总迭代数按照epochs_between_evals分段，并循环对每段进行训练
50    for n in range(flags.train_epochs ):
51        if flags.model_type == 'BoostedTrees':
52            model.train(input_fn=train_input_fn)            #不使用钩子函数，直接训练
53        else:
54            model.train(input_fn=train_input_fn, hooks= [train_hook])#用train
      方法进行训练
55        results = model.evaluate(input_fn=eval_input_fn)  #用evaluate方法进行
      评估
56    ……
```

2. 导出模型

在 export_model 函数中指定梯度提升树模型的导出列。具体代码如下：

代码 7-2   用梯度提升树模型预测人口收入（续）

```
57  def export_model(model, model_type, export_dir): #定义函数export_model，用
    于导出模型
58    ……
59    elif model_type == 'deep'  :
60        columns = deep_columns
61    elif 'BoostedTrees'==model_type:
62        columns = boostedtrees_columns
63    ……
```

7.3.4 代码实现：设置启动参数，运行程序

在 WideDeepArgParser 类中，直接设置默认启动参数为 BoostedTrees，并运行程序。具体代码如下：

代码 7-2   用梯度提升树模型预测人口收入（续）

```
64  class WideDeepArgParser(argparse.ArgumentParser): #定义WideDeepArgParser
    类，用于解析参数
65    ……
66    self.add_argument(
67        '--model_type', '-mt', type=str, default='BoostedTrees',    #添加一个
    启动参数——model_type，默认值为wide_deep
68        choices=['wide', 'deep', 'wide_deep',"BoostedTrees"],         #定义该参
    数的可选值
```

```
69          help='[default %(default)s] Valid model types: wide, deep, wide_deep.',
#定义启动参数的帮助命令
70          metavar='<MT>')
71    ……
```

代码运行后输出结果。以下是迭代 5 次后的训练结果。

```
……
---------------------evaluate at epoch 5---------------------
accuracy: 0.8509305
accuracy_baseline: 0.76377374
auc: 0.90430105
auc_precision_recall: 0.7602789
average_loss: 0.3266305
global_step: 4075
label/mean: 0.23622628
loss: 0.3265387
precision: 0.762292
prediction/mean: 0.24224414
recall: 0.53614146
```

以下是模型的预测结果。

```
解析的参数为: Namespace(batch_size=40, data_dir='income_data', epochs_between_evals=1, export_dir='income_model_exp', model_dir='income_model', model_type='BoostedTrees', multi_gpu=False, stop_threshold=None, train_epochs =5)
Parsing income_data\adult.test.csv
csv 中第 0 条结果为: [0]
csv 中第 1 条结果为: [0]
csv 中第 2 条结果为: [0]
csv 中第 3 条结果为: [1]
csv 中第 4 条结果为: [0]
csv 中第 5 条结果为: [0]
```

7.3.5　扩展：更灵活的 TFBT 接口

在 TensorFlow 中，contrib 模块中的 TFBT 梯度提升树接口具有更多的功能及更灵活的用法。具体链接如下：

```
https://github.com/tensorflow/tensorflow/tree/master/tensorflow/contrib/boosted_trees
```

在该链接里，还有关于 tensorflow.contrib.boosted_trees 接口的其他实例，读者可以自行研究。

7.4　实例 33：用 feature_column 模块转换特征列

通过 7.2、7.3 节的实例，读者可以学会如何使用 feature_column 模块。然而 feature_column 模块只能处理张量类型的对象，这对于使用者来说仍然是个"黑盒"（对其内部的变化过程不清楚）。下面将 feature_column 模块内部的数值运算过程呈现出来。

实例描述

用模拟数据作为输入，调用 feature_column 模块的特征列转化功能，实现以下操作，观察特征列的转化效果。

（1）用 feature_column 模块处理连续值特征列；
（2）用 feature_column 模块处理离散值特征列；
（3）用 feature_column 模块将连续值特征列转化成离散值特征列；
（4）用 feature_column 模块将多个离散值特征列合并生成交叉特征列。

该实例的代码比较零散，每一个代码文件演示一个特征列的变化操作。

7.4.1 代码实现：用 feature_column 模块处理连续值特征列

连续值类型是 TensorFlow 中最简单、最常见的特征列数据类型。本实例通过 4 个小例子演示连续值特征列常见的使用方法。

1. 显示一个连续值特征列

编写代码定义函数 test_one_column。在 test_one_column 函数中具体完成了以下步骤：
（1）定义一个特征列。
（2）将带输入的样本数据封装成字典类型的对象。
（3）将特征列与样本数据一起传入 tf.feature_column.input_layer 函数，生成张量。
（4）建立会话，输出张量结果。

在第（3）步中用 feature_column 接口的 input_layer 函数生成张量。input_layer 函数生成的张量相当于一个输入层，用于往模型中传入具体数据。input_layer 函数的作用与占位符定义函数 tf.placeholder 的作用类似，都用来建立数据与模型之间的连接。

通过这几个步骤便可以将特征列的内容完全显示出来。该部分内容有助于读者理解 7.2 节实例中估算器框架的内部流程。具体代码如下：

代码 7-3 用 feature_column 模块处理连续值特征列

```
01  #导入 TensorFlow 模块
02  import tensorflow as tf
03
04  #演示只有一个连续值特征列的操作
05  def test_one_column():
06      price = tf.feature_column.numeric_column('price')    #定义一个特征列
07
08      features = {'price': [[1.], [5.]]}     #将样本数据定义为字典的类型
09      net = tf.feature_column.input_layer(features, [price])   #传入
    input_layer 函数，生成张量
10
11      with tf.Session() as sess:                         #建立会话输出特征
12          tt = sess.run(net)
```

```
13        print( tt )
14
15 test_one_column()
```

因为在创建特征列 price 时只提供了名称"price"（见代码第 6 行），所以在创建字典 features 时，其内部的 key 必须也是"price"（见代码第 8 行）。

定义好函数 test_one_column 之后，便可以直接调用它（见代码第 15 行）。整个代码运行之后，显示以下结果：

```
[[1.]
 [5.]]
```

结果中的数组来自于代码第 8 行字典对象 features 的 value 值。在第 8 行代码中，将值为 [[1.],[5.]]的数据传入了字典 features 中。

在字典对象 features 中，关键字 key 的值是"price"，它所对应的值 value 可以是任意的一个数值。在模型训练时，这些值就是"price"属性所对应的具体数据。

2. 通过占位符输入特征列

将占位符传入字典对象的值 value 中，实现特征列的输入过程。具体代码如下：

代码 7-3　用 feature_column 模块处理连续值特征列（续）

```
16 def test_placeholder_column():
17     price = tf.feature_column.numeric_column('price')        #定义一个特征列
18     #生成一个 value 为占位符的字典
19     features = {'price':tf.placeholder(dtype=tf.float64)}
20     net = tf.feature_column.input_layer(features, [price])   #传入
   input_layer 函数，生成张量
21
22     with tf.Session() as sess:                                #建立会话输出特征
23         tt = sess.run(net, feed_dict={
24             features['price']: [[1.], [5.]]
25         })
26         print( tt )
27
28 test_placeholder_column()
```

在代码第 19 行，生成了带有占位符的字典对象 features。

代码第 23~25 行，在会话中以注入机制传入数值[[1.],[5.]]，生成转换后的具体列值。

整个代码运行之后，输出以下结果：

```
[[1.]
 [5.]]
```

3. 支持多维数据的特征列

在创建特征列时，还可以让一个特征列对应的数据有多维，即在定义特征列时为其指定形状。

提示:

特征列中的形状是指单条数据的形状,并非整个数据的形状。

具体代码如下:

代码 7-3　用 feature_column 模块处理连续值特征列(续)

```
29  def test_reshaping():
30      tf.reset_default_graph()
31      price = tf.feature_column.numeric_column('price', shape=[1, 2])#定义特
    征列,并指定形状
32      features = {'price': [[[1., 2.]], [[5., 6.]]]}        #传入一个三维的数组
33      features1 = {'price': [[3., 4.], [7., 8.]]}           #传入一个二维的数组
34      net = tf.feature_column.input_layer(features, price)     #生成特征列张量
35      net1 = tf.feature_column.input_layer(features1, price)   #生成特征列张量
36      with tf.Session() as sess:                               #建立会话输出特征
37          print(net.eval())
38          print(net1.eval())
39  test_reshaping()
```

在代码第 31 行,在创建 price 特征列时,指定了形状为[1,2],即 1 行 2 列。

接着用两种方法向 price 特征列注入数据(见代码第 32、33 行)

- 在代码第 32 行,创建字典 features,传入了一个形状为[2,1,2]的三维数组。这个三维数组中的第一维是数据的条数(2 条);第二维与第三维要与 price 指定的形状[1,2]一致。
- 在代码第 33 行,创建字典 features1,传入了一个形状为[2,2]的二维数组。该二维数组中的第一维是数据的条数(2 条);第二维代表每条数据的列数(每条数据有 2 列)。

在代码第 34、35 行中,都用 tf.feature_column 模块的 input_layer 方法将字典 features 与 features1 注入特征列 price 中,并得到了张量 net 与 net1。

代码运行后,张量 net 与 net1 的输出结果如下:

```
[[1. 2.] [5. 6.]]
[[3. 4.] [7. 8.]]
```

结果输出了两行数据,每一行都是一个形状为[2,2]的数组。这两个数组分别是字典 features、features1 经过特征列输出的结果。

 提示:

代码第 30 行的作用是将图重置。该操作可以将当前图中的所有变量删除。这种做法可以避免在 Spyder 编译器下多次运行图时产生数据残留问题。

4. 带有默认顺序的多个特征列

如果要创建的特征列有多个,则系统默认会按照每个列的名称由小到大进行排序,然后将数据按照约束的顺序输入模型。具体代码如下:

代码 7-3　用 feature_column 模块处理连续值特征列（续）

```
40 def test_column_order():
41     tf.reset_default_graph()
42     price_a = tf.feature_column.numeric_column('price_a')   #定义了3个特征列
43     price_b = tf.feature_column.numeric_column('price_b')
44     price_c = tf.feature_column.numeric_column('price_c')
45
46     features = {                                              #创建字典传入数据
47         'price_a': [[1.]],
48         'price_c': [[4.]],
49         'price_b': [[3.]],
50     }
51
52     #生成输入层
53     net = tf.feature_column.input_layer(features, [price_c, price_a, price_b])
54
55     with tf.Session() as sess:                                #建立会话输出特征
56         print(net.eval())
57
58 test_column_order()
```

在上面代码中，实现了以下操作。

（1）定义了 3 个特征列（见代码第 42、43、44 行）。

（2）定义了一个字典 features，用于具体输入（见代码第 46 行）。

（3）用 input_layer 方法创建输入层张量（见代码第 53 行）。

（4）建立会话（session），输出输入层结果（见代码第 55 行）。

将程序运行后，输出以下结果：

[[1. 3. 4.]]

输出的结果为[[1. 3. 4.]]所对应的列，顺序为 price_a、price_b、price_c。而 input_layer 中的列顺序为 price_c、price_a、price_b（见代码第 53 行），二者并不一样。这表示，输入层的顺序是按照列的名称排序的，与 input_layer 中传入的顺序无关。

> **提示：**
>
> 将 input_layer 中传入的顺序当作输入层的列顺序，这是一个非常容易犯的错误。
>
> 输入层的列顺序只与列的名称和类型有关（7.4.3 小节"5. 多特征列的顺序"中还会讲到列顺序与列类型的关系），与传入 input_layer 中的顺序无关。

7.4.2　代码实现：将连续值特征列转化成离散值特征列

下面将连续值特征列转化成离散值特征列。

1. 将连续值特征按照数值大小分类

用 tf.feature_column.bucketized_column 函数将连续值按照指定的阈值进行分段，从而将连续值映射到离散值上。具体代码如下：

代码 7-4 将连续值特征列转化成离散值特征列

```
01  import tensorflow as tf
02
03  def test_numeric_cols_to_bucketized():
04      price = tf.feature_column.numeric_column('price')    #定义连续值特征列
05
06      #将连续值特征列转化成离散值特征列,离散值共分为3段：小于3、3~5之间、大于5
07      price_bucketized = tf.feature_column.bucketized_column( price, boundaries=[3.])
08
09      features = {                                          #定义字典类型对象
10          'price': [[2.], [6.]],
11      }
12      #生成输入张量
13      net = tf.feature_column.input_layer(features,[ price,price_bucketized])
14      with tf.Session() as sess:                            #建立会话输出特征
15          sess.run(tf.global_variables_initializer())
16          print(net.eval())
17
18  test_numeric_cols_to_bucketized()
```

代码运行后，输出以下结果：

```
[[2. 1. 0. 0.]
 [6. 0. 0. 1.]]
```

输出的结果中有两条数据，每条数据有 4 个元素：
- 第 1 个元素为 price 列的具体数值。
- 后面 3 个元素为 price_bucketized 列的具体数值。

从结果中可以看到，tf.feature_column.bucketized_column 函数将连续值 price 按照 3 段来划分（小于 3、3~5 之间、大于 5），并将它们生成 one-hot 编码。

2. 将整数值直接映射到 one-hot 编码

如果连续值特征列的数据是整数，则还可以直接用 tf.feature_column.categorical_column_with_identity 函数将其映射成 one-hot 编码。

函数 tf.feature_column.categorical_column_with_identity 的参数和返回值解读如下。
- 需要传入两个必填的参数：列名称（key）、类的总数（num_buckets）。其中，num_buckets 的值一定要大于 key 列中所有数据的最大值。
- 返回值：为_IdentityCategoricalColumn 对象。该对象是使用稀疏矩阵的方式存放转化后的数据。如果要将该返回值作为输入层传入后续的网络，则需要用 indicator_column 函数将其转化为稠密矩阵。

具体代码如下：

代码 7-4 将连续值特征列转化成离散值特征列（续）

```
19  def test_numeric_cols_to_identity():
20      tf.reset_default_graph()
21      price = tf.feature_column.numeric_column('price')#定义连续值特征列
22
23      categorical_column =
  tf.feature_column.categorical_column_with_identity('price', 6)
24      one_hot_style = tf.feature_column.indicator_column(categorical_column)
25      features = {                                   #将值传入定义字典
26          'price': [[2], [4]],
27          }
28  #生成输入层张量
29      net = tf.feature_column.input_layer(features,[ price,one_hot_style])
30      with tf.Session() as sess:
31          sess.run(tf.global_variables_initializer())
32          print(net.eval())
33
34  test_numeric_cols_to_identity()
35      price = tf.feature_column.numeric_column('price')
```

代码运行后，输出以下结果：

```
[[2. 0. 0. 1. 0. 0. 0.]
 [4. 0. 0. 0. 0. 1. 0.]]
```

结果输出了两行信息。每行的第 1 列为连续值 price 列内容，后面 6 列为 one-hot 编码。

因为在代码第 23 行，将 price 列转化为 one-hot 时传入的参数是 6，代表分成 6 类。所以在输出结果中，one-hot 编码为 6 列。

7.4.3 代码实现：将离散文本特征列转化为 one-hot 与词向量

离散型文本数据存在多种组合形式，所以无法直接将其转化成离散向量（例如，名字属性可以是任意字符串，但无法统计总类别个数）。

处理离散型文本数据需要额外的一套方法。下面具体介绍。

1. 将离散文本按照指定范围散列的方法

将离散文本特征列转化为离散特征列，与将连续值特征列转化为离散特征列的方法相似，可以将离散文本分段。只不过分段的方式不是比较数值的大小，而是用 hash 算法进行散列。

用 tf.feature_column.categorical_column_with_hash_bucket 方法可以将离散文本特征按照 hash 算法进行散列，并将其散列结果转化成为离散值。

该方法会返回一个 _HashedCategoricalColumn 类型的张量。该张量属于稀疏矩阵类型，不能直接输入 tf.feature_column.input_layer 函数中进行结果输出，只能用稀疏矩阵的输入方法来运行结果。

具体代码如下：

代码 7-5 将离散文本特征列转化为 one-hot 编码与词向量

```
01  import tensorflow as tf
02  from tensorflow.python.feature_column.feature_column import _LazyBuilder
03
04  #将离散文本按照指定范围散列
05  def test_categorical_cols_to_hash_bucket():
06      tf.reset_default_graph()
07      some_sparse_column = tf.feature_column.categorical_column_with_hash_bucket(
08          'sparse_feature', hash_bucket_size=5)     #得到格式为稀疏矩阵的散列特征
09
10      builder = _LazyBuilder({                      #封装为 builder
11          'sparse_feature': [['a'], ['x']],         #定义字典类型对象
12      })
13      id_weight_pair = some_sparse_column._get_sparse_tensors(builder) #获得矩阵的张量
14
15      with tf.Session() as sess:
16          #该张量的结果是一个稀疏矩阵
17          id_tensor_eval = id_weight_pair.id_tensor.eval()
18          print("稀疏矩阵：\n",id_tensor_eval)
19
20          dense_decoded = tf.sparse_tensor_to_dense( id_tensor_eval,
    default_value=-1).eval(session=sess)              #将稀疏矩阵转化为稠密矩阵
21          print("稠密矩阵：\n",dense_decoded)
22
23  test_categorical_cols_to_hash_bucket()
```

本段代码运行后，会按以下步骤执行：

（1）将输入的['a']、['x']使用 hash 算法进行散列。

（2）设置散列参数 hash_bucket_size 的值为 5。

（3）将第（1）步生成的结果按照参数 hash_bucket_size 进行散列。

（4）输出最终得到的离散值（0~4 之间的整数）。

上面的代码运行后，输出以下结果：

```
稀疏矩阵：
  SparseTensorValue(indices=array([[0, 0],
       [1, 0]], dtype=int64), values=array([4, 0], dtype=int64), dense_shape=array([2, 1], dtype=int64))
稠密矩阵：
  [[4]
   [0]]
```

从最终的输出结果可以看出,程序将字符 a 转化为数值 4;将字符 b 转化为数值 0。
将离散文本转化成特征值后,就可以传入模型,并参与训练了。

> **提示:**
> 有关稀疏矩阵的更多介绍可以参考《深度学习之 TensorFlow——入门、原理与进阶实战》一书中的 9.4.17 小节。

2. 将离散文本按照指定词表与指定范围混合散列

除用 hash 算法对离散文本数据进行散列外,还可以用词表的方法将离散文本数据进行散列。
用 tf.feature_column.categorical_column_with_vocabulary_list 方法可以将离散文本数据按照指定的词表进行散列。该方法不仅可以将离散文本数据用词表来散列,还可以与 hash 算法混合散列。其返回的值也是稀疏矩阵类型。同样不能将返回的值直接传入 tf.feature_column.input_layer 函数中,只能用"1. 将离散文本按照指定范围散列"中的方法将其显示结果。

具体代码如下:

代码 7-5 将离散文本特征列转化为 one-hot 编码与词向量(续)

```
24  from tensorflow.python.ops import lookup_ops
25  #将离散文本按照指定词表与指定范围混合散列
26  def test_with_1d_sparse_tensor():
27      tf.reset_default_graph()
28      #混合散列
29      body_style = tf.feature_column.categorical_column_with_vocabulary_list(
30          'name', vocabulary_list=['anna', 'gary', 'bob'],num_oov_buckets=2)
        #稀疏矩阵
31
32      #稠密矩阵
33      builder = _LazyBuilder({
34          'name': ['anna', 'gary','alsa'],    #定义字典类型对象,value 为稠密矩阵
35          })
36
37      #稀疏矩阵
38      builder2 = _LazyBuilder({
39          'name': tf.SparseTensor(          #定义字典类型对象,value 为稀疏矩阵
40              indices=((0,), (1,), (2,)),
41              values=('anna', 'gary', 'alsa'),
42              dense_shape=(3,)),
43          })
44
45      id_weight_pair = body_style._get_sparse_tensors(builder)#获得矩阵的张量
46      id_weight_pair2 = body_style._get_sparse_tensors(builder2)#获得矩阵的张量
47
48      with tf.Session() as sess:              #通过会话输出数据
49          sess.run(lookup_ops.tables_initializer())
```

```
50
51          id_tensor_eval = id_weight_pair.id_tensor.eval()
52          print("稀疏矩阵: \n",id_tensor_eval)
53          id_tensor_eval2 = id_weight_pair2.id_tensor.eval()
54          print("稀疏矩阵2: \n",id_tensor_eval2)
55
56          dense_decoded = tf.sparse_tensor_to_dense( id_tensor_eval,
    default_value=-1).eval(session=sess)
57          print("稠密矩阵: \n",dense_decoded)
58
59  test_with_1d_sparse_tensor()
```

代码第 29、30 行向 tf.feature_column.categorical_column_with_vocabulary_list 方法传入了 3 个参数，具体意义如下所示。

- name：代表列的名称，这里的列名就是 name。
- vocabulary_list：代表词表，其中词表里的个数就是总的类别数。这里分为 3 类（'anna','gary','bob'），对应的类别为（0,1,2）。
- num_oov_buckets：代表额外的值的散列。如果 name 列中的数值不在词表的分类中，则会用 hash 算法对其进行散列分类。这里的值为 2，表示在词表现有的 3 类基础上再增加两个散列类。不在词表中的 name 有可能被散列成 3 或 4。

> 提示：
> tf.feature_column.categorical_column_with_vocabulary_list 方法还有第 4 个参数：default_value，该参数默认值为-1。
>
> 如果在调用 tf.feature_column.categorical_column_with_vocabulary_list 方法时没有传入 num_oov_buckets 参数，则程序将只按照词表进行分类。
>
> 在按照词表进行分类的过程中，如果 name 中的值在词表中找不到匹配项，则会用参数 default_value 来代替。

第 33、38 行代码，用 LazyBuilder 函数构建程序的输入部分。该函数可以同时支持值为稠密矩阵和稀疏矩阵的字典对象。

运行代码，输出以下结果：

```
稀疏矩阵:
 SparseTensorValue(indices=array([[0, 0],
       [1, 0],
       [2, 0]], dtype=int64), values=array([0, 1, 4], dtype=int64), dense_shape=array([3, 1], dtype=int64))
稀疏矩阵2:
 SparseTensorValue(indices=array([[0, 0],
       [1, 0],
       [2, 0]], dtype=int64), values=array([0, 1, 4], dtype=int64), dense_shape=array([3, 1], dtype=int64))
```

稠密矩阵：
[[0]
 [1]
 [4]]

结果显示了 3 个矩阵：前两个是稀疏矩阵，最后一个为稠密矩阵。这 3 个矩阵的值是一样的。具体解读如下。

- 从前两个稀疏矩阵可以看出：在传入原始数据的环节中，字典中的 value 值可以是稠密矩阵或稀疏矩阵。
- 从第 3 个稠密矩阵中可以看出：输入数据 name 列中的 3 个名字（'anna','gary','alsa'）被转化成了（0,1,4）3 个值。其中，0 与 1 是来自于词表的分类，4 是来自于 hash 算法的散列结果。

> **提示：**
> 在使用词表时要引入 lookup_ops 模块，并且，在会话中要用 lookup_ops.tables_initializer() 对其进行初始化，否则程序会报错。

3. 将离散文本特征列转化为 one-hot 编码

在实际应用中，将离散文本进行散列之后，有时还需要对散列后的结果进行二次转化。下面就来看一个将散列值转化成 one-hot 编码的例子。

代码 7-5 将离散文本特征列转化为 one-hot 编码与词向量（续）

```
60  #将离散文本转化为one-hot编码特征列
61  def test_categorical_cols_to_onehot():
62      tf.reset_default_graph()
63      some_sparse_column = tf.feature_column.categorical_column_with_hash_bucket(
64          'sparse_feature', hash_bucket_size=5)         #定义散列的特征列
65      #转化成one-hot编码
66      one_hot_style = tf.feature_column.indicator_column(some_sparse_column)
67
68      features = {
69          'sparse_feature': [['a'], ['x']],
70      }
71      #生成输入层张量
72      net = tf.feature_column.input_layer(features, one_hot_style)
73      with tf.Session() as sess:                        #通过会话输出数据
74          print(net.eval())
75
76  test_categorical_cols_to_onehot()
```

代码运行后，输出以下结果：

[[0. 0. 0. 0. 1.]
 [1. 0. 0. 0. 0.]]

结果中输出了两条数据，分别代表字符"a""x"在散列后的 one-hot 编码。

4. 将离散文本特征列转化为词嵌入向量

词嵌入可以理解为 one-hot 编码的升级版。它使用多维向量更好地描述词与词之间的关系。下面就来使用代码实现词嵌入的转化。

代码 7-5　将离散文本特征列转化为 one-hot 编码与词向量（续）

```
77  #将离散文本转化为one-hot编码词嵌入特征列
78  def test_categorical_cols_to_embedding():
79      tf.reset_default_graph()
80      some_sparse_column = tf.feature_column.categorical_column_with_hash_bucket(
81          'sparse_feature', hash_bucket_size=5)            #定义散列的特征列
82      #词嵌入列
83      embedding_col = tf.feature_column.embedding_column(some_sparse_column,
    dimension=3)
84
85      features = {                                          #生成字典对象
86          'sparse_feature': [['a'], ['x']],
87      }
88
89      #生成输入层张量
90      cols_to_vars = {}
91      net = tf.feature_column.input_layer(features, embedding_col,
    cols_to_vars)
92
93      with tf.Session() as sess:                            #通过会话输出数据
94          sess.run(tf.global_variables_initializer())
95          print(net.eval())
96
97  test_categorical_cols_to_embedding()
```

在词嵌入转化过程中，具体步骤如下：

（1）将传入的字符"a"与"x"转化为 0~4 之间的整数。

（2）将该整数转化为词嵌入列。

代码第 91 行，将数据字典 features、词嵌入列 embedding_col、列变量对象 cols_to_vars 一起传入输入层 input_layer 函数中，得到最终的转化结果 net。

代码运行后，输出以下结果：

```
[[ 0.08975066  0.34540504  0.85922384]
 [-0.22819372 -0.34707746 -0.76360196]]
```

从结果中可以看到，每个整数都被转化为 3 个词嵌入向量。这是因为，在调用 tf.feature_column.embedding_column 函数时传入的维度 dimension 是 3（见代码第 83 行）。

> **提示:**
> 在使用词嵌入时，系统内部会自动定义指定个数的张量作为学习参数，所以运行之前一定要对全局张量进行初始化（见代码第 94 行）。本实例显示的值，就是系统内部定义的张量被初始化后的结果。
> 另外，还可以参照本书 7.5 节的方式为词向量设置一个初始值。通过具体的数值可以更直观地查看词嵌入的输出内容。

5. 多特征列的顺序

在大多数情况下，会将转化好的特征列统一放到 input_layer 函数中制作成一个输入样本。input_layer 函数支持的输入类型有以下 4 种：

- numeric_column 特征列。
- bucketized_column 特征列。
- indicator_column 特征列。
- embedding_column 特征列。

如果要将 7.4.3 小节中的 hash 值或词表散列的值传入 input_layer 函数中，则需要先将其转化成 indicator_column 类型或 embedding_column 类型。

当多个类型的特征列放在一起时，系统会按照特征列的名字进行排序。

具体代码如下：

代码 7-5　将离散文本特征列转化为 one-hot 编码与词向量（续）

```
98  def test_order():
99      tf.reset_default_graph()
100     numeric_col = tf.feature_column.numeric_column('numeric_col')
101     some_sparse_column = tf.feature_column.categorical_column_with_hash_bucket(
102         'asparse_feature', hash_bucket_size=5)#稀疏矩阵，单独放进去会出错
103
104     embedding_col = tf.feature_column.embedding_column(some_sparse_column,
        dimension=3)
105     #转化为 one-hot 特征列
106     one_hot_col = tf.feature_column.indicator_column(some_sparse_column)
107     print(one_hot_col.name)              #输出 one_hot_col 列的名称
108     print(embedding_col.name)            #输出 embedding_col 列的名称
109     print(numeric_col.name)              #输出 numeric_col 列的名称
110     features = {                         #定义字典数据
111         'numeric_col': [[3], [6]],
112         'asparse_feature': [['a'], ['x']],
113     }
114
115     #生成输入层张量
116     cols_to_vars = {}
```

```
117    net = tf.feature_column.input_layer(features,
       [numeric_col,embedding_col,one_hot_col],cols_to_vars)
118
119    with tf.Session() as sess:                    #通过会话输出数据
120        sess.run(tf.global_variables_initializer())
121        print(net.eval())
122
123 test_order()
```

上面代码中构建了3个输入的特征列:

- numeric_column 列。
- embedding_column 列。
- indicator_column 列。

其中，embedding_column 列与 indicator_column 列由 categorical_column_with_hash_bucket 方法列转化而来（见代码第104、106行）。

代码运行后输出以下结果:

```
asparse_feature_indicator
asparse_feature_embedding
numeric_col
[[-1.0505784  -0.4121129  -0.85744965  0. 0. 0. 0. 1. 3.]
 [-0.2486877   0.5705532   0.32346958  1. 0. 0. 0. 0. 6.]]
```

输出结果的前3行分别是 one_hot_col 列、embedding_col 列与 numeric_col 列的名称。

输出结果的最后两行是输入层 input_layer 所输出的多列数据。从结果中可以看出，一共有两条数据，每条数据有9列。这9列数据可以分为以下3个部分。

- 第1部分是 embedding_col 列的数据内容（见输出结果的前3列）。
- 第2部分是 one_hot_col 列的数据内容（见输出结果的第4~8列）。
- 第3部分是 numeric_col 列的数据内容（见输出结果的最后一列）。
- 这个三个部分的排列顺序与其名字的字符串排列顺序是完全一致的（名字的字符串排列顺序为 asparse_feature_embedding、asparse_feature_indicator、numeric_col）。

7.4.4 代码实现：根据特征列生成交叉列

在本书7.2节中用 tf.feature_column.crossed_column 函数将多个单列特征混合起来生成交叉列，并将交叉列作为新的样本特征，与原始的样本数据一起输入模型进行计算。

本小节将详细介绍交叉列的计算方式，以及函数 tf.feature_column.crossed_column 的使用方法。具体代码如下:

代码7-6　根据特征列生成交叉列

```
01 from tensorflow.python.feature_column.feature_column import _LazyBuilder
02 def test_crossed():                              #定义交叉列测试函数
03     a = tf.feature_column.numeric_column('a', dtype=tf.int32, shape=(2,))
04     b = tf.feature_column.bucketized_column(a, boundaries=(0, 1))    #离散值转化
```

```
05      crossed = tf.feature_column.crossed_column([b, 'c'], hash_bucket_size=5)
                                                          #生成交叉列
06
07      builder = _LazyBuilder({                          #生成模拟输入的数据
08          'a':
09              tf.constant(((-1.,-1.5), (.5, 1.))),
10          'c':
11              tf.SparseTensor(
12                  indices=((0, 0), (1, 0), (1, 1)),
13                  values=['cA', 'cB', 'cC'],
14                  dense_shape=(2, 2)),
15          })
16      id_weight_pair = crossed._get_sparse_tensors(builder)#生成输入层张量
17      with tf.Session() as sess2:                       #建立会话session，取值
18          id_tensor_eval = id_weight_pair.id_tensor.eval()
19          print(id_tensor_eval)                         #输出稀疏矩阵
20
21          dense_decoded = tf.sparse_tensor_to_dense( id_tensor_eval, default_value
    =-1).eval(session=sess2)
22          print(dense_decoded)                          #输出稠密矩阵
23
24  test_crossed()
```

代码第 5 行用 tf.feature_column.crossed_column 函数将特征列 b 和 c 混合在一起，生成交叉列。该函数有以下两个必填参数。

- key：要进行交叉计算的列。以列表形式传入（代码中是[b,'c']）。
- hash_bucket_size：要散列的数值范围（代码中是 5）。表示将特征列交叉合并后，经过 hash 算法计算并散列成 0~4 之间的整数。

> 提示：
> tf.feature_column.crossed_column 函数的输入参数 key 是一个列表类型。该列表的元素可以是指定的列名称（字符串形式），也可以是具体的特征列对象（张量形式）。
> 如果传入的是特征列对象，则还要考虑特征列类型的问题。因为 tf.feature_column.crossed_column 函数不支持对 numeric_column 类型的特征列做交叉运算，所以，如果要对 numeric_column 类型的列做交叉运算，则需要用 bucketized_column 函数或 categorical_column_with_identity 函数将 numeric_column 类型转化后才能使用（转化方法见 7.4.2 小节）。

代码运行后，输出以下结果：

```
SparseTensorValue(indices=array([[0, 0],
       [0, 1],
       [1, 0],
       [1, 1],
       [1, 2],
```

```
        [1, 3]], dtype=int64), values=array([3, 1, 3, 1, 0, 4], dtype=int64),
dense_shape=array([2, 4], dtype=int64))
    [[ 3 1 -1 -1] [ 3 1 0 4]]
```

程序运行后，交叉矩阵会将以下两矩阵进行交叉合并。具体计算方法见式（7.1）：

$$\text{cross}\left(\begin{bmatrix}-1. & -1.5\\ 0.5 & 1.\end{bmatrix},\begin{bmatrix}'cA'\\ 'cB'\end{bmatrix},\begin{bmatrix}'cA'\\ 'cC'\end{bmatrix}\right)=\begin{bmatrix}\text{hash}('cA',\text{hash}(-1))\%\text{size} & \text{hash}('cA',\text{hash}(-1.5))\%\text{size}\\ \text{hash}('cB',\text{hash}(0.5))\%\text{size} & \text{hash}('cB',\text{hash}(1.))\%\text{size} & \text{hash}('cC',\text{hash}(0.5))\%\text{size} & \text{hash}('cC',\text{hash}(1.))\%\text{size}\end{bmatrix} \quad (7.1)$$

式（7.1）中，size 就是传入 crossed_column 函数的参数 hash_bucket_size，其值为 5，表示输出的结果都在 0~4 之间。

在生成的稀疏矩阵中，[0,2]与[0,3]这两个位置没有值，所以在将其转成稠密矩阵时需要为其加两个默认值"–1"。于是在输出结果的最后 1 行，显示了稠密矩阵的内容[[3 1 -1 -1] [3 1 0 4]]。该内容中用两个"–1"进行补位。

7.5 实例34：用 sequence_feature_column 接口完成自然语言处理任务的数据预处理工作

本节用 sequence_feature_column 接口处理序列特征数据。

实例描述

将模拟数据作为输入，用 sequence_feature_column 接口的特征列转化功能，生成具有序列关系的特征数据。

该实例属于自然语言处理（NLP）任务中的样本预处理工作（见 8.1.9 小节）。

7.5.1 代码实现：构建模拟数据

假设有一个字典，里面只有 3 个词，其向量分别为 0、1、2。

用稀疏矩阵模拟两个具有序列特征的数据 a 和 b。每个数据有两个样本：模拟数据 a 的内容是[2][0,1]。模拟数据 b 的内容是[1][2,0]。

具体代码如下：

代码 7-7　序列特征工程

```
01  import tensorflow as tf
02
03  tf.reset_default_graph()
04  vocabulary_size = 3                              #假设有 3 个词，向量为 0、1、2
05  sparse_input_a = tf.SparseTensor(                #定义一个稀疏矩阵，值为：
06      indices=((0, 0), (1, 0), (1, 1)),            #[2]   只有 1 个序列
07      values=(2, 0, 1),                            #[0, 1] 有两个序列
08      dense_shape=(2, 2))
09
10  sparse_input_b = tf.SparseTensor(                #定义一个稀疏矩阵，值为：
11      indices=((0, 0), (1, 0), (1, 1)),            #[1]
```

```
12      values=(1, 2, 0),                    #[2, 0]
13      dense_shape=(2, 2))
```

代码第 5、10 行分别用 tf.SparseTensor 函数创建两个稀疏矩阵类型的模拟数据。

7.5.2 代码实现：构建词嵌入初始值

词嵌入过程将字典中的词向量应用到多维数组中。在代码中，定义两套用于映射词向量的多维数组（embedding_values_a 与 embedding_values_b），并对其进行初始化。

 提示：

在实际使用中，对多维数组初始化的值，会被定义成 −1 ~ 1 之间的浮点数。这里都将其初始化成较大的值，是为了在测试时让显示效果更加明显。

具体代码如下：

代码 7-7　序列特征工程（续）

```
14 embedding_dimension_a = 2
15 embedding_values_a = (                #为稀疏矩阵的3个值（0、1、2）匹配词嵌入初始值
16     (1., 2.),                         #id 0
17     (3., 4.),                         #id 1
18     (5., 6.)                          #id 2
19 )
20 embedding_dimension_b = 3
21 embedding_values_b = (                #为稀疏矩阵的3个值（0、1、2）匹配词嵌入初始值
22     (11., 12., 13.),                  #id 0
23     (14., 15., 16.),                  #id 1
24     (17., 18., 19.)                   #id 2
25 )
26 #自定义初始化词嵌入
27 def _get_initializer(embedding_dimension, embedding_values):
28     def _initializer(shape, dtype, partition_info):
29         return embedding_values
30     return _initializer
```

7.5.3 代码实现：构建词嵌入特征列与共享特征列

使用函数 sequence_categorical_column_with_identity 可以创建带有序列特征的离散列。该离散列会将词向量进行词嵌入转化，并将转化后的结果进行离散处理。

使用函数 shared_embedding_columns 可以创建共享列。共享列可以使多个词向量共享一个多维数组进行词嵌入转化。具体代码如下：

代码 7-7　序列特征工程（续）

```
31  categorical_column_a =
    tf.contrib.feature_column.sequence_categorical_column_with_identity( #带序
    列的离散列
32      key='a', num_buckets=vocabulary_size)
33  embedding_column_a = tf.feature_column.embedding_column(#将离散列转为词向量
34      categorical_column_a, dimension=embedding_dimension_a,
35      initializer=_get_initializer(embedding_dimension_a,
    embedding_values_a))
36
37  categorical_column_b =
    tf.contrib.feature_column.sequence_categorical_column_with_identity(
38      key='b', num_buckets=vocabulary_size)
39  embedding_column_b = tf.feature_column.embedding_column(
40      categorical_column_b, dimension=embedding_dimension_b,
41      initializer=_get_initializer(embedding_dimension_b,
    embedding_values_b))
42  #共享列
43  shared_embedding_columns = tf.feature_column.shared_embedding_columns(
44        [categorical_column_b, categorical_column_a],
45        dimension=embedding_dimension_a,
46        initializer=_get_initializer(embedding_dimension_a,
    embedding_values_a))
```

7.5.4　代码实现：构建序列特征列的输入层

用函数 tf.contrib.feature_column.sequence_input_layer 构建序列特征列的输入层。该函数返回两个张量：

- 输入的具体数据。
- 序列的长度。

具体代码如下：

代码 7-7　序列特征工程（续）

```
47  features={                                    #将a、b合起来
48      'a': sparse_input_a,
49      'b': sparse_input_b,
50  }
51
52  input_layer, sequence_length =
    tf.contrib.feature_column.sequence_input_layer(    #定义序列特征列的输入层
53      features,
54      feature_columns=[embedding_column_b, embedding_column_a])
55
56  input_layer2, sequence_length2 =
    tf.contrib.feature_column.sequence_input_layer(    #定义序列输入层
```

```
57          features,
58          feature_columns=shared_embedding_columns)
59 #返回图中的张量（两个嵌入词权重）
60 global_vars = tf.get_collection(tf.GraphKeys.GLOBAL_VARIABLES)
61 print([v.name for v in global_vars])
```

代码第 52 行，用 sequence_input_layer 函数生成了输入层 input_layer 张量。该张量中的内容是按以下步骤产生的。

（1）定义原始词向量。
- 模拟数据 a 的内容是[2][0,1]。
- 模拟数据 b 的内容是[1][2,0]。

（2）定义词嵌入的初始值。
- embedding_values_a 的内容是：[(1., 2.),(3., 4.),(5., 6.)]。
- embedding_values_b 的内容是：[(11., 12., 13.), (14., 15., 16.), (17., 18., 19.)]。

（3）将词向量中的值作为索引，去第（2）步的数组中取值，完成词嵌入的转化。
- 特征列 embedding_column_a：将模拟数据 a 经过 embedding_values_a 转化后得到 [[5.,6.],[0,0]][[1.,2.],[3.,4.]]。
- 特征列 embedding_column_b：将模拟数据 b 经过 embedding_values_b 转化后得到[[14., 15., 16.],[0,0,0]][[17., 18., 19.],[11., 12., 13.]]。

> **提示：**
> sequence_feature_column 接口在转化词嵌入时，可以对数据进行自动对齐和补 0 操作。在使用时，可以直接将其输出结果输入 RNN 模型里进行计算。
> 由于模拟数据 a、b 中第一个元素的长度都是 1，而最大的长度为 2。系统会自动以 2 对齐，将不足的数据补 0。

（4）将 embedding_column_b 和 embedding_column_a 两个特征列传入函数 sequence_input_layer 中，得到 input_layer。根据 7.4.3 小节介绍的规则，该输入层中数据的真实顺序为：特征列 embedding_column_a 在前，特征列 embedding_column_b 在后。最终 input_layer 的值为：[[5.,6.,14., 15., 16.],[0,0, 0,0,0]][[1.,2., 17., 18., 19.],[3.,4. 11., 12., 13.]]。

代码第 61 行，将运行图中的所有张量打印出来。可以通过观察 TensorFlow 内部创建词嵌入张量的情况，来验证共享特征列的功能。

7.5.5 代码实现：建立会话输出结果

建立会话输出结果。具体代码如下：

代码 7-7　序列特征工程（续）

```
62 with tf.train.MonitoredSession() as sess:
63     print(global_vars[0].eval(session=sess))      #输出词向量的初始值
64     print(global_vars[1].eval(session=sess))
```

```
65      print(global_vars[2].eval(session=sess))
66      print(sequence_length.eval(session=sess))
67      print(input_layer.eval(session=sess))        #输出序列输入层的内容
68      print(sequence_length2.eval(session=sess))
69      print(input_layer2.eval(session=sess))       #输出序列输入层的内容
70    }
```

代码运行后,输出以下内容:

(1) 输出 3 个词嵌入张量。第 3 个为共享列张量。

```
['sequence_input_layer/a_embedding/embedding_weights:0',
'sequence_input_layer/b_embedding/embedding_weights:0',
'sequence_input_layer_1/a_b_shared_embedding/embedding_weights:0']
```

(2) 输出词嵌入的初始化值。

```
[[1. 2.]
 [3. 4.]
 [5. 6.]]
[[11. 12. 13.]
 [14. 15. 16.]
 [17. 18. 19.]]
[[1. 2.]
 [3. 4.]
 [5. 6.]]
```

输出的结果共有 9 行,每 3 行为一个数组:

- 前 3 行是 embedding_column_a。
- 中间 3 行是 embedding_column_b。
- 最后 3 行是 shared_embedding_columns。

(3) 输出张量 input_layer 的内容。

```
[1 2]
[[[ 5.  6. 14. 15. 16.] [ 0.  0.  0.  0.  0.]]
 [[ 1.  2. 17. 18. 19.] [ 3.  4. 11. 12. 13.]]]
```

输出的结果第 1 行是原始词向量的大小。后面两行是 input_layer 的具体内容。

(4) 输出张量 input_layer2 的内容。

```
[1 2]
[[[5. 6. 3. 4.] [0. 0. 0. 0.]]
 [[1. 2. 5. 6.] [3. 4. 1. 2.]]]
```

模拟数据 sparse_input_a 与 sparse_input_b 同时使用了共享词嵌入 embedding_values_a。每个序列的数据被转化成两个维度的词嵌入数据。

7.6 实例35：用factorization模块的kmeans接口聚类COCO数据集中的标注框

本实例以kmeans接口为例，来演示TensorFlow中factorization模块的用法。

实例描述

有一个JSON格式文件，其中放置了一个图片数据集的标注信息。该标注的内容是每张图片里物体的位置。

通过编写代码，使用聚类算法，找出这些标注框中最常见的尺寸。

在8.5节中有一个YOLO V3模型的实例。在那个实例中，需要对原始样本进行预处理，即对所有的标注框做聚类计算，找出样本中最常见的标注框。该聚类算法可以用factorization模块的kmeans接口来实现。

7.6.1 代码实现：设置要使用的数据集

本实例支持两种数据集，可以通过参数usecoco进行设置：
- 如果usecoco是1，则使用COCO数据集。
- 如果usecoco是0，则使用模拟数据集。

 提示：

如果设置了使用COCO数据集，则需要下载COCO数据集样本，并安装其自带的API工具，具体做法见8.7节。

具体代码如下：

代码7-8　聚类COCO数据集中的标注框

```
01  import numpy as np
02  import tensorflow as tf
03  import matplotlib.pyplot as plt
04
05  usecoco = 1                              #实例的演示方式。如设为1，则表示使用coco数据集
```

7.6.2 代码实现：准备带聚类的数据样本

编写代码，进行模拟数据的制作与COCO数据的载入。具体代码如下：

代码7-8　聚类COCO数据集中的标注框（续）

```
06  def convert_coco_bbox(size, box):        #计算box的长宽和原始图像的长宽比
07      """
08      输入：
09          size: 原始图像大小
```

```python
10             box：标注box的信息
11         返回：
12             x、y、w、h 标注box和原始图像的比值
13         """
14         dw = 1. / size[0]
15         dh = 1. / size[1]
16         x = (box[0] + box[2]) / 2.0 - 1
17         y = (box[1] + box[3]) / 2.0 - 1
18         w = box[2]
19         h = box[3]
20         x = x * dw
21         w = w * dw
22         y = y * dh
23         h = h * dh
24         return x, y, w, h
25
26     def load_cocoDataset(annfile):                #读取coco数据集的标注信息
27         from pycocotools.coco import COCO
28         data = []
29         coco = COCO(annfile)
30         cats = coco.loadCats(coco.getCatIds())
31         coco.loadImgs()
32         base_classes = {cat['id'] : cat['name'] for cat in cats}
33         imgId_catIds = [coco.getImgIds(catIds = cat_ids) for cat_ids in base_classes.keys()]
34         image_ids = [img_id for img_cat_id in imgId_catIds for img_id in img_cat_id ]
35         for image_id in image_ids:
36             annIds = coco.getAnnIds(imgIds = image_id)
37             anns = coco.loadAnns(annIds)
38             img = coco.loadImgs(image_id)[0]
39             image_width = img['width']
40             image_height = img['height']
41
42             for ann in anns:
43                 box = ann['bbox']
44                 bb = convert_coco_bbox((image_width, image_height), box)
45                 data.append(bb[2:])
46         return np.array(data)
47
48     if usecoco == 1:                              #根据设置选择数据源
49         dataFile = r"E:\Mask_RCNN-master\cocos2014\annotations\instances_train2014.json"
50         points = load_cocoDataset(dataFile)
51     else:                                         #如果不使用COCO数据集，则直接随机生成一些数字来进行聚类
52         num_points = 100
53         dimensions = 2
54         points = np.random.uniform(0, 1000, [num_points, dimensions])
```

执行上面代码后，会得到一个形状为[n,2]的数据对象 points（numpy 类型）。在 7.6.4 小节中，points 对象将作为聚类的数据源输入聚类模型中。

7.6.3　代码实现：定义聚类模型

通过调用 tf.contrib.factorization.KMeansClustering 接口，可以创建一个实现聚类的估算器模型。其初始化函数的具体参数如下：

```
__init__(
    num_clusters,                              #待聚类的个数
    model_dir=None,                            #模型的路径
    initial_clusters=RANDOM_INIT,              #初始化中心点的方法
    distance_metric=SQUARED_EUCLIDEAN_DISTANCE, #评估举例的方法
    random_seed=0,                             #随机值种子
    use_mini_batch=True,                       #是否使用小批次处理
    mini_batch_steps_per_iteration=1,          #当使用小批次处理时，运行几次更新一次中心点
    kmeans_plus_plus_num_retries=2,            #当 initial_clusters 使用 kmeans++算法时的采样次数
    relative_tolerance=None,                   #停止阈值。如果聚类的 loss 变化值小于该值，则停止训练。如果 use_mini_batch 为 True，则该参数无效
    config=None,                               #与估算器的 config 相同
    feature_columns=None                       #可以对指定的某些特征列进行聚类。如果该参数值为 None，则代表按照全部特征列进行聚类
)
```

其中，参数 initial_clusters 的取值可以是：
- RANDOM_INIT（随机数）。
- KMEANS_PLUS_PLUS_INIT（kmeans++算法）。
- 指定的中心点数组。
- 自定义函数。

参数 distance_metric 的取值可以是 SQUARED_EUCLIDEAN_DISTANCE（欧几里得距离）或 COSINE_DISTANCE（夹角余弦距离）。

> **提示：**
> 如果变量 mini_batch_steps_per_iteration 等于 num_inputs / batch_size，则理论上程序的聚类结果应该会与 use_mini_batch 为 False 时的聚类结果相同。但实际上，该聚类方法的精度会略有偏差，这是因为在多线程的处理中，该聚类方法的内部没有加锁。

在以下代码中，首先指定了模型路径，接着定义了 kmeans（聚类）模型。在迭代过程中，如果发现模型收敛度小于 0.01，则停止训练。

代码 7-8　聚类 COCO 数据集中的标注框（续）

```
55 num_clusters = 5                    #待聚类的个数
56 #定义聚类的配置文件
57 config=tf.estimator.RunConfig(model_dir='./kmeansmodel',
    save_checkpoints_steps=100)
```

```
58 #定义聚类模型
59 kmeans = tf.contrib.factorization.KMeansClustering(config= config,
60     num_clusters=num_clusters,
   use_mini_batch=False,relative_tolerance=0.01)
```

7.6.4 代码实现：训练模型

定义输入函数，并用 kmeans.train 方法训练模型。用 kmeans.score 方法可以得到模型运行的最终分数。具体代码如下：

代码 7-8　聚类 COCO 数据集中的标注框（续）

```
61 def input_fn():                              #定义输入函数
62     return tf.train.limit_epochs(
63         tf.convert_to_tensor(points, dtype=tf.float32), num_epochs=300)
64 kmeans.train(input_fn)                       #训练模型
65 print("训练结束, score(cost) = {}".format(kmeans.score(input_fn)))
```

代码第 62、63 行，调用 tf.train 模块的 limit_epochs 方法，并传入数据集的迭代次数（300 次）。将 limit_epochs 方法的返回值作为输入函数 input_fn 的结果传入 kmeans.train 方法里进行训练。这样系统将会按照数据集的遍历次数来训练模型。

还可以在 kmeans.train 方法中直接指定迭代次数来控制模型的训练。

kmeans.train 方法的定义如下：

```
train(
    input_fn,                     #输入函数
    hooks=None,                   #钩子函数，用于显示训练过程中的信息
    steps=None,                   #训练次数
    max_steps=None,               #最大训练次数
    saving_listeners=None         #在保存模型之前和之后所需要调用的函数
)
```

其中，变量 steps 代表单次需要训练的次数，变量 max_steps 代表对总训练次数的限制。

7.6.5 代码实现：输出图示化结果

编写代码，输出图示化结果：

（1）用 kmeans.cluster_centers 方法可以得到中心点结果。
（2）用 kmeans.predict_cluster_index 方法可以得到输入数据对应的分类结果。
（3）将中心点与分类结果一起显示出来。

具体代码如下：

代码 7-8　聚类 COCO 数据集中的标注框（续）

```
66 anchors = kmeans.cluster_centers()                         #获取中心点
67
68 box_w = points[:1000, 0]
```

```
69   box_h = points[:1000, 1]
70
71   def show_input_fn():                                    #定义输入函数
72       return tf.train.limit_epochs(
73           tf.convert_to_tensor(points[:1000], dtype=tf.float32), num_epochs=1)
74   #生成聚类结果
75   cluster_indices =list( kmeans.predict_cluster_index(show_input_fn) )
76
77   plt.scatter(box_h, box_w, c=cluster_indices)            #图示化显示
78   plt.colorbar()
79   plt.scatter(anchors[:,0], anchors[:, 1], s=800,c='r',marker='x')
80   plt.show()
81
82   if usecoco == 1:                                        #打印COCO最终结果
83       trueanchors = []
84       for cluster in anchors:
85           trueanchors.append([round(cluster[0] * 416), round(cluster[1] *
     416)])
86       print("在416*416上面，所聚类的锚点候选框为：",trueanchors)
```

代码第 73 行，从 points 对象中取出 1000 个点，输入 kmeans 模型中进行预测。

代码运行后，输出结果如图 7-7 所示。

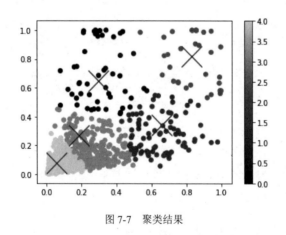

图 7-7　聚类结果

同时，也输出以下信息：

> 在416*416上面，所聚类的锚点候选框为： [[275.0, 142.0], [124.0, 270.0], [344.0, 341.0], [78.0, 112.0], [24.0, 32.0]]

从输出的结果中，可以看到聚类中心点的信息。每个中心点的 x、y 坐标都代表 COCO 数据集中标注框的边长。

在 YOLO V3 模型（YOLO V3 是一个目标识别模型）中，这些聚类中心点结果将被当作锚点候选框参与图像识别过程。有关 YOLO V3 模型的相关知识，读者先有一个概念即可，读到 8.6 节自然能够理解。

7.6.6 代码实现：提取并排序聚类结果

在数值分析领域，常常要对聚类结果进行分析。最基本的分析操作就是对每个分类的样本进行排序并提取。常用的接口有以下两个。

- 用 kmeans.transform 方法可以得到每个样本离中心点的距离。
- 用 kmeans.predict 方法可以得到分类和距离的全部信息。

具体代码如下：

代码 7-8　聚类 COCO 数据集中的标注框（续）

```
87  distance = list(kmeans.transform(show_input_fn))   #获得每个坐标离中心点的距离
88  predict = list(kmeans.predict(show_input_fn) )     #对每个点进行预测
89  print(distance[0],predict[0])                      #显示内容
90
91  firstclassdistance= np.array([ p['all_distances'][0]  for p in predict if
    p['cluster_index']==0 ])                           #获取第 0 类数据
92  dataindexsort= np.argsort(firstclassdistance)      #按照距离排序，并返回索引
93  #显示第 0 类，即前 10 条数据的索引和距离
94  print(len(dataindexsort),dataindexsort[:10],
       firstclassdistance[dataindexsort[:10]])
```

代码运行后，输出以下结果：

```
 [0.38012558  0.31952286  1.0356641   0.03164728  0.00291133] {'all_distances':
array([0.38012558, 0.31952286, 1.0356641 , 0.03164728, 0.00291133],    dtype=float32),
'cluster_index': 4}
  51 [38 11  7 42 19 29 35 17 20 12] [0.00244057 0.00275207 0.00351655 0.00392741
0.00549358 0.00684953
 0.01048928 0.0128122  0.01611018 0.01929462]
```

输出结果的第 1 行，显示了模型输出的距离和预测值。可以看到，在距离信息中，包括该点离所有中心点的距离；在预测信息中，既有距离信息，又有分类信息。

输出结果的第 3 行，显示了第 0 类的长度（即前 10 条数据的索引），以及这 10 条数据的距离。这部分操作是在数值分析中常用的操作。

7.6.7 扩展：聚类与神经网络混合训练

TensorFlow 中提供了一个基于 MNIST 训练的聚类实例。其中，先将 MNIST 图片聚类成指定的个数，然后再通过全连接网络进行分类训练。这个实例很有研究价值。

同时，本书也提供了该实例的源码供读者参考，见随书配套资源中的代码文件 "7-9 mnistkmeans.py"。更多内容还可以查看以下链接：

https://github.com/tensorflow/tensorflow/tree/master/tensorflow/contrib/factorization/examples/mnist.py

7.7 实例 36：用加权矩阵分解模型实现基于电影评分的推荐系统

通过调用 TensorFlow 中的 tensorflow.contrib.factorization.WALSModel 接口实现一个加权矩阵分解（WALS）模型，并用该模型实现基于电影评分的推荐系统。

实例描述

有一个电影评分数据集，里面包含用户、电影、评分、时间字段。

要求设计模型，并用模型学习该数据的规律，为用户推荐喜欢看的其他电影。

有关加权矩阵分解算法见 7.1.8 小节，具体实现如下。

7.7.1 下载并加载数据集

通过以下链接，将电影评论数据集下载到本地：

```
http://files.grouplens.org/datasets/movielens/ml-latest-small.zip
```

下载之后，将其解压缩到本地代码的同级目录下，并按照以下步骤具体操作。

1. 使用数据集

在电影评论数据集中有以下几个文件：

- links.csv。
- movies.csv。
- ratings.csv。
- README.txt。
- tags.csv。

这里只关心评分文件，即 ratings.csv。其内容如下：

```
userId,movieId,rating,timestamp
1,31,2.5,1260759144
1,1029,3.0,1260759179
```

2. 代码实现：读取数据集，并按照时间排序

将数据加载到内存中，并按照时间对其排序。具体代码如下：

代码 7-10　电影推荐系统

```
01  import os
02
03  DATASET_PATH= 'ml-latest-small'
04  RATINGS_CSV = os.path.join(DATASET_PATH, 'ratings.csv')      #指定路径
05
06  import collections
07  import csv
```

```
08
09  Rating = collections.namedtuple('Rating', ['user_id', 'item_id', 'rating',
    'timestamp'])
10  ratings = list()
11  with open(RATINGS_CSV, newline='') as f:                    #加载数据
12      reader = csv.reader(f)
13      next(reader) #跳过第一行的字段描述部分
14      for user_id, item_id, rating, timestamp in reader:
15          ratings.append(Rating(user_id, item_id, float(rating), int(timestamp)))
16
17  ratings = sorted(ratings, key=lambda r: r.timestamp)        #排序
18  print('Ratings: {:,}'.format(len(ratings)))
```

代码运行后，显示以下结果：

```
Ratings: 100,004
```

输出结果中的"100,004"表示数据集的总条数为100 004条。

7.7.2 代码实现：根据用户和电影特征列生成稀疏矩阵

本小节的具体步骤如下：
（1）将用户数据与电影数据单独抽取出来。
（2）根据抽取出的数据索引生成字典。
（3）按照用户与电影两个维度生成网格矩阵。
（4）将该网格矩阵保存为稀疏矩阵。
具体代码如下：

代码 7-10　电影推荐系统（续）

```
19  import tensorflow as tf
20  import numpy as np
21
22  users_from_idx = sorted(set(r.user_id for r in ratings), key=int)#获得用户
    ID
23  users_from_idx = dict(enumerate(users_from_idx))#生成索引与用户ID的正反向字典
24  users_to_idx = dict((user_id, idx) for idx, user_id in
    users_from_idx.items())
25  print('User Index:',[users_from_idx[i] for i in range(2)])
26  #获得电影的ID
27  items_from_idx = sorted(set(r.item_id for r in ratings), key=int)
28  items_from_idx = dict(enumerate(items_from_idx))#生成索引与电影ID的正反向字典
29  items_to_idx = dict((item_id, idx) for idx, item_id in
    items_from_idx.items())
30  print('Item Index:',[items_from_idx[i] for i in range(2)])
31
32  sess = tf.InteractiveSession()                    #将用户与电影交叉。填入评分
```

```
33   indices = [(users_to_idx[r.user_id], items_to_idx[r.item_id]) for r in
     ratings]
34   values = [r.rating for r in ratings]
35   n_rows = len(users_from_idx)
36   n_cols = len(items_from_idx)
37   shape = (n_rows, n_cols)
38
39   P = tf.SparseTensor(indices, values, shape)       #生成稀疏矩阵
40
41   print(P)
42   print('Total values: {:,}'.format(n_rows * n_cols))
```

代码运行后,输出以下结果:

```
User Index: ['1', '2']
Item Index: ['1', '2']
SparseTensor(indices=Tensor("SparseTensor_11/indices:0",    shape=(100004,  2),
dtype=int64),       values=Tensor("SparseTensor_11/values:0",    shape=(100004,),
dtype=float32),    dense_shape=Tensor("SparseTensor_11/dense_shape:0",    shape=(2,),
dtype=int64))
Total values: 6,083,286
```

在输出的结果中可以看到:
- 前两行分别显示了用户的 ID 与电影的 ID。
- 第 3 行显示了所生成的稀疏矩阵。
- 最后一行显示了将用户与电影交叉后的矩阵大小为 6,083,286。

> **提示:**
> 程序最终生成的矩阵尺寸非常巨大。对于超大矩阵最好的处理方法是,将其存储为稀疏矩阵。如果以稠密矩阵的形式存放到内存中,则会非常耗资源。

7.7.3 代码实现:建立 WALS 模型,并对其进行训练

调用 tensorflow.contrib.factorization.WALSModel 接口,建立 WALS 模型。WALSModel 接口支持分布式训练和正则化处理。具体参数可以使用 help 命令查看。

具体代码如下:

代码 7-10 电影推荐系统(续)

```
43   from tensorflow.contrib.factorization import WALSModel
44   k = 10                    #分解后的维度
45   n = 10                    #训练的迭代次数
46   reg = 1e-1                #正则化的权重
47
48   model = WALSModel(        #创建 WALSModel
49       n_rows,               #行数
```

```
50      n_cols,                     #列数
51      k,                          #分解后生成矩阵的维度
52      regularization=reg,         #在训练过程中使用的正则化权重
53      unobserved_weight=0)
54
55  row_factors = tf.nn.embedding_lookup(              #从模型中取出行矩阵
56      model.row_factors,
57      tf.range(model._input_rows),
58      partition_strategy="div")
59  col_factors = tf.nn.embedding_lookup(              #从模型中取出列矩阵
60      model.col_factors,
61      tf.range(model._input_cols),
62      partition_strategy="div")
63  #获取稀疏矩阵中原始的行和列的索引
64  row_indices, col_indices = tf.split(P.indices,
65                                      axis=1,
66                                      num_or_size_splits=2)
67  gathered_row_factors = tf.gather(row_factors, row_indices)#根据索引从分解矩
    阵中取出对应的值
68  gathered_col_factors = tf.gather(col_factors, col_indices)
69  #将行和列相乘,得到预测的评分值
70  approx_vals = tf.squeeze(tf.matmul(gathered_row_factors,
71                                      gathered_col_factors,
72                                      adjoint_b=True))
73  P_approx = tf.SparseTensor(indices=P.indices,      #将预测结果组合成稀疏矩阵
74                              values=approx_vals,
75                              dense_shape=P.dense_shape)
76
77  E = tf.sparse_add(P, P_approx * (-1))              #让两个稀疏矩阵相减
78  E2 = tf.square(E)
79  n_P = P.values.shape[0].value
80  rmse_op = tf.sqrt(tf.sparse_reduce_sum(E2) / n_P)  #计算loss值
81  #定义更新分解矩阵权重的op
82  row_update_op = model.update_row_factors(sp_input=P)[1]
83  col_update_op = model.update_col_factors(sp_input=P)[1]
84
85  model.initialize_op.run()
86  model.worker_init.run()
87  for _ in range(n):                                 #按指定次数迭代训练
88
89      model.row_update_prep_gramian_op.run()         #训练并更新行(用户)矩阵
90      model.initialize_row_update_op.run()
91      row_update_op.run()
92
93      model.col_update_prep_gramian_op.run()         #训练并更新列(电影)矩阵
94      model.initialize_col_update_op.run()
95      col_update_op.run()
```

```
 96
 97     print('RMSE: {:,.3f}'.format(rmse_op.eval()))    #输出 loss 值
 98
 99 user_factors = model.row_factors[0].eval()
100 item_factors = model.col_factors[0].eval()
101
102 print('User factors shape:', user_factors.shape)    #输出分解后的矩阵形状
103 print('Item factors shape:', item_factors.shape)
```

代码运行后，输出以下结果：

```
RMSE: 1.999
RMSE: 0.791
……
RMSE: 0.538
User factors shape: (671, 10)
Item factors shape: (9066, 10)
```

输出结果的最后两行代表分解后的矩阵大小。可以看到，用户矩阵变成了(671, 10)，电影矩阵变成了(9066, 10)。

7.7.4 代码实现：评估 WALS 模型

评估模型的具体步骤如下：

（1）找到数据集中评论最多的用户。
（2）从该用户评论中取出最后一次的评论记录。
（3）根据用户和评论记录中的电影，在分解矩阵中取值。
（4）将分解矩阵中的评分与第（2）步评论记录中的评分进行比较，计算出 WALS 模型的准确度。

具体代码如下：

代码 7-10　电影推荐系统（续）

```
104 c = collections.Counter(r.user_id for r in ratings)
105 user_id, n_ratings = c.most_common(1)[0]
106 #找出评论最多的用户
107 print('评论最多的用户 {}: {:,d}'.format(user_id, n_ratings))
108
109 r = next(r for r in reversed(ratings) if r.user_id == user_id and r.rating
       == 5.0)#找一条评论为 5 的数据
110 print('该用户最后一条 5 分记录：',r)
111
112 #在预测模型中取值
113 i = users_to_idx[r.user_id]
114 j = items_to_idx[r.item_id]
115
116 u = user_factors[i]                                    #取出 user 矩阵的值
```

```
117 print('Factors for user {}:\n'.format(r.user_id))
118 print(u)
119
120 v = item_factors[j]                                    #取出item矩阵的值
121 print('Factors for item {}:\n'.format(r.item_id))
122 print(v)
123
124 p = np.dot(u, v)                                       #计算预测结果
125 print('Approx. rating: {:,.3f}, diff={:,.3f}, {:,.3%}'.format(p, r.rating
    - p, p/r.rating))                                     #评估结果,输出loss值
```

代码运行后,输出以下结果:

```
评论最多的用户547: 2,391
 该用户最后一条 5 分记录: Rating(user_id='547', item_id='163949', rating=5.0, timestamp=1476419239)
Factors for user 547:
 [-0.11183977 -0.09171382 -0.10098672 -0.7796077  0.33030528 -0.03237698
  0.48777038  0.4614259  -0.6705016  -0.4126554 ]
Factors for item 163949:
 [-0.29128832 -0.23886949 -0.263021   -2.0304952  0.8602844  -0.0843261
  1.270403    1.2017884  -1.7463298  -1.0747647 ]
Approx. rating: 4.740, diff=0.260, 94.791%
```

从输出结果可以看到。WALS 模型的准确率为 94.791%。

7.7.5 代码实现:用 WALS 模型为用户推荐电影

用 WALS 模型进行推荐电影的步骤如下:
(1)用 WALS 模型计算出该用户对所有电影的评分。
(2)从所有的评分中找出该用户在真实数据集中没有评论的电影。
(3)按照预测分值排序。
(4)将分值最大的前 10 个电影提取出来,推荐给用户。
具体代码如下:

代码 7-10　电影推荐系统(续)

```
126 #推荐排名
127 V = item_factors
128 user_P = np.dot(V, u)
129 print('预测出用户所有的评分,形状为:', user_P.shape)
130 #该用户评论的电影
131 user_items = set(ur.item_id for ur in ratings if ur.user_id == user_id)
132
133 user_ranking_idx = sorted(enumerate(user_P), key=lambda p: p[1],
    reverse=True)
134 user_ranking_raw = ((items_from_idx[j], p) for j, p in user_ranking_idx)
```

```
135 user_ranking = [(item_id, p) for item_id, p in user_ranking_raw if item_id
   not in user_items]#找到该用户没有评论过的所有电影评分
136
137 top10 = user_ranking[:10]#取出前10个
138
139 print('Top 10 items:\n')
140 for k, (item_id, p) in enumerate(top10):   #得到该用户喜欢电影的排名
141     print('[{}] {} {:,.2f}'.format(k+1, item_id, p))
```

代码运行后，输出以下结果：

```
预测出用户所有的评分，形状为：(9066,)
Top 10 items:
[1] 1211 6.85
[2] 1273 6.49
……
[9] 2594 5.63
[10] 501 5.53
```

输出结果的第 1 行，显示该用户所有的评分数值（对应的 9066 个电影评分）。

接着，从未评分的电影中找出了 10 个评分最高的电影。

这些数据将代表用户有可能喜欢的电影，为用户推送过去。

7.7.6 扩展：使用 WALS 的估算器接口

TensorFlow 中还提供了一个高级接口——tensorflow.contrib.factorization.WALSMatrixFactorization。该接口继承于估算器，其用法与估算器完全一样。更多接口介绍还可以参考以下链接：

> https://www.tensorflow.org/api_docs/python/tf/contrib/factorization/WALSMatrixFactorization

7.8 实例 37：用 Lattice 模块预测人口收入

本实例用继续 Lattice 模块预测人口收入。

实例描述

有一个人口收入的数据集，其中记录着每个人的详细信息及收入情况。

现需要训练一个机器学习模型，使得该模型能够找到个人的详细信息与收入之间的关系，从而实现在给定一个人的具体详细信息之后估算出该人的收入水平。

要求使用点阵模型（插值查找表算法）实现。

本实例将依次实现校准线性模型、校准点阵模型、随机微点阵模型、集合的微点阵模型的构建与使用，为读者演示具体的实现方法。

由于 Lattice 模块目前不支持 Windows 系统，本实例需要在 Linux 环境下运行。同时，必须保证本机已经安装了 Lattice 模块，要装方式见 7.1.9 小节。

7.8.1 代码实现：读取样本，并创建输入函数

本实例使用的人口收入数据集与 7.2 节的内容一样。7.2 节使用的数据集文件是 Windows 编码格式（GBK），而本实例使用的数据集文件是 utf-8 编码格式。该文件可以随书的配套资源中找到。具体步骤如下：

（1）将数据集文件 "adult.data.csv.txt" "adult.test.csv.txt" 放到本地代码的同级目录下。
（2）编写代码，用 pandas 模块将 CSV 文件载入。
（3）调用 tf.estimator.inputs.pandas_input_fn 接口，返回一个估算器输入函数。

具体代码如下：

代码 7-11　用 Lattice 模块预测收入

```python
01  import os
02  import pandas as pd
03  import six
04  import tensorflow as tf
05  import tensorflow_lattice as tfl
06
07  #定义数据集目录
08  testdir = "./income_data/adult.test.csv.txt"
09  traindir = "./income_data/adult.data.csv.txt"
10
11  batch_size = 1000 #定义批次
12
13  #定义列名，对应于CSV文件中的数据列
14  CSV_COLUMNS = [
15      "age", "workclass", "fnlwgt",
16      "education", "education_num",
17      "marital_status", "occupation", "relationship", "race", "gender",
18      "capital_gain", "capital_loss", "hours_per_week", "native_area",
19      "income_bracket"
20  ]
21
22  _df_data = {}              #以字典形式存放CSV文件的名称和对应的样本内容
23  _df_data_labels = {}       #以字典形式存放CSV文件的名称和对应的标签内容
24
25  #读入原始CSV文件，并转成估算器的输入函数
26  def get_input_fn(file_path, batch_size, num_epochs, shuffle):
27
28      if file_path not in _df_data: #保证只读取一次CSV文件
29          #读取CSV文件，并将样本内容放入df_data中
30          _df_data[file_path] = pd.read_csv( tf.gfile.Open(file_path),
31              names=CSV_COLUMNS,skipinitialspace=True,
32              engine="python", skiprows=1)
33
34          _df_data[file_path] = _df_data[file_path].dropna(how="any", axis=0)
```

```
35      #读取CSV文件,并将标签内容放入_df_data_labels中
36      _df_data_labels[file_path] =
    _df_data[file_path]["income_bracket"].apply(
37          lambda x: ">50K" in x).astype(int)
38
39      return tf.estimator.inputs.pandas_input_fn(    #返回pandas结构的输入函数
40          x=_df_data[file_path],y=_df_data_labels[file_path],
41          batch_size=batch_size,shuffle=shuffle,
42          num_epochs=num_epochs,num_threads=1)
```

7.8.2 代码实现:创建特征列,并保存校准关键点

因为Lattice模块是通过插值查表法进行计算的,所以需要为其准备好用于插值的数据信息。这个数据信息被称为校准点。

Lattice模块在对数据预处理时,会根据具体数据,在每个特征列的值域范围内取指定个数的关键点。模型会在每两个关键点之间,做分段的校准计算。

下面编写代码实现以下步骤:

(1) 预处理特征列。

(2) 将处理好的特征列按照指定关键点个数计算出校准点。

(3) 将计算出的校准点保存起来,以便在下一步的运算时使用。

> **提示:**
> 点阵模型可以支持稀疏矩阵张量的处理。经过离散转化后的特征列,不必再转为稠密矩阵,可以直接使用。

具体代码如下:

代码7-11 用Lattice模块预测收入(续)

```
43  def create_feature_columns():#创建特征列
44      #离散列
45      gender = tf.feature_column.categorical_column_with_vocabulary_list(
46          "gender", ["Female", "Male"])
47      education = tf.feature_column.categorical_column_with_vocabulary_list(
48          "education", [
49              "Bachelors", "HS-grad", "11th", "Masters", "9th", "Some-college",
50              "Assoc-acdm", "Assoc-voc", "7th-8th", "Doctorate", "Prof-school",
51              "5th-6th", "10th", "1st-4th", "Preschool", "12th"
52          ])
53      marital_status =
    tf.feature_column.categorical_column_with_vocabulary_list(
54          "marital_status", [
55              "Married-civ-spouse", "Divorced", "Married-spouse-absent",
56              "Never-married", "Separated", "Married-AF-spouse", "Widowed"
57          ])
```

```python
58    relationship =
   tf.feature_column.categorical_column_with_vocabulary_list(
59        "relationship", [
60            "Husband", "Not-in-family", "Wife", "Own-child", "Unmarried",
61            "Other-relative"
62        ])
63    workclass = tf.feature_column.categorical_column_with_vocabulary_list(
64        "workclass", [
65            "Self-emp-not-inc", "Private", "State-gov", "Federal-gov",
66            "Local-gov", "?", "Self-emp-inc", "Without-pay", "Never-worked"
67        ])
68    occupation = tf.feature_column.categorical_column_with_vocabulary_list(
69        "occupation", [
70            "Prof-specialty", "Craft-repair", "Exec-managerial",
   "Adm-clerical",
71            "Sales", "Other-service", "Machine-op-inspct", "?",
72            "Transport-moving", "Handlers-cleaners", "Farming-fishing",
73            "Tech-support", "Protective-serv", "Priv-house-serv",
   "Armed-Forces"
74        ])
75    race = tf.feature_column.categorical_column_with_vocabulary_list(
76        "race", [ "White", "Black", "Asian-Pac-Islander",
   "Amer-Indian-Eskimo",
77                "Other",] )
78    native_area = tf.feature_column.categorical_column_with_vocabulary_list(
      "native_area", ["area_A","area_B","?", "area_C",
         "area_D", "area_E", "area_F","area_G","area_H","area_I",
         "Greece", "area_K","area_L","area_M","area_N","area_O",
   "area_P","Italy","area_R", "Jamaica","area_T","Mexico","area_S",
   "area_U","France","area_W","area_V","Ecuador","area_X", "Columbia",
      "area_Y", "Guatemala","Nicaragua","area_Z", "area_1A",
85            "area_1B", "area_1C","area_1D","Peru",
86            "area_#", "area_1G",])
87
88    #连续值列
89    age = tf.feature_column.numeric_column("age")
90    education_num = tf.feature_column.numeric_column("education_num")
91    capital_gain = tf.feature_column.numeric_column("capital_gain")
92    capital_loss = tf.feature_column.numeric_column("capital_loss")
93    hours_per_week = tf.feature_column.numeric_column("hours_per_week")
94
95    #将处理好的特征列返回
96    return [ age, workclass, education, education_num, marital_status,
97           occupation, relationship,race,gender, capital_gain,
98           capital_loss, hours_per_week, native_area,]
99
100 #创建校准关键点
101 def create_quantiles(quantiles_dir):
```

```
102     batch_size = 10000                      #设置批次
103
104     #创建输入函数
105     input_fn =get_input_fn(traindir, batch_size, num_epochs=1, shuffle=False)
106
107     tfl.save_quantiles_for_keypoints( #默认保存1000个校准关键点
108         input_fn=input_fn,
109         save_dir=quantiles_dir,              #默认会建立一个文件目录
110         feature_columns=create_feature_columns(),
111         num_steps=None)
112
113 quantiles_dir = "./"                         #定义校准点保存路径
114 create_quantiles(quantiles_dir)              #创建校准关键点信息
115 a =
    tfl.load_keypoints_from_quantiles(["age"],quantiles_dir,num_keypoints=10,
116                       output_min=17.0,output_max=90.0,)
117 with tf.Session() as sess:
118     print("加载age的关键点信息: ",sess.run(a))
```

代码第 114 行，调用 create_quantiles 函数，按照指定的列进行校准关键点的生成和保存。每个列都默认保存 1000 个点。

代码第 115 行，调用 tfl.load_keypoints_from_quantiles 函数，从 age 列中取出 10 个关键点并显示出来，用于测试。

代码运行后，输出 10 个校准点的内容。如下：

{'age': (array([17., 25., 33., 41., 49., 57., 65., 73., 81., 90.], dtype=float32), array([17.   , 25.11111 , 33.22222 , 41.333332, 49.444443, 57.555553, 65.666664, 73.77777 , 81.888885, 90.   ], dtype=float32))}

同时可以看到，程序在 quantiles 文件夹下生成了校准点文件，如图 7-8 所示。

图 7-8　校准点文件

文件名称与代码第 43 行中 create_feature_columns 函数所返回的列是一一对应的。

7.8.3 代码实现：创建校准线性模型

用 tfl.calibrated_linear_classifier 函数返回一个校准线性模型。

该函数需要的两个关键参数的具体实现方法如下。

- quantiles_dir（校准关键点目录）：在 7.8.2 小节已经生成（见代码 114 行）。
- hparams（超参）：调用 tfl.CalibratedLinearHParams 函数，并指定特征列的名称、关键点的取值个数、学习率来生成超参（见代码 129 行）。

具体代码如下：

代码 7-11　用 Lattice 模块预测收入（续）

```
119 #输出超参，用于显示
120 def _pprint_hparams(hparams):
121   print("* hparams=[")
122   for (key, value) in sorted(six.iteritems(hparams.values())):
123     print("\t{}={}".format(key, value))
124   print("]")
125
126 #创建 calibrated_linear 模型
127 def create_calibrated_linear(feature_columns, config, quantiles_dir):
128   feature_names = [fc.name for fc in feature_columns]
129   hparams = tfl.CalibratedLinearHParams(feature_names=feature_names,
130         num_keypoints=200, learning_rate=1e-4)
131   #对部分列中的超参单独赋值
132   hparams.set_feature_param("capital_gain",
    "calibration_l2_laplacian_reg", 4.0e-3)
133   _pprint_hparams(hparams)              #输出超参
134
135   return
  tfl.calibrated_linear_classifier(feature_columns=feature_columns,
136       model_dir=config.model_dir,config=config,hparams=hparams,
137       quantiles_dir=quantiles_dir)
```

代码第 132 行，在设置完超参 hparams 之后，又为年收入列"capital_gain"单独指定了用于校准的 L2 正则参数。

7.8.4 代码实现：创建校准点阵模型

用 tfl.calibrated_lattice_classifier 函数创建校准点阵模型。其他步骤与 7.8.3 小节类似，这里不再重复。具体代码如下：

代码 7-11　用 Lattice 模块预测收入（续）

```
138 def create_calibrated_lattice(feature_columns, config, quantiles_dir):
139   feature_names = [fc.name for fc in feature_columns]
140   hparams = tfl.CalibratedLatticeHParams(feature_names=feature_names,
141       num_keypoints=200,lattice_l2_laplacian_reg=5.0e-3,
```

```
142            lattice_l2_torsion_reg=1.0e-4,learning_rate=0.1,
143            lattice_size=2)
144
145    _pprint_hparams(hparams)
146
147    return
   tfl.calibrated_lattice_classifier(feature_columns=feature_columns,
148         model_dir=config.model_dir,config=config,
149         hparams=hparams, quantiles_dir=quantiles_dir)
```

7.8.5 代码实现：创建随机微点阵模型

调用 tfl.calibrated_rtl_classifier 函数，并指定组成微点阵单元的尺寸 lattice_size 来创建随机微点阵模型。

具体代码如下：

代码 7-11 用 Lattice 模块预测收入（续）

```
150 def create_calibrated_rtl(feature_columns, config, quantiles_dir):
151   feature_names = [fc.name for fc in feature_columns]
152   hparams = tfl.CalibratedRtlHParams(feature_names=feature_names,
153        num_keypoints=200,learning_rate=0.02,
154        lattice_l2_laplacian_reg=5.0e-4,lattice_l2_torsion_reg=1.0e-4,
155        lattice_size=3,lattice_rank=4, num_lattices=100)
156   #对部分列中的超参单独赋值
157   hparams.set_feature_param("capital_gain", "lattice_size", 8)
158   hparams.set_feature_param("native_area", "lattice_size", 8)
159   hparams.set_feature_param("marital_status", "lattice_size", 4)
160   hparams.set_feature_param("age", "lattice_size", 8)
161   _pprint_hparams(hparams)
162   return tfl.calibrated_rtl_classifier(feature_columns=feature_columns,
163        model_dir=config.model_dir,config=config,hparams=hparams,
164        quantiles_dir=quantiles_dir)
```

7.8.6 代码实现：创建集合的微点阵模型

用 tfl.calibrated_etl_classifier 函数创建集合的微点阵模型。其他步骤与 7.8.5 小节类似。具体代码如下：

代码 7-11 用 Lattice 模块预测收入（续）

```
165 def create_calibrated_etl(feature_columns, config, quantiles_dir):
166   feature_names = [fc.name for fc in feature_columns]
167   hparams = tfl.CalibratedEtlHParams(feature_names=feature_names,
168        num_keypoints=200,learning_rate=0.02,
169        non_monotonic_num_lattices=200,non_monotonic_lattice_rank=2,
170        non_monotonic_lattice_size=2,calibration_l2_laplacian_reg=4.0e-3,
171        lattice_l2_laplacian_reg=1.0e-5,lattice_l2_torsion_reg=4.0e-4)
```

```
172
173    _pprint_hparams(hparams)
174
175    return tfl.calibrated_etl_classifier(feature_columns=feature_columns,
176        model_dir=config.model_dir,config=config, hparams=hparams,
177        quantiles_dir=quantiles_dir)
```

7.8.7 代码实现：定义评估与训练函数

因为Lattice模块是依赖估算器框架实现的，所以其评估与训练函数也与估算器的用法一致。函数 evaluate_on_data 用于评估、函数 train 用于训练。

具体代码如下：

代码7-11　用Lattice模块预测收入（续）

```
178 def evaluate_on_data(estimator, data):    #用指定数据测试模型
179    name = os.path.basename(data)          #获取输入数据的文件夹名称
180
181    #评估模型
182    evaluation = estimator.evaluate(input_fn=get_input_fn(    #定义输入函数
183       file_path=data, batch_size=batch_size,num_epochs=1,shuffle=False),
184                        name=name)
185    print(" Evaluation on '{}':\t 准确率={:.4f}\t 平均 loss={:.4f}".format(
186        name, evaluation["accuracy"], evaluation["average_loss"]))
187
188 def evaluate(estimator):                    #用测试数据集测试模型
189    evaluate_on_data(estimator, traindir)
190    evaluate_on_data(estimator, testdir)
191
192 def train(estimator,train_epochs,showtest = None):
193    if showtest==None:                      #不显示中间测试信息
194       input_fn =get_input_fn(traindir, batch_size, num_epochs=train_epochs,
    shuffle=True)
195       estimator.train(input_fn=input_fn)
196    else:                                   #在训练过程中显示测试信息
197       epochs_trained = 0
198       loops = 0
199       while epochs_trained < train_epochs:
200          loops += 1
201          next_epochs_trained = int(loops * train_epochs / 10.0)
202          epochs = max(1, next_epochs_trained - epochs_trained)
203          epochs_trained += epochs
204          input_fn =get_input_fn(traindir, batch_size, num_epochs=epochs,
    shuffle=True)
205          estimator.train(input_fn=input_fn)
206          print("Trained for {} epochs, total so far {}:".format(
207              epochs, epochs_trained))
208          evaluate(estimator)
```

7.8.8 代码实现：训练并评估模型

用 for 循环依次生成校准线性模型、校准点阵模型、随机微点阵模型、集合的微点阵模型这 4 个模型，并对其进行训练和评估。

具体代码如下：

代码 7-11　用 Lattice 模块预测收入（续）

```
209 allfeature_columns = create_feature_columns() #创建特征列
210 modelsfun = [
211         create_calibrated_linear,       #创建 calibrated_linear 模型函数
212         create_calibrated_lattice,      #创建 calibrated_lattice 模型函数
213         create_calibrated_rtl,          #创建 calibrated_rtl 模型函数
214         create_calibrated_etl,          #创建 calibrated_etl 模型函数
215         ]
216 for modelfun in modelsfun:              #依次创建函数，对其评估
217     print('{0:-^50}'.format(modelfun.__name__)) #分隔符
218
219     output_dir = "./model_" + modelfun.__name__
220     os.makedirs(output_dir, exist_ok=True)       #创建模型路径
221     #创建估算器配置文件
222     config = tf.estimator.RunConfig().replace(model_dir=output_dir)
223     #创建估算器
224     estimator = modelfun(allfeature_columns,config, quantiles_dir)
225     train(estimator,train_epochs=10)             #训练模型，迭代 10 次
226     evaluate(estimator)                          #评估模型
```

代码运行后，输出以下结果：

```
-------------create_calibrated_linear--------------
* hparams=[
       calibration_bound=False
       ……
       num_keypoints=200
]
 Evaluation on 'adult.data.csv.txt':      准确率=0.7593   平均 loss=1.3477
 Evaluation on 'adult.test.csv.txt':      准确率=0.7639   平均 loss=1.3297
-------------create_calibrated_lattice-------------
* hparams=[
       calibration_bound=True
       ……
       num_keypoints=200
]
 Evaluation on 'adult.data.csv.txt':      准确率=0.8657   平均 loss=0.2957
 Evaluation on 'adult.test.csv.txt':      准确率=0.8659   平均 loss=0.2971
---------------create_calibrated_rtl---------------
* hparams=[
       calibration_bound=True
       ……
```

```
            rtl_seed=12345
    ]
    Evaluation on 'adult.data.csv.txt':      准确率=0.8647    平均 loss=0.3071
    Evaluation on 'adult.test.csv.txt':      准确率=0.8663    平均 loss=0.3081
    --------------create_calibrated_etl---------------
    * hparams=[
            calibration_bound=True
            ......
            num_keypoints=200
    ]
    Evaluation on 'adult.data.csv.txt':      准确率=0.8765    平均 loss=0.2730
    Evaluation on 'adult.test.csv.txt':      准确率=0.8728    平均 loss=0.2815
```

输出结果被横线分隔符分成 4 段。每一段显示了对应模型的超参与训练结果。

每个模型中超参的意义不再展开介绍。如需要深入了解的读者，可以参考 GitHub 网站上的文档介绍。链接如下：

https://github.com/tensorflow/lattice/blob/master/g3doc/tutorial/index.md

7.8.9 扩展：将点阵模型嵌入神经网络中

在 7.1.9 小节中，我们介绍了点阵模型还可以与神经网络结合使用。本实例就来演示一下具体使用方法。

1. 特征列处理

如果把点阵模型当作一个层来处理，则需要将其输出结果转化为稠密矩阵，才可以与下一层神经网络连接。

修改代码文件 "7-11　用 Lattice 模块预测收入.py" 中的 create_feature_columns 函数，生成稠密矩阵。具体代码片段如下：

代码 7-12　Lattice 模块 DNN 结合（片段）

```
01  def create_feature_columns():#创建特征列
......
03      #连续值列
04      age = tf.feature_column.numeric_column("age")
05      education_num = tf.feature_column.numeric_column("education_num")
06      capital_gain = tf.feature_column.numeric_column("capital_gain")
07      capital_loss = tf.feature_column.numeric_column("capital_loss")
08      hours_per_week = tf.feature_column.numeric_column("hours_per_week")
09
10      #转化为稠密矩阵
11      dnnfeature =
    [age,education_num,capital_gain,capital_loss,hours_per_week,
12              tf.feature_column.indicator_column(gender),
13              tf.feature_column.indicator_column(education),
14              tf.feature_column.indicator_column(marital_status),
```

```
15                tf.feature_column.indicator_column(relationship),
16                tf.feature_column.indicator_column(workclass),
17                tf.feature_column.indicator_column(occupation),
18                tf.feature_column.indicator_column(race),
19                tf.feature_column.indicator_column(native_area),
20               ]
21    #将处理好的特征列返回
22    return [ age, workclass, education, education_num, marital_status,
23       occupation, relationship,race,gender, capital_gain,
24       capital_loss, hours_per_week, native_area,],dnnfeature
```

代码第 11 行，统一将稀疏矩阵类型的离散列转化为稠密矩阵，并将所有需要处理的列放到 dnnfeature 列表中返回。

2. 保存校准关键点

因为点阵模型在进行运算时需要特征列所对应的校准关键点信息，所以，需要为稠密矩阵类型的特征列生成对应的校准关键点信息。

修改代码文件"7-11 用 Lattice 模块预测收入.py"中的 create_quantiles 函数，将 create_feature_columns 函数返回的新特征列传入。

具体代码片段如下：

代码 7-12　Lattice 模块结合 DNN（片段）

```
25  def create_quantiles(quantiles_dir):
26      batch_size = 10000                          #设置批次
27      _,fc = create_feature_columns()
28
29      #创建输入函数
30      input_fn =get_input_fn(traindir, batch_size, num_epochs=1, shuffle=False)
31
32      tfl.save_quantiles_for_keypoints(           #默认保存1000个校准关键点
33          input_fn=input_fn,
34          save_dir=quantiles_dir,                 #默认会建立一个文件目录
35          feature_columns=fc,
36          num_steps=None)
37
38  quantiles_dir = "./dnnquant"
39  create_quantiles(quantiles_dir)                 #创建校准关键点信息
```

代码运行后，会在本地路径 dnnquant/quantiles 下生成校准关键点的信息文件，如图 7-9 所示。

图 7-9 与图 7-8 相比，特征列的文件名称发生了变化。所有散列类型的特征列都在名字后面加了一个"_indicator"（例如，图 7-8 中的 race 对应到图 7-9 中的名字为 race_indicator），这表示该列是 one_hot 编码类型。

图 7-9 校准点文件

3. 创建点阵与神经网络的混合模型

搭建混合模型的方法,其实就是实现一个估算器的自定义模型。在模型里,除需要实现 DNN 模型外,还需要实现一个点阵的校准层。具体步骤如下:

(1) 对特征列进行循环,依次将列名与该列的输入张量放入字典,来构造输入数据 a(见代码第 54 行)。

(2) 将输入数据 a、超参 hparams、校准关键点路径 quantiles_dir 一起传入 tfl.input_calibration_layer_from_hparams 函数,完成点阵层的计算。

在创建了点阵层之后便是实现 DNN 网络。具体包括:创建 DNN 网络、计算 loss 值、定义优化器等操作。

具体代码片段如下:

代码 7-12 Lattice 模块结合 DNN(片段)

```
40  def create_calibrated_dnn(feature_columns, config, quantiles_dir):
41      feature_names = [fc.name for fc in feature_columns[1]]
42      print(feature_names)
43      print([fc.name for fc in feature_columns[0]])
44      hparams = tfl.CalibratedHParams(feature_names=feature_names,
45          num_keypoints=200,learning_rate=1.0e-3,calibration_output_min=-1.0,
46          calibration_output_max=1.0,
47          nodes_per_layer=10,                       #每层 10 个节点
48          layers=2,                                 #包括输出层,一共两层
49      )
50      _pprint_hparams(hparams)
51      def _model_fn(features, labels, mode, params): #构建含有点阵的神经网络模型
52          hparams = params
53          a = {}                                    #构建点阵层输入
54          for fc in feature_columns[1]:
55              a[fc.name]= tf.feature_column.input_layer(features,[fc])
56
57          #返回点阵层结果
```

```
58      (output, _, _, regularization) =
   tfl.input_calibration_layer_from_hparams(
59          a, hparams, quantiles_dir)
60
61      #全连接隐藏层
62      for _ in range(hparams.layers - 1):
63          output = tf.layers.dense(
64              inputs=output, units=hparams.nodes_per_layer,
   activation=tf.sigmoid)
65
66      #最终分类的输出层
67      logits = tf.layers.dense(inputs=output, units=1)
68      predictions = tf.reshape(tf.sigmoid(logits), [-1])
69
70      #计算损失值loss
71      loss_no_regularization = tf.losses.log_loss(labels, predictions)
72      loss = loss_no_regularization
73      if regularization is not None:          #在损失值loss中，加入点阵层的正则
74          loss += regularization
75      optimizer =
   tf.train.AdamOptimizer(learning_rate=hparams.learning_rate)
76      train_op = optimizer.minimize(
77          loss,
78          global_step=tf.train.get_global_step(),
79          name="calibrated_dnn_minimize")
80
81      eval_metric_ops = {                     #用于输出中间结果
82          "accuracy": tf.metrics.accuracy(labels, predictions),
83          "average_loss": tf.metrics.mean(loss_no_regularization),
84      }
85
86      return tf.estimator.EstimatorSpec(mode, predictions, loss, train_op,
87                              eval_metric_ops)
88  return tf.estimator.Estimator(              #调用构建好的模型生成估算器
89      model_fn=_model_fn, model_dir=config.model_dir,
90      config=config, params=hparams)
```

代码第 58 行，在用 tfl.input_calibration_layer_from_hparams 函数创建校准层的过程中，只使用了 4 个返回值中的两个。被忽略的两个返回值是：
- 以列表形式存在的列名称。
- 对数值映射的 OP（也是列表类型）。在单独训练校准模型时，它用于强制对数据进行单调处理。

因为该校准层是模型的中间层，所以不需要用到这两个返回值。

4. 运行程序

完整代码见随书资源代码 "7-12 Lattice 模块结合 DNN.py"。将该代码运行后，输出以下结果：

```
* hparams=[
    calibration_bound=False
    ......
    num_keypoints=200
]
Evaluation on 'adult.data.csv.txt':    准确率=0.7592    平均 loss=0.3821
Evaluation on 'adult.test.csv.txt':    准确率=0.7638    平均 loss=0.3545
```

显示的结果是模型超参详情和迭代训练 10 次之后的准确率。

本实例的重点是演示 Lattice 点阵模型的实现方法。如要得到更好的训练效果，还需要继续对超参进行调优。

7.9 实例 38：结合知识图谱实现基于电影的推荐系统

知识图谱（Knowledge Graph，KG）可以理解成一个知识库，用来存储实体与实体之间的关系。知识图谱可以为机器学习算法提供更多的信息，帮助模型更好地完成任务。

在推荐算法中融入电影的知识图谱，能够将没有任何历史数据的新电影精准地推荐给目标用户。

实例描述

现有一个电影评分数据集和一个电影相关的知识图谱。电影评分数据集里包含用户、电影及评分；电影相关的知识图谱中包含电影的类型、导演等属性。

要求：从知识图谱中找出电影间的潜在特征，并借助该特征及电影评分数据集，实现基于电影的推荐系统。

本实例使用了一个多任务学习的端到端框架 MKR。该框架能够将两个不同任务的低层特征抽取出来，并融合在一起实现联合训练，从而达到最优的结果。有关 MKR 的更多介绍可以参考以下链接：

```
https://arxiv.org/pdf/1901.08907.pdf
```

7.9.1 准备数据集

在 https://arxiv.org/pdf/1901.08907.pdf 的相关代码链接中有 3 个数据集：图书数据集、电影数据集和音乐数据集。本例使用电影数据集，具体链接如下：

```
https://github.com/hwwang55/MKR/tree/master/data/movie
```

该数据集中一共有 3 个文件。

- item_index2entity_id.txt：电影的 ID 与序号。具体内容如图 7-10 所示，第 1 列是电影 ID，第 2 列是序号。
- kg.txt：电影的知识图谱。图 7-11 中显示了知识图谱的 SPO 三元组（Subject-Predicate-Object），第 1 列是电影 ID，第 2 列是关系，第 3 列是目标实体。

- ratings.dat：用户的评分数据集。具体内容如图 7-12 所示，列与列之间用 "::" 符号进行分割，第 1 列是用户 ID，第 2 列是电影 ID，第 3 列是电影评分，第 4 列是评分时间（可以忽略）。

图 7-10　item_index2entity_id.txt

图 7-11　kg.txt

图 7-12　kg.txt ratings.dat

7.9.2　预处理数据

数据预处理主要是对原始数据集中的有用数据进行提取、转化。该过程会生成两个文件。

- kg_final.txt：转化后的知识图谱文件。将文件 kg.txt 中的字符串类型数据转成序列索引类型数据，如图 7-13 所示。
- ratings_final.txt：转化后的用户评分数据集。第 1 列将 ratings.dat 中的用户 ID 变成序列索引。第 2 列没有变化。第 3 列将 ratings.dat 中的评分按照阈值 5 进行转化，如果评分大于等于 5，则标注为 1，表明用户对该电影感兴趣。否则标注为 0，表明用户对该电影不感兴趣。具体内容如图 7-14 所示。

图 7-13　kg_final.txt

图 7-14　ratings_final.txt

该部分代码在文件 "7-13　preprocess.py" 中实现。这里不再详述。

7.9.3　搭建 MKR 模型

MKR 模型由 3 个子模型组成，完整结构如图 7-15 所示。具体描述如下。

- 推荐算法模型：如图 7-15 的左侧部分所示，将用户和电影作为输入，模型的预测结果为用户对该电影的喜好分数，数值为 0~1。
- 交叉压缩单元模型：如图 7-15 的中间部分，在低层将左右两个模型桥接起来。将电影评分数据集中的电影向量与知识图谱中的电影向量特征融合起来，再分别放回各自的模型中，进行监督训练。
- 知识图谱词嵌入（Knowledge Graph Embedding，KGE）模型：如图 7-15 的右侧部分，将知识图谱三元组中的前 2 个（电影 ID 和关系实体）作为输入，预测出第 3 个（目标实体）。

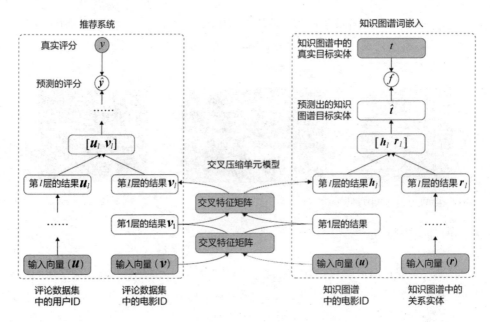

图 7-15　MKR 框架

在 3 个子模型中，最关键的是交叉压缩单元模型。下面就先从该模型开始一步一步地实现 MKR 框架。

1. 交叉压缩单元模型

交叉压缩单元模型可以被当作一个网络层叠加使用。如图 7-16 所示的是交叉压缩单元在第 l 层到第 $l+1$ 层的结构。图 7-16 中，最下面一行为该单元的输入，左侧的 v_l 是用户评论电影数据集中的电影向量，右侧的 e_l 是知识图谱中的电影向量。

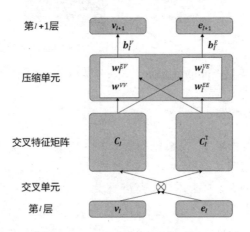

图 7-16　交叉压缩单元模型的结构

交叉压缩单元模型的具体处理过程如下：

（1）将 v_l 与 e_l 进行矩阵相乘得到 c_l。

（2）将 c_l 复制一份，并进行转置得到 c_l^T。实现特征交叉融合。

（3）将 c_l 经过权重矩阵 w_l^{vv} 进行线性变化（c_l 与 w_l^{vv} 矩阵相乘）。

（4）将 c_l^T 经过权重矩阵 w_l^{ev} 进行线性变化。

（5）将（3）与（4）的结果相加，再与偏置参数 b_l^v 相加，得到 v_{l+1}。v_{l+1} 将用于推荐算法模型的后续计算。

（6）按照第（3）、（4）、（5）步的做法，同理可以得到 e_{l+1}。e_{l+1} 将用于知识图谱词嵌入模型的后续计算。

用 tf.layer 接口实现交叉压缩单元模型，具体代码如下。

代码 7-14　MKR

```
01  import numpy as np
02  import tensorflow as tf
03  from sklearn.metrics import roc_auc_score
04  from tensorflow.python.layers import base
05
06  class CrossCompressUnit(base.Layer):                    #定义交叉压缩单元模型类
07      def __init__(self, dim, name=None):
08          super(CrossCompressUnit, self).__init__(name)
09          self.dim = dim
10          self.f_vv = tf.layers.Dense(1, use_bias = False)    #构建权重矩阵
11          self.f_ev = tf.layers.Dense(1, use_bias = False)
12          self.f_ve = tf.layers.Dense(1, use_bias = False)
13          self.f_ee = tf.layers.Dense(1, use_bias = False)
14          self.bias_v = self.add_weight(name='bias_v',        #构建偏置权重
15                                        shape=dim,
16                                        initializer=tf.zeros_initializer())
    self.bias_e = self.add_weight(name='bias_e',
17                                        shape=dim,
18                                        initializer=tf.zeros_initializer())
19
20      def __call__(self, inputs):
21          v, e = inputs                       #v 和 e 的形状为[batch_size, dim]
22          v = tf.expand_dims(v, dim=2)        #v 的形状为 [batch_size, dim, 1]
23          e = tf.expand_dims(e, dim=1)        #e 的形状为 [batch_size, 1, dim]
24
25          c_matrix = tf.matmul(v, e)#c_matrix 的形状为 [batch_size, dim, dim]
26          c_matrix_transpose = tf.transpose(c_matrix, perm=[0, 2, 1])
27          #c_matrix 的形状为[batch_size * dim, dim]
28          c_matrix = tf.reshape(c_matrix, [-1, self.dim])
29          c_matrix_transpose = tf.reshape(c_matrix_transpose, [-1, self.dim])
30
31          #v_output 的形状为[batch_size, dim]
32          v_output = tf.reshape(
33                      self.f_vv(c_matrix) + self.f_ev(c_matrix_transpose),
34                      [-1, self.dim]
35                          ) + self.bias_v
36
37          e_output = tf.reshape(
```

```
38                            self.f_ve(c_matrix) + self.f_ee(c_matrix_transpose),
39                            [-1, self.dim]
40                            ) + self.bias_e
41      #返回结果
42      return v_output, e_output
```

代码第 10 行，用 tf.layers.Dense 方法定义了不带偏置的全连接层，并在代码第 34 行，将该全连接层作用于交叉后的特征向量，实现压缩的过程。

2. 将交叉压缩单元模型集成到 MKR 框架中

在 MKR 框架中，推荐算法模型和知识图谱词嵌入模型的处理流程几乎一样。可以进行同步处理。在实现时，将整个处理过程横向拆开，分为低层和高层两部分。

- 低层：将所有的输入映射成词嵌入向量，将需要融合的向量（图 7-15 中的 *v* 和 *h*）输入交叉压缩单元，不需要融合的向量（图 7-15 中的 *u* 和 *r*）进行同步的全连接层处理。
- 高层：推荐算法模型和知识图谱词嵌入模型分别将低层的传上来的特征连接在一起，通过全连接层回归到各自的目标结果。

具体实现的代码如下。

代码 7-14　MKR（续）

```
43   class MKR(object):
44       def __init__(self, args, n_users, n_items, n_entities, n_relations):
45           self._parse_args(n_users, n_items, n_entities, n_relations)
46           self._build_inputs()
47           self._build_low_layers(args)         #构建低层模型
48           self._build_high_layers(args)        #构建高层模型
49           self._build_loss(args)
50           self._build_train(args)
51
52       def _parse_args(self, n_users, n_items, n_entities, n_relations):
53           self.n_user = n_users
54           self.n_item = n_items
55           self.n_entity = n_entities
56           self.n_relation = n_relations
57
58           #收集训练参数，用于计算l2损失
59           self.vars_rs = []
60           self.vars_kge = []
61
62       def _build_inputs(self):
63           self.user_indices=tf.placeholder(tf.int32, [None], 'userInd')
64           self.item_indices=tf.placeholder(tf.int32, [None],'itemInd')
65           self.labels = tf.placeholder(tf.float32, [None], 'labels')
66           self.head_indices =tf.placeholder(tf.int32, [None],'headInd')
67           self.tail_indices =tf.placeholder(tf.int32, [None], 'tail_indices')
68           self.relation_indices=tf.placeholder(tf.int32, [None], 'relInd')
69       def _build_model(self, args):
70           self._build_low_layers(args)
```

```python
71          self._build_high_layers(args)
72
73      def _build_low_layers(self, args):
74          #生成词嵌入向量
75          self.user_emb_matrix = tf.get_variable('user_emb_matrix',
76                                      [self.n_user, args.dim])
77          self.item_emb_matrix = tf.get_variable('item_emb_matrix',
78                                      [self.n_item, args.dim])
79          self.entity_emb_matrix = tf.get_variable('entity_emb_matrix',
80                                      [self.n_entity, args.dim])
81          self.relation_emb_matrix = tf.get_variable('relation_emb_matrix',
82                                      [self.n_relation, args.dim])
83
84          #获取指定输入对应的词嵌入向量,形状为[batch_size, dim]
85          self.user_embeddings = tf.nn.embedding_lookup(
86                          self.user_emb_matrix, self.user_indices)
87          self.item_embeddings = tf.nn.embedding_lookup(
88                          self.item_emb_matrix, self.item_indices)
89          self.head_embeddings = tf.nn.embedding_lookup(
90                          self.entity_emb_matrix, self.head_indices)
91          self.relation_embeddings = tf.nn.embedding_lookup(
92                      self.relation_emb_matrix, self.relation_indices)
93          self.tail_embeddings = tf.nn.embedding_lookup(
94                          self.entity_emb_matrix, self.tail_indices)
95
96          for _ in range(args.L):#按指定参数构建多层MKR结构
97              #定义全连接层
98              user_mlp = tf.layers.Dense(args.dim, activation=tf.nn.relu)
99              tail_mlp = tf.layers.Dense(args.dim, activation=tf.nn.relu)
100             cc_unit = CrossCompressUnit(args.dim)#定义CrossCompress单元
101             #实现MKR结构的正向处理
102             self.user_embeddings = user_mlp(self.user_embeddings)
103             self.tail_embeddings = tail_mlp(self.tail_embeddings)
104             self.item_embeddings, self.head_embeddings = cc_unit(
105                         [self.item_embeddings, self.head_embeddings])
106             #收集训练参数
107             self.vars_rs.extend(user_mlp.variables)
108             self.vars_kge.extend(tail_mlp.variables)
109             self.vars_rs.extend(cc_unit.variables)
110             self.vars_kge.extend(cc_unit.variables)
111
112     def _build_high_layers(self, args):
113         #推荐算法模型
114         use_inner_product = True        #指定相似度分数计算的方式
115         if use_inner_product:           #内积方式
116             #self.scores的形状为[batch_size]
117             self.scores = tf.reduce_sum(self.user_embeddings * self.item_embeddings, axis=1)
118         else:
119             #self.user_item_concat的形状为[batch_size, dim * 2]
```

```
120         self.user_item_concat = tf.concat(
121                 [self.user_embeddings, self.item_embeddings], axis=1)
122         for _ in range(args.H - 1):
123             rs_mlp = tf.layers.Dense(args.dim * 2, activation=tf.nn.relu)
124             #self.user_item_concat 的形状为[batch_size, dim * 2]
125             self.user_item_concat = rs_mlp(self.user_item_concat)
126             self.vars_rs.extend(rs_mlp.variables)
127         #定义全连接层
128         rs_pred_mlp = tf.layers.Dense(1, activation=tf.nn.relu)
129         #self.scores 的形状为[batch_size]
130         self.scores = tf.squeeze(rs_pred_mlp(self.user_item_concat))
131         self.vars_rs.extend(rs_pred_mlp.variables)    #收集参数
132     self.scores_normalized = tf.nn.sigmoid(self.scores)
133
134         #知识图谱词嵌入模型
135         self.head_relation_concat = tf.concat(  #形状为[batch_size, dim * 2]
136                 [self.head_embeddings, self.relation_embeddings], axis=1)
137         for _ in range(args.H - 1):
138             kge_mlp = tf.layers.Dense(args.dim * 2, activation=tf.nn.relu)
139             #self.head_relation_concat 的形状为[batch_size, dim* 2]
140             self.head_relation_concat = kge_mlp(self.head_relation_concat)
141             self.vars_kge.extend(kge_mlp.variables)
142
143         kge_pred_mlp = tf.layers.Dense(args.dim, activation=tf.nn.relu)
144         #self.tail_pred 的形状为[batch_size, args.dim]
145         self.tail_pred = kge_pred_mlp(self.head_relation_concat)
146         self.vars_kge.extend(kge_pred_mlp.variables)
147         self.tail_pred = tf.nn.sigmoid(self.tail_pred)
148
149         self.scores_kge = tf.nn.sigmoid(tf.reduce_sum(self.tail_embeddings * self.tail_pred, axis=1))
150         self.rmse = tf.reduce_mean(
151             tf.sqrt(tf.reduce_sum(tf.square(self.tail_embeddings - self.tail_pred), axis=1) / args.dim))
```

代码第 115~132 行是推荐算法模型的高层处理部分，该部分有两种处理方式：

- 使用内积的方式，计算用户向量和电影向量的相似度。有关相似度的更多知识，可以参考 8.1.10 小节的注意力机制。
- 将用户向量和电影向量连接起来，再通过全连接层处理计算出用户对电影的喜好分值。

代码第 132 行，通过激活函数 sigmoid 对分值结果 scores 进行非线性变化，将模型的最终结果映射到标签的值域中。

代码第 136~152 行是知识图谱词嵌入模型的高层处理部分。具体步骤如下：

（1）将电影向量和知识图谱中的关系向量连接起来。
（2）将第（1）步的结果通过全连接层处理，得到知识图谱三元组中的目标实体向量。
（3）将生成的目标实体向量与真实的目标实体向量矩阵相乘，得到相似度分值。
（4）对第（3）步的结果进行激活函数 sigmoid 计算，将值域映射到 0~1 中。

3. 实现 MKR 框架的反向结构

MKR 框架的反向结构主要是 loss 值的计算，其 loss 值一共分为 3 部分：推荐算法模型模型的 loss 值、知识图谱词嵌入模型的 loss 值和参数权重的正则项。具体实现的代码如下。

代码 7-14　MKR（续）

```
152     def _build_loss(self, args):
153         #计算推荐算法模型的 loss 值
154         self.base_loss_rs = tf.reduce_mean(
155             tf.nn.sigmoid_cross_entropy_with_logits(labels=self.labels, logits=self.scores))
156         self.l2_loss_rs = tf.nn.l2_loss(self.user_embeddings) + tf.nn.l2_loss(self.item_embeddings)
157         for var in self.vars_rs:
158             self.l2_loss_rs += tf.nn.l2_loss(var)
159         self.loss_rs = self.base_loss_rs + self.l2_loss_rs * args.l2_weight
160
161         #计算知识图谱词嵌入模型的 loss 值
162         self.base_loss_kge = -self.scores_kge
163         self.l2_loss_kge = tf.nn.l2_loss(self.head_embeddings) + tf.nn.l2_loss(self.tail_embeddings)
164         for var in self.vars_kge:          #计算 L2 正则
165             self.l2_loss_kge += tf.nn.l2_loss(var)
166         self.loss_kge = self.base_loss_kge + self.l2_loss_kge * args.l2_weight
167
168     def _build_train(self, args):         #定义优化器
169         self.optimizer_rs = tf.train.AdamOptimizer(args.lr_rs).minimize(self.loss_rs)
170         self.optimizer_kge = tf.train.AdamOptimizer(args.lr_kge). minimize(self.loss_kge)
171
172     def train_rs(self, sess, feed_dict):        #训练推荐算法模型
173         return sess.run([self.optimizer_rs, self.loss_rs], feed_dict)
174
175     def train_kge(self, sess, feed_dict):       #训练知识图谱词嵌入模型
176         return sess.run([self.optimizer_kge, self.rmse], feed_dict)
177
178     def eval(self, sess, feed_dict):            #评估模型
179         labels, scores = sess.run([self.labels, self.scores_normalized], feed_dict)
180         auc = roc_auc_score(y_true=labels, y_score=scores)
181         predictions = [1 if i >= 0.5 else 0 for i in scores]
182         acc = np.mean(np.equal(predictions, labels))
183         return auc, acc
184
185     def get_scores(self, sess, feed_dict):
186         return sess.run([self.item_indices, self.scores_normalized], feed_dict)
```

代码第 173、176 行，分别是训练推荐算法模型和训练知识图谱词嵌入模型的方法。因为在训练的过程中，两个子模型需要交替的进行独立训练，所以将其分开定义。

7.9.4 训练模型并输出结果

训练模型的代码在"7-15 train.py"文件中，读者可以自行参考。代码运行后输出以下结果：

```
……
  epoch 9    train auc: 0.9540    acc: 0.8817    eval auc: 0.9158    acc: 0.8407    test auc: 0.9155    acc: 0.8399
```

在输出的结果中，分别显示了模型在训练、评估、测试环境下的分值。

7.10 可解释性算法的意义

本章中使用的算法都具有可解释性。在某些实际的应用场景中，为了保证算法的可控程度最大化，会使用具有可解释性的算法是一个非常硬性的要求。

这要求在处理问题的过程中，并不能只选择效果好的算法，而是需要在具有可解释性的算法中选择效果好的算法。这也是机器学习算法不可替代的价值。所以，建议读者对这类算法要适当关注，切不可全部忽略。

第 8 章

卷积神经网络（CNN）——在图像处理中应用最广泛的模型

卷积神经网络是深度学习中非常重要的一个模型，广泛应用在图像处理中。随着深度学习的发展，卷积神经网络也衍生出很多高级的网络结构及算法单元，其适用领域也由图像处理扩展到自然语言处理、数值分析、声音处理等。

本章就来具体学习卷积神经网络的相关知识。

8.1 快速导读

在学习实例之前，有必要了解一下卷积神经网络的基础知识。

8.1.1 认识卷积神经网络

卷积神经网络（CNN）是深度学习中的经典模型之一。在当今几乎所有的深度学习经典模型中，都能找到卷积神经网络的身影。它可以利用很少的权重，实现出色的拟合效果。

图 8-1 所示是一个卷积神经网络的结构，通常会包括以下 5 个部分。

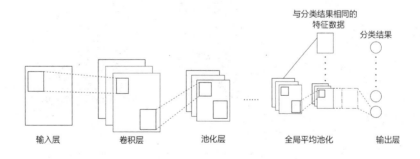

图 8-1 卷积神经网络完整结构

- 输入层：将每个像素代表一个特征节点输入进来。
- 卷积层：由多个滤波器组成。
- 池化层：将卷积结果降维。
- 全局平均池化层：对生成的特征数据（feature map）取全局平均值。

- 输出层：需要分成几类就有几个输出节点。输出节点的值代表预测概率。

卷积神经网络的主要组成部分是卷积层，它的作用是从图像的像素中分析出主要特征。在实际应用中，由多个卷积层通过深度和高度两个方向分析和提取图像的特征：
- 通过较深（多通道）的卷积网络结构，可以学习到图像边缘和颜色渐变等简单特征。
- 通过较高（多层）的卷积网络结构，可以学习到多个简单特征组合中的复杂的特征。

在实际应用中，卷积神经网络并不全是图 8-1 中的结构，而是存在很多特殊的变形。例如：在 ResNet 模型中引入了残差结构，在 Inception 系列模型中引入了多通道结构，在 NASNet 模型中引入了空洞卷积与深度可分离卷积等结构。

另外，卷积神经网络还常和循环神经网络一起应用在自编码网络、对抗神经网络等多模型的网络中。在多模型组合过程中，常用的卷积操作有反卷积、窄卷积、同卷积等。

有关卷积神经网络的原理及常用的操作，还可以参考《深度学习之 TensorFlow——入门、原理与进阶实战》一书的第 8 章。

8.1.2 什么是空洞卷积

空洞卷积（dilated convolutions），又叫扩展卷积或带孔卷积（atrous convolutions）。

这种卷积在图像语义分割相关任务（例如 DeepLab2 模型）中用处很大。它的功能与池化层类似，可以降低维度并能够提取主要特征。

相对于池化层，空洞卷积可以避免在卷积神经网络中进行池化操作时造成的信息丢失问题。

1. 空洞卷积的原理

空洞卷积的操作相对简单，只是在卷积操作之前对卷积核做了膨胀处理。而在卷积过程中，它与正常的卷积操作一样。

在使用时，空洞卷积会通过参数 rate 来控制卷积核的膨胀大小。参数 rate 与卷积核膨胀的关系如图 8-2 所示。

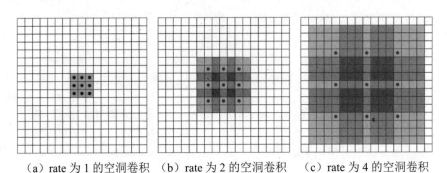

（a）rate 为 1 的空洞卷积　（b）rate 为 2 的空洞卷积　（c）rate 为 4 的空洞卷积

图 8-2　空洞卷积的操作

图 8-2 中的规则解读如下。
- 图 8-2（a）：如果参数 rate 为 1，则表示卷积核不需要膨胀，值为 3×3，如图中的点那部分。此时的空洞卷积操作等效于普通的卷积操作。

- 图 8-2（b）：如果 rate 为 2，则表示卷积核中的每个数字由 1 膨胀到 2。膨胀出来的卷积核值为 0，原有卷积核的值并没有变，如图中点那部分。值变成了 7×7。
- 图 8-2（c）：如果 rate 为 4，则表示卷积核中的每个数字由 1 膨胀到 4。膨胀出来的卷积核值为 0，原有卷积核值并没有变，如图中点那部分。值变成了 15×15。

另外，在卷积操作中，所有的空洞卷积的步长都是 1。

2. TensorFlow 中的空洞卷积函数

在 TensorFlow 中，空洞卷积的函数定义如下：

```
def atrous_conv2d(value,filters,rate,padding,name=None)
```

具体参数含义如下。
- value：需要做卷积的输入图像，要求是一个四维张量，形状为[batch, height, width, channels]。
- filters：卷积核，要求是一个四维张量，形状为[filter_height, filter_width, channels, out_channels]。这里的 channels 是输入通道，应与 value 中的 channels 相同。
- rate：卷积核膨胀的参数。要求是一个 int 型的正数。
- padding：字符串类型的常量，其值只能取"SAME"或"VALID"。它用于指定不同边缘的填充方式，与普通卷积操作中的补 0（padding）规则一致。
- name：该函数在张量图中的操作名字。

因为空洞卷积在膨胀时，只是向卷积核中插入了 0，所以仅仅增加了卷积核的大小，并没有增加参数的数量。

与池化的效果类似，使用膨胀后的卷积核在原有输入上做窄卷积（padding 参数为"VALID"）操作，可以把维度降下来，并且会保留比池化更丰富的数据。

3. 其他接口中的空洞卷积函数

在 tf.layers 接口中，也可以向 conv2d 函数内传入指定的 dilation_rate，用来实现空洞卷积功能。该函数的定义方法如下：

```
@tf_export('layers.conv2d')
def conv2d(inputs, filters, kernel_size, strides=(1, 1), padding='valid',
data_format='channels_last',
        dilation_rate=(1, 1),                    #默认是(1,1)，即普通卷积
        activation=None, use_bias=True, kernel_initializer=None,
        bias_initializer=init_ops.zeros_initializer(),
        kernel_regularizer=None, bias_regularizer=None,
activity_regularizer=None,
        kernel_constraint=None, bias_constraint=None, trainable=True, name=None,
reuse=None):
```

另外，tf.keras 接口中的卷积函数 tf.keras.layers.Conv1D、tf.keras.layers.Conv2D 都支持设置参数 dilation_rate。该参数与 tf.layers 接口中 conv2d 函数的 dilation_rate 参数用法相同。

8.1.3 什么是深度卷积

深度卷积是指,将不同的卷积核独立地应用在输入数据的每个通道上。相比正常的卷积操作,深度卷积缺少了最后的"加和"处理。其最终的输出为"输入通道与卷积核个数的乘积"。

在 TensorFlow 中,深度卷积函数的定义方法如下:

```
def depthwise_conv2d(input, filter, strides, padding, rate=None, name=None, data_format=None)
```

具体参数含义如下。
- input:指需要做卷积的输入图像。
- filter:卷积核。要求是一个 4 维张量,形状为[filter_height, filter_width, in_channels, channel_multiplier]。这里的 channel_multiplier 是卷积核的个数。
- strides:卷积的滑动步长。
- padding:字符串类型的常量,其值只能取"SAME"或"VALID"。它用于指定不同边缘的填充方式,与普通卷积中的 padding 一样。
- rate:卷积核膨胀的参数。要求是一个 int 型的正数。
- name:该函数在张量图中的操作名字。
- data_format:参数 input 的格式,默认为"NHWC",也可以写成"NCHW"。

该函数会返回 in_channels×channel_multiplier 个通道的特征数据(feature map)。

8.1.4 什么是深度可分离卷积

从深度方向可以把不同 channels 独立开,先进行特征抽取,再进行特征融合。这样做可以用更少的参数取得更好的效果。

 提示:

表示学习(representation learning)是指,基于深度模型的简单特征分析。

1. 深度可分离卷积的原理

在具体实现时,是将深度卷积的结果作为输入,然后进行一次正常的卷积操作。所以,该函数需要两个卷积核作为输入:深度卷积的卷积核 depthwise_filter、用于融合操作的普通卷积核 pointwise_filter。

例如:对一个输入 input 进行深度可分离卷积,具体步骤如下:

(1)在模型内部会先对输入的数据进行深度卷积,得到 in_channels×channel_multiplier(in_channels 与 channel_multiplier 为 8.1.3 小节中函数 depthwise_conv2d 的参数 filter 输入通道数和卷积核个数)个通道的特征数据(feature map)。

(2)将特征数据(feature map)作为输入,再次用普通卷积核 pointwise_filter 进行一次卷积操作。

2. TensorFlow 中的深度可分离卷积函数

在 TensorFlow 中，深度可分离卷积的函数定义如下：

```
def     separable_conv2d(input,depthwise_filter,pointwise_filter,strides,padding,
rate=None,name=None,data_format=None)
```

具体参数含义如下。
- input：需要做卷积的输入图像。
- depthwise_filter：用来做函数 depthwise_conv2d 的卷积核，即这个函数对输入首先做一次深度卷积。它的形状是[filter_height, filter_width, in_channels, channel_multiplier]。
- pointwise_filter：用于融合操作的普通卷积核。例如：形状为[1, 1, channel_multiplier ×　in_channels, out_channels]的卷积核，代表在深度卷积之后的融合操作是采用卷积核为 1×1、输入为 channel_multiplier × in_channels、输出为 out_channels 的卷积层来实现的。
- strides：卷积的滑动步长。
- padding：字符串类型的常量，只能是 "SAME" "VALID" 其中之一。指定不同边缘的填充方式，与普通卷积中的 padding 一样。
- rate：卷积核膨胀的参数。要求是一个 int 型的正数。
- name：该函数在张量图中的操作名字。
- data_format：参数 input 的格式，默认为 "NHWC"，也可以写成 "NCHW"。

3. 其他接口中的深度可分离卷积函数

在 tf.keras 中，深度方向可分离的卷积函数有以下两个
- tf.keras.layers.SeparableConv1D：支持一维卷积的深度方向可分离的卷积函数。
- tf.keras.layers.SeparableConv2D：支持二维卷积的深度方向可分离的卷积函数。

参数 depth_multiplier 用于设置沿每个通道的深度方向进行卷积时输出的通道数量。

8.1.5　了解卷积网络的缺陷及补救方法

传统的卷积神经网络存在范化性较差、过于依赖样本等缺陷。这是因为，在卷积神经网络中并不能发现组件之间的定向关系和相对空间关系。

一个训练好的卷积神经网络，只能处理比较接近训练数据集的图像。在处理异常的图像数据（例如处理颠倒、倾斜或其他朝向不同的图像）时，其表现会很差。

1. 卷积神经网络的缺陷举例

下面通过图 8-3 来说明卷积神经网络的缺陷：

（1）如图 8-3（a）所示，卷积神经网络会认为左图和右图同为一张正常人的人脸。

（2）如图 8-3（b）所示，将右图中人物，的眼睛和嘴巴位置置换后，卷积网络错误地认为这是一个正常的人。当然，像图 8-3（a）、（b）中的情况比较少见。

（3）图 8-3（c）所示，如果将右图中的任务倒置，则卷积神经网络便错误地识别成这是一个背景颜色。

(a) 人物五官移位　　　　(b) 人物嘴巴与眼睛互换　　　　(c) 人物倒置

图 8-3　卷积神经网络的缺陷

2. 卷积神经网络存在缺陷的原因

图 8-3 中示范的反面例子，皆源于卷积神经网络对图像的理解粒度太粗。造成这种现象的原因是，卷积神经网络中的池化操作弄丢了一些隐含信息。

一般来讲，卷积神经网络的工作原理如下：

（1）第 1 层去理解细小的曲线和边缘。
（2）第 2 层去理解直线或小形状，例如上嘴唇、下嘴唇等。
（3）更高层便开始理解更复杂的形状，例如整个眼睛、整个嘴巴等。
（4）最后一层尝试总览全图（例如整个人脸）。

在上述过程中，每一层都会使用卷积核为 3×3 或 5×5 等卷积操作来理解图像，并获得基于像素级别的、非常细微的局部特征。每层的卷积操作完成之后，都会进行一次池化操作。池化本来是用来让特征更明显，但在提升局部特征的同时也弄丢了其内在的其他信息（比如位置信息）。这就造成了在第（4）步总览全图时，对每个局部特征的位置组合不敏感，从而产生了错误。

3. 补救卷积神经网络缺陷的方法

针对卷积神经网络的缺陷，可以用以下 3 种方式进行补救。

- 扩充数据集：训练时将图像进行各种变化，生成更全的多样数据集。通过提升样本的覆盖率，来尽量提升模型的范化性（模型对一类数据的识别能力）。
- 在模型中，尽量少用或不用池化操作。
- 使用更复杂的模型，让模型在学习局部特征的同时，也关注局部特征间的位置信息（例如胶囊网络模型）。

8.1.6　了解胶囊神经网络与动态路由

胶囊网络（CapsNet）是一个优化过的卷积神经网络模型。它在常规的卷积神经网络模型的基础上做了特定的改进，能够发现组件之间的定向和空间关系。

它将原有的"卷积+池化"组合操作，换成了"主胶囊（PrimaryCaps）+数字胶囊（DigitCaps）"的结构，如图 8-4 所示。

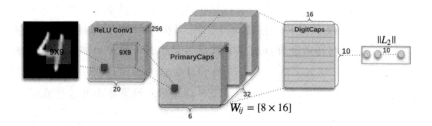

图 8-4 应用在 MNIST 数据集上的胶囊网络架构

图 8-4 是应用在 MNIST 数据集上的胶囊网络架构。以 MNIST 数据集为例，该模型处理数据的步骤如下：

（1）将图像（形状为 28×28×1）输入一个带有 256 个 9×9 卷积核的卷积层 ReLU Conv1。采用步长为 1、无填充（VALID）的方式对其进行卷积操作。输出 256 个通道的特征数据（feature map）。每个特征数据（feature map）的形状为 20×20×1（计算方法：28−9+1=20）。

> **提示：**
> 更全的计算公式可以参考《深度学习之 TensorFlow——入门、原理与进阶实战》一书的 8.4.2 小节中 Padding 的规则介绍。

（2）将第（1）步的特征输入胶囊网络的主胶囊层，输出带有向量信息的特征结果（具体维度变化见本小节下方的"1. 主胶囊层的工作细节"）。

（3）将带有向量信息的特征结果输入胶囊网络的数字胶囊层，最终输出分类结果（具体的维度变化见本小节下方的"2. 数字胶囊层的工作细节"）。

胶囊网络中的主胶囊层与卷积神经网络中的卷积层功能类似，而胶囊网络中的数字胶囊层却与卷积神经网络中的池化层功能却有很大不同。具体的不同有以下几点。

1. 主胶囊层的工作细节

主胶囊层的操作沿用了标准的卷积方法。只是在输出时，把多个通道的特征数据（feature map）打包成一个个胶囊单元。将数据按胶囊单元进行后面的计算。

以 MNIST 数据集上的胶囊网络架构为例。在图 8-4 中，主胶囊层的具体处理步骤如下。

（1）对形状为 20×20×1 的特征图片做步长为 2、无填充（VALID）方式的卷积操作。用 32×8 个 9×9 大小的卷积核，输出 32×8 个通道的特征数据，每个特征数据的形状为 6×6×1，计算方法为：(20−9+1)÷2=6。

（2）将每个特征图片的形状变换为[32×6×6, 1, 8]，该形状可以理解成 32×6×6 个小胶囊，每个胶囊为八维向量，这便是主胶囊的最终输出结果。

> **提示：**
> 主胶囊层中使用的卷积核大小为 9×9，比正常的卷积网络中常用的卷积核尺寸（常用的尺寸有：1×1、3×3、5×5、7×7）略大，这是为了让生成的特征数据中包含有更多的局部信息。

2. 数字胶囊层的工作细节

在主胶囊与数字胶囊之间,用向量代替标量进行特征传递,使所传递的特征不再是一个具体的数值,而是一个方向加数值的复合信息。这样可以将更多的特征信息传递下去。

例如:向量中的长度表示某一个实例(物体、视觉概念或它们的一部分)出现的概率,方向表示物体的某些图形属性(位置、颜色、方向、形状等)。

具体的计算方式如图 8-5 所示。

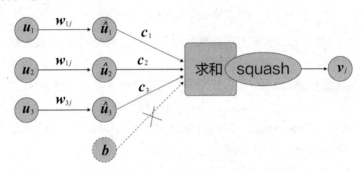

图 8-5 主胶囊与数字胶囊间的特征传递

在图 8-5 中,具体符号含义如下:

(1)u 代表主胶囊层的输出(u_1、u_2、u_3 等,每个代表一个胶囊单元)。

(2)w 代表权重(与神经网络中的 w 一致)。

(3)$\hat{u}$ 代表向量的大小。计算方法为:将 u 中的每个元素与对应的 w 相乘,并将相乘后的结果相加。

(4)c 代表向量的方向,被称为耦合系数(coupling coefficients),也可以理解为权重。它表示每个胶囊数值的重要程度占比,即所有的 c(c_1、c_2、c_3 等)相加后的值为 1。

将图 8-5 中的每个 $\hat{u}$ 与其对应的 c 相乘,并将相乘后的结果相加,然后输入激活函数 squash (见本节的"3. 在数字胶囊层中使用全新的激活函数(squash)")中便得到了数字胶囊的最终输出结果 v_j(下标 j 代表输出的维度),见式(8.1)。

$$v_j = \text{squash}(\hat{u}_1 \times c_1 + \hat{u}_2 \times c_2 + \hat{u}_3 \times c_3 ...) \tag{8.1}$$

> 提示:
> 在整个过程中,标准神经网络中的偏置权重 b 已经被去掉了。

还是以 MNIST 数据集上的胶囊网络架构为例。在图 8-3 中,主胶囊与数字胶囊之间的具体处理步骤如下:

(1)主胶囊的最终输出 u 为 32×6×6 个胶囊单元。每个胶囊单元为一个 8 维向量。

(2)针对每个胶囊单元,定义 10×16 个权重 w。让每个权重与胶囊单元中的 8 个数相乘,并将相乘后的结果相加。这样,每个胶囊单元由 8 维向量变成了 10×16 维向量。$\hat{u}$ 的形状变成了[32×6×6, 1, 10×16](这里做了优化,让胶囊单元中的 8 个数共享一个权重 w,这样做可以减小权重 w 的个数。在该步骤如果不做优化,则需要 8×10×16 个权重 w,即每个胶囊单元中的 8 个数各需要一个权重 w)。

（3）对 $\hat{u}$ 进行形状变换，将其拆分成 10 份。每份可以理解为一个新的胶囊单元，其形状为 [32×6×6, 1, 16]，代表该图片在分类中属于标签 0~9 的可能。

（4）每个新胶囊单元的形状为[32×6×6, 1, 16]，可以理解成 $\hat{u}$ 的个数为 32×6×6，每个 $\hat{u}$ 是一个 16 维向量。

（5）定义与新胶囊单元同样个数的权重 c，依次与新胶囊单元中的数值相乘。并按照[32×6×6, 1, 16]中的第 0 维度相加，同时将结果放入激活函数 squash 中，见式（8.1）。得到了胶囊网络的最终输出 v_j（下标 j 代表输出的维度 10×16），其形状为 [10, 16]。

胶囊网络中巧妙地增加了向量的方向 c，来控制神经元的激活权重。

在实际应用中，c 可以被解释成图像中某个特定实体的各种性质。这些性质可以包含很多种不同的参数，例如姿势（位置、大小、方向）、变形、速度、反射率、色彩、纹理等。而输入输出向量的大小表示某个实体出现的概率，所以它的值必须在 0~1 之间。

3. 在数字胶囊层中使用全新的激活函数（squash）

因为原有的神经网络模型输出都是标量，显然用处理标量的激活函数来处理向量不太适合。所以有必要为胶囊网络设计一套全新的激活函数 squash，见式（8.2）。

$$y = \frac{\|x\|^2}{1+\|x\|^2} \frac{x}{\|x\|} \tag{8.2}$$

该激活函数由两部分组成：第 1 部分为 $\frac{\|x\|^2}{1+\|x\|^2}$，作用是将数值转换成 0~1 之间的数；第 2 部分为 $\frac{x}{\|x\|}$，作用是保留原有向量的方向。

二者结合后，会使整个值域变为 –1~1 之间的小数。

该激活函数的图像如图 8-6 所示。

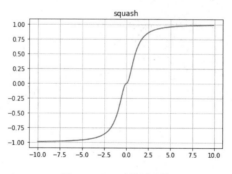

图 8-6 squash 激活函数

如果抛开理论，单纯从输入输出的数值上看，squash 激活函数确实与一般的激活函数没什么区别。而且如果将 squash 激活函数换成一般的激活函数也能够运行。只不过经过大量的实验证明，激活函数 squash 在胶囊网络中的表现确实胜于其他激活函数。这也再次验证了理论的正确性。

4. 利用动态路由选择算法，通过迭代的方式更新耦合系数

主胶囊与数字胶囊之间的耦合系数是通过训练得来的。在训练过程中，耦合系数的更新不是通过反向梯度传播实现的，而是采用动态路由选择算法完成的。该算法来自以下论文链接：

https://arxiv.org/pdf/1710.09829.pdf

在论文中，列出了动态路由的具体计算方法，一共可分为 7 个步骤，每个步骤的解读如下。

（1）假设该路由算法发生在胶囊网络的第 l 层，输入值 $\hat{u}_{j|i}$ 为主胶囊网络的输出特征 u_i（下标 i 代表胶囊单元的个数，j 代表每个胶囊单元向量的维数）与权重 w_{ij} 的乘积（见本小节"2. 数字胶囊层的工作细节"中 w 的介绍）。该路由算法需要迭代计算 r 次。

（2）初始化变量 b_{ij}，使其等于 0。变量 b_{ij} 与耦合系数 c 具有相同的长度。在迭代时，c 就是由 b 做 softmax 计算得来的。

（3）让路由算法按照指定的迭代次数 r 进行迭代。

（4）对变量 b 做 softmax 操作，得到耦合系数 c。此时耦合系数 c 的值为总和为 1 的百分比小数，即每个权重的概率。b 与 c 都带了一个下标 i，表示 b 和 c 的数量各有 i 个，与胶囊单元的个数相同。

> **提示：**
> 因为第 1 次迭代时，b 的值都为 0，所以第 1 次运行该句时，所有的 c 值也都相同。在后面的步骤中，还会通过计算 b 的值，来不断地修正 c，从而达到更新耦合系数的作用。

（5）将 c 与 $\hat{u}_{j|i}$ 相乘，并将乘积的结果相加，得到了数字胶囊（l+1 层）的输出向量 s。

（6）通过激活函数 squash 对 s 做非线性变换，得到了最终的输出结果 V_j。

> **提示：**
> 第（5）、（6）两个步骤一起实现了公式 8-1 中的内容。

（7）将 V_j 与 $\hat{u}_{j|i}$ 进行点积运算，再与原有的 b 进行相加，便可以求出新的 b 值。其中的点积运算的作用是：计算胶囊的输入和胶囊的输出的相似度。该动态路由协议的原理就是利用相似度来更新 b 值。

将第（4）~（7）步循环执行 r 次。在进行路由更新的同时，也更新了最终的输出结果 V_j 值，当迭代结束后，将最终的 V_j 返回，进行后续的 loss 值计算与结果输出。

> **提示：**
> 通过该算法可以看出，路由算法不仅在训练中负责优化耦合系数，还在修改耦合系数的同时影响了最终的输出结果。
> 该模型在训练和测试场景中，都需要做动态路由更新计算。

5. 在胶囊网络中，用边距损失（margin loss）作为损失函数

边距损失（margin loss）是一种最大化正负样本到超平面距离的算法，见式（8.3）。

$$L_k = T_k \max(0, m^+ - \|V_k\|)^2 + \lambda(1 - T_k)\max(0, \|V_k\| - m^-)^2 \tag{8.3}$$

其中，L_k 代表损失值，T_k 代表标签，m^+ 代表一个最大值的锚点，m^- 代表一个最小值的锚点，V_k 为模型输出的预测值，λ 为缩放参数。$\|V_k\|$ 代表取 V_k 的范数，即 $\sqrt{v_1^2 + v_2^2 + v_3^2 + \cdots}$（其中 v_1、v_2、v_3 ……代表 V_k 中的元素）。

例如，在 MNIST 数据集上的胶囊网络架构中，设置了 m^+ 为 0.9，m^- 为 0.1，λ 为 0.5。由于输出值的形状是[10,16]，所以得到的 L_k 形状也是[10,16]。还需要对每个类别的 16 维向量相加，使其形状变成[10,1]。再取平均值，得到最终的 loss 值。

由于在最终的输出结果中，每个类别都含有 16 维特征，所以还可以在其后面加入两层全连接网络，构成一个解码器。用该解码器对输入图片进行重建，并将重建后的损失值与边距损失放在一起进行训练，这样可以得到更好的效果，如图 8-7 所示。

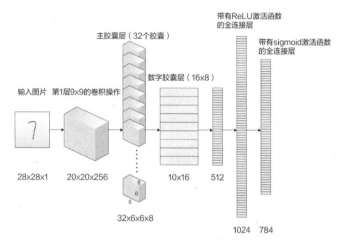

图 8-7 带有解码器的胶囊网络结构

8.1.7 了解矩阵胶囊网络与 EM 路由算法

带有 EM（期望最大化）路由的矩阵胶囊网络是动态路由胶囊网络的一个改进版本。论文链接如下：

https://openreview.net/pdf?id=HJWLfGWRb

针对动态路由胶囊网络的结构，带有 EM 路由的矩阵胶囊网络，在各个环节的细节实现上都做了调整。具体如下：

- 将主胶囊由"特征+向量"的输出形式，调整为"矩阵+激活值"的形式。其中矩阵代表图片的姿态矩阵（在某个角度下图片的特征），激活值代表分类结果。
- 用一个代表统一视角的权重矩阵与姿态矩阵相乘得到预测值（论文里叫作投票），即图片的真实特征。
- 在 EM 路由算法过程中，对预测值（投票）根据投票系数（为每个投票所分配的权重）进行加权计算，并使用加权计算的结果来计算新的投票系数，实现路由更新。
- 论文中的 EM 算法用修改后的高斯混合模型（简称 GMM，是一个基于概率模型的聚类算法）对投票进行聚类。
- 用评估聚类后的信息熵来计算最终分类的激活值。信息熵越小，则表示该类的稳定性越好，该类的结果特征越明显。
- 用 Spread 损失函数来训练模型。

带有 EM 路由的胶囊网络涉及的算法理论比较多，由于篇幅原因，这里不做展开。在本书 8.2.10 小节提供了代码示例，读者可以自行研究。

8.1.8　什么是 NLP 任务

NLP（Natural Language Processing，自然语言处理）是人工智能（AI）研究的一个方向。其目标是通过算法让机器能够理解和辨识人类的语言。常用于文本分类、翻译、文本生成、对话等领域。

当前基于 NLP 的解决方式主要有 3 种。
- 卷积神经网络：主要是将语言当作图片数据，进行卷积操作。
- 循环神经网络：按照语言文本的顺序，用循环神经网络来学习一段连续文本中的语义。
- 基于注意力机制的神经网络：是一种类似于卷积思想的网络。它通过矩阵相乘计算输入向量与目的输出之间的相似度，进而完成语义的理解。

8.1.9　了解多头注意力机制与内部注意力机制

解决 NLP 任务的三大基本方法是：注意力机制、卷积和循环神经网络。循神经环网络会在第 9 章单独介绍。

注意力机制因 2017 年谷歌的一篇论文 *Attention is All You Need* 而名声大噪。下面就来介绍该技术的具体内容。如果想了解更多，还可以参考原论文，具体地址如下：

```
https://arxiv.org/abs/1706.03762
```

1. 注意力机制的基本思想

注意力机制的思想描述起来很简单：将具体的任务看作 query、key、value 三个角色（分别用 q、k、v 来简写）。其中 q 是要查询的任务，而 k、v 是个一一对应的键值对。其目的就是使用 q 在 k 中找到对应的 v 值。

在细节实现时，会比基本原理稍复杂一些，见式（8.4）。

$$\boldsymbol{d}_v = \text{Attention}(q_t, k, v) = \text{softmax}\left(\frac{\langle q_t, k_s \rangle}{\sqrt{d_k}}\right) v_s = \sum_{s=1}^{m} \frac{1}{z} \exp\left(\frac{\langle q_t, k_s \rangle}{\sqrt{d_k}}\right) v_s \tag{8.4}$$

式 8.4 中的 z 是归一化因子。该公式可拆分成以下步骤：
（1）将 q_t 与各个 k_s 进行内积计算。
（2）将第（1）步的结果除以 $\sqrt{d_k}$，这里 $\sqrt{d_k}$ 起到调节数值的作用，使内积不至于太大。
（3）使用 softmax 函数对第（2）步的结果进行计算。
（4）使用第（3）步的结果与 $\boldsymbol{v}_s$ 相乘，来得到 q_t 与各个 $\boldsymbol{v}_s$ 的相似度。
（5）对第（4）步的结果加权求和，得到对应的向量 $\boldsymbol{d}_v$。

举例：
在中英翻译任务中，假设 K 代表中文，有 m 个词，每个词的词向量是 $\boldsymbol{d}_k$ 维度；V 代表英文，有 m 个词，每个词的词向量是 $\boldsymbol{d}_v$ 维度。

对一句由 n 个中文词组成的句子进行英文翻译时，抛开其他的数值及非线性变化运算，主要的矩阵间运算可以理解为：$[n,d_k]\times[m,d_k]\times[m,d_v]$。将其变形之后得到$[n,d_k]\times[d_k,m]\times[m,d_v]$，根据线性代数的技巧，两个矩阵相乘，直接把相邻的维度约到剩下的就是结果矩阵的形状。具体做法是，（1）$[n,d_k]\times[d_k,m]=[n,m]$，（2）$[n,m]\times[m,d_v]=[n,d_v]$，最终便得到了 n 个维度为 d_v 的英文词。

同样，该模型还可以放在其他任务中，例如：在阅读理解任务中，可以把文章当作 Q，阅读理解的问题和答案当作 K 和 V 所形成的键值对。

2. 多头注意力机制

在谷歌公司发出的注意力机制论文里，用多头注意力机制的技术点改进原始的注意力机制。该技术可以表示为：$Y=\text{MultiHead}(Q,K,V)$。其原理如图 8-8 所示。

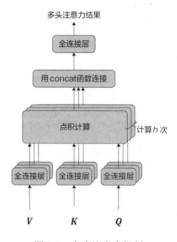

图 8-8　多头注意力机制

图 8-8 所示，多头注意力机制的工作原理如下：

（1）把 Q、K、V 通过参数矩阵进行全连接层的映射转化。
（2）对第（1）步中所转化的三个结果做点积运算。
（3）将第（1）步和第（2）步重复运行 h 次，并且每次进行第（1）步操作时，都使用全新的参数矩阵（参数不共享）。
（4）用 concat 函数把计算 h 次之后的最终结果拼接起来。

其中，第（4）步的操作与多通道卷积（见《深度学习之 TensorFlow——入门、原理与进阶实战》中的 8.9.2 小节）非常相似，其理论可以解释为：

（1）每一次的 attention 运算，都会使原数据中某个方面的特征发生注意力转化（得到局部注意力特征）。
（2）当发生多次 attention 运算之后，会得到更多方向的局部注意力特征。
（3）将所有的局部注意力特征合并起来，再通过神经网络将其转化为整体的特征，从而达到拟合效果。

3. 内部注意力机制

内部注意力机制用于发现序列数据的内部特征。具体做法是将 Q、K、V 都变成 X。即 $\text{Attention}(X,X,X)$。

使用多头注意力机制训练出的内部注意力特征可以用于 Seq2Seq 模型（输入输出都是序列数据的模型）、分类模型等各种任务，并能够得到很好的效果，即 Y=MultiHead(X,X,X)。

8.1.10 什么是带有位置向量的词嵌入

由于注意力机制的本质是 key-value 的查找机制，不能体现出查询时 Q 的内部关系特征。于是，谷歌公司在实现注意力机制的模型中加入了位置向量技术。

带有位置向量的词嵌入是指，在已有的词嵌入技术中加入位置信息。在实现时，具体步骤如下：

（1）用 sin（正弦）和 cos（余弦）算法对词嵌入中的每个元素进行计算。

（2）将第（1）步中 sin 和 cos 计算后的结果用 concat 函数连接起来，作为最终的位置信息。

关于位置信息的转化公式比较复杂，这里不做展开，具体见以下代码：

```
def Position_Embedding(inputs, position_size):
    batch_size,seq_len = tf.shape(inputs)[0],tf.shape(inputs)[1]
    position_j = 1. / tf.pow(10000., \
                     2 * tf.range(position_size / 2, dtype=tf.float32 \
                    ) / position_size)
    position_j = tf.expand_dims(position_j, 0)
    position_i = tf.range(tf.cast(seq_len, tf.float32), dtype=tf.float32)
    position_i = tf.expand_dims(position_i, 1)
    position_ij = tf.matmul(position_i, position_j)
    position_ij = tf.concat([tf.cos(position_ij), tf.sin(position_ij)], 1)
    position_embedding = tf.expand_dims(position_ij, 0) \
                    + tf.zeros((batch_size, seq_len, position_size))
    return position_embedding
```

在示例代码中，函数 Position_Embedding 的输入和输出分别为：

- 输入参数 inputs 是形状为(batch_size, seq_len, word_size)的张量（可以理解成词向量）。
- 输出结果 position_embedding 是形状为(batch_size, seq_len, position_size)的位置向量。其中，最后一个维度 position_size 中的信息已经包含了位置。

通过函数 Position_Embedding 的输入和输出可以很明显地看到词嵌入中增加了位置向量信息。被转换后的结果，可以与正常的词嵌入一样在模型中被使用。

8.1.11 什么是目标检测任务

目标检测任务是视觉处理中的常见任务。该任务要求模型能检测出图片中特定的物体目标，并获得这一目标的类别信息和位置信息。

在目标检测任务中，模型的输出是一个列表，列表的每一项用一个数据组给出检出目标的类别和位置（常用矩形检测框的坐标表示）。

实现目标检测任务的模型，大概可以分为以下两类。

- 单阶段（1-stage）检测模型：直接从图片获得预测结果，也被称为 Region-free 方法。相关的模型有 YOLO、SSD、RetinaNet 等。

- 两阶段（2-stage）检测模型：先检测包含实物的区域，再对该区域内的实物进行分类识别。相关的模型有 R-CNN、Faster R-CNN 等。

在实际工作中，两阶段检测模型在位置框方面表现出的精度更高一些，而单阶段模型在分类方面表现出的精度更高一些。

8.5 节中将通过一个 YOLO V3 模型实现目标检测任务。

8.1.12　什么是目标检测中的上采样与下采样

接触过视觉模型源码的读者会发现，在类似 NasNet、Inception Vx、ResNet 这种模型的代码中，会经常出现上采样（upsampling）与下采样（downsampling）这样的函数。它们的意义是什么呢？这里来解释一下。

上采样与下采样是指对图像的缩放操作：
- 上采样是将图像放大。
- 下采样是将图像缩小。

上采样与下采样操作并不能给图片带来更多的信息，而会对图像质量产生影响。在深度卷积网络模型的运算中，通过上采样与下采样操作可实现本层数据与上下层的维度匹配。

在模型以外，用上采样或下采样直接对图片进行操作时，常会使用一些特定的算法，以优化缩放后的图片质量。

8.1.13　什么是图片分割任务

图片分割是对图中的每个像素点进行分类，适用于对像素理解要求较高的场景（例如，在无人驾驶中对道路和非道路进行分割）。

图片分割包括语义分割（semantic segmentation）和实例分割（instance segmentation），具体如下：
- 语义分割：能将图像中具有不同语义的部分分开。
- 实例分割：能描述出目标的轮廓（比检测框更为精细）。

目标检测、语义分割、实例分割三者的关系如图 8-9 所示。

（a）目标检测　　　　　（b）语义分割　　　　　（c）实例分割

图 8-9　图片分割任务

在图 8-9 中，3 个子图的意义如下：

- 图 8-9（a）是目标检测的结果，该任务是在原图上找到目标物体的矩形框（见本章 8.5 节 YOLO V3 模型的实例）。
- 图 8-9（b）是语义分割的结果，该任务是在原图上找到目标物体所在的像素点（见本章 8.7 节 Mask R-CNN 模型的实例）。
- 图 8-9（c）是实例分割的结果，该任务在语义分割的基础上还要识别出单个的具体个体。

8.2 实例 39：用胶囊网络识别黑白图中服装的图案

实现一个带有路由算法的胶囊网络模型，并用该模型来解决实际问题。

实例描述

从 Fashion-MNIST 数据集中选择一幅图，这幅图上有 1 个服装图案。让机器模拟人眼来区分这个服装图案到底是什么。

实例中所用的图片来源于一个开源的训练数据集——Fashion-MNIST。

8.2.1 熟悉样本：了解 Fashion-MNIST 数据集

Fashion-MNIST 数据集常被用来测试模型。一般来讲，如果在 Fashion-MNIST 数据集上没有实现显著效果的模型，则在其他数据集上也不会有好的效果。

1. Fashion-MNIST 的起源

Fashion-MNIST 数据集是 MNIST 数据集的一个替代品。

MNIST 是一个入门级的计算机视觉数据集，是在 Fashion-MNIST 数据集出现之前人们最常使用的实验数据集。相当于学习编程过程中的打印"Hello World"操作。经典的 MNIST 数据集包含了大量的手写数字。在《深度学习之 TensorFlow——入门、原理与进阶实战》一书中，大量使用该数据集来验证模型及阐述原理。

由于 MNIST 数据集太过简单，很多算法在测试集上的性能已经达到 99.6%，但是应用在真实图片上却相差很大。于是出现了相对复杂的 Fashion-MNIST 数据集。在 Fashion-MNIST 数据集上训练好的模型，会更接近真实图片的处理效果。

2. Fashion-MNIST 数据集的结构

Fashion-MNIST 数据集的单张图片大小、训练集个数、测试集个数及类别数，与 MNIST 数据集完全相同。只不过其采用了更为复杂的图片内容，使得做基础实验的模型与真实环境下的模型更加相近。

FashionMNIST 数据集的单个样本为 28 pixel×28 pixel 的灰度图片。训练集有 60000 张图片，测试集有 10000 张图片。样本内容为上衣、裤子、鞋子等服装，一共分为 10 类，如图 8-10 所示（每个类别占三行）。

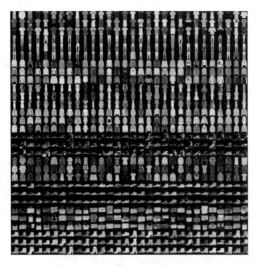

图 8-10 Fashion-MNIST 中的内容

FashionMNIST 数据集分类标签的标注编号仍然是 0~9，其代表的服装类别如图 8-11 所示。

标注编号	描述
0	T-shirt/top（T恤）
1	Trouser（裤子）
2	Pullover（套衫）
3	Dress（裙子）
4	Coat（外套）
5	Sandal（凉鞋）
6	Shirt（开衫）
7	Sneaker（运动鞋）
8	Bag（包）
9	Ankle boot（踝靴）

图 8-11 Fashion-MNIST 中的标签

8.2.2　下载 Fashion-MNIST 数据集

Fashion-MNIST 数据集的官网下载链接如下：

https://github.com/zalandoresearch/fashion-mnist

打开官网，可以看到如图 8-12 所示的下载链接。

Name	Content	Examples	Size	Link	MD5 Checksum
train-images-idx3-ubyte.gz	training set images	60,000	26 MBytes	Download	8d4fb7e6c68d591d4c3dfef9ec88bf0d
train-labels-idx1-ubyte.gz	training set labels	60,000	29 KBytes	Download	25c81989df183df01b3e8a0aad5dffbe
t10k-images-idx3-ubyte.gz	test set images	10,000	4.3 MBytes	Download	bef4ecab320f06d8554ea6380940ec79
t10k-labels-idx1-ubyte.gz	test set labels	10,000	5.1 KBytes	Download	bb300cfdad3c16e7a12a480ee83cd310

图 8-12 Fashion-MNIST 数据集的下载链接

将数据集下载后，不需要解压缩，直接放到代码的同级目录下面即可。

8.2.3　代码实现：读取及显示 Fashion-MNIST 数据集中的数据

TensorFlow 提供了一个加载及读取 MNIST 数据集的库，可以直接使用该库来加载和读取 Fashion-MNIST 数据集。使用该库时，不需要修改任何代码，直接指定路径即可。

具体代码如下：

代码 8-1　读取 Fasion-MNIST 数据集

```
01  from tensorflow.examples.tutorials.mnist import input_data
02  mnist = input_data.read_data_sets("./fashion/", one_hot=False) #指定数据集
03  print ('输入数据:',mnist.train.images)
04  print ('输入数据的形状:',mnist.train.images.shape)
05  print ('输入数据的标签:',mnist.train.labels)
06
07  import pylab
08  im = mnist.train.images[1]
09  im = im.reshape(-1,28)
10  pylab.imshow(im)
11  pylab.show()
```

将数据集文件都放在本地同级目录下的 fashion 文件夹里，再在代码中指定路径（见代码第 2 行）。

运行代码，输出以下信息：

```
Extracting ./fashion/train-images-idx3-ubyte.gz
Extracting ./fashion/train-labels-idx1-ubyte.gz
Extracting ./fashion/t10k-images-idx3-ubyte.gz
Extracting ./fashion/t10k-labels-idx1-ubyte.gz
输入数据: [[0. 0. 0. ... 0. 0. 0.]
 [0. 0. 0. ... 0. 0. 0.]
 [0. 0. 0. ... 0. 0. 0.]
 ...
 [0. 0. 0. ... 0. 0. 0.]
 [0. 0. 0. ... 0. 0. 0.]
 [0. 0. 0. ... 0. 0. 0.]]
输入数据的形状: (55000, 784)
输入数据的标签: [4 0 7 ... 3 0 5]
```

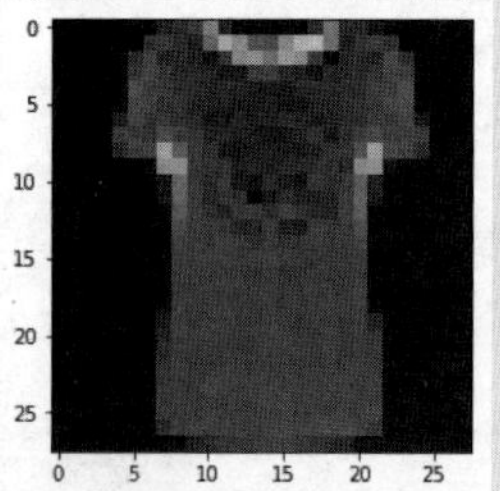

图 8-13　Fashion-MNIST 数据集中的一张图片

输出信息的前 4 行是解压缩数据集的操作。

从输出信息的第 5 行开始是训练集中的图片数据：一个 55000 行、784 列的矩阵。

在矩阵中，每一行表示一张图片，即训练集里面有 55000 张图片。每一张图片是 28×28 的矩阵。

在输出信息的中括号里可以看到每个矩阵的值，每一个值代表一个像素值。

> **提示：**
> 图片上的像素点与矩阵中的像素值之间的关系如下：
> - 如果是 1 通道的黑白图片，则图片中黑色的地方像素值是 0；有图案的地方像素值为 1~255 之间的数字，代表颜色的深度。
> - 如果是 3 通道的彩色图片，则图片上的每一个像素点由 3 个像素值来表示，即 R、G、B（红、黄、蓝）。这 3 个像素值分布在 3 个通道里。

1. 在 tf.keras 接口中读取 Fashion_MNIST 数据集

tf.keras 接口中已经集成了 Fashion_MNIST 数据集，使用起来比原生的 TensorFlow 方式更为简单。代码如下：

```
import tensorflow as tf
(X_train, y_train), (X_test, y_test)  = tf.keras.datasets.fashion_mnist.load_data()
```

上面代码运行后，便会得到 Fashion-MNIST 的训练集数据（X_train, y_train）与测试集数据（X_test, y_test）。

8.2.4 代码实现：定义胶囊网络模型类 CapsuleNetModel

定义类 CapsuleNetModel 来实现胶囊网络模型，并在类 CapsuleNetModel 中定义模型相关的参数。

具体代码如下：

代码 8-2　Capsulemodel

```
01  import tensorflow as tf
02  import tensorflow.contrib.slim as slim
03  import numpy as np
04
05  class CapsuleNetModel:                                    #定义胶囊网络模型类
06      def __init__(self, batch_size,n_classes,iter_routing):    #初始化
07          self.batch_size=batch_size
08          self.n_classes = n_classes
09          self.iter_routing = iter_routing
```

8.2.5 代码实现：实现胶囊网络的基本结构

在 CapsuleNetModel 类中定义 CapsuleNet 方法，并用 TF-slim 接口实现胶囊网络的基本结构。

该步骤与 8.1.7 小节的描述完全一致。其中，$\hat{u}$ 的计算方法是通过卷积核为[1,1]的卷积操作来实现的。

> **提示：**
> 代码第 74 行，在实现 squash 激活函数的过程中，分母部分加了一个常量"1e-9"。这是与 8.1.7 小节 squash 公式的不同之处。
>
> 常量"1e-9"是一个很小的数，它接近于 0 却不等于 0。该值的意义是防止分母为 0 导致公式无意义。

具体代码如下：

代码 8-2　Capsulemodel（续）

```
10      def CapsuleNet(self, img):          #定义模型结构
11          #定义第 1 个正常卷积层
12          with tf.variable_scope('Conv1_layer') as scope:
13              output = slim.conv2d(img, num_outputs=256, kernel_size=[9, 9], stride=1, padding='VALID', scope=scope)
14
15              assert output.get_shape() == [self.batch_size, 20, 20, 256]
16          #定义主胶囊网络
17          with tf.variable_scope('PrimaryCaps_layer') as scope:
18              output = slim.conv2d(output, num_outputs=32*8, kernel_size=[9, 9], stride=2, padding='VALID', scope=scope, activation_fn=None)
19              #将结果变成 32×6×6 个胶囊单元，每个单元为 8 维向量
20              output = tf.reshape(output, [self.batch_size, -1, 1, 8])
21              assert output.get_shape() == [self.batch_size, 1152, 1, 8]
22          #定义数字胶囊网络
23          with tf.variable_scope('DigitCaps_layer') as scope:
24              u_hats = []
25              #将输入按照胶囊单元分开
26              input_groups = tf.split(axis=1, num_or_size_splits=1152, value=output)
27              for i in range(1152):  #遍历每个胶囊单元
28                  #利用卷积核为[1,1]的卷积操作，让 u 与 w 相乘，再相加得到 û
29                  one_u_hat = slim.conv2d(input_groups[i], num_outputs=16*10, kernel_size=[1, 1], stride=1, padding='VALID', scope='DigitCaps_layer_w_'+str(i), activation_fn=None)
30                  #每个胶囊单元变成了 16 维向量
31                  one_u_hat = tf.reshape(one_u_hat, [self.batch_size, 1, 10, 16])
```

```
32                u_hats.append(one_u_hat)
33            #将所有的胶囊单元中的 one_u_hat 合并起来
34            u_hat = tf.concat(u_hats, axis=1)
35            assert u_hat.get_shape() == [self.batch_size, 1152, 10, 16]
36
37            #初始化 b 值
38            b_ijs = tf.constant(np.zeros([1152, 10], dtype=np.float32))
39            v_js = []
40            for r_iter in range(self.iter_routing):#指定循环次数，计算动态路由
41                with tf.variable_scope('iter_'+str(r_iter)):
42                    c_ijs = tf.nn.softmax(b_ijs, axis=1) #根据b值计算耦合系数
43
44                    #将下列变量按照10类分割，每一类单独运算
45                    c_ij_groups = tf.split(axis=1, num_or_size_splits=10, value=c_ijs)
46                    b_ij_groups = tf.split(axis=1, num_or_size_splits=10, value=b_ijs)
47                    u_hat_groups = tf.split(axis=2, num_or_size_splits=10, value=u_hat)
48
49                    for i in range(10):
50                        #生成具有跟输入一样尺寸的卷积核[1152, 1]，输入为16通道,卷积核个数为1个
51                        c_ij = tf.reshape(tf.tile(c_ij_groups[i], [1, 16]), [1152, 1, 16, 1])
52                        #利用深度卷积实现u_hat与c矩阵的对应位置相乘，输出的通道数为16×1个
53                        s_j = tf.nn.depthwise_conv2d(u_hat_groups[i], c_ij, strides=[1, 1, 1, 1], padding='VALID')
54                        assert s_j.get_shape() == [self.batch_size, 1, 1, 16]
55
56                        s_j = tf.reshape(s_j, [self.batch_size, 16])
57                        v_j = self.squash(s_j)#调用激活函数 squash 生成最终结果vj
58                        assert v_j.get_shape() == [self.batch_size, 16]
59                        #根据vj来计算并更新b值
60                        b_ij_groups[i] = b_ij_groups[i]+tf.reduce_sum(tf.matmul(tf.reshape(u_hat_groups[i], [self.batch_size, 1152, 16]), tf.reshape(v_j, [self.batch_size, 16, 1])), axis=0)
61
62                        #迭代结束后，再生成一次vj，得到数字胶囊真正的输出结果
63                        if r_iter == self.iter_routing-1:
64                            v_js.append(tf.reshape(v_j, [self.batch_size, 1, 16]))
65                    #将10类的b合并一起
66                    b_ijs = tf.concat(b_ij_groups, axis=1)
67
68            #将10类的vj合并到一起，生成的形状为[self.batch_size, 10, 16]的结果
69            output = tf.concat(v_js, axis=1)
```

```
70              return output
71       def squash(self, s_j):       #定义激活函数
72              s_j_norm_square = tf.reduce_mean(tf.square(s_j), axis=1,
73   keepdims=True)
74              v_j =
     s_j_norm_square*s_j/((1+s_j_norm_square)*tf.sqrt(s_j_norm_square+1e-9))
75              return v_j
```

在代码第 53 行，用深度卷积操作实现 $\hat{u}$ 与 c 矩阵的对应位置相乘。

代码第 40 行是动态路由算法的实现，在路由计算的迭代最后一次时，还需要将最终的结果保存起来，作为整个网络的输出（见代码第 64 行）。函数 CapsuleNet 执行完，最终会把数字胶囊的结果返回（见代码第 69 行）。

> **提示：**
> 代码第 51 行使用了 tf.tile 函数。该函数具有扩充矩阵的作用，即将张量内容按照指定维度进行复制。这是利用矩阵优化 for 循环计算速度的一种常用方法。为了更详细地解释，请看以下代码。
>
> 【代码 1】：用循环方式让 m2 中的值与 m1 中的值依次相乘。
>
> ```
> m1 = tf.constant(    [[1],[ 2],[ 3]])      #被乘数
> m2 = tf.constant(    [2])                  #乘数（相当于代码第 51 行的权重 c_ij_ groups[i]）
> m1_sz = tf.unstack(a)                      #将被乘数拆成列表
> m_resurt = []                              #定义列表收集结果
> for i in m1_sz :                           #循环相乘
>     t =  m2*i
>     m_resurt.append(t)                     #将结果加入列表中
> resurt1 = tf.stack(m_resurt)               #在重新组合回张量
> with tf.Session() as sess:
>     print("resurt1",resurt1.eval() )       #输出结果[[2] [4] [6]]
> ```
>
> 【代码 2】：用 tile 方式让 m2 中的值与 m1 中的值依次相乘。
>
> ```
> m1 = tf.constant(    [[1],[ 2],[ 3]])      #被乘数
> m2 = tf.constant(    [2])                  #乘数（相当于代码第 51 行的权重 c_ij_ groups[i]）
> m2 = tf.expand_dims(m2,1)                  #增加一个维度
> u_tile = tf.tile(m2,[3,1])                 #复制成与乘数相同的份数
> resurt2 = u_tile*m1                        #直接数组相乘
> with tf.Session() as sess:
>     print("resurt2",resurt2.eval() )       #输出结果[[2] [4] [6]]
> ```
>
> 二者的结果是一样的。但是代码 2 使用 tile 方式省去了循环，提升了效率。

8.2.6 代码实现：构建胶囊网络模型

在CapsuleNetModel类中，定义build_model方法来构建胶囊网络模型。具体实现步骤如下：
（1）将张量图重置。
（2）用CapsuleNet方法构建网络节点。
（3）对CapsuleNet方法返回的结果进行范数计算，得到分类结果self.v_len。
（4）在训练模式下，添加解码器网络，重建输入图片。
（5）实现loss方法，将边距损失与重建损失放在一起，生成总的损失值。
（6）将损失值放到优化器中，生成张量操作符train_op，用于训练（代码第110行）。
完整代码如下：

代码 8-2　Capsulemodel（续）

```
76      def build_model(self, is_train=False,learning_rate = 1e-3):
77          tf.reset_default_graph()
78
79          #定义占位符
80          self.y = tf.placeholder(tf.float32, [self.batch_size, self.n_classes])
81          self.x = tf.placeholder(tf.float32, [self.batch_size, 28, 28, 1], name='input')
82
83          #定义计步器
84          self.global_step = tf.Variable(0, name='global_step', trainable=False)
85
86          initializer = tf.truncated_normal_initializer(mean=0.0, stddev=0.01)
87          biasInitializer = tf.constant_initializer(0.0)
88
89          with slim.arg_scope([slim.conv2d], trainable=is_train, weights_initializer=initializer, biases_initializer=biasInitializer):
90              self.v_jsoutput = self.CapsuleNet(self.x)  #构建胶囊网络模型
91
92          with tf.variable_scope('Masking'):
93              #计算输出值的欧几里得范数[self.batch_size, 10]
94              self.v_len = tf.norm(self.v_jsoutput, axis=2)
95
96          if is_train:                        #如果是训练模式，则重建输入图片
97              masked_v = tf.matmul(self.v_jsoutput, tf.reshape(self.y, [-1, 10, 1]), transpose_a=True)
98              masked_v = tf.reshape(masked_v, [-1, 16])
99
100             with tf.variable_scope('Decoder'):
101                 output = slim.fully_connected(masked_v, 512, trainable=is_train)
```

```
102              output = slim.fully_connected(output, 1024,
    trainable=is_train)
103              self.output = slim.fully_connected(output, 784,
    trainable=is_train, activation_fn=tf.sigmoid)
104
105          self.loss = self.loss(self.v_len,self.output)    #计算loss值
106          #使用退化学习率
107          learning_rate_decay = tf.train.exponential_decay(learning_rate,
    global_step=self.global_step, decay_steps=1000,decay_rate=0.9)
108
109          #定义优化器
110          self.train_op =
    tf.train.AdamOptimizer(learning_rate_decay).minimize(self.total_loss,
    global_step=self.global_step)
111
112          #定义保存及恢复模型关键点要用的saver
113          self.saver = tf.train.Saver(tf.global_variables(), max_to_keep=1)
114
115     def loss(self,v_len, output):   #定义loss值的计算函数
116          max_l = tf.square(tf.maximum(0., 0.9-v_len))
117          max_r = tf.square(tf.maximum(0., v_len - 0.1))
118
119          l_c = self.y*max_l+0.5 * (1 - self.y) * max_r
120
121          margin_loss = tf.reduce_mean(tf.reduce_sum(l_c, axis=1))
122
123          origin = tf.reshape(self.x, shape=[self.batch_size, -1])
124          reconstruction_err = tf.reduce_mean(tf.square(output-origin))
125          #将边距损失与重建损失一起构成loss值
126          total_loss = margin_loss+0.0005*reconstruction_err
127
128          return total_loss
```

> **提示：**
> 在build_model方法中，一定要将saver的定义放在最后（见代码第113行），否则在saver后面的张量将无法保存到检查点文件中。因为saver的第1个参数为tf.global_variables()，该函数只能载入之前定义的张量，后来定义的张量无法被载入。

8.2.7 代码实现：载入数据集，并训练胶囊网络模型

搭建胶囊网络模型，并载入Fashion-MNIST数据集，开始训练。
定义函数save_images与mergeImgs，用于将模型的输出结果可视化。
完整代码如下：

代码8-3 用胶囊网络识别黑白图中的服装图案

```
01  import tensorflow as tf
02  import time
03  import os
04  import numpy as np
05  import imageio
06
07  Capsulemodel = __import__("8-2 Capsulemodel")
08  CapsuleNetModel = Capsulemodel.CapsuleNetModel
09
10  #载入数据集
11  from tensorflow.examples.tutorials.mnist import input_data
12  mnist = input_data.read_data_sets("./fashion/", one_hot=True)
13
14  def save_images(imgs, size, path):       #定义函数，保存图片
15      imgs = (imgs + 1.) / 2
16      return(imageio.imwrite(path, mergeImgs(imgs, size)))
17
18  def mergeImgs(images, size):             #定义函数，合并图片
19      h, w = images.shape[1], images.shape[2]
20      imgs = np.zeros((h * size[0], w * size[1], 3))
21      for idx, image in enumerate(images):
22          i = idx % size[1]
23          j = idx // size[1]
24          imgs[j * h:j * h + h, i * w:i * w + w, :] = image
25          imgs[j * h:j * h + h, i * w:i * w + w, :] = image
26      return imgs
27
28  batch_size = 128                         #定义批次
29  learning_rate = 1e-3                     #定义学习率
30  training_epochs = 5                      #数据集迭代次数
31  n_class = 10
32  iter_routing = 3                         #定义胶囊网络中动态路由的训练次数
```

代码中的第28~32行是训练参数的定义。

 提示：

胶囊网络中的权重参数比较多，会占用很大的GPU显存。如果在配置较低的机器上运行，则可以将批次变量 batch_size 改小一些（见代码第28行）。

8.2.8 代码实现：建立会话训练模型

建立会话训练模型是在 main 函数中完成操作，具体步骤如下：

（1）实例化胶囊网络模型类 CapsuleNetModel。

（2）建立会话。

（3）在会话中，用循环进行迭代训练。

完整具体代码如下：

代码 8-3　用胶囊网络识别黑白图中的服装图案（续）

```python
33  def main(_):
34      #实例化模型
35      capsmodel = CapsuleNetModel(batch_size, n_class,iter_routing)
36      #构建网络节点
37      capsmodel.build_model(is_train=True,learning_rate=learning_rate)
38      os.makedirs('results', exist_ok=True)              #创建路径
39      os.makedirs('./model', exist_ok=True)
40
41      with tf.Session() as sess:                          #建立会话
42          sess.run(tf.global_variables_initializer())
43
44          #载入检查点文件
45          checkpoint_path = tf.train.latest_checkpoint('./model/')
46          print("checkpoint_path",checkpoint_path)
47          if checkpoint_path !=None:
48              capsmodel.saver.restore(sess, checkpoint_path)
49          history = []                                    #收集loss值
50          for epoch in range(training_epochs):            #按照指定次数迭代数据集
51
52              total_batch = int(mnist.train.num_examples/batch_size)
53              lossvalue= 0                                #存放当前loss值
54              for i in range(total_batch):                #遍历数据集
55                  batch_x, batch_y = mnist.train.next_batch(batch_size)#取数据
56                  batch_x = np.reshape(batch_x,[batch_size, 28, 28, 1])
57
58                  tic = time.time()                       #计算运行时间
59                  _, loss_value = sess.run([capsmodel.train_op,
    capsmodel.total_loss], feed_dict={capsmodel.x: batch_x, capsmodel.y:
    batch_y})
60                  lossvalue +=loss_value                  #累计loss值
61                  if i % 20 == 0:                         #每训练20次，输出1次结果
62                      print(str(i)+'用时：'+str(time.time()-tic)+' loss:
    ',loss_value)
63                      cls_result, recon_imgs = sess.run([capsmodel.v_len,
    capsmodel.output], feed_dict={capsmodel.x: batch_x, capsmodel.y:
    batch_y})
64                      imgs = np.reshape(recon_imgs, (batch_size, 28, 28, 1))
65                      size = 6
66                      save_images(imgs[0:size * size, :], [size, size],
    'results/test_%03d.png' % i)                           #将结果保存为图片
67                      #获得分类结果，评估准确率
68                      argmax_idx = np.argmax(cls_result,axis= 1)
69                      batch_y_idx = np.argmax(batch_y,axis= 1)
```

```
70                cls_acc = np.mean(np.equal(argmax_idx,
   batch_y_idx).astype(np.float32))
71                print('正确率 : ' + str(cls_acc * 100))
72            history.append(lossvalue/total_batch)         #保存本次迭代的loss值
73            if lossvalue/total_batch == min(history):#如果loss值变小,保存模型
74                ckpt_path = os.path.join('./model', 'model.ckpt')
75                capsmodel.saver.save(sess, ckpt_path,
   global_step=capsmodel.global_step.eval())#生成检查点文件
76                print("save model",ckpt_path)
77            print(epoch,lossvalue/total_batch)
78  if __name__ == "__main__":
79      tf.app.run()
```

8.2.9 运行程序

直接运行代码文件"8-3 使用胶囊网络识别黑白图中的服装图案.py"。输出以下结果:

```
Extracting ./fashion/train-images-idx3-ubyte.gz
Extracting ./fashion/train-labels-idx1-ubyte.gz
Extracting ./fashion/t10k-images-idx3-ubyte.gz
Extracting ./fashion/t10k-labels-idx1-ubyte.gz
checkpoint_path None
0 用时: 33.89296865463257 loss: 0.7986926
正确率 : 11.71875
20 用时: 0.5990476608276367 loss: 0.5816276
正确率 : 9.375
……
420 用时: 2.351250648498535 loss: 0.16442175
正确率 : 83.59375
1 0.15774308
……
```

从输出结果中可以看出,整个数据集迭代训练1次后,模型的正确率是83.5%。

在程序运行时,本地的result文件夹下会生成一些结果图片,如图8-14所示。

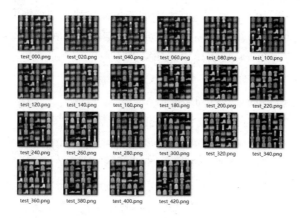

图8-14 胶囊网络模型重建后的输出结果

图 8-14 中的图片文件是胶囊网络重建后的输出结果。

可以看到，胶囊网络模型重建后的图片与原有的样本文件几乎相同。

8.2.10 实例 40：实现带有 EM 路由的胶囊网络

EM 胶囊网络模型的结构由以下部分组成：
- ReLU 卷积层。
- 主胶囊层（PrimaryCaps）。
- 若干个卷积胶囊层（ConvCaps）。
- 分类胶囊层（Class Capsules）。

在本实例中使用了两个卷积胶囊层，如图 8-15 所示。

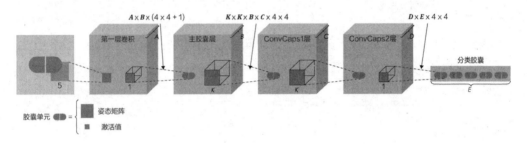

图 8-15　EM 路由胶囊网络模型的结构

下面介绍一下该实例中的主要代码。

1. 实现 EM 胶囊网络模型的主体结构

定义函数 build_em，按照图 8-15 所示的结构实现 EM 胶囊网络模型的主体结构。

在 build_em 中，网络的每一层将按照指定好的维度（见代码第 10 行）进行输出。每层具体的操作如下所示。

- ReLU 卷积层：使用一个 5×5 的卷积核进行卷积操作。
- 主胶囊层：用 1×1 的卷积核对上层的输出进行两次卷积操作，生成姿态矩阵与激活值（见代码第 27~第 40 行）。其中，1×1 的卷积操作起到调整维度的作用。
- 卷积胶囊层：是 EM 胶囊网络模型的主要工作层，由 conv_caps 函数实现（见代码第 75 行）。本实例将两个卷积胶囊层串连起来进行处理。在 conv_caps 函数中，先调用函数 kernel_tile 将原始特征分成更多胶囊单元，然后将多个胶囊单元传入函数 calEM 中进行 EM 路由计算，得到姿态矩阵与激活值。
- 分类胶囊层：将上层的结果再次输入 calEM 函数中，进行 EM 路由计算，得到姿态矩阵（形状为[64, 3, 3, 160]）与激活值（形状为[64, 3, 3, 10]）。其中，姿态矩阵表示数据的特征向量，激活值表示模型预测的分类结果。然后分别对这两个结果做全局平均池化，得到最终的姿态矩阵（形状为[64,10,16]）与激活值（形状为[64,10]）。姿态矩阵的最后一个维度是 16，即用一个 4×4 大小的矩阵来表示该数据的特征向量。

完整代码如下：

代码8-4 capsnet_em

```python
01  import tensorflow as tf
02  import tensorflow.contrib.slim as slim
03  import numpy as np
04
05  weight_reg = False              #是否使用参数正则化
06  epsilon=1e-9                    #防止分母为0的最小数
07  iter_routing=2                  #EM算法的迭代次数
08
09  def build_em(input, batch_size,is_train: bool, num_classes: int):
10      A,B,C,D=32,8,16,16          #定义各层的输出维度
11
12      data_size = int(input.get_shape()[1])#输入尺寸为28×28
13      bias_initializer = tf.truncated_normal_initializer( mean=0.0, stddev=0.01)
14      #定义l2正则层的参数
15      weights_regularizer = tf.contrib.layers.l2_regularizer(5e-04)
16      #输出形状:(?, 28, 28, 1)
17      tf.logging.info('input shape: {}'.format(input.get_shape()))
18
19      #为卷积权重统一初始化
20      with slim.arg_scope([slim.conv2d], trainable=is_train, biases_initializer=bias_initializer, weights_regularizer=weights_regularizer):
21          with tf.variable_scope('relu_conv1') as scope:   #relu_conv1层
22              output = slim.conv2d(input, num_outputs=A, kernel_size=[
23                                  5, 5], stride=2, padding='VALID', scope=scope, activation_fn=tf.nn.relu)
24              data_size = int(np.floor((data_size - 5+1) / 2))#计算卷积后的尺寸,得到12
25              tf.logging.info('conv1 output shape: {}'.format(output.get_shape()))          #输出(?, 12, 12, 32)
26
27          with tf.variable_scope('primary_caps') as scope: #primary_caps层
28              pose = slim.conv2d(output, num_outputs=B * 16,   #计算姿态矩阵
29                                  kernel_size=[1, 1], stride=1, padding='VALID', scope=scope, activation_fn=None)
30              pose = tf.reshape(pose, [batch_size, data_size, data_size, B, 16])
31              #计算激活值
32              activation = slim.conv2d(output, num_outputs=B, kernel_size=[
33                                  1, 1], stride=1, padding='VALID', scope='primary_caps/activation', activation_fn=tf.nn.sigmoid)
34              activation = tf.reshape(activation, [batch_size, data_size, data_size, B, 1])
35              #计算primary_caps层输出
36              output = tf.concat([pose, activation], axis=4)
```

```
37            output = tf.reshape(output, shape=[batch_size, data_size,
   data_size, -1])
38            assert output.get_shape()[1:] == [ data_size, data_size, B * 17]
39            tf.logging.info('primary capsule output shape:
   {}'.format(output.get_shape()))#形状为(batch_size, 12, 12, 136)
40
41        with tf.variable_scope('conv_caps1') as scope: #conv_caps1 层
42            pose ,activation =
   conv_caps(output,3,2,C,weights_regularizer,"conv cap 1")
43            data_size = pose.get_shape()[1]
44
45            #生成conv_caps1层结果
46            output = tf.reshape(tf.concat([pose, activation], axis=4), [
47                     batch_size, data_size, data_size, C*17])
48            tf.logging.info('conv cap 1 output shape:
   {}'.format(output.get_shape()))
49
50        with tf.variable_scope('conv_caps2') as scope:
51            pose ,activation =
   conv_caps(output,3,1,D,weights_regularizer,"conv cap 2")
52            data_size = activation.get_shape()[1]
53
54        with tf.variable_scope('class_caps') as scope:
55            pose = tf.reshape(pose, [-1, D, 16])  #调整形状
56            activation = tf.reshape(activation, [-1, D, 1])
57            #计算EM，获得姿态矩阵和激活值
58            miu,activation =
   calEM(pose,activation,num_classes,weights_regularizer,"class cap")
59            #调整形状
60            activation = tf.reshape(activation, [ batch_size, data_size,
   data_size, num_classes])
61            miu = tf.reshape(miu, [batch_size, data_size, data_size, -1])
62
63        output = tf.nn.avg_pool(activation, ksize=[1, data_size, data_size,
   1], strides=[
64                     1, 1, 1, 1], padding='VALID')
65        #最终分类结果
66        output = tf.reshape(output,[batch_size, num_classes])
67        tf.logging.info('class caps : {}'.format(output.get_shape()))
68
69        pose = tf.nn.avg_pool(miu, ksize=[         #获得每一类的最终特征
70                     1, data_size, data_size, 1], strides=[1, 1, 1, 1],
   padding='VALID')
71        pose_out = tf.reshape(pose, shape=[batch_size, num_classes, 16])
72
73    return output, pose_out
74 #卷积胶囊层
75 def conv_caps(indata,kernel,stride,outputdim,weights_regularizer,name):
```

```
76      batch_size =int( indata.get_shape()[0])
77      data_size = int(indata.get_shape()[1])        #获得输入尺寸（默认h和w相等）
78      output = kernel_tile(indata, kernel, stride)#将主胶囊层的输出分成9个特征
79      data_size = int(np.floor((data_size - kernel+1) / stride))#计算卷积尺寸
80
81      newbatch = batch_size * data_size * data_size
82      #将output 的形状变成 [newbatch,kernel * kernel * 上层维度, 17]
83      output = tf.reshape(output, shape=[newbatch, -1, 17])
84      activation = tf.reshape(output[:, :, 16], [newbatch, -1, 1])
85
86      miu,activation =
     calEM(output[:, :, :16],activation,outputdim,weights_regularizer,name)
87
88      #生成姿态矩阵
89      pose = tf.reshape(miu, [batch_size, data_size, data_size, outputdim, 16])
90      tf.logging.info('{} pose shape: {}'.format(name,pose.get_shape()))
91      #生成激活
92      activation = tf.reshape(activation, [batch_size, data_size,
     data_size,outputdim, 1])
93      tf.logging.info('{} activation shape:
     {}'.format(name,activation.get_shape()))
94      return pose, activation
```

代码第78行，在 conv_caps 函数里，用 kernel_tile 函数将原始特征拆分成9个小特征。该操作可以得到更多的候选胶囊，用于输入 calEM 函数（在本节"3. 实现 calEM 函数"中会介绍）进行 EM 运算。

有关 kernel_tile 函数的实现，请参考下面的"2. 实现 kernel_tile 函数"。

2. 实现 kernel_tile 函数

函数 kernel_tile 的作用是，对原始特征按照指定的间隔和尺度来抽样提取。该函数可以将原始特征拆分成更多的候选胶囊。

在 kernel_tile 函数中用深度卷积（见 8.1.4 小节）操作对原始特征进行计算。具体步骤如下：

（1）定义了一个深度卷积的卷积核。其size是[kernel, kernel]，输入的通道数是input_shape[3]，卷积核个数为kernel×kernel（见代码第99行）。

（2）将 kernel×kernel 个卷积核进行值赋，使每个卷积核中只有一个元素的值是1，其他都为0（见代码第102～第104行）。

（3）调用 tf.nn.depthwise_conv2d 函数，进行深度卷积操作（见代码第108行）。

进行深度卷积之后，会得到 input_shape[3]×kernel×kernel 个特征数据（feature map）。该特征数据（feature map）与输入数据相比，尺寸会缩小，通道数会增多。即：

- 在新的尺寸下，有3×3个特征数据。
- 每个特征中又包含 input_shape[3] 个最终特征。
- 每个最终特征中包含了指定的当前层输出维度个胶囊单元(姿态矩阵+激活，共17维)。

具体代码如下：

代码 8-4　capsnet_em（续）

```
95  def kernel_tile(input, kernel, stride):
96
97      input_shape = input.get_shape()
98      #定义卷积核，输入 ch 是 input_shape[3]，卷积核个数（ch）是 kernel × kernel
99      tile_filter = np.zeros(shape=[kernel, kernel, input_shape[3],
100                             kernel * kernel], dtype=np.float32)
101     #为这 9 个卷积核赋值，每个卷积核的 3×3 矩阵中有一个为 1
102     for i in range(kernel):
103         for j in range(kernel):
104             tile_filter[i, j, :, i * kernel + j] = 1.0   #kernel=3，步长为 2，可以理解成分成 9 个一段。从中取样一个
105
106     tile_filter_op = tf.constant(tile_filter, dtype=tf.float32)
107     #深度卷积，在 12×12 上按照 3×3 进行卷积。由于每个卷积核只有一个 1，相当于采样
108     output = tf.nn.depthwise_conv2d(input, tile_filter_op, strides=[
109                             1, stride, stride, 1], padding='VALID')
110     output_shape = output.get_shape()
111     output = tf.reshape(output, shape=[int(output_shape[0]), int(output_shape[1]),
112                             int(output_shape[2]), int(input_shape[3]), kernel * kernel])
113     output = tf.transpose(output, perm=[0, 1, 2, 4, 3]) #（batch, 5, 5, 9, ch）
114
115     return output
```

代码第 113 行对输出结果做了变形处理，使输出结果的最后一维与输入数据的最后一维相同。

3. 实现 calEM 函数

函数 calEM 的实现分为两部分操作：

- 用 mat_transform 函数计算投票。
- 用 em_routing 函数计算 EM 路由。

具体代码如下：

代码 8-4　capsnet_em（续）

```
116 def calEM(pose,activation,votes_output,weights_regularizer,name):
117     with tf.variable_scope('v') as scope:                    #计算投票
118         votes = mat_transform(pose, votes_output, weights_regularizer)
119         tf.logging.info('{} votes shape: {}'.format(name,votes.get_shape()))#形状为(576, 16, 10, 16)
120     #计算 EM 路由，得到最终的姿态矩阵和激活值
121     with tf.variable_scope('routing') as scope2:
122         miu, activation = em_routing(votes, activation, votes_output, weights_regularizer)
123         tf.logging.info(
```

```python
124                 '{} activation shape: {}'.format(name,activation.get_shape()))
125     return miu, activation
126
127 #输入为[batch, caps_num_i, 16],输出为[batch, caps_num_i,caps_num_c, 16]
128 def mat_transform(input, caps_num_c, regularizer, tag=False):
129     batch_size = int(input.get_shape()[0])
130     caps_num_i = int(input.get_shape()[1])#caps_num_i 的值为 3×3×B
131     output = tf.reshape(input, shape=[batch_size, caps_num_i, 1, 4, 4])
132
133     w = slim.variable('w', shape=[1, caps_num_i, caps_num_c, 4, 4], dtype=tf.float32,
134                     initializer=tf.truncated_normal_initializer(mean=0.0, stddev=1.0),
135                     regularizer=regularizer)
136
137     w = tf.tile(w, [batch_size, 1, 1, 1, 1])#用 tile 代替循环相乘,提升效率
138     output = tf.tile(output, [1, 1, caps_num_c, 1, 1])
139     votes = tf.reshape(output@w, [batch_size, caps_num_i, caps_num_c, 16])
140     return votes
141
142 ac_lambda0=0.01 #定义 softMax 的温度参数
143
144 def em_routing(votes, activation, caps_num_c, regularizer, tag=False):
145     batch_size = int(votes.get_shape()[0])
146     caps_num_i = int(activation.get_shape()[1])
147     n_channels = int(votes.get_shape()[-1])#姿态矩阵16
148     print("n_channels",n_channels)
149
150     sigma_square = []
151     miu = []
152     activation_out = []
153     #定义 caps_num_c 个投票,每个投票包括 n_channels 和激活值
154     beta_v = slim.variable('beta_v', shape=[caps_num_c, n_channels], dtype=tf.float32,
155                     initializer=tf.constant_initializer(0.0),
156                     regularizer=regularizer)
157     beta_a = slim.variable('beta_a', shape=[caps_num_c], dtype=tf.float32,
158                     initializer=tf.constant_initializer(0.0),
159                     regularizer=regularizer)
160
161     votes_in = votes
162     activation_in = activation
163
164     for iters in range(iter_routing):
165
166         #E 步骤:第 1 次,caps_num_c 中的每个概率都一样
167         if iters == 0:
```

```python
168             r = tf.constant(np.ones([batch_size, caps_num_i, caps_num_c],
    dtype=np.float32) / caps_num_c)
169         else:
170             log_p_c_h = -tf.log( tf.sqrt(sigma_square)) - (tf.square(votes_in
    - miu) / (2 * sigma_square)  )
171             log_p_c_h = log_p_c_h - \
172                     (tf.reduce_max(log_p_c_h, axis=[2, 3], keep_dims=True)
    - tf.log(10.0))
173
174             p_c = tf.exp(tf.reduce_sum(log_p_c_h, axis=3))
175
176             ap = p_c * tf.reshape(activation_out, shape=[batch_size, 1,
    caps_num_c])
177
178             r = ap / (tf.reduce_sum(ap, axis=2, keepdims=True) + epsilon)
179
180         #M 步骤
181         r = r * activation_in  #更新概率值
182         r = r / (tf.reduce_sum(r, axis=2, keepdims=True)+epsilon)#将数值转化
    为总数的占比(总数为1)
183         #所有胶囊的父胶囊连接概率收集起来
184         r_sum = tf.reduce_sum(r, axis=1, keepdims=True)
185         r1 = tf.reshape(r / (r_sum + epsilon),
186                     shape=[batch_size, caps_num_i, caps_num_c, 1])
187
188         miu = tf.reduce_sum(votes_in * r1, axis=1, keepdims=True)
189         sigma_square = tf.reduce_sum(tf.square(votes_in - miu) * r1,
190                         axis=1, keepdims=True) + epsilon
191
192         if iters == iter_routing-1:
193             r_sum = tf.reshape(r_sum, [batch_size, caps_num_c, 1])
194             #计算信息熵
195             cost_h = (beta_v + tf.log(tf.sqrt(tf.reshape(sigma_square,
196                         shape=[batch_size, caps_num_c, n_channels])))) * r_sum
197
198             activation_out = tf.nn.softmax(ac_lambda0 * (beta_a -
    tf.reduce_sum(cost_h, axis=2)))
199         else:
200             activation_out = tf.nn.softmax(r_sum)
201
202     return miu, activation_out
```

代码第 128 行定义了 mat_transform 函数。

在函数 mat_transform 中定义了一组权重。用该权重依次与输入批次中的每个矩阵元素相乘，得到投票 votes。

代码第 137 行，用 tf.tile 函数将循环相乘的计算方式替换成了矩阵相乘。这提高了预算效

率。tf.tile 函数的详细介绍见 8.2.5 小节。

代码第 144 行定义了函数 em_routing。该函数将输入的投票根据每个姿态矩阵所分配的系数进行加权计算。其中,每个姿态矩阵的分配系数是通过 EM 路由算法进行迭代更新的。

EM 路由算法属于非监督类学习算法。该算法使用聚类的方式由 E 步和 M 步两个环节组成:

- E 步负责在已有的激活值和投票分布上计算加权值(路由分配),见代码第 167~178 行。
- M 步负责更新加权值(路由值),并根据加权后的投票值算出其所在分布的均值与方差(见代码第 189~190 行)。

在具体执行时,通过 E 步和 M 步的循环交替迭代运算完成整个路由的更新。

> **提示:**
> 在 EM 路由中,用于对投票进行聚类的算法类似于高斯混合模型(GMM)算法(GMM 本质上属于加权的 K 均值算法,其加权属性很符合当前场景),但在高斯混合模型(GMM)基础上又做了些改动。这里不做展开,有兴趣的读者请见 8.1.8 小节的论文链接。

代码第 192 行是 EM 路由计算之后的处理步骤,要对 EM 路由过程中的两个结果(投票均值 miu 和信息熵 cost_h)进行提取。

- 投票均值 miu:输出的姿态矩阵结果,表示样本中的不变特征。
- 信息熵 cost_h:代表分类结果(见代码第 195 行)。

> **提示:**
> 代码第 198 行比较难懂,这里解释一下:
> 参数 ac_lambda0 是退火策略训练中的温度参数。
> 函数 softmax 负责找出特征值最大的索引,用于计算最终的分类结果。
> cost_h 是信息熵,该值越小,则该类的稳定性越好,该类的结果特征越明显。但最终计算结果的 softmax 是按照最大值进行分类的,于是又对信息熵取负,取其反向的特征。

4. 运行程序

在 EM 路由中,用函数 spread_loss 计算损失。训练部分的代码见本书配套资源中的代码文件"8-5 train_EM.py"。这里不再详述。

将代码运行后输入以下结果:

```
……
38 epoch , 220 iteration finishs in 2.526243 second loss=0.024377 acc 1.0
38 epoch , 240 iteration finishs in 26437.966891 second loss=0.020554 acc 0.921875
38 epoch , 260 iteration finishs in 2.648914 second loss=0.030478 acc 0.9375
38 epoch , 280 iteration finishs in 2.760616 second loss=0.031670 acc 0.984375
38 epoch , 300 iteration finishs in 2.664881 second loss=0.014428 acc 0.984375
38 epoch , 320 iteration finishs in 2.717733 second loss=0.016623 acc 1.0
38 epoch , 340 iteration finishs in 2.732693 second loss=0.013332 acc 1.0
38 epoch , 360 iteration finishs in 2.604040 second loss=0.026992 acc 0.96875
```

```
38 epoch , 380 iteration finishs in 2.669863 second loss=0.028396 acc 0.953125
38 epoch , 400 iteration finishs in 2.536231 second loss=0.033339 acc 0.953125
```

由结果可见，EM 胶囊网络模型的识别率还是非常可观的。但由于该模型算法比较复杂，占用资源比较大，训练起来会相对慢一些。

8.3 实例 41：用 TextCNN 模型分析评论者是否满意

卷积神经网络不仅只用在处理图像视觉方面，在基于文本的 NLP 领域也会有很好的效果。TextCNN 模型是卷积神经网络用在文本处理方面的一个知名模型。在 TextCNN 模型中，通过多通道卷积技术实现了对文本的分类功能。下面就来了解一下。

实例描述

有一个记录评论语句的数据集，分为正面和负面两种情绪。通过训练，让模型能够理解正面与负面两种情绪的语义，并对评论文本进行分类。

对于 NLP 任务的处理，在模型中常用的技术是使用 RNN 模型。但如果把语言向量当作一副图像，CNN 模型也是可以对其分类的。

8.3.1 熟悉样本：了解电影评论数据集

本实例使用的数据集是康奈尔大学发布的电影评论数据集，具体的介绍见以下链接：

http://www.cs.cornell.edu/people/pabo/movie-review-data/

在其中找到数据集的下载地址，如下：

http://www.cs.cornell.edu/people/pabo/movie-review-data/rt-polaritydata.tar.gz

将压缩包 "rt-polaritydata.tar.gz" 下载后可以看到，里面包括 5331 个正面的评论和 5331 个负面的评论。

8.3.2 熟悉模型：了解 TextCNN 模型

TextCNN 模型是利用卷积神经网络对文本进行分类的算法，由 Yoon Kim 在 Convolutional Neural Networks for Sentence Classification 一文中提出。论文地址：

https://arxiv.org/pdf/1408.5882.pdf

该模型的结构可以分为以下 4 层。

- 词嵌入层：将每个词对应的向量转化成多维度的词嵌入向量。将每个句子当作一副图像来进行处理（词的个数×词嵌入向量维度）。
- 多通道卷积层：使用 2、3、4 等不同大小的卷积核对词嵌入转化后的句子做卷积操作。生成大小不同的特征数据。
- 多通道全局最大池化层：对多通道卷积层中输出的每个通道的特征数据做全局最大池化

操作。
- 全连接分类输出层：将池化后的结果输入全连接网络中，输出分类个数，得到最终结果。

整个 TextCNN 模型的结构如图 8-16 所示。

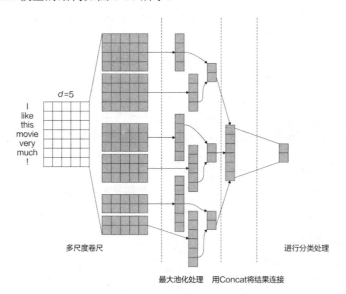

图 8-16　TextCNN 模型的结构

因为卷积神经网络具有提取局部特征的功能，所以可用卷积神经网络提取句子中类似 n-gram 算法的关键信息。本实例的任务是可以理解为通过句子中的关键信息进行语义分类，这与 TextCNN 模型的功能是相匹配的。

> **提示：**
> 由于 TextCNN 模型中使用了池化操作，在这个过程中丢失了一些信息，导致该模型所表征的句子特征有限。如果要用处理相近语义的分类任务，则还需要对其进一步进行调整。

8.3.3　数据预处理：用 preprocessing 接口制作字典

在 TensorFlow 的 contrib 模块中，有个 learn 模块。该模块下的 preprocessing 接口可以用于 NLP 任务的数据预处理。其中包括一个 VocabularyProcessor 类，该类可以实现文本与向量间的相互转化、字典的创建与保存、对词向量的对齐处理等操作。

1. VocabularyProcessor 类的定义

VocabularyProcessor 类的初始化函数如下：

```
VocabularyProcessor (
max_document_length,    #语句预处理的长度。按照该长度对语句进行切断、补0处理
min_frequency=0,        #词频的最小值。如果出现的次数小于最小词频，则不会被收录到词表中
vocabulary=None,        #CategoricalVocabulary 对象。如果为 None，则重新创建一个
tokenizer_fn=None)      #分词函数
```

在实例化 VocabularyProcessor 类时，其内部的字典与传入的参数 vocabulary 相关。
- 如果传入的参数 vocabulary 为 None，则 VocabularyProcessor 类会在内部重新生成一个 CategoricalVocabulary 对象用于存放字典。
- 如果传入了指定的 CategoricalVocabulary 对象，则 VocabularyProcessor 类会在内部将传入的 CategoricalVocabulary 对象当作默认字典。

在实例化 VocabularyProcessor 类之后，可以用该实例化对象的 fit 方法来生成字典。如果再次调用 fit，则可以实现字典的扩充。

 提示：

VocabularyProcessor 类的 fit 方法默认为批处理模式，即传入的文本必须是可迭代的对象。

2. VocabularyProcessor 类的保存与恢复

VocabularyProcessor 类的保存与恢复非常简单。直接使用其 save 与 restore 方法，并传入文件名即可。

3. 用 VocabularyProcessor 类将文本转成向量

VocabularyProcessor 类中有两个方法，都可以将文本转成向量。
- Transform：直接将文本转成向量。默认是批处理模式，输入的文本必须是可迭代的对象（在使用时，需要确认 VocabularyProcessor 类的实例化对象中已经生成过字典）。
- fit_transform：将文本转成向量，同时也生成了字典。相当于先调用 fit 再调用 Transform。

4. 用 VocabularyProcessor 类将向量转成文本

直接用 VocabularyProcessor 类的 reverse 方法，可以将向量转成文本。默认是批处理模式，输入的文本必须是可迭代的对象。

5. 用简单代码演示

VocabularyProcessor 类的具体使用，见以下代码：

```
from tensorflow.contrib import learn            #导入模块
import tensorflow as tf
import numpy as np

x_text =['www.aianaconda.com','xiangyuejiqiren']   #定义待处理文本
max_document_length = max([len(x) for x in x_text])  #计算最大长度

def e_tokenizer(documents):                     #定义分词函数
    for document in documents:
        yield [i for i in document]             #每个字母分一次
#实例化 VocabularyProcessor
vocab_processor = learn.preprocessing.VocabularyProcessor(max_document_length, 1, tokenizer_fn=e_tokenizer)

id_documents =list(vocab_processor.fit_transform(x_text) )#生成字典并将文本转换成向量
for id_document in id_documents:
```

```
    print(id_document)

for document in vocab_processor.reverse(id_documents):    #将向量转换为文本
    print(document.replace(' ',''))

#输出字典
a=next
(vocab_processor.reverse( [list(range(0,len(vocab_processor.vocabulary_)))] ))
    print("字典: ",a.split(' '))
```

该代码片段的流程如下：

（1）定义一个文本数组['www.aianaconda.com','xiangyuejiqiren']。

（2）将文本数组传入实例化对象 vocab_processor 中的 fit_transform 方法，生成字典与向量数组 id_documents。

（3）用 list 函数将 fit_transform 返回的生成器对象转化成列表。

（4）用 vocab_processor 对象的 reverse 方法将向量数组 id_documents 转换为字符并输出。

（5）用 vocab_processor 对象的 reverse 方法将字典输出。

程序运行后输出以下结果：

```
[4 4 4 5 1 2 1 3 1 6 8 3 0 1 5 6 8 0]
[0 2 1 3 0 0 0 7 0 2 0 2 0 7 3 0 0 0]
www.aianacon<UNK>a.co<UNK>
<UNK>ian<UNK><UNK><UNK>e<UNK>i<UNK>i<UNK>en<UNK><UNK><UNK>
字典: ['<UNK>', 'a', 'i', 'n', 'w', '.', 'c', 'e', 'o']
```

输出结果的第 2 行是一个列表。可以看到，该列表中最后 3 个元素的值是 0，表示在长度不足时系统会自动补 0。

从输出结果的最后一行可以看到，字典的第 0 个位置用 '<UNK>' 表示其他的低频字符。在实例化对象 vocab_processo 时，传入的参数 min_frequency 是 1，代表出现次数小于 1 的字符将被当作低频字符进行处理。在字符转化向量过程中，所有的低频字符将被统一用 '<UNK>' 的索引来替换。

> 💡 **提示：**
> 由于 preprocessing 接口是完全用 Python 基本语法来实现的，与 TensorFlow 框架的关系不大。在 TensorFlow 2.x 中，preprocessing 接口被删掉了。
> 因为它可以独立于 TensorFlow，所以可以很容易通过手动的方式将 preprocessing 接口从 TensorFlow 框架中脱离出来。方法是：将整个 preprocessing 文件夹复制出来，放到本地代码同级路径下，使其从本地环境开始加载。
> 这样，在 TensorFlow 新的版本中，即使该代码被删掉也不会影响使用。

可以用 tf.keras 接口中的 preprocessing 模块来实现文本的预处理，这会使代码的开发更快捷（9.3 节有具体实例演示），具体用法可以参考以下链接：

https://keras.io/zh/preprocessing/text/

8.3.4 代码实现：生成 NLP 文本数据集

在编写代码之前。需要按照 8.3.3 小节中的最后一个提示部分，将 preprocessing 复制到本地代码的同级目录下。同时，也将样本数据复制到本地代码同级目录的 data 文件夹下。

将字符数据集的样本转换为字典和向量数据集。

具体代码如下：

代码 8-6　NLP 文本预处理

```
01  import tensorflow as tf
02  import preprocessing
03
04  positive_data_file ="./data/rt-polaritydata/rt-polarity.pos"
05  negative_data_file = "./data/rt-polaritydata/rt-polarity.neg"
06
07  def mydataset(positive_data_file,negative_data_file):   #定义函数，创建数据集
08      filelist = [positive_data_file,negative_data_file]
09
10      def gline(filelist):                               #定义生成器函数，返回每一行的数据
11          for file in filelist:
12              with open(file, "r",encoding='utf-8') as f:
13                  for line in f:
14                      yield line
15
16      x_text = gline(filelist)
17      lenlist = [len(x.split(" ")) for x in x_text]
18      max_document_length = max(lenlist)
19      vocab_processor = preprocessing.VocabularyProcessor(max_document_length,5)
20
21      x_text = gline(filelist)
22      vocab_processor.fit(x_text)
23      a=list(vocab_processor.reverse( [list(range(0,len(vocab_processor.vocabulary_)))] ))
24      print("字典：",a)
25
26      def gen():  #循环生成器（否则一次生成器结束就会没有了）
27          while True:
28              x_text2 = gline(filelist)
29              for i ,x in enumerate(vocab_processor.transform(x_text2)):
30                  if i < int(len(lenlist)/2):
31                      onehot = [1,0]
32                  else:
33                      onehot = [0,1]
34                  yield (x,onehot)
35
```

```
36      data = tf.data.Dataset.from_generator( gen,(tf.int64,tf.int64) )
37      data = data.shuffle(len(lenlist))
38      data = data.batch(256)
39      data = data.prefetch(1)
40      return data,vocab_processor,max_document_length  #返回数据集、字典、最大长度
41
42  if __name__ == '__main__':                           #单元测试代码
43      data,_,_ =mydataset(positive_data_file,negative_data_file)
44      iterator = data.make_initializable_iterator()
45      next_element = iterator.get_next()
46
47      with tf.Session() as sess2:
48          sess2.run(iterator.initializer)
49          for i in range(80):
50              print("batched data 1:",i)
51              sess2.run(next_element)
```

代码第 26 行,定义了内置函数 gen。在内置函数 gen 中返回一个无穷循环的生成器对象。该生成器对象可以支持在迭代训练过程中对数据集的重复遍历。

> **提示:**
> 代码第 26 行,在 gen 中设置的无穷循环的生成器对象非常重要。如果不循环,即使在外层数据集上做 repeat,也无法再次获取数据(因为如果没有循环,生成器迭代一次就结束了)。

代码第 36 行,将内置函数 gen 传入 tf.data.Dataset.from_generator 接口来制作数据集。

代码第 42 行是该数据集的测试实例。

生成字典的知识在 8.3.3 小节有介绍,这里不再详述。

整个代码运行后,输出以下内容:

```
字典:["<UNK> the a and of to is in that it as but with film this for its an movie
it's be on you not by about more one like has are at from than all his -- have so if
or story i too just who into what
......
wholesome wilco wisdom woo's ya youthful zhang"]
batched data 1: 0
......
batched data 1: 79
```

生成结果中包括两部分内容:字典的内容(前 4 行)、数据集的循环输出(后 3 行)。

8.3.5 代码实现:定义 TextCNN 模型

下面按照 8.3.2 小节中介绍的 TextCNN 模型结构实现 TextCNN 模型。具体代码如下:

代码 8-7 TextCNN 模型

```
01  import tensorflow as tf
```

```
02  import numpy as np
03  import tensorflow.contrib.slim as slim
04
05  class TextCNN(object):
06      """
07      TextCNN 文本分类器
08      """
09      def __init__(
10          self, sequence_length, num_classes, vocab_size,
11          embedding_size, filter_sizes, num_filters, l2_reg_lambda=0.0):
12
13          #定义占位符
14          self.input_x = tf.placeholder(tf.int32, [None, sequence_length], name="input_x")
15          self.input_y = tf.placeholder(tf.float32, [None, num_classes], name="input_y")
16          self.dropout_keep_prob = tf.placeholder(tf.float32, name="dropout_keep_prob")
17
18          #词嵌入层
19          with tf.variable_scope('Embedding'):
20              embed = tf.contrib.layers.embed_sequence(self.input_x, vocab_size=vocab_size, embed_dim=embedding_size)
21              self.embedded_chars_expanded = tf.expand_dims(embed, -1)
22
23          #定义多通道卷积与最大池化网络
24          pooled_outputs = []
25          for i, filter_size in enumerate(filter_sizes):
26              conv = slim.conv2d(self.embedded_chars_expanded, num_outputs = num_filters,
27                          kernel_size=[filter_size,embedding_size],
28                          stride=1, padding="VALID",
29                          activation_fn=tf.nn.leaky_relu,scope="conv%s" % filter_size)
30              pooled = slim.max_pool2d(conv, [sequence_length - filter_size + 1, 1], padding='VALID',
31                          scope="pool%s" % filter_size)
32
33              pooled_outputs.append(pooled)        #将各个通道结果合并起来
34
35          #展开特征，并添加dropout方法
36          num_filters_total = num_filters * len(filter_sizes)
37          self.h_pool = tf.concat(pooled_outputs, 3)
38          self.h_pool_flat = tf.reshape(self.h_pool, [-1, num_filters_total])
39          with tf.name_scope("dropout"):
40              self.h_drop = tf.nn.dropout(self.h_pool_flat, self.dropout_keep_prob)
```

```
41
42          #计算L2_loss值
43          l2_loss = tf.constant(0.0)
44          with tf.name_scope("output"):
45              self.scores = slim.fully_connected(self.h_drop, num_classes, activation_fn=None,scope="fully_connected" )
46              for tf_var in tf.trainable_variables():
47                  if ("fully_connected" in tf_var.name ):
48                      l2_loss += tf.reduce_mean(tf.nn.l2_loss(tf_var))
49                      print("tf_var",tf_var)
50
51              self.predictions = tf.argmax(self.scores, 1, name="predictions")
52
53          #计算交叉熵
54          with tf.name_scope("loss"):
55              losses = tf.nn.softmax_cross_entropy_with_logits_v2(logits=self.scores, labels=self.input_y)
56              self.loss = tf.reduce_mean(losses) + l2_reg_lambda * l2_loss
57
58          #计算准确率
59          with tf.name_scope("accuracy"):
60              correct_predictions = tf.equal(self.predictions, tf.argmax(self.input_y, 1))
61              self.accuracy = tf.reduce_mean(tf.cast(correct_predictions, "float"), name="accuracy")
62
63      def build_mode(self):#定义函数构建模型
64          self.global_step = tf.Variable(0, name="global_step", trainable=False)
65          optimizer = tf.train.AdamOptimizer(1e-3)
66          grads_and_vars = optimizer.compute_gradients(self.loss)
67          self.train_op = optimizer.apply_gradients(grads_and_vars, global_step=self.global_step)
68
69          #生成摘要
70          grad_summaries = []
71          for g, v in grads_and_vars:
72              if g is not None:
73                  grad_hist_summary = tf.summary.histogram("{}/grad/hist".format(v.name), g)
74                  sparsity_summary = tf.summary.scalar("{}/grad/sparsity".format(v.name), tf.nn.zero_fraction(g))
75                  grad_summaries.append(grad_hist_summary)
76                  grad_summaries.append(sparsity_summary)
77          grad_summaries_merged = tf.summary.merge(grad_summaries)
```

```
78          #生成损失及准确率的摘要
79          loss_summary = tf.summary.scalar("loss", self.loss)
80          acc_summary = tf.summary.scalar("accuracy", self.accuracy)
81
82          #合并摘要
83          self.train_summary_op = tf.summary.merge([loss_summary, acc_summary,
    grad_summaries_merged])
```

在词嵌入部分使用了 tf.layers 接口，在多通道卷积部分使用了 TF-slim 接口。在模型中用到了 dropout 方法与正则化方法，这两个方法可以改善模型的过拟合问题。

8.3.6　代码实现：训练 TextCNN 模型

下面将 TestCNN 模型与数据集代码文件载入，在会话中训练模型。具体代码如下：

代码 8-8　用 TextCNN 模型进行文本分类

```
01  import tensorflow as tf
02  import os
03  import time
04  import datetime
05
06  predata = __import__("8-6  NLP文本预处理")
07  mydataset = predata.mydataset
08  text_cnn = __import__("8-7  TextCNN模型")
09  TextCNN = text_cnn.TextCNN
10
11  def train():
12      #指定样本文件
13      positive_data_file ="./data/rt-polaritydata/rt-polarity.pos"
14      negative_data_file = "./data/rt-polaritydata/rt-polarity.neg"
15      #设置训练参数
16      num_steps = 2000               #定义训练的次数
17      display_every=20               #定义训练中的显示间隔
18      checkpoint_every=100           #定义训练中保存模型的间隔
19      SaveFileName= "text_cnn_model" #定义保存模型文件夹名称
20      #设置模型参数
21      num_classes =2                 #设置模型分类
22      dropout_keep_prob =0.8         #定义dropout系数
23      l2_reg_lambda=0.1              #定义正则化系数
24      filter_sizes = "3,4,5"         #定义多通道卷积核
25      num_filters =64                #定义每通道的输出个数
26
27      tf.reset_default_graph()       #重置运算图
28
29      #预处理生成字典及数据集
30      data,vocab_processor,max_document_length
    =mydataset(positive_data_file,negative_data_file)
```

```
31        iterator = data.make_one_shot_iterator()
32        next_element = iterator.get_next()
33
34        #定义 TextCNN 模型
35        cnn = TextCNN(
36            sequence_length=max_document_length,
37            num_classes=num_classes,
38            vocab_size=len(vocab_processor.vocabulary_),
39            embedding_size=128,
40            filter_sizes=list(map(int, filter_sizes.split(","))),
41            num_filters=num_filters,
42            l2_reg_lambda=l2_reg_lambda)
43        #构建网络
44        cnn.build_mode()
45
46        #打开会话（session），准备训练
47        session_conf = tf.ConfigProto(allow_soft_placement=True,log_device_placement=False)
48        with tf.Session(config=session_conf) as sess:
49            sess.run(tf.global_variables_initializer())
50
51            #准备输出模型路径
52            timestamp = str(int(time.time()))
53        out_dir = os.path.abspath(os.path.join(os.path.curdir, SaveFileName, timestamp))
54            print("Writing to {}\n".format(out_dir))
55
56            #设置输出摘要的路径
57            train_summary_dir = os.path.join(out_dir, "summaries", "train")
58            train_summary_writer = tf.summary.FileWriter(train_summary_dir, sess.graph)
59
60            #设置检查点文件的名称
61            checkpoint_dir = os.path.abspath(os.path.join(out_dir, "checkpoints"))
62            checkpoint_prefix = os.path.join(checkpoint_dir, "model")
63            if not os.path.exists(checkpoint_dir):
64                os.makedirs(checkpoint_dir)
65            #定义操作检查点的 saver
66            saver = tf.train.Saver(tf.global_variables(), max_to_keep=1)
67
68            #保存字典
69            vocab_processor.save(os.path.join(out_dir, "vocab"))
70
71            def train_step(x_batch, y_batch):#定义函数，完成训练步骤
72                feed_dict = {
73                  cnn.input_x: x_batch,
```

```
74                cnn.input_y: y_batch,
75                cnn.dropout_keep_prob: dropout_keep_prob
76            }
77            _, step, summaries, loss, accuracy = sess.run(
78                [cnn.train_op, cnn.global_step, cnn.train_summary_op, cnn.loss, cnn.accuracy],
79                feed_dict)
80            time_str = datetime.datetime.now().isoformat()
81            train_summary_writer.add_summary(summaries, step)
82            return (time_str, step, loss, accuracy)
83
84        i = 0
85        while tf.train.global_step(sess, cnn.global_step) < num_steps:
86            x_batch, y_batch = sess.run(next_element)
87            i = i+1
88            time_str, step, loss, accuracy =train_step(x_batch, y_batch)
89
90            current_step = tf.train.global_step(sess, cnn.global_step)
91            if current_step % display_every == 0:
92                print("{}: step {}, loss {:g}, acc {:g}".format(time_str, step, loss, accuracy))
93
94            if current_step % checkpoint_every == 0:
95                path = saver.save(sess, checkpoint_prefix, global_step=current_step)
96                print("Saved model checkpoint to {}\n".format(path))
97
98 def main(argv=None):
99     train()#启动训练
100
101 if __name__ == '__main__':
102     tf.app.run()
```

由于篇幅关系，本实例只演示了训练部分的代码文件。有关测试与应用的代码，读者可以参考本书其他实例自行实现。

8.3.7 运行程序

代码写好后，直接运行。输出以下结果：

```
2018-07-11T12:27:51.187195: step 20, loss 0.77673, acc 0.664062
2018-07-11T12:27:52.043903: step 40, loss 0.747624, acc 0.675781
……
2018-07-11T12:28:46.933766: step 1220, loss 0.0422899, acc 0.996094
2018-07-11T12:28:47.762518: step 1240, loss 0.0472618, acc 0.988281
2018-07-11T12:28:48.591300: step 1260, loss 0.0389083, acc 0.996094
2018-07-11T12:28:49.424072: step 1280, loss 0.039029, acc 0.992188
2018-07-11T12:28:50.249862: step 1300, loss 0.0413458, acc 0.988281
```

可以看到训练效果还是很显著的，在 rt-polaritydata 数据集上达到了 0.9 以上的准确率。

8.3.8 扩展：提升模型精度的其他方法

将视觉处理技术用在文本分类任务上，会产生很好的效果。读者可以尝试使用以下方法进一步提升 TextCNN 模型的精度。

- 用类似 Inception 系列模型的 cell 单元代替多通道卷积：TextCNN 模型的结构与 Inception 系列模型的单元结构非常相似。所以，可以尝试用标准的 Inception 系列模型的 cell（或是 NASNet 模型的 cell）来处理多通道卷积部分。如果句子非常长，则可以在通道中尝试使用更大的卷积核。
- 将最大池化替换为空洞卷积：在 8.1.6 小节讲过，最大池化过程会丢失很多重要信息，所以，可以尝试用空洞卷积的方式让模型减小信息丢失。
- 更好地使用词嵌入：在模型中使用的词嵌入是从头开始训练的，在样本不足的情况下，模型的泛化能力会较差。可以在词嵌入的训练过程中，引入已经训练好的公开词向量对词嵌入层进行初始化；还可以直接用已经训练好的公开词向量将输入词转化为向量特征，并用转化后的向量特征来训练后面的模型。
- 通过一些小技巧来提升模型精度：例如，更换激活函数、更换优化器、调节学习率、调节 dropout 率、增加每通道的输出个数等。

8.4 实例 42：用带注意力机制的模型分析评论者是否满意

用 tf.keras 接口搭建一个只带有注意力机制的模型，实现文本分类。

实例描述

有一个记录评论语句的数据集，分为正面和负面两种情绪。通过训练模型，让其学会正面与负面两种情绪对应的语义。

注意力机制是解决 NLP 任务的一种方法（见 8.1.10 小节）。其内部的实现方式与卷积操作非常类似。在脱离 RNN 结构的情况下，单独的注意力机制模型也可以很好地完成 NLP 任务。具体做法如下。

8.4.1 熟悉样本：了解 tf.keras 接口中的电影评论数据集

IMDB 数据集中含有 25000 条电影评论，从情绪的角度分为正面、负面两类标签。该数据集相当于图片处理领域的 MNIST 数据集，在 NLP 任务中经常被使用。

在 tf.keras 接口中，集成了 IMDB 数据集的下载及使用接口。该接口中的每条样本内容都是以向量形式存在的。

调用 tf.keras.datasets.imdb 模块下的 load_data 函数即可获得数据，该函数的定义如下：

```
def load_data(path='imdb.npz',        #默认的数据集文件
```

```
            num_words=None,        #单词数量,即文本转向量后的最大索引
            skip_top=0,            #跳过前面频度最高的几个词
            maxlen=None,           #只取小于该长度的样本
            seed=113,              #乱序样本的随机种子
            start_char=1,          #每一组序列数据最开始的向量值。
            oov_char=2,            #在字典中,遇到不存在的字符用该索引来替换
            index_from=3,          #大于该数的向量将被认为是正常的单词
            **kwargs):             #为了兼容性而设计的预留参数
```

该函数会返回两个元组类型的对象。

- (x_train, y_train):训练数据集。如果指定了 num_words 参数,则最大索引值是 num_words-1。如果指定了 maxlen 参数,则序列长度大于 maxlen 的样本将被过滤掉。
- (x_test, y_test):测试数据集。

> **提示:**
>
> 由于 load_data 函数返回的样本数据没有进行对齐操作,所以还需要将其进行对齐处理(按照指定长度去整理数据集,多了的去掉,少了的补 0)后才可以使用。

8.4.2 代码实现:将 tf.keras 接口中的 IMDB 数据集还原成句子

本节代码共分为两部分,具体如下。
- 加载 IMDB 数据集及字典:用 load_data 函数下载数据集,并用 get_word_index 函数下载字典。
- 读取数据并还原句子:将数据集加载到内存,并将向量转换成字符。

1. 加载 IMDB 数据集及字典

在调用 tf.keras.datasets.imdb 模块下的 load_data 函数和 get_word_index 函数时,系统会默认去网上下载预处理后的 IMDB 数据集及字典。如果由于网络原因无法成功下载 IMDB 数据集与字典,则可以加载本书的配套资源:IMDB 数据集文件"imdb.npz"与字典"imdb_word_index.json"。

将 IMDB 数据集文件"imdb.npz"与字典文件"imdb_word_index.json"放到本地代码的同级目录下,并对 tf.keras.datasets.imdb 模块的源代码文件中的函数 load_data 进行修改,关闭该函数的下载功能。具体如下所示。

(1)找到 tf.keras.datasets.imdb 模块的源代码文件。以作者本地路径为例,具体如下:

```
C:\local\Anaconda3\lib\site-packages\tensorflow\python\keras\datasets\imdb.py
```

(2)打开该文件,在 load_data 函数中,将代码的第 80~84 行注释掉。具体代码如下:

```
#   origin_folder = 'https://storage.googleapis.com/tensorflow/tf-keras-datasets/'
#   path = get_file(
#       path,
#       origin=origin_folder + 'imdb.npz',
#       file_hash='599dadb1135973df5b59232a0e9a887c')
```

(3) 在 get_word_index 函数中,将代码第 144~148 行注释掉。具体代码如下:

```
# origin_folder = 'https://storage.googleapis.com/tensorflow/tf-keras-datasets/'
# path = get_file(
#     path,
#     origin=origin_folder + 'imdb_word_index.json',
#     file_hash='bfafd718b763782e994055a2d397834f')
```

2. 读取数据并还原其中的句子

从数据集中取出一条样本,并用字典将该样本中的向量转成句子,然后输出结果。具体代码如下:

代码 8-9　用 keras 注意力机制模型分析评论者的情绪

```
01  from __future__ import print_function
02  import tensorflow as tf
03  import numpy as np
04  attention_keras = __import__("8-10  keras注意力机制模型")
05
06  #定义参数
07  num_words = 20000
08  maxlen = 80
09  batch_size = 32
10
11  #加载数据
12  print('Loading data...')
13  (x_train, y_train), (x_test, y_test) = tf.keras.datasets.imdb.load_data(path='./imdb.npz',num_words=num_words)
14  print(len(x_train), 'train sequences')
15  print(len(x_test), 'test sequences')
16  print(x_train[:2])
17  print(y_train[:10])
18  word_index = tf.keras.datasets.imdb.get_word_index('./imdb_word_index.json')#生成字典:单词与下标对应
19  reverse_word_index = dict([(value, key) for (key, value) in word_index.items()])#生成反向字典:下标与单词对应
20
21  decoded_newswire = ' '.join([reverse_word_index.get(i - 3, '?') for i in x_train[0]])
22  print(decoded_newswire)
```

代码第 21 行,将样本中的向量转化成单词。在转化过程中,将每个向量向前偏移了 3 个位置。这是由于在调用 load_data 函数时使用了参数 index_from 的默认值 3(见代码第 13 行),表示数据集中的向量值,从 3 以后才是字典中的内容。

在调用 load_data 函数时,如果所有的参数都使用默认值,则所生成的数据集会比字典中多 3 个字符 "padding"(代表填充值)、"start of sequence"(代表起始位置)和 "unknown"(代

表未知单词）分别对应于数据集中的向量 0、1、2。

代码运行后，输出以下结果。

（1）数据集大小为 25000 条样本。具体内容如下：

```
25000 train sequences
25000 test sequences
```

（2）数据集中第 1 条样本的内容。具体内容如下：

```
[1, 14, 22, 16, 43, 530, 973, 1622, 1385, 65, 458, 4468, 66, 3941, 4, 173, 36, 256,
5, 25, 100, ……15, 297, 98, 32, 2071, 56, 26, 141, 6, 194, 7486, 18, 4, 226, 22, 21,
134, 476, 26, 480, 5, 144, 30, 5535, 18, 51, 36, 28, 224, 92, 25, 104, 4, 226, 65, 16,
38, 1334, 88, 12, 16, 283, 5, 16, 4472, 113, 103, 32, 15, 16, 5345, 19, 178, 32]
```

结果中第一个向量为 1，代表句子的起始标志。可以看出，tf.keras 接口中的 IMDB 数据集为每个句子都添加了起始标志。这是因为调用函数 load_data 时用参数 start_char 的默认值 1（见代码第 13 行）。

（3）前 10 条样本的分类信息。具体内容如下：

```
[1 0 0 1 0 0 1 0 1 0]
```

（4）第 1 条样本数据的还原语句。具体内容如下：

```
? this film was just brilliant casting location scenery story direction everyone's
really suited the part they played and you could just imagine being there robert ? is
an amazing actor and now the …… someone's life after all that was shared with us all
```

结果中的第一个字符为 "?"，表示该向量在字典中不存在。这是因为该向量值为 1，代表句子的起始信息。而字典中的内容是从向量 3 开始的。在将向量转换成单词的过程中，将字典中不存在的字符替换成了 "?"（见代码第 21 行）。

8.4.3　代码实现：用 tf.keras 接口开发带有位置向量的词嵌入层

在 tf.keras 接口中实现自定义网络层，需要以下几个步骤。

（1）将自己的层定义成类，并继承 tf.keras.layers.Layer 类。
（2）在类中实现 __init__ 方法，用来对该层进行初始化。
（3）在类中实现 build 方法，用于定义该层所使用的权重。
（4）在类中实现 call 方法，用来相应调用事件。对输入的数据做自定义处理，同时还可以支持 masking（根据实际的长度进行运算）。
（5）在类中实现 compute_output_shape 方法，指定该层最终输出的 shape。

按照以上步骤，结合 8.1.11 小节中的描述，实现带有位置向量的词嵌入层。

具体代码如下：

代码 8-10　keras 注意力机制模型

```
01  import tensorflow as tf
02  from tensorflow import keras
```

```python
03  from tensorflow.keras import backend as K         #载入keras的后端实现
04
05  class Position_Embedding(keras.layers.Layer):     #定义位置向量类
06      def __init__(self, size=None, mode='sum', **kwargs):
07          self.size = size #定义位置向量的大小，必须为偶数，一半是cos，一半是sin
08          self.mode = mode
09          super(Position_Embedding, self).__init__(**kwargs)
10
11      def call(self, x):                            #实现调用方法
12          if (self.size == None) or (self.mode == 'sum'):
13              self.size = int(x.shape[-1])
14          position_j = 1. / K.pow( 10000., 2 * K.arange(self.size / 2, dtype='float32') / self.size )
15          position_j = K.expand_dims(position_j, 0)
16          #按照x的1维数值累计求和，生成序列。
17          position_i = tf.cumsum(K.ones_like(x[:,:,0]), 1)-1
18          position_i = K.expand_dims(position_i, 2)
19          position_ij = K.dot(position_i, position_j)
20          position_ij = K.concatenate([K.cos(position_ij), K.sin(position_ij)], 2)
21          if self.mode == 'sum':
22              return position_ij + x
23          elif self.mode == 'concat':
24              return K.concatenate([position_ij, x], 2)
25
26      def compute_output_shape(self, input_shape):  #设置输出形状
27          if self.mode == 'sum':
28              return input_shape
29          elif self.mode == 'concat':
30              return (input_shape[0], input_shape[1], input_shape[2]+self.size)
```

代码第 3 行是原生 Keras 框架的内部语法。由于 Keras 框架是一个前端的代码框架，它通过.backend 接口来调用后端框架的实现，以保证后端框架的无关性。

代码第 5 行定义了类 Position_Embedding，用于实现带有位置向量的词嵌入层。该代码与 8.1.11 小节中代码的不同之处是：它是用 tf.keras 接口实现的，同时也提供了位置向量的两种合入方式。

- 加和方式：通过 sum 运算，直接把位置向量加到原有的词嵌入中。这种方式不会改变原有的维度。
- 连接方式：通过 concat 函数将位置向量与词嵌入连接到一起。这种方式会在原有的词嵌入维度之上扩展出位置向量的维度。

代码第 11 行是 Position_Embedding 类 call 方法的实现。当调用 Position_Embedding 类进行位置向量生成时，系统会调用该方法。

在 Position_Embedding 类的 call 方法中，先对位置向量的合入方式进行判断，如果是 sum 方式，则将生成的位置向量维度设置成输入的词嵌入向量维度。这样就保证了生成的结果与输入的结果维度统一，在最终的 sum 操作时不会出现错误。

8.4.4 代码实现：用 tf.keras 接口开发注意力层

下面按照 8.1.10 小节中的描述，用 tf.keras 接口开发基于内部注意力的多头注意力机制 Attention 类。

在 Attention 类中用比 8.1.10 小节更优化的方法来实现多头注意力机制的计算。该方法直接将多头注意力机制中最后的全连接网络中的权重提取出来，并将原有的输入 Q、K、V 按照指定的计算次数展开，使它们彼此以直接矩阵的方式进行计算。

这种方法采用了空间换时间的思想，省去了循环处理，提升了运算效率。

具体代码如下：

代码 8-10　keras 注意力机制模型（续）

```
31  class Attention(keras.layers.Layer):              #定义注意力机制的模型类
32      def __init__(self, nb_head, size_per_head, **kwargs):
33          self.nb_head = nb_head                    #设置注意力的计算次数 nb_head
34          #设置每次线性变化为 size_per_head 维度
35          self.size_per_head = size_per_head
36          self.output_dim = nb_head*size_per_head   #计算输出的总维度
37          super(Attention, self).__init__(**kwargs)
38
39      def build(self, input_shape):                 #实现 build 方法，定义权重
40          self.WQ = self.add_weight(name='WQ',
41                       shape=(int(input_shape[0][-1]), self.output_dim),
42                       initializer='glorot_uniform',
43                       trainable=True)
44          self.WK = self.add_weight(name='WK',
45                       shape=(int(input_shape[1][-1]), self.output_dim),
46                       initializer='glorot_uniform',
47                       trainable=True)
48          self.WV = self.add_weight(name='WV',
49                       shape=(int(input_shape[2][-1]), self.output_dim),
50                       initializer='glorot_uniform',
51                       trainable=True)
52          super(Attention, self).build(input_shape)
53      #定义 Mask 方法，按照 seq_len 的实际长度对 inputs 进行计算
54      def Mask(self, inputs, seq_len, mode='mul'):
55          if seq_len == None:
56              return inputs
57          else:
58              mask = K.one_hot(seq_len[:,0], K.shape(inputs)[1])
59              mask = 1 - K.cumsum(mask, 1)
60              for _ in range(len(inputs.shape)-2):
61                  mask = K.expand_dims(mask, 2)
62              if mode == 'mul':
63                  return inputs * mask
64              if mode == 'add':
65                  return inputs - (1 - mask) * 1e12
66
```

```
67      def call(self, x):
68          if len(x) == 3:                          #解析传入的Q_seq、K_seq、V_seq
69              Q_seq,K_seq,V_seq = x
70              Q_len,V_len = None,None              #Q_len、V_len是mask的长度
71          elif len(x) == 5:
72              Q_seq,K_seq,V_seq,Q_len,V_len = x
73
74          #对Q、K、V做线性变换,一共做nb_head次,每次都将维度转化成size_per_head
75          Q_seq = K.dot(Q_seq, self.WQ)
76          Q_seq = K.reshape(Q_seq, (-1, K.shape(Q_seq)[1], self.nb_head, self.size_per_head))
77          Q_seq = K.permute_dimensions(Q_seq, (0,2,1,3)) #排列各维度的顺序。
78          K_seq = K.dot(K_seq, self.WK)
79          K_seq = K.reshape(K_seq, (-1, K.shape(K_seq)[1], self.nb_head, self.size_per_head))
80          K_seq = K.permute_dimensions(K_seq, (0,2,1,3))
81          V_seq = K.dot(V_seq, self.WV)
82          V_seq = K.reshape(V_seq, (-1, K.shape(V_seq)[1], self.nb_head, self.size_per_head))
83          V_seq = K.permute_dimensions(V_seq, (0,2,1,3))
84          #计算内积,然后计算mask,再计算softmax
85          A = K.batch_dot(Q_seq, K_seq, axes=[3,3]) / self.size_per_head**0.5
86          A = K.permute_dimensions(A, (0,3,2,1))
87          A = self.Mask(A, V_len, 'add')
88          A = K.permute_dimensions(A, (0,3,2,1))
89          A = K.softmax(A)
90          #将A再与V进行内积计算
91          O_seq = K.batch_dot(A, V_seq, axes=[3,2])
92          O_seq = K.permute_dimensions(O_seq, (0,2,1,3))
93          O_seq = K.reshape(O_seq, (-1, K.shape(O_seq)[1], self.output_dim))
94          O_seq = self.Mask(O_seq, Q_len, 'mul')
95          return O_seq
96
97      def compute_output_shape(self, input_shape):
98          return (input_shape[0][0], input_shape[0][1], self.output_dim)
```

在代码第39行的build方法中,为注意力机制中的三个角色 Q、K、V 分别定义了对应的权重。该权重的形状为[input_shape,output_dim]。其中:

- input_shape 是 Q、K、V 中对应角色的输入维度。
- output_dim 是输出的总维度,即注意力的运算次数与每次输出的维度乘积(见代码 36 行)。

> 提示:
> 多头注意力机制在多次计算时权重是不共享的,这相当于做了多少次注意力计算,就定义多少个全连接网络。所以在代码第39~51行,将权重的输出维度定义成注意力的运算次数与每次输出的维度乘积。

代码第 77 行调用了 K.permute_dimensions 函数，该函数实现对输入维度的顺序调整，相当于 transpose 函数的作用。

代码第 67 行是 Attention 类的 call 函数，其中实现了注意力机制的具体计算方式，步骤如下：

（1）对注意力机制中的三个角色的输入 Q、K、V 做线性变化（见代码第 75~83 行）。

（2）调用 batch_dot 函数，对第（1）步线性变化后的 Q 和 K 做基于矩阵的相乘计算（见代码第 85~89 行）。

（3）调用 batch_dot 函数，对第（2）步的结果与第（1）步线性变化后的 V 做基于矩阵的相乘计算（见代码第 85~89 行）。

> 提示：
> 这里的全连接网络是不带偏置权重 b 的。没有偏置权重的全连接网络在对数据处理时，本质上与矩阵相乘运算是一样的。
> 因为在整个计算过程中，需要将注意力中的三个角色 Q、K、V 进行矩阵相乘，并且在最后还要与全连接中的矩阵相乘，所以可以将这个过程理解为是 Q、K、V 与各自的全连接权重进行矩阵相乘。因为乘数与被乘数的顺序是与结果无关的，所以在代码第 67 行的 call 方法中，全连接权重最先参与了运算，并不会影响实际结果。

8.4.5 代码实现：用 tf.keras 接口训练模型

用定义好的词嵌入层与注意力层搭建模型，进行训练。具体步骤如下：
（1）用 Model 类定义一个模型，并设置好输入/输出的节点。
（2）用 Model 类中的 compile 方法设置反向优化的参数。
（3）用 Model 类的 fit 方法进行训练。

具体代码如下：

代码 8-9　用 keras 注意力机制模型分析评论者的情绪（续）

```
23  #数据对齐
24  x_train = tf.keras.preprocessing.sequence.pad_sequences(x_train,
    maxlen=maxlen)
25  x_test = tf.keras.preprocessing.sequence.pad_sequences(x_test,
    maxlen=maxlen)
26  print('Pad sequences x_train shape:', x_train.shape)
27
28  #定义输入节点
29  S_inputs = tf.keras.layers.Input(shape=(None,), dtype='int32')
30
31  #生成词向量
32  embeddings = tf.keras.layers.Embedding(num_words, 128)(S_inputs)
33  embeddings = attention_keras.Position_Embedding()(embeddings)  #默认使用同等
    维度的位置向量
```

```
34
35  #用内部注意力机制模型处理
36  O_seq =
    attention_keras.Attention(8,16)([embeddings,embeddings,embeddings])
37
38  #将结果进行全局池化
39  O_seq = tf.keras.layers.GlobalAveragePooling1D()(O_seq)
40  #添加dropout
41  O_seq = tf.keras.layers.Dropout(0.5)(O_seq)
42  #输出最终节点
43  outputs = tf.keras.layers.Dense(1, activation='sigmoid')(O_seq)
44  print(outputs)
45  #将网络结构组合到一起
46  model = tf.keras.models.Model(inputs=S_inputs, outputs=outputs)
47
48  #添加反向传播节点
49  model.compile(loss='binary_crossentropy',optimizer='adam',
    metrics=['accuracy'])
50
51  #开始训练
52  print('Train...')
53  model.fit(x_train, y_train, batch_size=batch_size,epochs=5,
    validation_data=(x_test, y_test))
```

代码第 36 行构造了一个列表对象作为输入参数。该列表对象里含有 3 个同样的元素——embeddings，表示使用的是内部注意力机制。

代码第 39~44 行，将内部注意力机制的结果 O_seq 经过全局池化和一个全连接层处理得到了最终的输出节点 outputs。节点 outputs 是一个 1 维向量。

代码第 49 行，用 model.compile 方法，构建模型的反向传播部分，使用的损失函数是 binary_crossentropy，优化器是 adam。

8.4.6 运行程序

代码运行后，生成以下结果：

```
Epoch 1/5
25000/25000 [==============================] - 42s 2ms/step - loss: 0.5357 - acc: 0.7160 - val_loss: 0.5096 - val_acc: 0.7533
Epoch 2/5
25000/25000 [==============================] - 36s 1ms/step - loss: 0.3852 - acc: 0.8260 - val_loss: 0.3956 - val_acc: 0.8195
Epoch 3/5
25000/25000 [==============================] - 36s 1ms/step - loss: 0.3087 - acc: 0.8710 - val_loss: 0.4135 - val_acc: 0.8184
Epoch 4/5
25000/25000 [==============================] - 36s 1ms/step - loss: 0.2404 - acc: 0.9011 - val_loss: 0.4501 - val_acc: 0.8094
Epoch 5/5
```

```
    25000/25000 [==============================] - 35s 1ms/step - loss: 0.1838 - acc:
0.9289 - val_loss: 0.5303 - val_acc: 0.8007
```

可以看到，整个数据集迭代 5 次后，准确率达到了 80%以上。

 提示：

本节实例代码可以直接在 TensorFlow 1.x 与 2.x 两个版本中运行，不需要任何改动。

8.4.7 扩展：用 Targeted Dropout 技术进一步提升模型的性能

在 8.4.5 小节中的代码第 41 行，用 Dropout 增强了网络的泛化性。这里再介绍一种更优的 Dropout 技术——Targeted Dropout。

Targeted Dropout 不再像原有的 Dropout 那样按照设定的比例随机丢弃部分节点，而是对现有的神经元进行排序，按照神经元的权重重要性来丢弃节点。这种方式比随机丢弃的方式更智能，效果更好。更多理论见以下论文：

https://openreview.net/pdf?id=HkghWScuoQ

1. 代码实现

Targeted Dropout 代码已经集成到代码文件"8-10 keras 注意力机制模型.py"中，这里不再展开介绍。使用时直接将 8.4.5 小节中的代码第 41 行改成 TargetedDropout 函数调用即可。具体请参考本书配套资源中的代码。

2. 运行效果

运行使用 Targeted Dropout 技术的代码，输出以下结果：

```
    Epoch 1/5
    25000/25000 [==============================] - 32s 1ms/step - loss: 0.4388 - acc:
0.7950 - val_loss: 0.4041 - val_acc: 0.8234
    Epoch 2/5
    25000/25000 [==============================] - 25s 1ms/step - loss: 0.3368 - acc:
0.8590 - val_loss: 0.3725 - val_acc: 0.8316
    Epoch 3/5
    25000/25000 [==============================] - 25s 1ms/step - loss: 0.2491 - acc:
0.8947 - val_loss: 0.3758 - val_acc: 0.8334
    Epoch 4/5
    25000/25000 [==============================] - 25s 1ms/step - loss: 0.1609 - acc:
0.9326 - val_loss: 0.4496 - val_acc: 0.8274
    Epoch 5/5
    25000/25000 [==============================] - 25s 1ms/step - loss: 0.0961 - acc:
0.9609 - val_loss: 0.6461 - val_acc: 0.8194
```

从结果可以看出，最终的准确率为 0.8194，与 8.4.6 小节的结果（0.8007）相比，准确率得到了提升。

8.5 实例43：搭建YOLO V3模型，识别图片中的酒杯、水果等物体

YOLO模型是目标检测领域的经典模型，目前已经发展到V3版本。本实例将搭建一个YOLO V3模型的正向结构，让读者快速掌握目标检测算法。

实例描述

搭建YOLO V3模型，并加载现有的预训练权重。对任意一张图片进行目标检测，并在图上标出识别出来的物体名称及位置。

下面先介绍YOLO模型的原理，接着搭建网络的结构，然后加载COCO数据集（见8.7.1小节）上的预训练模型，最终完成对图片的检测。

8.5.1 YOLO V3模型的样本与结构

YOLO V3模型属于监督式训练模型。训练该模型所使用的样本需要包含两部分的标注信息：
- 物体的位置坐标（矩形框）。
- 物体的所属类别。

将样本中的图片作为输入，将图片上的物体类别及位置坐标作为标签，对模型进行训练。最终得到的模型将会具有计算物体位置坐标及识别物体类别的能力。

在YOLO V3模型中，主要通过两部分结构来完成物体位置坐标计算和分类预测。
- 特征提取部分：用于提取图像特征。
- 检测部分：用于对提取的特征进行处理，预测出图像的边框坐标（bounding box）和标签（label）。

YOLO V3模型的更多信息可以参考以下链接中的论文：

https://pjreddie.com/media/files/papers/YOLOv3.pdf

1. 特征提取部分（Darknet-53模型）

在YOLO V3模型中用Darknet-53模型来提取特征。该模型包括52个卷积层和1个平均池化层，如图8-17所示。

在实际的使用中，没有用最后的全局平均池化层，只用了Darknet-53模型中的第52层。

2. 检测部分（YOLO V3模型）

YOLO V3模型的检测部分所完成的步骤如下。

（1）将Darknet-53模型提取到的特征输入检测块中进行处理。

（2）在检测块处理之后，生成具有bbox attrs单元的检测结果。

（3）根据bbox attrs单元检测到的结果在原有的图片上进行标注，完成检测任务。

类型	卷积核个数	大小	输出
Convolutional	32	3×3	256×256
Convolutional	64	3×3/2	128×128

		类型	卷积核个数	大小	输出
1×		Convolutional	32	1×1	
		Convolutional	64	3×3	
		Residual			128×128
	Convolutional	128	3×3/2	64×64
2×		Convolutional	64	1×1	
		Convolutional	128	3×3	
		Residual			64×64
	Convolutional	256	3×3/2	32×32
8×		Convolutional	128	1×1	
		Convolutional	256	3×3	
		Residual			32×32
	Convolutional	512	3×3/2	16×16
8×		Convolutional	256	1×1	
		Convolutional	512	3×3	
		Residual			16×16
	Convolutional	1024	3×3/2	8×8
4×		Convolutional	512	1×1	
		Convolutional	1024	3×3	
		Residual			8×8
	Avgpool		Global	
	Connected		1000	
	Softmax			

图 8-17　Darknet-53 模型的结构

bbox attrs 单元的维度为"5+C"。其中：

- 5 代表边框坐标为 5 维，包括中心坐标（x, y）、长宽（$h、w$）、目标得分（置信度）。
- C 代表具体分类的个数。

具体细节见下面的代码。

8.5.2　代码实现：Darknet-53 模型的 darknet 块

如图 8-17 所示，Darknet-53 模型由多个 darknet 块组成（见图 8-17 中的带有标注的方块），所有 darknet 块都具有一样的结构：由两个卷积（卷积核分别为 1 和 3）与一个残差链接组成。

darknet 块的具体代码如下：

代码 8-11　yolo_v3

```
01  import numpy as np
02  import tensorflow as tf
03
04  slim = tf.contrib.slim
05
06  #定义darknet块：一个短链接加一个同尺度卷积，再加一个下采样卷积
07  def _darknet53_block(inputs, filters):
08      shortcut = inputs
09      inputs = slim.conv2d(inputs, filters, 1, stride=1, padding='SAME')#正常卷积
10      inputs = slim.conv2d(inputs, filters * 2, 3, stride=1, padding='SAME')#正常卷积
```

```
11
12      inputs = inputs + shortcut
13      return inputs
```

这里使用的是 SAME 卷积,并且步长为 1,表示每次卷积只改变通道数,并没有改变高和宽的尺寸。

8.5.3 代码实现:Darknet-53 模型的下采样卷积

如图 8-17 所示,每两个 darknet 块之间都有一个单独的卷积层。它们都是下采样卷积,是将原有的输入补 0,再通过步长为 2、卷积核为 3 的 VALID 卷积来实现。具体代码如下:

代码 8-11　yolo_v3(续)

```
14  def _conv2d_fixed_padding(inputs, filters, kernel_size, strides=1):
15      assert strides>1
16
17      inputs = _fixed_padding(inputs, kernel_size)#外围填充0,支持VALID卷积
18      inputs = slim.conv2d(inputs, filters, kernel_size, stride=strides,
    padding= 'VALID')
19
20      return inputs
21
22  #对指定输入填充0
23  def _fixed_padding(inputs, kernel_size, *args, mode='CONSTANT', **kwargs):
24      pad_total = kernel_size - 1
25      pad_beg = pad_total // 2
26      pad_end = pad_total - pad_beg
27
28      #对 inputs [b,h,w,c]进行pad操作时,b和c不变
29      padded_inputs = tf.pad(inputs, [[0, 0], [pad_beg, pad_end],
30                                  [pad_beg, pad_end], [0, 0]], mode=mode)
31      return padded_inputs
```

这里用 tf.pad 函数对输入进行补 0(见代码第 29 行)。

8.5.4 代码实现:搭建 Darknet-53 模型,并返回 3 种尺度特征值

按照图 8-17 所示的结构将网络堆叠起来。具体代码如下:

代码 8-11　yolo_v3(续)

```
32  def darknet53(inputs): #定义Darknet-53 模型,返回3种不同尺度的特征
33      inputs = slim.conv2d(inputs, 32, 3, stride=1, padding='SAME')#正常卷积
34      #需要对输入数据进行补0操作,并使用了VALID卷积,卷积后的形状为 (-1, 208, 208, 64)
35      inputs = _conv2d_fixed_padding(inputs, 64, 3, strides=2)
36
```

```
37     inputs = _darknet53_block(inputs, 32)
   #darknet 块
38     inputs = _conv2d_fixed_padding(inputs, 128, 3, strides=2)
39
40     for i in range(2):
41         inputs = _darknet53_block(inputs, 64)
42     inputs = _conv2d_fixed_padding(inputs, 256, 3, strides=2)
43
44     for i in range(8):
45         inputs = _darknet53_block(inputs, 128)
46     route_1 = inputs                              #特征1 (-1, 52, 52, 256)
47
48     inputs = _conv2d_fixed_padding(inputs, 512, 3, strides=2)
49     for i in range(8):
50         inputs = _darknet53_block(inputs, 256)
51     route_2 = inputs                              #特征2 (-1, 26, 26, 512)
52
53     inputs = _conv2d_fixed_padding(inputs, 1024, 3, strides=2)
54     for i in range(4):
55         inputs = _darknet53_block(inputs, 512)    #特征3 (-1, 13, 13, 1024)
56     #在原有的 darknet_53 模型中还会做一个全局池化操作，这里没有做，所以其实是只有52层
57     return route_1, route_2, inputs
```

Darknet-53 模型并没有只返回最后的特征结果，而是将倒数3个 darknet 块的结果返回（见图 8-17 中标注的3、4、5部分）。这三个返回值有不同的尺度（52、26、13），是为了给 YOLO 检测模块提供更丰富的视野特征。

8.5.5　代码实现：定义 YOLO 检测模块的参数及候选框

在 YOLO V3 模型中使用了候选框技术。该技术用于辅助 YOLO 检测模块对目标尺寸的计算，以提升 YOLO 检测模块的准确率。

候选框来自于训练模型时的数据集样本。即在模型训练时，对数据集的标注样本进行聚类分析，得到具体的尺寸（见 7.6 节的聚类 COCO 数据集实例）。

候选框可以代表目标样本中最常见的尺寸。在训练或测试模型时，将这些尺寸数据作为先验知识一起放到模型里，可以提高模型的准确率。具体代码如下：

代码 8-11　yolo_v3（续）

```
58  _BATCH_NORM_DECAY = 0.9
59  _BATCH_NORM_EPSILON = 1e-05
60  _LEAKY_RELU = 0.1
61
62  #定义候选框，来自 coco 数据集
63  _ANCHORS = [(10, 13), (16, 30), (33, 23), (30, 61), (62, 45), (59, 119), (116,
        90), (156, 198), (373, 326)]
```

因为代码中使用的模型是通过 COCO 数据集训练出的，所以要将 COCO 数据集的候选框数据放到代码里。

8.5.6 代码实现：定义 YOLO 检测块，进行多尺度特征融合

在 YOLO V3 模型中，检测部分的模型是由一个 YOLO 检测块加一个检测层组成的。YOLO 检测块负责进一步提取特征；检测层负责将最终的特征转化为 bbox attrs 单元（见 8.5.1 小节的"2. 检测部分"）。

其中 YOLO 检测块的代码如下：

代码 8-11　yolo_v3（续）

```
64  #YOLO检测块
65  def _yolo_block(inputs, filters):
66      inputs = slim.conv2d(inputs, filters, 1, stride=1, padding='SAME')   #正常卷积
67      inputs = slim.conv2d(inputs, filters * 2, 3, stride=1, padding='SAME') #正常卷积
68      inputs = slim.conv2d(inputs, filters, 1, stride=1, padding='SAME')   #正常卷积
69      inputs = slim.conv2d(inputs, filters * 2, 3, stride=1, padding='SAME') #正常卷积
70      inputs = slim.conv2d(inputs, filters, 1, stride=1, padding='SAME')   #正常卷积
71      route = inputs
72      inputs = slim.conv2d(inputs, filters * 2, 3, stride=1, padding='SAME') #正常卷积
73      return route, inputs
```

在 YOLO V3 模型中，函数 yolo_block 会被多次调用，用于将 darknet 块返回的多个不同尺度的特征结果（见图 8-17 中标注的 3、4、5 部分）融合起来，见 5.8.5 小节。

在函数 yolo_block 中，有两个返回值：route 与 inputs。返回值 route 用于配合下一个尺度的特征一起进行计算；返回值 inputs 用于输入检测层进行 bbox attrs 单元的计算（见 8.5.7 小节）。

8.5.7 代码实现：将 YOLO 检测块的特征转化为 bbox attrs 单元

下面将定义函数 detection_layer，以实现检测层的功能。函数 detection_layer 中的具体步骤如下：

（1）将每个尺度的像素展开，当作预测结果的个数。

（2）按照候选框的个数，为每个预测结果生成对应个数的 bbox attrs 单元。

在本实例中，候选框 anchors 的个数为 3，于是该函数会计算出 $3 \times w \times h$ 个 bbox attrs 单元（w 和 h 是输入特征的宽和高）。具体代码如下：

代码8-11 yolo_v3（续）

```python
74  def _detection_layer(inputs, num_classes, anchors, img_size, data_format):
    #定义检测函数
75
76      print(inputs.get_shape())
77      num_anchors = len(anchors)#候选框的个数
78      predictions = slim.conv2d(inputs, num_anchors * (5 + num_classes), 1,
    stride=1, normalizer_fn=None,
79                                activation_fn=None,
    biases_initializer=tf.zeros_initializer())
80
81      shape = predictions.get_shape().as_list()
82      print("shape",shape)#3个尺度的形状分别为：[1, 13, 13, 3*(5+c)]、[1, 26, 26,
    3*(5+c)]、[1, 52, 52, 3*(5+c)]
83      grid_size = shape[1:3]                       #取 NHWC 中的宽和高
84      dim = grid_size[0] * grid_size[1]            #每个格子所包含的像素
85      bbox_attrs = 5 + num_classes
86
87      predictions = tf.reshape(predictions, [-1, num_anchors * dim,
    bbox_attrs])#把 h 和 w 展开成 dim
88
89      stride = (img_size[0] // grid_size[0], img_size[1] // grid_size[1])#缩
    放参数 32（416/13）
90
91      anchors = [(a[0] / stride[0], a[1] / stride[1]) for a in anchors]#将候
    选框的尺寸同比例缩小
92
93      #将包含边框的单元属性拆分
94      box_centers, box_sizes, confidence, classes = tf.split(predictions, [2,
    2, 1, num_classes], axis=-1)
95
96      box_centers = tf.nn.sigmoid(box_centers)
97      confidence = tf.nn.sigmoid(confidence)
98
99      grid_x = tf.range(grid_size[0], dtype=tf.float32)#定义网格索引 0,1,2……n
100     grid_y = tf.range(grid_size[1], dtype=tf.float32)#定义网格索引 0,1,2,……m
101     a, b = tf.meshgrid(grid_x, grid_y)#生成网格矩阵 a0, a1,……an（共 M 行），
    b0, b0……b0（共 n 个），第 2 行是 b1
102
103     x_offset = tf.reshape(a, (-1, 1))            #展开，一共 dim 个
104     y_offset = tf.reshape(b, (-1, 1))
105
106     x_y_offset = tf.concat([x_offset, y_offset], axis=-1)#连接 x、y
107     x_y_offset = tf.reshape(tf.tile(x_y_offset, [1, num_anchors]), [1, -1,
    2])#按候选框的个数复制 x、y
108
```

```
109     box_centers = box_centers + x_y_offset#box_centers是0~1之间的数，
    x_y_offset是具体网格的索引，两者相加后就是真实位置(0.1+4=4.1，第4个网格里0.1的偏
    移)
110     box_centers = box_centers * stride                      #真实尺寸像素点
111
112     anchors = tf.tile(anchors, [dim, 1])         #按第0维进行复制，并复制dim份
113     box_sizes = tf.exp(box_sizes) * anchors                 #计算边长：hw
114     box_sizes = box_sizes * stride                          #真实边长
115
116     detections = tf.concat([box_centers, box_sizes, confidence], axis=-1)
117     classes = tf.nn.sigmoid(classes)
118     predictions = tf.concat([detections, classes], axis=-1) #将转化后的结果
    合起来
119     print(predictions.get_shape())#三个尺度的形状分别为：[1, 507(13×13×3), 5+c]、
    [1, 2028, 5+c]、[1, 8112, 5+c]
120     return predictions                                      #返回预测值
```

代码第99、100行引入了网格的概念。主要用于将当前的坐标映射到图片真实坐标。例如：将416 pixel×416 pixel的原始图片转化矩阵形状为13×13大小的特征数据。可以理解为，将原始图片缩小了32倍，或是原始图片被等比例分成了13个网格。

同时，在代码第99、100行又用range函数生成了一个序列的数据。该代码可以理解成：为每个网格生成一个索引。

代码第96~117行是生成bbox attrs单元的具体操作。在该代码中用了以下小技巧。

- 中心点box_centers是使用sigmoid函数生成的，它代表在一个网格里的相对位移（即占有一个网格边长的百分比），见代码第96行。
- 边长box_sizes增加了指数变换，这是为了保证其值永远为正，并支持用SGD算法来反向求导。这里预测值的意义是对原始尺寸进行缩放的比例。所以，让其与候选框anchors的尺度相乘，来获得真实的边长。
- 置信度confidence是用sigmoid函数生成的，表示准确度的分数，值为0~100%之间的百分数，见代码第97行。
- 分类值classes也是用sigmoid函数生成的，表示被识别的物体分类不再互斥（即同一个物体可以被划分在多个类型中），见代码第117行。

> 📌 **提示：**
> 在整个YOLO V3模型中，并没有去具体计算物体的矩形框坐标，而是采用预测中心点的偏移比例与边长相对于候选框的缩放比例来实现坐标定位。

8.5.8 代码实现：实现YOLO V3的检测部分

定义函数yolo_v3，并实现以下步骤。

（1）用函数darknet53得到3种尺度的特征：route_1对象、route_2对象、inputs对象（分

别代表特征 3、2、1）。

（2）将代表特征 1 的 inputs 对象传入 YOLO 检测块的 yolo_block 函数中进行处理。

（3）将 YOLO 检测块的返回值放到检测层 detection_layer 函数中，进行 bbox attrs 单元的计算。

（4）将第（2）步的结果经过一次卷积变化，然后进行上采样操作。

（5）将第（4）步的结果与 route_2 对象连接起来，传入 YOLO 检测块的 yolo_block 函数中进行处理。

（6）执行第（3）、（4）步实现特征 1 和特征 2 的融合并检测。

（7）将第（6）步的结果与 route_3 对象连接起来，传入 YOLO 检测块的 yolo_block 函数中进行处理。

（8）再次执行第（3）、（4）步，实现特征 2 和特征 3 的融合与检测。

（9）将最终目标检测的结果合并起来返回。

其中，第（2）～（8）步的操作可以理解成为一个 FPN（特征金字塔网络），见 8.7.9 小节的详细介绍。

第（4）步的上采样操作是为了让当前尺寸与下一个特征的尺寸保持一致（见代码第 161、170 行）。整体过程如图 8-18 所示。

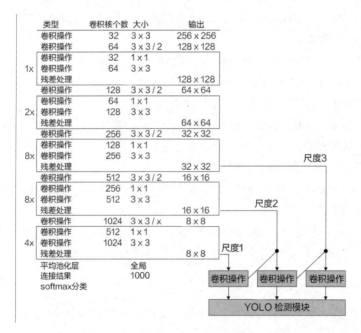

图 8-18　YOLO V3 的多尺度检测

具体代码如下：

代码 8-11　yolo_v3（续）

```
121 #定义上采样函数
122 def _upsample(inputs, out_shape):
123     #由于上采样的填充方式不同，tf.image.resize_bilinear 会对结果影响很大
```

```
124     inputs = tf.image.resize_nearest_neighbor(inputs, (out_shape[1], 
    out_shape[2]))
125     inputs = tf.identity(inputs, name='upsampled')
126     return inputs
127
128 #定义函数,构建YOLO V3模型
129 def yolo_v3(inputs, num_classes, is_training=False, data_format='NHWC', 
    reuse=False):
130
131     assert data_format=='NHWC'
132
133     img_size = inputs.get_shape().as_list()[1:3]     #获得输入图片的大小
134
135     inputs = inputs / 255                            #归一化处理
136
137     #定义批量归一化参数
138     batch_norm_params = {
139         'decay': _BATCH_NORM_DECAY,
140         'epsilon': _BATCH_NORM_EPSILON,
141         'scale': True,
142         'is_training': is_training,
143         'fused': None,
144     }
145
146     #定义YOLOV3模型
147     with slim.arg_scope([slim.conv2d, slim.batch_norm], 
     data_format=data_format, reuse=reuse):
148         with slim.arg_scope([slim.conv2d], normalizer_fn=slim.batch_norm, 
     normalizer_params=batch_norm_params,
149                         biases_initializer=None, activation_fn=lambda x: 
     tf.nn.leaky_relu(x, alpha=_LEAKY_RELU)):
150             with tf.variable_scope('darknet-53'):
151                 route_1, route_2, inputs = darknet53(inputs)
152
153             with tf.variable_scope('yolo-v3'):
154                 route, inputs = _yolo_block(inputs, 512)#(-1, 13, 13, 1024)
155                 #用候选框参数来辅助识别
156                 detect_1 = _detection_layer(inputs, num_classes, 
     _ANCHORS[6:9], img_size, data_format)
157                 detect_1 = tf.identity(detect_1, name='detect_1')
158
159                 inputs = slim.conv2d(route, 256, 1, stride=1, padding='SAME')#
     正常卷积
160                 upsample_size = route_2.get_shape().as_list()
161                 inputs = _upsample(inputs, upsample_size)
162                 inputs = tf.concat([inputs, route_2], axis=3)
163
```

```
164                route, inputs = _yolo_block(inputs, 256)#(-1, 26, 26, 512)
165                detect_2 = _detection_layer(inputs, num_classes,
    _ANCHORS[3:6], img_size, data_format)
166                detect_2 = tf.identity(detect_2, name='detect_2')
167
168                inputs = slim.conv2d(route, 128, 1, stride=1, padding='SAME')#
    正常卷积
169                upsample_size = route_1.get_shape().as_list()
170                inputs = _upsample(inputs, upsample_size)
171                inputs = tf.concat([inputs, route_1], axis=3)
172
173                _, inputs = _yolo_block(inputs, 128)#(-1, 52, 52, 256)
174
175                detect_3 = _detection_layer(inputs, num_classes,
    _ANCHORS[0:3], img_size, data_format)
176                detect_3 = tf.identity(detect_3, name='detect_3')
177
178                detections = tf.concat([detect_1, detect_2, detect_3], axis=1)
179                detections = tf.identity(detections, name='detections')
180                return detections#返回了3个尺度。每个尺度里又包含3个结果—— -1、
    10647（ 507 +2028 + 8112）、5+c
```

代码第124行，在上采样时使用了nearest_neighbor方法。这是个很重要的点，如果改用二插值等其他方式，则会对模型的识别率影响很大。

函数yolo_V3的检测结果是一个（1,10647,5+c）形状的数据。其中10647代表了一副图片被检测出10647种结果。它是由3个尺度特征的检测结果（507、2028、8112）合并起来的。"5+c"是每一个结果的描述单元，即bbox attrs。

代码第138行，定义了批量正则化的参数。由于本实例是直接运行YOLOV3的预训练模型，所以is_training的默认值是False，在训练时还需将该值改为True。

> **提示：**
> 代码第157、166、176行，用到了一个函数tf.identity。它的意义是恒等变换，即在图中增加一个节点。以detect_3为例，将张量detect_3转化为节点名为"detect_3"的操作符。这会使整个网络节点看上去更加规整，健壮性更好。

8.5.9 代码实现：用非极大值抑制算法对检测结果去重

YOLO检测块从一张图片中检测出10647个结果。其中很有可能会出现重复物体（中心和大小略有不同）的情况。 为了能够保留检测结果的唯一性，还要使用非极大值抑制（non-max suppression，Nms）的算法对10647个结果进行去重。

非极大值抑制算法的过程很简单：

（1）从所有的检测框中找到置信度较大（置信度大于某个阈值）的那个框。

（2）挨个计算其与剩余框的区域面积的重叠度(intersection over union，IOU)。
（3）按照IOU阈值过滤。如果IOU大于一定阈值（重合度过高），则将该框剔除。
（4）对剩余的检测框重复上述过程，直到处理完所有的检测框。

整个过程中，用到的置信度阈值与IOU阈值需要提前给定。

另外，在去重之前还需要对坐标进行转换。

因为生成的坐标是中心点、高宽的形式，所以需要对其进行转化，变为左上角的坐标和右下角的坐标。这里用函数detections_boxes来实现。计算区域重叠度的算法用函数_iou来实现。具体代码如下：

代码8-12　用YOLO V3模型进行实物检测

```
01  import numpy as np
02  import tensorflow as tf
03  from PIL import Image, ImageDraw
04  yolo_model = __import__("8-11 yolo_v3")
05  yolo_v3 = yolo_model.yolo_v3
06
07  size = 416
08  input_img ='timg.jpg'              #输入文件名称
09  output_img = 'out.jpg'             #输出文件名称
10  class_names = 'coco.names'         #样本标签名称
11  weights_file = 'yolov3.weights'    #预训练模型文件名称
12  conf_threshold = 0.5               #置信度阈值
13  iou_threshold = 0.4                #重叠区域阈值
14
15  #定义函数：将中心点、高、宽坐标转化为[x0, y0, x1, y1]形式
16  def detections_boxes(detections):
17      center_x, center_y, width, height, attrs = tf.split(detections, [1, 1, 1, 1, -1], axis=-1)
18      w2 = width / 2
19      h2 = height / 2
20      x0 = center_x - w2
21      y0 = center_y - h2
22      x1 = center_x + w2
23      y1 = center_y + h2
24
25      boxes = tf.concat([x0, y0, x1, y1], axis=-1)
26      detections = tf.concat([boxes, attrs], axis=-1)
27      return detections
28
29  #定义函数计算两个框的内部重叠情况（IOU），box1、box2为左上、右下的坐标[x0, y0, x1, x2]
30  def _iou(box1, box2):
31
32      b1_x0, b1_y0, b1_x1, b1_y1 = box1
33      b2_x0, b2_y0, b2_x1, b2_y1 = box2
34
```

```python
35      int_x0 = max(b1_x0, b2_x0)
36      int_y0 = max(b1_y0, b2_y0)
37      int_x1 = min(b1_x1, b2_x1)
38      int_y1 = min(b1_y1, b2_y1)
39
40      int_area = (int_x1 - int_x0) * (int_y1 - int_y0)
41
42      b1_area = (b1_x1 - b1_x0) * (b1_y1 - b1_y0)
43      b2_area = (b2_x1 - b2_x0) * (b2_y1 - b2_y0)
44
45      #分母加上"1e-05",避免除数为 0
46      iou = int_area / (b1_area + b2_area - int_area + 1e-05)
47      return iou
48
49
50  #用NMS方法对结果去重
51  def non_max_suppression(predictions_with_boxes, confidence_threshold,
    iou_threshold=0.4):
52
53      conf_mask = np.expand_dims((predictions_with_boxes[:, :, 4] >
    confidence_threshold), -1)
54      predictions = predictions_with_boxes * conf_mask
55
56      result = {}
57      for i, image_pred in enumerate(predictions):
58          shape = image_pred.shape
59          non_zero_idxs = np.nonzero(image_pred)
60          image_pred = image_pred[non_zero_idxs]
61          image_pred = image_pred.reshape(-1, shape[-1])
62
63          bbox_attrs = image_pred[:, :5]
64          classes = image_pred[:, 5:]
65          classes = np.argmax(classes, axis=-1)
66
67          unique_classes = list(set(classes.reshape(-1)))
68
69          for cls in unique_classes:
70              cls_mask = classes == cls
71              cls_boxes = bbox_attrs[np.nonzero(cls_mask)]
72              cls_boxes = cls_boxes[cls_boxes[:, -1].argsort()[::-1]]
73              cls_scores = cls_boxes[:, -1]
74              cls_boxes = cls_boxes[:, :-1]
75
76              while len(cls_boxes) > 0:
77                  box = cls_boxes[0]
78                  score = cls_scores[0]
79                  if not cls in result:
80                      result[cls] = []
```

```
81              result[cls].append((box, score))
82           cls_boxes = cls_boxes[1:]
83           ious = np.array([_iou(box, x) for x in cls_boxes])
84           iou_mask = ious < iou_threshold
85           cls_boxes = cls_boxes[np.nonzero(iou_mask)]
86           cls_scores = cls_scores[np.nonzero(iou_mask)]
87
88     return result
```

代码第 51 行定义了 non_max_suppression 函数,用来实现 non_max_suppression 算法。其实也可以直接用库函数 tf.image.non_max_suppression 来实现。如果用库函数 tf.image.non_max_suppression,则必须保证当前的 TensorFlow 版本大于 1.8,否则会出现性能问题。

8.5.10　代码实现:载入预训练权重

通过以下网址下载预训练模型文件,并保存到本地。

https://pjreddie.com/media/files/yolov3.weights

该预训练模型文件是通过 COCO 数据集训练好的 YOLO V3 模型文件。该文件是二进制格式的。在文件中,前 5 个 int32 值是标题信息,包括以下 4 部分内容:

- 主要版本号(占 1 个 int32 空间)。
- 次要版本号(占 1 个 int32 空间)。
- 子版本号(占 1 个 int32 空间)。
- 训练图像个数(占 2 个 int32 空间)。

在标题信息之后,便是网络的权重。

该权重的存储格式以行为主。在使用时,需要先将其转成以列为主。具体代码如下:

代码 8-12　用 YOLO V3 模型进行实物检测(续)

```
89  #加载权重
90  def load_weights(var_list, weights_file):
91
92      with open(weights_file, "rb") as fp:
93          _ = np.fromfile(fp, dtype=np.int32, count=5)#跳过前 5 个 int32
94          weights = np.fromfile(fp, dtype=np.float32)
95
96      ptr = 0
97      i = 0
98      assign_ops = []
99      while i < len(var_list) - 1:
100         var1 = var_list[i]
101         var2 = var_list[i + 1]
102         #找到卷积项
103         if 'Conv' in var1.name.split('/')[-2]:
104             #找到 BN 参数项
```

```
105                if 'BatchNorm' in var2.name.split('/')[-2]:
106                    #加载批量归一化参数
107                    gamma, beta, mean, var = var_list[i + 1:i + 5]
108                    batch_norm_vars = [beta, gamma, mean, var]
109                    for var in batch_norm_vars:
110                        shape = var.shape.as_list()
111                        num_params = np.prod(shape)
112                        var_weights = weights[ptr:ptr + num_params].reshape(shape)
113                        ptr += num_params
114                        assign_ops.append(tf.assign(var, var_weights, validate_shape=True))
115
116                    i += 4#已经加载了4个变量,指针位移加4
117                elif 'Conv' in var2.name.split('/')[-2]:
118                    bias = var2
119                    bias_shape = bias.shape.as_list()
120                    bias_params = np.prod(bias_shape)
121                    bias_weights = weights[ptr:ptr + bias_params].reshape(bias_shape)
122                    ptr += bias_params
123                    assign_ops.append(tf.assign(bias, bias_weights, validate_shape=True))
124
125                    i += 1#移动指针
126
127                shape = var1.shape.as_list()
128                num_params = np.prod(shape)
129                #加载权重
130                var_weights = weights[ptr:ptr + num_params].reshape((shape[3], shape[2], shape[0], shape[1]))
131                var_weights = np.transpose(var_weights, (2, 3, 1, 0))
132                ptr += num_params
133                assign_ops.append(tf.assign(var1, var_weights, validate_shape=True))
134                i += 1
135
136    return assign_ops
```

8.5.11 代码实现:载入图片,进行目标实物的识别

用main函数完成整体的处理过程,需要先定义以下几个函数:
- 函数draw_boxes,用于将结果显示在图片上。
- 函数convert_to_original_size,用于将结果位置还原到真实图片上对应的位置。
- 函数load_coco_names,用于加载COCOS数据集对应的标签名称。

具体的代码如下:

代码8-12　用YOLO V3模型进行实物检测（续）

```
137 #将结果显示在图片上
138 def draw_boxes(boxes, img, cls_names, detection_size):
139     draw = ImageDraw.Draw(img)
140
141     for cls, bboxs in boxes.items():
142         color = tuple(np.random.randint(0, 256, 3))
143         for box, score in bboxs:
144             box = convert_to_original_size(box, np.array(detection_size),
    np.array(img.size))
145             draw.rectangle(box, outline=color)
146             draw.text(box[:2], '{} {:.2f}%'.format(cls_names[cls], score *
    100), fill=color)
147             print('{} {:.2f}%'.format(cls_names[cls], score * 100),box[:2])
148
149 def convert_to_original_size(box, size, original_size):
150     ratio = original_size / size
151     box = box.reshape(2, 2) * ratio
152     return list(box.reshape(-1))
153
154 #加载数据集的标签名称
155 def load_coco_names(file_name):
156     names = {}
157     with open(file_name) as f:
158         for id, name in enumerate(f):
159             names[id] = name
160     return names
161
162 def main(argv=None):
163     tf.reset_default_graph()
164     img = Image.open(input_img)
165     img_resized = img.resize(size=(size, size))
166
167     classes = load_coco_names(class_names)
168
169     #定义输入占位符
170     inputs = tf.placeholder(tf.float32, [None, size, size, 3])
171
172     with tf.variable_scope('detector'):
173         detections = yolo_v3(inputs, len(classes), data_format='NHWC')#定义网络结构
174         #加载权重
175         load_ops = load_weights(tf.global_variables(scope='detector'),
    weights_file)
176
177     boxes = detections_boxes(detections)
178
```

```
179    with tf.Session() as sess:
180        sess.run(load_ops)
181
182        detected_boxes = sess.run(boxes, feed_dict={inputs:
    [np.array(img_resized, dtype=np.float32)]})
183    #对10647个预测框进行去重
184    filtered_boxes = non_max_suppression(detected_boxes,
    confidence_threshold=conf_threshold,
185                                iou_threshold=iou_threshold)
186
187    draw_boxes(filtered_boxes, img, classes, (size, size))
188
189    img.save(output_img)
190
191 if __name__ == '__main__':
192     main(_)
```

代码第 165 行，先将输入的图片统一成固定大小，然后放入模型中进行识别，再将最终的结果画到图片上，并保存起来（见代码第 189 行）。

8.5.12 运行程序

在本地代码文件下随便放一张图片（例如"timg.jpg"）。运行代码之后，生成以下结果：

```
wine glass 95.74% [257.179009107443, 120.12802956654475]
wine glass 95.74% [352.22361010771533, 128.20337944764358]
bowl 93.57% [419.31336153470556, 222.114435362008902]
bowl 93.57% [166.07221649243283, 233.634914288815402]
banana 52.60% [560.0561892436101, 198.93592790456918]
apple 80.51% [478.8216531460102, 221.5187714283283]
```

结果中的每一行都分为 3 部分，代表着所识别出来的物体：
- 类别名称。
- 置信度（所属类别的评分）。
- 类别对应的坐标。

同时，会在本地目录下生成名为"out.jpg"的图片，如图 8-19 所示。

图 8-19　YOLO V3 模型的识别结果

8.6 实例44：用YOLO V3模型识别门牌号

本节将用自定义数据集训练YOLO V3模型，并用训练好的模型进行目标识别。

> **实例描述**
>
> 准备一个带有门牌号图片的数据集，里面含有具体图片和与图片上具体门牌数字的位置标注。这个数据集训练YOLO V3模型，让模型能够识别图中门牌的数字内容及坐标。

本实例是在动态图框架中用tf.keras接口来实现的。数据集使用的是SVHN（Street View House Numbers，街道门牌号码）数据集。加载预训练模型，并在其基础上进行二次训练。下面讲解具体操作。

8.6.1 工程部署：准备样本

SVHN数据集是斯坦福大学发布的一个真实图像数据集。该数据集的作用类似于MNIST，在图像算法领域经常使用。具体下载地址：

http://ufldl.stanford.edu/housenumbers/

在目标识别任务中，光有图片是不够的。例如COCO数据集，每张图片都有对应的标注信息。在随书的配套资源里，也为每张SVHN图片提供了对应的标注文件（配套资源中提供的样本量不多，只是为了演示案例），其格式与对应关系如图8-20所示。

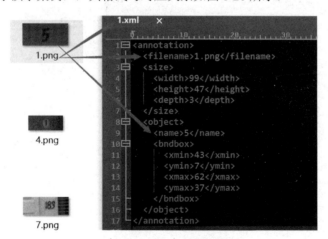

图8-20 样本与标注

如图8-20所示，每张图片对应一个与其同名的XML文档。该文档里会放置图片的尺寸数据（高、宽），以及内容（例如图中的数字5）对应的位置坐标。

8.6.2 代码实现：读取样本数据，并制作标签

本小节分为两步实现：读取样本与制作标签。

1. 读取样本

读取原始样本数据的代码是在代码文件"8-13 annotation.py"中实现的。该代码主要通过 parse_annotation 函数解析 XML 文档，并返回图片与内容的对应关系。例如，其返回值为：

```
G:/python3/8-20 yolov3numbers\data\img\9.png      #图片文件路径
[[27  8 39 26]                                     #图片中的坐标、高、宽
 [40  5 53 23]
 [52  7 67 25]]
[1, 4, 4]                                          #图片中的数字
```

该文件中的代码功能单一，可以直接被当作工具使用，不需要过多研究。

2. 制作标签

该步骤需要将原始数据转为 YOLO V3 模型需要的标签格式。YOLO V3 模型中的标签格式是与内部模型结构相关的，具体描述如下：

- YOLO V3 模型的标签由 3 个矩阵组成。
- 3 个矩阵的高、宽分别与 YOLO V3 模型的 3 个输出尺度相同。
- 每种尺度的矩阵对应 3 个候选框。
- 矩阵在高、宽维度上的每个点被称为格子。
- 每个格子中有 3 个同样的结构，对应所在矩阵的 3 个候选框。
- 每个结构中的内容都是候选框信息。
- 每个候选框信息的内容包括中心点坐标、高（相对候选框的缩放值）、宽（相对候选框的缩放值）、属于该分类的概率、该分类的 one-hot 编码。

整体结构如图 8-21 所示。

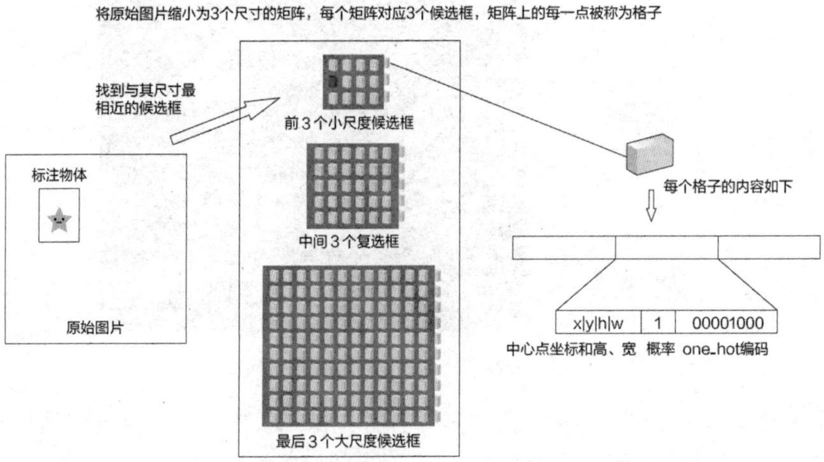

图 8-21 制作 YOLO V3 的样本标签

从图 8-21 中的结构可以看出，3 个不同尺度的矩阵分别存放原始图片中不同大小的标注物体。矩阵中的格子，可以理解为是原图像中对应区域的映射。

具体实现的代码文件为"8-14 generator.py"中的 BatchGenerator 类。其步骤如下：

(1）根据原始图片，构造 3 个矩阵当作放置标签的容器（如图 8-21 中间的 3 个方块），并向这 3 个矩阵填充 0 作为初始值。见代码第 67 行的_create_empty_xy 函数。

(2）根据标注中物体的高、宽尺寸，在候选框中找到最接近的框。见代码第 96 行_find_match_anchor 函数。

(3）根据_find_match_anchor 函数返回的候选框索引，可以定位对应的矩阵。调用函数_encode_box，计算物体在该矩阵上的中心点位置，以及自身尺寸相对于该候选框的缩放比例。见代码第 57 行。

(4）调用_assign_box 函数，根据最相近的候选框索引定位到格子里的具体结构，并将步骤（3）算出来的值与分类信息填入，见代码第 58 行。

完整代码如下：

代码 8-14　generator

```
01  import numpy as np
02  from random import shuffle
03  annotation = __import__("8-13 annotation")
04  parse_annotation = annotation.parse_annotation
05  ImgAugment= annotation.ImgAugment
06  box = __import__("8-15 box")
07  find_match_box = box.find_match_box
08  DOWNSAMPLE_RATIO = 32
09
10  class BatchGenerator(object):
11      def __init__(self, ann_fnames, img_dir,labels,
12                batch_size, anchors, net_size=416,
13                jitter=True, shuffle=True):
14          self.ann_fnames = ann_fnames
15          self.img_dir = img_dir
16          self.lable_names = labels
17          self._net_size = net_size
18          self.jitter = jitter
19          self.anchors = create_anchor_boxes(anchors)#按照候选框尺寸生成坐标
20          self.batch_size = batch_size
21          self.shuffle = shuffle
22          self.steps_per_epoch = int(len(ann_fnames) / batch_size)
23          self._epoch = 0
24          self._end_epoch = False
25          self._index = 0
26
27      def next_batch(self):
28          xs,ys_1,ys_2,ys_3 = [],[],[],[]
29          for _ in range(self.batch_size):#按照指定的批次获取样本数据，并做成标签
30              x, y1, y2, y3 = self._get()
31              xs.append(x)
32              ys_1.append(y1)
33              ys_2.append(y2)
```

```
34                ys_3.append(y3)
35            if self._end_epoch == True:
36                if self.shuffle:
37                    shuffle(self.ann_fnames)
38                self._end_epoch = False
39                self._epoch += 1
40            return np.array(xs).astype(np.float32),
    np.array(ys_1).astype(np.float32), np.array(ys_2).astype(np.float32),
    np.array(ys_3).astype(np.float32)
41
42    def _get(self):                                    #获取一条样本数据并做成标签
43        net_size = self._net_size
44        #解析标注文件
45        fname, boxes, coded_labels =
    parse_annotation(self.ann_fnames[self._index], self.img_dir,
    self.lable_names)
46
47        #读取图片,并按照设置修改图片的尺寸
48        img_augmenter = ImgAugment(net_size, net_size, self.jitter)
49        img, boxes_ = img_augmenter.imread(fname, boxes)
50
51        #生成3种尺度的格子
52        list_ys = _create_empty_xy(net_size, len(self.lable_names))
53        for original_box, label in zip(boxes_, coded_labels):
54            #在anchors中,找到与其面积区域最匹配的候选框max_anchor、对应的尺度索引、
    该尺度下的第几个锚点
55            max_anchor, scale_index, box_index =
    _find_match_anchor(original_box, self.anchors)
56            #计算在对应尺度上的中心点坐标,以及对应候选框的长宽缩放比例
57            _coded_box = _encode_box(list_ys[scale_index], original_box,
    max_anchor, net_size, net_size)
58            _assign_box(list_ys[scale_index], box_index, _coded_box, label)
59
60        self._index += 1
61        if self._index == len(self.ann_fnames):
62            self._index = 0
63            self._end_epoch = True
64        return img/255., list_ys[2], list_ys[1], list_ys[0]
65
66 #初始化标签
67 def _create_empty_xy(net_size, n_classes, n_boxes=3):
68     #获得最小矩阵格子
69     base_grid_h, base_grid_w = net_size//DOWNSAMPLE_RATIO,
    net_size//DOWNSAMPLE_RATIO
70     #初始化3种不同尺度的矩阵,用于存放标签
71     ys_1 = np.zeros((1*base_grid_h,  1*base_grid_w, n_boxes, 4+1+n_classes))
72     ys_2 = np.zeros((2*base_grid_h,  2*base_grid_w, n_boxes, 4+1+n_classes))
```

```
73      ys_3 = np.zeros((4*base_grid_h,  4*base_grid_w, n_boxes, 4+1+n_classes))
74      list_ys = [ys_3, ys_2, ys_1]
75      return list_ys
76
77  def _encode_box(yolo, original_box, anchor_box, net_w, net_h):
78      x1, y1, x2, y2 = original_box
79      _, _, anchor_w, anchor_h = anchor_box
80      #取出格子在高和宽方向上的个数
81      grid_h, grid_w = yolo.shape[:2]
82
83      #根据原始图片到当前矩阵的缩放比例,计算当前矩阵中物体的中心点坐标
84      center_x = .5*(x1 + x2)
85      center_x = center_x / float(net_w) * grid_w
86      center_y = .5*(y1 + y2)
87      center_y = center_y / float(net_h) * grid_h
88
89      #计算物体相对于候选框的尺寸缩放值
90      w = np.log(max((x2 - x1), 1) / float(anchor_w))
91      h = np.log(max((y2 - y1), 1) / float(anchor_h))
92      box = [center_x, center_y, w, h]#将中心点和缩放值打包返回
93      return box
94
95  #找到与物体尺寸最接近的候选框
96  def _find_match_anchor(box, anchor_boxes):
97      x1, y1, x2, y2 = box
98      shifted_box = np.array([0, 0, x2-x1, y2-y1])
99      max_index = find_match_box(shifted_box, anchor_boxes)
100     max_anchor = anchor_boxes[max_index]
101     scale_index = max_index // 3
102     box_index = max_index%3
103     return max_anchor, scale_index, box_index
104 #将具体的值放到标签矩阵里,作为真正的标签
105 def _assign_box(yolo, box_index, box, label):
106     center_x, center_y, _, _ = box
107     #向下取整,得到的就是格子的索引
108     grid_x = int(np.floor(center_x))
109     grid_y = int(np.floor(center_y))
110     #填入所计算的数值,作为标签
111     yolo[grid_y, grid_x, box_index]      = 0.
112     yolo[grid_y, grid_x, box_index, 0:4] = box
113     yolo[grid_y, grid_x, box_index, 4  ] = 1.
114     yolo[grid_y, grid_x, box_index, 5+label] = 1.
115
116 def create_anchor_boxes(anchors):    #将候选框变为box
117     boxes = []
118     n_boxes = int(len(anchors)/2)
119     for i in range(n_boxes):
```

```
120        boxes.append(np.array([0, 0, anchors[2*i], anchors[2*i+1]]))
121    return np.array(boxes)
```

代码第 10 行定义了 BatchGenerator 类，用来实现数据集的输入功能。在实际使用时，可以用 BatchGenerator 类的 next_batch 方法（见代码第 27 行）来获取一批次的输入样本和标签数据。

在 next_batch 方法中，用 _get 函数读取样本和转化标注（见代码第 30 行）。

代码第 90 行是计算物体相对于候选框的尺寸缩放值。代码解读如下：

（1）"x2–x1" 代表计算该物体的宽度。

（2）在其外层又加了一个 max 函数，取 "x2 – x1" 和 1 中更大的那个值。

> 提示：
> 代码第 90 行中的 max 函数可以保证计算出的宽度值永远大于 1，这样可以增强程序的健壮性。

8.6.3 代码实现：用 tf.keras 接口构建 YOLO V3 模型，并计算损失

用 tf.keras 接口构建 YOLO V3 模型，并计算模型的输出结果与标签（见 8.6.2 小节）之间的 loss 值，训练模型。

1. 构建 YOLO V3 模型

在本书的配套资源里有代码文件 "8-15 box.py"，该文件实现了 YOLO V3 模型中边框处理相关的功能，可以被当作工具代码使用。

YOLO V3 模型分为 4 个代码文件来完成，具体如下。

- "8-16 darknet53.py"：实现了 Darknet-53 模型的构建。
- "8-17 yolohead.py"：实现了 YOLO V3 模型多尺度特征融合部分的构建。
- "8-18 yolov3.py"：实现 YOLO V3 模型的构建。
- "8-19 weights.py"：实现加载 YOLO V3 的预训练模型功能。

在代码文件"8-18 yolov3.py"中定义了 Yolonet 类，用来实现 YOLO V3 模型的网络结构。Yolonet 类在对原始图片进行计算之后，会输出一个含有 3 个矩阵的列表，该列表的结构与 8.6.2 小节中的标签结构一致。

YOLO V3 模型的正向网络结构在 8.5 节已经介绍，这里不再详细说明。

2. 计算值

YOLO V3 模型的输出结构与样本标签一致，都是一个含有 3 个矩阵的列表。在计算值时，需要对这 3 个矩阵依次计算 loss 值，并将每个矩阵的 loss 值结果相加再开平方得到最终结果，见代码第 118 行的 loss_fn 函数。

定义函数 loss_fn，用来计算损失值（见代码 118 行）。在函数 loss_fn 中，具体的计算步骤如下：

（1）遍历 YOLO V3 模型的预测列表与样本标签列表（如图 8-21 的中间部分所示，列表中一共有 3 个矩阵）。

（2）从两个列表（预测列表和标签列表）中取出对应的矩阵。
（3）将取出的矩阵和对应的候选框一起传入 lossCalculator 函数中进行 loss 值计算。
（4）重复第（2）步和第（3）步，依次对列表中的每个矩阵进行 loss 值计算。
（5）将每个矩阵的 loss 值结果相加，再开平方，得到最终结果。
具体代码如下：

代码 8-20　yololoss

```
01  import tensorflow as tf
02
03  def _create_mesh_xy(batch_size, grid_h, grid_w, n_box):    #生成带序号的网格
04      mesh_x = tf.cast(tf.reshape(tf.tile(tf.range(grid_w), [grid_h]), (1, grid_h, grid_w, 1, 1)),tf.float)
05      mesh_y = tf.transpose(mesh_x, (0,2,1,3,4))
06      mesh_xy = tf.tile(tf.concat([mesh_x,mesh_y],-1), [batch_size, 1, 1, n_box, 1])
07      return mesh_xy
08
09  def adjust_pred_tensor(y_pred):#将网格信息融入坐标，置信度做sigmoid运算，并重新组合
10      grid_offset = _create_mesh_xy(*y_pred.shape[:4])
11      pred_xy    = grid_offset + tf.sigmoid(y_pred[..., :2])   #计算该尺度矩阵上的坐标sigma(t_xy) + c_xy
12      pred_wh    = y_pred[..., 2:4]                            #取出预测物体的尺寸t_wh
13      pred_conf  = tf.sigmoid(y_pred[..., 4])  #对分类概率（置信度）做sigmoid转化
14      pred_classes = y_pred[..., 5:]                           #取出分类结果
15      #重新组合
16      preds = tf.concat([pred_xy, pred_wh, tf.expand_dims(pred_conf, axis=-1), pred_classes], axis=-1)
17      return preds
18
19  #生成一个矩阵，每个格子里放有3个候选框
20  def _create_mesh_anchor(anchors, batch_size, grid_h, grid_w, n_box):
21      mesh_anchor = tf.tile(anchors, [batch_size*grid_h*grid_w])
22      mesh_anchor = tf.reshape(mesh_anchor, [batch_size, grid_h, grid_w, n_box, 2])    #每个候选框有两个值
23      mesh_anchor = tf.cast(mesh_anchor, tf.float32)
24      return mesh_anchor
25
26  def conf_delta_tensor(y_true, y_pred, anchors, ignore_thresh):
27
28      pred_box_xy, pred_box_wh, pred_box_conf = y_pred[..., :2], y_pred[..., 2:4], y_pred[..., 4]
29      #创建带有候选框的格子矩阵
30      anchor_grid = _create_mesh_anchor(anchors, *y_pred.shape[:4])
31      true_wh = y_true[:,:,:,:,2:4]
32      true_wh = anchor_grid * tf.exp(true_wh)
```

```python
33      true_wh = true_wh * tf.expand_dims(y_true[:,:,:,:,4], 4)  #还原真实尺寸
34      anchors_ = tf.constant(anchors, dtype='float',
    shape=[1,1,1,y_pred.shape[3],2])         #y_pred.shape[3]是候选框个数
35      true_xy = y_true[..., 0:2]            #获取中心点
36      true_wh_half = true_wh / 2.
37      true_mins    = true_xy - true_wh_half    #计算起始坐标
38      true_maxes   = true_xy + true_wh_half    #计算尾部坐标
39
40      pred_xy = pred_box_xy
41      pred_wh = tf.exp(pred_box_wh) * anchors_
42
43      pred_wh_half = pred_wh / 2.
44      pred_mins    = pred_xy - pred_wh_half    #计算起始坐标
45      pred_maxes   = pred_xy + pred_wh_half    #计算尾部坐标
46
47      intersect_mins  = tf.maximum(pred_mins,  true_mins)
48      intersect_maxes = tf.minimum(pred_maxes, true_maxes)
49
50      #计算重叠面积
51      intersect_wh    = tf.maximum(intersect_maxes - intersect_mins, 0.)
52      intersect_areas = intersect_wh[..., 0] * intersect_wh[..., 1]
53
54      true_areas = true_wh[..., 0] * true_wh[..., 1]
55      pred_areas = pred_wh[..., 0] * pred_wh[..., 1]
56      #计算不重叠面积
57      union_areas = pred_areas + true_areas - intersect_areas
58      best_ious   = tf.truediv(intersect_areas, union_areas)   #计算iou
59      #如iou小于阈值，则将其作为负向的loss值
60      conf_delta = pred_box_conf * tf.cast(best_ious < ignore_thresh,tf.float)
61      return conf_delta
62
63  def wh_scale_tensor(true_box_wh, anchors, image_size):
64      image_size_ = tf.reshape(tf.cast(image_size, tf.float32), [1,1,1,1,2])
65      anchors_ = tf.constant(anchors, dtype='float', shape=[1,1,1,3,2])
66
67      #计算高和宽的缩放范围
68      wh_scale = tf.exp(true_box_wh) * anchors_ / image_size_
69      #物体尺寸占整个图片的面积比
70      wh_scale = tf.expand_dims(2 - wh_scale[..., 0] * wh_scale[..., 1], axis=4)
71      return wh_scale
72
73  def loss_coord_tensor(object_mask, pred_box, true_box, wh_scale,
    xywh_scale):  #计算基于位置的损失值：将box的差与缩放比相乘，所得的结果再进行平方和运
    算
74      xy_delta    = object_mask  * (pred_box-true_box) * wh_scale * xywh_scale
75
76      loss_xy     = tf.reduce_sum(tf.square(xy_delta),      list(range(1,5)))
```

```python
77      return loss_xy
78
79 def loss_conf_tensor(object_mask, pred_box_conf, true_box_conf, obj_scale,
   noobj_scale, conf_delta):
80     object_mask_ = tf.squeeze(object_mask, axis=-1)
81     #计算置信度loss值,分为正向与负向的之和
82     conf_delta = object_mask_ * (pred_box_conf-true_box_conf) * obj_scale
   + (1-object_mask_) * conf_delta * noobj_scale
83     #按照1、2、3(候选框)归约求和,0为批次
84     loss_conf = tf.reduce_sum(tf.square(conf_delta),     list(range(1,4)))
85     return loss_conf
86
87 #分类损失直接用交叉熵
88 def loss_class_tensor(object_mask, pred_box_class, true_box_class,
   class_scale):
89     true_box_class_ = tf.cast(true_box_class, tf.int64)
90     class_delta = object_mask * \
91                 tf.expand_dims(tf.nn.softmax_cross_entropy_with_logits_v2
   (labels=true_box_class_, logits=pred_box_class), 4) * \
92                 class_scale
93
94     loss_class = tf.reduce_sum(class_delta,             list(range(1,5)))
95     return loss_class
96
97 ignore_thresh=0.5        #小于该阈值的box,被认为没有物体
98 grid_scale=1             #每个不同矩阵的总loss值缩放参数
99 obj_scale=5              #有物体的loss值缩放参数
100 noobj_scale=1           #没有物体的loss值缩放参数
101 xywh_scale=1            #坐标loss值缩放参数
102 class_scale=1           #分类loss值缩放参数
103
104 def lossCalculator(y_true, y_pred, anchors,image_size):
105     y_pred = tf.reshape(y_pred, y_true.shape) #统一形状
106
107     object_mask = tf.expand_dims(y_true[..., 4], 4)#取置信度
108     preds = adjust_pred_tensor(y_pred)          #将box与置信度数值变化后重新组合
109     conf_delta = conf_delta_tensor(y_true, preds, anchors, ignore_thresh)
110     wh_scale = wh_scale_tensor(y_true[..., 2:4], anchors, image_size)
111
112     loss_box = loss_coord_tensor(object_mask, preds[..., :4],
   y_true[..., :4], wh_scale, xywh_scale)
113     loss_conf = loss_conf_tensor(object_mask, preds[..., 4], y_true[..., 4],
   obj_scale, noobj_scale, conf_delta)
114     loss_class = loss_class_tensor(object_mask, preds[..., 5:], y_true[...,
   5:], class_scale)
115     loss = loss_box + loss_conf + loss_class
116     return loss*grid_scale
```

```
117
118 def loss_fn(list_y_trues, list_y_preds,anchors,image_size):
119     inputanchors = [anchors[12:],anchors[6:12],anchors[:6]]
120     losses = [lossCalculator(list_y_trues[i], list_y_preds[i],
    inputanchors[i],image_size) for i in range(len(list_y_trues)) ]
121     return tf.sqrt(tf.reduce_sum(losses))    #将3个矩阵的loss值相加再开平方
```

代码第 104 行，lossCalculator 函数用于计算预测结果中每个矩阵的 loss 值。lossCalculator 函数内部的计算步骤如下。

（1）定义掩码变量 object_mask：通过获取样本标签中的置信度值（有物体为 1，没物体为 0）来标识有物体和没有物体的两种情况（见代码第 107 行）。

（2）用 loss_coord_tensor 函数计算位置损失：计算标签位置与预测位置相差的平方。

（3）用 loss_conf_tensor 函数计算置信度损失：分别在有物体和没有物体的情况下，计算标签与预测置信度的差，并将二者的和进行平方。

（4）用 loss_class_tensor 函数计算分类损失：计算标签分类与预测分类的交叉熵。

（5）将第（2）、（3）、（4）的结果加起来，作为该矩阵的最终损失返回。

其中，在求其他的损失时只对有物体的情况进行计算。

代码第 112 行，在用 loss_coord_tensor 函数计算位置损失时传入了一个缩放值 wh_scale。该值代表标签中的物体尺寸在整个图像上的面积占比。

wh_scale 值是在函数 wh_scale_tensor 中计算的（见代码第 68 行）。具体步骤如下。

（1）对标签尺寸 true_box_wh 做 tf.exp(true_box_wh) * anchors_ 计算（anchors_为候选框的尺寸），得到了该物体的真实尺寸（该计算正好是 8.6.2 小节代码 90、91 行的逆运算）。

（2）用物体的真实尺寸除以 image_size_（image_size_是图片的真实尺寸），得到物体在整个图上的面积占比。

在函数 loss_conf_tensor 中计算置信度损失是在代码第 82 行实现的，该代码解读如下。

- 前半部分：object_mask_ * (pred_box_conf-true_box_conf) * obj_scale 是有物体情况下置信度的 loss 值。
- 后半部分：(1-object_mask_) * conf_delta * noobj_scale 是没有物体情况下置信度的 loss 值。执行完"1-object_mask_"操作后，矩阵中没有物体的自信度字段都会变为 1，而 conf_delta 是由 conf_delta_tensor 得来的。在 conf_delta_tensor 中，先计算真实与预测框（box）的重叠度（IOU），并通过阈值来控制是否需要计算。如果低于阈值，就将其置信度纳入没有物体情况的 loss 值中来计算。

代码第 97~102 行，定义了训练中不同 loss 值的占比参数。这里将 obj_scale 设为 5，是让模型对有物体情况的置信度准确性偏大一些。在实际训练中，还可以根据具体的样本情况适当调整该值。

8.6.4 代码实现：在动态图中训练模型

在训练过程中，需要使用候选框和预训练文件。其中，候选框来自 COCO 数据集聚类后的结果；预训练文件与 8.5 节中使用的预训练文件一样。下面介绍具体细节。

1. 建立类信息，加载数据集

因为样本中的分类全部是数字，所以手动建立一个 0~9 的分类信息，见代码第 27 行。接着用 BatchGenerator 类实例化一个对象 generator，作为数据集。具体代码如下：

代码 8-21　mainyolo

```
01 import os
02 import tensorflow as tf
03 import glob
04 from tqdm import tqdm
05 import cv2
06 import matplotlib.pyplot as plt
07 import tensorflow.contrib.eager as tfe
08 generator = __import__("8-14 generator")
09 BatchGenerator = generator.BatchGenerator
10 box = __import__("8-15 box")
11 draw_boxes = box.draw_boxes
12 yolov3 = __import__("8-18 yolov3")
13 Yolonet = yolov3.Yolonet
14 yololoss = __import__("8-20 yololoss")
15 loss_fn = yololoss.loss_fn
16
17 tf.enable_eager_execution()
18
19 PROJECT_ROOT = os.path.dirname(__file__)#获取当前目录
20 print(PROJECT_ROOT)
21
22 #定义coco锚点的候选框
23 COCO_ANCHORS = [10,13, 16,30, 33,23, 30,61, 62,45, 59,119, 116,90, 156,198, 373,326]
24 #定义预训练模型的路径
25 YOLOV3_WEIGHTS = os.path.join(PROJECT_ROOT, "yolov3.weights")
26 #定义分类
27 LABELS = ['0',"1", "2", "3",'4','5','6','7','8', "9"]
28
29 #定义样本路径
30 ann_dir = os.path.join(PROJECT_ROOT, "data", "ann", "*.xml")
31 img_dir = os.path.join(PROJECT_ROOT, "data", "img")
32
33 train_ann_fnames = glob.glob(ann_dir)#获取该路径下的 XML 文件
34
35 imgsize =416              #定义输入图片大小
36 batch_size =2             #定义批次
37 #制作数据集
38 generator = BatchGenerator(train_ann_fnames,img_dir,
39                      net_size=imgsize,
40                      anchors=COCO_ANCHORS,
```

```
41                        batch_size=2,
42                        labels=LABELS,
43                        jitter = False)#随机变化尺寸,数据增强
```

代码第35行,定义图片的输入尺寸为416 pixel×416 pixel。这个值必须大于COCO_ANCHORS中的最大候选框,否则候选框没有意义。

由于使用了COCO数据集的候选框,所以在选择输入尺寸时,尽量也使用与COCO数据集上训练的YOLOV3模型一致的输入尺寸。这样会有相对较好的训练效果。

提示:
在实例中,直接用COCO数据集的候选框作为模型的候选框,这么做只是为了演示方便。在实际训练中,为了得到更好的精度,建议使用训练数据集聚类后的结果作为模型的候选框。

2. 定义模型及训练参数

定义两个循环处理函数:
- _loop_validation 函数用于循环所有数据集,进行模型的验证。
- _loop_train 函数用于对全部的训练数据集进行训练。

为了演示方便,这里只用一个数据集,既做验证用,也做训练用。具体代码如下:

代码8-21　mainyolo(续)

```
44 learning_rate = 1e-4              #定义学习率
45 num_epoches =85                   #定义迭代次数
46 save_dir = "./model"              #定义模型路径
47
48 #循环整个数据集,进行loss值验证
49 def _loop_validation(model, generator):
50     n_steps = generator.steps_per_epoch
51     loss_value = 0
52     for _ in range(n_steps):       #按批次循环获取数据,并计算loss值
53         xs, yolo_1, yolo_2, yolo_3 = generator.next_batch()
54         xs=tf.convert_to_tensor(xs)
55         yolo_1=tf.convert_to_tensor(yolo_1)
56         yolo_2=tf.convert_to_tensor(yolo_2)
57         yolo_3=tf.convert_to_tensor(yolo_3)
58         ys = [yolo_1, yolo_2, yolo_3]
59         ys_ = model(xs )
60         loss_value += loss_fn(ys, ys_,anchors=COCO_ANCHORS,
61              image_size=[imgsize, imgsize] )
62     loss_value /= generator.steps_per_epoch
63     return loss_value
64
65 #循环整个数据集,进行模型训练
66 def _loop_train(model,optimizer, generator,grad):
67     n_steps = generator.steps_per_epoch
```

```
68      for _ in tqdm(range(n_steps)):    #按批次循环获取数据，并进行训练
69          xs, yolo_1, yolo_2, yolo_3 = generator.next_batch()
70          xs=tf.convert_to_tensor(xs)
71          yolo_1=tf.convert_to_tensor(yolo_1)
72          yolo_2=tf.convert_to_tensor(yolo_2)
73          yolo_3=tf.convert_to_tensor(yolo_3)
74          ys = [yolo_1, yolo_2, yolo_3]
75          optimizer.apply_gradients(grad(model,xs, ys))
76
77  if not os.path.exists(save_dir):
78      os.makedirs(save_dir)
79  save_fname = os.path.join(save_dir, "weights")
80
81  yolo_v3 = Yolonet(n_classes=len(LABELS))    #实例化yolo模型的类对象
82  #加载预训练模型
83  yolo_v3.load_darknet_params(YOLOV3_WEIGHTS, skip_detect_layer=True)
84
85  #定义优化器
86  optimizer = tf.train.AdamOptimizer(learning_rate=learning_rate)
87
88  #定义函数计算loss值
89  def _grad_fn(yolo_v3, images_tensor, list_y_trues):
90      logits = yolo_v3(images_tensor)
91      loss = loss_fn(list_y_trues, logits,anchors=COCO_ANCHORS,
92              image_size=[imgsize, imgsize])
93      return loss
94
95  grad = tfe.implicit_gradients(_grad_fn)    #获得计算梯度的函数
```

代码第77~95行，实现了在动态图里建立梯度函数、优化器及YOLO V3模型的操作。有关动态图的使用方式可以参考第6章内容，这里不再详述。

3. 启用循环训练模型

按照指定的迭代次数循环，并用history列表接收测试的损失值，将损失值最小的模型保存起来。具体代码如下：

代码8-21　mainyolo（续）

```
96   history = []
97   for i in range(num_epoches):
98       _loop_train( yolo_v3,optimizer, generator,grad)          #训练
99
100      loss_value = _loop_validation(yolo_v3, generator)         #验证
101      print("{}-th loss = {}".format(i, loss_value))
102
103      #收集loss值
104      history.append(loss_value)
105      if loss_value == min(history):            #只有在loss值创新低时才保存模型
```

```
106         print("    update weight {}".format(loss_value))
107         yolo_v3.save_weights("{}.h5".format(save_fname))
```

代码运行后，输出以下结果：

```
100%|██████████| 16/16 [00:23<00:00,  1.46s/it]
0-th loss = 16.659032821655273
    update weight 16.659032821655273
……
100%|██████████| 16/16 [00:22<00:00,  1.42s/it]
81-th loss = 0.8185760378837585
    update weight 0.8185760378837585
100%|██████████| 16/16 [00:22<00:00,  1.42s/it]
……
85-th loss = 0.9106661081314087
100%|██████████| 16/16 [00:22<00:00,  1.42s/it]
```

从结果中可以看到，模型在训练时 loss 值会发生一定的抖动。在第 81 次时，loss 值为 0.81 达到了最小，程序将当时的模型保存了起来。

在真实训练的环境下，可以使用更多的样本数据，设置更多的训练次数，来让模型达到更好的效果。

同时，还可以在代码第 43 行将变量 jitter 设为 True，对数据进行尺度变化（这是数据增强的一种方法），以便让模型有更好的泛化效果。一旦使用了数据增强，模型会需要更多次数的迭代训练才可以收敛。

8.6.5　代码实现：用模型识别门牌号

编写代码，载入 test 目录下的测试样本，并输入模型进行识别。具体代码如下：

代码 8-21　mainyolo（续）

```
108 IMAGE_FOLDER = os.path.join(PROJECT_ROOT, "data", "test","*.png")
109 img_fnames = glob.glob(IMAGE_FOLDER)
110
111 imgs = []        #存放图片
112 for fname in img_fnames:                    #读取图片
113     img = cv2.imread(fname)
114     img = cv2.cvtColor(img, cv2.COLOR_BGR2RGB)
115     imgs.append(img)
116
117 yolo_v3.load_weights(save_fname+".h5")   #载入训练好的模型
118 import numpy as np
119 for img in imgs:                            #依次传入模型
120     boxes, labels, probs = yolo_v3.detect(img, COCO_ANCHORS,imgsize)
121     print(boxes, labels, probs)
122     image = draw_boxes(img, boxes, labels, probs, class_labels=LABELS,
    desired_size=400)
123     image = np.asarray(image,dtype= np.uint8)
```

代码运行后,输出以下结果(见图 8-22~图 8-27):

```
[[ 72.   24.   94.   66. ]
 [ 71.5  26.5  94.5  69.5]
 [ 93.   22.  119.   72. ]] [5 1 6] [0.1293204  0.83631355 0.94269735]
5: 12.93203979730606%  1: 83.6313545703888%  6: 94.269734621047797%
```

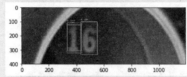

图 8-22　YOLO V3 结果 1

```
[[44.5 11.  55.5 33. ]] [6] [0.8771134]
6: 87.71134018898901%
```

图 8-23　YOLO V3 结果 2

```
[[35.   6.5 45.  25.5]] [5] [0.6734172]
5: 67.34172105789185%
```

图 8-24　YOLO V3 结果 3

```
[[65. 16. 85. 50.]] [8] [0.49630296]
8: 49.63029623031616%
```

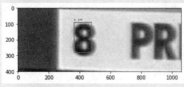

图 8-25　YOLO V3 结果 4

```
[[105.5  14.5 126.5  49.5]] [9] [0.719958]
9: 71.99580073356628%
```

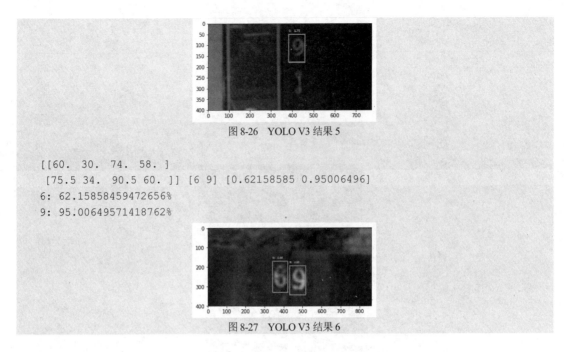

图 8-26　YOLO V3 结果 5

```
[[60.  30.  74.  58. ]
 [75.5 34.  90.5 60. ]] [6 9] [0.62158585 0.95006496]
6: 62.158584594472656%
9: 95.006495714187620%
```

图 8-27　YOLO V3 结果 6

8.6.6　扩展：标注自己的样本

本小节介绍两个标注样本的工具。可以利用它们对自己的数据进行标注，然后按照本节的例子训练自己的模型。

1. Label-Tool

该工具是用 Python Tkinter 开发的。源码地址如下：

```
https://github.com/puzzledqs/BBox-Label-Tool
```

在上面链接的页面中可以看到该软件的操作界面，如图 8-28 所示。

图 8-28　Label-Tool 工具

2. labelImg

该工具是用 Python 和 Qt 开发的。源码地址如下：

https://github.com/tzutalin/labelImg

从上面链接的页面中可以看到该软件的操作界面，如图 8-29 所示。

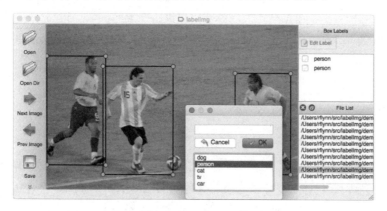

图 8-29　Label Img 工具

另外，在以下链接中还可以找到该软件的安装包：

https://tzutalin.github.io/labelImg/

8.7　实例 45：用 Mask R-CNN 模型定位物体的像素点

Mask R-CNN 模型是一个简单、灵活、通用的对象实例分割框架。它能够有效地检测图像中的对象，并为每个实例生成高质量的分割掩码，还可以通过增加不同的分支完成不同的任务。它可以完成目标分类、目标检测、语义分割、实例分割、人体姿势识别等多种任务。具体细节可以参考以下论文：

https://arxiv.org/abs/1703.06870

本节就通过实例来演示具体的做法。

实例描述

搭建 Mask R-CNN 模型，并加载现有的预训练权重。对任意一张图片进行计算，并在图上标出识别出来的物体名称、位置矩形框和精确的像素点。在程序正常执行之后，将 Mask R-CNN 模型的关键节点提取出来，并图示化。尝试根据结果及本书 8.7.3 小节介绍的模型结构，更深刻地理解 Mask R-CNN 模型。

本实例是用 tf.keras 接口实现的。先从 COCO 数据集的特点开始介绍，接着介绍 Mask R-CNN 模型的原理，并实现网络的搭建，然后加载 COCO 数据集上的预训练模型，最终完成对图片的检测。

8.7.1 下载 COCO 数据集及安装 pycocotools

COCO 数据集是微软发布的一个可以用来做图像识别训练的数据集,官方网址:http://mscoco.org。

图像主要从复杂的日常场景中截取,图像中的目标通过矩形框进行位置的标定。目前被广泛地用于图片分割任务中。在官网还为该数据集提供了配套的读取 API 工具——pycocotools。用户可以直接用该 API 载入数据。它帮助用户将精力更多地聚焦在模型上。下面就来完成数据的下载及 pycocotools 的安装。

1. 下载 COCO 数据集

COCO 数据集可以从以下链接下载:

http://cocodataset.org/#download

本实例使用 2014 年的 COCO 数据集。包含图片:训练集 82783 张、验证集 40504 张、测试集 40775 张,共分成 80 个类别。并配有目标检测的矩形框坐标标注、语义分割的散点标注、基于人物的关键点标注、对图片的整体文本描述标注。具体的下载界面如图 8-30 所示。

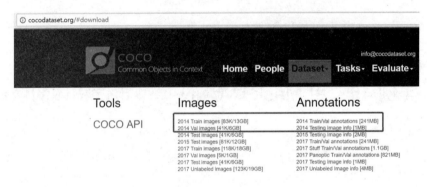

图 8-30 下载 COCO 数据集

在图 8-30 中一共有 4 个压缩文档:3 个图片数据集文档和 1 个标注数据集文档。

 提示:
本章使用的图片都是在线获取的。如果只是跟着本书例子学习,可以只下载标注文档,不用下载其他的图片样本。

2. 安装 pycocotools

在安装 pycocotools 之前,还需要先安装两个工具软件 GIT 与 visualcppbuildtools,然后再用 pip 命令安装 pycocotools。具体步骤如下:

(1)安装 GIT 软件。

GIT 为一个代码版本管理软件,可以与 GitHub 网站的代码库进行交互。安装该软件之后,就可以从 GitHub 网站上下载对应的 pycocotools 源代码。具体下载地址如下:

https://git-scm.com/

下载后直接将其安装即可。

（2）安装 visualcppbuildtools 软件。

该软件是 Viaual studio 系列的编译工具。安装完之后，就可以用该工具对 pycocotools 源代码进行编译。下载地址如下：

```
https://download.microsoft.com/download/5/f/7/5f7acaeb-8363-451f-9425-68a90f98b238/visualcppbuildtools_full.exe
```

（3）用 pip 命令安装 pycocotools。

直接在命令行里输入以下命令来安装 pycocotools。

```
pip install git+https://github.com/philferriere/cocoapi.git#subdirectory= PythonAPI
```

如果看到如图 8-31 所示的界面，则表示已经安装成功。

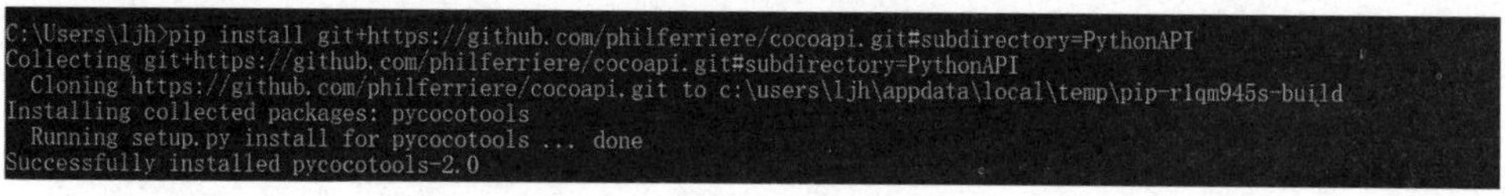

图 8-31 pycocotools 安装成功

> **提示：**
>
> 如果在安装过程中，出现如下错误：
>
> ModuleNotFoundError: No module named 'Cython'
>
> 则表明本机环境没有 Cython 库，还需要额外安装，安装 Cpython 库的命令如下：
> pip install Cython
> pip install fasttext

8.7.2 代码实现：验证 pycocotools 及读取 COCO 数据集

在数据集的标注压缩包"annotations_trainval2014.zip"中有以下 3 个标注文件。

- instances_train2014.json：包含全部的分类信息、全部图片的坐标及分类标注信息。
- person_keypoints_train2014.json：包含基于人的关键点标注信息。
- captions_train2014.json：包含基于全部图片的文本描述标注。

将数据集的标注压缩包"annotations_trainval2014.zip"解压缩到本地代码文件夹 cocos2014 下，并编写代码进行验证。

1. 获得数据集的分类信息

用 pycocotools 接口中的 COCO 函数，将包含分类信息的文档"instances_train2014.json"载入并解析。具体代码如下：

代码 8-22　数据集验证

```
01 from pycocotools.coco import COCO
02 import numpy as np
03 import skimage.io as io
```

```
04  import matplotlib.pyplot as plt
05
06  annFile='./cocos2014/annotations_trainval2014/annotations/
    instances_train2014.json'
07  coco=COCO(annFile)                          #加载注解的JSON格式数据
08
09  cats = coco.loadCats(coco.getCatIds())      #提取分类信息
10  print(cats,len(cats))                       #显示80个分类
11  nmcats=[cat['name'] for cat in cats]
12  print('COCO categories: \n{}\n'.format(' '.join(nmcats)))
13
14  nms = set([cat['supercategory'] for cat in cats])
15  print('COCO supercategories: \n{}'.format(' '.join(nms)))
16  print("supercategory len",len(nms))         #显示12个超级分类
17
18  #分类并不连续，例如：没有26，第1个是1，最后一个是90
19  catIds = coco.getCatIds(catNms=nmcats)
20  print(catIds)                               #打印出分类的ID
```

代码运行后，输出以下信息。

（1）输出分类的信息，包括了每一类对应的 ID、名字及所属的超级类。一共 80 个，具体如下：

[{'supercategory': 'person', 'id': 1, 'name': 'person'}, {'supercategory': 'vehicle', 'id': 2, 'name': 'bicycle'}, …… {'indoor', 'id': 87, 'name': 'scissors'}, {'supercategory': 'indoor', 'id': 88, 'name': 'teddy bear'}, {'supercategory': 'indoor', 'id': 89, 'name': 'hair drier'}, {'supercategory': 'indoor', 'id': 90, 'name': 'toothbrush'}] 80

（2）输出 80 个分类的名称，具体如下：

COCO categories:
person bicycle car motorcycle airplane bus train truck boat traffic light fire hydrant stop sign parking meter bench bird cat dog horse sheep cow elephant bear zebra giraffe backpack umbrella handbag tie suitcase frisbee skis snowboard sports ball kite baseball bat baseball glove skateboard surfboard tennis racket bottle wine glass cup fork knife spoon bowl banana apple sandwich orange broccoli carrot hot dog pizza donut cake chair couch potted plant bed dining table toilet tv laptop mouse remote keyboard cell phone microwave oven toaster sink refrigerator book clock vase scissors teddy bear hair drier toothbrush

（3）输出 12 个超级类的名称，具体如下：

COCO supercategories:
furniture vehicle animal kitchen accessory outdoor food indoor sports electronic person appliance
supercategory len 12

（4）输出所有类的 ID，具体如下：

```
[1, 2, 3, 4, 5, 6, 7, 8, 9, 10, 11, 13, 14, 15, 16, 17, 18, 19, 20, 21, 22, 23, 24,
25, 27, 28, 31, 32, 33, 34, 35, 36, 37, 38, 39, 40, 41, 42, 43, 44, 46, 47, 48, 49, 50,
51, 52, 53, 54, 55, 56, 57, 58, 59, 60, 61, 62, 63, 64, 65, 67, 70, 72, 73, 74, 75, 76,
77, 78, 79, 80, 81, 82, 84, 85, 86, 87, 88, 89, 90]
```

从输出结果中可以看到，类的 ID 从 1 开始，而且不连续，例如，没有 26、29 等。

2. 加载并显示数据集的坐标标注

用 pycocotools 接口中的 COCO 函数，将包含图片坐标标注信息的文档"instances_train2014.json"载入并解析，具体的代码如下：

代码 8-22　数据集验证（续）

```
21 catIds = coco.getCatIds(catNms=['person'])       #根据类名获得类 ID
22 imgIds = coco.getImgIds(catIds=catIds )          #根据类 ID 获得对应的图片列表
23 print(catIds,len(imgIds),imgIds[:5])
24
25 index = imgIds[np.random.randint(0,len(imgIds))] #从指定列表中取一张图片
26 print(index)
27 img = coco.loadImgs(index)[0]                    #index 可以是数组，会返回多个图片
28 print(img)
29 I = io.imread(img['coco_url'])                   #直接从网络获得该文件
30 plt.axis('off')
31 plt.imshow(I)
32 plt.show()
33 plt.imshow(I); plt.axis('off')        #获得标注的分割信息，并叠加到原图显示出来
34 annIds = coco.getAnnIds(imgIds=img['id'], catIds=catIds,
35                         iscrowd=None)            #参数 iscrowd 代表是否是一群
36 #一条标注 ID 对应的信息——segmentation（分割）、bbox（框）、category_id（类别）
37 anns = coco.loadAnns(annIds)
38 print(annIds,anns)
39 coco.showAnns(anns)#将分割的信息叠加到图像上
```

代码第 21 行，让 coco.getCatIds 函数按照指定的类名返回对应的类 ID。

代码第 22 行，让 coco.getImgIds 函数按照指定的类 ID 返回对应的图片索引列表。

代码第 27 行，让 coco.loadImgs 函数按照指定的图片索引返回对应的标注信息。

代码运行后，输出结果大致分为以下两部分。

（1）输出图片的坐标标注信息及内容。具体如下：

```
[1] 45174 [262145, 262146, 524291, 393223, 393224]
187519
{'license': 5, 'file_name': 'COCO_train2014_000000187519.jpg', 'coco_url':
'http://images.cocodataset.org/train2014/COCO_train2014_000000187519.jpg', 'height':
640, 'width': 367, 'date_captured': '2013-11-23 01:14:03', 'flickr_url':
'http://farm7.staticflickr.com/6014/5958747831_c486a37977_z.jpg', 'id': 187519}
```

上面显示的结果为图片的标注信息，对应代码第 21~32 行输出的内容。具体解读如下所示。

- 结果的第 1 行显示的内容为：person 类的 ID 为 1，person 类共有 45174 个图片，person

类中前 5 个图片的 ID 值。
- 第 2 行显示的内容为：从 45174 张图片中随机抽取了一个 ID 为 187519 的图片。
- 第 3 行到最后，显示的内容为 ID 为 187519 的图片所对应的标注信息。其中包括了文件名、URL、高、宽等信息。

接着，输出了图片的内容，如图 8-32 所示。

图 8-32　COCO 数据集图例

（2）输出图片的坐标信息及将坐标信息叠加到图片上的内容。具体如下：

```
[447039, 1219580, 2167032]
[{'segmentation': [[168.85, 32.27,…… 64.48, 146.7, 58.73, 161.08, 34.28]], 'area': 75920.59414999999, 'iscrowd': 0, 'image_id': 187519, 'bbox': [21.57, 32.27, 331.51, 593.11], 'category_id': 1, 'id': 447039},
 {'segmentation': [[60.7, 263.98, ……, 265.01], [56.58, …… 101.95, 280.48]], 'area': 5370.287899999999, 'iscrowd': 0, 'image_id': 187519, 'bbox': [55.55, 195.92, 60.84, 196.95], 'category_id': 1, 'id': 1219580},
 {'segmentation': [[1.18, 200.27, …… 5.47, 260.31], [5.47, …… 1.18, 296.46]], 'area': 5143.66055, 'iscrowd': 0, 'image_id': 187519, 'bbox': [1.18, 200.27, 64.94, 227.92], 'category_id': 1, 'id': 2167032}]
```

输出结果的第 1 行是图 8-32 对应的坐标标注 ID（对应代码第 38 行中的变量 annIds），该坐标标注 ID 是含有 3 个元素的列表，表示图 8-32 中共有 3 条坐标标注信息。

输出结果的第 2～3 行、第 4～5 行、第 6～7 行分别为图 8-32 中 3 条坐标标注的具体信息。每条坐标标注信息都包括以下几个属性。

- segmentation：语义分割坐标。由若干个点坐标 x 和 y 组成，个数不定。
- area：所分割的面积。
- iscrowd：是否是一群个体，取值 0 或 1，用来指定 Segmentation 属性的格式。
- image_id：所对应的图片 ID。
- bbox：位置所在的矩形框，由左上角的 x 和 y 坐标与右下角的 x 和 y 坐标组成，一共 4 个值。
- category_id：物体的类别。
- id：该标注的 ID。

其中，segmentation 字段可以有 3 种格式来表示。

- poly 格式：坐标点组成的列表。
- uncompress RLE 格式：没有压缩的 Run Length Encoding。
- compact RLE 格式：压缩的 Run Length Encoding。

如果 iscrowd 为 0，则 segmentation 为 poly 格式；如果 iscrowd 为 1，则 segmentation 为 RLE 格式。

将坐标标注信息叠加到图片上之后，如图 8-33 所示，可以看到其对应的语义分割区域。

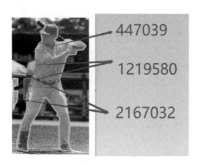

图 8-33　COCO 数据集坐标图例

在输出结果的第 4~5 行和第 6~7 行，可以看到其 Segmentation 字段为两个数组。所以对应于图 8-33 中 ID 为 1219580、2167032 的标注分别有两个区域。

3. 加载并显示基于人的关键点标注信息

用 pycocotools 接口中的 COCO 函数将包含人物关键点标注信息的文档 "person_keypoints_train2014.json" 载入并解析。具体的代码如下：

代码 8-22　数据集验证（续）

```
40  annFile = './annotations_trainval2014/annotations/person_keypoints_train2014.json'
41  coco_kps=COCO(annFile)
42  plt.imshow(I); plt.axis('off')
43  ax = plt.gca()
44  annIds = coco_kps.getAnnIds(imgIds=img['id'], catIds=catIds, iscrowd=None)
45  anns = coco_kps.loadAnns(annIds)#超级类person的每条标注，包括了关键点 及 segmentation和bbox、category_id
46  print(annIds,anns)
47  coco_kps.showAnns(anns)
```

代码运行后，输出以下结果：

（1）输出图片的关键点标注信息，并将关键点信息叠加到图片上的内容。具体如下：

```
[447039, 1219580, 2167032]
[{'segmentation': [[168.85, 32.27, ……, 34.28]], 'num_keypoints': 16, 'area': 75920.59415, 'iscrowd': 0, 'keypoints': [148, 96, 2, ……, 582, 2], 'image_id': 187519, 'bbox': [21.57, 32.27, 331.51, 593.11], 'category_id': 1, 'id': 447039},
 {'segmentation': [[60.7, 263.98, ……, 265.01], [56.58, ……, 101.95, 280.48]], 'num_keypoints': 8, 'area': 5370.2879, 'iscrowd': 0, 'keypoints': [0, 0, 0, 0, 0, ……,
```

```
1, 0, 0, 0, 0, 0, 0], 'image_id': 187519, 'bbox': [55.55, 195.92, 60.84, 196.95],
'category_id': 1, 'id': 1219580},
    {'segmentation': [[1.18, ……, 5.47, 260.31], [5.47, ……, 296.46]], 'num_keypoints':
4, 'area': 5143.66055, 'iscrowd': 0, 'keypoints': [0, 0, ……, 0, 0], 'image_id': 187519,
'bbox': [1.18, 200.27, 64.94, 227.92], 'category_id': 1, 'id': 2167032}]
```

输出结果的第 1 行是图 8-32 的关键点标注 ID（见代码第 44 行的 annIds），该关键点标注 ID 是含有 3 个元素的列表，表示图 8-32 共有 3 条关键点标注信息。

输出结果的是图 8-32 中 3 条关键点标注的具体信息（2 和 3 是一条，4 和 5 是一条，6 和 7 是一条）。每条关键点标注都比位置坐标标注多了两个属性。

- num_keypoints：关键点个数，最多 16 个。
- keypoints：具体的关键点，固定 16 个点，每个点由 x 和 y 两个值组成。如果个数不足 16，则需要补 0。

将关键点标注信息叠加到图片上后，在图片上可以看到对应的语义分割及关键点区域，如图 8-34 所示。

图 8-34　COCO 数据集人物关键点图例

4．加载并显示文本描述标注信息

使用 pycocotools 接口中的 COCO 函数将含有文本描述标注信息的文件 "captions_train2014.json" 载入并解析。

具体代码如下：

代码 8-22　数据集验证（续）

```
48  annFile =
    './annotations_trainval2014/annotations/captions_train2014.json'
49  coco_caps=COCO(annFile)                              #加载 Json 文件，获取图片描述
50  annIds = coco_caps.getAnnIds(imgIds=img['id'])       #每一个图片 ID 对应于多条描述
51  anns = coco_caps.loadAnns(annIds)                    #跟据描述 ID 载入每条描述
52  print(annIds,anns)                                   #每条描述包括图片 ID 和一段文字
53  coco_caps.showAnns(anns)
```

代码运行后，输出以下结果：

```
[270682, 275047, 275455, 276205, 279877]
[{'image_id': 187519, 'id': 270682, 'caption': 'A man standing on home plate holding a baseball bat.'}, {'image_id': 187519, 'id': 275047, 'caption': 'A man swinging a baseball bat on a field.'}, {'image_id': 187519, 'id': 275455, 'caption': 'A baseball player is standing with his bat raised.'}, {'image_id': 187519, 'id': 276205, 'caption': 'A baseball player up at bat in a game in a stadium.'}, {'image_id': 187519, 'id': 279877, 'caption': 'A ball player is preparing to take a swing.'}]
A man standing on home plate holding a baseball bat.
A man swinging a baseball bat on a field.
A baseball player is standing with his bat raised.
A baseball player up at bat in a game in a stadium.
A ball player is preparing to take a swing.
```

输出结果的第 1 行是图 8-32 对应的文本描述标注 ID（见代码第 50 行的 annIds 变量），该文本描述标注 ID 是含有 5 个元素的列表，表示图 8-32 中共有 5 条文本描述标注信息。

输出结果的第 2~5 行是这 5 条文本描述标注的具体信息。

输出结果的第 6~10 行是描述图 8-32 的 5 条具体文本。该信息由 COCO 对象的 showAnns 方法输出（见代码第 53 行）。

8.7.3 拆分 Mask R-CNN 模型的处理步骤

Mask R-CNN 模型属于两阶段（2-stage）检测模型，即该模型会先检测包含实物的区域，再对该区域内的实物进行分类识别。

1. 检测实物区域的步骤

具体步骤如下：

（1）按照算法将一张图片分成多个子框。这些子框被叫作锚点（anchors），锚点是不同尺度的矩形框，彼此间存在部分重叠。

（2）在图片中为具体的实物标注位置坐标（所属的位置区域）。

（3）根据实物标注的位置坐标与锚点区域的面积重合度（Intersection over Union，IOU）计算出哪些锚点属于前景、哪些锚点属于背景（重叠度高的就是前景，重叠度低的就是背景，重叠度一般的就忽略掉）。

（4）根据第（3）步结果中属于前景的锚点坐标和第（2）步结果中实物标注的位置坐标，计算出二者的相对位移和长宽的缩放比例。

最终，检测区域中的任务会被转化成对一堆锚点框的分类（前景和背景）和回归任务（偏移和缩放）。如图 8-35 所示，每张图片都会将其自身标注的信息转化为与锚点对应的标签，让模型对已有的锚点进行训练或识别。

在 Mask R-CNN 模型中，担当区域检测功能的网络被称作 RPN（Region Proposal Network）。

在实际处理过程中，会从 RPN 的输出结果中选取前景概率较高的一定数量锚点作为靠谱区域（Region Of Interest，ROI），送到第 2 阶段的网络中进行计算。

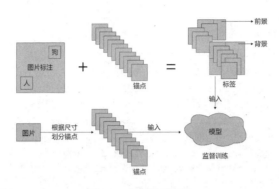

图 8-35 区域检测图例

2. Mask R-CNN 模型的完整步骤

Mask R-CNN 模型可以拆分成以下 5 个子步骤。

（1）提取主特征：这部分的模型又被叫作骨干网络。它用来从图片中提取出一些不同尺度的重要特征，通常用于一些预训练好的网络（如 VGG 模型、Inception 模型、Resnet 模型等）。这些获得的特征数据被称作 feature map。

（2）特征融合：用特征金字塔网络（Feature Pyramid Network，FPN）整合骨干网络中不同尺度的特征。最终的特征信息用于后面的 RPN 网络和最终的分类器网络。

（3）提取靠谱区域：主要通过 RPN 来实现。该网络的作用是，在众多锚点中计算出前景和背景的预测值，并算出基于锚点的偏移，然后对前景概率较大的靠谱区域用 NMS 算法去重，并从最终结果中取出指定个数的 ROI 用于后续网络的计算。

（4）ROI 池化：用区域对齐（ROIAlign）的方式进行。将第（2）步的结果当作图片，按照 ROI 中的区域框位置从图中取出对应的内容，并将形状统一成指定大小，用于后面的计算。

（5）最终检测：将第 4 步的结果输入依次送入分类器网络（classifier）进行分类与边框坐标的计算。再将带有精确边框坐标的分类结果一起送到检测器网络（detectioner）进行二次去重（过滤掉类别分数较小且重复度高于指定阈值的 ROI），以实现实物矩形检测功能。最后再将前面检测器的结果与第（2）步结果一起送入掩码检测器（Mask_Detectioner）进行实物像素分割。

完整的架构如图 8-36 所示。

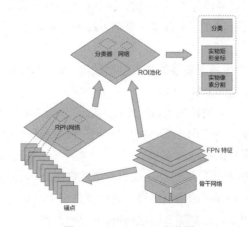

图 8-36 Mask-RCNN 架构图

8.7.4 工程部署：准备代码文件及模型

Mask R-CNN 模型的预训练模型的下载地址如下：

https://github.com/matterport/Mask_RCNN/releases/download/v2.0/mask_rcnn_coco.h5

将预训练模型下载之后，放到本地代码的同级目录下。再从本书配套资源里将该项目的源代码文件取出，放到本地路径下，完成项目的部署。

该项目由 5 个代码文件组成，具体说明如下。

- "8-23 Mask_RCNN 应用.py"：放置使用模型的全流程代码，以及讲解模型内部过程的示例代码。
- "8-24 mask_rcnn_model.py"：放置 Mask-RCNN 模型的具体代码。
- "8-25 mask_rcnn_utils.py"：放置模型所需要的辅助工具代码。
- "8-26 mask_rcnn_visualize.py"：放置可视化部分的显示代码。
- "8-27 othernet.py"：放置 Mask_RCNN 中使用的具体模型，包括 RPN 模型、FPN 模型、分类器模型（用于图片分类）、检测器模型（用于目标检测）、Mask 模型（用于图片分割）。

8.7.5 代码实现：加载数据构建模型，并输出模型权重

编写代码完成以下步骤：

（1）载入必要的代码模块，并将本实例中用到的其他代码文件载入。
（2）用 pycocotools 工具将 COCO 数据集中的类名提取出来。
（3）实例化 MaskRCNN 类，并构建 Mask R-CNN 模型。
（4）将预训练模型 Mask R-CNN 的权重文件载入。
（5）用 html_weight_stats 函数将权重文件的内容保存成网页形式，并显示出来。

具体的代码如下：

代码 8-23　Mask_RCNN 应用

```
01  import numpy as np
02  import tensorflow as tf
03  import matplotlib.pyplot as plt
04  from pycocotools.coco import COCO
05  import skimage.io as io                             #载入必要的模块
06
07  mask_rcnn_model = __import__("8-24 mask_rcnn_model")
08  MaskRCNN = mask_rcnn_model.MaskRCNN
09  utils = __import__("8-25 mask_rcnn_utils")
10  visualize = __import__("8-26 mask_rcnn_visualize")
11
12  #加载数据集
13  annFile='./cocos2014/annotations_trainval2014/annotations/instances_train2014.json'
```

```
14  coco=COCO(annFile)                                    #加载注解的JSON格式数据
15
16  class_ids = sorted(coco.getCatIds())                  #获得分类ID
17  class_info = coco.loadCats(coco.getCatIds())          #提取分类信息
18  class_name=[n["name"] for n in class_info]
19
20  class_ids.insert(0,0)
21  class_name.insert(0,"BG")
22
23  print(class_ids)                                       #所有的类索引
24  print(class_name)                                      #所有的类名
25
26  #载入模型
27  BATCH_SIZE =1                                          #批次
28  MODEL_DIR = "./log"
29  #指定模型运行的设备
30  DEVICE = "/cpu:0"   #指定模型在第0块CPU上运行（也可以指定在GPU上运行）
31  #以inference模式构建模型
32  with tf.device(DEVICE):
33      model = MaskRCNN(mode="inference", model_dir=MODEL_DIR,
    num_class=len(class_ids),batch_size = BATCH_SIZE)      #指定分类个数（81）
34
35  #模型权重文件路径
36  weights_path = "./mask_rcnn_coco.h5"
37
38  #载入权重文件
39  print("Loading weights ", weights_path)
40  model.load_weights(weights_path, by_name=True)
41
42  #将所有的可训练权重显示出来
43  utils.html_weight_stats(model)                         #显示权重
```

运行代码后，输出以下结果：

```
[0, 1, 2, 3, ……89, 90]
['BG', 'person',…… 'toothbrush']
```

在输出结果中：
- 第1行显示的是类的ID。
- 第2行显示的类的名称。

在代码第20、21行，对原始的数据类进行变换，加入一个背景类（ID为0，名称为BG）。

> **提示：**
> 因为本实例使用的预训练模型就是按照含有ID为0的背景类结构进行训练的，所以在构建Mask R-CN模型时也必须添加这个背景类。
> 另外，在训练自己的数据时也建议使用这种技巧，它可以让模型训练出更好的效果。

在代码运行之后，会在本地目录下生成一个名为 a.html 的文件。双击打开该文件，可以看到如图 8-37 所示的权重列表。

bn2a_branch2a/moving_variance:0	(64,)	+0.0000	+8.9258	+2.0314
res2a_branch2b/kernel:0	(3, 3, 64, 64)	-0.3878	+0.5070	+0.0323
res2a_branch2b/bias:0	(64,)	-0.0037	+0.0026	+0.0010
bn2a_branch2b/gamma:0	(64,)	+0.3165	+1.7010	+0.3042
bn2a_branch2b/beta:0	(64,)	-1.9348	+4.5429	+1.5113
bn2a_branch2b/moving_mean:0	(64,)	-6.7752	+4.5769	+2.2594
bn2a_branch2b/moving_variance:0	(64,)	+0.0000	+5.5085	+1.0835
res2a_branch2c/kernel:0	(1, 1, 64, 256)	-0.4468	+0.3615	+0.0410
res2a_branch2c/bias:0	(256,)	-0.0041	+0.0052	+0.0016
res2a_branch1/kernel:0	(1, 1, 64, 256)	-0.8674	+0.7588	+0.0703
res2a_branch1/bias:0	(256,)	-0.0034	+0.0025	+0.0009
bn2a_branch2c/gamma:0	(256,)	-0.5782	+3.1806	+0.6192
bn2a_branch2c/beta:0	(256,)	-1.1422	+1.4273	+0.4229
bn2a_branch2c/moving_mean:0	(256,)	-4.2602	+3.0864	+1.0168
bn2a_branch2c/moving_variance:0	(256,)	+0.0000	+2.6688	+0.3827
bn2a_branch1/gamma:0	(256,)	+0.2411	+3.4973	+0.6241
bn2a_branch1/beta:0	(256,)	-1.1422	+1.4274	+0.4229
bn2a_branch1/moving_mean:0	(256,)	-8.0883	+8.6554	+2.0289
bn2a_branch1/moving_variance:0	(256,)	+0.0000	+8.7306	+1.5526
res2b_branch2a/kernel:0	(1, 1, 256, 64)	-0.2536	+0.2319	+0.0358
res2b_branch2a/bias:0	(64,)	-0.0027	+0.0028	+0.0012

图 8-37　Mask-RCNN 权重列表

8.7.6　代码实现：搭建残差网络 ResNet

搭建一个残差网络（ResNet 模型）作为 Mask R-CNN 模型中的骨干网结构。

在具体实现时，将 ResNet 模型封装成 API，以便程序调用，具体步骤如下。

1. 载入模块，定义模型参数

整个 Mask R-CNN 模型的网络结构都是在代码文件"8-24　mask_rcnn_model.py"中实现的。在代码开始处，先引入全部的模块，并定义需要的参数。具体的代码如下：

代码 8-24　mask_rcnn_model

```
01  import os
02  import random
03  import datetime
04  import re
05  import math
06  import logging
07  import numpy as np
08  import skimage.transform
09  import tensorflow as tf
10  from tensorflow import keras
11  from tensorflow.keras import backend as K      #载入 keras 的后端实现
12  from tensorflow.keras import layers as KL
13  from tensorflow.keras import models as KM      #载入模块
14
```

```python
15  utils = __import__("8-25  mask_rcnn_utils")
16  log = utils.log
17  compose_image_meta = utils.compose_image_meta
18  othernet = __import__("8-27  othernet")
19  build_rpn_model = othernet.build_rpn_model
20  ProposalLayer= othernet.ProposalLayer
21  fpn_classifier_graph = othernet.fpn_classifier_graph
22  DetectionLayer = othernet.DetectionLayer
23  build_fpn_mask_graph = othernet.build_fpn_mask_graph
24  parse_image_meta_graph = othernet.parse_image_meta_graph
25  #要求TensorFlow的版本在1.8以上,这样MNS算法才会表现稳定
26  from distutils.version import LooseVersion
27  assert LooseVersion(tf.__version__) >= LooseVersion("1.8")
28
29  #定义全局输入图片大小(二选一),图片会被下采样6次,必须能够被2的6次方整除
30  IMAGE_MIN_DIM = 800
31  IMAGE_MAX_DIM = 1024
32  IMAGE_DIM = IMAGE_MAX_DIM                    #选择1024
33  IMAGE_RESIZE_MODE = "square"                 #统一成IMAGE_MAX_DIM
34
35  #对图片变化尺寸时,定义的最小缩放范围。0代表不限制最小缩放范围
36  IMAGE_MIN_SCALE = 0
37
38  BACKBONE = "resnet101"                       #主干网络使用ResNet
39
40  #骨干网络返回的每一层特征,对原始图片的缩小比例代表着输出特征的5种尺度
41  #在计算锚点时,BACKBONE_STRIDES的每个元素代表按照该像素值划分网格
42  #骨干网络输出的特征,其尺度分别为256、128、64、32、16,代表输出的网格个数分别为256、
    128、64、32、16
43  BACKBONE_STRIDES = [4, 8, 16, 32, 64]
44
45  #扫描网格的步长。按照该步长获取网格,用于计算锚点。网格中的第1个像素坐标被当作锚点的中
    心点
46  RPN_ANCHOR_STRIDE = 1
47
48  #每个锚点的边长初始值
49  RPN_ANCHOR_SCALES = (32, 64, 128, 256, 512)
50
51  #锚点的边长比例(width/height),将初始值和边长比例一起计算,得到锚点的真实边长
52  RPN_ANCHOR_RATIOS = [0.5, 1, 2]
53
54  RPN_TRAIN_ANCHORS_PER_IMAGE = 256       #训练RPN时选取锚点的个数
55  TRAIN_ROIS_PER_IMAGE = 200              #在训练过程中,将选取多少个ROI放到FPN层中
56  ROI_POSITIVE_RATIO = 0.33               #训练过程中选取的正向ROI比例,用于送往FPN
57
58  #对应于训练或是使用时,RPN最终需要最大保留多少个ROI
59  POST_NMS_ROIS_TRAINING = 2000
```

```
60  POST_NMS_ROIS_INFERENCE = 1000
61  RPN_NMS_THRESHOLD = 0.7
62  FPN_FEATURE = 256                                    #特征金字塔层的深度
63  DETECTION_MAX_INSTANCES = 100                        #FPN 最终检测的实例个数
64  #在制作样本的标签时,从一张图片中最多只读取100个实例
65  MAX_GT_INSTANCES = 100
66  #分类时的置信度阈值
67  DETECTION_MIN_CONFIDENCE = 0.7
68  #检测时的 Non-maximum suppression 阈值
69  DETECTION_NMS_THRESHOLD = 0.3
70
71  #定义池化 ROI 的相关参数
72  POOL_SIZE = 7                                        #金字塔对齐池化后的 ROI 形状
73  MASK_POOL_SIZE = 14
74  MASK_SHAPE = [28, 28]
75  #定义 RPN 和最终检测的边界框细化标准偏差
76  RPN_BBOX_STD_DEV = np.array([0.1, 0.1, 0.2, 0.2])
77  BBOX_STD_DEV = np.array([0.1, 0.1, 0.2, 0.2])
78
79  #是否对掩码进行压缩
80  USE_MINI_MASK = True
81  MINI_MASK_SHAPE = (56, 56)                           #压缩后的掩码大小(height, width)
```

代码中每个参数的定义,都做了详细的注释。读者需要理解这些定义,并与具体的算法规则结合起来,才能更好地理解代码。

> **提示:**
> 在代码第 24 行,用断言函数判断 TensorFlow 的版本,要求 TensorFlow 的版本号要在 1.8 以上。原因在于,本实例直接使用了 TensorFlow 中的 NMS 算法库。
> 如果使用的是 1.8 以下的版本,则不建议使用 TensorFlow 中的 NMS 的算法库。可以将使用 TensorFlow 中的 NMS 算法库的代码(见 8.7.12 小节)改成使用 8.5.9 小节自定义的 NMS 算法函数。

2. 搭建残差块

残差网络中最核心的部分是通过短链接实现的残差块。

在 ResNet101 模型中实现了两种不同的残差块结构:

- 不带卷积操作的短链接结构。
- 带卷积操作的短链接结构。

这两种残差块的实现代码如下:

代码 8-24 mask_rcnn_model(续)

```
82  def compute_backbone_shapes( image_shape):             #计算 ResNet 返回的形状
83      returnshape = [[int(math.ceil(image_shape[0] / stride)),
```

```python
84             int(math.ceil(image_shape[1] / stride))] for stride in BACKBONE_STRIDES]
85     return np.array( returnshape)
86
87 #ResNet 中的 identity_block(不带卷积的短链接)
88 def identity_block(input_tensor, kernel_size, filters, stage, block, use_bias=True, train_bn=True):#kernel_size是第2层卷积核的大小。Filters是每层卷积核的个数，stage和block用于命名
89
90     nb_filter1, nb_filter2, nb_filter3 = filters        #解析出每层卷积核个数
91     conv_name_base = 'res' + str(stage) + block + '_branch' #为卷积层命名
92     bn_name_base = 'bn' + str(stage) + block + '_branch'    #为BN层命名
93
94     x = KL.Conv2D(nb_filter1, (1, 1), name=conv_name_base + '2a', use_bias=use_bias)(input_tensor)
95     x = KL.BatchNormalization(name=bn_name_base + '2a')(x, training=train_bn)
96     x = KL.Activation('relu')(x)
97
98     x = KL.Conv2D(nb_filter2, (kernel_size, kernel_size), padding='same', name=conv_name_base + '2b', use_bias=use_bias)(x)
99     x = KL.BatchNormalization(name=bn_name_base + '2b')(x, training=train_bn)
100    x = KL.Activation('relu')(x)
101
102    x = KL.Conv2D(nb_filter3, (1, 1), name=conv_name_base + '2c', use_bias=use_bias)(x)
103    x = KL.BatchNormalization(name=bn_name_base + '2c')(x, training=train_bn)
104
105    x = KL.Add()([x, input_tensor])                      #短链接
106    x = KL.Activation('relu', name='res' + str(stage) + block + '_out')(x)
107    return x
108
109 #ResNet 中的 conv_block(带卷积的短链接)
110 def conv_block(input_tensor, kernel_size, filters, stage, block, strides=(2, 2), use_bias=True, train_bn=True):  #strides为第1层的步长，进行了下采样，所以短链接时也得下采样
111
112    nb_filter1, nb_filter2, nb_filter3 = filters
113    conv_name_base = 'res' + str(stage) + block + '_branch'
114    bn_name_base = 'bn' + str(stage) + block + '_branch'
115
116    #第1层, 1×1 卷积
117    x = KL.Conv2D(nb_filter1, (1, 1), strides=strides, name=conv_name_base + '2a', use_bias=use_bias)(input_tensor)
118    x = KL.BatchNormalization(name=bn_name_base + '2a')(x, training=train_bn)
```

```
119        x = KL.Activation('relu')(x)
120
121        #第2层，按照指定卷积核卷积
122        x = KL.Conv2D(nb_filter2, (kernel_size, kernel_size), padding='same',
    name=conv_name_base + '2b', use_bias=use_bias)(x)
123        x = KL.BatchNormalization(name=bn_name_base + '2b')(x, training=train_bn)
124        x = KL.Activation('relu')(x)
125
126        #第3层，1×1 卷积
127        x = KL.Conv2D(nb_filter3, (1, 1), name=conv_name_base + '2c',
    use_bias=use_bias)(x)
128        x = KL.BatchNormalization(name=bn_name_base + '2c')(x, training=train_bn)
129
130        #带卷积的短链接
131        shortcut = KL.Conv2D(nb_filter3, (1, 1), strides=strides,
    name=conv_name_base + '1', use_bias=use_bias)(input_tensor)
132        shortcut = KL.BatchNormalization(name=bn_name_base + '1')(shortcut,
    training=train_bn)
133        x = KL.Add()([x, shortcut])
134        x = KL.Activation('relu', name='res' + str(stage) + block + '_out')(x)
135
136        return x
```

代码第88行定义了 identity_block 层，实现了不带卷积的残差块，主要是用于识别图像特征。

代码第110行定义了 conv_block 层，实现了带卷积的残差块（见代码第131行）。在识别图像特征的同时，又对原有图片进行了下采样。残差网络主要是将这两种单元结构按照一定顺序串联起来，形成了深层的神经网络，从而具有分析特征的能力。

3. 搭建 ResNet 模型

ResNet 模型常被用在复杂模型中，实现特征提取功能。经典的 ResNet 模型有两种结构：ResNet50 和 ResNet101。

- ResNet50 一共有 50 层，属于较小型网络，精度稍低一些，但运算速度更快。
- ResNet101 一共有 101 层，属于较大型网络，精度稍高一些，但运算速度较慢。

下面代码中用 resnet_graph 函数来搭建 ResNet 模型。函数 resnet_graph 可以同时支持 ResNet101 和 ResNet50 两种模型的实现。

在整个 Mask R-CNN 模型中，仅获取残差网络输出的最终特征是不够的，还需要将其中间状态的部分特征抽取出来。

在代码实现时，按照整个网络对原始图片的缩放尺度（每个带卷积的残差块都会将尺寸缩为原来的一半）将不同尺寸的特征层抽取出来。

具体代码如下：

代码8-24　mask_rcnn_model（续）

```
137 #组建残差网络，支持resnet50和resnet101两种。参数stage5表示是否将第5特征层的结
    果输出
138 def resnet_graph(input_image, architecture, stage5=False, train_bn=True):
139
140     assert architecture in ["resnet50", "resnet101"]
141     #第1特征层
142     x = KL.ZeroPadding2D((3, 3))(input_image)
143     x = KL.Conv2D(64, (7, 7), strides=(2, 2), name='conv1', use_bias=True)(x)
144     x = KL.BatchNormalization(name='bn_conv1')(x, training=train_bn)
145     x = KL.Activation('relu')(x)
146     C1 = x = KL.MaxPooling2D((3, 3), strides=(2, 2), padding="same")(x)
147     #第2特征层
148     x = conv_block(x, 3, [64, 64, 256], stage=2, block='a', strides=(1, 1), train_bn=train_bn)
149     x = identity_block(x, 3, [64, 64, 256], stage=2, block='b', train_bn=train_bn)
150     C2 = x = identity_block(x, 3, [64, 64, 256], stage=2, block='c', train_bn=train_bn)
151     #第3特征层
152     x = conv_block(x, 3, [128, 128, 512], stage=3, block='a', train_bn=train_bn)
153     x = identity_block(x, 3, [128, 128, 512], stage=3, block='b', train_bn=train_bn)
154     x = identity_block(x, 3, [128, 128, 512], stage=3, block='c', train_bn=train_bn)
155     C3 = x = identity_block(x, 3, [128, 128, 512], stage=3, block='d', train_bn=train_bn)
156     #第4特征层
157     x = conv_block(x, 3, [256, 256, 1024], stage=4, block='a', train_bn=train_bn)
158     block_count = {"resnet50": 5, "resnet101": 22}[architecture]
159     for i in range(block_count):
160         x = identity_block(x, 3, [256, 256, 1024], stage=4, block=chr(98 + i), train_bn=train_bn)
161     C4 = x
162     #第5特征层
163     if stage5:
164         x = conv_block(x, 3, [512, 512, 2048], stage=5, block='a', train_bn=train_bn)
165         x = identity_block(x, 3, [512, 512, 2048], stage=5, block='b', train_bn=train_bn)
166         C5 = x = identity_block(x, 3, [512, 512, 2048], stage=5, block='c', train_bn=train_bn)
167     else:
168         C5 = None
169     return [C1, C2, C3, C4, C5]
```

在上述代码的最后一行,返回了 ResNet 模型中每个特征层所抽取的特征数据。其中,第 1 特征层至第 5 特征层分别用张量 C1~C5 表示。

每个特征层都是通过对上层数据进行下采样处理得来的。假如输入图片的尺寸为 [1024,2014,3],则 C1 到 C5 的尺寸依次为:[256,256]、[128,128]、[64,64]、[32,32]、[16,16]。

8.7.7 代码实现:搭建 Mask R-CNN 模型的骨干网络 ResNet

下面通过 MaskRCNN 类搭建 Mask R-CNN 模型。在 MaskRCNN 类中,实现模型的两种使用方式:训练(training)方式和接口调用(inference)方式。因为本实例是直接使用预训练模型进行实现,所以只实现其接口功能即可。

1. 在 MaskRCNN 类中搭建 ResNet 模型

在 MaskRCNN 类中,用成员变量 keras_model 来创建 Mask R-CNN 模型。基本思路是:首先通过 MaskRCNN 类的初始化方法(__init__)为其添加基本设置;接着通过 build 方法为 keras_model 构建模型。在 build 方法中,用 resnet_graph 函数构建 ResNet 模型,并返回其中 5 种尺度的特征。

在构建模型之前,需要实现一个 mold_inputs 方法,以便对输入的图片进行预处理。在 mold_inputs 方法中,将图片等比例缩放到[1024,1024,3]大小,并将尺寸不足的地方补 0。具体实现代码如下:

代码 8-24　mask_rcnn_model(续)

```
170 class MaskRCNN():                                          #定义 Mask R-CNN 模型类
171     def __init__(self, mode, model_dir,num_class,batch_size):   #初始化
172         """
173         mode: 可以是 training 或 inference 两种模式
174         model_dir: 保存模型的路径
175         """
176         assert mode == 'inference'
177         self.mode = mode
178         self.num_class = num_class
179         self.batch_size = batch_size
180         self.model_dir = model_dir
181         self.set_log_dir()
182         self.keras_model = self.build(mode=mode)           #keras_model 是真正模型
183 
184     def mold_inputs(self, images):                          #输入图片预处理
185         molded_images = []
186         image_metas = []
187         windows = []
188         for image in images:
189 
190             #window 是缩放后有效图片的坐标
191             #scale 是缩放比例
```

```
192            molded_image, window, scale, padding, crop = utils.resize_image(
193                image,
194                min_dim=IMAGE_MIN_DIM,
195                min_scale=IMAGE_MIN_SCALE,
196                max_dim=IMAGE_MAX_DIM,
197                mode=IMAGE_RESIZE_MODE)
198            molded_image = mold_image(molded_image)#均值化
199
200            #把图片配套的信息也打包好
201            image_meta = utils.compose_image_meta(
202                0, image.shape, molded_image.shape, window, scale,
203                np.zeros([self.num_class], dtype=np.int32))
204            #将信息添加到列表
205            molded_images.append(molded_image)
206            windows.append(window)
207            image_metas.append(image_meta)
208
209        #转成np数组
210        molded_images = np.stack(molded_images)
211        image_metas = np.stack(image_metas)
212        windows = np.stack(windows)
213
214        return molded_images, image_metas, windows
215
216    def build(self, mode):                        #构建Mask R-CNN模型的网络架构
217
218        #检查尺寸合法性
219        h, w = IMAGE_DIM,IMAGE_DIM;
220        if h / 2**6 != int(h / 2**6) or w / 2**6 != int(w / 2**6):
221            raise Exception("必须要被2的6次方整除.例如: 256, 320, 384, 448, 512, ... 等.")
222
223        input_image = KL.Input( shape=[None, None, 3], name="input_image")#定义输入节点
224
225        input_image_meta = KL.Input(shape=[img_meta_size], name="input_image_meta")
226
227        if mode == "inference":                    #将全局的锚点框输入
228            input_anchors = KL.Input(shape=[None, 4], name="input_anchors")
229
230        #构建骨干网络。返回最后5层的特征（5种尺度），不使用BN，因为批次=1，非常小
231        _, C2, C3, C4, C5 = resnet_graph(input_image, BACKBONE,stage5=True, train_bn=False)
```

从代码第231行可以看到，并没有将5种尺度的特征全部使用，而是将第1特征层的特征丢掉。原因是：第1层的特征相对变化较小，虽然信息丰富，但是相对精度较低。

2. 实现 utils 模块中相关的函数

在 MaskRCNN 类中用到了 3 个函数：resize_image、compose_image_meta 和 mold_image。实现方式请看以下代码：

代码 8-25　mask_rcnn_utils

```
01  import numpy as np
02  import tensorflow as tf
03  from tensorflow.keras import backend as K    #载入 Keras 的后端实现
04  from collections import OrderedDict
05  import skimage.color
06  import skimage.io
07  import skimage.transform
08  mask_rcnn_model = __import__("8-24  mask_rcnn_model")
09  model =mask_rcnn_model
10
11  #Image mean (RGB)
12  MEAN_PIXEL = np.array([123.7, 116.8, 103.9])
13  def mold_image(images):                          #将图片均值化
14      return images.astype(np.float32) - MEAN_PIXEL
15
16  def unmold_image(normalized_images ):            #将均值化的图片还原
17      return (normalized_images + MEAN_PIXEL).astype(np.uint8)
18
19  #改变图片形状，mode 为 square 表示填充为正方形，大小为 max_dim
20  def resize_image(image, min_dim=None, max_dim=None, min_scale=None,
21              mode="square"):#mode 为 pad64,支持被 64 整除；mode 为 crop,表示按照 min_dim 变形
22
23      ……#由于代码过长，这里略过。请参考随书的配套代码
24      else:
25          raise Exception("Mode {} not supported".format(mode))
26      return image.astype(image_dtype), window, scale, padding, crop
27
28  #定义函数将图片信息组合起来
29  def compose_image_meta(image_id, original_image_shape, #原始图片尺寸
30                  image_shape,           #image_shape 转化后图片尺寸
31                  window,                #转化后的图片，除去补 0 后剩下的坐标
32                  scale, active_class_ids):
33      meta = np.array(
34          [image_id] +                              #size=1
35          list(original_image_shape) +              #size=3
36          list(image_shape) +                       #size=3
37          list(window) +                  #size=4 (y1, x1, y2, x2)
38          [scale] +                                 #size=1
39          list(active_class_ids)                    #size=num_classes
40      )
41      return meta
```

8.7.8 代码实现：可视化 Mask R-CNN 模型骨干网络的特征输出

为了可以清晰地了解 ResNet 模型所输出的内容，通过代码向模型输入图片，并将结果显示出来。

1. 实现 utils 模块中相关的函数

在 utils 模块中实现了函数 run_graph，用于输出 MaskRCNN 类中的指定模型节点信息。在函数 run_graph 中，使用的是 tf.keras 接口的 function 函数将指定的网络节点输出（见代码第 64 行）。

函数 tf.keras.function 的用法与函数 tf.keras.model 的用法类似，具体如下：

（1）构建输入与输出的网络节点。

（2）将输入与输出的网络节点传入 tf.keras.function 函数，得到一个 kf 对象。kf 对象具有可调用（__call__）属性。

（3）调用对象 kf，并向里面传入具体的输入数据，这样便可实现指定节点的输出。

在本例中，直接将 MaskRCNN 类里的输入层作为函数 tf.keras.function 的输入节点，将参数 outputs 作为函数 tf.keras.function 的输出节点，并调用函数 tf.keras.function 构造出可调用对象 kf。接着便构造出输入数据，调用 kf 对象，输出 outputs 节点的计算结果。具体代码如下：

代码 8-25　mask_rcnn_utils（续）

```
42  def log(text, array=None):#输出numpy类型的对象信息
43      if array is not None:
44          text = text.ljust(25)
45          text += ("shape: {:20}  min: {:10.5f}  max: {:10.5f}  {}".format(
46              str(array.shape),
47              array.min() if array.size else "",
48              array.max() if array.size else "",
49              array.dtype))
50      print(text)
51
52  #定义函数，运行子图
53  def run_graph(MaskRCNNobj, images, outputs,BATCH_SIZE, image_metas=None):
54
55      model = MaskRCNNobj.keras_model              #取得模型
56      outputs = OrderedDict(outputs)               #检查参数
57      for o in outputs.values():
58          assert o is not None
59
60      #通过tf.keras接口的function函数来运行图中的一部分
61      inputs = model.inputs
62      #if model.uses_learning_phase and not isinstance(K.learning_phase(), int):
63      #    inputs += [K.learning_phase()]
64      kf = K.function(model.inputs, list(outputs.values()))
65
66      if image_metas is None:                       #检查image_metas参数
```

```
67              molded_images, image_metas, _ = MaskRCNNobj.mold_inputs(images)
68          else:
69              molded_images = images
70          image_shape = molded_images[0].shape
71
72          #根据图片形状获得锚点信息
73          anchors = MaskRCNNobj.get_anchors(image_shape)#根据图片大小获得锚点
74
75          #一张图片的锚点变成batch张图片,复制batch份
76          anchors = np.broadcast_to(anchors, (BATCH_SIZE,) + anchors.shape)
77          model_in = [molded_images, image_metas, anchors]
78
79          #运行模型
80          #if model.uses_learning_phase and not isinstance(K.learning_phase(), int):
81          #    model_in.append(0.)
82          outputs_np = kf(model_in)
83
84          #将结果打包成字典
85          outputs_np = OrderedDict([(k, v) for k, v in zip(outputs.keys(), outputs_np)])
86
87          for k, v in outputs_np.items():                              #输出结果
88              log(k, v)
89          return outputs_np
```

代码第 66~77 行,实现了列表对象 model_in 的构建。该列表对象 model_in 将作为可调用对象 kf 的输入数据在计算输出节点中使用。

可调用对象 kf 的输入数据格式应与 MaskRCNN 类里输入层节点的格式一致,它们由图片(molded_images)、图片元数据(image_metas)、锚点信息(anchors)这 3 个数据组成。

- molded_images:预处理过的图片数据。在代码第 66 行对参数 image_metas 进行判断。如果参数 image_metas 为 None,则表示输入的图片 images 是原始图片,需要调用模型的 mold_inputs 方法对图片进行预处理,并将缩放后的图片信息打包到参数 image_metas 里;如果参数 image_metas 不为 None,则表示输入的图片 images 已被预处理过,可以直接使用。
- image_metas:图片的元数据,记录着图片在预处理过程中的附属信息。
- anchors:图片的锚点信息。它根据是输入图片的形状计算得来的,由模型的 get_anchors 方法生成。生成规则见 8.7.10 小节的详细介绍。

在代码第 82 行,将列表对象 model_in 传入可调用对象 kf 中,进行输出节点的计算(得到结果 outputs_np)。接着将最终的计算结果 outputs_np 输出,并返回。

2. 获取图片

从数据集中随机取出一张图片,作为模型的原始输入数据输入 MaskRCNN 类中,用来计算 ResNet 层所抽取的特征。代码如下:

代码 8-23　Mask_RCNN 应用（续）

```
44  #从数据集中获取一个图片用于测试
45  catIds = coco.getCatIds(catNms=['person'])      #根据类名获得对应的图片列表
46  imgIds = coco.getImgIds(catIds=catIds )
47  print(catIds,len(imgIds),imgIds[:5])
48
49  #从指定列表中取一张图片
50  index = imgIds[np.random.randint(0,len(imgIds))]
51  print(index)
52  img = coco.loadImgs(index)[0]                   #index 可以是数组，会返回多个图片
53  print(img)
54  image = io.imread(img['coco_url'])
55  plt.axis('off')
56  plt.imshow(image)
57  plt.show()
```

代码运行后，输出以下结果：

```
[1] 45174 [262145, 262146, 524291, 393223, 393224]
227612
{'license': 2, 'file_name': 'COCO_train2014_000000227612.jpg', 'coco_url':
'http://images.cocodataset.org/train2014/COCO_train2014_000000227612.jpg', 'height':
333, 'width': 500, 'date_captured': '2013-11-19 23:55:59', 'flickr_url':
'http://farm3.staticflickr.com/2646/3916774397_6f358fa220_z.jpg', 'id': 227612}
```

输出结果的第 1 行的意义是：在 COCO 数据集中，person 类的索引为 1。该类有 45174 条标注信息，以及 person 类中前 5 条标注的索引值。

输出结果的第 2 行，对应于代码第 51 行的运行结果。意义是：在 person 类的标注数据中，随机取出一条索引值为 227612 的标注数据。

输出结果的第 3 行显示索引值为 227612 的标注数据的具体内容。

在代码第 54 行，调用函数 io.imread，并根据标注信息中的网址将图片下载到内存中并显示出来，如图 8-38 所示。

图 8-38　COCO 数据集中的人物图片

3. 运行 MaskRCNN 子图，验证 ResNet 输出

下面用 run_graph 函数将 ResNet 的最后两层网络的特征值打印出来，并进行可视化。代码如下：

代码 8-23　Mask_RCNN 应用（续）

```
58  ResNetFeatures = utils.run_graph(model,[image], [
59      ("res4w_out",
    model.keras_model.get_layer("res4w_out").output),
60      ("res5c_out",
    model.keras_model.get_layer("res5c_out").output),
61  ],BATCH_SIZE)
62
63  #可视化
64
    visualize.display_images(np.transpose(ResNetFeatures["res4w_out"][0,:,:,
    :4], [2, 0, 1]))
65
    visualize.display_images(np.transpose(ResNetFeatures["res5c_out"][0,:,:,
    :4], [2, 0, 1]))
```

在构建 ResNet 模型的代码中（见 8.7.6 小节），为每个特征层的残差块都定义了一个名字。

代码第 59 行，用 model.keras_model.get_layer 方法，根据残差块的名字取出第 4 特征层输出的张量。该张量将传入 run_graph 函数，计算出具体的特征数据。

代码第 64、65 行，用 visualize 模块的 display_images 函数，分别从第 4、5 特征层的输出结果中取出 4 张特征数据，并将其可视化（visualize 模块是一个可视化代码模块，本书不做具体讲解）。

整个代码运行后，输出以下结果：

```
res4w_out        shape: (1, 64, 64, 1024)    min:    0.00000    max:   78.48668  float32
res5c_out        shape: (1, 32, 32, 2048)    min:    0.00000    max:   70.40952  float32
```

输出结果中的第 1、2 行分别是第 4、5 特征层的输出。从形状上可以看到，第 4 特征层将原始图片（1024 pixel×1024 pixel）做了 4 次缩小一半的操作（1024÷4^2=64），而第 5 特征层将原始图片做了 5 次缩小一半的操作。

接着还会看到输出的特征图片，如图 8-39 所示。

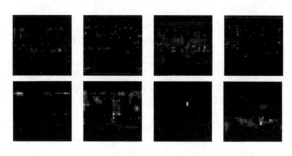

图 8-39　ResNet 模型的第 4、5 特征层的输出结果

从图 8-39 中可以看到，模型中第 4、5 层的特征数据能够关注到图片中的某些特殊区域。

8.7.9 代码实现：用特征金字塔网络处理骨干网络特征

在特征提取过程中，骨干网模型的最终层特征与中间层特征有以下特点：

- 最终特征层，输出的特征语义信息比较少，但指向收敛目标的特征相对精准。
- 中间特征层，含有的特征语义信息比较丰富，但指向收敛目标的特征相对比较粗略。

特征金字塔网络（Feature Pyramid Networks，FPN）是目标检测模型中的一个经典网络，它可以对骨干网络模型做更好的特征提取。用 FPN 提取出来的特征能够兼顾最终层和中间层特征的优点，使预测效果更好。

FPN 的原理是：将骨干网络最终特征层和中间特征层的多个尺度的特征以类似金字塔的形式融合在一起。最终的特征可以兼顾两个特点——指向收敛目标的特征准确、特征语义信息丰富。更多信息可以参考论文：

https://arxiv.org/abs/1612.03144

具体方式如图 8-40 所示。

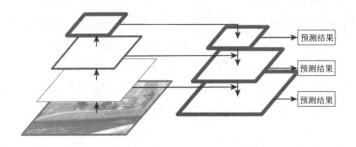

图 8-40　FPN 的结构

1. FPN 的代码实现

接着 8.7.7 小节，在 MaskRCNN 类中添加以下代码：

代码 8-24　mask_rcnn_model（续）

```
232         #实现特征金字塔层 FPN
233         P5 = KL.Conv2D(256, (1, 1), name='fpn_c5p5')(C5)
234         P4 = KL.Add(name="fpn_p4add")([KL.UpSampling2D(size=(2, 2),
    name="fpn_p5upsampled")(P5),
235                                        KL.Conv2D(256, (1, 1),
    name='fpn_c4p4')(C4)] )
236         P3 = KL.Add(name="fpn_p3add")([KL.UpSampling2D(size=(2, 2),
    name="fpn_p4upsampled")(P4),
237                                        KL.Conv2D(256, (1, 1),
    name='fpn_c3p3')(C3)] )
238         P2 = KL.Add(name="fpn_p2add")([ KL.UpSampling2D(size=(2, 2),
    name="fpn_p3upsampled")(P3),
```

```
239                         KL.Conv2D(256, (1, 1),
    name='fpn_c2p2')(C2)]    )
240
241         #依次对融合后的特征进行卷积操作
242         P2 = KL.Conv2D(FPN_FEATURE, (3, 3), padding="SAME",
    name="fpn_p2")(P2)
243         P3 = KL.Conv2D(FPN_FEATURE, (3, 3), padding="SAME",
    name="fpn_p3")(P3)
244         P4 = KL.Conv2D(FPN_FEATURE, (3, 3), padding="SAME",
    name="fpn_p4")(P4)
245         P5 = KL.Conv2D(FPN_FEATURE, (3, 3), padding="SAME",
    name="fpn_p5")(P5)
246         #额外再将 P5 进行下采样，生成一个 P6 特征，用于 RPN
247         P6 = KL.MaxPooling2D(pool_size=(1, 1), strides=2, name="fpn_p6")(P5)
248         #将特征准备好后，分别放到两个列表里，用于 RPN 处理及最终的分类器
249         rpn_feature_maps = [P2, P3, P4, P5, P6]#定义列表，用于 rpn 处理
250         mrcnn_feature_maps = [P2, P3, P4, P5]#定义列表，用于分类器
```

在代码的最后两行，分别将做好的特征放入 rpn_feature_maps 与 mrcnn_feature_maps 两个列表中。

代码第 242~245 行，用 KL.Conv2D 函数依次对 P2、P3、P4、P5 这 4 个融合后的特征数据做卷积操作，将这 4 个特征数据的深度都变为 FPN_FEATURE（256）个通道。

2. FPN 的结果查看

用 utils.run_graph 函数将 FPN 中的各个尺度特征都打印出来。

具体代码如下：

代码 8-23　Mask_RCNN 应用（续）

```
66 roi_align_mask = utils.run_graph(model,[image], [
67     ("fpn_p2",       model.keras_model.get_layer("fpn_p2").output),    #输
    出 fpn_p2 层
68     ("fpn_p3",       model.keras_model.get_layer("fpn_p3").output),    #输
    出 fpn_p3 层
69     ("fpn_p4",       model.keras_model.get_layer("fpn_p4").output),    #输
    出 fpn_p4 层
70     ("fpn_p5",       model.keras_model.get_layer("fpn_p5").output),    #输
    出 fpn_p5 层
71     ("fpn_p6",       model.keras_model.get_layer("fpn_p6").output),    #输
    出 fpn_p6 层
72 ],BATCH_SIZE)
```

代码运行后，输出以下结果：

```
fpn_p2          shape: (1, 256, 256, 256)    min:  -27.07274    max:   28.28360    float32
fpn_p3          shape: (1, 128, 128, 256)    min:  -33.81137    max:   31.17183    float32
fpn_p4          shape: (1, 64, 64, 256)      min:  -40.54855    max:   36.91861    float32
fpn_p5          shape: (1, 32, 32, 256)      min:  -35.25085    max:   44.75595    float32
```

```
fpn_p6           shape: (1, 16, 16, 256)    min: -33.35557   max:    43.78230   float32
```

从输出结果中可以看出,不同的尺度的特征层有相同的深度,但高度 h 和宽度 w 是不断减半的。

在两阶段的识别模型中,经过 FPN 后的特征数据会被放在 mrcnn_feature_maps 列表里,并按以下步骤进行使用:

(1)通过 RPN 对 rpn_feature_maps 列表进行计算,得出相对靠谱的 ROI 区域。
(2)在 mrcnn_feature_maps 列表中,为每个 ROI 区域找到与其匹配的特征数据。
(3)在 ROI 区域对应的特征数据上,按照 ROI 区域的尺寸取出相应的 ROI 特征数据。
(4)将第(3)步的结果输入分类器中,算出最终结果。

8.7.10 计算 RPN 中的锚点

计算 RPN 的锚点分为两步:计算中心点和计算边长。具体如下:

1. 计算中心点

计算中心点的计算方式有以下几点需说明:

- rpn_feature_maps 列表中的 5 个特征都是 w 与 h 相等的正方形,边长值依次是 256、128、64、32、16。
- 这 5 个特征的边长对应于原始图片(边长值是 1024)的缩小比例分别是 4、8、16、32、64。
- 假设把缩小的比例当作图片上的像素点,那么这 5 个特征可以理解成:将 1024×1024 pixel 大小的图片按照具体的像素点分割成多个网格。

以第 5 特征为例,在图片上分了 16×16 个网格,每个网格的大小是 64 pixel×64 pixel。步长与中心点的关系如下:

- 如果步长为 1,则每个网格的左上角第 1 个元素被当作锚点的中心点。
- 如果步长为 2,则每隔一个网格的下一个网格左上角第 1 个元素被当作锚点的中心点。
- 如果步长为 3,则每隔两个网格的下一个网格左上角第 1 个元素被当作锚点的中心点。
- 如果步长为 4,以此类推。

2. 计算边长

计算边长的具体步骤如下:

(1)给出一个预设值,即宽与高的比例。这里使用的比例(w/h)为 RPN_ANCHOR_RATIOS = [0.5,1,],即 3 种形状。
(2)将全部的网格复制 3 份,每种形状各对应一份网格。

3. 锚点的组成与作用

锚点的基本信息由中心点和边长组成,一共四个值(x、y、h、w)。

在实际应用中,锚点也会被用左上和右下两个点来表示,即($x1$、$y1$、$x2$、$y2$)。

在网络运算的中间状态,还会根据锚点的基本位置信息,通过计算其偏移量(中心点的平移量与边长的缩放量）来修正位置。

在本实例中，总的锚点个数为：

（256×256+128×128+64×64+32×32+16×16）×3=261888

8.7.11 代码实现：构建 RPN

RPN 的工作原理如下：

（1）从预先设定好的锚点（261888 个）中找出可能包含实例的锚点区域（在 8.7.3 小节中称它为靠谱区域 ROI）。

（2）计算出其中心点和对应的边长。

（3）用 NMS 算法对第（2）步的结果进行去重。

1. 将 RPN 接入 MaskRCNN 类

继续在 MaskRCNN 类中添加代码。构建 RPN，并将 rpn_feature_maps 列表中的特征依次传入 RPN 中进行计算。具体代码如下：

代码 8-24　mask_rcnn_model（续）

```
251         #定义RPN模型，该模型会生成前后景的概率
252         rpn = build_rpn_model(RPN_ANCHOR_STRIDE, len(RPN_ANCHOR_RATIOS),
    FPN_FEATURE)                                  #每个尺度的特征都是256
253
254         layer_outputs = []                    #定义列表，用来保存RPN结果
255         for p in rpn_feature_maps:            #依次将特征送入RPN中进行计算
256             layer_outputs.append(rpn([p]))    #将RPN的输出结果放到layer_outputs中
257
258         #用concat函数将结果连在一起
259         #例如 [[a1, b1, c1], [a2, b2, c2]] => [[a1, a2], [b1, b2], [c1, c2]]
260         output_names = ["rpn_class_logits", "rpn_class", "rpn_bbox"]
261         outputs = list(zip(*layer_outputs))
262         outputs = [KL.Concatenate(axis=1, name=n)(list(o)) for o, n in
    zip(outputs, output_names)]
263
264         rpn_class_logits, rpn_class, rpn_bbox = outputs
```

代码第 252 行，用 build_rpn_model 函数生成 RPN。接着，依次将特征放入 RPN 中（见代码第 256 行），最终将结果连接到一起。

2. 构建 RPN

定义 build_rpn_model 函数，构建 RPN。具体代码如下：

代码 8-27　othernet

```
01 import tensorflow as tf
02 from tensorflow.keras import layers as KL
03 from tensorflow.keras import models as KM
```

```python
04  from tensorflow.keras import backend as K  #载入Keras的后端实现框架
05  import numpy as np
06  utils = __import__("8-25  mask_rcnn_utils")
07  mask_rcnn_model = __import__("8-24  mask_rcnn_model")
08
09  #构建RPN图结构一共分为两部分：1-计算分数，2-计算边框
10  def rpn_graph(feature_map,#输入的特征，其宽和高所围成区域的个数为锚点的个数
11                anchors_per_location, #每个待计算锚点的网格需要划分为几种形状的矩形
12                anchor_stride):#扫描网格的步长
13
14      #通过一个卷积得到共享特征
15      shared = KL.Conv2D(512, (3, 3), padding='same', activation='relu',
16  strides=anchor_stride,name='rpn_conv_shared')(feature_map)
17
18      #第1部分计算锚点的分数（前景和背景）[batch, height, width, anchors per location * 2]
19      x = KL.Conv2D(2 * anchors_per_location, (1, 1), padding='valid',
20                  activation='linear', name='rpn_class_raw')(shared)
21
22      #将feature_map展开，得到[batch, anchors, 2]。anchors的值是feature_map形
    状的h、w与anchors_per_location这三个维度的乘积
23      rpn_class_logits = KL.Lambda(lambda t: tf.reshape(t, [tf.shape(t)[0], -1, 2]))(x)
24
25      #用Softmax来分类前景和背景BG/FG，结果代表预测的分数
26      rpn_probs = KL.Activation(
27          "softmax", name="rpn_class_xxx")(rpn_class_logits)
28
29      #第2部分计算锚点的边框，每个网格划分anchors_per_location种矩形框，每种4个值
30      x = KL.Conv2D(anchors_per_location * 4, (1, 1), padding="valid",
31                  activation='linear', name='rpn_bbox_pred')(shared)
32
33      #将feature_map展开，得到[batch, anchors, 4]
34      rpn_bbox = KL.Lambda(lambda t: tf.reshape(t, [tf.shape(t)[0], -1, 4]))(x)
35
36      return [rpn_class_logits, rpn_probs, rpn_bbox]
37
38  def build_rpn_model(anchor_stride, #扫描网格的步长
39                    anchors_per_location, #每个待计算锚点的网格需要划分为几种形状的矩形
40                    depth):           #输入的特征有多少个
41
42      input_feature_map = KL.Input(shape=[None, None, depth],name="input_rpn_feature_map")
43      outputs = rpn_graph(input_feature_map, anchors_per_location, anchor_stride)
44      return KM.Model([input_feature_map], outputs, name="rpn_model")
```

代码第 38 行，在 build_rpn_model 函数中定义了一个输入层 input_feature_map，用于输入特征，然后用 rpn_graph 函数构建 RPN。

在 rpn_graph 函数中分为两部分：计算锚点的前景与背景概率值（见代码第 18~27 行），计算锚点的边框 rpn_bbox，（见代码第 30~34 行）。

其中，边框 rpn_bbox 表示实物坐标相对于原始锚点坐标的偏移量（相对中心点的偏移）与缩放值（相对边长的缩放比例）。

8.7.12 代码实现：用非极大值抑制算法处理 RPN 的结果

定义 ProposalLayer 类，将非极大值抑制算法封装起来，并用 ProposalLayer 类对 RPN 的结果进行去重。

ProposalLayer 类会从 RPN 的结果中选取前景分值最大的 n 个结果（n 可以事先指定）保留下来，并传入下一层。具体实现如下。

1. 在 MaskRCNN 类中处理 RPN 的结果

在 MaskRCNN 类中，具体操作如下：

（1）对参数 proposal_count 赋值，使其等于 POST_NMS_ROIS_INFERENCE。

（2）定义非极大值抑制算法的处理对象：向 ProposalLayer 类中传入参数 proposal_count 和 RPN_NMS_THRESHOLD，得到实例化后的非极大值抑制算法处理对象。

其中，传入的参数如下。

- proposal_count：在去重时需要保留的结果个数。
- RPN_NMS_THRESHOLD：NMS 算法对结果去重时的阈值。

该对象可以返回前景概率值最大的 proposal_count 个 ROI（靠谱区域）。

（3）用非极大值抑制算法对 RPN 的结果进行去重：将参数 rpn_class、rpn_bbox、anchors 传入非极大值抑制算法的处理对象，得到去重后的 RPN 的结果该结果存储在 rpn_rois 对象中。

其中，传入的参数如下。

- rpn_class：RPN 的分类结果，即前景和背景的分类分值。
- rpn_bbox：RPN 的矩形框结果，即每个边框的修正值。
- anchors：原始锚点的矩形框信息。

具体代码如下：

代码 8-24　mask_rcnn_model（续）

```
265        proposal_count = POST_NMS_ROIS_TRAINING if mode == "training" else
    POST_NMS_ROIS_INFERENCE
266
267        #定义锚点输入
268        if mode == "inference":
269            anchors = input_anchors
270        #返回NMS去重后前景概率值最大的n个ROI
```

```
271         rpn_rois = ProposalLayer(proposal_count=proposal_count,
    nms_threshold=RPN_NMS_THRESHOLD,batch_size=self.batch_size,
272                         name="ROI")([rpn_class, rpn_bbox, anchors])
```

代码最后一行，将 RPN 结果中的 proposal_count（1000）个前景概率值最高的 ROI（靠谱区域）返回到 rpn_rois 对象中。

2. 实现 RPN 的结果处理类 ProposalLayer

ProposalLayer 类是在代码文件 "8-27othernet.py" 中实现的。ProposalLayer 类是用 tf.keras 接口实现的一个网络层（有关使用 tf.keras 接口自定义网络层的详细说明见 8.4 节）。在 ProposalLayer 类的 call 方法里实现了该网络层的处理流程：

（1）将概率值的由高到低排序，取出前 6000 个结果。

（2）用函数 apply_box_deltas_graph，对每个结果的偏移坐标 deltas 在对应的锚点框 anchors 上做偏移运算，合成矩形框坐标（见代码第 116 行）。

（3）用函数 clip_boxes_graph 对合成的坐标进行二次处理，剪掉坐标中超出边界的部分。

（4）用 NMS（参考 8.5.9 小节）算法去重。

> **提示：**
> 在上述过程中，第（2）、（3）步都是基于标准化坐标进行操作的。这是由于，在程序中锚点 anchors 的坐标是以标准化坐标的形式存在的。
> 在 MaskRCNN 类的 get_anchors 方法中计算出锚点 anchors 之后，又将其像素坐标转化成了标准化坐标。具体代码在 8.7.22 小节。

具体代码如下：

代码 8-27　othernet（续）

```
45   #按照给定的框与偏移量计算最终的框
46   def apply_box_deltas_graph(boxes,    #[N, (y1, x1, y2, x2)]
47                       deltas):        #[N, (dy, dx, log(dh), log(dw))]
48
49       #转换成中心点和h、w格式
50       height = boxes[:, 2] - boxes[:, 0]
51       width = boxes[:, 3] - boxes[:, 1]
52       center_y = boxes[:, 0] + 0.5 * height
53       center_x = boxes[:, 1] + 0.5 * width
54       #计算偏移
55       center_y += deltas[:, 0] * height
56       center_x += deltas[:, 1] * width
57       height *= tf.exp(deltas[:, 2])
58       width *= tf.exp(deltas[:, 3])
59       #转成左上、右下两个点：y1, x1, y2, x2
60       y1 = center_y - 0.5 * height
61       x1 = center_x - 0.5 * width
62       y2 = y1 + height
```

```
63        x2 = x1 + width
64        result = tf.stack([y1, x1, y2, x2], axis=1, name="apply_box_deltas_out")
65        return result
66
67 #将框坐标限制在 0~1 之间
68 def clip_boxes_graph(boxes,        #计算完的 box[N, (y1, x1, y2, x2)]
69                      window):      #y1, x1, y2, x2[0, 0, 1, 1]
70
71     #获取坐标
72     wy1, wx1, wy2, wx2 = tf.split(window, 4)
73     y1, x1, y2, x2 = tf.split(boxes, 4, axis=1)
74     #剪辑
75     y1 = tf.maximum(tf.minimum(y1, wy2), wy1)
76     x1 = tf.maximum(tf.minimum(x1, wx2), wx1)
77     y2 = tf.maximum(tf.minimum(y2, wy2), wy1)
78     x2 = tf.maximum(tf.minimum(x2, wx2), wx1)
79     clipped = tf.concat([y1, x1, y2, x2], axis=1, name="clipped_boxes")
80     clipped.set_shape((clipped.shape[0], 4))
81     return clipped
82
83 class ProposalLayer(tf.keras.layers.Layer):      #定义 RPN 的最终处理层
84
85     def __init__(self, proposal_count, nms_threshold,batch_size, **kwargs):
86         super(ProposalLayer, self).__init__(**kwargs)
87         self.proposal_count = proposal_count
88         self.nms_threshold = nms_threshold
89         self.batch_size = batch_size
90
91     def call(self, inputs):
92         '''
93         输入字段 input 描述
94         rpn_probs: [batch, num_anchors, 2]
95         rpn_bbox: [batch, num_anchors, (dy, dx, log(dh), log(dw))]
96         anchors: [batch, (y1, x1, y2, x2)]
97         '''
98         #从形状为[batch, num_anchors, 1]的数据中取出前景概率值
99         scores = inputs[0][:, :, 1] #scores 的形状为[batch, num_anchors]
100        #取出位置偏移量[batch, num_anchors, 4]
101        deltas = inputs[1]
102        deltas = deltas * np.reshape(mask_rcnn_model.RPN_BBOX_STD_DEV, [1, 1, 4])
103        #取出锚点 Anchors
104        anchors = inputs[2]
105
106        #获得前 6000 个分值最大的数据
107        pre_nms_limit = tf.minimum(6000, tf.shape(anchors)[1])
```

```
108        ix = tf.nn.top_k(scores, pre_nms_limit, sorted=True,
    name="top_anchors").indices
109        #获取scores中索引为ix的值
110        scores = utils.batch_slice([scores, ix], lambda x, y: tf.gather(x,
    y), self.batch_size)
111        deltas = utils.batch_slice([deltas, ix], lambda x, y: tf.gather(x,
    y), self.batch_size)
112        pre_nms_anchors = utils.batch_slice([anchors, ix], lambda a, x:
    tf.gather(a, x),
113                    4 self.batch_size, names=["pre_nms_anchors"])
114
115        #得出最终的框坐标。其形状为[batch, N,4]
116        boxes = utils.batch_slice([pre_nms_anchors, deltas],
117                    lambda x, y: apply_box_deltas_graph(x, y), self.batch_size,
118                            names=["refined_anchors"])
119
120        #对出界的box进行剪辑，范围控制在0.0~1.0，其形状为[batch, N, (y1, x1, y2,
    x2)]
121        window = np.array([0, 0, 1, 1], dtype=np.float32)
122        boxes = utils.batch_slice(boxes, lambda x: clip_boxes_graph(x, window),
    self.batch_size,
123                            names=["refined_anchors_clipped"])
124
125        #Non-max suppression算法
126        def nms(boxes, scores):
127            indices = tf.image.non_max_suppression(boxes, scores,
    self.proposal_count,
128        self.nms_threshold, name="rpn_non_max_suppression")#计算NMS，并获得索引
129            proposals = tf.gather(boxes, indices) #从boxes中取出indices索引所
    指的值
130            #如果proposals的个数小于proposal_count，则剩下的补0
131            padding = tf.maximum(self.proposal_count - tf.shape(proposals)[0],
    0)
132            proposals = tf.pad(proposals, [(0, padding), (0, 0)])
133            return proposals
134        proposals = utils.batch_slice([boxes, scores], nms, self.batch_size)
135        return proposals
136
137    def compute_output_shape(self, input_shape):
138        return (None, self.proposal_count, 4)
```

代码第91行是ProposalLayer类的call方法实现。call方法的输入参数inputs是一个数组。inputs数组的第1个元素是RPN的返回结果（rpn_probs对象）。

在rpn_probs对象的形状 [batch,num_anchors,2]中，最后一维有两个元素，代表背景概率值和前景概率值。

代码第99行的操作可以理解成以下步骤：

（1）从 inputs 数组中取出第 1 个元素 rpn_probs 对象。
（2）从 rpn_probs 对象中取出最后一维索引值是 1 的元素，得到前景概率值。

> 提示：
> 在 rpn_probs 对象中，最后一维索引值与前景、背景的对应关系是在模型训练时设置的。在用训练好的模型进行预测时，这个索引值必须与训练时的设置一致，否则模型将无法输出正确的结果。

代码第 108 行，用函数 tf.nn.top_k 从前景概率值 scores 中找出分值最大的前 pre_nms_limit 个索引。

> 提示：
> 函数 tf.nn.top_k 的作用是：在多维数组的最后一维中找出最大的 k 个元素。该函数会以列表的方式返回元素的值和索引。具体用法见以下代码：
> ```
> import tensorflow as tf
> import numpy as np
> tf.enable_eager_execution()          #启动动态图（在 TensorFlow 2.x 中可以去掉该句）
> 
> scores  = np.array([[4, 5, 3, 4],    #假设 scores 的 batch 为 2，每行有 4 个分值
>                     [10, 60, 80, 50]])
> print(np.shape(scores ))             #输出 scores 的形状：(2, 4)
> top_k=tf.nn.top_k(scores ,2)         #在 scores 的每行中查找最大的两个数
> print(top_k.values.numpy())          #输出[[ 5  4] [80 60]]
> print(top_k.indices.numpy())         #输出 [[1 0] [2 1]]
> ```

代码第 110 行，在前景概率值 scores 中按照索引 ix 取值。
代码第 111 行，在前景的位移偏移量 deltas 中按照索引 ix 取值。

> 提示：
> 代码第 110、111 行都用函数 tf.gather 按照指定的索引从数据中取值。因为函数 tf.gather 不支持批量处理数据，所以又在外层用 utils.batch_slice 函数进行转换。utils.batch_slice 函数可以将数据按照批次拆开，单独放到指定的函数里去处理，并将处理后的结果组合成批次数据。下面对函数 tf.gather 和函数 utils.batch_slice 进行详细说明。

（1）函数 tf.gather 的详细说明。
函数 tf.gather 可以在张量中按照指定的索引获取数据，与 Python 中的切片操作类似。具体使用见以下代码：
```
import tensorflow as tf
```

```python
import numpy as np
tf.enable_eager_execution()           #启动动态图（在TensorFlow 2.x中可以去掉该句）
#假设deltas的batch为2，则每行有4个坐标
deltas   = np.array([[[1,2,3,4], [2,2,3,4], [3,2,3,4], [4,2,3,4]],
                     [[5,6,7,8], [2,6,7,8], [3,6,7,8], [4,6,7,8]]])
ix = np.array([[1,0],[2,1]])          #定义索引
for data,i in zip(deltas,ix):         #模拟utils.batch_slice的处理，将批次拆开
    print(data[i])                    #用切片获取数据，输出：[[2 2 3 4] [1 2 3 4]]
    print(tf.gather(data,i).numpy())  #调用获取数据，输出：[[2 2 3 4] [1 2 3 4]]
    break
```

从程序的输出结果中可以看到，用 tf.gather 函数取出的值与 Python 切片方式取出的值完全一样。不过函数 tf.gather 只能指定一个维度进行取值。如果要指定多维度进行取值，则可以用 tf.gather_nd 函数（该函数的用法见 8.7.20 小节）。

（2）函数 utils.batch_slice 的详细说明。

函数 utils.batch_slice 的作用是：将第 1 个参数中的元素按照批次个数，依次输入第 2 个参数所代表的函数中（具体代码实现请参考配套资源中的代码文件"8-25 mask_rcnn_utils"）。它可以让程序兼容输入批次小于 2 和大于等于 2 的两种情况，但是以牺牲效率为代价的。如果模型节点中的所有网络层都支持批次大于 2 的输入，则可以直接将 utils.batch_slice 函数去掉。

代码第 102 行，将偏移量 deltas 与标准差 RPN_BBOX_STD_DEV 相乘，并将得到的值再次赋给变量 deltas。此时的变量 deltas 变成了基于标准化的偏移坐标。

提示：

代码第 102 行使用的标准差 RPN_BBOX_STD_DEV 是模型在训练时设置的。因为在训练模型过程中，制作 RPN 标签时将每个前景标签的偏移坐标进行了归一化处理（即除以了标准差 RPN_BBOX_STD_DEV，见 8.8.4 小节），所以在模型输出偏移量之后，还需要将其乘以 RPN_BBOX_STD_DEV，还原成归一化处理之前的真实偏移坐标。

8.7.13 代码实现：提取 RPN 的检测结果

调用 run_graph 函数，并传入图片 image。该函数会计算出 RPN 的检测结果 rpn_class 和 ProposalLayer 层返回的结果。

具体代码如下：

代码8-23　Mask_RCNN应用（续）

```
73  pillar = model.keras_model.get_layer("ROI").output  #获得ROI节点，即
    ProposalLayer层
74
75  rpn = utils.run_graph(model,[image], [
76      ("rpn_class", model.keras_model.get_layer("rpn_class").output),#(1,
    261888, 2)
77      ("pre_nms_anchors", model.ancestor(pillar, "ROI/pre_nms_anchors:0")),
78      ("refined_anchors", model.ancestor(pillar, "ROI/refined_anchors:0")),
79      ("refined_anchors_clipped", model.ancestor(pillar,
    "ROI/refined_anchors_clipped:0")),
80      ("post_nms_anchor_ix", model.ancestor(pillar,
    "ROI/rpn_non_max_suppression/NonMaxSuppressionV3:0") ),#shape: (1000,)
81      ("proposals", model.keras_model.get_layer("ROI").output),
82  ],BATCH_SIZE)
```

代码运行后，输出以下结果：

```
rpn_class                shape: (1, 261888, 2)     min:    0.00000  max:    1.00000  float32
pre_nms_anchors          shape: (1, 6000, 4)       min:   -0.35390  max:    1.29134  float32
refined_anchors          shape: (1, 6000, 4)       min:   -2.48665  max:    3.46406  float32
refined_anchors_clipped  shape: (1, 6000, 4)       min:    0.00000  max:    1.00000  float32
post_nms_anchor_ix       shape: (1000,)            min:    0.00000  max: 3886.00000  int32
proposals                shape: (1, 1000, 4)       min:    0.00000  max:    1.00000  float32
```

在结果的第1行中，rpn_class是RPN对所有锚点的前景/背景进行分类的分值，其形状是(1, 261888, 2)，表示一共261888个ROI（靠谱区域）、2个分类。

第2、3、4行是将rpn_class中前景分值最大的前6000个ROI（靠谱区域）取出，并按照其索引找到前6000个ROI对应的原始锚点pre_nms_anchors、修正后的边框refined_anchors、剪辑后的边框refined_anchors_clipped。

最后两行是通过NMS算法处理后的结果：post_nms_anchor_ix是NMS算法所返回的proposal_count（1000）个索引值；proposals是按照post_nms_anchor_ix索引值返回的被剪辑后的bbox框，见8.7.12小节"2.实现RPN的结果处理类ProposalLayer"的代码第129行。

> 📌 **提示：**
> 这里解释一个疑点：在8.7.12小节定义了一个输入层，用于将原始锚点输入ProposalLayer层；但是在8.7.13小节运行子图ProposalLayer时只输入了一个图片，并没有输入原始锚点（见8.7.13小节代码第68行）。为什么程序可以工作呢？
> 原因是：在utils.run_graph函数的内部已经实现了获取原始锚点的操作（见8.7.8小节的

"1. 实现 utils 模块中相关的函数"代码第 73 行）。在运行子图 ProposalLayer 时，会将锚点与图片的信息一起组成输入参数传入模型中。

其中，生成锚点部分调用了 MaskRCNN 类中的 get_anchors 方法，具体代码在 8.6.22 小节的"2. 实现 MaskRCNN 类锚点生成"。

在 get_anchors 方法里，将计算好的锚点框（像素坐标）存入 MaskRCNN 类的成员变量 anchors 中，并将像素坐标转化为标准化坐标并返回用于输入 ProposalLayer 层。

8.7.14 代码实现：可视化 RPN 的检测结果

下面通过代码可视化 RPN 中各个环节的检测结果。

1. 可视化 RPN 返回的前景锚点

在 RPN 字典里的 pre_nms_anchors 元素中存放着 6000 个锚点。这 6000 个锚点是按照前景概率值从大到小排列的。

编写代码，将 RPN 字典里的 pre_nms_anchors 元素中的前 50 个锚点取出，并在图中显示出来。具体代码如下：

代码 8-23　Mask_RCNN 应用（续）

```
83  def get_ax(rows=1, cols=1, size=16):#设置显示图片的位置及大小
84      _, ax = plt.subplots(rows, cols, figsize=(size*cols, size*rows))
85      return ax
86  #将分值高的前50个锚点显示出来
87  limit = 50
88  h, w = mask_rcnn_model.IMAGE_DIM,mask_rcnn_model.IMAGE_DIM;
89  pre_nms_anchors = rpn['pre_nms_anchors'][0, :limit] * np.array([h, w, h, w])
90  print(image.shape)
91  image2, window, scale, padding, _ = utils.resize_image( image,
92                          min_dim=mask_rcnn_model.IMAGE_MIN_DIM,
93                          max_dim=mask_rcnn_model.IMAGE_MAX_DIM,
94                          mode=mask_rcnn_model.IMAGE_RESIZE_MODE)
95  print(image2.shape)
96  visualize.draw_boxes(image2, boxes=pre_nms_anchors, ax=get_ax())
```

代码第 89 行，将标准坐标的锚点框转化成像素坐标，然后在图像上显示出来。

代码第 91 行，将原始图片变为统一大小。这样才可以与显示的锚点框对应。

代码运行后，输出以下信息：

```
(640, 480, 3)
(1024, 1024, 3)
```

第 1 行是原始的图片形状，第 2 行是转化后的图片形状。显示的图如图 8-41 所示。

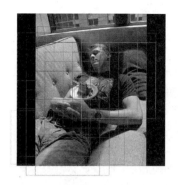

图 8-41 RPN 锚点的可视化结果

从图 8-41 可以看到,两边黑色的部分就是补 0 的部分。

2. 根据像素坐标可视化 RPN 返回的前景锚点

在 8.7.13 小节中的"提示"部分介绍过,锚点的像素坐标保存在 MaskRCNN 类的成员变量 anchors 中,所以也可以直接从 rpn_class 元素中取出前景概率值最高的 50 个锚点的索引。根据索引从 MaskRCNN 类的成员变量 anchors 中取值,并在图中显示出来。代码如下:

代码 8-23　Mask_RCNN 应用(续)

```
97 #从 rpn 的 rpn_class 元素中取出前景,并按由大到小排列
98 sorted_anchor_ids = np.argsort(rpn['rpn_class'][:,:,1].flatten())[::-1]
99 visualize.draw_boxes(image2,
    boxes=model.anchors[sorted_anchor_ids[:limit]], ax=get_ax())
```

将代码第 98 行中的链式表达式展开,含义如下。

(1) rpn['rpn_class']:代表从 rpn 中取出 rpn_class 元素。其形状为(1, 261888, 2)。

(2) rpn_class 元素的最后一维为 softmax 后的背景和前景。0 代表背景,1 代表前景。

(3) rpn['rpn_class'][:,:,1]:将 rpn_class 元素中的前景取出。

(4) np.argsort(rpn['rpn_class'][:,:,1].flatten()):对前景按照从小到大排序。

(5) np.argsort(rpn['rpn_class'][:,:,1].flatten())[::-1]:将"从小到大"排序后的前景进行倒序转化,变为"从大到小"排序。

(6) 将最终的结果赋值给 sorted_anchor_ids 变量。

代码第 99 行中,sorted_anchor_ids[:limit]的含义是:从列表 sorted_anchor_ids 中取出前 50 条记录(变量 limit 的值为 50)。

代码运行后生成的结果与图 8-41 一样。这也验证了像素坐标与标准化坐标的转化正确。

3. 可视化坐标调整前后的效果

将 RPN 中的 pre_nms_anchors 数据、refined_anchors 数据与 refined_anchors_clipped 数据在图像上显示出来。代码如下:

代码 8-23　Mask_RCNN 应用(续)

```
100 ax = get_ax(1, 2)
101 pre_nms_anchors = rpn['pre_nms_anchors'][0, :limit] * np.array([h, w, h, w])
```

```
102 refined_anchors = rpn['refined_anchors'][0, :limit] * np.array([h, w, h, w])
103 refined_anchors_clipped = rpn['refined_anchors_clipped'][0, :limit] *
    np.array([h, w, h, w])
104 #将nms之前的数据、边框调整后的数据和边框剪辑后的数据显示出来
105 visualize.draw_boxes(image2,
    boxes=pre_nms_anchors,refined_boxes=refined_anchors, ax=ax[0])
106 visualize.draw_boxes(image2, refined_boxes=refined_anchors_clipped,
    ax=ax[1])#边框剪辑后的数据
```

代码第 105 行，在用 visualize.draw_boxes 方法显示图片时传入了两个参数——boxes 与 refined_boxes。前者用于虚线显示，后者用于实线显示。

代码运行后，生成的图片如图 8-42 所示。

图 8-42　RPN 锚点边框调整后的可视化图片

图 8-42 左侧图有两种边框：虚线框与实线框。虚线框是模型中 ROI（靠谱区域）对应的锚点框，实线框是每个锚点经过偏移计算后的修正边框。二者的左上角通过直线连接起来。

图 8-42 右侧的图表示对出界部分的边框进行了剪辑。

4. 可视化 NMS 之后的结果

经过 NMS 去重之后，锚点个数会变成 1000 个。将前景概率值最高的 50 个锚点取出，在图中显示出来。代码如下：

代码 8-23　Mask_RCNN 应用（续）

```
107 post_nms_anchor_ix = rpn['post_nms_anchor_ix'][ :limit]
108 refined_anchors_clipped = rpn["refined_anchors_clipped"][0,
    post_nms_anchor_ix] * np.array([h, w, h, w])
109 visualize.draw_boxes(image2, refined_boxes=refined_anchors_clipped,
    ax=get_ax())
110
111
112 #将rpn对象中的数据转化成原始图像尺寸，用于显示
113 proposals = rpn['proposals'][0, :limit] * np.array([h, w, h, w])
114 visualize.draw_boxes(image2, refined_boxes=proposals, ax=get_ax())
```

代码运行后，生成的图片如图 8-43 所示。

图 8-43　RPN 结果经过 NMS 算法处理后的锚点边框

对比图 8-42 右侧的图片，图 8-43 上的边框稀疏了一些，这说明去重算法还是有效的。

8.7.15　代码实现：在 MaskRCNN 类中对 ROI 区域进行分类

经过 NMS 算法后的 RPN 结果被叫作 ROI（靠谱区域）。

在 MaskRCNN 类中，将 ROI（靠谱区域）与 8.7.9 小节的金字塔网络结果 mrcnn_feature_map 张量一起输入分类器网络中进行分类处理。

具体代码如下：

代码 8-24　mask_rcnn_model（续）

```
273        #下面式子中的数字，从左到右的意义依次是：1代表image_id，3代表
    original_image_shape，3代表image_shape，3代表坐标，1代表缩放
274        img_meta_size = 1 + 3 + 3 + 4 + 1 + self.num_class #定义图片附加信息
275
276        input_image_meta = KL.Input(shape=[img_meta_size],
    name="input_image_meta")#定义图片附加信息
277
278        #FPN 对 rpn_rois 区域与特征数据 mrcnn_feature_maps 进行计算，识别出分类、边
    框和掩码
279        if mode == "inference":
280            #定义网络的头部
281            #对 rpn_rois 区域内的 mrcnn_feature_maps 做分类，并微调 box Proposal
    classifier and BBox regressor heads
282            #mrcnn_class是分类结果，mrcnn_bbox是中心点长宽变化量
283            mrcnn_class_logits, mrcnn_class, mrcnn_bbox =\
284                fpn_classifier_graph(rpn_rois, mrcnn_feature_maps,
    input_image_meta,
285                                     POOL_SIZE, self.num_class ,
286                                     train_bn=False,#不用 BN 算法
287                                     fc_layers_size=1024)#全连接层1024个节点
```

在代码第 284 行可以看到，分类器是用 fpn_classifier_graph 网络来实现的。下面 8.7.16 小节就来介绍具体内容。

8.7.16 代码实现：金字塔网络的区域对齐层（ROIAlign）中的区域框与特征的匹配算法

在分类器 fpn_classifier_graph 网络的第 1 层，用 ROIAlign 层进行特征抽取。具体步骤如下：

（1）把 mrcnn_feature_maps 列表中每个尺度的特征都当作一副图片。
（2）用 rpn_rois 中的矩形框坐标在图片上找到对应区域，并将该区域的内容取出。
（3）统一变化到 7×7 大小的特征数据（feature map）。

因为 rpn_rois 区域中的位置框大小各有不同，mrcnn_feature_maps 列表中的内容也是各种尺度。如何在 mrcnn_feature_maps 列表中选取特征元素？需要按照 rpn_rois 区域中的哪个框来提取内容？这便是在 ROIAlign 层中需要解决的问题。

1. ROIAlign 层中匹配算法的实现方法

ROIAlign 层中的匹配算法来自于一篇 FPN 论文，链接如下：

https://arxiv.org/abs/1612.03144

该算法的核心思想是：先用一个算法将 rpn_rois 区域中的每个框与 mrcnn_feature_maps 列表中的具体特征对应起来，然后用 rpn_rois 区域中的每个框从与其自身对应的特征中提取内容。

因为特征列表 mrcnn_feature_maps 中的特征是 P2~P5，所以该算法也将 rpn_rois 区域中的所有框按照 2~5 来划分等级。

由于特征列表 mrcnn_feature_maps 中的每个特征尺度都不同，rpn_rois 区域中的每个框的面积也不同，所以在该论文中，设计了一个根据 rpn_rois 区域中的单个区域框的尺寸来划分 2~5 等级的算法，见式（8.5）。

$$k = k_0 + \log_2(\sqrt{wh}/224) \tag{8.5}$$

在式（8.5）中，k 代表返回的级别，k_0 代表一个基准的级别值（在本实例中，值为 4），w 与 h 分别代表区域框的宽和高。

这里的 k_0=4 与 224 代表了一个基准。因为在模型中使用的骨干网是 ResNet 模型，该模型在 ImgNet 数据集上训练时，输入的尺寸是 224，输出的特征尺寸与 P4 一致。所以，如果在 rpn_rois 对象中某个框的大小为 224，则其所对应的特征必定是 P4。

至于其他尺寸的特征，可以根据 $\log_2(\sqrt{wh}/224)$ 算出其与 224 的差别，再将需要调整的差别作用在基准的级别值 k_0 上，得到对应的级别。在式（8.5）中，使用 $\log_2$ 只是进行了数值转换而已，这样会保证当边框发生较小的变化时，变差会有较大的值；而当边框发生过大的变化时，变差不会产生过大的值（log 的特性）。

2. 实现 ROIAlign 层中的匹配算法

用 tf.keras 接口定义一个 PyramidROIAlign 类，完成 ROIAlign 层的工作。在 PyramidROIAlign 类的 call 方法中，实现了 ROIAlign 层的匹配算法和区域提取功能。

其中，匹配算法的实现部分见以下代码：

代码8-27　othernet（续）

```
139 #PyramidROIAlign 处理
140 class PyramidROIAlign(tf.keras.layers.Layer):
141
142     def __init__(self,batch_size, pool_shape, **kwargs):
143         super(PyramidROIAlign, self).__init__(**kwargs)
144         self.pool_shape = tuple(pool_shape)
145         self.batch_size = batch_size
146
147     def log2_graph(self, x):                    #计算log2
148         return tf.log(x) / tf.log(2.0)
149
150     def call(self, inputs):
151         '''
152         输入参数 Inputs:
153         -ROIboxes(RPN 结果):该参数的形状为[batch, num_boxes, 4],其中,最后一个维
    度4 的内容为：(y1, x1, y2, x2)。
154         - image_meta: [batch, (meta data)] 图片的附加信息 93
155         - Feature maps: [P2, P3, P4, P5]骨干网经过FPN后的特征数据,形状依次为：
156         [(1, 256, 256, 256),(1, 128, 128, 256),(1, 64, 64, 256),(1, 32, 32,
    256)]
157         '''
158         #获取输入参数
159         ROIboxes = inputs[0]                    #(1, 1000, 4)
160         image_meta = inputs[1]                  #(1, 93)
161         feature_maps = inputs[2:]
162
163         #将锚点坐标提出来
164         y1, x1, y2, x2 = tf.split(ROIboxes, 4, axis=2)#[batch, num_boxes, 4]
165         h = y2 - y1
166         w = x2 - x1
167         print("ROIboxes",ROIboxes.get_shape())
168         print("image_meta",image_meta.get_shape())
169         print("h",h.get_shape())                #(1, 1000, 1)
170         print("w",w.get_shape())
171
172         #在这1000 个ROI 里,按固定算法匹配到不同level 的特征
173         #获得图片形状
174         image_shape = parse_image_meta_graph(image_meta)['image_shape'][0]
175         print("image_shape",image_shape.get_shape())
176         image_area = tf.cast(image_shape[0] * image_shape[1], tf.float32)
177         #因为h 与w 是标准化坐标。其分母已经除以了 tf.sqrt(image_area)
178         #这里再除以 tf.sqrt(image_area)分之1,是为了将h 与w 变为像素坐标
179         roi_level = self.log2_graph(tf.sqrt(h * w) / (224.0 /
    tf.sqrt(image_area)))
180         roi_level = tf.minimum(5, tf.maximum( 2, 4 +
    tf.cast(tf.round(roi_level), tf.int32)))
```

```
181            roi_level = tf.squeeze(roi_level, 2)
182            print("roi",roi_level.get_shape())      #(1, 1000)
```

在代码第179行中，计算roi_level时会发现分母比式（8.5）中多了一个"/tf.sqrt(image_area)"。原因是，代码里的w与h是归一化后的值，即"像素值/tf.sqrt(image_area)"后的结果。而公式里的w和h是像素值，所以在分母上加了一个"/tf.sqrt(image_area)"将坐标统一成像素值。

代码第180行中，对映射结果roi_level做了二次处理，保证其变化后的值在2~5之间。

8.7.17 代码实现：在金字塔网络的ROIAlign层中按区域边框提取内容

有了rpn_rois区域中的位置框与mrcnn_feature_maps列表中不同尺度特征的对应关系之后，便可以按照rpn_rois区域中的ROI边框信息从特征数据中提取内容了。

可以将"按照rpn_rois区域框从特征数据中提取内容"过程理解为：从图片中按照指定的区域框来提取内容。

- 图片：mrcnn_feature_maps列表中的不同尺度的特征数据。从P2（第2特征层数据）到P5（第5特征层数据）所对应的尺寸依次为[128,128]、[64,64]、[32,32]、[16,16]。
- 剪辑区域框：rpn_rois区域中的每个ROI边框信息。
- 剪辑区域框与图的对应关系：通过PyramidROIAlign类的算法规则进行匹配，实现剪辑区域框与图片的一一对应。

1. 了解提取内容关节中的边界值不匹配问题

在"从图片中按照剪辑区域框提取内容"环节中，存在一个边界值不匹配的问题。这是由于图片中像素点的值是用整数表示的，而rpn_rois区域中的ROI边框坐标是用浮点型的小数表示的，二者存在数值不匹配的问题。例如，无法从一个尺寸为[16,16]的图片上精确地提取出尺寸为[10.5,10.5]这样的区域内容。

2. 边界值不匹配问题的解决方法

在Mask-RCNN模型的论文（https://arxiv.org/abs/1703.06870）中，通过将浮点数坐标转化为对应像素点上的图像数值，来解决边界值不匹配问题。

在具体实现中，用双线性内插的算法来完成浮点数坐标到图像数值的转化。在本实例中，直接使用tf.image.crop_and_resize函数即可实现从转化到提取的整套功能。

函数tf.image.crop_and_resize的作用是：按照指定的区域去图片上进行截取，并将截取的结果转化为指定的形状。该函数支持双线性内插和邻近值内插两种算法。在使用时，可以通过参数进行控制。

3. 按照区域边框提取内容的完整实现

在实际编码中，除考虑提取内容的操作外，还需要考虑在内容提取后的顺序问题。要保证提取后的内容顺序与rpn_rois区域中的边框顺序对应起来。整个步骤如下：

（1）按照特征层数据的索引，去rpn_rois区域框中找到对应的ROI边框，得到level_boxes对象。

（2）统一用 tf.image.crop_and_resize 函数在特征图中按照 level_boxes 对象中的各个剪辑框截取内容。

（3）将所有截取后的结果合并起来，生成 pooled 对象（此时 pooled 对象的顺序是按照其所对应特征尺度的顺序来的）。

（4）按照原有 rpn_rois 顺序将 pooled 对象重新排列起来。

以上步骤形成了 PyramidROIAlign 类的后半部分。具体代码如下：

代码 8-27　othernet（续）

```
183 #每个ROI按照自己的区域去对应的特征里截取内容，并将尺寸改成7×7大小的特征数据
184     pooled = []
185     box_to_level = []
186     for i, level in enumerate(range(2, 6)):
187
188         #tf.equal 会返回一个true false 的(1,1000)
189         #tf.where返回其中为true的索引[[0,1],[0,4] …[0,200]…]
190         ix = tf.where(tf.equal(roi_level, level),name="ix")#所得形状为(828, 2)
191         print("ix",level,ix.get_shape(),ix.name)
192
193         #在多维上建立索引取值[?,4](828, 4)
194         level_boxes = tf.gather_nd(ROIboxes, ix,name="level_boxes")
195
196         #形状为(828, )
197         box_indices = tf.cast(ix[:, 0], tf.int32)
198         print("box_indices",box_indices.get_shape(),box_indices.name)
199         #跟踪索引值
200         box_to_level.append(ix)
201
202         #不希望下面两个值有变化，所以停止梯度
203         level_boxes = tf.stop_gradient(level_boxes)#ROIboxes中按照不同尺度划分好的索引
204         box_indices = tf.stop_gradient(box_indices)
205
206         #结果: [batch * num_boxes, pool_height, pool_width, channels]
207         #feature_maps [(1, 256, 256, 256),(1, 128, 128, 256),(1, 64, 64, 256),(1, 32, 32, 256)]
208         #box_indices一共有level_boxes个。指定level_boxes中的第几个框作用于feature_maps中的第几个图片
209         pooled.append(tf.image.crop_and_resize(feature_maps[i], level_boxes, box_indices, self.pool_shape, method="bilinear"))
210
211     #1000个roi都取到了对应的内容，将它们组合起来。组合后的形状为(1000, 7, 7, 256)
212     pooled = tf.concat(pooled, axis=0)#其中的顺序是按照level来的，需要重新排列成原来ROIboxes顺序
213
```

```
214        #按照选取level的顺序重新排列成原来ROIboxes顺序
215        box_to_level = tf.concat(box_to_level, axis=0)
216        box_range = tf.expand_dims(tf.range(tf.shape(box_to_level)[0]), 1)
217        box_to_level = tf.concat([tf.cast(box_to_level, tf.int32),
    box_range],axis=1)              #[1000, 3] 3([xi] range)
218
219        #取出头两个"批次+序号"（1000个），每个值代表原始ROI展开的索引
220        sorting_tensor = box_to_level[:, 0] * 100000 + box_to_level[:, 1] #
    保证一个批次在100000以内
221        #按照索引排序
222        ix = tf.nn.top_k(sorting_tensor,
    k=tf.shape(box_to_level)[0]).indices[::-1]
223        ix = tf.gather(box_to_level[:, 2], ix)#按照ROI中的顺序取出pooled中的
    索引
224        pooled = tf.gather(pooled, ix)#将pooled按照原始顺序排列
225
226        #加上批次维度，并返回
227        pooled = tf.expand_dims(pooled, 0)
228
229        return pooled
230
231    def compute_output_shape(self, input_shape):
232        return input_shape[0][:2] + self.pool_shape + (input_shape[2][-1], )
```

代码第191行和第198行将张量的名称（name）打印出来，是为了调试时使用。运行后会看到该张量的名称。根据该名称编写代码将里面的值运行出来，观察结果是否与预期的一致。

代码第200行将每次循环的索引值保存起来，是为后面将结果重新排列做准备（见代码第223行）。

代码第203行，level_boxes对象是ROIboxes对象中按照不同尺度划分好的索引。代码第204行，box_indices对象是批次索引，该批次索引与当前的尺度特征对应。这两个值是依赖rpn_rois区域框的数值并根据常规算法得到的。在反向传递中，不希望其值发生变化，所以停止梯度。

代码第210行，调用了tf.image.crop_and_resize函数的前4个重要参数。具体说明如下：

- feature_maps[i]：输入待裁剪的图。
- level_boxes：存放剪辑框的数组。按照该数组中的剪辑框尺寸去图中裁剪。
- box_indices：一个与level_boxes对象长度一样的数组，内容为特征数据feature_maps[i]的索引值，用于选取图片。该数组让level_boxes对象中的每个ROI区域框去指定的图片上截取内容。
- self.pool_shape：将截取后的内容统一调整尺寸到指定尺寸。

8.7.18　代码实现：调试并输出 ROIAlign 层的内部运算值

用 utils.run_graph 函数将相关节点打印出来。代码如下：

代码 8-23　Mask_RCNN 应用（续）

```
115 roi_align_classifierlar = model.keras_model.get_layer
    ("roi_align_classifier").output  #获得ROI节点，即ProposalLayer层
116
117 roi_align_classifier = utils.run_graph(model,[image], [
118     ("roi_align_classifierlar", model.keras_model.get_layer
    ("roi_align_classifier").output),#(1, 261888, 2)
119     ("ix", model.ancestor(roi_align_classifierlar,
    "roi_align_classifier/ix:0")),
120     ("level_boxes", model.ancestor(roi_align_classifierlar,
    "roi_align_classifier/level_boxes:0")),
121     ("box_indices", model.ancestor(roi_align_classifierlar,
    "roi_align_classifier/Cast_2:0")),
122
123 ],BATCH_SIZE)
124
125 print(roi_align_classifier ["ix"][:5])         #(828, 2)
126 print(roi_align_classifier ["level_boxes"][:5])   #(828, 4)
127 print(roi_align_classifier ["box_indices"][:5])   #(828, 4)
```

运行代码后，对输出的结果进行整理、解读。具体如下：

（1）各张量的形状和数值信息。

```
roi_align_classifierlar   shape: (1, 1000, 7, 7, 256)  min: -39.27100   max:
44.52850 float32
ix                        shape: (421, 2)    min: 0.00000  max: 999.00000  int64
level_boxes               shape: (421, 4)    min: 0.00000  max: 1.00000   float32
box_indices               shape: (421,)      min: 0.00000  max: 0.00000   int32
```

PyramidROIAlign 层的返回形状为(1, 1000, 7, 7, 256)。之所以将维度变成了 5，是为了在后面可以基于单个图片独立做卷积变化（见 8.7.19 小节）。

在 PyramidROIAlign 层中，每个尺度特征框索引的形状为(批次,2)。

level_boxes 对象是从 rpn_rois 区域框中根据索引 ix 拿出的区域框，形状为(批次,4)。box_indices 数组的意义是，为 level_boxes 对象中的每个框指定所要提取内容的图片索引，形状为(批次,)。注意，逗号之后是没有数字的。

（2）索引 ix 的前 5 个元素的具体值（其中 0 代表批次的索引）：

```
[[ 0 22]
 [ 0 29]
 [ 0 48]
 [ 0 59]
 [ 0 64]]
```

（3）level_boxes 对象的前 5 个元素是被归一化处理的两个点坐标。

```
[[0.7207245  0.7711525   0.7770287  0.8291931 ]
 [0.70217687 0.51715106  0.7498454  0.60750276]
 [0.7385003  0.6546944   0.79295075 0.7119865 ]
 [0.75078577 0.70076877  0.81955194 0.77168196]
 [0.8174721  0.6675705   0.8727931  0.7368731 ]]
```

> **提示：**
> 一共 5 行，每行代表一个元素。每个元素有 4 个值，前 2 个值代表第 1 个点的 x、y 值。后 2 个值代表第 2 个点的 x、y 值。

（4）box_indices 数组的前 5 个元素的值全是 0。因为每个尺度特征的形状为(batch,N,N,256)，可以理解成深度为 256 通道的图片。本实例中 batch=1，所以 rpn_rois 区域框中所有的框都得去第 0 张图片上截取。

```
[0 0 0 0 0]
```

8.7.19 代码实现：对 ROI 内容进行分类

本小节将实现分类器，并通过代码验证其效果。

1. 实现分类器

完整的分类器是在 fpn_classifier_graph 函数中实现的。代码如下：

代码 8-27　othernet（续）

```
233 def fpn_classifier_graph(rois, feature_maps, image_meta,
234                          pool_size, num_classes, batch_size, train_bn=True,
235                          fc_layers_size=1024):
236
237     #ROIAlign 层 Shape: [batch, num_boxes, pool_height, pool_width, channels]
238     x = PyramidROIAlign(batch_size,[pool_size, pool_size],
239                         name="roi_align_classifier")([rois, image_meta] + feature_maps)
240
241     #用卷积替代两个 1024 全连接网络
242     x = KL.TimeDistributed(KL.Conv2D(fc_layers_size, (pool_size, pool_size),
243                                      padding="valid"),
                               name="mrcnn_class_conv1")(x)
244     x = KL.TimeDistributed(KL.BatchNormalization(), name='mrcnn_class_bn1')(x,
245                                                     training=train_bn)
246     x = KL.Activation('relu')(x)
247     #1×1 卷积，代替第 2 个全连接
```

```
248    x = KL.TimeDistributed(KL.Conv2D(fc_layers_size, (1, 1)),
       name="mrcnn_class_conv2")(x)
249    x = KL.TimeDistributed(KL.BatchNormalization(),
       name='mrcnn_class_bn2')(x, training=train_bn)
250    x = KL.Activation('relu')(x)
251
252    #共享特征, 用于计算分类和边框
253    shared = KL.Lambda(lambda x: K.squeeze(K.squeeze(x, 3),
       2),name="pool_squeeze")(x)
254
255    #(1)计算分类
256    mrcnn_class_logits = KL.TimeDistributed(KL.Dense(num_classes),
257                              name='mrcnn_class_logits')(shared)
258    mrcnn_probs = KL.TimeDistributed(KL.Activation("softmax"),
259                              name="mrcnn_class")(mrcnn_class_logits)
260
261    #(2)计算边框坐标BBox(偏移和缩放量)
262    #[batch, boxes, num_classes * (dy, dx, log(dh), log(dw))]
263    x = KL.TimeDistributed(KL.Dense(num_classes * 4, activation='linear'),
264                              name='mrcnn_bbox_fc')(shared)
265    #将形状变成[batch, boxes, num_classes, (dy, dx, log(dh), log(dw))]
266    mrcnn_bbox = KL.Reshape((-1, num_classes, 4), name="mrcnn_bbox")(x)
267
268    return mrcnn_class_logits, mrcnn_probs, mrcnn_bbox
```

代码第242、248行分别用两个卷积网络代替全连接生成共享特征shared(见代码第253行)。之后将共享特征用于分类(256)和边框(263)的计算。

> **提示:**
> 本节代码中多次用到KL.TimeDistributed函数(例如代码第245、258行等)。该函数的作用是将输入特征按照时间维度应用到相同的层。其处理的数据第1维度是1,表示将整个数据当作一个样本。而批次和每一批次的数据个数被统一放在了第2维度。它与ProposalLayer类中的utils.batch_slice函数(见8.7.12小节)并不一样。utils.batch_slice是从不同的张量中收集与指定索引相对应的公共元素。
>
> 例如:在fpn_classifier_graph函数中,PyramidROIAlign层的输出形状为(batch,N,高度,宽度,通道)。这是一个5D张量。而tf.keras的卷积函数Conv2D仅接受4D张量。这时可以把batch看作tf.TimeDistributed中的图层,把第2维(N)当作Conv2D操作的批次。经过第1次ReLU操作后,输出形状为(batch, N,1,1,1024)。
>
> ProposalLayer类的输入是rpn_class(batch,num_anchors_total,2)和rpn_bbox(batch,num_anchors_total,4)。第1次调用utils.batch_slice函数的输入是分值scores(batch,num_anchors_total)和索引ix(batch,pre_nms_limit),目的是收集ix指定的所有批次的顶级pre_nms_limit锚点,并用tf.gather完成此操作。函数tf.gather是在第1个维度(batch)

上运行的。因此在函数 utils.batch_slice 中，通过一个 for 循环一次处理一个批次，在锚点总数 num_anchors_total 对象和 pre_nms_limit 维度之间进行函数 tf.gather 处理。

2. 可视化分类器结果

用 utils.run_graph 函数将分类器输出的分类和边框结果运行出来，并将得到的值可视化。代码如下：

代码 8-23　Mask_RCNN 应用（续）

```
128 fpn_classifier = utils.run_graph(model,[image], [
129     ("probs", model.keras_model.get_layer("mrcnn_class").output),#shape:(1, 1000, 81)
130     ("deltas", model.keras_model.get_layer("mrcnn_bbox").output),#(1, 1000, 81, 4)
131 ],BATCH_SIZE)
132 #因为proposals结果是相对于原始图片变形的框，所以要使用相对于原始图片变形后的图片image2
133 proposals=utils.denorm_boxes(rpn["proposals"][0], image2.shape[:2])#(1000, 4)
134
135 #计算81类中的最大索引——class id(索引就是分类)
136 roi_class_ids = np.argmax(fpn_classifier["probs"][0], axis=1)#(1000,)
137 print(roi_class_ids.shape,roi_class_ids[:20])
138 roi_class_names = np.array(class_name)[roi_class_ids]#根据索引把名字取出来
139 print(roi_class_names[:20])
140 #去重类别个数
141 print(list(zip(*np.unique(roi_class_names, return_counts=True))))
142
143 roi_positive_ixs = np.where(roi_class_ids > 0)[0]#不是背景的类索引
144 print("{}中有{}个前景实例\n{}".format(len(proposals),
145     len(roi_positive_ixs),roi_positive_ixs))
146 #根据索引将最大的那个值取出来，当作分数
147 roi_scores = np.max(fpn_classifier["probs"][0],axis=1)
148 print(roi_scores.shape,roi_scores[:20])
149
150 #边框可视化
151 #通过两张图来完成：从第1张图中取出50个包含前景和背景的框，并显示出来；从第2张图中取出5个坐标调整后的前景框，并显示出来
152 limit = 50
153 ax = get_ax(1, 2)
154
155 ixs = np.random.randint(0, proposals.shape[0], limit)
156 captions = ["{} {:.3f}".format(class_name[c], s) if c > 0 else ""
157            for c, s in zip(roi_class_ids[ixs], roi_scores[ixs])]
158
159 visib= np.where(roi_class_ids[ixs] > 0, 2, 1)#前景统一设为2，背景统一设为1
```

```
160
161 visualize.draw_boxes(image2, boxes=proposals[ixs],  #原始的框放进去
162                     visibilities=visib,#若为2，则突出显示；若为1，则一般显示
163                     captions=captions, title="before fpn_classifier",
    ax=ax[0])
164
165 #把指定类索引的坐标提取出来
166 #取出每个框对应分类的坐标偏差。fpn_classifier["deltas"]的形状为(1,1000,81,4)
167 roi_bbox_specific = fpn_classifier["deltas"][0,
    np.arange(proposals.shape[0]), roi_class_ids]
168 print("roi_bbox_specific", roi_bbox_specific)#形状为(1000,4)
169
170 #根据偏移来调整ROI, Shape: [N, (y1, x1, y2, x2)]
171 refined_proposals = utils.apply_box_deltas(
172     proposals, roi_bbox_specific *
    mask_rcnn_model.BBOX_STD_DEV).astype(np.int32)
173 print("refined_proposals", refined_proposals)
174
175 limit =5
176 ids = np.random.randint(0, len(roi_positive_ixs), limit)#取出5个前景类
177
178 captions = ["{} {:.3f}".format(class_name[c], s) if c > 0 else ""
179         for c, s in zip(roi_class_ids[roi_positive_ixs][ids],
    roi_scores[roi_positive_ixs][ids])]
180
181 visualize.draw_boxes(image2, boxes=proposals[roi_positive_ixs][ids],
182                     refined_boxes=refined_proposals[roi_positive_ixs][ids],
183                     captions=captions, title="ROIs After
    Refinement",ax=ax[1])
```

代码运行后，输出以下结果：

（1）ROI分类结果的个数（1000个），以及前20个ROI的分类结果。

```
(1000,) [33 1 1 1 1 1 1 1 1 1 1 1 1 0 1 0 1 0 1 1]
```

（2）对应的类名。

```
['sports ball' 'person' 'person' 'person' 'person' 'person' 'person''person' 'person'
 'person' 'person' 'person' 'person' 'BG' 'person' 'BG' 'person' 'BG' 'person' 'person']
 [('BG', 905), ('baseball glove', 11), ('handbag', 2), ('person', 76), ('sports ball',
 6)]
    1000中有95个前景实例
    [  0   1   2   3   4   5   6   7   8   9  10  11  12  14  16  18  19  20
    ……822 850 879 972 992]
```

（3）每个类的得分情况。

```
(1000,) [0.9996729  0.99934226 0.9994691  0.9995741  0.99940085 0.9998511
 0.98432136 0.99704546 0.7715847  0.91766    0.7421977  0.941382
```

```
    0.6399888    0.95837957  0.5357658    0.7453531    0.99681807  0.7035237  0.9983895
 0.6693075 ]
```

（4）计算出的坐标。

```
roi_bbox_specific [[-0.08322562 -0.08801503  0.06453485 -0.07142121]
 [-0.15577134  0.08577229 -0.08280858  0.2607019 ]
 [ 0.18355349  0.30293933  0.12844186 -0.26919323]
 ...
 [ 0.36996925 -0.24318382  0.2388043   0.13342915]
 [ 0.67343915 -0.19701773  0.3982284  -0.13674134]
 [ 0.45560795 -0.08497302  0.20064178  0.07753003]]
```

（5）换算成像素点的坐标。

```
refined_proposals [[112  57 137  94]
 [148 418 258 476]
 [165 359 331 426]
 ...
 [192 261 198 266]
 [188 122 193 131]
 [191 218 197 225]]
```

生成的图片如图 8-44 所示。

图 8-44　RPN 结果经过 NMS 算法处理后的锚点边框

在图 8-44 中，左图显示了前 50 个 ROI 区域框。其中虚线代表背景，实线代表前景的具体类别；右图显示了 5 个前景类中的 ROI 区域框。其中虚线表示 RPN 的位置框，实线表示调整后的位置框。每个虚线框和其调整后的实线框都通过左上角的直线相连。在右图中可以看到，最左边的那个人被画上了两个实线框。这表示：检测结果中出现了重复实例。所以，要对分类器 fpn_classifier_graph 处理后的结果再次去重，才可以得到最终的分类即边框。

8.7.20　代码实现：用检测器 DetectionLayer 检测 ROI 内容，得到最终的实物矩形

实物矩形检测的最后一个环节是通过 DetectionLayer 类来实现的。DetectionLayer 类的主要功能是对分类器 fpn_classifier_graph 输出结果的二次去重，该去重操作是根据分类的分数及边

框的位置来实现的。具体做法如下。

1. 在 MaskRCNN 类中调用检测器 DetectionLayer

在 MaskRCNN 类中添加代码，将使用 NMS 算法处理后的 RPN 结果（rpn_rois）与分类器结果（mrcnn_class 和 mrcnn_bbox）组合起来，送入 DetectionLayer 类算出真实的 box 坐标。具体代码如下：

代码 8-24　mask_rcnn_model（续）

```
288        #将rpn_rois与mrcnn_class、mrcnn_bbox组合起来，算出真实的box坐标
289            detections = DetectionLayer( batch_size= self.batch_size,
    name="mrcnn_detection")(
290                [rpn_rois, mrcnn_class, mrcnn_bbox, input_image_meta])
```

2. 实现 DetectionLayer 类

下面用 tf.keras 接口定义检测器 DetectionLayer 类。DetectionLayer 类作为一个网络层用于输出 Mask R-CNN 模型最终的分类结果。在 DetectionLayer 类的 call 方法中实现了以下步骤：

（1）取出图片的附加信息 m 字典（见代码 281 行）。

（2）从 m 字典中取出 window 变量。Window 是经过 padding 处理后真实图片的像素坐标。该值是在对原始图片进行 resize（变换尺寸）操作时填入的。

（3）将 window 变量所代表的图片像素坐标变成标准坐标（见代码 284 行）。

（4）将分类信息统一放入 refine_detections_graph 函数中实现二次去重。

具体代码如下：

代码 8-27　othernet（续）

```
269 #实物边框检测，返回最终的标准化区域坐标[batch, num_detections, (y1, x1, y2, x2,
    class_id, class_score)]
270 class DetectionLayer(tf.keras.layers.Layer):
271
272     def __init__(self,batch_size, **kwargs):
273         super(DetectionLayer, self).__init__(**kwargs)
274         self.batch_size = batch_size
275
276     def call(self, inputs):#输入: rpn_rois、mrcnn_class、mrcnn_bbox,
    input_image_meta
277         #提取参数
278         rois,mrcnn_class,mrcnn_bbox,image_meta = inputs
279
280         #解析图片附加信息
281         m = parse_image_meta_graph(image_meta)
282         image_shape = m['image_shape'][0]
283         #window是经过padding处理后真实图片的像素坐标，将其转化为标准坐标
284         window = norm_boxes_graph(m['window'], image_shape[:2])
285
286         #根据分类信息,对原始ROI进行再一次过滤,得到DETECTION_MAX_INSTANCES个ROI。
```

```
287          detections_batch = utils.batch_slice(
288              [rois, mrcnn_class, mrcnn_bbox, window],
289              lambda x, y, w, z: refine_detections_graph(x, y, w, z),
290              self.batch_size)
291
292          #将标准化坐标及过滤后的结果变形后返回
293          return tf.reshape(
294              detections_batch,
295              [self.batch_size, mask_rcnn_model.DETECTION_MAX_INSTANCES, 6])
296
297      def compute_output_shape(self, input_shape):
298          return (None, mask_rcnn_model.DETECTION_MAX_INSTANCES, 6)
299
300 #将坐标按照图片大小转化为标准坐标
301 def norm_boxes_graph(boxes,                    #像素坐标(y1, x1, y2, x2)
302                      shape):                   #像素边长(height, width)
303     h, w = tf.split(tf.cast(shape, tf.float32), 2)
304     scale = tf.concat([h, w, h, w], axis=-1) - tf.constant(1.0)
305     shift = tf.constant([0., 0., 1., 1.])
306     return tf.divide(boxes - shift, scale)    #标准化坐标[..., (y1, x1, y2, x2)]
```

模型输出的 box 坐标是根据 resize（变换尺寸）后的图片尺寸进行计算的。在返回最终结果之前，还需将该 box 坐标映射到真实图片的尺寸上去。

代码第 284 行得到标准坐标，用于还原边框在原始图片上的坐标。

代码第 301 行定义了函数 norm_boxes_graph，该函数将坐标按照图片大小转化为标准坐标。

3. 定义函数 refine_detections_graph，实现对结果去重

定义函数 refine_detections_graph，实现对结果去重，并对边框坐标进行简单的处理（根据偏移量 delta 修正出最终坐标，并进行合规剪辑）。具体代码如下：

代码 8-27　othernet（续）

```
307 #定义分类器结果的最终处理函数，返回剪辑后的标准坐标与去重后的分类结果
308 def refine_detections_graph(rois, probs, deltas, window):
309
310     #从分类结果 probs 中取出分类分值最大的索引，probs 的形状是[1000, 81]
311     class_ids = tf.argmax(probs, axis=1, output_type=tf.int32)
312
313     #根据分类索引构造分类结果 probs 的切片索引，该切片索引用于以切片的方式从张量中取值
314     indices = tf.stack([tf.range(tf.shape(probs)[0]), class_ids], axis=1)
315     class_scores = tf.gather_nd(probs, indices)#根据索引获得分数
316
317     deltas_specific=tf.gather_nd(deltas, indices)#根据索引获得 box 区域坐标(待修正的偏差)
318
319     #将偏差应用到 rois 框中
```

```
320     refined_rois = apply_box_deltas_graph( rois, deltas_specific *
    mask_rcnn_model.BBOX_STD_DEV)
321     #对出界的框进行剪辑
322     refined_rois = clip_boxes_graph(refined_rois, window)
323
324     #取出前景的类索引（将背景类过滤掉）
325     keep = tf.where(class_ids > 0)[:, 0]
326     #在前景类里,将小于 DETECTION_MIN_CONFIDENCE 的分数过滤掉
327     if mask_rcnn_model.DETECTION_MIN_CONFIDENCE:
328         conf_keep = tf.where(class_scores >=
    mask_rcnn_model.DETECTION_MIN_CONFIDENCE)[:, 0]
329         keep = tf.sets.set_intersection(tf.expand_dims(keep, 0),
330                             tf.expand_dims(conf_keep, 0))
331         keep = tf.sparse_tensor_to_dense(keep)[0]
332
333     #根据剩下的 keep 索引取出对应的值
334     pre_nms_class_ids = tf.gather(class_ids, keep)
335     pre_nms_scores = tf.gather(class_scores, keep)
336     pre_nms_rois = tf.gather(refined_rois,   keep)
337     unique_pre_nms_class_ids = tf.unique(pre_nms_class_ids)[0]
338
339     def nms_keep_map(class_id):#定义 NMS 算法处理函数,对每个类做去重
340
341         #找出类别为 class_id 的索引
342         ixs = tf.where(tf.equal(pre_nms_class_ids, class_id))[:, 0]
343
344         #对该类的 roi 按照阈值 DETECTION_NMS_THRESHOLD 进行区域去重,最多获得
    DETECTION_MAX_INSTANCES 个结果
345         class_keep = tf.image.non_max_suppression(
346                 tf.gather(pre_nms_rois, ixs),
347                 tf.gather(pre_nms_scores, ixs),
348                 max_output_size=mask_rcnn_model.DETECTION_MAX_INSTANCES,
349                 iou_threshold=mask_rcnn_model.DETECTION_NMS_THRESHOLD)
350         #将去重后的索引转化为 ROI 中的索引
351         class_keep = tf.gather(keep, tf.gather(ixs, class_keep))
352         #数据对齐,当去重后的个数小于 DETECTION_MAX_INSTANCES 时,对其补-1
353         gap = mask_rcnn_model.DETECTION_MAX_INSTANCES -
    tf.shape(class_keep)[0]
354         class_keep = tf.pad(class_keep, [(0, gap)],
355                         mode='CONSTANT', constant_values=-1)
356         #将形状统一变为[mask_rcnn_model.DETECTION_MAX_INSTANCES],并返回
357         class_keep.set_shape([mask_rcnn_model.DETECTION_MAX_INSTANCES])
358         return class_keep
359
360     #对每个 class IDs 做去重操作
361     nms_keep = tf.map_fn(nms_keep_map, unique_pre_nms_class_ids,
362                     dtype=tf.int64)
```

```
363     #将list结果中的元素合并到一个数组里,并删掉-1的值
364     nms_keep = tf.reshape(nms_keep, [-1])
365     nms_keep = tf.gather(nms_keep, tf.where(nms_keep > -1)[:, 0])
366     keep = nms_keep
367     #经过NMS处理后,根据剩下的keep索引取出对应的值,并将取值的个数控制在
        DETECTION_MAX_INSTANCES之内
368     roi_count = mask_rcnn_model.DETECTION_MAX_INSTANCES
369     class_scores_keep = tf.gather(class_scores, keep)
370     num_keep = tf.minimum(tf.shape(class_scores_keep)[0], roi_count)
371     top_ids = tf.nn.top_k(class_scores_keep, k=num_keep, sorted=True)[1]
372     keep = tf.gather(keep, top_ids)#keep个数小于DETECTION_MAX_INSTANCES
373
374     #拼接输出结果,形状是[N, (y1, x1, y2, x2, class_id, score)]。其中,N是结果
        的个数
375     detections = tf.concat([ tf.gather(refined_rois, keep),
376         tf.cast(tf.gather(class_ids, keep) ,tf.float32)[..., tf.newaxis],
377         tf.gather(class_scores, keep)[..., tf.newaxis]
378         ], axis=1)
379
380     #数据对齐,不足DETECTION_MAX_INSTANCES的补0,并返回
381     gap = mask_rcnn_model.DETECTION_MAX_INSTANCES - tf.shape(detections)[0]
382     detections = tf.pad(detections, [(0, gap), (0, 0)], "CONSTANT")
383     return detections
```

代码第315行,用函数tf.gather_nd从分类结果probs中取值,得到分类分数。因为分类结果probs是张量,所以不能以Python切片的方式进行取值。

函数tf.gather_nd支持多维度取值,在调用函数tf.gather_nd时,将制作好的切片索引indices(见代码第314行)传入即可实现Python中的切片效果。

> **提示:**
> 代码第311~315行比较晦涩。为了方便理解,将该部分的逻辑用模拟数据实现出来。具体代码如下:
>
> ```
> import tensorflow as tf
> import numpy as np
> tf.enable_eager_execution()              #启动动态图(在TensorFlow 2.x中可以去掉该句)
> #假设probs中有3个锚点,每个锚点有4个分值
> probs    = np.array([[1,6,3,4], [2,2,3,4], [3,2,9,4]])
> print(np.shape(probs ))                  #输出probs的形状:(3, 4)
> class_ids = tf.argmax(probs, axis=1, output_type=tf.int32)
> print(class_ids.numpy())                 #输出probs中的最大索引:[1 3 2]
> #构造切片索引
> indices = tf.stack([tf.range(tf.shape(probs)[0]), class_ids], axis=1)
> ```

```
        print(indices.numpy())              #输出切片索引：[[0 1] [1 3] [2 2]]
        class_scores = tf.gather_nd(probs, indices)  #根据切片索引获得分数
        print(class_scores.numpy())          #输出所获得的分数：[6 4 9]
        print(probs[tf.range(tf.shape(probs)[0]).numpy(),class_ids])#用切片方式取数，输出：[6 4 9]
```

从输出的结果可以看出，函数 tf.gather_nd 的取值结果与 Python 语法中使用多维度切片方式的取值结果相同。

在函数 refine_detections_graph 中，会对分类分数按照固定的阈值进行过滤（见代码第 328 行）。将剩下的部分再用 NMS 算法进行去重（见代码第 361 行）。最后取 DETECTION_MAX_INSTANCES 个 ROI（不足的补 0），作为最终检测结果（见代码第 382 行）。

 提示：

函数 refine_detections_graph 的输入、输出都是基于单个样本的，即该函数中的所有变量都没有批次维度。

4. 可视化检测器结果

用 utils.run_graph 函数输出检测器结果，并通过坐标转化将其显示到原始图片上，并将得到的值可视化。代码如下：

代码 8-23　Mask_RCNN 应用（续）

```
184 #定义函数按照窗口来调整坐标
185 def refineboxbywindow(window,coordinates):
186
187     wy1, wx1, wy2, wx2 = window
188     shift = np.array([wy1, wx1, wy1, wx1])
189     wh = wy2 - wy1    # 计算window height
190     ww = wx2 - wx1    # 计算window width
191     scale = np.array([wh, ww, wh, ww])
192     #按照窗口来调整坐标
193     refine_coordinates = np.divide(coordinates - shift, scale)
194     return refine_coordinates
195
196 #模型输出的最终检测结果
197 DetectionLayer = utils.run_graph(model,[image], [
198         #(1, 100, 6),最后的6由4个位置、1个分类、1个分数组成
199         ("detections", model.keras_model.get_layer("mrcnn_detection").output),
200 ],BATCH_SIZE)
201
202 #获得分类的 ID
203 det_class_ids = DetectionLayer['detections'][0, :, 4].astype(np.int32)
204
205 det_ids = np.where(det_class_ids != 0)[0]#取出前景类不等于 0 的索引
206 det_class_ids = det_class_ids[det_ids]              #预测的分类 ID
```

```
207 #将分类 ID 显示出来
208 print("{} detections: {}".format( len(det_ids),
    np.array(class_name)[det_class_ids]))
209
210 roi_scores= DetectionLayer['detections'][0, :, -1]   #获得分类分数
211
212 boxes_norm= DetectionLayer['detections'][0, :, :4]    #获得边框坐标
213 window_norm = utils.norm_boxes(window, image2.shape[:2])
214 boxes = refineboxbywindow(window_norm,boxes_norm)    #按照窗口缩放来调整坐标
215
216 #将坐标转化为像素坐标
217 refined_proposals=utils.denorm_boxes(boxes[det_ids],
    image.shape[:2])#(1000, 4)
218 captions = ["{} {:.3f}".format(class_name[c], s) if c > 0 else ""
219           for c, s in zip(det_class_ids, roi_scores[det_ids])]
220
221 visualize.draw_boxes(                                  #在原始图片上显示结果
222     image, boxes=refined_proposals[det_ids],
223     visibilities=[2] * len(det_ids),#统一设为 2，表示用实线显示
224     captions=captions, title="Detections after NMS",
225     ax=get_ax())
```

代码运行后，输出以下结果：

```
5 detections: ['person' 'person' 'person' 'person' 'frisbee']
```

结果显示，检测出了 5 个类别，其中前 4 个是人物，最后一个是飞盘。

同时又输出了最终可视化结果，如图 8-45 所示。

图 8-45 检测器的输出结果

至此，Mask R-CNN 模型已经完成了目标检测任务。从图 8-45 中可以看到，该网络可以精准定位实物坐标，并且对其进行分类。

8.7.21 代码实现：根据 ROI 内容进行实物像素分割

整个 Mask R-CNN 模型的最后一个环节就是实物像素分割。它可以让网络模型理解像素级别的语义。该环节通过函数 build_fpn_mask_graph 来实现。build_fpn_mask_graph 函数的功能主

要是：根据 DetectionLayer 返回的矩形框，用 ROIAlign 方法对特征进行池化提取（该特征来自骨干网经过 FPN 处理后的结果）；并将池化后的特征经过 4 个 3×3 的卷积层，再进行一次上采样；最终通过全连接（用卷积代替）得到 81 个区域大小为 28×28 的掩码。具体做法如下。

1. 在 MaskRCNN 类中添加 build_fpn_mask_graph 实现

在 MaskRCNN 类中添加代码，将 DetectionLayer 层返回的矩形框提出来，输入函数 build_fpn_mask_graph 进行像素分割，并完成 MaskRCNN 类中构建模型的全部功能。具体代码如下：

代码 8-24　mask_rcnn_model（续）

```
291             #像素分割
292             detection_boxes = KL.Lambda(lambda x: x[..., :4])(detections)#取出box坐标
293             mrcnn_mask = build_fpn_mask_graph(detection_boxes,
    mrcnn_feature_maps,
294
    input_image_meta,MASK_POOL_SIZE,#14
295
    self.num_class,self.batch_size,train_bn=False)#不用bn
296
297             model = KM.Model([input_image, input_image_meta, input_anchors],#输入参数
298 [detections, mrcnn_class, mrcnn_bbox,mrcnn_mask, rpn_rois, rpn_class,
    rpn_bbox],#输出
299                       name='mask_rcnn')
300
301     return model
```

代码 297 行，将前面所有的输入和输出传入 KM.Model 里，完成 MaskRCNN 类中模型 keras_model 的构建。

2. 实现 build_fpn_mask_graph

函数 build_fpn_mask_graph 的处理过程与分类器函数 fpn_classifier_graph 的处理过程极为相似。步骤如下：

（1）通过 ROIAlign 算法提取 FPN 处理后的特征。
（2）对第（1）步的结果依次进行卷积操作、上采样操作、全连接（用卷积代替）操作。
（3）得出与分类个数相同的特征数据（feature map）。每个 feature map 为该区域内一个类别的掩码。

具体代码如下：

代码 8-27　othernet（续）

```
384 #语义分割
385 def build_fpn_mask_graph(rois,#目标实物检测结果，标准坐标[batch, num_rois, (y1,
    x1, y2, x2)]
```

```
386                     feature_maps,#FPN特征[P2, P3, P4, P5]
387                     image_meta,
388                     pool_size, num_classes,batch_size, train_bn=True):
389     """
390     返回值: Masks [batch, roi_count, height, width, num_classes]
391     """
392     #ROIAlign 最终统一池化的大小为14
393     #形状为 [batch, boxes, pool_height, pool_width, channels]
394     x = PyramidROIAlign(batch_size,[pool_size, pool_size],
395                     name="roi_align_mask")([rois, image_meta] + feature_maps)
396
397     #卷积层
398     x = KL.TimeDistributed(KL.Conv2D(256, (3, 3), padding="same"), name="mrcnn_mask_conv1")(x)
399     x = KL.TimeDistributed(KL.BatchNormalization(), name='mrcnn_mask_bn1')(x, training=train_bn)
400     x = KL.Activation('relu')(x)
401
402     x = KL.TimeDistributed(KL.Conv2D(256, (3, 3), padding="same"), name="mrcnn_mask_conv2")(x)
403     x = KL.TimeDistributed(KL.BatchNormalization(), name='mrcnn_mask_bn2')(x, training=train_bn)
404     x = KL.Activation('relu')(x)
405
406     x = KL.TimeDistributed(KL.Conv2D(256, (3, 3), padding="same"), name="mrcnn_mask_conv3")(x)
407     x = KL.TimeDistributed(KL.BatchNormalization(), name='mrcnn_mask_bn3')(x, training=train_bn)
408     x = KL.Activation('relu')(x)
409
410     x = KL.TimeDistributed(KL.Conv2D(256, (3, 3), padding="same"), name="mrcnn_mask_conv4")(x)
411     x = KL.TimeDistributed(KL.BatchNormalization(), name='mrcnn_mask_bn4')(x, training=train_bn)
412     x = KL.Activation('relu')(x)#(1, ?, 14, 14, 256)
413
414     #用反卷积进行上采样
415     x = KL.TimeDistributed(KL.Conv2DTranspose(256, (2, 2), strides=2, activation="relu"),
416                     name="mrcnn_mask_deconv")(x)#(1, ?, 28, 28, 256)
417     #用卷积代替全连接
418     x = KL.TimeDistributed(KL.Conv2D(num_classes, (1, 1), strides=1, activation="sigmoid"),
419                     name="mrcnn_mask")(x)
420     return x
```

3. 可视化检测器的结果

可视化步骤如下:
(1) 用 utils.run_graph 函数将掩码结果输出。
(2) 将第(1)步的掩码结果转化为图片并显示出来。
(3) 将模型的最终检测结果转化为图片并显示出来。

具体代码如下:

代码 8-23　Mask_RCNN 应用(续)

```
226 #模型输出的最终检测结果
227 maskLayer = utils.run_graph(model,[image], [
228     ("masks", model.keras_model.get_layer("mrcnn_mask").output),#(1, 100,
    28, 28, 81)
229 ],BATCH_SIZE)
230
231 #按照指定的类索引取出掩码。该掩码是每个框里的相对位移[n,28,28]
232 det_mask_specific = np.array([maskLayer["masks"][0, i, :, :, c]
233                     for i, c in enumerate(det_class_ids)])
234
235 #还原成真实大小。按照图片的框来还原真实坐标(n, image.h, image.h)
236 true_masks = np.array([utils.unmold_mask(m, refined_proposals[i],
    image.shape)
237                     for i, m in enumerate(det_mask_specific)])
238
239 #掩码可视化
240 visualize.display_images(det_mask_specific[:4] * 255, cmap="Blues",
    interpolation="none")
241 visualize.display_images(true_masks[:4] * 255, cmap="Blues",
    interpolation="none")
242
243 #将语义分割结果可视化
244 t = np.transpose(true_masks,(1,2,0))
245 visualize.display_instances(image, refined_proposals, t, det_class_ids,
246                     class_name, roi_scores[det_ids])
```

代码运行后,生成如图 8-46、8-47、8-48 所示图片。

- 图 8-46 是模型输出的原始掩码结果,其大小为 28 pixel×28 pixel,里面的值是 0~1 之间的浮点数相对坐标。
- 图 8-47 是将掩码结果换算到整个图片上的像素坐标,由代码第 241 行生成。
- 图 8-48 是将模型最终的结果叠加到原始图片上的图像。

图 8-46　模型输出的掩码结果　　　　图 8-47　结果坐标变化后的掩码结果

图 8-48　最终合成的结果

8.7.22　代码实现：用 Mask R-CNN 模型分析图片

在 MaskRCNN 类中实现 detect 方法，并通过 detect 方法用 Mask R-CNN 模型分析图片。

1. 实现 MaskRCNN 类的 detect 方法

实现 detect 方法的具体步骤如下：

（1）对输入图片做变形处理，得到变形后的图片 molded_images 与附加信息 image_metas。

（2）根据图片处理后的尺寸生成锚点框。

（3）调用 Mask R-CNN 模型的 predict 方法，将第（1）步的结果与锚点信息一起传入。

（4）调用 unmold_detections 方法将模型的输出结果按照输入的真实图片尺寸进行还原。

（5）循环遍历每张输入图片，依次将其传入 unmold_detections 方法中进行第（4）步的操作。

（6）将第（5）步返回的所有结果放到列表中返回。

具体代码如下：

代码 8-24　mask_rcnn_model（续）

```
302 def detect(self, images, verbose=0):#用模型进行检测
303     """用模型进行检测
304     输入：images
305     输出：字典类型。包括如下内容
306         rois: 检测框[N, (y1, x1, y2, x2)]
307         class_ids: 类别[N]
308         scores: 分数[N]
309         masks: 掩码[H, W, N]
310     """
311     assert self.mode == "inference", "Create model in inference mode."
312     assert len( images) == self.batch_size, "len(images) must be equal to BATCH_SIZE"
313
314     if verbose:#是否输出信息
315         print("Processing {} images".format(len(images)))
316
317
```

```
318        #图片预处理（统一大小，并返回图片附加信息）
319        molded_images, image_metas, windows = self.mold_inputs(images)
320
321        #验证尺寸
322        image_shape = molded_images[0].shape
323        for g in molded_images[1:]:
324            assert g.shape == image_shape,\
325                "After resizing, all images must have the same size. Check
    IMAGE_RESIZE_MODE and image sizes."
326
327        #生成锚点
328        anchors = self.get_anchors(image_shape)
329        #复制锚点到批次
330        anchors = np.broadcast_to(anchors, (self.batch_size,) +
    anchors.shape)
331
332        if verbose:
333            log("molded_images", molded_images)
334            log("image_metas", image_metas)
335            log("anchors", anchors)
336        #运行模型进行图片分析
337        detections, _, _, mrcnn_mask, _, _, _ =\
338            self.keras_model.predict([molded_images, image_metas, anchors],
    verbose=0)
339
340        #处理分析结果
341        results = []
342        for i, image in enumerate(images):
343            final_rois, final_class_ids, final_scores, final_masks =\
344                self.unmold_detections(detections[i], mrcnn_mask[i],
345                                       image.shape, molded_images[i].shape,
346                                       windows[i])
347            results.append({
348                "rois": final_rois,
349                "class_ids": final_class_ids,
350                "scores": final_scores,
351                "masks": final_masks,
352            })
353        return results
```

在代码第 328 行，用 get_anchors 方法生成锚点。该方法具体的实现见 "2. 实现 MaskRCNN 类锚点生成"。

2. 实现 MaskRCNN 类锚点生成

在 get_anchors 方法中加入缓存_anchor_cache 对象，用于存放已经算好的锚点。在第 1 次获取锚点时，调用了下面就来介绍的 get_anchors 方法与 utils.generate_pyramid_anchors 函数的实现过程来计算锚点。

(1) get_anchors 方法的具体实现见以下代码:

代码 8-24　mask_rcnn_model（续）

```
354    def get_anchors(self, image_shape):
355        """根据指定图片大小生成锚点"""
356        backbone_shapes = compute_backbone_shapes(image_shape)
357        #缓存锚点
358        if not hasattr(self, "_anchor_cache"):
359            self._anchor_cache = {}
360        if not tuple(image_shape) in self._anchor_cache:
361            #生成锚点
362            a = utils.generate_pyramid_anchors(RPN_ANCHOR_SCALES,RPN_ANCHOR_RATIOS,
363                    backbone_shapes,BACKBONE_STRIDES,RPN_ANCHOR_STRIDE)
364            self.anchors = a
365            #设为标准坐标
366            self._anchor_cache[tuple(image_shape)] = utils.norm_boxes(a, image_shape[:2])
367        return self._anchor_cache[tuple(image_shape)]
```

代码第 361 行，对缓存对象 _anchor_cache 进行判断。如果该缓存对象中没有 image_shape 对象，则调用 utils.generate_pyramid_anchors 函数生成错点对象 a，并将 a 赋给成员变量 anchors。

(2) utils.generate_pyramid_anchors 函数的具体实现见以下代码:

代码 8-25　mask_rcnn_utils（续）

```
90  def generate_anchors(scales, ratios, shape, feature_stride, anchor_stride):
91      """
92  
93      以 BACKBONE_STRIDES 个像素为单位，在图片上划分网格。得到的网格按照 anchor_stride
        进行计算，并判断是否需要算作锚点
94      anchor_stride=1 表示都要被用作计算锚点，anchor_stride=2 表示隔一个取一个网格用
        于计算锚点
95      每个网格第 1 个像素为中心点
96      边长由 scales 按照 ratios 种比例计算得到。每个中心点配上每种边长，组成一个锚点
97      """
98  
99      scales, ratios = np.meshgrid(np.array(scales), np.array(ratios))
100     scales = scales.flatten()#复制了 ratios 个 scales，其形状为[32,32,32]
101     ratios = ratios.flatten()#因为 scales 只有 1 个元素，所以不变
102 
103     #将比例开方再计算边长，生成相对不规则一些的边框
104     heights = scales / np.sqrt(ratios)
105     widths = scales * np.sqrt(ratios)
106 
107     #计算像素点为单位的网格位移
108     shifts_y = np.arange(0, shape[0], anchor_stride) * feature_stride
109     shifts_x = np.arange(0, shape[1], anchor_stride) * feature_stride
```

```
110    shifts_x, shifts_y = np.meshgrid(shifts_x, shifts_y)#得到x和y的位移
111
112    #将每个网格的第1点当作中心点,以3种边长为锚点大小
113    box_widths, box_centers_x = np.meshgrid(widths, shifts_x)
114    box_heights, box_centers_y = np.meshgrid(heights, shifts_y)
115
116    box_centers = np.stack(#Reshape并合并中心点坐标(y, x)
117        [box_centers_y, box_centers_x], axis=2).reshape([-1, 2])
118    #合并边长(h, w)
119    box_sizes = np.stack([box_heights, box_widths], axis=2).reshape([-1, 2])
120
121    #将中心点边长转化为两个点的坐标(y1, x1, y2, x2)
122    boxes = np.concatenate([box_centers - 0.5 * box_sizes,
123                           box_centers + 0.5 * box_sizes], axis=1)
124    print(boxes[0])#因为中心点从0开始,所以第1个锚点的x1、y1为负数
125    return boxes
126
127 def generate_pyramid_anchors(scales, ratios, feature_shapes, feature_strides,
128                              anchor_stride):
129    anchors = []
130    for i in range(len(scales)):#遍历不同的尺度,生成锚点
131        anchors.append(generate_anchors(scales[i], ratios, feature_shapes[i],
132                                        feature_strides[i], anchor_stride))
133    return np.concatenate(anchors, axis=0) #[anchor_count, (y1, x1, y2, x2)]
```

代码第90行,函数 generate_anchors 封装了基于在图片上划分锚点的算法。

代码第130行,在 generate_pyramid_anchors 函数内部遍历尺度列表 scales,依次调用 generate_anchors 函数在图片上划分不同的锚点。

3. 可视化检测器的结果

用模型进行图片分析的代码非常简单,只需要调用 detect 方法。具体代码如下:

代码 8-23 Mask_RCNN 应用(续)

```
247 results = model.detect([image], verbose=1)#用detect方法进行检测
248 r = results[0]
249 #可视化结果
250 visualize.display_instances(image, r['rois'], r['masks'], r['class_ids'],
251                             class_name, r['scores'])
```

代码运行后,可以看到与图 8-33 一样的效果。这里不再展示。

8.8 实例46:训练 Mask R-CNN 模型,进行形状的识别

由于 Mask R-CNN 模型过于庞大,本书将 Mask R-CNN 模型的知识点拆分成两部分:正向过程与训练部分。8.6节已经实现了 Mask R-CNN 模型的正向过程。本节将接着实现 Mask R-CNN

的训练部分。

实例描述

用算法合成若干个图片，每个图片上都有不确定个数的形状。搭建 Mask R-CNN 模型，对合成图片进行训练，并用训练好的模型识别图片中的形状。

本实例需要借助 8.6 节中的代码，在其上面添加反向传播部分，使其具有可训练功能，然后训练并使用模型。

8.8.1 工程部署：准备代码文件及模型

将 8.7 节的代码全部复制到本地，并按照下列方式为其重命名。一共由 5 个文件组成，具体如下。

- "8-28 训练 Mask_RCNN.py"：使用模型的全流程代码。包括训练及使用模型的代码。
- "8-29 mask_rcnn_model.py"：Mask-RCNN 模型的具体代码。
- "8-30 mask_rcnn_utils.py"：模型所需要的辅助工具代码。
- "8-31 othernet.py"：放置 Mask_RCNN 中使用的具体模型，包括 RPN 模型、FPN 模型、分类器模型（用于图片分类）、检测器模型（用于目标检测）、mask 模型（用于图片分割）。
- "8-32 mask_rcnn_visualize.py"：可视化部分的代码。

为了提高训练的速度，本实例同样需要使用预训练好的模型，所以需要将 8.6 节的模型 mask_rcnn_coco.h5 一起复制到本地路径下。

8.8.2 样本准备：生成随机形状图片

编写代码实现如下步骤：

（1）定义 ShapesDataset 类，用于生成随机形状图片。

（2）对 ShapesDataset 类进行实例化，得到训练数据集对象 dataset_train 和验证数据集对象 dataset_val。

（3）从数据集中取出部分样本，并显示出来。

具体代码如下：

代码 8-28　训练 Mask_RCNN

```
01  import math
02  import random
03  import numpy as np
04  import cv2
05  import matplotlib.pyplot as plt                          #引入系统模块
06
07  mask_rcnn_model = __import__("8-29 mask_rcnn_model")     #引入本地模块
08  MaskRCNN = mask_rcnn_model.MaskRCNN
```

```
09  utils = __import__("8-30 mask_rcnn_utils")
10  visualize = __import__("8-32 mask_rcnn_visualize")
11
12  #随机生成图片类
13  class ShapesDataset():
14
15      def __init__(self, class_map=None):
16          self.image_ids = []
17          ……                                           #不是本实例重点,代码忽略
18
19  def get_ax(rows=1, cols=1, size=8):
20      _, ax = plt.subplots(rows, cols, figsize=(size*cols, size*rows))
21      return ax
22
23  #训练数据集dataset
24  dataset_train = ShapesDataset()
25  dataset_train.load_shapes(500, mask_rcnn_model.IMAGE_DIM,
    mask_rcnn_model.IMAGE_DIM)
26  dataset_train.prepare()
27
28  #测试数据集dataset
29  dataset_val = ShapesDataset()
30  dataset_val.load_shapes(50, mask_rcnn_model.IMAGE_DIM,
    mask_rcnn_model.IMAGE_DIM)
31  dataset_val.prepare()
32
33  #加载随机样本,并显示
34  image_ids = np.random.choice(dataset_train.image_ids, 4)
35  for image_id in image_ids:
36      image = dataset_train.load_image(image_id)
37      mask, class_ids = dataset_train.load_mask(image_id)
38      visualize.display_top_masks(image, mask, class_ids,
    dataset_train.class_names)
```

代码运行后会生成5个图片,如图8-49所示。

图8-49 模拟图片的部分显示

在图8-49中,左边第1个是边长128 pixel的图片。ShapesDataset类会根据随机算法,向里面放置圆形、三角形、正方形。后面四个子图为该形状的标注,其中标注了具体形状的掩码信息及对应的分类。

8.8.3 代码实现：为 Mask R-CNN 模型添加损失函数

在 MaskRCNN 类的 build 方法中，添加代码实现损失值 loss 的处理。该代码需要添加在 RPN 之后的 mode 判断分支中（见代码第 11 行，将 loss 值处理添加到 if 语句的 else 分支中）。

具体代码如下：

代码 8-29　mask_rcnn_model

```
01  ……
02          #返回用 NMS 算法去重后前景概率值最大的 n 个 ROI（靠谱区域）
03          rpn_rois = ProposalLayer(proposal_count=proposal_count,
    nms_threshold=RPN_NMS_THRESHOLD,batch_size=self.batch_size,
04                          name="ROI")([rpn_class, rpn_bbox, anchors])
05          img_meta_size = 1 + 3 + 3 + 4 + 1 + self.num_class #定义图片的附加信息
06
07          input_image_meta = KL.Input(shape=[img_meta_size],
    name="input_image_meta")#定义图片附加信息
08          if mode == "inference":
09           ……                                            #用模型预测时的代码
10          else:
11              #获得输入数据的类
12              active_class_ids = KL.Lambda( lambda x:
    parse_image_meta_graph(x)["active_class_ids"]
13                  )(input_image_meta)
14
15              if not USE_RPN_ROIS:                       #支持手动输入 ROI
16                  input_rois = KL.Input(shape=[POST_NMS_ROIS_TRAINING, 4],
    name="input_roi", dtype=np.int32)
17                  #转为标准坐标
18                  target_rois = KL.Lambda(lambda x: norm_boxes_graph(
19                      x, K.shape(input_image)[1:3]))(input_rois)
20              else:                                       #正常训练模式
21                  target_rois = rpn_rois
22
23              #根据输入的样本制作 RPN 的标签
24              rois, target_class_ids, target_bbox, target_mask
    =DetectionTargetLayer(self.batch_size,
25                  name="proposal_targets")([ target_rois,
    input_gt_class_ids, gt_boxes, input_gt_masks])
26
27              #分类器
28              mrcnn_class_logits, mrcnn_class, mrcnn_bbox =
    fpn_classifier_graph(rois, mrcnn_feature_maps, input_image_meta,
29                              POOL_SIZE,
    self.num_class,self.batch_size,train_bn=False,          #不用 bn
30                              fc_layers_size=1024)#全连接层 1024 个节点
```

```
31                #进行语义分割、掩码预测
32                mrcnn_mask = build_fpn_mask_graph(rois, mrcnn_feature_maps,
   input_image_meta,
33                        MASK_POOL_SIZE,self.num_class,self.batch_size,
   train_bn=False)
34
35                output_rois = KL.Lambda(lambda x: x * 1, name="output_rois")(rois)
36
37                #计算Loss值
38                rpn_class_loss = KL.Lambda(lambda x: rpn_class_loss_graph(*x),
   name="rpn_class_loss")( [input_rpn_match, rpn_class_logits])
39
40                rpn_bbox_loss = KL.Lambda(lambda x:
   rpn_bbox_loss_graph(self.batch_size, *x),
   name="rpn_bbox_loss")( [input_rpn_bbox, input_rpn_match, rpn_bbox])
41
42                class_loss = KL.Lambda(lambda x:
   mrcnn_class_loss_graph(self.num_class,self.batch_size,*x),
   name="mrcnn_class_loss")(
43                        [target_class_ids, mrcnn_class_logits, active_class_ids])
44
45                bbox_loss = KL.Lambda(lambda x: mrcnn_bbox_loss_graph(*x),
   name="mrcnn_bbox_loss")( [target_bbox, target_class_ids, mrcnn_bbox])
46
47                mask_loss = KL.Lambda(lambda x: mrcnn_mask_loss_graph(*x),
   name="mrcnn_mask_loss")( [target_mask, target_class_ids, mrcnn_mask])
48
49                #构建模型的输入节点
50                inputs = [input_image, input_image_meta, input_rpn_match,
   input_rpn_bbox, input_gt_class_ids, input_gt_boxes, input_gt_masks]
51
52                if not USE_RPN_ROIS:
53                    inputs.append(input_rois)
54                outputs = [rpn_class_logits, rpn_class, rpn_bbox,  #构建模型的输出
   节点
55            mrcnn_class_logits, mrcnn_class, mrcnn_bbox, mrcnn_mask, rpn_rois,
   output_rois,
56                        rpn_class_loss, rpn_bbox_loss, class_loss, bbox_loss,
   mask_loss]
57
58                model = KM.Model(inputs, outputs, name='mask_rcnn')
59                ……
```

从代码第10行开始是训练模型的部分。

代码第23行，用DetectionTargetLayer函数计算输入图片的锚点信息、分类信息与坐标框信息。这些数据将作为RPN的标签参与训练。

从代码第38行开始是计算损失值的部分。该模型的损失值包括5部分：

- RPN 的分类损失。
- RPN 的边框损失。
- 分类器的分类损失。
- 分类器的边框损失。
- 掩码的损失。

具体的 loss 函数可以参考本书的配套代码。这里不再展开。

8.8.4 代码实现：为 Mask R-CNN 模型添加训练函数，使其支持微调与全网训练

定义 MaskRCNN 类中的 train 方法，实现模型训练的全部过程。在 train 方法中，实现如下步骤：

（1）获得指定的训练规模，按照参数找到对应的层。见代码第 67 行。
（2）生成迭代器数据集，用于训练。见代码第 81 行。
（3）设置反向训练相关参数（优化器、正则化、学习率等）及指定层的训练开关。见代码第 100、101 行。
（4）训练模型。见代码第 103 行。

具体代码如下：

代码 8-29　mask_rcnn_model（续）

```
60      ……
61      def train(self, train_dataset, val_dataset,batch_size, learning_rate, epochs, layers,
62                augmentation=None, custom_callbacks=None, no_augmentation_sources=None):
63
64          assert self.mode == "training", "Create model in training mode."
65
66          #根据参数指定训练规模，用于微调
67          layer_regex = {
68              #训练除骨干网外的其他网络
69              "heads": r"(mrcnn\_.*)|(rpn\_.*)|(fpn\_.*)",
70              #选择指定的网络进行训练
71              "3+": r"(res3.*)|(bn3.*)|(res4.*)|(bn4.*)|(res5.*)|(bn5.*)|(mrcnn\_.*)|(rpn\_.*)|(fpn\_.*)",
72              "4+": r"(res4.*)|(bn4.*)|(res5.*)|(bn5.*)|(mrcnn\_.*)|(rpn\_.*)|(fpn\_.*)",
73              "5+": r"(res5.*)|(bn5.*)|(mrcnn\_.*)|(rpn\_.*)|(fpn\_.*)",
74              #全部训练
75              "all": ".*",
76          }
77          if layers in layer_regex.keys():
78              layers = layer_regex[layers]
```

```
79
80          #生成数据
81          train_generator = data_generator(train_dataset,
    shuffle=True,augmentation=augmentation,
82                                       batch_size=batch_size,
83                                       no_augmentation_sources=
    no_augmentation_sources,num_class = self.num_class)
84          val_generator = data_generator(val_dataset, shuffle=True,
85                                       batch_size=batch_size,num_class =
    self.num_class)
86
87          #添加日志存储的回调函数
88          callbacks = [
89              keras.callbacks.TensorBoard(log_dir=self.log_dir,
90                                       histogram_freq=0, write_graph=True,
    write_images=False),
91              keras.callbacks.ModelCheckpoint(self.checkpoint_path,
92                                       verbose=0, save_weights_only=True),
93          ]
94          if custom_callbacks:
95              callbacks += custom_callbacks
96
97          #开始训练 Train
98          log("\nStarting at epoch {}. LR={}\n".format(self.epoch,
    learning_rate))
99          log("Checkpoint Path: {}".format(self.checkpoint_path))
100         self.set_trainable(layers)                    #根据指定的层设置训练开关
101         self.compile(learning_rate, LEARNING_MOMENTUM)#设置模型的优化器及学习
    参数
102
103         self.keras_model.fit_generator(                #调用 fit_generator 进行训练
104             train_generator,
105             initial_epoch=self.epoch,
106             epochs=epochs,
107             steps_per_epoch=STEPS_PER_EPOCH,
108             callbacks=callbacks,
109             validation_data=val_generator,
110             validation_steps=VALIDATION_STEPS,
111             max_queue_size=100,
112             workers=0,
113             use_multiprocessing=False,
114         )
115         self.epoch = max(self.epoch, epochs)
```

代码 81 行,用函数 data_generator 生成训练使用的数据集。由于 Mask R-CNN 属于两阶段训练模型,在制作结果标签之外,还需要制作 RPN 标签。

在函数 data_generator 中,用 build_rpn_targets 函数实现了 RPN 标签的制作。

> **提示：**
> 在训练 RPN 过程中，需要将锚点 anchors、样本、标注这三个信息合成 RPN 标签，这样才可以进行监督式训练。合成 RPN 标签的过程如下：
> （1）根据样本和标注提取出图片的分类标签信息和矩形框标签信息。
> （2）将锚点中的矩形框与矩形框标签信息按照区域重合度进行匹配。
> （3）对每个锚点进行前景和背景的分类：将与矩形框标签信息匹配的锚点设为前景标签；将与矩形框标签信息不匹配的锚点设为背景标签。
> （4）计算所有前景锚点与其矩形坐标框标签之间的坐标偏移（中心点偏移和边长的缩放比例）。
> （5）将第（4）步所计算出的坐标偏移值除以 RPN_BBOX_STD_DEV 进行归一化处理。
> 由于篇幅原因，这里不再将函数 data_generator 与函数 build_rpn_targets 的代码一一列出，读者可以参考随书配套的代码资源自行查看。

8.8.5 代码实现：训练并使用模型

MaskRCNN 类中的代码准备好了之后，便开始搭建主体流程。

1. 创建 Mask R-CNN 模型，并加载权重

指定训练批次，用训练模式构建模型。具体代码如下：

代码 8-28 训练 Mask_RCNN（续）

```
39 BATCH_SIZE =3              #批次
40 NUM_CLASSES = 1 + 3   # 1个背景类和3个形状类
41 #创建训练模式模型
42 MODEL_DIR = "./log"
43 model = MaskRCNN(mode="training", model_dir=MODEL_DIR,
   num_class=dataset_train.num_classes,batch_size = BATCH_SIZE)
44
45 #模型权重文件路径
46 weights_path = "./mask_rcnn_coco.h5"
47
48 #载入权重文件
49 print("Loading weights ", weights_path)
50 model.load_weights(weights_path,
   by_name=True,exclude=["mrcnn_class_logits", "mrcnn_bbox_fc",
   "mrcnn_bbox", "mrcnn_mask"])
```

2. 训练并保存 Mask R-CNN 模型

训练模型分为两步：
（1）固定骨干网的权重，训练其他层。
（2）设置较低的学习率，对整个网络进行继续训练。

具体代码如下:

代码 8-28　训练 Mask_RCNN（续）

```
51 model.train(dataset_train, dataset_val,batch_size = BATCH_SIZE,
52             learning_rate=mask_rcnn_model.LEARNING_RATE,
53             epochs=1,
54             layers='heads')
55
56 model.train(dataset_train, dataset_val ,batch_size = BATCH_SIZE,
57             learning_rate=mask_rcnn_model.LEARNING_RATE / 10,
58             epochs=2,
59             layers="all")
60 #保存模型
61 import os
62 MODEL_DIR = "mask_model"; os.makedirs(MODEL_DIR, exist_ok = True)
63 model_path = os.path.join(MODEL_DIR, "mask_rcnn_shapes.h5")
64 model.keras_model.save_weights(model_path)
```

代码运行后，系统会在本地的 mask_model 文件夹下生成模型文件 mask_rcnn_shapes.h5，并显示如下结果：

```
……
Epoch 2/2
……
 99/100 [============================>.] - ETA: 9s - loss: 0.9817 - rpn_class_loss: 0.0166 -
……
100/100 [=============================] - 933s 9s/step - loss: 0.9780 - rpn_class_loss: 0.0165 - rpn_bbox_loss: 0.4315 - mrcnn_class_loss: 0.2105 - mrcnn_bbox_loss: 0.1693 - mrcnn_mask_loss: 0.1501 - val_loss: 0.9802 - val_rpn_class_loss: 0.0170 - val_rpn_bbox_loss: 0.5260 - val_mrcnn_class_loss: 0.1228 - val_mrcnn_bbox_loss: 0.1543 - val_mrcnn_mask_loss: 0.1601
……
```

3. 用 Mask R-CNN 模型进行识别

编写代码使用模型，具体步骤如下：

（1）重新实例化一个模型 model2。
（2）载入训练好的模型权重。
（3）随机取出一张模拟图片。
（4）将取出的图片传入模型进行预测。
（5）将图片的标签信息与模型的预测结果分别叠加到模拟图片上，并显示出来。

具体代码如下：

代码 8-28　训练 Mask_RCNN（续）

```
65 MODEL_DIR = "mask_model"
66 model_path = os.path.join(MODEL_DIR, "mask_rcnn_shapes.h5")
```

```
67  #重新构建模型
68  model2 = MaskRCNN(mode="inference", model_dir=MODEL_DIR,
    num_class=dataset_train.num_classes,batch_size = 1)#加完背景后的81个类
69
70  #加载模型
71  print("Loading weights from ", model_path)
72  model2.load_weights(model_path, by_name=True)
73
74  #随机取出图片
75  image_id = random.choice(dataset_val.image_ids)
76  original_image, image_meta, gt_class_id, gt_bbox, gt_mask =\
77      mask_rcnn_model.load_image_gt(dataset_val, image_id,
    use_mini_mask=False)
78
79  ax = get_ax(1, 2)
80  #显示原始图片及标注
81  visualize.display_instances(original_image, gt_bbox, gt_mask, gt_class_id,
82                   dataset_train.class_names, ax=ax[0])
83
84  #用模型进行预测，并显示结果
85  results = model2.detect([original_image], verbose=1)
86  r = results[0]
87  visualize.display_instances(original_image, r['rois'], r['masks'],
    r['class_ids'],
88                   dataset_val.class_names, r['scores'], ax=ax[1])
```

代码运行后，生成的结果如图 8-50 所示。

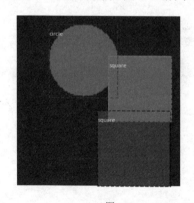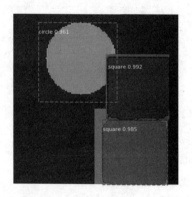

图 8-50　Mask R-CNN 模型训练后的识别结果

如图 8-50 所示，左边为样本的图片及标注，右边为模型生成的图片及标注。由于整个数据集只迭代了两次，所以误差还比较大。读者可以把迭代次数加大，以便训练出更精准的模型。

4．为模型评分

随机抽取 10 张照片，输入 Mask R-CNN 模型，并将模型生成的结果与原始图片的标注进行比较，得出模型的评分。具体代码如下：

代码8-28 训练 Mask_RCNN（续）

```
89  image_ids = np.random.choice(dataset_val.image_ids, 10)
90  APs = []
91  for image_id in image_ids:
92      #原始图片
93      image, image_meta, gt_class_id, gt_bbox, gt_mask =\
94          mask_rcnn_model.load_image_gt(dataset_val, image_id,
    use_mini_mask=False)
95      molded_images = np.expand_dims(utils.mold_image(image), 0)
96      #运行结果
97      results = model2.detect([image], verbose=0)
98      r = results[0]
99      #计算模型分数
100     AP, precisions, recalls, overlaps =\
101         utils.compute_ap(gt_bbox, gt_class_id, gt_mask,
102                          r["rois"], r["class_ids"], r["scores"], r['masks'])
103     APs.append(AP)
104
105 print("mAP: ", np.mean(APs))
```

代码运行后，输出如下结果：

```
mAP:  0.9333333373069763
```

结果表示，模型的平均精度为 0.93。其中的 mAP（Mean Average Precision）代表平均精度。

8.8.6 扩展：替换特征提取网络

在 YOLO V3 模型的论文（https://pjreddie.com/media/files/papers/YOLOv3.pdf）中，比较用 Darknet-53 模型提取的特征结果与 ResNet 模型提取的特征结果，得到的结论是：Darknet-53 模型提取的特征在 YOLO V3 模型中表现更优。如图 8-51 所示。

Backbone	Top-1	Top-5	Bn Ops	BFLOP/s	FPS
Darknet-19 [13]	74.1	91.8	7.29	1246	**171**
ResNet-101[3]	77.1	93.7	19.7	1039	53
ResNet-152 [3]	**77.6**	**93.8**	29.4	1090	37
Darknet-53	77.2	**93.8**	18.7	**1457**	78

图 8-51 Darknet-53 模型的特征结果与 ResNet 模型的特征结果比较

读者可以尝试将 MaskRCNN 类中的骨干网 ResNet 模型替换成 Darknet-53 模型，并使用 8.8.5 小节"4.为模型评分"的方法进行测试。观察 Darknet-53 模型在 Mask R-CNN 模型中是否也会表现出更好的效果。

第 9 章

循环神经网络（RNN）——处理序列样本的神经网络

循环神经网络（Recurrent Neural Networks，RNN）具有记忆功能，它可以发现样本之间的序列关系，是处理序列样本的首选模型。循环神经网络大量应用在数值、文本、声音、视频处理等领域。本章介绍循环神经网络中相关的计算单元及主流的网络架构。

> **提示：**
> 本章内容偏重于讲解循环神经网络的搭建与具体应用，淡化了循环神经网络中的原理。例如词向量、词嵌入、各种 cell 结构等基础知识点及循环神经网络的底层原理，还需要读者额外学习。这里推荐读者参考《深度学习之 TensorFlow——入门、原理与进阶实战》一书的第 9 章内容。

9.1 快速导读

在学习本实例之前，读者有必要了解一下循环神经网络的基础知识。

9.1.1 什么是循环神经网络

循环神经网络模型（以下简称 RNN 模型）是一个具有记忆功能的模型。它可以发现样本之间的相互关系，多用于处理带有序列特征的样本数据。

RNN 模型有很多种结构，其最基本的结构是将全连接网络的输出节点复制一份并传回到输入节点中，与输入数据一起进行下一次运算。这种神经网络将数据从输出层又传回到输入层，形成了循环结构，所以被叫作循环神经网络。

通过 RNN 模型，可以将上一个序列的样本输出结果与下一个序列样本一起输入模型中进行运算，使模型所处理的特征信息中，既含有该样本之前序列的信息，又含有该样本自身的数据信息，从而使网络具有记忆功能。

在实际开发中，所使用的 RNN 模型还会基于上述的原理做更多的结构改进，使网络的记忆功能更强。

在深层网络结构中，还会在 RNN 模型基础上结合全连接网络、卷积网络等组成拟合能力更强的模型。

9.1.2 了解 RNN 模型的基础单元 LSTM 与 GRU

RNN 模型的基础结构是单元，其中比较常见的有 LSTM 单元、GRU 单元等，它们充当了 RNN 模型中的基础结构部分。使用单元搭建出来的 RNN 模型会有更好的拟合效果。

LSTM 单元与 GRU 单元是 RNN 模型中最常见的单元，其内部由输入门、忘记门和输出门三种结构组合而成。

LSTM 单元与 GRU 单元的作用几乎相同，唯一不同的是：
- LSTM 单元返回 cell 状态和计算结果。
- GRU 单元只返回计算结果，没有 cell 状态。

相比之下，使用 GRU 单元会更加简单。

9.1.3 认识 QRNN 单元

QRNN（Quasi-Recurrent Neural Networks）单元是一种 RNN 模型的基础单元，它比 LSTM 单元的速度更快。

QRNN 单元被发表于 2016 年。它使用卷积操作替代传统的循环结构，其网络结构介于 RNN 与 CNN 之间。

QRNN 内部的卷积结构可以将序列数据以矩阵方式同时运算，不再像循环结构那样必须按照序列顺序依次计算。其以并行的运算方式取代了串行，提升了运算速度。在训练时，卷积结构也要比循环结构的效果更加稳定。

在实际应用中，QRNN 单元可以与 RNN 模型中的现有单元随意替换。

如果想更多了解 QRNN，可以参考以下论文：

https://arxiv.org/abs/1611.01576

9.1.4 认识 SRU 单元

SRU 单元是 RNN 模型的基础单元。它的作用与 QRNN 单元类似，也是对 LSTM 单元在速度方面进行了提升。

LSTM 单元必须要将样本按照序列顺序一个个地进行运算，才能够输出结果。这种运算方式使得该单元无法在多台机器并行计算的环境中发挥最大的作用。

SRU 单元被发表于 2017 年。它保留了 LSTM 单元的循环结构，通过调整运算先后顺序的方式（把矩阵乘法放在串行循环外，把相乘的再相加的运算放在串行循环内）提升了运算速度。

1. SRU 单元的结构

SRU 单元在本质上与 QRNN 单元很像。从网络构建上看，SRU 单元有点像 QRNN 单元中的一个特例，但是又比 QRNN 单元多了一个直连的设计。

若需要研究 SRU 单元更深层面的理论，可以参考如下论文：

https://arxiv.org/abs/1709.02755

2. SRU 单元的使用

在 TensorFlow 中，用函数 tf.contrib.rnn.SRUCell 可以使用 SRU 单元。该函数的用法与函数 LSTMCell 的用法完全一致（函数 LSTMCell 是 LSTM 单元的实现）。

关于函数 tf.contrib.rnn.SRUCell 的更多使用方法，可以参考官方帮助文档：

https://www.tensorflow.org/api_docs/python/tf/contrib/rnn/SRUCell

9.1.5 认识 IndRNN 单元

IndRNN 单元是一种新型的循环神经网络单元结构，被发表于 2018 年，其效果和速度均优于 LSTM 单元。

IndRNN 单元不仅可以改善传统 RNN 模型所存在的梯度消失和梯度爆炸问题，还能够更好地学习样本中的长期依赖关系。

在搭建模型时：

- 以堆叠的方式使用 IndRNN 单元，可以搭建出更深的网络结构。
- 将 IndRNN 单元配合 ReLu 等非饱和激活函数一起使用，会使模型表现出更好的鲁棒性。

有关 IndRNN 单元的更多理论，可以参考论文：https://arxiv.org/abs/1803.04831。

1. IndRNN 单元与 RNN 模型其他单元的结构差异

与 LSTM 单元相比，IndRNN 单元的结构要简单得多。它更像一个原始的 RNN 模型结构（只将神经元的输出复制到输入节点中）。

与原始的 RNN 模型相比，IndRNN 单元主要在循环层部分做了特殊处理。下面通过公式来详细介绍。

2. 原始的 RNN 模型结构

原始的 RNN 模型结构见式（9.1）：

$$h_t = \sigma(Wx_t + U h_{t-1} + b) \tag{9.1}$$

在式（9.1）中，σ 代表激活函数，W 代表权重，x 代表输入，U 代表循环层的权重，h 代表前一个序列的输出，b 代表偏置。

在原始的 RNN 模型结构中，每个序列的输入数据乘以权重后，都要加上一个序列的输出与循环层的权重相乘的结果，再加上偏置，得到最终的结果。

3. IndRNN 单元的结构

IndRNN 单元的结构见式（9.2）：

$$h_t = \sigma(Wx_t + U \odot h_{t-1} + b) \tag{9.2}$$

式（9.2）与式（9.1）相比，不同之处在于 U 与 h 的运算。符号 $\odot$ 代表两个矩阵的哈达玛积（Hadamard product），即两个矩阵的对应位置相乘。

在 IndRNN 单元中，要求 U 和 h 这两个矩阵的形状必须完全相同。

IndRNN 单元的核心就是将上一个序列的输出与循环层的权重进行哈达玛积操作。从某种角度来讲，循环层的权重更像是卷积网络中的卷积核，该卷积核会对序列样本中的每个序列做卷积操作。

4. TensorFlow 中的 IndRNN 单元

在 TensorFlow 1.10 之后的版本中提供了 IndRNNCell 类，它封装了 IndRNN 单元，并在 IndRNN 单元的基础上增加了与 GRU 单元和 LSTM 单元一样的门结构，生成 IndyGRUCell 类与 IndyLSTMCell 类。其用法与代码中 GRU 单元和 LSTM 单元的用法一样。具体用法见 9.4 节。

9.1.6　认识 JANET 单元

JANET 单元也是对 LSIM 单元的一种优化，被发表于 2018 年。该网络源于一个很大胆的猜测——当 LSTM 单元只有忘记门会怎样？

实验表明，只有忘记门的网络，其性能居然优于标准 LSTM 单元。同样，该优化方式也可以被用在 GRU 单元中。

如想要了解更多关于 JANET 单元的内容，可以参考以下论文：

https://arxiv.org/abs/1804.04849

有关 JANET 单元在 RNN 模型中的实际应用，请参考本书的 9.5 节。

9.1.7　优化 RNN 模型的技巧

在优化 RNN 模型时，也需要使用例如批量正则化方法、dropout 方法等提升模型效果。

由于 RNN 模型具有独特的网络结构，在实现时，与常规优化技巧相比，基于 RNN 模型的优化技巧会略有不同。具体细节可以在本书的其他章节中找到详细内容，例如，基于 RNN 模型的 dropout 方法（见 9.4 实例）、基于 RNN 模型的批量正则化技术（见 10.1.6 小节）。

 提示：

什么是 Addons 模块？

TensorFlow 2.x 版本将 TensorFlow 1.x 版本中 contrib 模块下的部分常用 API 移到了 Addons 模块下。该模块需要单独安装。命令如下：

pip install tensorflow-addons

在该模块中包括了注意力机制模型（见 9.1.11 小节）、Seq2Seq 模型（见 9.1.13 小节）等常用 API 的封装。

在使用时需要在代码最前端引入模块。具体如下：

import tensorflow as tf
import tensorflow_addons as tfa

9.1.8　了解 RNN 模型中多项式分布的应用

自然语言一句话中的某个词并不是唯一固定的。例如"代码医生工作室真棒"这句话中的最后一个字"棒",也可以换成"好",不会影响整句话的语义。

在 RNN 模型中,将一个使用语言样本训练好的模型用于生成文本时,会发现模型总会将在下一时刻出现概率最大的那个词取出。这种生成文本的方式失去了语言本身的多样性。

为了解决这个问题,这里将 RNN 模型的最终结果当作一个多项式分布(Multinomial Distribution),以分布取样的方式预测出下一序列的词向量。用这种方法所生成的句子更符合语言的特性。

1. 多项式分布

多项式分布是二项式分布的拓展。在学习多项式分布之前,先学习二项式分布比较容易。

二项式分布又被称为伯努利(Bernoulli)分布,其中典型的例子是"扔硬币":硬币正面朝上的概率为 p,重复扔 n 次硬币,所得到 k 次正面朝上的概率,即为一个二项式分布概率。把二项式分布公式拓展至多种状态,就得到了多项式分布。

2. RNN 模型中多项式分布的应用

在 RNN 模型中,预测的结果不再是下一个序列中出现的具体某一个词,而是这个词的分布情况。这便是在 RNN 模型中使用多项式分布的核心思想。

在获得该词的多项式分布之后,便可以在该分布中进行采样操作,获得具体的词。这种方式更符合 NLP 任务中语言本身的多样性(一个句子中的某个词并不是唯一的)。

在实际的 RNN 模型中,具体的实现步骤如下。

(1)将 RNN 模型预测的结果通过全连接或卷积,变换成与字典维度相同的数组。

(2)用该数组代表模型所预测结果的多项式分布。

(3)用 tf.multinomial 函数从预测结果中采样,得到真正的预测结果。

3. 函数 tf.multinomial 的使用方法

函数 tf.multinomial 可以按批次处理数据。该函数的使用细节如下。

- 在使用时:需要传入一个形状是[batch_size, num_classes]的分布数据。
- 在执行时:会按照分布数据中的 num_classes 概率抽取指定个数的样本并返回。

完整的示例代码如下:

```
import numpy as np
import tensorflow as tf
b = tf.constant(np.random.normal(size = (2, 4)))#生成一串随机数
with tf.Session() as sess:
    print(sess.run(b))  #输出: [[ 0.14730237  0.10002697 -0.3397995   0.08918727]
                        #[ 2.00974768 -1.30524175 -0.30822854  1.75512202]]
    print(sess.run(tf.multinomial(b, 1)))#按照b的分布进行1个数据的采样,输出:[[2] [0]]
    print(sess.run(tf.multinomial(b, 1)))  #第二次采样,输出: [[0] [0]]
```

从上面的示例代码中可以看到,对于一个指定的多项式分布,多次采样可以得到不同的值。将多项式采样用于 RNN 模型的输出处理,更符合 NLP 的样本特性。

9.1.9 了解注意力机制的 Seq2Seq 框架

带注意力机制的 Seq2Seq（attention_Seq2Seq）框架常用于解决 Seq2Seq 任务。为了防止读者对概念混淆，下面对 Seq2Seq 相关的任务、框架、接口、模型做出统一解释。

- Seq2Seq（Sequence2Sequence）任务：从一个序列（Sequence）映射到另一个序列（Sequence）的任务，例如：语音识别、机器翻译、词性标注、智能对话等。
- Seq2Seq 框架：也被叫作编解码框架（即 Encoder-Decoder 框架）是一种特殊的网络模型结构。这种结构适合于完成 Seq2Seq 任务。
- Seq2Seq 接口：是指用代码实现的 Seq2Seq 框架函数库。在 Python 中，以模块的方式提供给用户使用。用户可以使用 Seq2Seq 接口来进行模型的开发。
- Seq2Seq 模型：用 Seq2Seq 接口实现的模型被叫作 Seq2Seq 模型。

1. 了解 Seq2Seq 框架

Seq2Seq 任务的主流解决方法是使用 Seq2Seq 框架（即 Encoder-Decoder 框架）。
Encoder-Decoder 框架的工作机制如下。

（1）用编码器（Encoder）将输入编码映射到语义空间中，得到一个固定维数的向量，这个向量就表示输入的语义。

（2）用解码器（Decoder）将语义向量解码，获得所需要的输出。如果输出的是文本，则解码器（Decoder）通常就是语言模型。

Encoder-Decoder 框架的结构如图 9-1 所示。

该网络框架擅长解决：语音到文本、文本到文本、图像到文本、文本到图像等转换任务。

2. 了解带有注意力机制的 Seq2Seq 框架

注意力机制可用来计算输入与输出的相似度。一般将其应用在 Seq2Seq 框架中的编码器（Encoder）与解码器（Decoder）之间，通过给输入编码器的每个词赋予不同的关注权重，来影响其最终的生成结果。这种网络可以处理更长的序列任务。其具体结构如图 9-2 所示。

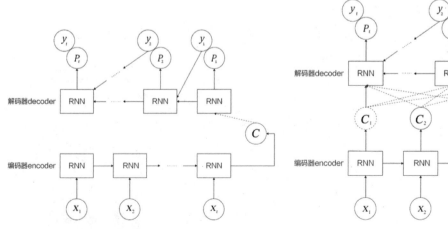

图 9-1　Encoder-Decoder 框架结构　　　　图 9-2　带有注意力机制的 Seq2Seq 框架

图 9-2 中的框架只是注意力机制中的一种。在实际应用中，注意力机制还有很多其他的变化。其中包括 LuongAttention、BahdanauAttention、LocationSensitiveAttention 等。更多关于注意力机制的内容还可以参考论文：

```
https://arxiv.org/abs/1706.03762
```

9.1.10 了解 BahdanauAttention 与 LuongAttention

在 TensorFlow 的 Seq2Seq 接口中实现了两种注意力机制的类接口：BahdanauAttention 与 LuongAttention。在介绍这两种注意力机制的区别之前，先系统地介绍一下注意力机制的几种实现方法。

1. 注意力机制的实现总结

注意力机制在实现上，大致可以分为 4 种方式：

- 一般方式：$f = \boldsymbol{s}^{\mathrm{T}} W h$ （9.3）
- 点积（dot）方式：$f = \boldsymbol{s}^{\mathrm{T}} h$ （9.4）
- 连接（concat）方式：$f = W[s; h]$ （9.5）
- 神经网络（perceptron）方式：$f = \boldsymbol{V}^{\mathrm{T}} \tanh(w_1 s + w_2 h)$ （9.6）

其中，f 代表注意力的计算公式；W、w_1、w_2、V 代表权重；s 代表输入；上标的 T 代表矩阵转置；h 代表解码序列的中间状态。

2. BahdanauAttention 与 LuongAttention 的区别

BahdanauAttention 与 LuongAttention 这两种注意力机制分别是由 Bahdanau 与 Luong 这两个作者实现的。前者是使用一般方式实现的，见式（9.3）；后者使用的是使用神经网络方式实现的，见式（9.6）。其对应的论文如下：

- BahdanauAttention：https://arxiv.org/abs/1409.0473。
- LuongAttention：https://arxiv.org/abs/1508.04025。

3. 在 TensorFlow 中的接口与应用

BahdanauAttention 与 LuongAttention 这两个类的具体实现，见以下代码文件（其中，Anaconda3 是 Anaconda 软件的安装路径）：

```
Anaconda3\lib\site-packages\tensorflow\contrib\seq2seq\python\ops\
attention_wrapper.py
```

在使用 LuongAttention 与 BahdanauAttention 这两个类时，只需要对其进行实例化，并将实例化对象传入 AttentionWrapper 类中即可。具体可见 9.4 节的例子。另外，在 9.3 节中还介绍了一个用 tf.keras 接口手动实现 BahdanauAttention 的例子。

4. 在 TensorFlow 中的具体实现

以注意力机制 BahdanauAttention 类为例，该类是通过三个全连接（memory_layer、query_layer、v）方式实现的，具体步骤如下。

（1）在初始化时，需要传入编码器的输出结果 memory（形状为[batch_size, max_time, endim]）和注意力深度 num_units（全连接权重的神经元个数）。其中，变量 endim 是编码器单元的个数。

（2）在基类_BaseAttentionMechanism 中，会用全连接层 memory_layer 对编码器结果 memory 进行处理，生成形状为[batch_size, max_time, num_units]的张量。该张量将作为 keys。

（3）在解码过程中，会将上一时刻的目标值 y_{t-1} 传入解码器中，并将解码输出结果当作查询条件 query（形状为[batch_size,dedim]）传入 BahdanauAttention 实例进行注意力计算。其中变量 dedim 是解码器的 cell 个数。

（4）在 BahdanauAttention 类的__call__函数中，用全连接层 query_layer 对解码结果 query 进行处理，生成形状为[batch_size, num_units]的张量 processed_query。

（5）将张量 processed_query 的形状变为[batch_size, 1, num_units]，并与张量 keys 相加。

（6）将相加后的结果经过激活函数 tanh 变换后，再与权重 v 相乘。

（7）将最后的结果按照最后一个维度进行规约加和，得到注意力值 score。其形状是[batch_size, max_time]。

（8）对注意力值 score 使用 softmax 算法处理，便得到最终的结果。

按照上面的步骤操作后可以发现，TensorFlow 代码实现的变量与式（9.6）$V^T\tanh(w_1 s + w_2 h)$ 的对应关系是：V^T 对应 v，w_1 对应 memory_layer，s 对应 memory，w_2 对应 query_layer，h 对应 query。

目前，注意力机制已经发展成为 RNN 模型领域中应用最广的技术。建议读者结合上述过程说明和 TensorFlow 的源码仔细练习，尽量达到熟练掌握的程度。该技术在序列任务处理中会大有用处。

5. normed_BahdanauAttention 与 scaled_LuongAttention

在 BahdanauAttention 类中有一个权重归一化的版本（normed_BahdanauAttention），它可以加快随机梯度下降的收敛速度。在使用时，将初始化函数中的参数 normalize 设为 True 即可。

具体可以参考以下论文：

https://arxiv.org/pdf/1602.07868.pdf

在 LuongAttention 类中也实现了对应的权重归一化版本（scaled_LuongAttention）。在使用时，将初始化函数中的参数 scale 设为 True 即可。

9.1.11　了解单调注意力机制

单调注意力机制（monotonic attention），是在原有注意力机制上添加了一个单调约束。该单调约束的内容为：

（1）假设在生成输出序列过程中，模型是以从左到右的方式处理输入序列的。

（2）当某个输入序列所对应的输出受到关注时，在该输入序列之前出现的其他输入将不能在后面的输出中被关注。

即已经被关注过的输入序列，其前面的序列中不再被关注。

更多描述可以参考以下论文：

https://arxiv.org/pdf/1704.00784.pdf

1. 在 TensorFlow 中的接口

在 TensorFlow 中，单调注意力机制有两个接口类：

- BahdanauMonotonicAttention 类。
- LuongMonotonicAttention 类。

在这两个类中，使用了同样的单调算法。在这两个类的实例化参数中，与单调注意力机制相关的参数有 3 个。

- sigmoid_noise：用于调节注意力分数，默认值为 0.0。
- sigmoid_noise_seed：用于调节注意力分数，默认值为 None。
- mode：用于指定单调注意力机制的运算方式，默认值为 parallel。

2. 在 TensorFlow 中的具体实现

单调注意力机制（monotonic attention）的实现与原始的注意力机制仅有很小的变化。以 BahdanauMonotonicAttention 为例，在 9.1.10 小节中 "4. 在 TensorFlow 中的具体实现"里的第（8）步，在对注意力分值 score 进行 softmax 算法处理时做了变化：将 softmax 算法换成了单调注意力算法（见源代码中的_monotonic_probability_fn 函数）。

在_monotonic_probability_fn 函数中会对传入的注意力分数做一次变化：用 sigmoid_noise 与 sigmoid_noise_seed 两个参数进行调节。具体见以下代码：

```
if sigmoid_noise > 0:
    noise = random_ops.random_normal(array_ops.shape(score), dtype=score.dtype,
                         seed=seed)#seed的值为sigmoid_noise_seed
    score += sigmoid_noise*noise
```

在调节注意力分数之后，可选择 3 种方式进行具体运算。这 3 种方式由参数 mode 来指定，具体介绍如下。

- 递归方式：取值为 recursive。用函数 tf.scan 递归计算分布。此方式虽然速度慢，但是精确。
- 并行方式：取值为 parallel。用并行的 cumulative-sum 函数和 cumulative-produce 函数计算注意力分布。此方式比递归方式效率高。如果输入序列 input_sequence_length 很长，或 p_choose_i（第 i 个输入序列元素的概率）非常接近 0 或 1，则计算出的注意力分布将会很不精确。为了避免这种情况，在使用该方式之前必须要对数字进行检查。
- 硬方式：取值为 hard。要求 p_choose_i 中的概率都是 0 或 1，此方式更有效、更精确。

如果 mode 值是 hard，则一般会将参数 sigmoid_noise 的值设为大于 0。这样，模型会对现有的注意力分数进行放大，使注意力分数在 one-hot 编码转换时散列得更好。

如果在测试场景中，或是在 mode 值不是 hard 时，则建议将参数 sigmoid_noise 的值设为 0。

9.1.12 了解混合注意力机制

混合注意力（hybrid attention）机制又被称作位置敏感注意力（location sensitive attention）机制，它主要是将上一时刻的注意力结果当作该序列的位置特征信息，并添加到原有注意力机制基础上。这样得到的注意力中就会有内容和位置两种信息。

因为混合注意力中含有位置信息，所以它可以在输入序列中选择下一个编码的位置。这样的机制更适用于输出序列大于输入序列的Seq2Seq任务，例如语音合成任务（见9.8节）。

具体可以参考以下论文：

https://arxiv.org/pdf/1506.07503.pdf

1. 混合注意力机制的结构

在论文中，混合注意力机制的结构见式（9.7）。

$$a_i = \text{Attend}(s_{i-1}, a_{i-1}, h_i) \tag{9.7}$$

在式（9.7）中，符号的具体含义如下。

- h 代表编码后的中间状态（代表内容信息）。
- a 代表分配的注意力分数（代表位置信息）。
- s 代表解码后的输出序列。
- i–1 代表上一时刻。
- i 代表当前时刻。

可以将混合注意力分数 a 的计算描述为：上一时刻的 s 和 a（位置信息）与当前时刻的 h（内容信息）的点积计算结果。

Attend 代表注意力计算的整个流程。按照式（9.7）的方式，不带位置信息的注意力机制可以表述为：

$$a_i = \text{Attend}(s_{i-1}, h_i) \tag{9.8}$$

式（9.7）与式（9.8）的区别是：式（9.7）中多了一个 a_{i-1}，即在混合注意力机制中加入了上一时刻的注意力结果 a_{i-1}。

2. 混合注意力机制的具体实现

混合注意力机制的具体实现介绍如下。

（1）对上一时刻的注意力结果做卷积操作，实现位置特征的提取。

（2）对卷积操作的结果做全连接处理，实现维度的调整。

（3）用可选的平滑归一化函数（smoothing normalization function）替换 9.1.10 小节中的 softmax 函数。平滑归一化函数的公式代码如下：

```
def _smoothing_normalization(e):
    return  tf.nn.sigmoid(e) / tf.reduce_sum(tf.nn.sigmoid(e), axis=-1, keepdims=True)
```

具体代码实例见本书9.8节。

> **提示：**
> 在第（3）步中所提到的softmax函数，用在注意力分数score的最后处理环节。具体内容见9.1.10小节"4. 在TensorFlow中的具体实现"里的第（8）步。

9.1.13 了解 Seq2Seq 接口中的采样接口（Helper）

TensorFlow 框架将解码器（Decoder）的采样过程抽象出来，单独封装到采样接口的 Helper 类中。基于 Helper 类实现的采样接口又派生了其他的 Helper 子类，如图 9-3 所示。

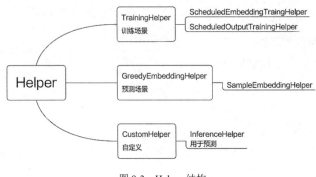

图 9-3　Helper 结构

如图 9-3 所示，每个采样接口类（Helper）的解释如下。

- Helper：最基本的抽象类。
- TrainingHelper：用于训练过程中。将上一序列的真实值传入，以计算下一序列的词嵌入分布情况，该结果用于计算 loss 值。
- ScheduledEmbeddingTrainingHelper：用于训练过程中。其继承自 TrainingHelper 类，添加了广义伯努利分布（属于多项式分布，见 9.1.8 小节），对模型的输出结果进行采样。
- ScheduledOutputTrainingHelper：用于训练过程中。其继承自 TrainingHelper 类，直接对输出进行采样。
- GreedyEmbeddingHelper：用在模型使用过程中。从上一序列通过模型后的输出结果中找到概率最大的词，并将其从词嵌入转化成词向量。
- SampleEmbeddingHelper：用于模型使用过程中。其继承自 GreedyEmbeddingHelper 类，将 GreedyEmbeddingHelper 中最大概率的采样规则改成了从生成的概率分布中采样。
- CustomHelper：自定义的采样接口。
- InferenceHelper：一个只用于预测的 helper 。其属于 CustomHelper 类的特例，也由用户自定义来生成。

TrainingHelper 类与 GreedyEmbeddingHelper 类的使用实例，请参考本书 9.4 节。CustomHelper 类的使用实例，请参考本书 9.8 节。

9.1.14 了解 RNN 模型的 Wrapper 接口

TensorFlow 框架用一系列 Wrapper 类将 RNN 模型封装起来，它们形成了 RNN 模型特有的 Wrapper 接口，该接口包括以下几个。

- InputProjectionWrapper：对输入的数据进行维度映射的 Wrapper 类。它对输入数据进行一次全连接转换，再将其输入网络。

- **OutputProjectionWrapper**：对输出的数据进行维度映射的 Wrapper 类。它对网络的输出数据进行一次全连接转换。
- **DropoutWrapper**：在调用单元的前后进行 dropout 操作，支持对输入层、cell 状态（state）和输出层进行 dropout 处理。
- **ResidualWrapper**：基于 RNN 模型的残差包装类，相当于把输入用 concat 函数连接到输出上一起返回。
- **DeviceWrapper**：为单元指定运行的设备。
- **MultiRNNCell**：相当于一个 wrapper 类，将单元包装起来，实现多层 RNN 模型。
- **AttentionCellWrapper**：注意力机制的包装类，参照 9.1.10 小节。

其中，ResidualWrapper 类的使用实例见本书 9.8.11 小节。其他 Wrapper 类的使用实例见本书 9.4 节。

9.1.15 什么是时间序列（TFTS）框架

时间序列（TFTS）框架是一个在估算器上集成好的、专用于序列处理的高级框架。

在使用时，可以直接调用 TFTS 框架中自带的模型（状态空间模型、自回归模型），也可以在 TFTS 框架中构建自定义的 RNN 模型。

该模型支持分块、批处理两种并行的计算方式。更多内容见以下链接：

https://github.com/tensorflow/tensorflow/tree/master/tensorflow/contrib/timeseries

在 TFTS 框架中有两个经典的建模工具，具体如下：
- 非线性自回归建模工具（参见源代码文件 estimators.py 中的 ARRegressor 类）。
- 线性状态空间建模的组件集合建模工具（参见源代码文件 estimators.py 中的 StructuralEnsembleRegressor 类）。

有关 TFTS 框架的具体实例，见本书 9.7 节。

9.1.16 什么是梅尔标度

梅尔标度（the mel scale）是一种符合人耳听觉特性的计算方法。它可以将声音转换为与人耳具有同样感受的数值关系。

例如，人耳对于声音由 1000Hz 变为 2000Hz 的感受并不是音量提高了两倍。而如果将梅尔标度数值提升两倍后，所生成的声音会让人耳感受到两倍的变化。

在本书的 9.8 节中介绍了一个语音合成的例子。其中使用音频数据的梅尔频谱特征作为样本标签，在模型得到梅尔频谱特征之后，再使用梅尔标度的逆向算法将其还原成音频数据。

> **提示：**
> 在《深度学习之 TensorFlow——入门、原理与进阶实战》一书中 9.5 节的语音识别实例中，用梅尔倒谱对音频进行特征提取。所谓的梅尔倒谱是指，在梅尔标度的频谱上做倒谱分析（取对数，做离散余弦变换）。在语音分析问题中，这样的特征常常用于表述音频数据。

9.1.17 什么是短时傅里叶变换

短时傅里叶变换（STFT）是最经典的时频域分析方法。其分为两步：
（1）对长时信号进行分帧，将其转为短时信号。
（2）对短时信号做傅里叶变换。

1. 原理

短时傅里叶变换的原理是：将原始声音信号通过短时傅里叶变换展开，使其成为一个二维信号的声谱图。具体步骤如下。
（1）把一段长时信号分帧、加窗。
（2）对每一帧做快速傅里叶变换（Fast Fourier Transformation，FFT）。
（3）把第（2）步的结果堆叠起来，得到二维的信号数据。

图 9-4 所示的是原始的声音信号，图 9-5 所示的是变换后的声谱图。

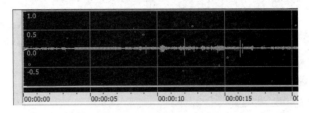

图 9-4　原始声音信号

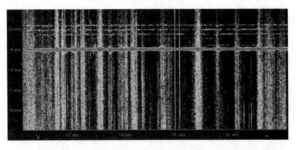

图 9-5　变换后的声谱图

2. 用 librosa 库进行声音处理

librosa 库是一个语音处理的第三方库。用 librosa 库中的 stft 函数可以实现短时傅立叶变换（STFT）。该函数的定义如下：

```
def stft(y, n_fft=2048, hop_length=None, win_length=None, window='hann',
     center=True, dtype=np.complex64, pad_mode='reflect'):
```

其中主要参数有 4 个。
- y：输入的音频序列。
- n_fft：快速傅里叶变换（FFT）窗口的大小。
- hop_length：短时傅里叶变换（STFT）算法中的帧移步长。
- win_length：短时傅里叶变换（STFT）算法中的相邻两个窗口的重叠长度（默认为参数

n_fft）。

有关 librosa 库的更详细介绍请见 9.8.1 小节。

3. 用 TensorFlow 进行声音处理

在 TensorFlow 中，有关声音处理的接口如下。

- 函数 tf.contrib.signal.stft：可以实现短时傅里叶变换（STFT）。
- 函数 tf.contrib.signal.inverse_stft：可以实现反向的短时傅里叶变换（STFT）。该函数可用于合成声音信号。
- 函数 tf.contrib.ffmpeg.decode_audio：可以实现读取声音文件。

另外，再介绍一个很有参考价值的代码，链接如下：

```
https://github.com/Kyubyong/tensorflow-exercises/blob/master/Audio_Processing.ipynb
```

在该代码文件中，用 TensorFlow 与 librosa 库实现了音频与数字的双向转换：

（1）将音频数据转换为梅尔频谱与梅尔倒谱。

（2）将梅尔频谱转换回音频数据。

9.1.18 什么是 Addons 模块

TensorFlow2.x 版本将 TensorFlow1.x 版本中 contrib 模块下的部分常用 API 移到了 Addons 模块下。该模块需要单独安装。命令如下：

```
pip install tensorflow-addons
```

在该模块中，包括了注意力机制模型（见 9.1.11 小节）、Seq2Seq 模型（见 9.1.13 小节）等常用 API 的封装。

在使用时，需要在代码最前端引入模块。具体如下：

```
import tensorflow as tf
import tensorflow_addons as tfa
```

在 GitHub 网站中，给出了基于 tfa 实现的 seq2seq 与注意力模型实例以及配套教程。具体可以参考如下链接：

```
https://github.com/tensorflow/addons/blob/master/tensorflow_addons/seq2seq/README.md
```

9.2 实例 47：搭建 RNN 模型，为女孩生成英文名字

实例描述

有一批关于女孩的英文名字列表。让 RNN 模型学习已有的英文名字，并模拟出类似规则的字母序列，为女孩生成英文名字。

在动态图框架中，使用 tf.keras 接口搭建一个由 GRU 单元组成的 RNN 模型。具体做法如下。

9.2.1 代码实现：读取及处理样本

样本使用一个文件名为"女孩名字.txt"的数据集。数据集中的每个名字都带有它的寓意解释。例如：

> Abby：意为娇小可爱的女人，令人喜爱，个性甜美。
> Aimee：意为可爱的人。
> Alisa：意为快乐的姑娘。

在随书的配套资源中找到该数据集，并将其放到本地代码的同级目录下。编写代码，实现以下步骤。

（1）用正则表达式将每一行的英文字母提取出来。
（2）将提取出来的英文字母转成向量。
（3）对向量进行对齐操作。

具体代码如下。

代码 9-1　用 RNN 模型为女孩生成英文名字

```
01  from sklearn.model_selection import train_test_split
02  import numpy as np
03  import os
04  import time
05  from PIL import Image
06  import tensorflow as tf
07
08  import matplotlib.pyplot as plt
09  tf.enable_eager_execution()
10
11  def make_dictionary():                                          #定义函数生成字典
12      words_dic = [chr(i) for i in range(32,127)]
13      words_dic.insert(0,'None')                                  #补0
14      words_dic.append("unknown")
15      words_redic = dict(zip(words_dic, range(len(words_dic))))   #反向字典
16      print('字表大小:', len(words_dic))
17  return words_dic,words_redic
18  #字符到向量
19  def ch_to_v(datalist,words_redic,normal = 1):
20      #字典里没有的就是None
21      to_num = lambda word: words_redic[word] if word in words_redic else len(words_redic)-1
22      data_vector =[]
23      for ii in datalist:
24          data_vector.append(list(map(to_num, list(ii))))
25
26      if normal == 1:                                             #归一化
27          return np.asarray(data_vector)/ (len(words_redic)/2) - 1
28      return np.array(data_vector)
```

```python
29  #对数据进行补0操作
30  def pad_sequences(sequences, maxlen=None, dtype=np.float32,
31                    padding='post', truncating='post', value=0.):
32
33      lengths = np.asarray([len(s) for s in sequences], dtype=np.int64)
34      nb_samples = len(sequences)
35      if maxlen is None:
36          maxlen = np.max(lengths)
37
38      sample_shape = tuple()
39      for s in sequences:
40          if len(s) > 0:
41              sample_shape = np.asarray(s).shape[1:]
42              break
43
44      x = (np.ones((nb_samples, maxlen) + sample_shape) * value).astype(dtype)
45      for idx, s in enumerate(sequences):
46          if len(s) == 0:
47              continue    #跳过空的列表
48          if truncating == 'pre':
49              trunc = s[-maxlen:]
50          elif truncating == 'post':
51              trunc = s[:maxlen]
52          else:
53              raise ValueError('Truncating type "%s" not understood' % truncating)
54
55          trunc = np.asarray(trunc, dtype=dtype)
56          if trunc.shape[1:] != sample_shape:              #检查trunc形状
57              raise ValueError('Shape of sample %s of sequence at position %s is different from expected shape %s' % (trunc.shape[1:], idx, sample_shape))
58
59          if padding == 'post':
60              x[idx, :len(trunc)] = trunc
61          elif padding == 'pre':
62              x[idx, -len(trunc):] = trunc
63          else:
64              raise ValueError('Padding type "%s" not understood' % padding)
65      return x, lengths
66
67  def getbacthdata(batchx,charmap):                        #样本数据预处理（用于训练）
68      batchx = ch_to_v( batchx,charmap,0)
69      sampletpad ,sampletlengths =pad_sequences(batchx)    #都填充为最大长度
70      zero = np.zeros([len(batchx),1])
71      tarsentence =np.concatenate((sampletpad[:,1:],zero),axis = 1)
72      return np.asarray(sampletpad,np.int32), np.asarray(tarsentence,np.int32),sampletlengths
73
```

```
74  inv_charmap,charmap = make_dictionary()              #生成字典
75  vocab_size = len(charmap)
76
77  DATA_DIR ='./女孩名字.txt'                            #定义载入样本的路径
78  input_text=[]
79  f = open(DATA_DIR)
80  import re
81  reforname=re.compile(r'[a-z]+', re.I)                #用正则化,忽略大小写提取字母
82  for i in f:
83      t = re.match(reforname,i)
84      if t:
85          t=t.group()
86          input_text.append(t)
87          print(t)
```

在训练模型的过程中,需要将样本中的单个字符依次输入 RNN 模型中。让 RNN 模型根据已输入的字符预测出下一个字符。于是该数据集的标签不再是分类结果,而是样本中当前字符的下一个序列字符。

代码第 67 行定义了函数 getbacthdata,用来制作训练模型所使用的输入数据与标签数据。

代码第 71 行是在函数 getbacthdata 中制作标签的具体代码。该代码解读如下:

(1) 制作切片,取出输入数据第 1 个字符之后的数据。

(2) 在第(1)步的切片最后添加 0。

通过这两步操作,即可完成输入数据与标签数据的对应关系。例如,针对输入数据"ANNA"所制作的标签为"NNAnone"。

代码第 74 行用 make_dictionary 函数生成样本对应的字典。该字典是一个通用的字符字典,里面包含了如下内容:

- 数值在 32~127 的 ASCII 码字符。
- 对齐操作中的补 0 字符——None。
- 向量化操作中的未知字符——unknown(见代码第 14 行)。

代码第 77~87 行使用正则表达式提取样本文件中的内容,将每行的英文名字提取出来后放到列表里。其中代码第 81 行的 re.compile 函数有两个参数:

- r'[a-z]+' 代表从头开始匹配属于 a~z 的字符,其中加号代表匹配多个这样的连续字符。
- re.I 代表忽略大小写。

用这两个参数来匹配所有以英文开头的字符串。

代码第 83 行是正则表达式的匹配操作。

代码第 85 行是将匹配到的内容取出来。

9.2.2 代码实现:构建 Dataset 数据集

下面用函数 getbacthdata 获得训练模型所需的样本数据,并将其转换为 Dataset 数据集。具体代码如下。

代码 9-1　用 RNN 模型为女孩生成英文名字（续）

```
88 input_text,target_text,sampletlengths = getbacthdata(input_text,charmap) #
   生成样本标签
89 print(input_text)
90 print(target_text)
91
92 max_length = len(input_text[0])
93 learning_rate = 0.001
94
95 embedding_dim = 256                      #定义词向量
96 units = 1024                             #定义GRU单元个数
97 BATCH_SIZE = 6                           #定义批次
98
99 #定义数据集
100 dataset = tf.data.Dataset.from_tensor_slices((input_text,
    target_text)).shuffle(1000)
101 dataset = dataset.batch(BATCH_SIZE, drop_remainder=True)
```

9.2.3　代码实现：用 tf.keras 接口构建生成式 RNN 模型

编写代码，构建 RNN 模型，具体步骤如下。

（1）将词向量转换成词嵌入。

（2）将词嵌入输入 GRU 模型。

（3）将 GRU 模型的输出结果输入全连接网络。

（4）通过全连接网络，将最终结果收敛到与字典相同维度的特征。

可以将最终模型的输出结果理解为一个多项式分布，即在下一个序列中，每个词可能出现的概率。

模型的反向传播部分如下：

- 损失函数部分使用的是 sparse_softmax_cross_entropy 函数。
- 优化器使用的是 AdamOptimizer 函数。
- 其他都用默认值。

> **提示：**
> sparse_softmax_cross_entropy 函数是一个计算交叉熵的函数，更多内容见《深度学习之 TensorFlow——入门、原理与进阶实战》一书的 6.4 节。

整个网络结构都是用 tf.keras 接口开发的，具体代码如下：

代码 9-1　用 RNN 模型为女孩生成英文名字（续）

```
102 class Model(tf.keras.Model):                     #构建模型
103     def __init__(self, vocab_size, embedding_dim, units, batch_size):
104         super(Model, self).__init__()
105         self.units = units
```

```
106     self.batch_sz = batch_size
107     #定义词嵌入层
108     self.embedding = tf.keras.layers.Embedding(vocab_size, embedding_dim)
109
110     if tf.test.is_gpu_available():           #定义GRU cell
111       self.gru = tf.keras.layers.CuDNNGRU(self.units,
112                                           return_sequences=True,
113                                           return_state=True,
114                                           recurrent_initializer='glorot_uniform')
115     else:
116       self.gru = tf.keras.layers.GRU(self.units,
117                                      return_sequences=True,
118                                      return_state=True,
119                                      recurrent_activation='sigmoid',
120                                      recurrent_initializer='glorot_uniform')
121
122     self.fc = tf.keras.layers.Dense(vocab_size)#定义全连接层
123
124   def call(self, x, hidden):
125     x = self.embedding(x)
126
127     #用GRU网络进行计算,output的形状为(batch_size, max_length, hidden_size)
128     #states的形状为(batch_size, hidden_size)
129     output, states = self.gru(x, initial_state=hidden)
130
131     #变换维度,用于后面的全连接,输出形状为 (batch_size * max_length, hidden_size)
132     output = tf.reshape(output, (-1, output.shape[2]))
133
134     #得到每个词的多项式分布
135     #输出形状为(max_length * batch_size, vocab_size)
136     x = self.fc(output)
137     return x, states
138
139 model = Model(vocab_size, embedding_dim, units, BATCH_SIZE)
140 optimizer = tf.train.AdamOptimizer()
141
142 #损失函数
143 def loss_function(real, preds):
144     return tf.losses.sparse_softmax_cross_entropy(labels=real,
    logits=preds)
```

9.2.4 代码实现:在动态图中训练模型

编写代码,实现如下步骤:

(1)指定检查点文件的路径并建立循环。

（2）按照指定迭代次数 EPOCHS 进行迭代训练。
（3）在每次迭代训练中，用动态图的训练方式对模型权重进行优化。
具体代码如下。

代码 9-1　用 RNN 模型为女孩生成英文名字（续）

```
145 checkpoint_dir = './training_checkpoints'
146 checkpoint_prefix = os.path.join(checkpoint_dir, "ckpt") #定义检查点文件的路径
147 #定义检查点文件
148 checkpoint = tf.train.Checkpoint(optimizer=optimizer, model=model)
149 latest_cpkt = tf.train.latest_checkpoint(checkpoint_dir)
150 if latest_cpkt:                                           #处理二次训练
151     print('Using latest checkpoint at ' + latest_cpkt)
152     checkpoint.restore(latest_cpkt)
153 else:
154     os.makedirs(checkpoint_dir, exist_ok=True)           #建立存放模型的文件夹
155
156 EPOCHS = 20                                              #定义迭代次数
157
158 for epoch in range(EPOCHS):                              #开始训练
159     start = time.time()
160
161     hidden = model.reset_states()                        #初始化 RNN 模型
162     totaloss = []
163     for (batch, (inp, target)) in enumerate(dataset):
164         hidden = model.reset_states()                    #对于每个样本都需要重新初始化
165         with tf.GradientTape() as tape:                  #应用梯度训练模型
166             predictions, hidden = model(inp, hidden)
167             target = tf.reshape(target, (-1,))
168             loss = loss_function(target, predictions)
169             totaloss.append(loss)                        #统计损失值
170         grads = tape.gradient(loss, model.variables)
171         optimizer.apply_gradients(zip(grads, model.variables))
172
173         if batch % 100 == 0:                             #显示结果
174             print ('Epoch {} Batch {} Loss {:.4f}'.format(epoch+1, batch, loss))
175
176     #每迭代 5 次保存 1 次检查点
177     if (epoch + 1) % 5 == 0:
178       checkpoint.save(file_prefix = checkpoint_prefix)
179
180     print ('Epoch {} Loss {:.4f}'.format(epoch+1, np.mean(totaloss)))
181     print('Time taken for 1 epoch {} sec\n'.format(time.time() - start))
```

因为在样本中每个名字都是独立的，所以在对每个样本处理之前都需要对模型重新初始化（见代码第 164 行），让本次处理不受上一个样本信息的影响。

代码第 165~171 行是动态图中的反向传播实现，这部分内容可以参考本书 6.7 节。

9.2.5 代码实现：载入检查点文件并用模型生成名字

在使用模型时，需要对 RNN 模型的输出结果进行多项式采样，并将采样后的结果当作真正的目标结果。具体的实现步骤如下。

（1）用模型生成 20 个英文名字（见代码第 184 行）。

（2）在每次生成英文名字时，都会从样本集里面随机选出一个名字的首字符，作为本次的首字母（见代码第 185 行），并将首字符作为模型的输入。

（3）将输入的字符送入模型中进行预测，对模型的预测结果用基于多项式分布的采样操作（从候选词分布中获得具体字母），得到预测序列中的下一个字母（见代码第 196 行）。

（4）将第（3）步的输出结果作为输入，再次送入第（3）步，继续预测下一个字符。

（5）按照第（3）（4）步骤进行循环，直到模型输出的字母向量为 0（0 表示生成结束），见代码第 195。

（6）如果一直没有 0 值，则第（5）步的循环会在执行 max_length 次时结束，见代码第 192 行。

（7）将第（2）步生成的首字符与第（3）步每次输出的字符连接，形成最终的结果。

具体代码如下。

代码 9-1　用 RNN 模型为女孩生成英文名字（续）

```
182 checkpoint.restore(tf.train.latest_checkpoint(checkpoint_dir))  #载入模型
183
184 for iii in range(20):
185     input_eval = input_text[np.random.randint(len(input_text))][0]  #获得一个随机数做开始
186     start_string = inv_charmap[input_eval]
187     input_eval = tf.expand_dims([input_eval], 0)           #将其转成向量
188
189     text_generated = ''                                     #定义空串，用于存放结果
190
191     hidden = model.reset_states()                           #初始化模型
192     for i in range(max_length):
193         predictions, hidden = model(input_eval, hidden)     #输出模型结果
194         predicted_id = tf.multinomial(predictions,
    num_samples=1)[0][0].numpy()                                #采样
195         if predicted_id==0:                                 #出现 0 时表示结束
196             break
197
198         input_eval = tf.expand_dims([predicted_id], 0)
199         text_generated += inv_charmap[predicted_id]         #保存单次结果
200
201     print (start_string + text_generated)                   #输出结果
```

代码运行之后，输出如下结果：

```
Epoch 14 Batch 0 Loss 0.2410
……
Epoch 20 Batch 0 Loss 0.2626
Epoch 20 Loss 0.2943
Time taken for 1 epoch 2.3288302421569824 sec

Alisa Lena Moon Sellew Daisy Kotty Andrea Gloria Ann Amhndra Gladys Sveety Alisa Camille
Irene Angelina Alice Carol Eudora Dema
```

结果中的最后两行即为生成的名字。可以看到，这些名字与我们常见的英文名字很像（有的几乎是一样的），符合英文命名习惯。

9.2.6 扩展：用 RNN 模型编写文章

在《深度学习之 TensorFlow——入门、原理与进阶实战》中的 9.6 节有一个用 RNN 模型生成文章的实例，它与本实例非常相似，唯独不同的是它没有使用多项式分布进行采样。读者可以将多项式采样技术运用到那个例子中并观察效果。

9.3 实例 48：用带注意力机制的 Seq2Seq 模型为图片添加内容描述

在动态图上用 tf.keras 接口搭建带注意力机制的 Seq2Seq 模型，并用该模型为图片添加内容描述。

实例描述

用 COCO 数据集训练一个带有注意力机制的 Seq2Seq 模型，使模型能够识别图片内容，并根据内容生成描述。

本实例使用 COCO 数据集的文本描述标注内容来训练模型，即输入是具体的一张图片，输出是一段文字描述。

> **提示：**
> 在 COCO 数据集中，关于文本描述标注内容见 8.7.2 小节 "4. 加载并显示文本描述标注信息"。

9.3.1 设计基于图片的 Seq2Seq

本实例属于跨域任务，实现图片与文本之间的转换。在实现时，将 Seq2Seq 框架中编码器（Encoder）的输入部分改成能够提取图片特征的网络结构，使其支持对图片的处理，具体结构如图 9-6 所示。

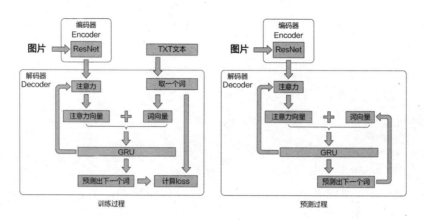

图 9-6 基于图片处理的 Seq2Seq 模型的结构

Seq2Seq 模型常用于处理纯文本类任务，其内部的数据转换可以理解为两步：
（1）将文本转换成特征。
（2）将特征转换成文本。
在图 9-6 所示的模型中，其内部的数据转换也可以理解为两步：
（1）将图片转换成特征。
（2）将特征转换成文本。
图 9-6 所示的模型将 Seq2Seq 模型的第（1）步（处理文本）换成了处理图片。使模型同样可以通过特征来与第（2）步进行对接。这种设计思想来源于神经网络模型的本质要素——特征。
在算法模型中，神经网络模型关注的是数据的特征，而某个特征是来自于文本序列还是来自于图片，并不是神经网络模型所关心的事情。
在设计模型时，建议读者要有特征的概念，不要将某个网络模型局限于处理某一方向的问题上。例如，本书 8.3 节介绍的那个实例，其中将擅长处理图片样本的卷积网络模型用在文本数据的分类任务之上，这也是考虑从特征角度来设计模型结构的。

9.3.2　代码实现：图片预处理——用 ResNet 提取图片特征并保存

在训练模型时，模型每次的迭代处理都需要先将图片转成特征向量再进行计算。这使得程序做了大量的重复工作。
可以在预处理环节中，提前将图片转换成特征向量并保存起来。这样，在迭代训练时模型直接读取转换后的特征向量即可，省去了将图片转换为特征向量的重复工作。

1. 对样本进行预处理

由于 COCO 数据集 train2014 中的图片文件过多（见 8.7.2 小节 "4. 加载并显示文本描述标注信息" 中的数据集及标注），所以这里只取 300 张图片作为训练集来演示。
具体要实现如下步骤：
（1）将所有的文本标注读到内存中。
（2）将图片数据转换为特征数据。
（3）将转换后的特征数据存放到 numpyfeature 目录下面。

具体代码如下。

代码 9-2　用动态图和 tf_keras 训练模型

```
01  from sklearn.model_selection import train_test_split
02  import numpy as np
03  import os
04  import time
05  import json
06  from PIL import Image
07  import tensorflow as tf
08
09  import matplotlib.pyplot as plt
10  import tensorflow.contrib.eager as tfe
11  preimgdata = __import__("9-3  利用 Resnet 进行样本预处理")
12  makenumpyfeature = preimgdata.makenumpyfeature
13
14  tf.enable_eager_execution()                     #启动动态图
15  print("TensorFlow 版本: {}".format(tf.VERSION))
16  print("Eager execution: {}".format(tf.executing_eagerly()))
17  #载入标注文件
18  annotation_file = r'cocos2014/annotations/captions_train2014.json'
19  PATH = r"cocos2014/train2014/"
20  numpyPATH = './numpyfeature/'
21
22  with open(annotation_file, 'r') as f:           #读取标注文件
23      annotations = json.load(f)
24
25  num_examples = 300                              #加载指定个数的图片路径和对应的标题
26  train_captions = []                             #定义列表，用于保存所有的训练文本
27  img_filename= []                                #定义列表，用于保存所有的图片文件路径
28
29  for annot in annotations['annotations']:        #获取全部的文件名及对应的标注文本
30      caption = '<start> ' + annot['caption'] + ' <end>'
31      image_id = annot['image_id']
32      full_coco_image_path = 'COCO_train2014_' + '%012d.jpg' % (image_id)
33
34      img_filename.append(full_coco_image_path)
35      train_captions.append(caption)
36      if len(train_captions) >=num_examples:
37          break
38  #如果本地没有生成特征文件，则进行数据预处理
39  if not os.path.exists(numpyPATH):
40      makenumpyfeature(numpyPATH,img_filename,PATH)   #生成特征文件，并保存
```

代码第 30 行将<start>与<end>标签分别添加到每行文本的开头和结尾处，旨在标志出每行文本的开始位置和结束位置。在句子中，标出开始位置和结束位置的方法是 Seq2Seq 接口的标准用法。

代码第 40 行用 makenumpyfeature 函数将图片转换为特征,并保存到文件中。该函数的具体实现过程见本小节"2. 预处理函数的细节"。

2. 预处理函数的细节

函数 makenumpyfeature 的代码是在代码文件"9-3 利用 Resnet 进行样本预处理.py"中实现的。该函数与本书 6.7.9 小节的方法类似。不同的是,这次没有使用 ResNet 模型的输出结果,而是提取 ResNet 模型的倒数第 2 层特征。具体代码如下。

代码 9-3　利用 Resnet 进行样本预处理

```
01 import numpy as np
02 import os
03 import shutil
04 import tensorflow as tf
05 from tensorflow.python.keras.applications.resnet50 import ResNet50
06
07 def makenumpyfeature(numpyPATH,img_filename,PATH):
08     if os.path.exists(numpyPATH):                         #去除已有的文件目录
09         shutil.rmtree(numpyPATH, ignore_errors=True)
10
11     os.mkdir(numpyPATH)                                   #新建文件目录
12
13     size = [224,224]                                      #设置图片输出尺寸
14     batchsize = 10
15
16     def load_image(image_path):                           #输入图片的预处理
17         img = tf.read_file(PATH +image_path)
18         img = tf.image.decode_jpeg(img, channels=3)
19         img = tf.image.resize (img, size)
20         img = tf.keras.applications.resnet50.preprocess_input(img)  #ResNet
   的统一预处理
21         return img, image_path
22
23     image_model =
   ResNet50(weights='resnet50_weights_tf_dim_ordering_tf_kernels_notop.h5'
24               ,include_top=False)                        #创建 ResNet
25
26     new_input = image_model.input                        #定义输入节点
27     hidden_layer = image_model.layers[-2].output  #获取 ResNet 的倒数第 2 层
28
29     image_features_extract_model = tf.keras.Model(new_input, hidden_layer)
30
31     encode_train = sorted(set(img_filename))             #对输入文件目录去重
32
33     image_dataset = tf.data.Dataset.from_tensor_slices( #图片数据集
34
   encode_train).map(load_image).batch(batchsize)
```

```
35
36     for img, path in image_dataset:                    #按照批次进行转换
37       batch_features = image_features_extract_model(img) #输出形状(batch, 7,
   7, 2048)
38
39       batch_features = tf.reshape(batch_features,  #输出形状(batch,49, 2048)
40                       (batch_features.shape[0], -1,
   batch_features.shape[3]))
41
42       for bf, p in zip(batch_features, path):        #将特征结果保存到文件中
43         path_of_feature = p.numpy().decode("utf-8")
44         np.save(numpyPATH+path_of_feature, bf.numpy())
```

代码第 27 行将 ResNet 模型的倒数第 2 层当作输出节点。

3. 在 ResNet 模型中找到输出节点

如果想要从 ResNet 模型中提取特征，则需要先了解 ResNet 模型的代码实现。

以作者的本地路径为例，在 TensorFlow 中，ResNet 模型源代码文件的路径如下：

"C:\local\Anaconda3\lib\site-packages\tensorflow\python\keras\applications\resnet50.py"

在该源代码文件的第 263 行，可以找到 ResNet 模型的定义。具体代码如下。

代码 resnet50

```
263    x = identity_block(x, 3, [512, 512, 2048], stage=5, block='c')#最终的卷积结果
264    x = AveragePooling2D((7, 7), name='avg_pool')(x)          #全局平均池化层
265    if include_top:                                           #返回指定的顶层输出
266      x = Flatten()(x)
267      x = Dense(classes, activation='softmax', name='fc1000')(x)
268    else:
269      if pooling == 'avg':
270        x = GlobalAveragePooling2D()(x)
271      elif pooling == 'max':
272        x = GlobalMaxPooling2D()(x)
```

可以看到，在代码第 265 行中返回了指定的顶层输出。

在第 265 行之前是全局平均池化层。在全局平均池化层之前（上一层）的内容（见代码第 263 行）便是需要提取的部分。

因为载入模型时使用的是去掉顶层的 ResNet 模型（见代码文件"9-3 利用 Resnet 进行样本预处理.py"代码第 23 行，include_top=False），即最后一层为平均池化层，所以这里取了输出节点的倒数第 2 层（见代码文件"9-3 利用 Resnet 进行样本预处理.py"第 27 行）。

另外，该代码还需要加载 ResNet 模型的预训练模型（在 ImgNet 数据集上训练好的权重文件）"resnet50_weights_tf_dim_ordering_tf_kernels_notop.h5"。可以参考本书的 6.7.9 小节，将该预训练模型下载后直接放到本地路径下。

4. 运行程序进行预处理

代码运行后，会在本地路径的 numpyfeature 文件夹下生成多个以 ".np" 结尾的文件。这些文件里面放置了形状为 (49, 2048) 的特征数据。

9.3.3 代码实现：文本预处理——过滤处理、字典建立、对齐与向量化处理

在对 COCO 数据集中的图片预处理之后，还需要对每个图片的标注文本做预处理，具体步骤如下。

（1）过滤文本：去除无效符号。

（2）建立字典：生成正反向字典。

（3）向量化文本与对齐操作：将文本按照字典中的数字进行向量化处理，并按照指定长度进行对齐操作（多余的截掉，不足的补 0）。

最终将图片预处理的结果与文本预处理的结果结合，并按照一定比例拆分成训练集与评估数据集。

具体代码如下。

代码 9-2　用动态图和 tf_keras 训练模型（续）

```
41  top_k = 5000                              #设置字典最大长度为5000
42  tokenizer = tf.keras.preprocessing.text.Tokenizer(num_words=top_k,
43                                              oov_token="<unk>",
44  filters='!"#$%&()*+.,-/:;=?@[\]^_`{|} ~ ')
45  tokenizer.fit_on_texts(train_captions)    #过滤处理
46
47  #建立字典
48  tokenizer.word_index = {key:value for key, value in
    tokenizer.word_index.items() if value <= top_k}
49  tokenizer.word_index[tokenizer.oov_token] = top_k + 1#向字典中添加符号<unk>，
    用于处理未知单词
50  tokenizer.word_index['<pad>'] = 0
51  print(tokenizer.word_index)
52
53  index_word = {value:key for key, value in tokenizer.word_index.items()}
       #反向字典
54  train_seqs = tokenizer.texts_to_sequences(train_captions)
       #变为向量
55
56  #按照最长的句子对齐，不足的在其后面补0
57  cap_vector = tf.keras.preprocessing.sequence.pad_sequences(train_seqs,
    padding='post')
58  print("最大长度",len(cap_vector[0]))
59  max_length =len(cap_vector[0])
```

```
60
61  #将数据拆成训练集和测试集
62  img_name_train, img_name_val, cap_train, cap_val =
    train_test_split(img_filename,
63                                                         cap_vector,
64                                                         test_size=0.2,
65                                                         random_state=0)
```

9.3.4 代码实现：创建数据集

读入特征数据，用 tf.data.Dataset 接口将特征文件与文本向量组合到一起，生成数据集，为训练模型做准备。具体步骤如下。

代码 9-2　用动态图和 tf_keras 训练模型（续）

```
66  BATCH_SIZE = 20
67  embedding_dim = 256
68  units = 512
69  vocab_size = len(tokenizer.word_index)
70
71  #图片特征(47, 2048)
72  features_shape = 2048
73  attention_features_shape = 49
74
75  #加载numpy文件
76  def map_func(img_name, cap):
77      img_tensor = np.load(numpyPATH+img_name.decode('utf-8')+'.npy')
78      return img_tensor, cap
79
80  dataset = tf.data.Dataset.from_tensor_slices((img_name_train, cap_train))
81
82  #用map加载numpy特征文件
83  dataset = dataset.map(lambda item1, item2: tf.py_function(
84          map_func, [item1, item2], [tf.float32, tf.int32]),
    num_parallel_calls=8)
85
86  dataset = dataset.shuffle(1000).batch(BATCH_SIZE).prefetch(1)
```

9.3.5　代码实现：用 tf.keras 接口构建 Seq2Seq 模型中的编码器

编码器模型比解码器模型简单，只有一个全连接网络。该全连接网络对原始图片的特征数据进行转换处理，使原始图片特征数据的维度与词嵌入的维度相同。具体代码如下。

代码 9-2　用动态图和 tf_keras 训练模型（续）

```
87  class DNN_Encoder(tf.keras.Model):#编码器模型
88      def __init__(self, embedding_dim):
89          super(DNN_Encoder, self).__init__()
```

```
90        #tf.keras 的全连接支持多维输入。仅对最后一维进行处理
91        self.fc = tf.keras.layers.Dense(embedding_dim)
92
93    def call(self, x):#最终输出特征的形状为(batch_size, 49, embedding_dim)
94        x = self.fc(x)
95        x = tf.nn.relu(x)
96        return x
```

在 tf.keras 接口中,全连接网络的输入既可以是二维数据,也可以是多维数据。如果输入的是多维数据,则按照最后一维进行全连接变换。在代码第 93 行的 call 方法中,DNN_Encoder 模型最终会输出一个形状为(batch_size, 49, embedding_dim)的数据。

9.3.6 代码实现:用 tf.keras 接口构建 Bahdanau 类型的注意力机制

定义一个 BahdanauAttention 类,构建 Bahdanau 类型的注意力机制。具体代码如下。

代码 9-2 用动态图和 tf_keras 训练模型(续)

```
97  class BahdanauAttention(tf.keras.Model):
98    def __init__(self, units):
99      super(BahdanauAttention, self).__init__()
100     self.W1 = tf.keras.layers.Dense(units)
101     self.W2 = tf.keras.layers.Dense(units)
102     self.V = tf.keras.layers.Dense(1)
103
104   def call(self, features,   #features 形状(batch_size, 49, embedding_dim)
105          hidden):            #hidden(batch_size, hidden_size)
106
107     hidden_with_time_axis = tf.expand_dims(hidden, 1)    #(batch_size, 1, hidden_size)
108     #score 形状:(batch_size, 49, hidden_size)
109     score = tf.nn.tanh(self.W1(features) + self.W2(hidden_with_time_axis))
110
111     attention_weights = tf.nn.softmax(self.V(score), axis=1)   #(batch_size, 49, 1)
112
113     context_vector = attention_weights * features       #(batch_size, 49, hidden_size)
114     context_vector = tf.reduce_sum(context_vector, axis=1)  #(batch_size, hidden_size)
115
116     return context_vector, attention_weights
```

9.3.7 代码实现:搭建 Seq2Seq 模型中的解码器 Decoder

定义类 RNN_Decoder,构建 Seq2Seq 模型中的解码器。具体步骤如下。
(1)用注意力机制对编码器的特征进行处理。

（2）用GRU单元构建循环神经网络模型，进行解码工作。
（3）用两层全连接网络得出最终结果。
具体代码如下。

代码9-2　用动态图和tf_keras训练模型（续）

```
117 def gru(units):
118   if tf.test.is_gpu_available():
119     return tf.keras.layers.CuDNNGRU(units,
120                                     return_sequences=True,
121                                     return_state=True,
122                                     recurrent_initializer='glorot_uniform')
123   else:
124     return tf.keras.layers.GRU(units,
125                                return_sequences=True,
126                                return_state=True,
127                                recurrent_activation='sigmoid',
128                                recurrent_initializer='glorot_uniform')
129
130 class RNN_Decoder(tf.keras.Model):
131   def __init__(self, embedding_dim, units, vocab_size):
132     super(RNN_Decoder, self).__init__()
133     self.units = units
134
135     self.embedding = tf.keras.layers.Embedding(vocab_size, embedding_dim)
136     self.gru = gru(self.units)
137     self.fc1 = tf.keras.layers.Dense(self.units)
138     self.fc2 = tf.keras.layers.Dense(vocab_size)
139
140     self.attention = BahdanauAttention(self.units)
141
142   def call(self, x, features, hidden):
143     #返回注意力特征向量和注意力权重
144     context_vector, attention_weights = self.attention(features, hidden)
145
146     x = self.embedding(x)#形状为(batch_size, 1, embedding_dim)
147
148     x = tf.concat([tf.expand_dims(context_vector, 1), x], axis=-1)
         #形状为(batch_size, 1, embedding_dim + hidden_size)
149
150     output, state = self.gru(x)   #用循环网络进行处理
151     #全连接处理，形状为(batch_size, max_length, hidden_size)
152     x = self.fc1(output)
153     #将形状变化为(batch_size * max_length, hidden_size)
154     x = tf.reshape(x, (-1, x.shape[2]))
155     #第2层全连接得出最终结果，形状为(batch_size * max_length, vocab)
156     x = self.fc2(x)
157
```

```
158         return x, state, attention_weights
159
160     def reset_state(self, batch_size):
161         return tf.zeros((batch_size, self.units))
```

9.3.8 代码实现：在动态图中计算 Seq2Seq 模型的梯度

在本书 6.3 节中，介绍过两种在动态图中计算梯度的方法。
- 用 tfe.implicit_gradients 函数计算梯度。
- 用 tf.GradientTape 函数计算梯度。

二者具有同样的效果。在本实例中是用 tfe.implicit_gradients 函数来计算梯度，具体代码如下。

代码 9-2　用动态图和 tf_keras 训练模型（续）

```
162 def loss_function(real, pred):        #单个loss值的处理函数
163     mask = 1 - np.equal(real, 0)      #批次中被补0的序列不参与计算loss值
164     loss_ = tf.nn.sparse_softmax_cross_entropy_with_logits(labels=real,
    logits=pred) * mask
165     return tf.reduce_mean(loss_)
166
167 def all_loss(encoder,decoder,img_tensor,target):#定义函数,处理全部的loss值
168     loss = 0
169     hidden = decoder.reset_state(batch_size=target.shape[0])
170
171     dec_input = tf.expand_dims([tokenizer.word_index['<start>']] *
    BATCH_SIZE, 1)
172     features = encoder(img_tensor)#(20, 49, 256)
173
174     for i in range(1, target.shape[1]):
175         #通过Decoder网络生成预测结果
176         predictions, hidden, _ = decoder(dec_input, features, hidden)
177         loss += loss_function(target[:, i], predictions)#计算本次预测的loss值
178         #获得本次标签，用于下次序列的预测使用
179         dec_input = tf.expand_dims(target[:, i], 1)
180     return loss
181
182 grad = tfe.implicit_gradients(all_loss)      #根据all_loss函数生成梯度
```

9.3.9 代码实现：在动态图中为 Seq2Seq 模型添加保存检查点功能

用 tf.train.Checkpoint 函数为模型添加保存检查点功能，具体代码如下。

代码 9-2　用动态图和 tf_keras 训练模型（续）

```
183 model_objects = {                              #构造输入参数
184     'encoder':DNN_Encoder(embedding_dim),
```

```
185         'decoder' :RNN_Decoder(embedding_dim, units, vocab_size),
186         'optimizer': tf.train.AdamOptimizer(),
187         'step_counter': tf.train.get_or_create_global_step(),
188 }
189
190 checkpoint_prefix = os.path.join("mytfemodel/", 'ckpt')
191 checkpoint = tf.train.Checkpoint(**model_objects)
192 latest_cpkt = tf.train.latest_checkpoint("mytfemodel/")      #查找检查点文件
193 if latest_cpkt:
194     print('Using latest checkpoint at ' + latest_cpkt)
195     checkpoint.restore(latest_cpkt)                           #恢复权重
```

9.3.10 代码实现：在动态图中训练 Seq2Seq 模型

在动态图中训练 Seq2Seq 模型的步骤如下。
（1）定义单步训练函数 train_one_epoch。
（2）用 for 循环按照指定迭代次数调用函数 train_one_epoch。
（3）将在训练过程中用函数 train_one_epoch 返回的损失值 loss 数据保存起来，并将其输出。
具体代码如下。

代码 9-2　用动态图和 tf_keras 训练模型（续）

```
196  #实现单步训练过程
197 def train_one_epoch(encoder,decoder,optimizer,step_counter,dataset,epoch):
198     total_loss = 0
199     for (step, (img_tensor, target)) in enumerate(dataset):
200         loss = 0
201         #应用梯度
202         optimizer.apply_gradients(grad(encoder,decoder,img_tensor,
    target),step_counter)
203         loss =all_loss(encoder,decoder,img_tensor, target)
204
205         total_loss += (loss / int(target.shape[1]))
206         if step % 5 == 0:
207             print ('Epoch {} Batch {} Loss {:.4f}'.format(epoch + 1,
208                                                     step,
209                                                     loss.numpy() /
    int(target.shape[1])))
210     print("step",step)
211     return total_loss/(step+1)
212
213 loss_plot = []
214 EPOCHS = 50                          #定义迭代次数
215
216 for epoch in range(EPOCHS):          #训练模型
217     start = time.time()
```

```
218    total_loss=
   train_one_epoch(dataset=dataset,epoch=epoch,**model_objects)      #训练一次
219
220    loss_plot.append(total_loss )     #保存loss值
221
222    print ('Epoch {} Loss {:.6f}'.format(epoch + 1, total_loss))
223    checkpoint.save(checkpoint_prefix)
224    print('Train time for epoch #%d (step %d): %f' %
225      (checkpoint.save_counter.numpy(), checkpoint.step_counter.numpy(),
   time.time() - start))
226 plt.plot(loss_plot)
227 plt.xlabel('Epochs')
228 plt.ylabel('Loss')
229 plt.title('Loss Plot')
230 plt.show()
```

代码运行后，输出如下内容：

```
……
Epoch 49 Loss 0.160428
Train time for epoch #109 (step 658): 8.619966
Epoch 50 Batch 0 Loss 0.1336
Epoch 50 Loss 0.170198
Train time for epoch #110 (step 670): 8.554722
```

显示的损失值（loss）结果如图9-7所示。

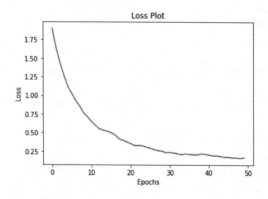

图9-7　基于图片处理的Seq2Seq模型结构

9.3.11　代码实现：用多项式分布采样获取图片的内容描述

下面编写代码，实现两个函数。
- evaluate函数用于为指定的图片生成内容描述，将整个网络连接起来。
- plot_attention函数用于将模型中的注意力分值以图示化的方式显示出来。

具体代码如下。

代码 9-2 用动态图和 tf_keras 训练模型（续）

```
231  def evaluate(encoder,decoder,optimizer,step_counter,image):
232      attention_plot = np.zeros((max_length, attention_features_shape))
233
234      hidden = decoder.reset_state(batch_size=1)
235      size = [224,224]
236      def load_image(image_path):
237          img = tf.read_file(PATH +image_path)
238          img = tf.image.decode_jpeg(img, channels=3)
239          img = tf.image.resize (img, size)
240          img = tf.keras.applications.resnet50.preprocess_input(img)
241          return img, image_path
242      from tensorflow.python.keras.applications.resnet50 import ResNet50
243
244      image_model =
   ResNet50(weights='resnet50_weights_tf_dim_ordering_tf_kernels_notop.h5'
245                  ,include_top=False)                    #创建 ResNet
246
247      new_input = image_model.input
248      hidden_layer = image_model.layers[-2].output
249      image_features_extract_model = tf.keras.Model(new_input, hidden_layer)
250
251      temp_input = tf.expand_dims(load_image(image)[0], 0)
252      img_tensor_val = image_features_extract_model(temp_input)#用 ResNet 生成
   特征
253      img_tensor_val = tf.reshape(img_tensor_val, (img_tensor_val.shape[0],
   -1, img_tensor_val.shape[3]))
254
255      features = encoder(img_tensor_val)         #用编码器对特征进行转换
256
257      dec_input = tf.expand_dims([tokenizer.word_index['<start>']], 0)
258      result = []
259
260      for i in range(max_length):                #用循环进行 Seq2Seq 框架的解码工作
261          predictions, hidden, attention_weights = decoder(dec_input, features,
   hidden)
262          attention_plot[i] = tf.reshape(attention_weights, (-1, )).numpy()
263          #将预测结果转化为词向量
264          predicted_id = tf.multinomial(predictions, num_samples=1)[0][0].numpy()
265          result.append(index_word[predicted_id])   #保存单次的预测结果
266          if index_word[predicted_id] == '<end>':  #如果出现结束标志,则停止循环
267              return result, attention_plot
268          dec_input = tf.expand_dims([predicted_id], 0)#维度变化用于下一次的输入
269
270      attention_plot = attention_plot[:len(result), :]
271      return result, attention_plot
272
```

```
273 def plot_attention(image, result, attention_plot):   #图示化模型的注意力分值
274     temp_image = np.array(Image.open(PATH +image))
275
276     fig = plt.figure(figsize=(10, 10))
277     len_result = len(result)
278     for l in range(len_result):
279         temp_att = np.resize(attention_plot[l], (7, 7))
280         ax = fig.add_subplot(len_result//2, len_result//2+len_result%2, l+1)
281         ax.set_title(result[l])
282         img = ax.imshow(temp_image)
283         ax.imshow(temp_att, cmap='gray', alpha=0.4, extent=img.get_extent())
284
285     plt.tight_layout()
286     plt.show()
287
288 rid = np.random.randint(0, len(img_name_val))     #随机选取一张图片
289 image = img_name_val[rid]
290 real_caption = ' '.join([index_word[i] for i in cap_val[rid] if i not in [0]])
291 result, attention_plot = evaluate(image=image,**model_objects) #生成结果
292 print ('Real Caption:', real_caption)
293 print ('Prediction Caption:', ' '.join(result))  #输出预测值与真实值的描述结果
294 plot_attention(image, result, attention_plot)    #将注意力分值结果显示出来
295
296 img = Image.open(PATH +img_name_val[rid])         #打开输入文件并显示
297 plt.imshow(img)
298 plt.axis('off')
299 plt.show()
```

在函数 evaluate 中，实现以下步骤：

（1）构建 ResNet50 网络，作为图片的特征提取层。

（2）将提取图片的特征数据输入编码器模型中（见代码第 255 行）。

（3）使用循环进行 Seq2Seq 框架的解码工作，依次生成输出的文本内容（见代码第 260 行）。

（4）利用 Seq2Seq 框架的结构，将编码器模型的结果与中间的状态值一起放入解码器模型中进行解码（见代码第 261 行）。

（5）用多项式分布采样的方式从解码器模型的结果中取出当前序列的文本向量（见代码第 264 行）。

（6）按照步骤（3）所指定的循环次数，重复步骤（4）和（5），直到生成全部的文本。

代码运行后输出结果如下：

```
Real Caption: <start> a clean organized kitchen cabinet and countertop area <end>
Prediction Caption: a kitchen has red bricks lining the counter <end>
```

在输出结果中，第 1 行是数据集中的标注文本。第 2 行是模型生成的预测文本。图示化的结果如图 9-8 和图 9-9 所示。

图 9-8　原始图片

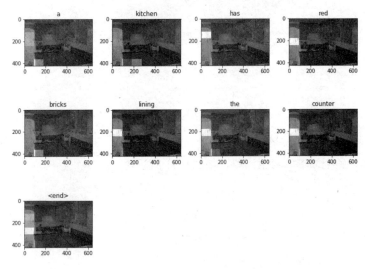

图 9-9　注意力结果的图示化显示

9.4　实例 49：用 IndRNN 与 IndyLSTM 单元制作聊天机器人

在《深度学习之 TensorFlow——入门、原理与进阶实战》一书的 9.8 节介绍了一个聊天机器人模型。那个模型是用 tf.contrib.legacy_seq2seq 接口实现的。tf.contrib.legacy_seq2seq 接口是一个比较老的接口。

TensorFlow 1.0 之后的版本对 Seq2Seq 框架进行了重新封装，推出新的 Seq2Seq 框架 API。本节使用新的 Seq2Seq 框架 API 实现一个聊天机器人。

实例描述

本实例用已有的对话语料（一问一答模式）进行训练，制作一个聊天机器人。当输入问题后，聊天机器人会计算出要回答的语句并显示。

新版本的 API 将注意力机制、解码器等几个主要的功能分别进行封装，直接用相应的 Wapper 类进行实例化。在编码与解码的过程中，用函数 dynamic_rnn 创建可以支持变长输入的动态 RNN 模型。这里不再需要用 model_with_buckets 等方法来实现桶机制。具体做法如下。

9.4.1 下载及处理样本

该例子的样本来源于 GitHub 网站上的一个开源项目,地址如下:

https://github.com/guntheroox/chatterbot-corpus

该项目中有多种语言的对话语料,如图 9-10 所示。

图 9-10　对话机器人模型多语言的对话语料

下载数据集,并将中文语料的部分文件夹(chinese 文件夹)复制到本地代码的同级目录下。该文件夹下有关于各个领域的对话语料,如图 9-11 所示。

图 9-11　对话机器人的中文语料

每个文档都有相同的格式,例如"ai.yml"中的内容如下:

```
categories:
- AI
conversations:
- - 什么是人工智能
  - 人工智能是工程和科学的分支,致力于构建思维的机器
- - 你写的是什么语言
  - python
```

其中代码第 1、2 行是该文档的分类,第 3 行及以下是对话内容。其中分为问题与回答两部分:

- 以"--"开头的是问题。
- 以"-"开头的是回答。

> **提示：**
> 该实例只实现一问一答的对话模式，默认对话与对话之间没有上下文关系，每次对话都是独立的。
> 为了适应模型场景，还需要将有上下文联系的对话样本删除，即把样本文件"conversations.yml"与"literature.yml"直接从样本库里删除。

9.4.2 代码实现：读取样本，分词并创建字典

将 chinese 文件夹下的所有文件读入内存中，并对其分词，根据分词结果创建字典。为了使代码更简洁，这里用 tf.keras 接口生成字典。

分词操作使用的是第三方库 jieba。有关 jieba 库的使用这里不做展开。有兴趣的读者可以参考《深度学习之 TensorFlow——入门、原理与进阶实战》一书的 9.7.4 小节。

具体代码如下。

代码 9-4　用估算器实现带注意力机制的 Seq2Seq 模型

```
01 import numpy as np
02 import tensorflow as tf
03 from tensorflow.contrib import layers
04 from sklearn.model_selection import train_test_split
05
06 START_TOKEN = 0
07 END_TOKEN = 1
08
09 import os
10 import jieba
11 path = "./chinese/"                                    #指定数据的文件夹
12
13 alltext= []
14 for file in os.listdir(path):                          #获得所有文件
15     with open(path+file, 'r', encoding='UTF-8') as f:  #依次打开文件
16         strtext = f.read().split('\n')                 #按行读取，变为列表
17         strtext=list(filter( lambda x:len(x)>0, strtext))
18         strtext = list(map(lambda x:"
".join(jieba.cut(x.replace('-','').replace(' ','')))    ,strtext[3:]))
                                                    #用 jieba 库进行分词，并处理
19         print(file,strtext[:2])
20         alltext = alltext+strtext
21         print(len(alltext))
22
23 top_k = 5000                                           #过滤文本，选出 5000 个
```

```
24  #生成字典
25  tokenizer = tf.keras.preprocessing.text.Tokenizer(num_words=top_k,
    oov_token="<unk>")
26  tokenizer.fit_on_texts(alltext)
27
28  #构造字典
29  tokenizer.word_index = {key:value for key, value in
    tokenizer.word_index.items() if value <= top_k}
30  tokenizer.word_index[tokenizer.oov_token] = top_k + 1    #添加其他字符
31  tokenizer.word_index['<start>'] = START_TOKEN
32  tokenizer.word_index['<end>'] = END_TOKEN
33
34  #反向字典
35  index_word = {value:key for key, value in tokenizer.word_index.items()}
36  print(len(index_word))
```

代码第 17 行，将无效行过滤。

代码第 18 行，将每行字符中的"-"去掉，再进行分词，并将结果用 join 连接起来。

> **提示：**
> 字符串的 join 语法属于 Python 基础语法。不熟悉的读者可以参考《Python 带我起飞——入门、进阶、商业实战》一书的 6.3 节、4.4.6 小节及 5.7 节。

在代码第 31、32 行，分别向字典中加入 START_TOKEN 标签与 END_TOKEN 标签，这两个标签是为了在 Seq2Seq 模型处理样本过程中，告诉模型输入样本的起始和结束位置信息。

代码运行后，输出如下结果：

```
ai.yml ['什么 是 ai', '人工智能 是 工程 和 科学 的 分支 , 致力于 构建 思维 的 机器 。']
110
……
psychology.yml ['让 我 问 你 一个 问题', '当然 可以']
748
science.yml ['什么 是 热力学 定律', '我 不是 一个 物理学家 , 但 我 觉得 这事 做 热 , 熵 和 节约 能源 , 对 不 对 ？']
806
sports.yml ['每年 PRO 棒球', '金 手套 。']
846
1525
```

在输出结果中，以行的方式显示出所有数据集的文件名称，以及该文件中的第一个问答内容。

在每个文件名称的下一行，显示了该文件中的句子总数（例如：输出结果的第 1、2 行显示了在文件 ai.yml 中，一共有 110 个句子。）。

在输出结果的最后一行，输出了整个数据集的字典大小（1525 个词），该字典是数据集分词后的处理结果。

9.4.3 代码实现：对样本进行向量化、对齐、填充预处理

样本的预处理包括一些零碎的处理工作，同时它也是训练模型的必要工作。具体介绍如下。

（1）将内存中的数据样本转化成向量。

（2）将样本中的句子分解成问题与答案两个数组。其中，问题数据被当作输入数据，答案数据被当作标签数据。

（3）对问题和答案的数据分别做对齐处理，不足的用 END_TOKEN 标签填充。

（4）对所有的句子添加结束标志。

（5）将整个数据集按照一定比例拆分成训练集与测试集。

具体代码如下。

代码 9-4　用估算器实现带注意力机制的 Seq2Seq 模型（续）

```
37  train_seqs = tokenizer.texts_to_sequences(alltext)        #变为向量
38
39  inputseq,outseq = train_seqs[0::2], train_seqs[1::2];  #拆分成问题与答案
40  print(len(inputseq), len(outseq))                      #输出二者的长度，便于对比
41
42  #按照最长的句子对齐。不足的在其后面补 END_TOKEN
43  input_vector = tf.keras.preprocessing.sequence.pad_sequences(inputseq,
    padding='post',value=END_TOKEN)
44  output_vector = tf.keras.preprocessing.sequence.pad_sequences(outseq,
    padding='post',value=END_TOKEN)
45
46  end = np.ones_like(input_vector[:,0])                  #对所有的句子添加结束标志
47  end = np.reshape(end,[-1,1])
48  print(np.shape(start),np.shape(input_vector),np.shape(end))
49  input_vector = np.concatenate((input_vector,end),axis= 1)
50  output_vector = np.concatenate((output_vector,end),axis= 1)
51
52  print("in 最大长度",len(input_vector[0]))
53  print("out 最大长度",len(output_vector[0]))
54  in_max_length =len(input_vector[0])
55  out_max_length =len(output_vector[0])                  #计算最大长度
56
57  input_vector_train, input_vector_val, output_vector_train,
    output_vector_val = train_test_split(input_vector,
    output_vector, test_size=0.2, random_state=0)          #拆分成训练集与测试集
```

9.4.4 代码实现：在 Seq2Seq 模型中加工样本

编写函数 seq2seq 实现 Seq2Seq 框架的主体结构。

在函数 seq2seq 中，首先要对输入样本进行统一化加工。具体的加工步骤如下。

（1）为每个输入添加 START_TOKEN 标志。

（2）计算每个输入及标签的长度。

（3）将输入和标签分别转换为各自的词嵌入形式。

具体代码如下。

代码 9-4　用估算器实现带注意力机制的 Seq2Seq 模型（续）

```
58    useScheduled=True                              #设置训练过程中的采样方式
59    def seq2seq(mode, features, labels, params):
60        vocab_size = params['vocab_size']
61        embed_dim = params['embed_dim']
62        num_units = params['num_units']
63        output_max_length = params['output_max_length']
64
65        print("获得输入张量的名字",features.name,labels.name)
66        inp = tf.identity(features[0], 'input_0')              #用于钩子函数显示
67        output = tf.identity(labels[0], 'output_0')
68        batch_size = tf.shape(features)[0]
69        #按照指定形状，复制START_TOKEN
70        start_tokens = tf.tile([START_TOKEN], [batch_size])
71        train_output = tf.concat([tf.expand_dims(start_tokens, 1), labels], 1)#
      添加开始标志
72        #计算长度
73        input_lengths = tf.reduce_sum(tf.cast(tf.not_equal(features,
      END_TOKEN) ,tf.int32), 1,name="len")
74        output_lengths = tf.reduce_sum(tf.cast(tf.not_equal(train_output,
      END_TOKEN) ,tf.int32), 1,name="outlen")
75        #生成问题与回答的词嵌入
76        input_embed = layers.embed_sequence( features, vocab_size=vocab_size,
      embed_dim=embed_dim, scope='embed')
77        output_embed = layers.embed_sequence( train_output,
      vocab_size=vocab_size, embed_dim=embed_dim, scope='embed', reuse=True)
78
79        with tf.variable_scope('embed', reuse=True):            #用于模型的使用场景
80            embeddings = tf.get_variable('embeddings')
```

代码第 65 行，将张量 features 与张量 labels 的名字打印出来。张量 features 与张量 labels 的名字会在向模型注入数据时被使用（见 9.4.9 小节）。

代码第 66、67 行用 tf.identity 函数将张量复制一份。在运行代码时，新复制的张量会根据图中指定的名字显示其具体值（见 9.4.9 小节）。

代码第 70 行，用 tf.tile 函数将 START_TOKEN 标签按照形状[batch_size]进行复制，得到与输入数据第 0 维度（批次数量 batch_size）相同的张量。然后用 tf.concat 函数将 START_TOKEN 标签贴在每个输入数据的前面。

 提示：

由于 START_TOKEN 的值为 0，所以代码第 70 行也可以被替换为 tf.zeros([batch_size], dtype=tf.int32)，直接生成[batch_size]个 0。

9.4.5 代码实现:在 Seq2Seq 模型中,实现基于 IndRNN 与 IndyLSTM 的动态多层 RNN 编码器

在 Seq2Seq 模型中,用 IndRNN 单元与 IndyLSTM 单元一起组成了动态的多层 RNN 编码器。具体代码如下。

代码 9-4　用估算器实现带注意力机制的 Seq2Seq 模型(续)

```
81     Indcell = tf.nn.rnn_cell.
DeviceWrapper(tf.contrib.rnn.IndRNNCell(num_units=num_units),
"/device:GPU:0")
82     IndyLSTM_cell = tf.nn.rnn_cell.
DeviceWrapper(tf.contrib.rnn.IndyLSTMCell(num_units=num_units),
"/device:GPU:0")
83     multi_cell = tf.nn.rnn_cell.MultiRNNCell([Indcell, IndyLSTM_cell])
84     encoder_outputs, encoder_final_state = tf.nn.dynamic_rnn(multi_cell,
input_embed,sequence_length=input_lengths, dtype=tf.float32)
```

在代码第 82、83 行中,都用 DeviceWrapper 语法了指派了运行设备。这里也是为了演示 DeviceWrapper 语法的具体用法。

9.4.6 代码实现:为 Seq2Seq 模型中的解码器创建 Helper

在下面的代码中创建了两个采样器 train_helper 与 pred_helper。前者用于训练模型场景,后者用于使用模型场景。

- 在训练模型时,可以选择用 TrainingHelper 函数(一般方式)或是 ScheduledEmbeddingTrainingHelper 函数(采用多项式分布的采样方式,见 9.1.14 小节)来实现采样器 train_helper。
- 在使用模型时,用 GreedyEmbeddingHelper 函数来实现采样器 pred_helper。

具体代码如下。

代码 9-4　用估算器实现带注意力机制的 Seq2Seq 模型(续)

```
85     if useScheduled:                    #根据配置选择train_helper的实现方式
86         train_helper =
tf.contrib.seq2seq.ScheduledEmbeddingTrainingHelper(output_embed,
87                 tf.tile([output_max_length], [batch_size]),
embeddings, 0.3)
88     else:
89         train_helper = tf.contrib.seq2seq.TrainingHelper(output_embed,
90                         tf.tile([output_max_length],
[batch_size]))
91     #实现pred_helper
92     pred_helper = tf.contrib.seq2seq.GreedyEmbeddingHelper( embeddings,
93             start_tokens=tf.tile([START_TOKEN], [batch_size]),
end_token=END_TOKEN)
```

在生成采样器 train_helper 对象时，用最大长度 output_max_length（见代码第 87、90 行）来指定采样器的长度。这很关键，只有按照最大长度采样才能得到与标签序列一样的长度（因为输入标签的序列长度也是最大长度 output_max_length）。这样在计算损失值 loss 时，才不会报错。否则在计算损失值 loss 值时，还需要对输出结果进行对齐才可以顺利进行。

> **提示：**
>
> 代码第 89 行很容易会被写成以下这样：
>
> train_helper = tf.contrib.seq2seq.TrainingHelper(output_embed, output_lengths)
>
> 这里是在 TensorFlow 的 Seq2Seq 接口中最容易犯错的地方。因为这种代码埋藏了一个隐含的 Bug。
>
> 在处理定长序列数据时，往往不会报错。一旦输入和输出都是变长序列，则程序将在计算 loss 值时，报出维度不匹配的错误。
>
> 除像代码第 86、89 行那样写外，还可以直接在计算 loss 值时将生成的结果填充成与标签序列相等的维度，再计算 loss 值，详见配套资源中的代码文件"9-5 估算器实现带注意力机制的 Seq2Seq 模型——手动对齐.py"。

9.4.7 代码实现：实现带有 Bahdanau 注意力、dropout、OutputProjectionWrapper 的解码器

TensorFlow 中的新版 Seq2Seq 接口对解码器进行了调整。实现带有注意力机制的解码器主要有以下几个步骤。

（1）创建一个注意力机制对象和一个 RNN 单元。
（2）用 AttentionWrapper 函数将注意力机制作用于 RNN 单元，生成 attn_cell 对象。
（3）用 OutputProjectionWrapper 函数或全连接层对 attn_cell 对象进行维度变化，得到 out_cell 对象。
（4）调用 BasicDecoder 函数并传入 out_cell 对象和 helper 对象，生成解码器模型。
（5）将解码器模型放入 dynamic_decode 函数中进行解码，生成最终结果。

在函数 seq2seq 中实现内嵌函数 decode 的具体代码如下。

代码 9-4　用估算器实现带注意力机制的 Seq2Seq 模型（续）

```
94      def decode(helper, scope, reuse=None):
95          with tf.variable_scope(scope, reuse=reuse):
96              attention_mechanism = tf.contrib.seq2seq.BahdanauAttention(    #定义注意力机制处理层
97                                              num_units=num_units, memory=encoder_outputs,
98                                              memory_sequence_length=input_lengths)
99
```

```
100            cell = tf.contrib.rnn.IndRNNCell(num_units=num_units)
101            if reuse == None:                    #为模型添加dropout方法
102                keep_prob=0.8
103            else:
104                keep_prob=1
105            cell = tf.nn.rnn_cell. DropoutWrapper(cell,
   output_keep_prob=keep_prob)
106
107            attn_cell = tf.contrib.seq2seq.AttentionWrapper(
108                cell, attention_mechanism, attention_layer_size=num_units /
   2)
109
110            out_cell = tf.contrib.rnn.OutputProjectionWrapper(
111                attn_cell, vocab_size, reuse=reuse
112            )
113            decoder = tf.contrib.seq2seq.BasicDecoder(cell=out_cell,
   helper=helper,
114                initial_state=out_cell.zero_state( dtype=tf.float32,
   batch_size=batch_size))
115
116            outputs = tf.contrib.seq2seq.dynamic_decode(
117                decoder=decoder, output_time_major=False,
118                impute_finished=True, maximum_iterations=output_max_length
119            )
120            return outputs[0]
```

代码第 105 行用 DropoutWrapper 函数为解码器添加 Dropout 层。DropoutWrapper 函数实现了 RNN 模型的 dropout 方法，该函数既可以通过 output_keep_prob 参数指定层与层之间的 dropout 操作，还可以通过 input_keep_prob 参数指定序列与序列之间的 dropout 操作。

> **提示：**
> 更多有关 RNN 模型的 dropout 方法，请参考《深度学习之 TensorFlow——入门、原理与进阶实战》一书的 9.4.15 小节。

9.4.8　代码实现：在 Seq2Seq 模型中实现反向优化

下面是关于函数 seq2seq 的最后一部分内容：用 sequence_loss 函数来计算损失值，并返回估算器模型。具体代码如下。

代码 9-4　用估算器实现带注意力机制的 Seq2Seq 模型（续）

```
121    train_outputs = decode(train_helper, 'decode')         #训练场景的解码结果
122    pred_outputs = decode(pred_helper, 'decode', reuse=True)#使用场景的结果
123    #复制张量中的一个值，用于显示
124    tf.identity(train_outputs.sample_id[0], name='train_pred')
125
```

```
126    masks = tf.sequence_mask(output_lengths, output_max_length, #计算掩码
127                             dtype=tf.float32, name="masks")
128    #计算loss值
129    loss = tf值.contrib.seq2seq.sequence_loss(train_outputs.rnn_output,
130                             labels, weights=masks)
131    #优化器
132    train_op = layers.optimize_loss(loss, tf.train.get_global_step(),
133                             optimizer=params.get('optimizer', 'Adam'),
134   learning_rate=params.get('learning_rate', 0.001),
135                             summaries=['loss', 'learning_rate'])
136    #用于钩子函数显示
137    tf.identity(pred_outputs.sample_id[0], name='predictions')
138    #返回估算器模型
139    return tf.estimator.EstimatorSpec( mode=mode,
  predictions=pred_outputs.sample_id, loss=loss, train_op=train_op)
```

代码第121、122行，用共享变量的技术生成了训练场景和使用场景的解码结果。

> **提示：**
> 共享变量属于静态图中的多模型权重共享技术。
> 在TensorFlow 2.0之后的版本中主推动态图的使用方式，共享变量技术将会被逐渐淡化，所以这里也不展开介绍。有兴趣的读者可以参考《深度学习之TensorFlow——入门、原理与进阶实战》一书的4.3节）。

代码第126行调用tf.sequence_mask函数，根据输入标签数据的真实长度来创建掩码。该行代码也可以写成如下样子：

```
masks = tf.cast(tf.not_equal(train_output[:, :-1], 0) ,tf.float32)
```

生成的掩码会在计算loss值的过程中将标签数据中的填充部分忽略（见代码129行）。

9.4.9 代码实现：创建带有钩子函数的估算器，并进行训练

下面的代码实现了在估算器中注册钩子函数并打印日志。通过注册钩子函数可以将模型中的任意张量打印出来，这相当于在静态图中通过会话中的run方法打印模型中的任意张量节点的效果。

用钩子函数打印日志的具体步骤如下。

（1）创建一个入口函数feed_fn。

（2）在feed_fn函数内部，用字典类型构造指定的输入数据。该字典对象会被注入模型中（见代码第182行）。

（3）在构造输入数据时，字典中的关键字（key）为输入张量的名称。该名称可通过输出函数进行查看（见代码第65行）。在本实例中，输入的张量是两个占位符，其名称是

"IteratorGetNext:0"与"IteratorGetNext:0"。

（4）用函数 tf.train.LoggingTensorHook 定义钩子函数的打印过程。

（5）在估算器模型的 train 方法中，用 tf.train.FeedFnHook 函数对 feed_fn 进行封装，并将封装后的结果与步骤（4）所生成的打印过程一起组成数组，传入参数 hooks 中。

在本实例中定义了 3 个打印过程。其中：

- 代码第 173、176 行分别将指定张量内容按照注册好的函数 get_formatter 进行打印。
- 代码第 179 行定义钩子函数 print_len。该函数使用默认的输出功能，可以将张量图中的节点内容打印出来。

具体代码如下。

代码 9-4　用估算器实现带注意力机制的 Seq2Seq 模型（续）

```
140 BATCH_SIZE = 10                                    #定义批次
141 params = {                                         #定义模型参数
142         'vocab_size': len(index_word),
143         'batch_size': BATCH_SIZE,
144         'output_max_length': out_max_length,
145         'embed_dim': 100,
146         'num_units': 256
147 }
148
149 model_dir='./modelrnn'                             #定义模型路径
150 est = tf.estimator.Estimator( model_fn=seq2seq, model_dir=model_dir,
    params=params)
151 #定义训练集的输入函数
152 def train_input_fn(input_vector, output_vector, batch_size):
153     #构造数据集的组成：一个特征输入，一个标签输入
154     dataset = tf.data.Dataset.from_tensor_slices( (input_vector,
    output_vector) )
155     #将数据集乱序、重复、批次划分
156     dataset = dataset.shuffle(1000).repeat().batch(batch_size,
    drop_remainder=True).
157     return dataset
158
159 def get_formatter(keys, rev_vocab):#定义格式化函数,用于钩子函数的格式化显示
160     def to_str(sequence):            #定义内嵌函数,根据词向量生成字符串
161         tokens = [
162             rev_vocab.get(x,
163             "<UNK>") for x in filter(lambda x:x!=END_TOKEN and x!=
    START_TOKEN,sequence)]
164         return ' '.join(tokens)
165     def format(values):              #定义内嵌函数,提取词向量
166         res = []
167         for key in keys:
168             res.append("%s = %s" % (key, to_str(values[key])))
169         return '\n'.join(res)
```

```
170    return format
171
172 #注册钩子函数，打印过程信息
173 print_inputs = tf.train.LoggingTensorHook(['input_0', 'output_0'],
174         every_n_iter=200, formatter=get_formatter(['input_0',
175         'output_0'], index_word))         #定义钩子函数，每200步输出一次
176 print_predictions = tf.train.LoggingTensorHook(['predictions',
177     'train_pred'], every_n_iter=200, formatter=get_formatter(['predictions',
178     'train_pred'], index_word))           #定义钩子函数，每200步输出一次
179 print_len = tf.train.LoggingTensorHook( ['len',"outlen","input_0",
180         "train_pred"],every_n_iter=500)    #定义钩子函数，每500步输出一次
181
182 def feed_fn():                            #定义钩子函数的输入
183     index = np.random.randint(len(input_vector_val)-BATCH_SIZE)
184     return {'IteratorGetNext:0':input_vector_val[index:index+BATCH_SIZE],
    #注入数据
185         'IteratorGetNext:1': output_vector_val[index:index+BATCH_SIZE]}
186
187 #训练模型
188 est.train(lambda: train_input_fn(input_vector_train, output_vector_train,
    BATCH_SIZE),
189     hooks=[tf.train.FeedFnHook(feed_fn),
190         print_inputs, print_predictions,print_len],steps=1000)
```

9.4.10 代码实现：用估算器框架评估模型

评估模型的过程如下。

（1）通过装饰器（见本书 6.4.8 小节）定义了估算器的输入函数 eval_input_fn（见代码第 198 行）。

（2）调用估算器的 evaluate 方法，并将输入函数 eval_input_fn 传入参数 input_fn 中，进行模型评估（见代码第 211 行）。

具体代码如下。

代码 9-4　用估算器实现带注意力机制的 Seq2Seq 模型（续）

```
191 #模型评估
192 def wrapperFun(fn):                              #定义装饰器函数
193     def wrapper():                               #包装函数
194         return fn(input_vector_val, output_vector_val, BATCH_SIZE)#调用原
    函数
195     return wrapper
196
197 @wrapperFun     #定义测试或应用模型时，数据集的输入函数
198 def eval_input_fn(input_vector,labels, batch_size):
199     assert batch_size is not None, "batch_size must not be None"   #batch
    不允许为空
```

```
200
201     if labels is None:                                    #如果预测，则没有标签
202         inputs = input_vector
203     else:
204         inputs = (input_vector,labels)
205
206     #构造数据集
207     dataset = tf.data.Dataset.from_tensor_slices(inputs)
208     dataset = dataset.batch(batch_size, drop_remainder=True)#按批次划分
209     return dataset                                         #返回数据集
210
211 train_metrics = est.evaluate(input_fn=eval_input_fn)       #评估模型
212 print("train_metrics",train_metrics)
```

代码第 201 行，通过判断标签 labels 是否为空值，来获取当前函数的调用场景。

- 如果标签 labels 为空，则表示使用场景。
- 如果标签 labels 不为空，则表示评估场景。

代码运行后，输出结果如下。

（1）训练部分的内容输出：

```
……
INFO:tensorflow:input_0 = 是 个 骗子
output_0 = 我 总 觉得 我 被 我 自己 的 智慧 生活 。
INFO:tensorflow:predictions = 我 是 觉得 我 的 自己 。
train_pred = <UNK> 我 <UNK> 我 <UNK> <UNK> <UNK> <UNK> <UNK> <UNK> 。 ……
<UNK> <UNK> <UNK> <UNK> <UNK> 克隆 <UNK> 。 <UNK> <UNK> 很多
……
INFO:tensorflow:loss = 1.0014467, step = 500 (97.611 sec)
INFO:tensorflow:global_step/sec: 1.04819
INFO:tensorflow:input_0 = 这会 让 伤心
output_0 = 我 没有 任何 情绪 所以 我 不能 真正 感到 悲伤 这样 。
INFO:tensorflow:predictions = 我 没有 任何 情绪 所以 我 不能 真正 感到 悲伤 这样 。
train_pred = <UNK> 没有 任何 <UNK> <UNK> <UNK> <UNK> <UNK> 这样 <UNK> 感到 <UNK> …… 这
样 感到 <UNK> 。 的 这样 <UNK> 是 。 <UNK> <UNK> 、 <UNK>
INFO:tensorflow:loss = 1.0113558, step = 600 (95.399 sec)
……
INFO:tensorflow:input_0 = 什么 是 超声波
output_0 = 超声波 在 医学 诊断 和 治疗 中 使用 在 手术 等 。
INFO:tensorflow:predictions = 超声波 在 医学 诊断 和 治疗 中 使用 在 手术 等 。
train_pred = <UNK> <UNK> 医学 <UNK> 和 治疗 ？ <UNK> <UNK> <UNK> 的 <UNK> <UNK> …… <UNK>
<UNK> <UNK> <UNK> <UNK> <UNK> <UNK> 。 <UNK> <UNK> <UNK> <UNK> <UNK>
INFO:tensorflow:loss = 2.2775753, step = 800 (98.470 sec)
INFO:tensorflow:global_step/sec: 1.02077
INFO:tensorflow:loss = 0.35907432, step = 900 (98.259 sec)
……
```

在输出结果中可以看到，模型每迭代训练 100 次，就会输出 6 行信息，具体内容如下。

- input_0：输入模型的样本内容。

- output_0：输入模型的标签内容。
- predictions：模型模型输出的预测结果。
- train_pred：模型输出的训练结果。
- loss 与 step：loss 是模型当前训练的损失结果，step 是模型当前的训练步数。
- global_step/sec：平均每次迭代训练所用的时间。

（2）评估模型的内容输出：

```
获得输入张量的名字 IteratorGetNext:0 IteratorGetNext:1
input_0:0 output_0:0
INFO:tensorflow:Done calling model_fn.
INFO:tensorflow:Starting evaluation at 2019-01-06-09:47:49
……
INFO:tensorflow:Saving dict for global step 10000: global_step = 10000, loss = 0.19673859
 INFO:tensorflow:Saving    'checkpoint_path'    summary    for    global    step 10000: ./modelrnn\model.ckpt-10000
 train_metrics {'loss': 0.19673859, 'global_step': 10000}
```

从输出结果的最后一行可以看到，模型迭代 10000 次之后，表示模型的损失值的是 0.19。还可以通过增加迭代次数、复杂化模型的方法继续提升模型的精度。

9.4.11　扩展：用注意力机制的 Seq2Seq 模型实现中英翻译

在 GitHub 网站的 TensorFlow 项目中，有一个用 tf.keras 接口实现的带有注意力机制的 Seq2Seq 模型。该模型可实现英文和法文语言互相翻译，具体地址如下：

```
https://github.com/tensorflow/tensorflow/blob/master/tensorflow/contrib/eager/python/examples/nmt_with_attention/nmt_with_attention.ipynb
```

读者可以根据该实例，配合所学的知识，尝试将其改成中/英文翻译模型。

9.5　实例 50：预测飞机发动机的剩余使用寿命

本节用 JANET 单元构建一个多层动态的 RNN 模型，来解决数值分析中的回归任务。

实例描述

本实例用已有的飞机发动机传感器数值训练模型，并用模拟的飞机发动机传感器数值来预测飞机发动机在未来 15 个周期内是否可能发生故障和飞机发动机的 RUL(Remaining Useful Life，剩余使用寿命）。

本实例属于一个深度学习在评估及监控资产状态领域中的应用实例，其中将日常维护设备的日志与真实的飞机发动机寿命记录组合起来，形成样本。用该样本训练模型，让模型能够预测现有飞机发动机的剩余使用寿命。

传统的预测性维护任务，是在特征工程基础上使用机器学习模型实现的。它需要使用该领域的专业知识手动构建正确的特征。这种方式对专业人才的依赖性很大，而且做出来的模型与业务耦合性极强，缺少模型的通用性。

深度学习在解决这类问题时，可以自动从数据中提取正确的特征，大大降低了对特征工程的依赖性。

9.5.1 准备样本

该实例所使用样本的具体地址如下：

```
https://ti.arc.nasa.gov/tech/dash/groups/pcoe/prognostic-data-repository/#turbofan
```

该数据集共包括 3 个文件，里面记录着每个发动机的配置数据与该发动机上 21 个传感器的数据，这些数据可以反映出飞机发动机在生命周期中，各个时间点的详细情况，具体介绍如下。

- PM_train.txt 文件：记录每个飞机发动机完整的生命周期数据。一共含有 100 个飞机发动机的周期性历史数据。具体内容见图 9-12 中的"Sample training data"部分。
- PM_test.txt 文件：记录每个发动机的部分周期数据。一共含有 100 个飞机发动机的周期性历史数据。具体内容见图 9-12 中的"Sample testing data"部分。
- PM_truth.txt 文件：记录 PM_test.txt 文件中每个飞机发动机距离发生故障所剩的周期数。具体内容图 9-12 中的"Sample ground truth data"部分。

Sample training data	id	cycle	setting1	setting2	setting3	s1	s2	s3	...	s19	s20	s21
~20k rows,	1	1	-0.0007	-0.0004	100	518.67	641.82	1589.7		100	39.06	23.419
100 unique engine id	1	2	0.0019	-0.0003	100	518.67	642.15	1591.82		100	39	23.4236
	1	3	-0.0043	0.0003	100	518.67	642.35	1587.99		100	38.95	23.3442
	...	...										
	1	191	0	-0.0004	100	518.67	643.34	1602.36		100	38.45	23.1295
	1	192	0.0009	0	100	518.67	643.54	1601.41		100	38.48	22.9649
	2	1	-0.0018	0.0006	100	518.67	641.89	1583.84		100	38.94	23.4585
	2	2	0.0043	-0.0003	100	518.67	641.82	1587.05		100	39.06	23.4585
	2	3	0.0018	0.0003	100	518.67	641.55	1588.32		100	39.11	23.425
	...	...										
	2	286	-0.001	-0.0003	100	518.67	643.44	1603.63		100	38.33	23.0169
	2	287	-0.0005	0.0006	100	518.67	643.85	1608.5		100	38.43	23.0848

Sample testing data	id	cycle	setting1	setting2	setting3	s1	s2	s3	...	s19	s20	s21
~13k rows,	1	1	0.0023	0.0003	100	518.67	643.02	1585.29		100	38.86	23.3735
100 unique engine id	1	2	-0.0027	-0.0003	100	518.67	641.71	1588.45		100	39.02	23.3916
	1	3	0.0003	0.0001	100	518.67	642.46	1586.94		100	39.08	23.4166
	...	...										
	1	30	-0.0025	0.0004	100	518.67	642.79	1585.72		100	39.09	23.4069
	1	31	-0.0006	0.0004	100	518.67	642.58	1581.22		100	38.81	23.3552
	2	1	-0.0009	0.0004	100	518.67	642.66	1589.3		100	39	23.3923
	2	2	-0.0011	0.0002	100	518.67	642.51	1588.43		100	38.84	23.2902
	2	3	0.0002	0.0003	100	518.67	642.58	1595.6		100	39.02	23.4064
	...	...										
	2	48	0.0011	-0.0001	100	518.67	642.64	1587.71		100	38.99	23.2918
	2	49	0.0018	-0.0001	100	518.67	642.55	1586.59		100	38.81	23.2618
	3	1	-0.0001	0.0001	100	518.67	642.03	1589.92		100	38.99	23.296
	3	2	0.0039	-0.0003	100	518.67	642.23	1597.31		100	38.84	23.3191
	3	3	0.0006	0.0003	100	518.67	642.98	1586.77		100	38.69	23.3774
	...	...										
	3	125	0.0014	0.0002	100	518.67	643.24	1588.64		100	38.56	23.227
	3	126	-0.0016	0.0004	100	518.67	642.88	1589.75		100	38.93	23.274

Sample ground truth data	RUL
100 rows	112
	98
	69
	82
	91

图 9-12 发动机记录样本

> **提示：**
> 本实例只使用一个数据源（传感器值）进行预测。在实际的预测性维护任务中，还有许多其他数据源（例如历史维护记录、错误日志、机器和操作员功能等）。这些数据源都需要被处理成对应的特征数据，然后输入模型里进行计算，以便得到更准确的预测结果。

9.5.2 代码实现：预处理数据——制作数据集的输入样本与标签

本实例的任务有两个：
- 预测飞机发动机在未来 15 个周期内是否可能发生故障。
- 预测飞机发动机的剩余使用寿命（RUL）。

前者属于分类问题，后者属于回归问题。

在数据预处理环节，需要设置一个序列数据的时间窗口（在本实例中设为 50），并按照该时间窗口将数据加工成输入的样本数据与标签数据。在本实例中，根据分类任务与回归任务制作出两种标签。

- 分类标签：查找样本中的序列维护记录。以训练样本为例，在 PM_train.txt 中，以每个发动机为单位，在其中截取 50 个连续的记录作为样本。如果该样本的最后一条记录在该飞机发动机的最后 15 条记录以内，则表明该样本在未来 15 个周期内会出现故障，否则为在未来 15 个周期内不出现故障。
- 回归标签：查找样本中的序列维护记录。以训练样本为例，在 PM_train.txt 中，以每个飞机发动机为单位，在其中截取 50 个连续的记录作为样本。直接提取最后一条的 RUL 字段作为标签。

制作测试集时，还需要将 PM_test.txt 文件与 PM_truth.txt 文件中的内容关联起来，计算出 RUL（见代码第 59~62 行）。

制作好标签后，对数据进行归一化，并将其转换成数据集。具体代码如下。

代码 9-6 预测飞机发动机的剩余使用寿命

```
01 import tensorflow as tf                       #导入模块
02 import pandas as pd
03 import numpy as np
04 import matplotlib.pyplot as plt
05 from sklearn import preprocessing
06
07 #读入 PM_train 数据
08 train_df = pd.read_csv('./PM_train.txt', sep=" ", header=None)
09 train_df.drop(train_df.columns[[26, 27]], axis=1, inplace=True)
10 train_df.columns = ['id', 'cycle', 'setting1', 'setting2', 'setting3', 's1',
    's2', 's3',
11                    's4', 's5', 's6', 's7', 's8', 's9', 's10', 's11', 's12',
    's13', 's14',
12                    's15', 's16', 's17', 's18', 's19', 's20', 's21']
13 train_df = train_df.sort_values(['id','cycle'])
```

```
14
15  #读入PM_test数据
16  test_df = pd.read_csv('./PM_test.txt', sep=" ", header=None)
17  test_df.drop(test_df.columns[[26, 27]], axis=1, inplace=True)
18  test_df.columns = ['id', 'cycle', 'setting1', 'setting2', 'setting3', 's1', 's2', 's3',
19                    's4', 's5', 's6', 's7', 's8', 's9', 's10', 's11', 's12', 's13', 's14',
20                    's15', 's16', 's17', 's18', 's19', 's20', 's21']
21
22  #读入PM_truth数据
23  truth_df = pd.read_csv('./PM_truth.txt', sep=" ", header=None)
24  truth_df.drop(truth_df.columns[[1]], axis=1, inplace=True)
25
26  #处理训练数据
27  rul = pd.DataFrame(train_df.groupby('id')['cycle'].max()).reset_index()
28  rul.columns = ['id', 'max']
29  train_df = train_df.merge(rul, on=['id'], how='left')
30  train_df['RUL'] = train_df['max'] - train_df['cycle']
31  train_df.drop('max', axis=1, inplace=True)
32
33  w0 = 15                              #定义了两个分类参数——15周期与30周期
34  w1 = 30
35
36  train_df['label1'] = np.where(train_df['RUL'] <= w1, 1, 0 )
37  train_df['label2'] = train_df['label1']
38  train_df.loc[train_df['RUL'] <= w0, 'label2'] = 2
39
40  train_df['cycle_norm'] = train_df['cycle']    #训练数据归一化
41  train_df['RUL_norm'] = train_df['RUL']
42  cols_normalize = train_df.columns.difference(['id','cycle','RUL','label1','label2'])
43  min_max_scaler = preprocessing.MinMaxScaler()
44  norm_train_df = pd.DataFrame(min_max_scaler.fit_transform(train_df[cols_normalize]),
45                               columns=cols_normalize,
46                               index=train_df.index)
47  #合成训练数据特征列
48  join_df = train_df[train_df.columns.difference(cols_normalize)].join(norm_train_df)
49  train_df = join_df.reindex(columns = train_df.columns)
50
51  #处理测试数据
52  rul = pd.DataFrame(test_df.groupby('id')['cycle'].max()).reset_index()
53  rul.columns = ['id', 'max']
54  truth_df.columns = ['more']
```

```python
55  truth_df['id'] = truth_df.index + 1
56  truth_df['max'] = rul['max'] + truth_df['more']
57  truth_df.drop('more', axis=1, inplace=True)
58
59  #生成测试数据的 RUL
60  test_df = test_df.merge(truth_df, on=['id'], how='left')
61  test_df['RUL'] = test_df['max'] - test_df['cycle']
62  test_df.drop('max', axis=1, inplace=True)
63
64  #生成测试标签
65  test_df['label1'] = np.where(test_df['RUL'] <= w1, 1, 0 )
66  test_df['label2'] = test_df['label1']
67  test_df.loc[test_df['RUL'] <= w0, 'label2'] = 2
68
69  test_df['cycle_norm'] = test_df['cycle']      #对测试数据进行归一化处理
70  test_df['RUL_norm'] = test_df['RUL']
71  norm_test_df =
    pd.DataFrame(min_max_scaler.transform(test_df[cols_normalize]),
72                       columns=cols_normalize,
73                       index=test_df.index)
74  test_join_df =
    test_df[test_df.columns.difference(cols_normalize)].join(norm_test_df)
75  test_df = test_join_df.reindex(columns = test_df.columns)
76  test_df = test_df.reset_index(drop=True)
77
78  sequence_length = 50                           #定义序列的长度
79  def gen_sequence(id_df, seq_length, seq_cols):  #按照序列的长度获得序列数据
80      data_matrix = id_df[seq_cols].values
81      num_elements = data_matrix.shape[0]
82
83      for start, stop in zip(range(0, num_elements-seq_length),
    range(seq_length, num_elements)):
84          yield data_matrix[start:stop, :]
85
86  #合成特征列
87  sensor_cols = ['s' + str(i) for i in range(1,22)]
88  sequence_cols = ['setting1', 'setting2', 'setting3', 'cycle_norm']
89  sequence_cols.extend(sensor_cols)
90
91  seq_gen = (list(gen_sequence(train_df[train_df['id']==id], sequence_length,
    sequence_cols))
92              for id in train_df['id'].unique())
93  seq_array = np.concatenate(list(seq_gen)).astype(np.float32)#生成训练数据
94  print(seq_array.shape)
95
96  def gen_labels(id_df, seq_length, label):     #生成标签
97      data_matrix = id_df[label].values
```

```python
98      num_elements = data_matrix.shape[0]
99      return data_matrix[seq_length:num_elements, :]
100
101 #生成训练分类标签
102 label_gen = [gen_labels(train_df[train_df['id']==id], sequence_length, ['label1'])
103             for id in train_df['id'].unique()]
104 label_array = np.concatenate(label_gen).astype(np.float32)
105 label_array.shape
106
107 #生成训练回归标签
108 labelreg_gen = [gen_labels(train_df[train_df['id']==id], sequence_length, ['RUL_norm'])
109             for id in train_df['id'].unique()]
110
111 labelreg_array = np.concatenate(labelreg_gen).astype(np.float32)
112 print(labelreg_array.shape)
113
114 #从测试数据中找到序列长度大于 sequence_length 的数据，并取出其最后 sequence_length 个数据
115 seq_array_test_last = [test_df[test_df['id']==id][sequence_cols].values[-sequence_length:]
116                     for id in test_df['id'].unique() if len(test_df[test_df['id']==id]) >= sequence_length]
117 #生成测试数据
118 seq_array_test_last = np.asarray(seq_array_test_last).astype(np.float32)
119 y_mask = [len(test_df[test_df['id']==id]) >= sequence_length for id in test_df['id'].unique()]
120 #生成分类回归标签
121 label_array_test_last = test_df.groupby('id')['label1'].nth(-1)[y_mask].values
122 label_array_test_last = label_array_test_last.reshape(label_array_test_last.shape[0],1).astype(np.float32)
123 #生成测试回归标签
124 labelreg_array_test_last = test_df.groupby('id')['RUL_norm'].nth(-1)[y_mask].values
125 labelreg_array_test_last = labelreg_array_test_last.reshape(labelreg_array_test_last.shape[0],1).astype(np.float32)
126
127 BATCH_SIZE = 80                              #指定批次
128 #定义训练集
129 dataset = tf.data.Dataset.from_tensor_slices((seq_array, (label_array,labelreg_array))).shuffle(1000)
130 dataset = dataset.repeat().batch(BATCH_SIZE)
131
```

```
132 #测试集
133 testdataset = tf.data.Dataset.from_tensor_slices((seq_array_test_last,
    (label_array_test_last,labelreg_array_test_last)))
134 testdataset = testdataset.batch(BATCH_SIZE, drop_remainder=True)
```

代码第 43 行，用 sklearn 库中的 preprocessing 函数对数据进行归一化处理。

 提示：

在第一次归一化处理后，需要将当时归一化的极值保存。在应用模型时，需要使用同样的极值来做归一化，这样才保证模型的数据分布统一。

9.5.3 代码实现：构建带有 JANET 单元的多层动态 RNN 模型

在随书配套资源中找到源代码文件"JANetLSTMCell.py"，该文件是 JANET 单元的具体代码实现（在 LSTM 单元结构上只保留了忘记门）。将其复制到本地代码的同级目录下。

编写代码，实现如下逻辑：

（1）导入实现 JANET 单元的代码模块。

（2）用 tf.nn.dynamic_rnn 接口创建包含 3 层 JANET 单元的 RNN 模型。

（3）在每层后面增加 dropout 功能。

（4）建立两个损失值：一个用于分类，另一个用于回归。

（5）对两个损失值取平均数，得到总的损失值。

（6）建立 Adam 优化器，用于反向传播。

具体代码如下。

代码 9-6　预测飞机发动机的剩余使用寿命（续）

```
135 import JANetLSTMCell
136 tf.reset_default_graph()
137 learning_rate = 0.001                          #定义学习率
138
139 #构建网络节点
140 nb_features = seq_array.shape[2]
141 nb_out = label_array.shape[1]
142 reg_out= labelreg_array.shape[1]
143 n_classes = 2
144 x = tf.placeholder("float", [None, sequence_length, nb_features])
145 y = tf.placeholder(tf.int32, [None, nb_out])
146 yreg = tf.placeholder("float", [None, reg_out])
147
148 hidden = [100,50,36]                            #配置每层的 JANET 单元的个数
149 stacked_rnn = []
150 for i in range(3):
151     cell = JANetLSTMCell.JANetLSTMCell(hidden[i], t_max=sequence_length)
```

```
152     stacked_rnn.append(tf.nn.rnn_cell.DropoutWrapper(cell,
    output_keep_prob=0.8))
153 mcell = tf.nn.rnn_cell.MultiRNNCell(stacked_rnn)
154
155 outputs,_ = tf.nn.dynamic_rnn(mcell,x,dtype=tf.float32)
156 outputs = tf.transpose(outputs, [1, 0, 2])
157 print(outputs.get_shape())
158 pred
    =tf.layers.conv2d(tf.reshape(outputs[-1],[-1,6,6,1]),n_classes,6,activat
    ion = tf.nn.relu)
159 pred =tf.reshape(pred,(-1,n_classes))     #分类模型
160
161 predreg
    =tf.layers.conv2d(tf.reshape(outputs[-1],[-1,1,1,36]),1,1,activation =
    tf.nn.sigmoid)
162 predreg =tf.reshape(predreg,(-1,1))       #回归模型
163
164 costreg = tf.reduce_mean(abs(predreg - yreg))
165 costclass =
    tf.reduce_mean(tf.losses.sparse_softmax_cross_entropy(logits=pred,
    labels=y))
166
167 cost =(costreg+costclass)/2               #总的损失值
168 optimizer =
    tf.train.AdamOptimizer(learning_rate=learning_rate).minimize(cost)
```

JANET 单元是一个只有忘记门的 GRU 单元或 LSTM 单元结构，更多介绍见 9.1.6 小节。

9.5.4 代码实现：训练并测试模型

编写代码，完成如下步骤。

（1）生成数据集迭代器。

（2）在会话（session）中训练模型。

（3）待训练结束后，将模型测试的结果打印出来。

具体代码如下。

代码 9-6　预测飞机发动机的剩余使用寿命（续）

```
169 iterator = dataset.make_one_shot_iterator()       #生成一个训练集的迭代器
170 one_element = iterator.get_next()
171
172 iterator_test = testdataset.make_one_shot_iterator()#生成一个测试集的迭代器
173 one_element_test = iterator_test.get_next()
174
175 EPOCHS = 5000                                     #指定迭代次数
176 with tf.Session() as sess:
177     sess.run(tf.global_variables_initializer())
```

```
178
179    for epoch in range(EPOCHS):                              #训练模型
180        alloss = []
181        inp, (target,targetreg) = sess.run(one_element)
182        if len(inp)!= BATCH_SIZE:
183            continue
184        predregv,_,loss =sess.run([predreg,optimizer,cost], feed_dict={x:
    inp, y: target,yreg:targetreg})
185
186        alloss.append(loss)
187        if epoch%100==0:                                     #每100次显示一次结果
188            print(np.mean(alloss))
189
190    #测试模型
191    alloss = []                                              #收集loss值
192    while True:
193        try:
194            inp, (target,targetreg) = sess.run(one_element_test)
195            predv,predregv,loss =sess.run([pred,predreg,cost], feed_dict={x:
    inp, y: target,yreg:targetreg})
196            alloss.append(loss)
197            print("分类结果: ",target[:20,0],np.argmax(predv[:20],axis = 1))
198            print("回归结果:
    ",np.asarray(targetreg[:20]*train_df['RUL'].max()+train_df['RUL'].min(),
    np.int32)[:,0],
199
    np.asarray(predregv[:20]*train_df['RUL'].max()+train_df['RUL'].min(),np.
    int32)[:,0])
200            print(loss)
201
202        except tf.errors.OutOfRangeError:
203            print("测试结束")
204            #可视化显示
205            y_true_test
    =np.asarray(targetreg*train_df['RUL'].max()+train_df['RUL'].min(),np.int
    32)[:,0]
206            y_pred_test =
    np.asarray(predregv*train_df['RUL'].max()+train_df['RUL'].min(),np.int32
    )[:,0]
207
208            fig_verify = plt.figure(figsize=(12, 8))
209            plt.plot(y_pred_test, color="blue")
210            plt.plot(y_true_test, color="green")
211            plt.title('prediction')
212            plt.ylabel('value')
213            plt.xlabel('row')
214            plt.legend(['predicted', 'actual data'], loc='upper left')
```

```
215            plt.show()
216            fig_verify.savefig("./model_regression_verify.png")
217            print(np.mean(alloss))
218            break
```

9.5.5 运行程序

代码运行后，输出如下结果。

（1）训练结果：模型的损失值逐渐收敛到 0.05 左右。

```
0.65047395
0.21954131
0.15633471
……
0.052825853
0.054040894
0.055623062
```

（2）测试结果：分为分类结果、回归结果、测试模型的损失值，共 3 部分。

```
分类结果: [0. 0. 0. 0. 0. 0. 0. 0. 0. 0. 0. 0. 0. 0. 1. 0. 1. 0. 0. 1.] [0 0 0 0 0
 0 0 0 0 0 0 0 1 0 1 0 0 1]
回归结果: [ 69  82  90  93  90  95 111  96  97 124  95  83  84  50  28  87  16  56
 113  20] [ 50  79  91  90 124  84 135  89 102 102  93 105 114  61  19  91   9  89
 130  24]
0.038021535
```

输出的可视化结果如图 9-13 所示。

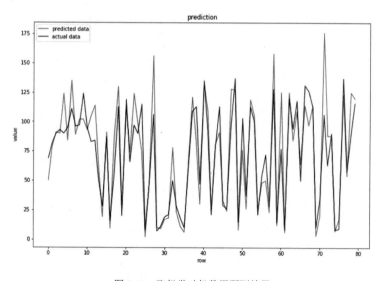

图 9-13 飞机发动机数据预测结果

在图 9-13 中有两条线：一条是真实值（相对峰值较低的线），另一条是预测值（相对峰值较高的线）。可以看出两条线的拟合程度还是很接近的。

9.5.6 扩展：为含有 JANET 单元的 RNN 模型添加注意力机制

在 9.5.3 小节代码第 158、161 行，只从 RNN 模型的输出结果中取出最后一个序列，作为预测结果。其实，该网络输出结果的其他序列也是有意义的。可以用注意力机制将其他的序列利用起来，以实现更好的拟合效果。

定义注意力函数 task_specific_attention，使用注意力机制为输出结果中的每个序列分配不同的权重。将 9.5.3 小节代码第 156～162 行替换成如下代码：

```python
def mkMask(input_tensor, maxLen):                          #支持变长序列
    shape_of_input = tf.shape(input_tensor)
    shape_of_output = tf.concat(axis=0, values=[shape_of_input, [maxLen]])

    oneDtensor = tf.reshape(input_tensor, shape=(-1,))
    flat_mask = tf.sequence_mask(oneDtensor, maxlen=maxLen)
    return tf.reshape(flat_mask, shape_of_output)

def masked_softmax(inp, seqLen):                           #变长序列掩码
    seqLen = tf.where(tf.equal(seqLen, 0), tf.ones_like(seqLen), seqLen)
    if len(inp.get_shape()) != len(seqLen.get_shape())+1:
        raise ValueError('rank of seqLen should be %d, but have the rank %d.\n'
                         % (len(inp.get_shape())-1, len(seqLen.get_shape())))
    mask = mkMask(seqLen, tf.shape(inp)[-1])
    masked_inp = tf.where(mask, inp, tf.ones_like(inp) * (-np.Inf))
    ret = tf.nn.softmax(masked_inp)
    return ret

def task_specific_attention(in_x, xLen, out_sz,
                    dropout=None, is_train=False, scope=None):  #注意力机制

    assert len(in_x.get_shape()) == 3 and in_x.get_shape()[-1].value is not None

    with tf.variable_scope(scope or 'attention') as scope:
        context_vector = tf.get_variable(name='context_vector', shape=[out_sz],
dtype=tf.float32)
        in_x_mlp = tf.layers.dense(in_x, out_sz, activation=tf.tanh, name='mlp')
        #点积计算后的 attn 形状为 shape(b_sz, tstp)
        attn = tf.tensordot(in_x_mlp, context_vector, axes=[[2], [0]])
        attn_normed = masked_softmax(attn, xLen)

        attn_normed = tf.expand_dims(attn_normed, axis=-1)
        #矩阵相乘后的 attn_ctx 形状为 shape(b_sz, dim, 1)
        attn_ctx = tf.matmul(in_x_mlp, attn_normed, transpose_a=True)
        #将最后一维去掉，形状为 shape(b_sz, dim)
        attn_ctx = tf.squeeze(attn_ctx, axis=[2])
        if dropout is not None:
            attn_ctx = tf.layers.dropout(attn_ctx, rate=dropout,
training=is_train)
        return attn_ctx
```

```
    attention_outputs                 =          task_specific_attention(outputs,
np.ones([BATCH_SIZE])*sequence_length, int(outputs.get_shape()[-1]))
    pred
=tf.layers.conv2d(tf.reshape(attention_outputs,[-1,6,6,1]),n_classes,6,activation =
tf.nn.relu)
    predreg
=tf.layers.conv2d(tf.reshape(attention_outputs,[-1,1,1,36]),1,1,activation =
tf.nn.sigmoid)

    pred =tf.reshape(pred,(-1,n_classes))       #分类模型
    predreg =tf.reshape(predreg,(-1,1))         #回归模型
```

注意力机制是 RNN 模型的升级版本。RNN 模型处理的序列越长，则注意力机制的效果越明显。在同样超参的情况下，用修改后的代码训练得到的 loss 值是 0.03077051，比不带注意力机制的 RNN 模型的损失值（0.038021535）更低。

9.6 实例 51：将动态路由用于 RNN 模型，对路透社新闻进行分类

本实例用带有动态路由算法的 RNN 模型，对序列编码进行信息聚合，实现基于文本的多分类任务。

实例描述

用新闻数据集训练模型，让模型能够将新闻按照 46 个类别进行分类。

本实例的思想原理与注意力机制非常相似，具体介绍如下。
- 相同点：都是对 RNN 模型输出的序列进行权重分配，按照序列中对整体语义的影响程度去动态调配对应的权重。
- 不同点：注意力机制是用相似度算法来分配权重，而本实例是用动态路由算法来分配权重。

在本书的 8.1.7 小节中，介绍过胶囊网络中的动态路由算法。其目的是要为 $\hat{u}$ 分配对应的 c（$\hat{u}$ 与 c 的意义见 8.1.7 小节）这恰恰与本实例的算法需求机制完全一致——为 RNN 模型的输出序列分配注意力权重。

而实践也证明，与原有的注意力机制相比，动态路由算法确实在精度上有所提升。具体介绍可见以下论文：

https://arxiv.org/pdf/1806.01501.pdf

9.6.1 准备样本

本实例使用的是用 tf.keras 接口集成的数据集。该数据集包含 11228 条新闻，共分成 46 个主题。具体接口如下。

```
tf.keras.datasets.reuters
```

该接口与 8.4 节的数据集 tf.keras.datasets.imdb 非常相似。不同的是，本实例是多分类任务，而 8.4 节是 2 分类任务。

9.6.2 代码实现：预处理数据——对齐序列数据并计算长度

编写代码，实现如下逻辑。

（1）用 tf.keras.datasets.reuters.load_data 函数加载数据。

（2）使用 tf.keras.preprocessing.sequence.pad_sequences 函数，对于长度不足 80 个词的句子，在后面补 0；对于长度超过 80 个词的句子，从前面截断，只保留后 80 个词。

具体代码如下。

代码 9-7　用带有动态路由算法的 RNN 模型对新闻进行分类

```
01 import tensorflow as tf
02 import numpy as np
03
04 #定义参数
05 num_words = 20000
06 maxlen = 80
07
08 #加载数据
09 print('Loading data...')
10 (x_train, y_train), (x_test, y_test) = 
   tf.keras.datasets.reuters.load_data(path='./reuters.npz',num_words=num_w
   ords)
11
12 #对齐数据
13 x_train = tf.keras.preprocessing.sequence.pad_sequences(x_train,
   maxlen=maxlen,padding = 'post')
14 x_test = tf.keras.preprocessing.sequence.pad_sequences(x_test,
   maxlen=maxlen,padding = 'post' )
15 print('Pad sequences x_train shape:', x_train.shape)
16
17 leng = np.count_nonzero(x_train,axis = 1)#计算每个句子的真实长度
```

9.6.3 代码实现：定义数据集

将样本数据按照指定批次制作成 tf.data.Dataset 接口的数据集，并将不足一批次的剩余数据丢弃。具体代码如下。

代码 9-7　用带有动态路由算法的 RNN 模型对新闻进行分类（续）

```
18 tf.reset_default_graph()
19
20 BATCH_SIZE = 100                                              #定义批次
```

```
21  #定义数据集
22  dataset = tf.data.Dataset.from_tensor_slices(((x_train,leng),
    y_train)).shuffle(1000)
23  dataset = dataset.batch(BATCH_SIZE, drop_remainder=True)     #丢弃剩余数据
```

9.6.4 代码实现:用动态路由算法聚合信息

将胶囊网络中的动态路由算法应用在 RNN 模型中还需要做一些改动,具体如下。

(1)定义函数 shared_routing_uhat。该函数使用全连接网络,将 RNN 模型的输出结果转换成动态路由中的 $\hat{U}$($\hat{U}$ 代表 uhat)见代码第 33 行。

(2)定义函数 masked_routing_iter 进行动态路由计算。在该函数的开始部分(见代码第 50 行),对输入的序列长度进行掩码处理,使动态路由算法支持动态长度的序列数据输入,见代码第 45 行。

(3)定义函数 routing_masked 完成全部的动态路由计算过程。对 RNN 模型的输出结果进行信息聚合。在该函数的后部分(见代码第 87 行),对动态路由计算后的结果进行 dropout 处理,使其具有更强的泛化能力(见代码第 78 行)。

具体代码如下。

代码 9-7 用带有动态路由算法的 RNN 模型对新闻进行分类(续)

```
24  def mkMask(input_tensor, maxLen):              #计算变长 RNN 模型的掩码
25      shape_of_input = tf.shape(input_tensor)
26      shape_of_output = tf.concat(axis=0, values=[shape_of_input, [maxLen]])
27
28      oneDtensor = tf.reshape(input_tensor, shape=(-1,))
29      flat_mask = tf.sequence_mask(oneDtensor, maxlen=maxLen)
30      return tf.reshape(flat_mask, shape_of_output)
31
32  #定义函数,将输入转化成 uhat
33  def shared_routing_uhat(caps,              #输入的参数形状为(b_sz, maxlen, caps_dim)
34                          out_caps_num,              #输出胶囊的个数
35                          out_caps_dim, scope=None):  #输出胶囊的维度
36
37      batch_size,maxlen = tf.shape(caps)[0],tf.shape(caps)[1] #获取批次和长度
38
39      with tf.variable_scope(scope or 'shared_routing_uhat'):  #转成uhat
40          caps_uhat = tf.layers.dense(caps, out_caps_num * out_caps_dim,
    activation=tf.tanh)
41          caps_uhat = tf.reshape(caps_uhat, shape=[batch_size, maxlen,
    out_caps_num, out_caps_dim])
42      #输出的结果形状为(batch_size, maxlen, out_caps_num, out_caps_dim)
43      return caps_uhat
44
45  def masked_routing_iter(caps_uhat, seqLen, iter_num):   #动态路由计算
46      assert iter_num > 0
```

```
47      batch_size,maxlen = tf.shape(caps_uhat)[0],tf.shape(caps_uhat)[1] #获
    取批次和长度
48      out_caps_num = int(caps_uhat.get_shape()[2])
49      seqLen = tf.where(tf.equal(seqLen, 0), tf.ones_like(seqLen), seqLen)
50      mask = mkMask(seqLen, maxlen)      #mask的形状为 (batch_size, maxlen)
51      floatmask = tf.cast(tf.expand_dims(mask, axis=-1), dtype=tf.float32) #
    形状: (batch_size, maxlen, 1)
52
53      #B的形状为(b_sz, maxlen, out_caps_num)
54      B = tf.zeros([batch_size, maxlen, out_caps_num], dtype=tf.float32)
55      for i in range(iter_num):
56          C = tf.nn.softmax(B, axis=2) #形状: (batch_size, maxlen, out_caps_num)
57          C = tf.expand_dims(C*floatmask, axis=-1)#形状: (batch_size, maxlen,
    out_caps_num, 1)
58          weighted_uhat = C * caps_uhat #形状: (batch_size, maxlen, out_caps_num,
    out_caps_dim)
59          #S的形状为(batch_size, out_caps_num, out_caps_dim)
60          S = tf.reduce_sum(weighted_uhat, axis=1)
61
62          V = _squash(S, axes=[2])#shape(batch_size, out_caps_num,
    out_caps_dim)
63          V = tf.expand_dims(V, axis=1)#shape(batch_size, 1, out_caps_num,
    out_caps_dim)
64          B = tf.reduce_sum(caps_uhat * V, axis=-1) + B   #shape(batch_size,
    maxlen, out_caps_num)
65
66      V_ret = tf.squeeze(V, axis=[1])#shape(batch_size, out_caps_num,
    out_caps_dim)
67      S_ret = S
68      return V_ret, S_ret
69
70  def _squash(in_caps, axes):#定义激活函数
71      _EPSILON = 1e-9
72      vec_squared_norm = tf.reduce_sum(tf.square(in_caps), axis=axes,
    keepdims=True)
73      scalar_factor = vec_squared_norm / (1 + vec_squared_norm) /
    tf.sqrt(vec_squared_norm + _EPSILON)
74      vec_squashed = scalar_factor * in_caps
75      return vec_squashed
76
77  #定义函数，用动态路由聚合RNN模型的结果信息
78  def routing_masked(in_x, xLen, out_caps_dim, out_caps_num, iter_num=3,
79                     dropout=None, is_train=False, scope=None):
80      assert len(in_x.get_shape()) == 3 and in_x.get_shape()[-1].value is not
    None
81      b_sz = tf.shape(in_x)[0]
82      with tf.variable_scope(scope or 'routing'):
```

```
83         caps_uhat = shared_routing_uhat(in_x, out_caps_num, out_caps_dim,
   scope='rnn_caps_uhat')
84         attn_ctx, S = masked_routing_iter(caps_uhat, xLen, iter_num)
85         attn_ctx = tf.reshape(attn_ctx, shape=[b_sz,
   out_caps_num*out_caps_dim])
86         if dropout is not None:
87             attn_ctx = tf.layers.dropout(attn_ctx, rate=dropout,
   training=is_train)
88     return attn_ctx
```

9.6.5　代码实现：用IndyLSTM单元搭建RNN模型

编写代码，实现如下逻辑。

（1）将3层IndyLSTM单元传入tf.nn.dynamic_rnn函数中，搭建动态RNN模型。
（2）用函数routing_masked对RNN模型的输出结果做基于动态路由的信息聚合。
（3）将聚合后的结果输入全连接网络，进行分类处理。
（4）用分类后的结果计算损失值，并定义优化器用于训练。

具体代码如下。

代码9-7　用带有动态路由算法的RNN模型对新闻进行分类（续）

```
89  x = tf.placeholder("float", [None, maxlen])          #定义输入占位符
90  x_len = tf.placeholder(tf.int32, [None, ])           #定义输入序列长度占位符
91  y = tf.placeholder(tf.int32, [None, ])               #定义输入分类标签占位符
92
93  nb_features = 128                                    #词嵌入维度
94  embeddings = tf.keras.layers.Embedding(num_words, nb_features)(x)
95
96  #定义带有IndyLSTMCell的RNN模型的
97  hidden = [100,50,30]                                 #RNN模型的单元个数
98  stacked_rnn = []
99  for i in range(3):
100     cell = tf.contrib.rnn.IndyLSTMCell(hidden[i])
101     stacked_rnn.append(tf.nn.rnn_cell.DropoutWrapper(cell,
    output_keep_prob=0.8))
102 mcell = tf.nn.rnn_cell.MultiRNNCell(stacked_rnn)
103
104 rnnoutputs,_ = tf.nn.dynamic_rnn(mcell,embeddings,dtype=tf.float32)
105 out_caps_num = 5                                     #定义输出的胶囊个数
106 n_classes = 46                                       #分类个数
107 outputs = routing_masked(rnnoutputs, x_len,int(rnnoutputs.get_shape()[-1]),
    out_caps_num, iter_num=3)
108 pred =tf.layers.dense(outputs,n_classes,activation = tf.nn.relu)
109
110 #定义优化器
111 learning_rate = 0.001
```

```
112 cost = tf.reduce_mean(tf.losses.sparse_softmax_cross_entropy(logits=pred,
    labels=y))
113 optimizer =
    tf.train.AdamOptimizer(learning_rate=learning_rate).minimize(cost)
```

9.6.6 代码实现：建立会话，训练网络

用 tf.data 数据集接口的 Iterator.from_structure 方法获取迭代器，并按照数据集的遍历次数训练模型。具体代码如下。

代码 9-7 用带有动态路由算法的 RNN 模型对新闻进行分类（续）

```
114 iterator1 =
    tf.data.Iterator.from_structure(dataset.output_types,dataset.output_shap
    es)
115 one_element1 = iterator1.get_next()                    #获取一个元素
116
117 with tf.Session()  as sess:
118     sess.run( iterator1.make_initializer(dataset) )    #初始化迭代器
119     sess.run(tf.global_variables_initializer())
120     EPOCHS = 20                                        #整个数据集迭代训练20次
121     for ii in range(EPOCHS):
122         alloss = []                                    #数据集迭代两次
123         while True:                                    #通过for循环打印所有的数据
124             try:
125                 inp, target = sess.run(one_element1)
126                 _,loss =sess.run([optimizer,cost], feed_dict={x:
    inp[0],x_len:inp[1], y: target})
127                 alloss.append(loss)
128
129             except tf.errors.OutOfRangeError:
130                 print("step",ii+1,": loss=",np.mean(alloss))
131                 sess.run( iterator1.make_initializer(dataset) )#从头再来一遍
132                 break
```

代码运行后，输出如下内容：

```
step 1 : loss= 3.4340985
step 2 : loss= 2.349189
……
step 19 : loss= 0.69928074
step 20 : loss= 0.65264946
```

结果显示，迭代 20 次之后的 loss 值约为 0.65。使用动态路由算法，会使模型训练时的收敛速度变得相对较慢。随着迭代次数的增加，模型的精度还会提高。

9.6.7 扩展：用分级网络将文章（长文本数据）分类

对于文章（长文本数据）的分类问题，可以将其样本的数据结构理解为含有多个句子，每个句子又含有多个词。本实例用"RNN 模型+动态路由算法"结构对序列词的语义进行处理，从而得到单个句子的语义。

在得到单个句子的语义之后，可以再次用"RNN 模型+动态路由算法"结构，对序列句子的语义进行处理，得到整个文章的语义，如图 9-14 所示。

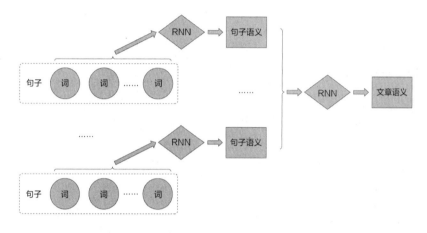

图 9-14 长文本分类结构

如图 9-14 所示，通过连续两个"RNN 模型+动态路由算法"结构，就可以实现长文本的分类功能。有兴趣的读者可以自行尝试一下。

9.7 实例 52：用 TFTS 框架预测某地区每天的出生人数

实例描述

现有记录着某地区从 1979 年 1 月 1 日至 1990 年 12 月 31 日每天出生人数的历史数据。要求：训练模型进行拟合，从而预测出未来指定天数内每天出生的人数。

9.7.1 准备样本

本实例使用的样本是某地区从 1979 年 1 月 1 日至 1990 年 12 月 31 日，每天的出生人数。样本的来源见以下地址：

https://datamarket.com/data/set/235j/number-of-daily-births-in-quebec-jan-01-1977-to-dec-31-1990#!ds=235j&display=line

9.7.2 代码实现：数据预处理——制作 TFTS 框架中的读取器

TFTS 框架支持 3 种创建读取器（Reader）的方式：

- 从 Numpy 数组中创建读取器。
- 从 TFRecords 文件中创建读取器。
- 从 CVS 文件中创建读取器。

本实例用 tf.contrib.timeseries.NumpyReader 函数和 Numpy 数组创建读取器。具体代码如下。

代码 9-8　时间序列问题

```
01  import numpy as np
02  import tensorflow as tf
03  import pandas as pd
04  from matplotlib import pyplot
05
06  tf.logging.set_verbosity(tf.logging.INFO)                       #输出系统日志
07
08  csv_file_name = './number-of-daily-births-in-quebec.csv'         #指定样本文件
09  md1 = pd.read_csv(csv_file_name,names=list('AB'),skiprows=1,encoding =
    "gbk")#读取样本
10
11  data_num=np.array(md1["B"])                  #转化为 numpy 数组并显示部分数据
12  print(data_num[:10])
13
14  x = np.array(range(len(data_num)))                               #设置序列
15  data = {
16      tf.contrib.timeseries.TrainEvalFeatures.TIMES: x,
17      tf.contrib.timeseries.TrainEvalFeatures.VALUES: data_num,
18  }
19
20  reader = tf.contrib.timeseries.NumpyReader(data)                 #创建 reader
```

9.7.3　代码实现：用 TFTS 框架定义模型，并进行训练

本实例用 TFTS 框架的内置函数 StructuralEnsembleRegressor 进行数据的拟合。该函数与估算器的用法类似。

- 在定义时，需要传入一个输入函数并指定若干参数。
- 在训练时，直接调用估算器的 train 方法即可。

函数 StructuralEnsembleRegressor 实现了一个结构化的回归模型。在使用时，该函数的常用参数如下。

- periodicities：指定数据的拟合周期。
- num_features：输入样本的维度。
- cycle_num_latent_values：参与运算的潜在变量序列个数。其值越大，则运行得越慢，精度越高。
- model_dir：模型保存路径。

提示：
有关该函数的更多参数，请参见代码中函数 StructuralEnsembleRegressor 的定义。

因为 TFTS 框架是估算器的一种具体实现，所以也支持估算器的参数设置（可以通过配置类 tf.contrib.learn.RunConfig 为估算器指定训练参数）。具体代码如下。

代码 9-8　时间序列问题（续）

```
21 estimator = tf.contrib.timeseries.StructuralEnsembleRegressor( #定义模型
22   periodicities=200, num_features=1, cycle_num_latent_values=15,model_dir
   ="mode/")
23
24 #定义输入函数
25 train_input_fn = tf.contrib.timeseries.RandomWindowInputFn(reader,
   batch_size=4, window_size=64)
26
27 estimator.train(input_fn=train_input_fn, steps=600)          #训练模型
```

代码第 25 行调用了 TFTS 框架自带的输入函数 RandomWindowInputFn。该函数可以实现自动乱序的操作，专门用于训练模型。

9.7.4　代码实现：用 TFTS 框架评估模型

TFTS 框架的评估方法与估算器的评估方法一致，都是使用 estimator.evaluate 方法进行的。具体代码如下。

代码 9-8　时间序列问题（续）

```
28 evaluation_input_fn = tf.contrib.timeseries.WholeDatasetInputFn(reader)
29 #评估模型
30 evaluation = estimator.evaluate(input_fn=evaluation_input_fn, steps=1)
31 print(evaluation.keys())          #打印评估结果
32 print(evaluation['loss'])         #打印评估结果中的 loss 值
```

代码第 28 行调用了 TFTS 框架的输入函数 WholeDatasetInputFn。该函数将指定的数据全部输入模型里，并且只输入一次，专门用于评估或预测模型。

TFTS 框架的评估结果中含有的信息量较大，具体见 9.7.6 小节的运行结果。

9.7.5　代码实现：用模型进行预测，并将结果可视化

TFTS 框架的预测方法与估算器框架的预测方法一致，都是使用 estimator.predict 方法。

这里调用输入函数 tf.contrib.timeseries.predict_continuation_input_fn 来设置模型预测时的输入数据和预测步数。该函数的作用是：在评估结果的基础上，让 estimator.predict 方法输出后续指定步数的预测值。具体代码如下。

代码9-8 时间序列问题（续）

```
33 (predictions,) = tuple(estimator.predict(              #预测模型
34         input_fn=tf.contrib.timeseries.predict_continuation_input_fn(
35             evaluation, steps=2)))
36 print("predictions:",predictions)
37
38 times = evaluation["times"][0][-20:]               #取后20个内容进行显示
39 observed = evaluation["observed"][0, :, 0][-20:]   #获得原始数据observed
40 mean = np.squeeze(np.concatenate(
41         [evaluation["mean"][0][-20:], predictions["mean"]], axis=0))
42 variance = np.squeeze(np.concatenate(
43         [evaluation["covariance"][0][-20:], predictions["covariance"]],
   axis=0))
44 all_times = np.concatenate([times, predictions["times"]], axis=0)
45 upper_limit = mean + np.sqrt(variance)   #根据方差和均值，算出该序列的取值范围
46 lower_limit = mean - np.sqrt(variance)
47
48 #定义函数，可视化结果
49 def make_plot(name, training_times, observed, all_times, mean, upper_limit,
   lower_limit):
50   pyplot.figure()
51   pyplot.plot(training_times, observed, "b", label="training series")
52   pyplot.plot(all_times, mean, "r", label="forecast")
53   pyplot.plot(all_times, upper_limit, "g", label="forecast upper bound")
54   pyplot.plot(all_times, lower_limit, "g", label="forecast lower bound")
55   pyplot.fill_between(all_times, lower_limit, upper_limit, color="grey",
56                      alpha="0.2")
57   pyplot.axvline(training_times[-1], color="k", linestyle="--")
58   pyplot.xlabel("time")
59   pyplot.ylabel("observations")
60   pyplot.legend(loc=0)
61   pyplot.title(name)
62
63 make_plot("Structural ensemble",times,observed,all_times,mean,upper_limit,
   lower_limit)
```

在模型评估和预测的过程中，会输出每个时间段的均值和方差。根据该均值和方差可以得到该值的分布区间。

代码第49行，用函数make_plot将整个数据及预测的数据区间一起显示出来。

9.7.6 运行程序

将代码运行后，输出结果如下。

（1）输出评估结果。

```
dict_keys(['covariance', 'log_likelihood', 'loss', 'mean', 'observed',
'start_tuple', 'times', 'global_step'])
```

```
1.1670636
```

从输出结果可以看到，输出的评估结果是一个字典类型的数据。该字典中含有每个时刻的数据分布情况（covariance、log_likelihood、mean）、原始值（observed）、损失值（loss）及训练步数（global_step）。

（2）输出预测结果。

```
predictions:
 {'mean':        array([[237.21950126],       [246.91376098]]),       'covariance':
array([[[1054.86319966]],[[1302.53715562]]]),
  'times': array([5113, 5114], dtype=int64)}
```

输出预测结果是未来两天的出生人口数（取均值）是 237、247。结果中的 times 是输出的序列次数。

另外，程序也输出了可视化预测结果，如图 9-15 所示。

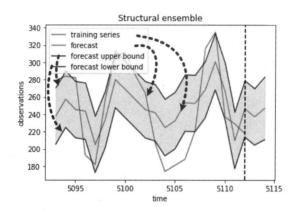

图 9-15　TFTS 框架中模型的预测结果

> **提示：**
> 在 TFTS 框架中训练模型时，生成的日志信息较多。可以将代码第 6 行（tf.logging.set_verbosity(tf.logging.INFO)）注释掉，或设置额外的日志级别，以减少信息输出量。

9.7.7　扩展：用 TFTS 框架进行异常值检测

如图 9-15 所示，用 TFTS 框架中的模型可以预测出一个序列数据未来的分布空间。利用这个功能可以实现基于序列数据的异常值检测。

如果真实值在预测值范围之内，则认为是合理的值；否则就认为是异常的值。当然这只是个方向，在实际中还要配合很多技术来提升模型的精度。

例如：

（1）用 TFTS 框架训练模型，得出模型的预测范围与真实值之间的距离，通过后续模型对距离与分类的关系进行拟合。

（2）用 TFTS 框架定义模型，用于对多变量进行拟合。

（3）在 TFTS 框架中用自定义的 RNN 模型进行更高精度的序列数据拟合等。

更多的例子可以参考如下链接：

```
https://github.com/tensorflow/tensorflow/tree/master/tensorflow/contrib/timeseries/examples
```

9.8 实例 53：用 Tacotron 模型合成中文语音（TTS）

Tacotron 模型是谷歌公司推出的一个端到端的 TTS（语音合成）模型。该模型使用带有注意力机制的 Seq2Seq 框架。它所合成的语音效果，可以起到以假乱真的效果。

实例描述

有一批音频数据和对应的文字及拼音文本。下面让 Tacotron 模型对其进行学习并拟合拼音与音频的对应关系，并根据具体的拼音输入获得对应的音频发音。

本实例用 tf.keras 接口来实现。具体做法如下。

9.8.1 准备安装包及样本数据

在项目开始前，需要完成一些准备工作，具体介绍如下。

1. 安装 librosa 库

在本实例中，用 librosa 库对音频进行处理。Librosa 库是一个用于音频分析和音乐分析的 Python 工具包。可以通过以下命令安装 Librosa 库。

```
pip install librosa
```

该工具包中封装了很多函数，可以实现音频处理、音频特征提取、绘图处理等功能。具体可以参考如下地址。

- 音频处理：　　　　　http://librosa.github.io/librosa/core.html
- 音频特征提取：　　　http:// librosa.github.io/librosa/feature.html
- 绘图处理：　　　　　http://librosa.github.io/librosa/display.html

> **提示：**
> 安装完 librosa 库后，在代码中用"import librosa"语句进行导入时，有时会报如下错误：
> AttributeError: module 'numba' has no attribute 'jit'
> 可以通过重新安装 numba 库进行解决，具体命令如下：
> conda install numba

2. 部署样本数据

本实例采用的是清华大学发布的语料库 data_thchs30。

出于学习目的，这里只使部分语料进行训练。部署的方法如下所示。

（1）将数据解压缩。
（2）在解压缩后的 data_thchs30\test 目录下，随意取出几个音频文件。
（3）将选出的文件放到 mytest 目录里。
（4）将 mytest 目录与 doc 目录一同放在 data_thchs30 目录下。
完整的目录结构如图 9-16 所示。

图 9-16　data_thchs30 目录结构

9.8.2　代码实现：将音频数据分帧并转为梅尔频谱

音频样本在被转换为训练数据的过程中，需要消耗大量的运算资源。所以有必要在样本预处理环节，将音频文件转换为分帧后的特征数据并保存起来。这样在训练模型的过程中，直接用转换好的音频数据进行迭代输入，不需要每次都载入再额外转换了。

在语音合成项目中，输入的样本是中文文字对应的拼音。该样本的路径是 data_thchs30/doc/trans，其中包含两个文档：
- test.syllable.txt 文档（测试数据）。
- train.syllable.txt 文档（训练数据）。

样本的标签是将音频文件经过短时傅里叶（stft）变换后得到的分帧数据与梅尔频率谱特征数据。

编写代码，将音频文件转换为分帧后的特征数字数据，并为其匹配对应的拼音文本。具体代码如下。

代码 9-9　样本预处理

```
01  import os
02  from multiprocessing import cpu_count
03  from tqdm import tqdm
04  from concurrent.futures import ProcessPoolExecutor  #载入多进程库
05  from functools import partial
06  import numpy as np
07  import glob
08  from scipy import signal
09  import librosa
10
11  max_frame_num=1000      #定义每个音频文件的最大帧数
12  sample_rate=16000       #定义音频文件的采样率
13
14  num_freq=1025           #振幅频率
15  num_mels=80             #定义 Mel bands 特征的个数
```

```
16
17  frame_length_ms=50    #定义stft算法中的重叠窗口（用时间来表示）
18  frame_shift_ms=12.5   #定义stft算法中的移动步长（用时间来表示）
19
20  preemphasis=0.97#用于数字滤波器的阈值
21  #stft算法中使用的窗口（因为声音的真实频率只有正的，而fft变换是对称的，所以需要加上负
    频率）
22  n_fft = (num_freq - 1) * 2
23  hop_length = int(frame_shift_ms / 1000 * sample_rate)#定义stft算法中的帧移
    步长
24  win_length = int(frame_length_ms / 1000 * sample_rate)#定义stft算法中的相邻
    两个窗口的重叠长度
25
26  ref_level_db=20        #控制峰值的阈值
27  min_level_db=-100      #指定dB最小值，用于归一化
28
29  #创建一个Mel filter, shape=(n_mels, 1 + n_fft/2)，即(n_mels, num_freq)
30  _mel_basis = librosa.filters.mel(sample_rate, n_fft, n_mels=num_mels)
31
32  def spectrogram(D):#定义函数，实现dB频谱转换
33     S =20 * np.log10(np.maximum(1e-5, D)) - ref_level_db  #转换为dB频谱
34     return np.clip((S - min_level_db) / -min_level_db, 0, 1)#归一化
35
36  def melspectrogram(D):              #转换为mel特征
37     mel = np.dot(_mel_basis, D)      #通过与矩阵点积计算，将分帧结果转换为mel特征
38     return spectrogram(mel)
39
40  def _process_utterance(out_dir, index, wav_path,pinyin):#样本预处理函数
41
42     #按照16000的采样率读取音频
43     wav,_ = librosa.core.load(wav_path, sr=sample_rate)
44
45     #对波形文件进行数字滤波处理
46     emphasis = signal.lfilter([1, -preemphasis], [1], wav)
47
48     #用短时傅里叶变换将音频分帧
49     D=np.abs(librosa.stft(emphasis, n_fft, hop_length, win_length))
50
51     #计算原始声音分帧后的时频图
52     linear_spectrogram = spectrogram(D).astype(np.float32)
53     n_frames = linear_spectrogram.shape[1]    #返回帧的个数
54     if n_frames > max_frame_num:              #如帧数过长，则直接舍去
55        return None
56
57     #计算原始声音分帧后的mel特征时频图
58     mel_spectrogram = melspectrogram(D).astype(np.float32)
59
```

```
60    #保存转换后的特征数据
61    spectrogram_filename = 'thchs30-spec-%05d.npy' % index
62    mel_filename = 'thchs30-mel-%05d.npy' % index
63    np.save(os.path.join(out_dir, spectrogram_filename),
      linear_spectrogram.T, allow_pickle=False)
64    np.save(os.path.join(out_dir, mel_filename), mel_spectrogram.T,
      allow_pickle=False)
65
66    #返回特征文件名（即样本的拼音标注）
67    return (spectrogram_filename, mel_filename, n_frames,pinyin)
```

代码第 32 行定义了函数 spectrogram，将所有 FFT 或梅尔标度数据转换为 dB 频谱。

dB 频谱是一个没有任何单位的比值。由于它在不同的领域（常见的领域有声音、信号、增益等）有着不同的名称，因此它也具有不同的实际意义，在实际使用时，也不会有固定的计算公式。在本实例中，dB 表示声音的大小（分贝）。

9.8.3　代码实现：用多进程预处理样本并保存结果

定义主处理函数 preprocess_data，并在其内部实现如下逻辑。

（1）用多进程调用 process_utterance 函数进行批处理转换。

（2）保存最终的结果。

具体代码如下。

代码 9-9　样本预处理（续）

```
68  #用多进程实现音频数据的转换
69  def build_from_path(in_dir, out_dir, num_workers=1, tqdm=lambda x: x):
70
71      executor = ProcessPoolExecutor(max_workers=num_workers)#创建进程池执行器
72      futures = []
73      index = 1
74      #获取指定目录下的文件
75      wav_files = glob.glob(os.path.join(in_dir, 'mytest', '*.wav'))
76
77      #读取标注文件
78      with open(os.path.join(in_dir, r'doc/trans', 'test.syllable.txt')) as f:
79          allpinyin = {}
80          for pinyin in f:
81              indexf = pinyin.index(' ')
82              allpinyin[pinyin[:indexf]] = pinyin[indexf+1:]
83
84      #将音频文件与标注关联在一起
85      for wav_file in wav_files:
86          key = wav_file[ wav_file.index('D'):-4]
87          #定义进程任务，调用处理函数
```

```
88            task = partial(_process_utterance, out_dir, index,
   wav_file,allpinyin[key])
89            futures.append(executor.submit(task))
90            index += 1
91    return [future.result() for future in tqdm(futures) if future.result()
   is not None]
92
93 def preprocess_data(num_workers): #定义函数处理样本数据
94    #指定样本路径
95    in_dir = os.path.join(os.path.expanduser('.'), 'data_thchs30')
96    #指定输出路径
97    out_dir = os.path.join(os.path.expanduser('.'), 'training')
98    os.makedirs(out_dir, exist_ok=True)
99    #处理数据
100   metadata = build_from_path(in_dir, out_dir, num_workers, tqdm=tqdm)
101   #将结果保存起来
102   with open(os.path.join(out_dir, 'train.txt'), 'w', encoding='utf-8') as
   f:
103       for m in metadata:
104           f.write('|'.join([str(x) for x in m]))
105   frames = sum([m[2] for m in metadata])
106
107   print('Wrote %d utterances, %d frames ' % (len(metadata), frames))
108   print('Max input length:  %d' % max(len(m[3]) for m in metadata))
109   print('Max output length: %d' % max(m[2] for m in metadata))
110
111 def main():
112   preprocess_data(cpu_count())
113
114 if __name__ == "__main__":   #运行当前模块
115   main()
```

代码运行后，会在本地 training 文件夹下生成转换好的音频数据文件，以及汇总后的统计文件 train.txt。

> **提示：**
> 代码第114行是必需的，否则会报错误。该代码是多进程程序，所以系统创建的新进程必须位于"if __name__ =='__main__':"之下。在Windows中保护代码的主循环非常重要，这种语法可以避免在使用 processspoolexecutor 或产生新进程的任何其他并行代码时递归生成子进程。
>
> 更多有关进程方面的知识可以参考《Python 带我起飞——入门、进阶、商业实战》一书的第10章。

9.8.4 拆分 Tacotron 网络模型的结构

Tacotron 网络模型使用带有注意力机制的 Seq2Seq 框架。它在 Seq2Seq 框架基础上又增加了一些例如 CBHG 网络模型、残差 RNN 模型之类的细节技术。

1. Tacotron 网络模型的主体结构

Tacotron 网络模型的主体结构如下。

- 编码器用 CBHG 网络模型增加其泛化能力。
- 注意力机制的实现是在原有 BahdanauAttention 注意力接口基础上的二次封装,实现了一个基于内容和位置的混合注意力机制。
- 解码器使用两层带有残差的多层 RNN 模型。其中的 cell 使用的是 GRU 单元。
- 在合成音频之前对解码器的输出结果同样做了一次 CBHG 网络模型的变化,将其转换为 linear 音频特征。

对应的结构图如 9-17 所示。

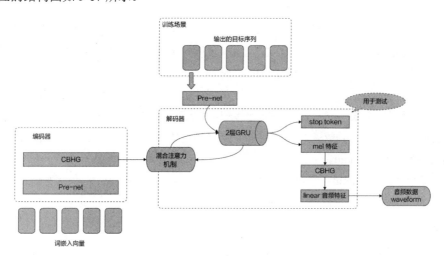

图 9-17　Tacotron 网络模型的主体结构

在图 9-17 中包含了 3 个主要的子结构:Pre-net、CBHG、混合注意力机制。其中,Pre-net 代表预处理层,对所有输入的原始数据做了两层的全连接转换,使其变化到指定的维度。另外两个子结构将在下面重点介绍。

以上结构来自 Tacotron 与 Tacotron-2 两个结构,更多内容可以参考以下两篇论文:

```
https://arxiv.org/pdf/1703.10135.pdf
https://arxiv.org/pdf/1712.05884.pdf
```

2. 介绍 CBHG 网络的结构

CBHG 网络模型常用在 NLP 任务中。其擅长提取序列字符的内在特征,在这里主要被用于提高网络的泛化效果。CBHG 网络模型的结构如图 9-18 所示。

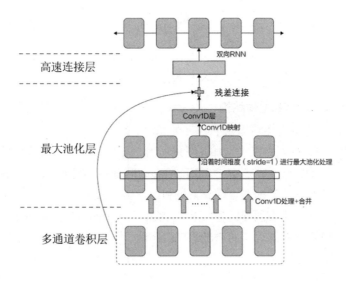

图 9-18 CBHG 网络模型的主体结构

如图 9-18 所示，CBHG 网络模型可以分为 3 个主要部分：多通道卷积层、最大池化层、高速连接层（由残差网络实现的）。CBHG 模型里使用的多通道卷积是 1 维卷积，其背后的理论与 TextCnn 网络模型类似，用于发现更多的特征。

经过多通道卷积层之后，会进行残差连接。即：把多通道卷积层输出的序列结果与最大池化层输出的结果相加起来，然后输入高速连接层。CBHG 网络中的高速连接层一共有 4 层。

高速连接层把输入同时放入两个一层的全连接网络中进行处理。这两个全连接网络的激活函数分别是 ReLu 和 sigmoid。

例如：输入为张量 input，激活函数 ReLu 的输出为张量 output1，激活函数 sigmoid 的输出为张量 output2，那么高速连接层的输出为：

```
output=output1×output2+input×（1-output2）
```

将序列中的每个样本变换之后，再输入双向 RNN 模型中进行全序列的特征提取，这样就完成了 CBHG 网络模型的全部过程。

3. 混合注意力机制的实现方法

在 9.1.12 小节，介绍过混合注意力机制的原理。但是在 TensorFlow 的当前版本里并没有带混合注意力机制的模型接口，所以需要手动实现。

在实现混合注意力机制时，可以参考实现 BahdanauAttention 注意力机制的源代码。按照 9.1.12 小节进行修改即可。

在 BahdanauAttention 注意力机制的实现过程中，主要包含了一个 BahdanauAttention 类与一个 _bahdanau_score 函数：

- BahdanauAttention 类 Bahdanau 注意力机制的主体实现，在该类中实现了初始化方法 __init__ 和调用方法 __call__。
- _bahdanau_score 函数用来计算经过全连接转换后的输入与中间状态结果的最终分值。

对应于 9.1.10 小节中 "4. 在 TensorFlow 中的具体实现" 里面的第（5）、（6）、（7）步。

混合注意力机制也是通过一个类（LocationSensitiveAttention）和一个函数（_location_sensitive_score）实现的：

- 在 LocationSensitiveAttention 类的 __call__ 方法中，对上一次的注意力结果做了一次卷积与一次全连接，并与原始 BahdanauAttention 类中的成员变量 query 及成员变量 key 一起被送入函数 _location_sensitive_score 中，进行计算分数。
- 在函数 _location_sensitive_score 中，除使用权重 v 进行相乘外，又加入偏置 b 的权重。代码如下：

```
tf.reduce_sum(v_a * tf.tanh(keys + processed_query + processed_location + b_a), [2])
```

更详细的介绍请参考 9.8.6 小节。

9.8.5 代码实现：搭建 CBHG 网络

编写 cbhg 函数搭建 CBHG 网络结构，并将其封装为两个函数。
- encoder_cbhg 函数用于提取输入的拼音序列特征。
- post_cbhg 函数用于提取音频序列解码后的特征。

具体代码如下。

代码 9-10　CBHG

```
01 import tensorflow as tf
02
03 #定义高速连接函数
04 def highwaynet(inputs, scope, depth):
05   with tf.variable_scope(scope):
06     H = tf.keras.layers.Dense(units=depth,activation='relu',name='H')(inputs)
07     T = tf.keras.layers.Dense(units=depth,activation='sigmoid',name='T',
08                   bias_initializer=tf.constant_initializer(-1.0))(inputs)
09     return H * T + inputs * (1.0 - T)
10
11 def cbhg(inputs, input_lengths, is_training, scope, K, projections, depth):
12   with tf.variable_scope(scope):
13     with tf.variable_scope('conv_bank'):#多通道卷积
14       conv_bank = []
15       for k in range(1,K+1):#使用 same 卷积。结果的尺度与卷积核无关，与步长有关
16         con1d_output = tf.keras.layers.Conv1D(128,k,activation=tf.nn.relu,
17                     padding='same',name = 'conv1d_%d'% k)( inputs)
18         con1d_output_bn = tf.keras.layers.BatchNormalization(
```

```
19                                                        name = 'conv1d_%d_bn'%
   k)( con1d_output,training=is_training)
20          conv_bank.append(con1d_output_bn)
21      conv_outputs = tf.concat(conv_bank,axis=-1)
22
23      #最大池化层
24      maxpool_output = tf.keras.layers.MaxPool1D
   (pool_size=2,strides=1,padding='same')( conv_outputs)
25
26      #用两层卷积进行维度变换
27      proj1_output =
   tf.keras.layers.Conv1D(projections[0],3,activation=tf.nn.relu,
28                          padding='same',name =
   'proj_1')( maxpool_output)
29      proj1_output_bn = tf.keras.layers.BatchNormalization(name =
   'proj_1_bn')( proj1_output, training=is_training)        #卷积后的 BN 处理
30      #第 2 层卷积
31      proj2_output = tf.keras.layers.Conv1D(projections[1],3,
   padding='same',name = 'proj_2')( proj1_output_bn)
32      #卷积后的 BN 处理
33      proj2_output_bn = tf.keras.layers.BatchNormalization(name =
   'proj_2_bn')( proj2_output, training=is_training)
34
35      #残差连接
36      highway_input = proj2_output_bn + inputs
37
38      half_depth = depth // 2 #必须能被 2 整除，之后的结果是每个方向 RNN 的 cell 个数
39      assert half_depth*2 == depth, 'depth 必须被 2 整除.'
40
41      #调整残差后的维度，与 RNN 的 cell 个数一致
42      if highway_input.shape[2] != half_depth:
43        highway_input = tf.keras.layers.Dense(half_depth)( highway_input)
44
45      #4 层高速连接
46      for i in range(4):
47        highway_input = highwaynet(highway_input, 'highway_%d' % (i+1),
   half_depth)
48      rnn_input = highway_input
49
50      #双向 RNN
51      outputs, states =
   tf.nn.bidirectional_dynamic_rnn(tf.keras.layers.GRUCell(half_depth),
   tf.keras.layers.GRUCell(half_depth),
52                      rnn_input,
   sequence_length=input_lengths,dtype=tf.float32)
53      return tf.concat(outputs, axis=2)   #将双向 RNN 正反方向结果组合到一起
54
```

```python
55  #用于编码器中的CBHG
56  def encoder_cbhg(inputs, input_lengths, is_training, depth):#depth是RNN
    单元个数,由于是双向的,所以它必须能被2整除
57      return cbhg(inputs,input_lengths, is_training,scope='encoder_cbhg',
    K=16,
58          projections=[ 128, inputs. shape.as_list()[2] ], depth=depth)
59
60  #用于解码器中的CBHG
61  def post_cbhg(inputs, input_dim, is_training, depth):
62      return cbhg( inputs,None, is_training, scope='post_cbhg',
    K=8,projections=[256, input_dim], depth=depth)
```

9.8.6 代码实现:构建带有混合注意力机制的模块

参考9.1.12小节与9.8.4小节的描述,实现混合注意力机制。

具体代码如下。

代码9-11 attention

```python
01  import tensorflow as tf
02  from tensorflow.contrib.seq2seq.python.ops.attention_wrapper import
    BahdanauAttention
03  from tensorflow.python.ops import array_ops, variable_scope
04
05  def _location_sensitive_score(processed_query, processed_location, keys):
06      #获取注意力的深度(全连接神经元的个数)
07      dtype = processed_query.dtype
08      num_units = keys.shape[-1].value or array_ops.shape(keys)[-1]
09
10      #定义了最后一个全连接v
11      v_a = tf.get_variable('attention_variable', shape=[num_units],
    dtype=dtype,
12          initializer=tf.contrib.layers.xavier_initializer())
13
14      #定义偏置b
15      b_a = tf.get_variable('attention_bias', shape=[num_units], dtype=dtype,
16          initializer=tf.zeros_initializer())
17      #计算注意力分数
18      return tf.reduce_sum(v_a * tf.tanh(keys + processed_query +
    processed_location + b_a), [2])
19  #平滑归一化函数,返回[batch_size, max_time],代替softmax
20  def _smoothing_normalization(e):
21      return tf.nn.sigmoid(e) / tf.reduce_sum(tf.nn.sigmoid(e), axis=-1,
    keepdims=True)
22
23  class LocationSensitiveAttention(BahdanauAttention):    #定义位置敏感注意力机
    制类
```

```python
24  def __init__(self,                    #初始化
25          num_units,                    #实现过程中全连接的神经元个数
26          memory,                       #编码器（Encoder）的结果
27          smoothing=False,              #是否使用平滑归一化函数代替softmax
28          cumulate_weights=True,        #是否对注意力结果进行累加
29          name='LocationSensitiveAttention'):
30
31      #如果smoothing为true，则使用_smoothing_normalization，否则使用softmax
32      normalization_function = _smoothing_normalization if (smoothing == True) else None
33      super(LocationSensitiveAttention, self).__init__(
34              num_units=num_units, memory=memory,
35              memory_sequence_length=None,
36              probability_fn=normalization_function,
37              name=name) #如果probability_fn为None，则基类会调用softmax
38
39      self.location_convolution = tf.layers.Conv1D(filters=32,
40              kernel_size=(31, ), padding='same', use_bias=True,
41              bias_initializer=tf.zeros_initializer(),
    name='location_features_convolution')
42      self.location_layer = tf.layers.Dense(units=num_units, use_bias=False,
    dtype=tf.float32, name='location_features_layer')
43      self._cumulate = cumulate_weights
44
45  def __call__(self, query,     #解码器中间态结果[batch_size, query_depth]
46              state):           #上一次的注意力[batch_size, alignments_size]
47      with variable_scope.variable_scope(None,
    "Location_Sensitive_Attention", [query]):
48
49          #全连接处理query特征[batch_size, query_depth] -> [batch_size, attention_dim]
50          processed_query = self.query_layer(query) if self.query_layer else query
51          #维度扩展   -> [batch_size, 1, attention_dim]
52          processed_query = tf.expand_dims(processed_query, 1)
53
54          #维度扩展 [batch_size, max_time] -> [batch_size, max_time, 1]
55          expanded_alignments = tf.expand_dims(state, axis=2)
56          #通过卷积获取位置特征[batch_size, max_time, filters]
57          f = self.location_convolution(expanded_alignments)
58          #经过全连接变化[batch_size, max_time, attention_dim]
59          processed_location_features = self.location_layer(f)
60
61          #计算注意力的分数 [batch_size, max_time]
62          energy = _location_sensitive_score(processed_query,
    processed_location_features, self.keys)
63
```

```
64        #计算最终的注意力结果[batch_size, max_time],
65        alignments = self._probability_fn(energy, state)
66
67        #是否需要将返回累加后的注意力作为状态值
68        if self._cumulate:
69            next_state = alignments + state
70        else:
71            next_state = alignments
72        return alignments, next_state
```

代码第 28 行通过参数 cumulate_weights 来决定是否使用累加注意力功能。

如果参数 cumulate_weights 为 True，则表示使用累加注意力功能。程序会将解码器每次计算的注意力累加起来，作为下一次计算注意力时的状态值。

9.8.7 代码实现：构建自定义 wrapper

注意力机制需要与 wrapper 函数一起使用。但是本实例的解码器在注意力机制的前后，还需要做一些其他的操作。因为 TensorFlow 中原有的 wrapper 函数无法满足要求，所以需要自定义一个 TacotronDecoderwrapper 函数。

在 TacotronDecoderwrapper 函数中，具体需要实现以下几个步骤。

（1）对输入的真实值 y，做两层全连接的预处理变换。

（2）加入注意力分值，然后再做一次全连接。将混合后的特征输入解码器的 RNN 模型中。

（3）对输出的结果做混合注意力计算。

（4）将得到的注意力与解码器的 RNN 模型结果连接，作为最终的解码特征。

（5）对解码特征做一个全连接，生成下一个序列的音频 mel 特征。

（6）对解码特征做一个全连接，生成下一个序列结束符号。

由于多个连续音频帧代表一个音素（拼音中的一个发音），并且代表一个音素的多个连续音频帧的 mel 特征值一般都不会差别太大，所以在解码时，可以对音频帧进行分段处理（不需要对所有的音频帧进行逐个处理）。这种方式可以提升整个模型的处理性能。

具体实现步骤如下。

（1）设置一个参数（见如下代码第 12 行中的 outputs_per_step 参数）。

（2）按照该参数的步长从目标音频帧中采样。

（3）将采样的结果送入解码器中。

（4）解码器会按照参数的值生成下一时刻的音频帧数。

具体代码如下。

代码 9-12　TacotronDecoderwrapper

```
01 import tensorflow as tf
02 from tensorflow.python.framework import ops, tensor_shape
03 from tensorflow.python.ops import array_ops, check_ops, rnn_cell_impl,
   tensor_array_ops
```

```python
04  from tensorflow.python.util import nest
05  from tensorflow.contrib.seq2seq.python.ops import attention_wrapper
06
07  attention = __import__("9-11 attention")
08  LocationSensitiveAttention = attention.LocationSensitiveAttention
09
10  class TacotronDecoderwrapper(tf.nn.rnn_cell.RNNCell):
11    #初始化
12    def __init__(self,encoder_outputs, is_training, rnn_cell, num_mels , outputs_per_step):
13
14      super(TacotronDecoderwrapper, self).__init__()
15
16      self._training = is_training
17      self._attention_mechanism = LocationSensitiveAttention(256, encoder_outputs)#[N, T_in, attention_depth=256]
18      self._cell = rnn_cell
19      self._frame_projection = tf.keras.layers.Dense(units=num_mels * outputs_per_step, name='projection_frame')#形状为[N, T_out/r, M*r]
20
21  #[N, T_out/r, r]
22      self._stop_projection = tf.keras.layers.Dense(units=outputs_per_step, name='projection_stop')
23      self._attention_layer_size = self._attention_mechanism.values.get_shape()[-1].value
24
25      self._output_size = num_mels * outputs_per_step#定义输出大小
26
27    def _batch_size_checks(self, batch_size, error_message):
28      return [check_ops.assert_equal(batch_size, self._attention_mechanism.batch_size,
29        message=error_message)]
30
31    @property
32    def output_size(self):
33        return self._output_size
34
35    def state_size(self):#返回的状态大小
36      return tf.contrib.seq2seq.AttentionWrapperState(
37        cell_state=self._cell._cell.state_size,
38        time=tensor_shape.TensorShape([]),
39        attention=self._attention_layer_size,
40        alignments=self._attention_mechanism.alignments_size,
41        alignment_history=(),attention_state = ())
42
43    def zero_state(self, batch_size, dtype):#返回一个0状态
```

```
44     with ops.name_scope(type(self).__name__ + "ZeroState",
   values=[batch_size]):
45       cell_state = self._cell.zero_state(batch_size, dtype)
46       error_message = (
47         "When calling zero_state of TacotronDecoderCell %s: " %
   self._base_name +
48         "Non-matching batch sizes between the memory "
49         "(encoder output) and the requested batch size.")
50       with ops.control_dependencies(
51         self._batch_size_checks(batch_size, error_message)):
52         cell_state = nest.map_structure(
53           lambda s: array_ops.identity(s, name="checked_cell_state"),
54           cell_state)
55
56       return tf.contrib.seq2seq.AttentionWrapperState(
57         cell_state=cell_state,
58         time=array_ops.zeros([], dtype=tf.int32),
59
   attention=rnn_cell_impl._zero_state_tensors(self._attention_layer_size,
   batch_size, dtype),
60         alignments=self._attention_mechanism.initial_alignments(batch_size,
   dtype),
61         alignment_history=tensor_array_ops.TensorArray(dtype=dtype,
   size=0,dynamic_size=True),
62         attention_state = tensor_array_ops.TensorArray(dtype=dtype,
   size=0,dynamic_size=True)
63         )
64   #定义类的调用方法,将当前时刻的真实值与Decoder输出的状态值传入,进行下一时刻的预测
65   def __call__(self, inputs, state):
66
67     drop_rate = 0.5 if self._training else 0.0   #设置dropout的丢弃参数
68     #对输入预处理
69     with tf.variable_scope('decoder_prenet'):#两个全连接转化mel特征
70       for i, size in enumerate([256, 128]):
71         dense = tf.keras.layers.Dense(units=size, activation=tf.nn.relu,
   name='dense_%d' % (i+1))( inputs)
72         inputs = tf.keras.layers.Dropout(rate=drop_rate,
   name='dropout_%d' % (i+1))( dense,training=self._training)
73
74     #加入注意力特征
75     rnn_input = tf.concat([inputs, state.attention], axis=-1)
76
77     #将连接后的结果经过一个全连接变换,再传入解码器的RNN模型中
78     rnn_output, next_cell_state =
   self._cell(tf.keras.layers.Dense(256)( rnn_input), state.cell_state)
79
80     #计算本次注意力
```

```
81      context_vector, alignments, cumulated_alignments
    =attention_wrapper._compute_attention(self._attention_mechanism,
82        rnn_output,state.alignments,None)#state.alignments 为上一次的累计注意力
83
84      #保存历史 alignment(与原始的 AttentionWrapper 一致)
85      alignment_history = state.alignment_history.write(state.time,
    alignments)
86
87      #返回本次的 wrapper 状态
88      next_state = tf.contrib.seq2seq.AttentionWrapperState( time=state.time
    + 1, cell_state=next_cell_state,attention=context_vector,
89        alignments=cumulated_alignments, alignment_history=alignment_history,
90        attention_state = state.attention_state)
91
92      #计算本次结果：将解码器输出与注意力结果用 concat 函数连接起来，作为最终的输入
93      projections_input = tf.concat([rnn_output, context_vector], axis=-1)
94
95      #两个全连接分别预测输出的下一个结果和停止标志<stop_token>
96      cell_outputs = self._frame_projection(projections_input)#得到下一次
    outputs_per_step 个帧的 mel 特征
97      stop_tokens = self._stop_projection(projections_input)
98      if self._training==False:  #测试时需要加上 sigmoid。
99          stop_tokens = tf.nn.sigmoid(stop_tokens)
100
101     return (cell_outputs, stop_tokens), next_state
```

代码第 99 行进行应用场景的区分。只有在测试模型时才会使用激活函数 sigmoid。原因是在训练模型时，计算损失值 loss 部分会使用 sigmoid_cross_entropy 函数，在这个过程中包含用激活函数 sigmoid 对生成的 stop_tokens 特征进行处理，所以此处不再需要激活函数 sigmoid 了。

9.8.8 代码实现：构建自定义采样器

9.1.13 小节介绍了 Seq2Seq 框架的多种现有采样接口和自定义采样接口。但是这些采样接口都满足不了本实例的采样器需求。本小节还需要实现一个自定义的采样器，原因是：本实例的采样器在计算是否停止采样的过程中需要引入额外的变量 stop_token_preds，该变量是 TacotronDecoderwrapper 的输出结果之一。另外，在采样时还需要对原始的 mel 特征按照指定的步长进行抽取采样，这也是原有接口所不支持的。

下面仿照 tf.contrib.seq2seq.GreedyEmbeddingHelper 采样器的实现，对 __init__、initialize、sample、next_inputs 这四个方法进行重构。具体代码如下。

代码 9-13　TacotronHelpers

```
01 import numpy as np
02 import tensorflow as tf
03 from tensorflow.contrib.seq2seq import Helper
04
```

```
05 def _go_frames(batch_size, output_dim):#输入的目标序列以 0 开始。作为<GO>标志
06     return tf.tile([[0.0]], [batch_size, output_dim])
07
08 class TacoTrainingHelper(Helper):#训练场景中的采样接口
09     def __init__(self, targets, output_dim, r):  #targets 形状为[N, T_out, D]
10         with tf.name_scope('TacoTrainingHelper'):
11             self._batch_size = tf.shape(targets)[0]  #获得批次
12             self._output_dim = output_dim
13             self._reduction_factor = r
14
15             #对输入数据进行步长为 r 的采样。在每 r(5)个 mel 中取一个作为下一时刻的 y
16             self._targets = targets[:, r-1::r, :]
17
18             num_steps = tf.shape(self._targets)[1] #获得序列长度（采样后的最大步数）
19             self._lengths = tf.tile([num_steps], [self._batch_size])#构建 RNN 模型
   输入所用的长度矩阵
20
21     @property
22     def batch_size(self):
23         return self._batch_size
24
25     @property
26     def token_output_size(self):#输出的大小为 5
27         return self._reduction_factor
28
29     @property
30     def sample_ids_shape(self):
31         return tf.TensorShape([])
32
33     @property
34     def sample_ids_dtype(self):
35         return np.int32
36
37     def initialize(self, name=None):   #初始化时，设置输入值为 0，代表 go
38         return (tf.tile([False], [self._batch_size]),
   _go_frames(self._batch_size, self._output_dim))
39
40     def sample(self, time, outputs, state, name=None):  #补充接口
41         return tf.tile([0], [self._batch_size])
42
43     #取 time 时刻的数据传入
44     def next_inputs(self, time, outputs, state,  name=None, **unused_kwargs):
45         with tf.name_scope(name or 'TacoTrainingHelper'):
46             finished = (time + 1 >= self._lengths)   #判断是否结束
47             next_inputs = self._targets[:, time, :] #下一时刻的输入标签
48             return (finished, next_inputs, state)
49
```

```
50  class TacoTestHelper(Helper):    #测试场景中的采样接口
51    def __init__(self, batch_size, output_dim, r):
52      with tf.name_scope('TacoTestHelper'):
53        self._batch_size = batch_size
54        self._output_dim = output_dim
55        self._reduction_factor = r   #采样的步长
56
57    @property
58    def batch_size(self):
59      return self._batch_size
60
61    @property
62    def token_output_size(self):    #自定义属性
63      return self._reduction_factor
64
65    @property
66    def sample_ids_shape(self):
67      return tf.TensorShape([])
68
69    @property
70    def sample_ids_dtype(self):
71      return np.int32
72
73    def initialize(self, name=None):
74      return (tf.tile([False], [self._batch_size]),
   _go_frames(self._batch_size, self._output_dim))
75
76    def sample(self, time, outputs, state, name=None):
77      return tf.tile([0], [self._batch_size])   #返回全 0
78
79    def next_inputs(self, outputs, state, stop_token_preds, name=None,
   **unused_kwargs):   #测试时靠 stop_token_preds 判断结束
80
81      with tf.name_scope('TacoTestHelper'):
82        #如果 stop 概率>0.5，即为 stop 标志
83        finished = tf.reduce_any(tf.cast(tf.round(stop_token_preds),
   tf.bool))
84
85        #将解码器输出的最后一帧作为下一时刻的输入
86        next_inputs = outputs[:, -self._output_dim:]
87        return (finished, next_inputs, state)
```

在上面代码中，分别实现了两个采样接口。

- TacoTrainingHelper 类：用于训练使用的采样接口（见代码第 8 行）。
- TacoTestHelper 类：用于测试使用的采用接口（见代码第 50 行）。

由于场景不同，二者也有各自不同的实现流程。

- 训练场景：使用的是目标输出结果作为输入采样数据，需要在 __init__ 环节中对输入数据进行按指定步长的采样（见代码第 16 行）。在函数 next_inputs 中，在获取下一个采样数据时，通过判断总共的采样次数来决定是否结束采样过程（见代码第 46 行）。
- 测试场景：使用已有的解码器模型输出的当前时刻结果作为采样数据。由于解码器每次输出指定步长个 mel 特征，所以采样时只取其最后一个（见代码第 86 行）。因为在训练模型的过程中已经得到了对停止符号的判断，所以，直接通过停止符号来决定是否结束采样过程（见代码第 83 行）。

9.8.9 代码实现：构建自定义解码器

在 TensorFlow 中，提供了几种支持 Seq2Seq 框架的解码器接口，其中包括 BasicDecoder 接口、BeamSearchDecoder 接口等。这些解码器接口与 Seq2Seq 框架中的解码器模型名称相似，但意义不同，具体区别如下。

- TensorFlow 中的解码器是指代码实现过程中的一个 API，它将采样器 Help 与 RNN 解码器模型直接连接及耦合，即从采样器 Help 中采样，再传入 RNN 解码器模型中进行运算。
- Seq2Seq 框架中的解码器是相对于编码器而言的。该解码器能将编码器输出的结果解码成目标序列。在具体实现时，Seq2Seq 框架中的解码器包含了 Help、RNN 解码器、Decoder、注意力（可选）部分。

在 Seq2Seq 框架中使用解码器接口 BasicDecoder 的方法可以参考 9.4 节。

TensorFlow 中的原生解码器（BasicDecoder）接口，同样不能满足本实例的需求。原因是在 9.8.8 小节中已经修改了原始的采样器接口。即每次调用 next_inputs 接口进行采样时，还需要传入特征数据 stop_token_preds。而 TensorFlow 的原生接口不支持特征数据 stop_token_preds 的传入，所以需要额外开发一套。

下面仿照解码器接口 BasicDecoder 的实现过程，在其采样过程中和返回的结果中都加上 stop_token 的处理。具体代码如下。

代码 9-14　TacotronDecoder

```
01 import collections
02 import tensorflow as tf
03 from tensorflow.contrib.seq2seq.python.ops import decoder
04 from tensorflow.contrib.seq2seq.python.ops import helper as helper_py
05 from tensorflow.python.framework import ops
06 from tensorflow.python.framework import tensor_shape
07 from tensorflow.python.layers import base as layers_base
08 from tensorflow.python.ops import rnn_cell_impl
09 from tensorflow.python.util import nest
10
11 #在输出类型中，添加 token_output 作为 stop token 的输出
12 class TacotronDecoderOutput(
```

```python
13             collections.namedtuple("TacotronDecoderOutput", ("rnn_output",
   "token_output", "sample_id"))):
14     pass
15
16 #自定义解码器实现类，来自Tacotron 2的结构
17 class TacotronDecoder(decoder.Decoder):
18     #初始化
19     def __init__(self, cell, helper, initial_state, output_layer=None):
20         rnn_cell_impl.assert_like_rnncell(type(cell), cell)
21         if not isinstance(helper, helper_py.Helper):
22             raise TypeError("helper must be a Helper, received: %s" %
   type(helper))
23         if (output_layer is not None
24                 and not isinstance(output_layer, layers_base.Layer)):
25             raise TypeError(
26                 "output_layer must be a Layer, received: %s" %
   type(output_layer))
27         self._cell = cell
28         self._helper = helper
29         self._initial_state = initial_state
30         self._output_layer = output_layer
31
32     @property
33     def batch_size(self):        #返回批次size
34         return self._helper.batch_size
35
36     def _rnn_output_size(self):#返回RNN模型的输出尺寸
37         size = self._cell.output_size
38         if self._output_layer is None:
39             return size
40         else:
41             output_shape_with_unknown_batch = nest.map_structure(
42                 lambda s:
   tensor_shape.TensorShape([None]).concatenate(s),
43                 size)
44             layer_output_shape =
   self._output_layer._compute_output_shape(output_shape_with_unknown_batch
   )
45             return nest.map_structure(lambda s: s[1:], layer_output_shape)
46
47     @property
48     def output_size(self):       #返回输出size
49         return TacotronDecoderOutput(
50             rnn_output=self._rnn_output_size(),
51             token_output=self._helper.token_output_size,
52             sample_id=self._helper.sample_ids_shape)
53
```

```python
54  @property
55  def output_dtype(self):          #返回输出类型
56      dtype = nest.flatten(self._initial_state)[0].dtype
57      return TacotronDecoderOutput(
58              nest.map_structure(lambda _: dtype, self._rnn_output_size()),
59              tf.float32,
60              self._helper.sample_ids_dtype)
61
62  def initialize(self, name=None):
63      #返回(finished, first_inputs, initial_state)
64      return self._helper.initialize() + (self._initial_state,)
65
66  def step(self, time, inputs, state, name=None):#执行解码的具体步骤
67
68      with ops.name_scope(name, "TacotronDecoderStep", (time, inputs, state)):
69          #调用解码器cell
70          (cell_outputs, stop_token), cell_state = self._cell(inputs, state)
71
72          #应用指定的输出层
73          if self._output_layer is not None:
74              cell_outputs = self._output_layer(cell_outputs)
75          sample_ids = self._helper.sample(
76                  time=time, outputs=cell_outputs, state=cell_state)
77
78          #调用help进行采样
79          (finished, next_inputs, next_state) = self._helper.next_inputs(
80                  time=time,outputs=cell_outputs,state=cell_state,
81                  sample_ids=sample_ids,stop_token_preds=stop_token)
82
83      outputs = TacotronDecoderOutput(cell_outputs, stop_token, sample_ids)
84      return (outputs, next_state, next_inputs, finished)
```

9.8.10 代码实现：构建输入数据集

数据集构建相对比较好理解。下面读取 9.8.3 小节保存的 metadata 文件，将里面的指定音频文件——numpy 文件载入内存，形成音频数据与拼音对应的输入样本。具体代码如下。

代码 9-15　cn_dataset

```
01  import tensorflow as tf           #载入模块
02  import os
03  import numpy as np
04
05  _pad, _eos = '_','~'              #定义填充字符与结束字符
06  _padv = 0                         #定义填充的向量占位符
07  _stop_token_padv = 1              #定义标志结束的向量占位符
```

```
08
09  _characters =
    'ABCDEFGHIJKLMNOPQRSTUVWXYZabcdefghijklmnopqrstuvwxyz1234567890!\'(),-.:;?  '
10  symbols = [_pad, _eos] + list(_characters)#定义字典
11  index_symbols = {value:key for key, value in enumerate(symbols) }
12  print(index_symbols)
13
14  def sequence_to_text(sequence):#将向量转成字符
15      strlen = len(symbols)
16      return ''.join([symbols[i] for i in sequence if i<strlen ])
17
18  #定义数据集
19  def mydataset(metadata_filename,outputs_per_step,batch=32,shuffleflag=True,mode = 'train'):
20
21      #加载metadata文件
22      datadir = os.path.dirname(metadata_filename)
23      with open(metadata_filename, encoding='utf-8') as f:
24          print("metadata_filename",metadata_filename)
25          _metadata = [line.strip().split('|') for line in f]
26
27      #加载拼音字符，并计算最大长度
28      inputseq = list( map(lambda x:[index_symbols[key] for key in x[3] ],_metadata) )
29      seqlen = [len(x) for x in inputseq]
30
31      #计算语音最大长度
32      Max_output_length = int(max(m[2] for m in _metadata))+1
33      #按照outputs_per_step步长对最大输出长度进行取整
34      Max_output_length =[ Max_output_length + outputs_per_step - Max_output_length%outputs_per_step,Max_output_length][Max_output_length%outputs_per_step==0]
35
36      #对输入的拼音补0
37      inputseq = tf.keras.preprocessing.sequence.pad_sequences(inputseq, padding='post',value=_padv)
38      print(inputseq)
39      print(len(inputseq[0]))
40      #定义拼音数据集
41      datasetinputseq = tf.data.Dataset.from_tensor_slices( inputseq )
42      #定义输入长度数据集
43      datasetseqlen = tf.data.Dataset.from_tensor_slices( seqlen )
44      #定义全部的metadata数据集
45      datasetmetadata = tf.data.Dataset.from_tensor_slices( _metadata )
46      #合并数据集
```

```
47      dataset =
tf.data.Dataset.zip((datasetmetadata,datasetinputseq,datasetseqlen))
48      print(dataset.output_shapes)
49
50      def mymap(_meta,seq,seqlen):#对合并好的数据集按照指定规则进行处理
51          def _parse(meta):
52              #根据文件名加载音频数据的 np 文件
53              linear_target = np.load(os.path.join(datadir,
meta.numpy()[0].decode('UTF-8') ))
54              mel_target = np.load(os.path.join(datadir,
meta.numpy()[1].decode('UTF-8')))
55
56              #构造结束掩码
57              stop_token_target = np.asarray([0.] * len(mel_target),dtype =
np.float32)
58
59              #统一对齐操作
60              linear_target =np.pad(linear_target, [(0, Max_output_length -
linear_target.shape[0]), (0,0)], mode='constant', constant_values=_padv)
61              mel_target =np.pad(mel_target, [(0, Max_output_length -
mel_target.shape[0]), (0,0)], mode='constant', constant_values=_padv)
62              stop_token_target =np.pad(stop_token_target, (0,
Max_output_length - len(stop_token_target)), mode='constant',
constant_values=_stop_token_padv)
63              #返回处理后的单条样本
64              return linear_target,mel_target,stop_token_target
65          linear_target,mel_target,stop_token_target = tf.py_function( _parse,
[_meta], [tf.float32,tf.float32,tf.float32])
66          return seq,seqlen,linear_target,mel_target,stop_token_target#调用第
三方函数进行 map 处理的返回值
67
68      dataset = dataset.map(mymap)        #对数据进行 map 处理
69      if mode=='train':                   #在训练场景中进行乱序操作
70          if shuffleflag == True:         #对数据进行乱序操作
71              dataset = dataset.shuffle(buffer_size=1000)
72          dataset = dataset.repeat()
73      dataset = dataset.batch(batch)      #批次划分
74
75      iterator = dataset.make_one_shot_iterator()
76      print(dataset.output_types)
77      print(dataset.output_shapes)
78      next_element = iterator.get_next()
79      return next_element
```

代码第 34 行按照 outputs_per_step 步长，对最大输出长度进行取整。如果 Max_output_length%outputs_per_step==0 成立，则返回 Max_output_length。否则返回 Max_output_length + outputs_per_step - Max_output_length%outputs_per_step。

> **提示：**
> 代码第 34 行，使用了 Python 中的条件判断语法。相关的语法介绍可以参考《Python 带我起飞——入门、进阶、商业实战》一书的 5.1.2 小节的"注意"部分。

9.8.11 代码实现：构建 Tacotron 网络

按照 9.8.4 小节描述的流程，将 Seq2Seq 框架的主要模块组合起来，搭建 Tacotron 网络。具体步骤如下。

（1）对输入 inputs 做词嵌入变换。
（2）对词嵌入结果 embedded_inputs 做两次全连接，再经过 encoder_cbhg 网络，完成编码。
（3）定义 RNN 模型用于整个网络的解码部分。
（4）实例化 TacotronDecoderwrapper 类，为 RNN 模型的解码结果添加混合注意力机制。
（5）定义采样器 help 对象。
（6）调用动态解码接口 dynamic_decode，实现 Seq2Seq 框架的循环处理，得到 mel 特征和停止标志符。
（7）用 post_cbhg 模型对合成后的 mel 特征进行计算，得到基于帧频的特征数据。

具体代码如下。

代码 9-16　tacotron

```
01  import tensorflow as tf
02  cbhg = __import__("9-10  cbhg")
03  encoder_cbhg = cbhg.encoder_cbhg
04  post_cbhg = cbhg.post_cbhg
05  rnnwrapper = __import__("9-12  TacotronDecoderwrapper")
06  TacotronDecoderwrapper = rnnwrapper.TacotronDecoderwrapper
07  Helpers= __import__("9-13  TacotronHelpers")
08  TacoTestHelper = Helpers.TacoTestHelper
09  TacoTrainingHelper = Helpers.TacoTrainingHelper
10  Decoder= __import__("9-14  TacotronDecoder")
11  TacotronDecoder = Decoder.TacotronDecoder
12  cn_dataset = __import__("9-15  cn_dataset")
13  symbols = cn_dataset.symbols
14  class Tacotron():
15      #初始化
16      def __init__(self, inputs,#形状为[N, input_length]。N 代表批次，input_length
    代表序列长度
17              input_lengths, #形状为[N]
18              num_mels,outputs_per_step,num_freq,
19              linear_targets=None,#形状为[N, targets_length, num_freq],
    targets_length 代表输出序列
20              mel_targets=None, #形状为[N, targets_length, num_mels]
21              stop_token_targets=None):
```

```
22
23      with tf.variable_scope('inference') as scope:
24          is_training = linear_targets is not None
25          batch_size = tf.shape(inputs)[0]
26
27          #词嵌入转换
28          embedding_table = tf.get_variable( 'embedding', [len(symbols), 256], dtype=tf.float32,
29   initializer=tf.truncated_normal_initializer(stddev=0.5))
30          embedded_inputs = tf.nn.embedding_lookup(embedding_table, inputs)  #词嵌入形状为 [N, input_lengths, 256]
31
32          #定义RNN编码器（两层全连接+encoder_cbhg)
33          drop_rate = 0.5 if is_training else 0.0
34          with tf.variable_scope('encoder_prenet'):
35              for i, size in enumerate([256, 128]):
36                  dense = tf.keras.layers.Dense(units=size, activation=tf.nn.relu, name='dense_%d' % (i+1))( embedded_inputs)
37                  embedded_inputs = tf.keras.layers.Dropout(rate=drop_rate, name='dropout_%d' % (i+1))( dense, training=is_training)
38          #最终解码特征输出的形状为[N, input_length, 256]
39          encoder_outputs = encoder_cbhg(embedded_inputs, input_lengths, is_training, 256)
40
41          #定义RNN解码网络
42          multi_rnn_cell = tf.nn.rnn_cell.MultiRNNCell([
43              tf.nn.rnn_cell.ResidualWrapper(tf.nn.rnn_cell.GRUCell(256)),
44              tf.nn.rnn_cell.ResidualWrapper(tf.nn.rnn_cell.GRUCell(256))
45          ], state_is_tuple=True)    #输出形状为 [N, input_length, 256]
46
47          #实例化TacotronDecoderwrapper
48          decoder_cell = TacotronDecoderwrapper(encoder_outputs,is_training, multi_rnn_cell,
49                                                num_mels, outputs_per_step)
50
51          if is_training:#选择不同的采样器
52              helper = TacoTrainingHelper(mel_targets, num_mels, outputs_per_step)
53          else:
54              helper = TacoTestHelper(batch_size, num_mels, outputs_per_step)
55
56          #初始化解码器状态
57          decoder_init_state = decoder_cell.zero_state(batch_size=batch_size, dtype=tf.float32)
58
59          max_iters=300 #解码的最大长度为300，实际生成的长度为300×5
```

```
60      (decoder_outputs, stop_token_outputs, _), final_decoder_state, _ =
    tf.contrib.seq2seq.dynamic_decode(
61          TacotronDecoder(decoder_cell, helper,
    decoder_init_state),maximum_iterations=max_iters)
62
63      #对输出结果进行Reshape,生成mel特征[N, outputs_per_step, num_mels]。
64      self.mel_outputs = tf.reshape(decoder_outputs, [batch_size, -1,
    num_mels])
65      self.stop_token_outputs = tf.reshape(stop_token_outputs, [batch_size,
    -1])
66
67      #用CBHG对mel特征后处理,形状为[N, outputs_per_step, 256]
68      post_outputs = post_cbhg(self.mel_outputs, num_mels, is_training, 256)
69      #用全连接网络将处理后的mel特征还原,输出形状为[N, outputs_per_step,
    num_freq]
70      self.linear_outputs = tf.keras.layers.Dense(num_freq)( post_outputs)
71
72      #获取注意力机制的全部结果,用于可视化
73      self.alignments =
    tf.transpose(final_decoder_state.alignment_history.stack(), [1, 2, 0])
74
75      self.inputs = inputs
76      self.input_lengths = input_lengths
77      self.mel_targets = mel_targets
78      self.linear_targets = linear_targets
79      self.stop_token_targets = stop_token_targets
80      tf.logging.info('Initialized Tacotron model. Dimensions: ')
81      tf.logging.info('  embedding:
    {}'.format(embedded_inputs.shape))
82      tf.logging.info('  encoder out:
    {}'.format(encoder_outputs.shape))
83      tf.logging.info('  decoder out (r frames):
    {}'.format(decoder_outputs.shape))
84      tf.logging.info('  decoder out (1 frame):
    {}'.format(self.mel_outputs.shape))
85      tf.logging.info('  postnet out:
    {}'.format(post_outputs.shape))
86      tf.logging.info('  linear out:
    {}'.format(self.linear_outputs.shape))
87      tf.logging.info('  stop token:
    {}'.format(self.stop_token_outputs.shape))
```

代码第42行,通过两层带有残差网络的GRU单元实现了解码器的主体。

带有残差网络的RNN模型与残差卷积网络模型的功能类似,将深度网络结构调整为了并行网络,可以支持更多层结构的反向传播和更好的特征表达。

9.8.12 代码实现：构建Tacotron网络模型的训练部分

训练模型部分主要是对损失值loss的计算。该损失值包括了3部分：Mel特征loss值、stop token的loss值、帧频的loss值。具体代码如下。

代码9-16 tacotron（续）

```
88  def buildTrainModel(self,sample_rate,num_freq,global_step):
89      #计算loss值
90      with tf.variable_scope('loss') as scope:
91          #计算mel特征的loss值
92          self.mel_loss = tf.reduce_mean(tf.abs(self.mel_targets - self.mel_outputs))
93          #计算停止符的loss值
94          self.stop_token_loss = tf.reduce_mean(tf.nn.sigmoid_cross_entropy_with_logits(
95                                      labels=self.stop_token_targets,
96                                      logits=self.stop_token_outputs))
97
98          l1 = tf.abs(self.linear_targets - self.linear_outputs)
99          #计算Prioritize的loss值
100         n_priority_freq = int(4000 / (sample_rate * 0.5) * num_freq)
101         self.linear_loss = 0.5 * tf.reduce_mean(l1) + 0.5 * tf.reduce_mean(l1[:,:,0:n_priority_freq])
102
103         self.loss = self.mel_loss + self.linear_loss + self.stop_token_loss
104
105     #定义优化器
106     with tf.variable_scope('optimizer') as scope:
107         initial_learning_rate=0.001
108         self.learning_rate = _learning_rate_decay(initial_learning_rate, global_step)
109
110         optimizer = tf.train.AdamOptimizer(self.learning_rate)
111         gradients, variables = zip(*optimizer.compute_gradients(self.loss))
112         self.gradients = gradients
113         clipped_gradients, _ = tf.clip_by_global_norm(gradients, 1.0)
114
115         #在BN运算之后更新权重
116         with tf.control_dependencies(tf.get_collection(tf.GraphKeys.UPDATE_OPS)):
117             self.optimize = optimizer.apply_gradients(zip(clipped_gradients, variables),
118                 global_step=global_step)
119
120 #退化学习率
121 def _learning_rate_decay(init_lr, global_step):
122     warmup_steps = 4000.0#超参方法来自于tensor2tensor:
```

```
123    step = tf.cast(global_step + 1, dtype=tf.float32)
124    return init_lr * warmup_steps**0.5 * tf.minimum(step * warmup_steps**-1.5,
       step**-0.5)
```

代码第 121 行,用退化学习率的方法来训练模型。在退化学习率的算法中,加入了 warmup_steps 参数,该参数的值为 4000。这个 4000 是一个经验值,该经验值来自 tensor2tensor 框架中的代码。经过函数 learning_rate_decay 所生成的退化学习率,可以使模型在训练过程中收敛得更快。读者也可以将函数 learning_rate_decay 直接用在自己的模型训练中。

9.8.13 代码实现:训练模型并合成音频文件

下面加载数据集并构建模型,进行训练。

在训练过程中,对模型输出的音频特征数据进行音频转换,并将转换结果保存起来。

音频转换的过程是 9.8.2 小节的逆过程,即使用反向短时傅里叶变换对音频信号进行还原。具体代码如下。

代码 9-17 train

```
01  from datetime import datetime
02  import math
03  import os
04  import time
05  import tensorflow as tf
06  import traceback
07  import numpy as np
08  from scipy import signal
09  import librosa
10  from scipy.io import wavfile
11  import matplotlib.pyplot as plt
12
13  tacotron = __import__("9-16 tacotron")
14  Tacotron = tacotron.Tacotron
15  cn_dataset = __import__("9-15 cn_dataset")
16  mydataset = cn_dataset.mydataset
17  sequence_to_text = cn_dataset.sequence_to_text
18
19  def time_string():    #定义函数将时间转换为字符串
20      return datetime.now().strftime('%Y-%m-%d %H:%M')
21
22  max_frame_num=1000     #定义每个音频文件的最大帧数
23  sample_rate=16000      #定义音频文件的采样率
24  num_mels=80
25  num_freq=1025
26  outputs_per_step = 5
27
```

```python
28  n_fft = (num_freq - 1) * 2    #stft算法中使用的窗口大小（因为声音的真实频率只有正
    的，而fft变换是对称的，所以需要加上负频率）
29  frame_length_ms=50         #定义stft算法中的重叠窗口（用时间来表示）
30  frame_shift_ms=12.5        #定义stft算法中的移动步长（用时间来表示）
31  hop_length = int(frame_shift_ms / 1000 * sample_rate)#定义stft算法中的帧移
    步长
32  win_length = int(frame_length_ms / 1000 * sample_rate)#定义stft算法中的相邻
    两个窗口的重叠长度
33  preemphasis=0.97           #用于过滤声音频率的阈值
34  ref_level_db=20            #控制峰值的阈值
35  min_level_db=-100          #指定dB最小值，用于归一化
36
37  griffin_lim_iters=60       #Griffin-Lim算法合成语音时的计算次数
38  power=1.5                  #设置在Griffin-Lim算法之前，提升振幅的参数
39
40  def _db_to_amp(x):
41      return np.power(10.0, x * 0.05)
42
43  def _denormalize(S):
44      return (np.clip(S, 0, 1) * -min_level_db) + min_level_db
45
46  def inv_preemphasis(x):  #用数字滤波器恢复音频信号
47      return signal.lfilter([1], [1, -preemphasis], x)
48
49  def _griffin_lim(S):     #用griffin lim信号估计算法，恢复声音
50      angles = np.exp(2j * np.pi * np.random.rand(*S.shape))
51      S_complex = np.abs(S).astype(np.complex)
52      #反向短时傅里叶变换
53      y = librosa.istft(S_complex * angles, hop_length=hop_length,
    win_length=win_length)
54      for i in range(griffin_lim_iters):
55          angles = np.exp(1j *
    np.angle(librosa.stft(y,n_fft,hop_length,win_length)))
56          y = librosa.istft(S_complex * angles, hop_length=hop_length,
    win_length=win_length)
57      return y
58
59  def inv_spectrogram(spectrogram):   #将特征信号转换成wave形式的声音
60      S = _db_to_amp(_denormalize(spectrogram) + ref_level_db)   #将dB频谱转为音
    频特征信号
61      return inv_preemphasis(_griffin_lim(S ** power))
62
63  def save_wav(wav, path):
64      wav *= 32767 / max(0.01, np.max(np.abs(wav)))
65      #librosa.output.write_wav(path, wav.astype(np.int16), sample_rate)
66      wavfile.write(path, sample_rate, wav.astype(np.int16))
67
```

```python
68  def train(log_dir):                    #训练模型
69
70      checkpoint_path = os.path.join(log_dir, 'model.ckpt')
71      tf.logging.info('Checkpoint path: %s' % checkpoint_path)
72      #加载数据集
73      next_element = mydataset('training/train.txt',outputs_per_step=5)
74      #定义输入占位符
75      inputs = tf.placeholder(tf.int32, [None, None], 'inputs')
76      input_lengths= tf.placeholder(tf.int32, [None], 'input_lengths')
77      linear_targets =   tf.placeholder(tf.float32, [None, None, num_freq], 'linear_targets')
78      mel_targets =   tf.placeholder(tf.float32, [None, None, num_mels], 'mel_targets')
79      stop_token_targets =   tf.placeholder(tf.float32, [None, None], 'stop_token_targets')
80
81      #构建模型
82      global_step = tf.Variable(0, name='global_step', trainable=False)
83      with tf.variable_scope('model') as scope:
84          model = Tacotron(inputs, input_lengths,num_mels,outputs_per_step,num_freq,
85                      linear_targets, mel_targets,  stop_token_targets)
86          model.buildTrainModel(sample_rate,num_freq,global_step)
87
88      time_window = []
89      loss_window = []
90      saver = tf.train.Saver(max_to_keep=5, keep_checkpoint_every_n_hours=2)
91
92      eporch = 100000                    #定义迭代训练的次数
93      checkpoint_interval = 1000#每1000次保存一次检查点
94      os.makedirs(log_dir, exist_ok=True)
95      checkpoint_state = tf.train.get_checkpoint_state(log_dir)
96
97      def plot_alignment(alignment, path, info=None):#输出音频图谱
98          fig, ax = plt.subplots()
99          im = ax.imshow(
100             alignment,
101             aspect='auto',
102             origin='lower',
103             interpolation='none')
104         fig.colorbar(im, ax=ax)
105         xlabel = 'Decoder timestep'
106         if info is not None:
107             xlabel += '\n\n' + info
108         plt.xlabel(xlabel)
109         plt.ylabel('Encoder timestep')
110         plt.tight_layout()
```

```python
111         plt.savefig(path, format='png')
112 
113 with tf.Session() as sess:
114     sess.run(tf.global_variables_initializer())
115     #恢复检查点
116     if checkpoint_state is not None:
117         saver.restore(sess, checkpoint_state.model_checkpoint_path)
118         tf.logging.info('Resuming from checkpoint: %s ' % (checkpoint_state.model_checkpoint_path) )
119     else:
120         tf.logging.info('Starting new training ')
121 
122     try:                              #迭代训练
123         for i in range(eporch):
124             seq,seqlen,linear_target,mel_target,stop_token_target = sess.run(next_element)
125 
126             start_time = time.time()
127             step, loss, opt = sess.run([global_step, model.loss, model.optimize],
128                                 feed_dict={inputs: seq, input_lengths: seqlen,
129                                            linear_targets: linear_target,mel_targets: mel_target,
130                                            stop_token_targets: stop_token_target})
131 
132             time_window.append(time.time() - start_time)
133             loss_window.append(loss)
134             message = 'Step %-7d [%.03f sec/step, loss=%.05f, avg_loss=%.05f]' % (
135                 step, sum(time_window) / max(1, len(time_window)),
136                 loss,  sum(loss_window) / max(1, len(loss_window)))
137             tf.logging.info(message)
138 
139             if loss > 100 or math.isnan(loss):
140                 tf.logging.info('Loss exploded to %.05f at step %d!' % (loss, step))
141                 raise Exception('Loss Exploded')
142 
143             if step % checkpoint_interval == 0:
144                 tf.logging.info('Saving checkpoint to: %s-%d' % (checkpoint_path, step))
145                 saver.save(sess, checkpoint_path, global_step=step)
146                 tf.logging.info('Saving audio and alignment...')
147                 #输出模型结果
148                 input_seq, spectrogram, alignment = sess.run([model.inputs[0],
149 model.linear_outputs[0], model.alignments[0]],
```

```
150                 feed_dict={inputs: seq, input_lengths: seqlen,
151                     linear_targets: linear_target,mel_targets: mel_target,
152                     stop_token_targets: stop_token_target})
153
154             waveform = inv_spectrogram(spectrogram.T)     #转换成音频数据
155             #保存音频数据
156             save_wav(waveform, os.path.join(log_dir, 'step-%d-audio.wav' % step))
157             #绘制音频图谱
158             plot_alignment(alignment, os.path.join(log_dir,
    'step-%d-align.png' % step),
159                 info=' %s, step=%d, loss=%.5f' % ( time_string(), step, loss))
160             tf.logging.info('Input: %s' % sequence_to_text(input_seq))
161
162     except Exception as e:
163         tf.logging.info('Exiting due to exception: %s' % e)
164         traceback.print_exc()
165
166 if __name__ == '__main__':
167     tf.reset_default_graph()                               #重置图
168     tf.logging.set_verbosity(tf.logging.INFO)              #定义输出的log级别
169     train(os.path.join('.', 'model-cpk' ))                 #训练模型
```

代码运行后，会输出如下结果：

```
……
Step 11060  [4.415 sec/step, loss=0.05607, avg_loss=0.05585]
Step 11061  [4.441 sec/step, loss=0.05787, avg_loss=0.05588]
Step 11062  [4.476 sec/step, loss=0.05712, avg_loss=0.05591]
Step 11063  [4.504 sec/step, loss=0.06074, avg_loss=0.05595]
Step 11064  [4.532 sec/step, loss=0.05887, avg_loss=0.05602]
Step 11065  [4.551 sec/step, loss=0.05710, avg_loss=0.05605]
```

在代码的同级目录下，生成了 model-cpk 文件夹。该文件夹里面包含每训练 1000 步所输出的音频图谱（如图 9-19 所示）与 wav 文件"step-11000-audio.wav"。

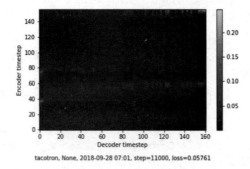

图 9-19　TTS 合成的音频图谱

9.8.14 扩展：用 pypinyin 模块实现文字到声音的转换

本实例将拼音文本转换为具体的声音。在实际应用中，在大部分的场景中是需要将文字转换为声音的，可以通过 pypinyin 模块的辅助来完成。Pypinyin 模块的功能是将文字转换为拼音，这样有了拼音之后便可以再进一步转换成声音。

下面需要先通过 pip install pypinyin 命令安装 pypinyin 模块，接着可以通过以下示例代码完成拼音的转换：

```
from pypinyin import lazy_pinyin, Style   #pip install pypinyin
a = lazy_pinyin('代码医生工作室,习惯成就精品', style=Style.TONE3)
print(a)
```

代码执行之后，会看到输出了包含对应拼音的列表：

```
['dai4', 'ma3', 'yi1', 'sheng1', 'gong1', 'zuo4', 'shi4', ',', 'xi2', 'guan4',
'cheng2', 'jiu4', 'jing1', 'pin3']
```

另外，pypinyin 模块还可以生成各种不同形式的拼音，甚至具有分词功能。例如：

```
from pypinyin.contrib.mmseg import seg
text = '代码医生工作室,习惯成就精品'
b = list( seg.cut(text) )
print(b)              #输出：['代', '码', '医', '生', '工作', '室', ',', '习', '惯', '成', '就', '精', '品']
```

更多的使用方法可以参考 pypinyin 模块的源码连接：

```
https://github.com/mozillazg/python-pinyin
```

第 4 篇　高级

本篇将介绍多模型的组合训练技术。

在训练模型过程中，可以用两个目标相反的网络模型协同训练，在训练过程中，形成对抗关系。通过对抗过程中的互相制约，促进两个网络模型的更新，从而实现更好的效果。

这种利用多个模型间的对抗关系进行训练的技术，被广泛用在模拟生成任务和攻防任务上。

第 10 章将介绍模拟生成任务，讲述了对抗神经网络模型的种类、训练对抗神经网络模型的方法，以及提升模型性能的技巧。

第 11 章将介绍攻防任务，讲述了对抗样本的制作方法、攻击模型的方法，以及提升模型健壮性的技巧。

- 第 10 章　生成式模型——能够输出内容的网络模型
- 第 11 章　网络模型攻与防——看似智能的 AI 也有其脆弱的一面

第 10 章

生成式模型——能够输出内容的模型

生成式模型的主要功能是输出具体样本。该模型用在模拟生成任务中。

生成式模型包括自编码网络模型、对抗神经网络模型。这种模型输出的不再是分类或预测结果，而是符合输入样本分布空间中的一个样本个体。例如：生成与用户匹配的 3D 假牙、合成一些有趣的图片或音乐，甚至是创作小说或是编写代码。当然这些技术都比较前沿，大部分还没成熟或普及。

目前，生成式模型主要用于提升已有模型的性能。例如：

- 用生成式模型可以模拟已有样本的生成，从扩充数据集的角度提升模型的泛化能力（适用于样本不足的场景）。
- 用生成式模型可以制作目标模型的对抗样本。该对抗样本能够提升目标模型的健壮性。
- 将生成或模型嵌入到已有分类或回归任务模型里，通过损失值增加对模型的约束，从而实现精度更好的分类或回归模型。例如在胶囊网络模型中就嵌入了自编码网络模型，完成了重建损失的功能。

10.1 快速导读

在学习实例之前，有必要了解一下自编码网络模型的基础知识。

10.1.1 什么是自编码网络模型

自编码网络模型是一种输出和输入相等的模型。它是典型的非监督学习模型。输入的数据在网络模型中经过一系列特征变换，但在输出时还与输入时一样。

自编码网络模型虽然对单个样本没有意义，但对整体样本集却很有价值。它可以很好地学习到该数据集中样本的分布情况，既能对数据集进行特征压缩，实现提取数据主成分功能；又能与数据集的特征相拟合，实现生成模拟数据的功能。

10.1.2 什么是对抗神经网络模型

对抗神经网络模型由两个模型组成。

- 生成器模型：用于合成与真实样本相差无几的模拟样本。

- 判别器模型：用于判断某个样本是来自于真实世界还是模拟生成的。

生成器模型的作用是，让判别器模型将合成样本当作真实样本；判别器模型的作用是，将合成样本与真实样本分辨出来。二者存在矛盾关系。将两个模型放在一起同步训练，则生成器模型生成的模拟样本会更加真实，判别器模型对样本的判断会更加精准。生成器模型可以被当作成生成式模型，用来独立处理生成式任务；判别器模型可以被当作分类器模型，用来独立处理分类任务。

10.1.3 自编码网络模型与对抗神经网络模型的关系

自编码网络模型和对抗神经网络模型都属于多模型网络结构。二者常常混合使用，以实现更好的生成效果。

自编码网络模型和对抗神经网络模型都属于非监督（或半监督训练）模型。它们会在原有样本的分布空间中随机生成模拟数据。为了使随机生成的方式变得可控，常常会加入条件参数。

从某种角度看，如果自编码网络模型和对抗神经网络模型带上条件参数会更有价值。本书 10.3 节实现的 AttGAN 模型就是一个基于条件的模型，它由自编码网络模型和对抗神经网络模型组合而成。

10.1.4 什么是批量归一化中的自适应模式

在《深度学习之 TensorFlow——入门、原理与进阶实战》一书的 8.9.3 小节中，介绍过批量归一化（BatchNorm，BN）算法。该算法是对一个批次图片的所有像素求均值和标准差。在深度神经网络模型中，该算法的作用是让模型更容易收敛、提高模型的泛化能力。

1. 带有自适应模式的批量归一化公式

所谓批量归一化中的自适应模式，就是在批量归一化（BN）算法中加上一个权重参数。通过迭代训练，使 BN 算法收敛为一个合适的值。

当 BN 算法中加入了自适应模式后，其数学公式见式（10.1）。

$$BN = \gamma \cdot \frac{(x-\mu)}{\sigma} + \beta \quad (10.1)$$

在式（10.1）中，μ 代表均值，σ 代表方差。这两个值都是根据当前数据运算来的。γ 和 β 是参数，代表自适应的意思。在训练过程中，会通过优化器的反向求导来优化出合适的 γ、β 值。

2. 如何使用带有自适应模式的批量归一化

下面以 TF-slim 接口中的批量正则化函数 slim.batch_norm 为例。该函数的参数 scale 控制着式（10.1）中的 γ。参数 scale 的默认值是 False，代表不乘以 γ，即不使用带有自适应模式的 BN 算法。

- 如果 BN 算法后面有其他的线性转换层，则一般会将 scale 参数设为 False（因为自适应模式的功能会在线性层被实现）。
- 如果 BN 算法后面没有线性转换层，则将 scale 参数设为 True（因为使用带有自适应模式的 BN 算法效果会更好）。

具体应用可以参考 10.3.5 小节代码。

10.1.5 什么是实例归一化

批量归一化是对一个批次图片的所有像素求均值和标准差。而实例归一化（InstanceNorm，IN）是对单一图片进行归一化处理，即对单个图片的所有像素求均值和标准差。

1. 实例归一化的使用场景

在对抗神经网络模型、风格转换这类生成式任务中，常用实例归一化取代批量归一化。因为，生成式任务的本质是——将生成样本的特征分布与目标样本的特征分布进行匹配。生成式任务中的每个样本都有独立的风格，不应该与批次中其他的样本产生太多联系。所以，实例归一化适用于解决这种基于个体的样本分布问题。详细说明见以下链接：

https://arxiv.org/abs/1607.08022

2. 如何使用实例归一化

用函数 tf.contrib.layers.instance_norm 和函数 tf.contrib.slim.instance_norm 可以实现 IN 算法。具体应用可以参考 10.3.7 小节代码。

10.1.6 了解 SwitchableNorm 及更多的归一化方法

归一化方法有很多种，除原始的 BatchNorm 算法（见 10.1.4 小节）、InstanceNorm 算法（见 10.1.5 小节）外，还有 ReNorm 算法、LayerNorm 算法、GroupNorm 算法、SwitchableNorm 算法。

下面以一个形状是[N（批次),H（高),W（宽),C（通道)]的数据为例，介绍这些算法。

1. ReNorm 算法

ReNorm 算法与 BatchNorm 算法一样，注重对全局数据的归一化，即对输入数据的形状中的 N 维度、H 维度、W 维度做归一化处理。不同的是，ReNorm 算法在 BatchNorm 算法上做了一些改进，使得模型在小批次场景中也有良好的效果。具体论文见以下链接：

https://arxiv.org/pdf/1702.03275.pdf

在 tf.Keras 接口中，在实例化 BatchNormalization 类后，将 renorm 参数设为 True 即可。

2. LayerNorm 算法

LayerNorm 算法是在输入数据的通道方向上，对该数据形状中的 C 维度、H 维度、W 维度做归一化处理。它主要用在 RNN 模型中，可参见《深度学习之 TensorFlow——入门、原理与进阶实战》一书的 9.4.15 小节。

在 TensorFlow 的 1.12 版本及之后的版本中，可以直接用 tf.contrib.rnn.LayerNormLSTMCell 类及 tf.contrib.rnn.LayerNormBasicLSTMCell 类创建带有 LayerNorm 算法的 RNN 模型单元。

> **提示：**
> 在使用 tf.contrib.rnn.LayerNormBasicLSTMCell 函数时，要求输入值必须被提前归一化到 −1～1。如果输入数值在 0～1 之间，则会出现损失值为 "NAN" 的现象。

有关 tf.contrib.rnn.LayerNormBasicLSTMCell 函数的具体使用实例，见本书配套资源中的代码文件"lnonMnist(1.11 版本之后).py"。

同时，还可以用 tf.contrib.layers.layer_norm 方法与 tf.contrib.slim.layer_norm 方法创建带有 LayerNorm 算法的网络层。

3. InstanceNorm 算法

InstanceNorm（实例归一化）算法是对输入数据形状中的 H 维度、W 维度做归一化处理。它主要用在风格化迁移之类任务的模型中。有关 InstanceNorm 的详细介绍见 10.1.5 小节。

4. GroupNorm 算法

GroupNorm 算法是介于 LayerNorm 算法和 InstanceNorm 算法之间的算法。它首先将通道分为许多组（group），再对每一组做归一化处理。

GroupNorm 算法与 ReNorm 算法的作用类似，都是为了解决 BatchNorm 算法对批次大小的依赖。具体论文见下方链接：

```
https://arxiv.org/abs/1803.08494
```

5. SwitchableNorm 算法

SwitchableNorm 算法是将 BN 算法、LN 算法、IN 算法结合起来使用，并为每个算法都赋予权重，让网络自己去学习归一化层应该使用什么方法。具体论文见下方链接：

```
https://arxiv.org/abs/1806.10779
```

具体应用方法可以参考 10.2 节的代码实例。

10.1.7 什么是图像风格转换任务

图像风格转换任务是深度学习中对抗神经网络模型所能实现的经典任务之一。用 CycleGAN 模型生成模拟梵高风格的图画，已经成为一个广为熟知的实例。除此之外，图像风格转换任务还可以实现橘子与苹果间的转化、斑马与普通马之间的转化、照片与油画之间的转化，甚至还可以根据一张风景照片生成四季下的场景图片。

图像风格转化任务也被叫作跨域生成式任务。该任务的模型（跨域生成式模型）一般由无监督或半监督方式训练生成。其技术本质是：通过对抗网络学习跨域间的关系，从而实现图像风格转换。

例如：CycleGAN 模型通过采用循环一致性损失（cycle consistency loss）和跨领域的对抗网络损失，在两个图像域之间训练两个双向的传递模型。这种模型的训练样本不用标注，只需要提供两类统一风格的图片即可，不要求一一对应。

另外还有 DiscoGAN 模型、DualGAN 模型等图像风格转换的优秀模型。读者可以自行研究。

10.1.8 什么是人脸属性编辑任务

人脸属性编辑任务可以将人脸按照指定的属性特征进行转化，例如：变换表情、添加胡子、添加眼镜、添加头帘等。这类任务早先是通过特征点区域像素替换的方法来实现的。这种方法无法做出逼真的效果，常常将替换区域做得很夸张和卡通，可以起到娱乐的效果，所以多用于社交软件中。

随着深度学习的发展，人脸属性编辑的效果变得越来越好，逼真度越来越高。通过特定的模型可以实现以假乱真的效果。

在深度学习中，人脸属性编辑任务可以被归类为图像风格转换任务中的一种。它并不是基于像素的单一替换，而是基于图片特征的深度拟合。

实现人脸属性编辑任务大致有两种方法：基于优化的方法、基于学习的方法。

1. 基于优化方法的人脸属性编辑任务

基于优化方法的人脸属性编辑任务，主要是利用神经网络模型的优化器，通过监督式训练来不断优化节点参数，从而实现人脸图片到目标属性的转化。例如：CNAI、DFI 等方法。

- CNAI 方法是计算人脸图片通过 CNN 模型处理后的特征与待转换的人脸属性特征间的损失值，并按照该损失最小化的方向优化网络模型，从而实现人脸属性编辑。
- DFI 方法是在损失计算过程中加入了欧式距离的测量方法。

这两种方法都需要通过大量次数的迭代训练，且效果相对较差。

2. 基于学习方法的人脸属性编辑任务

基于学习方法的人脸属性编辑任务，主要是通过对抗神经网络学习不同域之间的关系，从而进行转化。它是目前主流的实现方法。

在图像风格转换任务中用到的模型，都可以用来做人脸属性编辑任务。例如：在 CycleGAN 模型中加入重构损失函数，以保证图片内容的一致性（即将人脸中不需要变化的属性保持原样）。

在 CycleGAN 模型之后又出现了 StarGAN 模型。StarGAN 模型是在输入图片中加入了属性控制信息，并改良了判别器模型，在 GAN 网络结构中，除判断输入样本真假外，还对输入样本的属性进行分类。StarGAN 模型可以通过属性控制信息实现用一个模型生成多个属性的效果。

还有效果更好的 AttGAN 模型。该模型在生成器模型部分嵌入了自编码网络模型（编解码器模型架构）。这样的模型可以更深层次地拟合原数据中潜在特征和属性的关系，从而使得生成的效果更加逼真。在本书 10.3 节将介绍 AttGAN 模型的具体实现。

10.1.9 什么是 TFgan 框架

TFGan 框架是 TensorFlow 中封装好的对抗网络集成框架。整个框架的使用方法与估算器的使用方法非常相似。

用 TFGan 框架可以很方便地开发出 GAN 模型，但需要一定的学习成本。对估算器框架不熟悉的读者，不建议直接上手使用该框架。

更多实例可以参考如下链接：

https://github.com/tensorflow/tensorflow/tree/master/tensorflow/contrib/gan

10.2 实例54：构建 DeblurGAN 模型，将模糊相片变清晰

在拍照时，常常因为手抖或补光不足，导致拍出的照片很模糊。可以用 DeblurGAN 模型将模糊的照片变清晰，留住精彩瞬间。

DeblurGAN 模型是一个对抗神经网络模型，由生成器模型和判别器模型组成。
- 生成器模型，根据输入的模糊图片模拟生成清晰的图片。
- 判别器模型，用在训练过程中，帮助生成器模型达到更好的效果。具体可以参考论文：https://arxiv.org/pdf/1711.07064.pdf。

实例描述

有一套街景拍摄的照片数据集，其中包含清晰照片和模糊照片。
要求：
（1）用该数据集训练 DeblurGAN 模型，使模型具有将模糊图片转成清晰图片的能力。
（2）DeblurGAN 模型能将数据集之外的模糊照片变清晰。

本实例的代码用 tf.keras 接口编写。具体过程如下。

10.2.1 获取样本

本实例使用 GOPRO_Large 数据集作为训练样本。GOPRO_Large 数据集里包含高帧相机拍摄的街景图片（其中的照片有的清晰，有的模糊）和人工合成的模糊照片。样本中每张照片的尺寸为 720 pixel×1280 pixel。

1. 下载 GOPRO_Large 数据集

可以通过以下链接获取原始的 GOPRO_Large 数据集：

https://drive.google.com/file/d/1H0PIXvJH4c40pk7ou6nAwoxuR4Qh_Sa2/view

2. 部署 GOPRO_Large 数据集

在 GOPRO_Large 数据集中有若干套实景拍摄的照片。每套照片中包含有 3 个文件夹：
- 在 blur 文件夹中，放置了模糊的照片。
- 在 sharp 文件夹中，放置了清晰的照片。
- 在 blur_gamma 文件夹中，放置了人工合成的模糊照片。

从 GOPRO_Large 数据集的 blur 与 sharp 文件夹里，各取出 200 张模糊与清晰的图片，放到本地代码的同级目录 image 文件夹下用作训练。其中，模糊的图片放在 image/train/A 文件夹下，清晰的图片在 image/train/B 文件夹下。

10.2.2 准备 SwitchableNorm 算法模块

SwitchableNorm 算法与其他的归一化算法一样,可以被当作函数来使用。由于在当前的 API 库里没有该代码的实现,所以需要自己编写一套这样的算法。

SwitchableNorm 算法的实现不是本节重点,其原理已经在 10.1.6 小节介绍。这里直接使用本书中的配套资源代码"switchnorm.py"即可。

直接将该代码放到本地代码文件夹下,然后将其引入。

> **提示:**
> 在 SwitchableNorm 算法的实现过程中,定义了额外的变量参数。所以在运行时,需要通过会话中的 tf.global_variables_initializer 函数对其进行初始化,否则会报"SwitchableNorm 类中的某些张量没有初始化"之类的错误。正确的用法见 10.2.9 小节的具体实现。

10.2.3 代码实现:构建 DeblurGAN 中的生成器模型

DeblurGAN 中的生成器模型是使用残差结构来实现的。其模型的层次结构顺序如下:
(1)通过 1 层卷积核为 7×7、步长为 1 的卷积变换。保持输入数据的尺寸不变。
(2)将第(1)步的结果进行两次卷积核为 3×3、步长为 2 的卷积操作,实现两次下采样效果。
(3)经过 5 层残差块。其中,残差块是中间带有 Dropout 层的两次卷积操作。
(4)仿照(1)和(2)步的逆操作,进行两次上采样,再来一个卷积操作。
(5)将(1)的输入与(4)的输出加在一起,完成一次残差操作。

该结构使用"先下采样,后上采样"的卷积处理方式,这种方式可以表现出样本分布中更好的潜在特征。具体代码如下:

代码 10-1　deblurmodel

```
01  from tensorflow.keras import layers as KL
02  from tensorflow.keras import models as KM
03  from switchnorm import SwitchNormalization    #载入SwitchableNorm算法
04  ngf = 64                        #定义生成器模型原始卷积核个数
05  ndf = 64                        #定义判别器模型原始卷积核个数
06  input_nc = 3                    #定义输入通道
07  output_nc = 3                   #定义输出通道
08  n_blocks_gen = 9                #定义残差层数量
09
10  #定义残差块函数
11  def res_block(input, filters, kernel_size=(3, 3), strides=(1, 1),
    use_dropout=False):
12      x = KL.Conv2D(filters=filters, #使用步长为1的卷积操作,保持输入数据的尺寸不变
13              kernel_size=kernel_size,
14              strides=strides, padding='same')(input)
```

```python
15
16      x = KL.SwitchNormalization()(x)
17      x = KL.Activation('relu')(x)
18
19      if use_dropout:                          #使用dropout方法
20          x = KL.Dropout(0.5)(x)
21
22      x = KL.Conv2D(filters=filters,   #再做一次步长为1的卷积操作
23              kernel_size=kernel_size,
24              strides=strides,padding='same')(x)
25
26      x = KL.SwitchNormalization()(x)
27
28      #将卷积后的结果与原始输入相加
29      merged = KL.Add()([input, x])     #残差层
30      return merged
31
32  def generator_model(image_shape ,istrain = True):    #构建生成器模型
33      #构建输入层(与动态图不兼容)
34      inputs = KL.Input(shape=(image_shape[0],image_shape[1], input_nc))
35      #使用步长为1的卷积操作,保持输入数据的尺寸不变
36      x = KL.Conv2D(filters=ngf, kernel_size=(7, 7), padding='same')(inputs)
37      x = KL.SwitchNormalization()(x)
38      x = KL.Activation('relu')(x)
39
40      n_downsampling = 2
41      for i in range(n_downsampling):        #两次下采样
42          mult = 2**i
43          x = KL.Conv2D(filters=ngf*mult*2, kernel_size=(3, 3), strides=2, padding='same')(x)
44          x = KL.SwitchNormalization()(x)
45          x = KL.Activation('relu')(x)
46
47      mult = 2**n_downsampling
48      for i in range(n_blocks_gen):          #定义多个残差层
49          x = res_block(x, ngf*mult, use_dropout= istrain)
50
51      for i in range(n_downsampling):        #两次上采样
52          mult = 2**(n_downsampling - i)
53          #x = KL.Conv2DTranspose(filters=int(ngf * mult / 2), kernel_size=(3, 3), strides=2, padding='same')(x)
54          x = KL.UpSampling2D()(x)
55          x = KL.Conv2D(filters=int(ngf * mult / 2), kernel_size=(3, 3), padding='same')(x)
56          x = KL.SwitchNormalization()(x)
57          x = KL.Activation('relu')(x)
58
```

```
59      #步长为1的卷积操作
60      x = KL.Conv2D(filters=output_nc, kernel_size=(7, 7), padding='same')(x)
61      x = KL.Activation('tanh')(x)
62
63      outputs = KL.Add()([x, inputs])      #与最外层的输入完成一次大残差
64      #防止特征值域过大,进行除2操作(取平均数残差)
65      outputs = KL.Lambda(lambda z: z/2)(outputs)
66      #构建模型
67      model = KM.Model(inputs=inputs, outputs=outputs, name='Generator')
68      return model
```

代码第 11 行,通过定义函数 res_block 搭建残差块的结构。

代码第 32 行,通过定义函数 generator_model 构建生成器模型。由于生成器模型输入的是模糊图片,输出的是清晰图片,所以函数 generator_model 的输入与输出具有相同的尺寸。

代码第 65 行,在使用残差操作时,将输入的数据与生成的数据一起取平均值。这样做是为了防止生成器模型的返回值的值域过大。在计算损失时,一旦生成的数据与真实图片的像素数据值域不同,则会影响收敛效果。

10.2.4 代码实现:构建 DeblurGAN 中的判别器模型

判别器模型的结构相对比较简单。

(1)通过 4 次下采样卷积(见代码第 74~82 行),将输入数据的尺寸变小。

(2)经过两次尺寸不变的 1×1 卷积(见代码第 85~92 行),将通道压缩。

(3)经过两层全连接网络(见代码第 95~97 行),生成判别结果(0 还是 1)。

具体代码如下。

代码 10-1 deblurmodel(续)

```
69  def discriminator_model(image_shape):#构建判别器模型
70
71      n_layers, use_sigmoid = 3, False
72      inputs = KL.Input(shape=(image_shape[0],image_shape[1],output_nc))
73      #下采样卷积
74      x = KL.Conv2D(filters=ndf, kernel_size=(4, 4), strides=2,
    padding='same')(inputs)
75      x = KL.LeakyReLU(0.2)(x)
76
77      nf_mult, nf_mult_prev = 1, 1
78      for n in range(n_layers):#继续3次下采样卷积
79          nf_mult_prev, nf_mult = nf_mult, min(2**n, 8)
80          x = KL.Conv2D(filters=ndf*nf_mult, kernel_size=(4, 4), strides=2,
    padding='same')(x)
81          x = KL.BatchNormalization()(x)
82          x = KL.LeakyReLU(0.2)(x)
83
84      #步长为1的卷积操作,尺寸不变
```

```
85      nf_mult_prev, nf_mult = nf_mult, min(2**n_layers, 8)
86      x = KL.Conv2D(filters=ndf*nf_mult, kernel_size=(4, 4), strides=1,
    padding='same')(x)
87      x = KL.BatchNormalization()(x)
88      x = KL.LeakyReLU(0.2)(x)
89
90      #步长为1的卷积操作，尺寸不变。将通道压缩为1
91      x = KL.Conv2D(filters=1, kernel_size=(4, 4), strides=1,
    padding='same')(x)
92      if use_sigmoid:
93          x = KL.Activation('sigmoid')(x)
94
95      x = KL.Flatten()(x)   #两层全连接，输出判别结果
96      x = KL.Dense(1024, activation='tanh')(x)
97      x = KL.Dense(1, activation='sigmoid')(x)
98
99      model = KM.Model(inputs=inputs, outputs=x, name='Discriminator')
100     return model
```

代码 81 行，调用了批量归一化函数，使用了参数 trainable 的默认值 True。

代码 99 行，用 tf.keras 接口的 Model 类构造判别器模型 model。在使用 model 时，可以设置 trainable 参数来控制模型的内部结构。

10.2.5　代码实现：搭建 DeblurGAN 的完整结构

将判别器模型与生成器模型结合起来，构成 DeblurGAN 模型的完整结构。具体代码如下：

代码 10-1　deblurmodel（续）

```
101 def g_containing_d_multiple_outputs(generator,
    discriminator,image_shape):
102     inputs = KL.Input(shape=(image_shape[0],image_shape[1],input_nc) )
103     generated_image = generator(inputs)           #调用生成器模型
104     outputs = discriminator(generated_image)      #调用判别器模型
105     #构建模型
106     model = KM.Model(inputs=inputs, outputs=[generated_image, outputs])
107     return model
```

函数 g_containing_d_multiple_outputs 用于训练生成器模型。在使用时，需要将判别器模型的权重固定，让生成器模型不断地调整权重。具体可以参考 10.2.10 小节代码。

10.2.6　代码实现：引入库文件，定义模型参数

编写代码实现如下步骤：

（1）载入模型文件——代码文件"10-1　deblurmodel"。

（2）定义训练参数。

（3）定义函数 save_all_weights，将模型的权重保存起来。

具体代码如下：

代码 10-2　训练 deblur

```
01  import os
02  import datetime
03  import numpy as np
04  import tqdm
05  import tensorflow as tf
06  import glob
07  from tensorflow.python.keras.applications.vgg16 import VGG16
08  from functools import partial
09  from tensorflow.keras import models as KM
10  from tensorflow.keras import backend as K        #载入 Keras 的后端实现
11  deblurmodel = __import__("10-1 deblurmodel")    #载入模型文件
12  generator_model = deblurmodel.generator_model
13  discriminator_model = deblurmodel.discriminator_model
14  g_containing_d_multiple_outputs =
    deblurmodel.g_containing_d_multiple_outputs
15
16  RESHAPE = (360,640)                 #定义处理图片的大小
17  epoch_num = 500                     #定义迭代训练次数
18
19  batch_size =4                       #定义批次大小
20  critic_updates = 5                  #定义每训练一次生成器模型需要训练判别器模型的次数
21  #保存模型
22  BASE_DIR = 'weights/'
23  def save_all_weights(d, g, epoch_number, current_loss):
24      now = datetime.datetime.now()
25      save_dir = os.path.join(BASE_DIR, '{}{}'.format(now.month, now.day))
26      os.makedirs(save_dir, exist_ok=True)         #创建目录
27      g.save_weights(os.path.join(save_dir,
    'generator_{}_{}.h5'.format(epoch_number, current_loss)), True)
28      d.save_weights(os.path.join(save_dir,
    'discriminator_{}.h5'.format(epoch_number)), True)
```

代码第 16 行将输入图片的尺寸设为（360,640），使其与样本中图片的高、宽比例相对应（样本中图片的尺寸比例为 720∶1280）。

提示：

在 TensorFlow 中，默认的图片尺寸顺序是"高"在前，"宽"在后。

10.2.7　代码实现：定义数据集，构建正反向模型

本小节代码的步骤如下：

（1）用 tf.data.Dataset 接口完成样本图片的载入（见代码第 29～54 行）。

（2）将生成器模型和判别器模型搭建起来。

（3）构建 Adam 优化器，用于生成器模型和判别器模型的训练过程。

（4）以 WGAN 的方式定义损失函数 wasserstein_loss，用于计算生成器模型和判别器模型的损失值。其中，生成器模型的损失值是由 WGAN 损失与特征空间损失（见 10.2.8 小节）两部分组成。

（5）将损失函数 wasserstein_loss 与优化器一起编译到可训练的判别器模型中（见代码第 70 行）。

具体代码如下：

代码 10-2　训练 deblur（续）

```
29  path = r'./image/train'
30  A_paths, =os.path.join(path, 'A', "*.png")        #定义样本路径
31  B_paths = os.path.join(path, 'B', "*.png")
32  #获取该路径下的 png 文件
33  A_fnames, B_fnames = glob.glob(A_paths),glob.glob(B_paths)
34  #生成 Dataset 对象
35  dataset = tf.data.Dataset.from_tensor_slices((A_fnames, B_fnames))
36
37  def _processimg(imgname):                          #定义函数调整图片大小
38      image_string = tf.read_file(imgname)           #读取整个文件
39      image_decoded = tf.image.decode_image(image_string)
40      image_decoded.set_shape([None, None, None])#形状变化，否则下面会转化失败
41      #变化尺寸
42      img =tf.image.resize( image_decoded,RESHAPE)
43      image_decoded = (img - 127.5) / 127.5
44      return image_decoded
45
46  def _parseone(A_fname, B_fname):                   #解析一个图片文件
47      #读取并预处理图片
48      image_A,image_B = _processimg(A_fname),_processimg(B_fname)
49      return image_A,image_B
50
51  dataset = dataset.shuffle(buffer_size=len(B_fnames))
52  dataset = dataset.map(_parseone)                   #转化为有图片内容的数据集
53  dataset = dataset.batch(batch_size)                #将数据集按照 batch_size 划分
54  dataset = dataset.prefetch(1)
55
56  #定义模型
57  g = generator_model(RESHAPE)                       #生成器模型
58  d = discriminator_model(RESHAPE)                   #判别器模型
59  d_on_g = g_containing_d_multiple_outputs(g, d,RESHAPE)  #联合模型
60
61  #定义优化器
```

```
62  d_opt = tf.keras.optimizers.Adam(lr=1E-4, beta_1=0.9, beta_2=0.999,
        epsilon=1e-08)
63  d_on_g_opt = tf.keras.optimizers.Adam(lr=1E-4, beta_1=0.9, beta_2=0.999,
        epsilon=1e-08)
64
65  #WGAN 的损失
66  def wasserstein_loss(y_true, y_pred):
67      return tf.reduce_mean(y_true*y_pred)
68
69  d.trainable = True
70  d.compile(optimizer=d_opt, loss=wasserstein_loss)    #编译模型
71  d.trainable = False
```

代码第 70 行，用判别器模型对象的 compile 方法对模型进行编译。之后，将该模型的权重设置成不可训练（见代码第 71 行）。这是因为，在训练生成器模型时，需要将判别器模型的权重固定。只有这样，在训练生成器模型过程中才不会影响到判别器模型。

10.2.8 代码实现：计算特征空间损失，并将其编译到生成器模型的训练模型中

生成器模型的损失值是由 WGAN 损失与特征空间损失两部分组成。WGAN 损失已经由 10.2.7 小节的第 66 行代码实现。本小节将实现特征空间损失，并将其编译到可训练的生成器模型中去。

1. 计算特征空间损失的方法

计算特征空间损失的方法如下：

（1）用 VGG 模型对目标图片与输出图片做特征提取，得到两个特征数据。
（2）对这两个特征数据做平方差计算。

2. 特征空间损失的具体实现

在计算特征空间损失时，需要将 VGG 模型嵌入到当前网络中。这里使用已经下载好的预训练模型文件"vgg16_weights_tf_dim_ordering_tf_kernels_notop.h5"。读者可以自行下载，也可以在本书配套资源中找到。

将预训练模型文件放在当前代码的同级目录下。并参照本书 6.7.9 小节的内容，利用 tf.keras 接口将其加载。

另外，在《深度学习之 TensorFlow——入门、原理与进阶实战》一书的 12.8 节的 SRGAN 模型中也讲过一个使用 TF-slim 接口计算特征空间损失的方法。有兴趣的读者可以参考那部分内容。

3. 编译生成器模型的训练模型

将 WGAN 损失函数与特征空间损失函数放到数组 loss 中，调用生成器模型的 compile 方法将损失值数组 loss 编译进去，实现生成器模型的训练模型。

具体代码如下：

代码 10-2 训练 deblur（续）

```
72  #计算特征空间损失
73  def perceptual_loss(y_true, y_pred,image_shape):
74      vgg = VGG16(include_top=False,
75  weights="vgg16_weights_tf_dim_ordering_tf_kernels_notop.h5",
76              input_shape=(image_shape[0],image_shape[1],3) )
77
78      loss_model = KM.Model(inputs=vgg.input,
    outputs=vgg.get_layer('block3_conv3').output)
79      loss_model.trainable = False
80      return tf.reduce_mean(tf.square(loss_model(y_true) -
    loss_model(y_pred)))
81
82  myperceptual_loss = partial(perceptual_loss, image_shape=RESHAPE)
83  myperceptual_loss.__name__ = 'myperceptual_loss'
84  #构建损失
85  loss = [myperceptual_loss, wasserstein_loss]
86  loss_weights = [100, 1]                      #将损失调为统一数量级
87  d_on_g.compile(optimizer=d_on_g_opt, loss=loss,
    loss_weights=loss_weights)
88  d.trainable = True
89
90  output_true_batch, output_false_batch = np.ones((batch_size, 1)),
    -np.ones((batch_size, 1))
91
92  #生成数据集迭代器
93  iterator = dataset.make_initializable_iterator()
94  datatensor = iterator.get_next()
```

代码第 85 行，在计算生成器模型损失时，将损失值函数 myperceptual_loss 与损失值函数 wasserstein_loss 一起放到列表里。

代码第 86 行，定义了损失值的权重比例[100,1]。这表示最终的损失值是：函数 myperceptual_loss 的结果乘上 100，将该积与函数 wasserstein_loss 的结果相加所得到和。

> 提示：
> 权重比例是根据每个函数返回的损失值得来的。
> 将 myperceptual_loss 的结果乘上 100，是为了让最终的损失值与函数 wasserstein_loss 的结果在同一个数量级上。

损失值函数 myperceptual_loss、wasserstein_loss 分别与模型 d_on_g 对象的输出值 generated_image、outputs 相对应。模型 d_on_g 对象的输出节点部分是在 10.2.5 小节代码第 106 行定义的。

10.2.9 代码实现：按指定次数训练模型

按照指定次数迭代调用训练函数 pre_train_epoch，然后在函数 pre_train_epoch 内遍历整个 Dataset 数据集，并进行训练。步骤如下：

（1）取一批次数据。
（2）训练 5 次判别器模型。
（3）将判别器模型权重固定，训练一次生成器模型。
（4）将判别器模型设为可训练，并循环第（1）步，直到整个数据集遍历结束。

具体代码如下：

代码 10-2　训练 deblur（续）

```
95  #定义配置文件
96  config = tf.ConfigProto()
97  config.gpu_options.allow_growth = True
98  config.gpu_options.per_process_gpu_memory_fraction = 0.5
99  sess = tf.Session(config=config)                #建立会话（session）
100
101 def pre_train_epoch(sess, iterator,datatensor):#迭代整个数据集进行训练
102     d_losses = []
103     d_on_g_losses = []
104     sess.run( iterator.initializer )
105
106     while True:
107         try:                                    #获取一批次的数据
108             (image_blur_batch,image_full_batch) = sess.run(datatensor)
109         except tf.errors.OutOfRangeError:
110             break                               #如果数据取完则退出循环
111
112         generated_images = g.predict(x=image_blur_batch,
    batch_size=batch_size)                          #将模糊图片输入生成器模型
113
114         for _ in range(critic_updates):         #训练5次判别器模型
115             d_loss_real = d.train_on_batch(image_full_batch,
    output_true_batch)                              #训练，并计算还原样本的loss值
116
117             d_loss_fake = d.train_on_batch(generated_images,
    output_false_batch)                             #训练，并计算模拟样本的loss值
118             d_loss = 0.5 * np.add(d_loss_fake, d_loss_real)#二者相加，再除以2
119             d_losses.append(d_loss)
120
121         d.trainable = False                     #固定判别器模型参数
122         d_on_g_loss = d_on_g.train_on_batch(image_blur_batch,
    [image_full_batch, output_true_batch])          #训练并计算生成器模型loss值
123         d_on_g_losses.append(d_on_g_loss)
124
```

```
125        d.trainable = True                        #恢复判别器模型参数可训练的属性
126        if len(d_on_g_losses)%10== 0:
127            print(len(d_on_g_losses),np.mean(d_losses),
    np.mean(d_on_g_losses))
128        return np.mean(d_losses), np.mean(d_on_g_losses)
129 #初始化 SwitchableNorm 变量
130 K.get_session().run(tf.global_variables_initializer())
131 for epoch in tqdm.tqdm(range(epoch_num)):        #按照指定次数迭代训练
132    #迭代训练一次数据集
133    dloss,gloss = pre_train_epoch(sess, iterator,datatensor)
134    with open('log.txt', 'a+') as f:
135        f.write('{} - {} - {}\n'.format(epoch, dloss, gloss))
136    save_all_weights(d, g, epoch, int(gloss))       #保存模型
137 sess.close()                                       #关闭会话
```

代码第 130 行，进行全局变量的初始化。初始化之后，SwitchableNorm 算法就可以正常使用了。

> **提示：**
> 即便是 tf.keras 接口，其底层也是通过静态图上的会话（session）来运行代码的。
> 在代码第 130 行中演示了一个用 tf.keras 接口实现全局变量初始化的技巧：
> （1）用 tf.keras 接口的后端类 backend 中的 get_session 函数，获取 tf.keras 接口当前正在使用的会话（session）。
> （2）拿到 session 之后，运行 tf.global_variables_initializer 方法进行全局变量的初始化。
> （3）代码运行后，输出如下结果：
> 1%| | 6/50 [15:06<20:43:45, 151.06s/it]10 -0.4999978220462799 678.8936
> 20 -0.4999967348575592 680.67926
> ……
> 1%| | 7/50 [17:29<20:32:16, 149.97s/it]10 -0.49999643564224244 737.67645
> 20 -0.49999758243560793 700.6202
> 30 -0.4999980672200521 672.0518
> 40 -0.49999826729297636 666.23425
> 50 -0.4999982775449753 665.67645
> ……

同时可以看到，在本地目录下生成了一个 weights 文件夹，里面放置的便是模型文件。

10.2.10 代码实现：用模型将模糊相片变清晰

在权重 weights 文件夹里找到以 "generator" 开头并且是最新生成（按照文件的生成时间排序）的文件。将其复制到本地路径下（作者本地的文件名称为 "generator_499_0.h5"）。这个

模型就是 DeblurGAN 中的生成器模型部分。

按照 10.2.1 小节的步骤，在测试集中随机复制几个图片放到本地 test 目录下。与 train 目录结构一样：A 放置模糊的图片，B 放置清晰的图片。

下面编写代码来比较模型还原的效果。具体如下：

代码 10-3　使用 deblur 模型

```
01  import numpy as np
02  from PIL import Image
03  import glob
04  import os
05  import tensorflow as tf                        #载入模块
06  deblurmodel = __import__("10-1 deblurmodel")
07  generator_model = deblurmodel.generator_model
08
09  def deprocess_image(img):                      #定义图片的后处理函数
10      img = img * 127.5 + 127.5
11      return img.astype('uint8')
12
13  batch_size = 4
14  RESHAPE = (360,640)                            #定义要处理图片的大小
15
16  path = r'./image/test'
17  A_paths, B_paths = os.path.join(path, 'A', "*.png"), os.path.join(path, 'B', "*.png")
18  #获取该路径下的 png 文件
19  A_fnames, B_fnames = glob.glob(A_paths),glob.glob(B_paths)
20  #生成 Dataset 对象
21  dataset = tf.data.Dataset.from_tensor_slices((A_fnames, B_fnames))
22
23  def _processimg(imgname):                      #定义函数调整图片大小
24      image_string = tf.read_file(imgname)       #读取整个文件
25      image_decoded = tf.image.decode_image(image_string)
26      image_decoded.set_shape([None, None, None]) #形状变化,否则下面会转化失败
27      #变化尺寸
28      img =tf.image.resize( image_decoded,RESHAPE)#[RESHAPE[0],RESHAPE[1],3])
29      image_decoded = (img - 127.5) / 127.5
30      return image_decoded
31
32  def _parseone(A_fname, B_fname):               #解析一个图片文件
33      #读取并预处理图片
34      image_A,image_B = _processimg(A_fname),_processimg(B_fname)
35      return image_A,image_B
36
37  dataset = dataset.map(_parseone)               #转化为有图片内容的数据集
38  dataset = dataset.batch(batch_size)            #将数据集按照 batch_size 划分
39  dataset = dataset.prefetch(1)
```

```
40
41  #生成数据集迭代器
42  iterator = dataset.make_initializable_iterator()
43  datatensor = iterator.get_next()
44  g = generator_model(RESHAPE,False)          #构建生成器模型
45  g.load_weights("generator_499_0.h5")        #载入模型文件
46
47  #定义配置文件
48  config = tf.ConfigProto()
49  config.gpu_options.allow_growth = True
50  config.gpu_options.per_process_gpu_memory_fraction = 0.5
51  sess = tf.Session(config=config)            #建立session
52  sess.run( iterator.initializer )
53  ii= 0
54  while True:
55      try:                                    #获取一批次的数据
56          (x_test,y_test) = sess.run(datatensor)
57      except tf.errors.OutOfRangeError:
58          break                               #如果数据取完则退出循环
59      generated_images = g.predict(x=x_test, batch_size=batch_size)
60      generated = np.array([deprocess_image(img) for img in generated_images])
61      x_test = deprocess_image(x_test)
62      y_test = deprocess_image(y_test)
63      print(generated_images.shape[0])
64      for i in range(generated_images.shape[0]):   #按照批次读取结果
65          y = y_test[i, :, :, :]
66          x = x_test[i, :, :, :]
67          img = generated[i, :, :, :]
68          output = np.concatenate((y, x, img), axis=1)
69          im = Image.fromarray(output.astype(np.uint8))
70          im = im.resize( (640*3, int( 640*720/1280)  ) )
71          print('results{}{}.png'.format(ii,i))
72          im.save('results{}{}.png'.format(ii,i))  #将结果保存起来
73      ii+=1
```

代码第 44 行，在定义生成器模型时，需要将其第 2 个参数 istrain 设为 False。这么做的目的是不使用 Dropout 层。

代码执行后，系统会自动在本地文件夹的 image/test 目录下加载图片，并其放到模型里进行清晰化处理。最终生成的图片如图 10-1 所示。

图 10-1　DeblurGAN 的处理结果

图 10-1 中有 3 个子图。左、中、右依次为原始、模糊、生成后的图片。比较图 10-1 中的原始图片（最左侧的图片）与生成后的图片（最右侧的图片）可以发现，最右侧模型生成的图片比中间的模糊图片更为清晰。

10.2.11 练习题

如果生成器模型使用普通的归一化算法，会是什么效果？并改写代码实验一下。

答案：将 10.2.3 小节所有的 KL.SwitchNormalization 代码都替换成 KL.BatchNormalization 代码，并重新训练模型。所生成的图像如图 10-2 所示。

图 10-2　普通归一化的处理结果

用 SwitchableNorm 归一化处理的结果如图 10-3 所示。

图 10-3　使用 SwitchableNorm 归一化处理的结果

比较图 10-2 与图 10-3 中最右边的图片可以看出，图 10-2 中最右侧图片的顶部出现了一些噪声，而图 10-3 中生成的图像（最右侧的图）质量更好（消除了噪声）。因为是黑白印刷，所以效果并不太明显。

10.2.12 扩展：DeblurGAN 模型的更多妙用

DeblurGAN 模型可以提升照片的清晰度。这是一个很有商业价值的功能。

例如，在开发智能冰箱、智能冰柜项目中，用户从冰柜里拿取商品时，一般需要通过高速相机在短时间内连续拍照，并挑选出高质量的图片送入后面的 YOLO 模型进行识别。如果应用的是 DeblurGAN 模型，则可以用相对便宜的相机来替代高速相机，而 YOLO 模型的识别率又不会有太大的损失。这个方案可以大大节省硬件成本。该方案在 14.5 节还有详细描述。

另外，DeblurGAN 模型的网络结构没有将输入图片的尺寸与权重参数紧耦合，它可以处理不同尺寸的图片（请试着随意修改 10.2.9 小节代码第 14 行的尺寸值，程序仍可以正常运行）。所以说，DeblurGAN 模型应用起来更加灵活。

10.3 实例55：构建AttGAN模型，对照片进行加胡子、加头帘、加眼镜、变年轻等修改

将自编码网络模型与对抗神经网络模型结合起来，通过重建学习和对抗性学习的训练方式，融合人脸的潜在特征与指定属性，生成带有指定属性特征的人脸图片。

实例描述

用CelebA数据集训练AttGAN模型。使模型能够对照片中的人物进行修改，实现为照片中的人物添加胡子、添加头帘、添加眼袋、添加眼镜、年轻化处理等40项属性的处理。

10.3.1 获取样本

CelebA数据集是一个人脸数据集，其中包括人脸图片与人脸属性的标注信息。下载方法可以参考本书的5.2.1小节。

1. 部署样本数据

下载完CelebA数据集后，将其中的对齐图片数据与标注数据提取出来，用于训练。具体操作如下：

（1）在代码的本地文件夹下新建一个目录data。
（2）将CelebA\Img下的img_align_celeba.zip解压缩，得到img_align_celeba文件夹，并将该文件夹放在data目录下。
（3）将CelebA\Anno下的list_attr_celeba.txt也放到data目录下。

2. 介绍样本的标注信息

CelebA数据集中的标注文件list_attr_celeba.txt记录了每张人脸图片的多个属性特征。在标注文件list_attr_celeba.txt中，将人脸属性划分成了40个属性标签。如果图片中的人脸符合某个属性标签，则在该属性标签的位置上赋值1，否则在该属性的标签上赋值–1。

这40种人脸属性的内容如下：

```
'当天的小胡茬': 0,      '拱形眉毛': 1,      '漂亮': 2,        '眼袋': 3,        '没头发': 4,
'头帘': 5,            '大嘴唇': 6,        '大鼻子': 7,      '黑发': 8,        '金发': 9,
'图片模糊': 10,        '棕色头发': 11,     '浓眉毛': 12,     '胖乎乎': 13,     '双下巴': 14,
'眼镜': 15,           '山羊胡子': 16,     '灰发': 17,       '重妆': 18,       '高颧骨': 19,
'男': 20,             '嘴微微开': 21,     '小胡子': 22,     '细眼睛': 23,     '没胡子': 24,
'椭圆形脸': 25,        '苍白皮肤': 26,     '尖鼻子': 27,     '退缩发际线': 28, '玫瑰色脸颊': 29,
'连鬓胡子': 30,        '微笑': 31,         '直发': 32,       '波浪发': 33,     '佩戴耳环': 34,
'戴帽子': 35,          '涂口红': 36,       '戴项链': 37,     '打领带': 38,     ' 年轻': 39
```

这里的标签标注并不是one-hot分类，人脸图片与这40个属性标签是多对多的关系，即一个图片可以被打上多个属性的分类标签，如图10-4所示。

```
202599
5_o_Clock_Shadow Arched_Eyebrows Attractive Bags_Under_Eyes Bald Bangs Big_Lips Big_Nose Black_Hair Blond_Hai
000001.jpg -1  1  1 -1 -1 -1 -1 -1 -1 -1 -1  1 -1 -1 -1 -1 -1 -1  1  1 -1  1 -1 -1  1 -1 -1  1 -1 -1 -1  1
000002.jpg -1 -1 -1  1 -1 -1 -1  1 -1 -1 -1  1 -1 -1 -1 -1 -1 -1 -1  1 -1  1 -1 -1  1 -1 -1 -1 -1 -1 -1  1
000003.jpg -1 -1 -1 -1 -1 -1  1 -1 -1 -1  1 -1 -1 -1 -1 -1 -1 -1 -1 -1  1 -1 -1  1  1 -1 -1  1 -1 -1 -1 -1
000004.jpg -1 -1  1 -1 -1 -1 -1 -1 -1 -1 -1 -1 -1 -1 -1 -1 -1 -1 -1 -1 -1 -1 -1 -1  1 -1 -1  1 -1 -1 -1 -1
000005.jpg -1  1  1 -1 -1 -1  1 -1 -1 -1 -1 -1 -1 -1 -1 -1 -1 -1  1 -1 -1 -1 -1  1  1 -1 -1  1 -1 -1 -1 -1
000006.jpg -1  1  1 -1 -1 -1  1 -1 -1 -1 -1  1 -1 -1 -1 -1 -1 -1  1 -1 -1  1 -1 -1  1 -1 -1 -1 -1 -1 -1 -1
000007.jpg 1 -1  1  1 -1 -1  1  1  1 -1 -1 -1  1 -1 -1 -1 -1 -1 -1 -1  1 -1 -1 -1  1 -1 -1  1 -1 -1 -1 -1  1
000008.jpg 1  1 -1  1 -1 -1  1 -1  1 -1 -1 -1 -1 -1 -1 -1 -1 -1 -1 -1  1 -1 -1 -1  1 -1 -1  1 -1 -1 -1 -1 -1
000009.jpg -1  1  1 -1 -1  1  1 -1 -1 -1 -1 -1 -1 -1 -1 -1 -1 -1  1  1 -1  1 -1 -1  1  1 -1  1 -1  1 -1  1
000010.jpg -1 -1  1 -1 -1 -1 -1 -1 -1 -1 -1 -1 -1 -1 -1 -1 -1 -1  1  1 -1 -1 -1 -1  1 -1 -1 -1 -1 -1 -1 -1
000011.jpg -1 -1  1 -1 -1 -1 -1 -1  1 -1 -1 -1 -1 -1 -1 -1 -1 -1 -1 -1 -1  1 -1 -1  1 -1 -1 -1 -1 -1 -1  1
000012.jpg -1 -1  1  1 -1 -1 -1 -1  1 -1 -1 -1  1 -1 -1 -1 -1 -1 -1  1  1  1 -1 -1  1  1 -1 -1 -1 -1 -1  1
000013.jpg -1 -1 -1 -1 -1 -1 -1 -1 -1  1 -1 -1 -1 -1 -1 -1 -1 -1 -1  1  1  1 -1 -1  1  1 -1 -1 -1 -1 -1  1
```

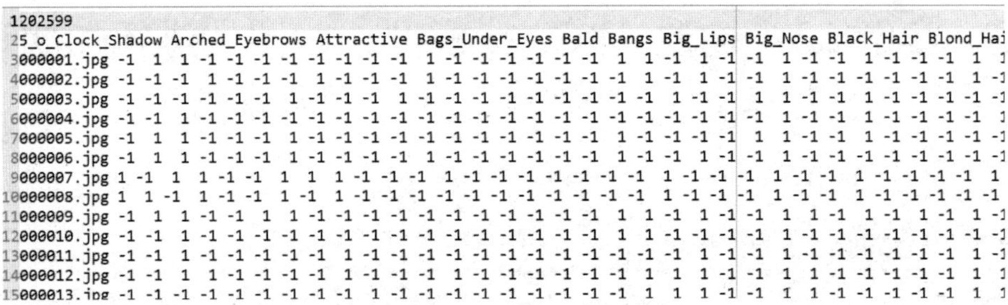

图 10-4　CelebA 的标注数据

从图 10-4 中可以看出，标注文件的内容主要分为 3 种数据：

- 第 1 行是总共标注的条数。
- 第 2 行是这 40 种属性的英文标签。
- 第 3 行及以下行是每个图片对应的标签，表明该图片具体带有哪个属性（1 表示具有该属性，–1 表示没有该属性）。

10.3.2　了解 AttGAN 模型的结构

AttGAN 模型属于对抗神经网络模型框架下的多模型结构。它在对抗神经网络模型框架基础之上，将单一的生成器模型换成一个自编码网络模型。其整体结构描述如下。

- 生成器模型：由一个自编码网络模型构成。用自编码模型中的编码器模型来提取人脸主要潜在特征，用自编码模型中的解码器模型来生成指定属性的人脸图像。
- 判别器模型：起到约束解码器模型的作用，让解码器模型生成具有指定特征属性的人脸图像。

AttGAN 模型的完整结构如图 10-5 所示。

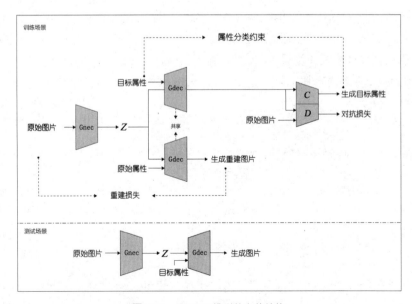

图 10-5　AttGAN 模型的完整结构

在图 10-5 中描述了 AttGAN 模型在两个场景下的完整结构：训练（Train）场景与测试（Test）场景。

- 训练场景：体现了 AttGAN 模型的完整结构。在训练自编码模型的解码器模型时，将重建过程的损失值和对抗网络模型的损失值作为整个网络模型的损失值。该损失值将参与迭代训练过程中的反向传播过程。
- 测试场景：直接用训练好的自编码模型生成人脸图片，不再需要对抗神经网络模型中的判别器模型部分。

1. 训练场景中模型的组成及作用

在训练场景中，模型由 3 个子模型组成：编码器模型（Genc）、解码器模型（Gdec）、判别器模型（CD）。具体描述如下。

- 编码器模型（Genc）：将真实图片压缩成特征向量 Z。
- 解码器模型（Gdec）：使用了两种训练方式。一种训练方式是将样本图片与原始标签 a 组合作为输入，重建出原始图片；另一种训练方式是将样本图片与随机制作的标签 b 组合作为输入，重建出带有标签 b 中特征的图片。
- 判别器模型（CD）：输出了两种结果。一种是分类结果（C），代表图片中人脸的属性；另一种是判断真伪的结果（D），用来区分输入是真实图片，还是生成的图片。

在 AttGAN 模型中，生成器模型的随机值并不是产生照片的随机数，而是根据原始标签变化后的标签值。照片数据在模型中只是起到重建作用。因为在人脸编辑任务中，不希望对属性之外的图像发生变化，所以重建损失可以最大化地保证个体数据原有的样子。

2. 测试场景中模型的组成及作用

在测试场景中，AttGAN 模型由两个子模型组成：

（1）利用编码器模型将图片特征提取出来。

（2）将提取的特征与指定的属性值参数一起输入编码器模型中，合成出最终的人脸图片。

更多细节可以参考论文：https://arxiv.org/pdf/1711.10678.pdf。

10.3.3　代码实现：实现支持动态图和静态图的数据集工具类

编写数据集工具类，对 tf.data.Dataset 接口进行二次封装，使其可以兼容动态图与静态图。代码如下：

代码 10-4　mydataset

```
01  import os
02  import numpy as np
03  import tensorflow as tf
04  import tensorflow.contrib.eager as tfe
05
06  class Dataset(object):                    #定义数据集类，支持动态图和静态图
07      def __init__(self):
08          self._dataset = None
```

```
09          self._iterator = None
10          self._batch_op = None
11          self._sess = None
12          self._is_eager = tf.executing_eagerly()
13          self._eager_iterator = None
14
15      def __del__(self):                  #重载del方法
16          if self._sess:                  #在静态图中，在销毁对象时需要关闭session
17              self._sess.close()
18
19      def __iter__(self):                 #重载迭代器方法
20          return self
21
22      def __next__(self):                 #重载next方法
23          try:
24              b = self.get_next()
25          except:
26              raise StopIteration
27          else:
28              return b
29      next = __next__
30      def get_next(self):                 #获取下一个批次的数据
31          if self._is_eager:
32              return self._eager_iterator.get_next()
33          else:
34              return self._sess.run(self._batch_op)
35
36      def reset(self, feed_dict={}):#重置数据集迭代器指针（用于整个数据集循环迭代）
37          if self._is_eager:
38              self._eager_iterator = tfe.Iterator(self._dataset)
39          else:
40              self._sess.run(self._iterator.initializer, feed_dict=feed_dict)
41
42      def _bulid(self, dataset, sess=None):      #构建数据集
43          self._dataset = dataset
44
45          if self._is_eager:                  #直接返回动态图中的数据集迭代器对象
46              self._eager_iterator = tfe.Iterator(dataset)
47          else:                   #在静态图中，需要进行初始化，并返回迭代器的get_next方法
48              self._iterator = dataset.make_initializable_iterator()
49              self._batch_op = self._iterator.get_next()
50              if sess:
51                  self._sess = sess
52              else:                           #如果没有传入session，则需要自己创建一个
53                  self._sess = tf.Session()
54              try:
55                  self.reset()
```

```
56          except:
57              pass
58      @property
59      def dataset(self):                      #返回 deatset 属性
60          return self._dataset
61
62      @property
63      def iterator(self):                     #返回 iterator 属性
64          return self._iterator
65
66      @property
67      def batch_op(self):                     #返回 batch_op 属性
68          return self._batch_op
```

整个代码相对比较好理解,就是内部维护了一套动态图和静态图各自的迭代关系。使用的都是 Python 基础语法方面的知识。如果这部分代码不是太懂,可以参考《Python 带我起飞——入门、进阶、商业实战》中"第 9 章 类——面向对象的编程方案"相关内容。

10.3.4 代码实现:将 CelebA 做成数据集

制作 Dataset 数据集可以分成两个主要部分:

- 函数 disk_image_batch_dataset,用来将具体的图片和标签数据拼装成 Dataset 数据集。
- 类 Celeba 继承于 10.3.3 小节的 Dataset 类。在该类中实现了具体图片数据的转化函数 _map_func 与一个静态方法 check_attribute_conflict。静态方法 check_attribute_conflict 的作用是将标签中与指定属性冲突的标志位清零。

具体代码如下:

代码 10-4　mydataset(续)

```
69  #从指定的图片目录中读取图片,并转成数据集
70  def disk_image_batch_dataset(img_paths, batch_size, labels=None,
        filter=None,drop_remainder=True,
71                              map_func=None, shuffle=True, repeat=-1):
72
73      if labels is None:        #将传入的图片路径与标签转成 Dataset 数据集
74          dataset = tf.data.Dataset.from_tensor_slices(img_paths)
75      elif isinstance(labels, tuple):
76          dataset = tf.data.Dataset.from_tensor_slices((img_paths,) +
        tuple(labels))
77      else:
78          dataset = tf.data.Dataset.from_tensor_slices((img_paths, labels))
79
80      if filter:                              #支持调用外部传入的 filter 处理函数
81          dataset = dataset.filter(filter)
82
83      def parse_func(path, *label):           #定义数据集的 map 处理函数,用来读取图片
```

```
84          img = tf.read_file(path)
85          img = tf.image.decode_png(img, 3)
86          return (img,) + label
87
88      if map_func:                              #支持调用外部传入的map处理函数
89          def map_func_(*args):
90              return map_func(*parse_func(*args))
91          dataset = dataset.map(map_func_, num_parallel_calls=num_threads)
92      else:
93          dataset = dataset.map(parse_func, num_parallel_calls=num_threads)
94
95      if shuffle:                               #乱序操作
96          dataset = dataset.shuffle(buffer_size)
97      #按批次划分
98      dataset = dataset.batch(batch_size,drop_remainder = drop_remainder)
99      dataset = dataset.repeat(repeat).prefetch(prefetch_batch)#设置缓存
100     return dataset
101
102 class Celeba(Dataset):
103     #定义人脸属性
104     att_dict={'5_o_Clock_Shadow': 0,'Arched_Eyebrows': 1, 'Attractive': 2,
105               'Bags_Under_Eyes': 3, 'Bald': 4, 'Bangs': 5, 'Big_Lips': 6,
106               'Big_Nose': 7,'Black_Hair': 8, 'Blond_Hair': 9, 'Blurry': 10,
107               'Brown_Hair': 11, 'Bushy_Eyebrows': 12, 'Chubby': 13,
108               'Double_Chin': 14, 'Eyeglasses': 15, 'Goatee': 16,
109               'Gray_Hair': 17, 'Heavy_Makeup': 18, 'High_Cheekbones': 19,
110               'Male': 20, 'Mouth_Slightly_Open': 21, 'Mustache': 22,
111               'Narrow_Eyes': 23, 'No_Beard': 24, 'Oval_Face': 25,
112               'Pale_Skin': 26, 'Pointy_Nose': 27, 'Receding_Hairline': 28,
113               'Rosy_Cheeks': 29, 'Sideburns': 30, 'Smiling': 31,
114               'Straight_Hair': 32, 'Wavy_Hair': 33, 'Wearing_Earrings': 34,
115               'Wearing_Hat': 35, 'Wearing_Lipstick': 36,
116               'Wearing_Necklace': 37, 'Wearing_Necktie': 38, 'Young': 39}
117
118     def __init__(self, data_dir, atts, img_resize, batch_size,
119                  shuffle=True, repeat=-1, sess=None, mode='train', crop=True):
120         super(Celeba, self).__init__()
121         #定义数据路径
122         list_file = os.path.join(data_dir, 'list_attr_celeba.txt')
123         img_dir_jpg = os.path.join(data_dir, 'img_align_celeba')
124         img_dir_png = os.path.join(data_dir, 'img_align_celeba_png')
125
126         #读取文本数据
127         names = np.loadtxt(list_file, skiprows=2, usecols=[0], dtype=np.str)
128         if os.path.exists(img_dir_png):           #将图片的文件名收集起来
```

```python
129                img_paths = [os.path.join(img_dir_png, name.replace('jpg', 'png'))
    for name in names]
130            elif os.path.exists(img_dir_jpg):
131                img_paths = [os.path.join(img_dir_jpg, name) for name in names]
132            print(img_dir_png,img_dir_jpg)
133            #读取每个图片的属性标志
134            att_id = [Celeba.att_dict[att] + 1 for att in atts]
135            labels = np.loadtxt(list_file, skiprows=2, usecols=att_id,
    dtype=np.int64)
136
137            if img_resize == 64:
138                offset_h = 40
139                offset_w = 15
140                img_size = 148
141            else:
142                offset_h = 26
143                offset_w = 3
144                img_size = 170
145
146            def _map_func(img, label):
147                #从位于(offset_h, offset_w)的图像的左上角像素开始对图像裁剪
148                img = tf.image.crop_to_bounding_box(img, offset_h, offset_w,
    img_size, img_size)
149                #用双向插值法缩放图片
150                img = tf.image.resize(img, [img_resize, img_resize],
    tf.image.ResizeMethod.BICUBIC)
151                img = tf.clip_by_value(img, 0, 255) / 127.5 - 1#归一化处理
152                label = (label + 1) // 2        #将标签变为0和1
153                return img, label
154
155            drop_remainder = True
156            if mode == 'test':                      #根据使用情况决定数据集的处理方式
157                drop_remainder = False
158                shuffle = False
159                repeat = 1
160                img_paths = img_paths[182637:]
161                labels = labels[182637:]
162            elif mode == 'val':
163                img_paths = img_paths[182000:182637]
164                labels = labels[182000:182637]
165            else:
166                img_paths = img_paths[:182000]
167                labels = labels[:182000]
168            #创建数据集
169            dataset = disk_image_batch_dataset(img_paths=img_paths,labels=labels,
```

```
170                                             batch_size=batch_size,
    map_func=_map_func,
171                                             drop_remainder=drop_remainder,
172                                             shuffle=shuffle,repeat=repeat)
173         self._bulid(dataset, sess)          #构建数据集
174         self._img_num = len(img_paths)      #计算总长度
175
176     def __len__(self):                      #重载len函数
177         return self._img_num                #返回数据集的总长度
178
179     @staticmethod                           #定义一个静态方法,实现将冲突类别清零
180     def check_attribute_conflict(att_batch, att_name, att_names):
181         def _set(att, value, att_name):
182             if att_name in att_names:
183                 att[att_names.index(att_name)] = value
184
185         att_id = att_names.index(att_name)
186         for att in att_batch:          #循环处理批次中的每个反向标签
187             if att_name in ['Bald', 'Receding_Hairline'] and att[att_id] == 1:
188                 _set(att, 0, 'Bangs')  #没头发属性和退缩发际线属性与头帘属性冲突
189             elif att_name == 'Bangs' and att[att_id] == 1:
190                 _set(att, 0, 'Bald')
191                 _set(att, 0, 'Receding_Hairline')
192             elif att_name in ['Black_Hair', 'Blond_Hair', 'Brown_Hair',
    'Gray_Hair'] and att[att_id] == 1:
193                 for n in ['Black_Hair', 'Blond_Hair', 'Brown_Hair',
    'Gray_Hair']:
194                     if n != att_name:                #头发颜色只能取一种
195                         _set(att, 0, n)
196             elif att_name in ['Straight_Hair', 'Wavy_Hair'] and att[att_id]
    == 1:
197                 for n in ['Straight_Hair', 'Wavy_Hair']:
198                     if n != att_name:               #直发属性和波浪属性
199                         _set(att, 0, n)
200             elif att_name in ['Mustache', 'No_Beard'] and att[att_id] == 1:
201                 for n in ['Mustache', 'No_Beard']:   #有胡子属性和没胡子属性
202                     if n != att_name:
203                         _set(att, 0, n)
204
205         return att_batch
```

在代码第 104 行中,手动定义了人脸属性的字典。该字典的属性名称与顺序要与 10.3.1 小节介绍的样本标注中的一致。在整个项目中,都会用这个字典来定位图片的具体属性。

代码第 137 行是一个对输入图片主要内容增强的小技巧:先按照一定尺寸将图片主要内容剪辑下来,再将其转化为指定的尺寸,从而实现将主要内容区域放大的效果。因为本实例使用

的人脸数据集是经过对齐预处理后的图片（高为218 pixel，宽为178 pixel），所以可以用人为调好的数值进行裁剪。

代码第137~144行的意思是：如果使用64 pixel×64 pixel大小的图片，则从原始图片的(15,40)坐标处裁剪148 pixel×148 pixel大小的区域；如果使用其他尺寸大小的图片，则从原始图片的(3,26)坐标处裁剪170 pixel×170 pixel大小的区域。

裁剪后的图片将被用双向插值法缩放为指定大小的图片。

> 提示：
>
> 更多变化图片尺寸的方法，请参考《深度学习之TensorFlow——入门、原理与进阶实战》一书的12.7.1小节。

10.3.5 代码实现：构建AttGAN模型的编码器

模型编码器模型由多个卷积层组成。每一层在进行卷积操作后，都会做批量归一化处理（BN）。另外，用一个列表zs将每层的处理结果收集起来一起返回。

编码器模型的结果和列表zs中的中间层特征会在10.3.6小节的解码器模型中被使用。

具体代码如下：

代码10-5　AttGANmodels

```
01 import tensorflow as tf
02 import tensorflow.contrib.slim as slim
03
04 MAX_DIM = 64 * 16                            #卷积输出的最小维度
05 def Genc(x, dim=64, n_layers=5, is_training=True):
06     with tf.variable_scope('Genc', reuse=tf.AUTO_REUSE):
07         z = x
08         zs = []
09         for i in range(n_layers):            #循环卷积操作
10             d = min(dim * 2**i, MAX_DIM)
11             z = slim.conv2d(z,d,4,2,activation_fn=tf.nn.leaky_relu)
12             z = slim.batch_norm(z,scale=True,updates_collections=None,
   is_training=is_training)                    #批量归一化处理
13             zs.append(z)
14         return zs
```

在代码第12行的批量归一化（BN）处理中，调用了slim.batch_norm函数。该函数的几个重要参数说明如下。

- scale：是否使用自适应模式（见10.1.4小节）。这里将scale设为了True，表示使用自适应模式（见代码第12行）。
- updates_collections：设置更新移动均值 μ 和移动方差 σ 的OP（操作符）。默认值为tf.GraphKeys.UPDATE_OPS，表示在BN处理时，会将更新移动均值 μ 和移动方差 σ 的操作符保存在tf.GraphKeys.UPDATE_OPS里。此时并不会对移动均值和移动方差做真正的更新操作，而是等待外部代码来触发该 OP（操作符）执行（见 5.2.7 小节）。这里将参数 updates_collections 设为了 None，表示在 BN 处理时每次都强制更新移动均值 μ 和移动方差 σ（见代码第 12 行）。这种方式可以保证移动均值 μ 和移动方差 σ 实时更新。但在分布式运行时，这种方式会对性能影响很大。

- decay：估计移动平均值的衰减系数。它与训练步数相对应。即需要训练 1/（1–decay）步，才能够真正收敛。该参数默认值为 0.999，表示至少需要的训练步数为 1/（1–0.999）=1000 步才能够使模型真正收敛。

10.3.6 代码实现：构建含有转置卷积的解码器模型

解码器模型是由注入层、短连接层、多个转置卷积层构成的。

- 注入层：将标签信息按照解码器模型中间层的尺寸[h,w]复制 $h \times w$ 份，变成形状为[batch,h,w,标签属性个数]的矩阵。然后用 concat 函数将该矩阵与解码器模型中间层信息连接起来，一起传入下一层进行转置卷积操作。
- 短连接：将 10.3.5 小节编码器模型中间层信息与对应的解码器模型中间层信息用 concat 函数结合起来，一起传入下一层进行转置卷积操作。
- 转置卷积层：通过将卷积核转置并进行反卷积操作。该网络层具有信息还原的功能。

解码器模型中转置卷积层的数量要与编码器模型中卷积层的数量一致，各为 5 层。编码器模型与解码器模型的结构如图 10-6 所示。

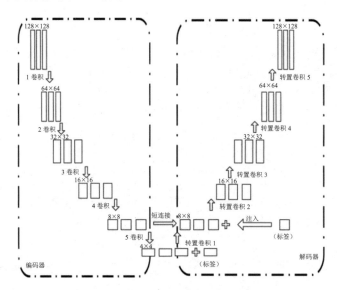

图 10-6　编码器模型与解码器模型的结构

按照图 10-6 中的结构，解码器模型的处理流程如下：

（1）将编码器模型的结果加入标签信息作为原始数据。
（2）在第 1 层进行转置卷积后加入短连接信息。
（3）将标签通过注入层与第（2）步的结果连接起来。

（4）依次再通过 4 层转置卷积，得到与原始图片尺寸相同（128 pinxel×128 pixel）的输出。

其中，短连接层的数量与注入层的数量是可以通过参数调节的。这里使用的参数为 1，代表各使用 1 层。

具体代码如下：

代码 10-5　AttGANmodels（续）

```
15  def Gdec(zs, _a, dim=64, n_layers=5, shortcut_layers=1, inject_layers=0,
    is_training=True):
16      shortcut_layers = min(shortcut_layers, n_layers - 1) #定义短连接层
17      inject_layers = min(inject_layers, n_layers - 1)#定义注入层
18
19      def _concat(z, z_, _a):                          #定义函数，实现concat操作
20          feats = [z]
21          if z_ is not None:                           #追加短连接层信息
22              feats.append(z_)
23          if _a is not None:                           #追加注入层的标签信息
24              #调整标签维度，与解码器模型的中间层一致
25              _a = tf.reshape(_a, [-1, 1, 1, _a.get_shape()[-1] ])
26              #按照解码器模型中间层输出的尺寸进行复制
27              _a = tf.tile(_a, [1, z.get_shape()[1],z.get_shape()[2], 1])
28              feats.append(_a)
29          return tf.concat(feats, axis=3)              #对特征进行concat操作
30
31      with tf.variable_scope('Gdec', reuse=tf.AUTO_REUSE):
32          z = _concat(zs[-1], None, _a)                #将编码器模型结果与标签结合起来
33          for i in range(n_layers):                    #5层转置卷积
34              if i < n_layers - 1:
35                  d = min(dim * 2**(n_layers - 1 - i), MAX_DIM)
36                  z = slim.conv2d_transpose(z,d,4,2,activation_fn=tf.nn.relu)
37                  z = slim.batch_norm(z,scale=True,updates_collections=None,
    is_training=is_training)
38                  if shortcut_layers > i:              #实现短连接层
39                      z = _concat(z, zs[n_layers - 2 - i], None)
40                  if inject_layers > i:                #实现注入层
41                      z = _concat(z, None, _a)
42              else:
43                  x = slim.conv2d_transpose(z, 3, 4, 2,activation_fn=tf.nn.tanh)
                    #对最后一层的结果进行特殊处理
44          return x
```

代码第 43 行，对最后一层的结果做了激活函数 tanh 的转化，将最终结果变成与原始图片归一化处理后一样的值域（−1~1 之间）。

 提示：

这里分享一个在实际训练中得出的经验：激活函数 leaky_relu 配合卷积神经网络的效果

要比激活函数 relu 好。所以可以看到，在 10.3.5 小节中的编码器模型部分使用的是激活函数 leaky_relu，而在本节的解码器模型部分使用的是激活函数 relu。

10.3.7　代码实现：构建 AttGAN 模型的判别器模型部分

判别器模型相对简单。步骤如下：

（1）用 5 层卷积网络对输入数据进行特征提取。

（2）在第（1）步的 5 层卷积网络中，每次卷积操作之后，都进行一次实例归一化（10.1.5 小节）处理。实例归一化可以帮助卷积网络更好地对独立样本个体进行特征提取。

（3）将第（1）步的结果分成两份，分别通过 2 层全连接网络，得到判别真伪的结果与判别分类的结果。

（4）将最终的判别真伪的结果与判别分类的结果返回。

具体代码如下。

代码 10-5　AttGANmodels（续）

```
45  def D(x, n_att, dim=64, fc_dim=MAX_DIM, n_layers=5):
46      with tf.variable_scope('D', reuse=tf.AUTO_REUSE):
47          y = x
48          for i in range(n_layers):                #5层卷积网络
49              d = min(dim * 2**i, MAX_DIM)
50              y= slim.conv2d(y,d,4,2,
    normalizer_fn=slim.instance_norm,activation_fn=tf.nn.leaky_relu)
51              print(y.shape,y.shape.ndims)
52          if y.shape.ndims > 2:       #大于2维，需要展开，变成2维的再做全连接
53              y = slim.flatten(y)
54          #用2层全连接辨别真伪
55          logit_gan = slim.fully_connected(y, fc_dim,activation_fn
    =tf.nn.leaky_relu )
56          logit_gan = slim.fully_connected(logit_gan, 1,activation_fn =None )
57          #用2层全连接进行分类
58          logit_att = slim.fully_connected(y, fc_dim,activation_fn
    =tf.nn.leaky_relu )
59          logit_att = slim.fully_connected(logit_att, n_att,activation_fn
    =None )
60
61          return logit_gan, logit_att
62
63  def gradient_penalty(f, real, fake=None):          #计算WGAN-gp的惩罚项
64      def _interpolate(a, b=None):                   #定义联合分布空间的取样函数
65          with tf.name_scope('interpolate'):
66              if b is None:
67                  beta = tf.random_uniform(shape=tf.shape(a), minval=0.,
    maxval=1.)
68                  _, variance = tf.nn.moments(a, range(a.shape.ndims))
```

```
69                b = a + 0.5 * tf.sqrt(variance) * beta
70            shape = [tf.shape(a)[0]] + [1] * (a.shape.ndims - 1)
71            #定义取样的随机数
72            alpha = tf.random_uniform(shape=shape, minval=0., maxval=1.)
73            inter = a + alpha * (b - a)        #联合空间取样
74            inter.set_shape(a.get_shape().as_list())
75            return inter
76
77        with tf.name_scope('gradient_penalty'):
78            x = _interpolate(real, fake)       #在联合分布空间取样
79            pred = f(x)
80            if isinstance(pred, tuple):
81                pred = pred[0]
82            grad = tf.gradients(pred, x)[0]    #计算梯度惩罚项
83            norm = tf.norm(slim.flatten(grad), axis=1)
84            gp = tf.reduce_mean((norm - 1.)**2)
85            return gp
```

代码第 63 行是一个计算对抗网络惩罚项的函数。该惩罚项源于 WGAN-gp 对抗神经网络模型。如果在 WGAN 模型与 LSGAN 模型中添加了惩罚项，则分别变成了 WGAN-gp、LSGAN-gp 模型。

> **提示：**
> 关于该部分的更多知识，还可以参考《深度学习之 TensorFlow——入门、原理与进阶实战》一书中 12.5 节的 WGAN-gp 模型与 12.6 节的 LSGAN 模型介绍。

10.3.8 代码实现：定义模型参数，并构建 AttGAN 模型

接下来进入模型训练环节。

首先，在静态图中构建 AttGAN 模型，并创建数据集。具体代码如下。

代码 10-6　trainattgan

```
01  from functools import partial         #引入偏函数库
02  import traceback
03  import re                              #引入正则库
04  import numpy as np
05  import tensorflow as tf
06  import time
07  import os
08  import scipy.misc
09  #引入本地文件
10  mydataset = __import__("10-4 mydataset")
11  data = mydataset#.data
12  AttGANmodels = __import__("10-5 AttGANmodels")
13  models = AttGANmodels#.models
```

```python
14
15  img_size = 128                                    #定义图片尺寸
16  #定义模型参数
17  shortcut_layers = 1                               #定义短连接层数
18  inject_layers =1                                  #定义注入层数
19  enc_dim = 64                                      #定义编码维度
20  dec_dim = 64                                      #定义解码维度
21  dis_dim = 64                                      #定义判别器模型维度
22  dis_fc_dim = 1024                                 #定义判别器模型中全连接的节点
23  enc_layers = 5                                    #定义编码器模型层数
24  dec_layers = 5                                    #定义解码器模型层数
25  dis_layers = 5                                    #定义判别器模型器层数
26
27  #定义训练参数
28  mode = 'wgan'                                     #设置计算损失的方式,还可设为"lsgan"
29  epoch = 200                                       #定义迭代次数
30  batch_size = 32                                   #定义批次大小
31  lr_base = 0.0002                                  #定义学习率
32  n_d = 5                              #定义训练间隔,训练n_d次判别器模型伴随一次生成器模型
33  #定义生成器模型的随机方式
34  b_distribution = 'none'              #还可以取值:uniform、truncated_normal
35  thres_int = 0.5                      #训练时,特征的上下限值域
36  #测试时特征属性的上下限值域
37  test_int = 1.0                       #一般要大于训练时的值域,使特征更加明显
38  n_sample = 32
39
40  #定义默认属性
41  att_default = ['Bald', 'Bangs', 'Black_Hair', 'Blond_Hair', 'Brown_Hair',
    'Bushy_Eyebrows', 'Eyeglasses', 'Male', 'Mouth_Slightly_Open', 'Mustache',
    'No_Beard', 'Pale_Skin', 'Young']
42  n_att = len(att_default)
43
44  experiment_name = "128_shortcut1_inject1_None"            #定义模型的文件夹名称
45  os.makedirs('./output/%s' % experiment_name, exist_ok=True)      #创建目录
46
47  tf.reset_default_graph()
48  #定义运行session的硬件配置
49  config = tf.ConfigProto(allow_soft_placement=True,
    log_device_placement=False)
50  config.gpu_options.allow_growth = True
51  sess = tf.Session(config=config)
52
53  #建立数据集
54  tr_data = data.Celeba(r'E:\newgan\AttGAN-Tensorflow-master\data',
    att_default, img_size, batch_size, mode='train', sess=sess)
55  val_data = data.Celeba(r'E:\newgan\AttGAN-Tensorflow-master\data',
    att_default, img_size, n_sample, mode='val', shuffle=False, sess=sess)
```

```
56
57  #准备一部分评估样本，用于测试模型的输出效果
58  val_data.get_next()
59  val_data.get_next()
60  xa_sample_ipt, a_sample_ipt = val_data.get_next()
61  b_sample_ipt_list = [a_sample_ipt]         #保存原始样本标签，用于重建
62  for i in range(len(att_default)):          #每个属性生成一个标签
63      tmp = np.array(a_sample_ipt, copy=True)
64      tmp[:, i] = 1 - tmp[:, i]              #将指定属性取反，去掉显像属性的冲突项
65      tmp = data.Celeba.check_attribute_conflict(tmp, att_default[i], att_default)
66      b_sample_ipt_list.append(tmp)
67
68  #构建模型
69  Genc = partial(models.Genc, dim=enc_dim, n_layers=enc_layers)
70  Gdec = partial(models.Gdec, dim=dec_dim, n_layers=dec_layers,
    shortcut_layers=shortcut_layers, inject_layers=inject_layers)
71  D = partial(models.D, n_att=n_att, dim=dis_dim, fc_dim=dis_fc_dim,
    n_layers=dis_layers)
```

代码第58~66行，根据评估样本的标签数据来合成多个目标标签。这些目标标签将被输入模型中用于生成指定的人脸图片。具体步骤如下：

（1）用数据集生成一部分评估样本及对应的标签。

（2）从默认属性 att_default（见代码第41行）中取出一个属性索引。

（3）用第（2）步的属性索引，在样本标签中找到对应的属性值，将其取反。

（4）将取反后的标签保存起来，完成一个目标标签的制作。

（5）用 for 循环遍历默认属性 att_default，在循环中实现第（2）~（4）步的操作，合成多个目标标签。

在合成目标标签的过程中，每个目标标签只在原来的标签上改变了一个属性。这样做可以使输出的效果更加明显。

在代码第69~71行，用偏函数分别对编码器模型、解码器模型、判别器模型进行二次封装，将常量参数固定起来。

10.3.9　代码实现：定义训练参数，搭建正反向模型

定义学习率、输入样本、模拟标签相关的占位符，并构建正反向模型。

1. 搭建 AttGAN 模型正向结构的步骤

按照 10.3.2 小节中 AttGAN 模型正向结构的描述实现如下步骤：

（1）用编码器模型提取特征。

（2）将提取后的特征与样本标签一起输入解码器模型，重建输入的人脸图片。

（3）将第（1）步提取后的特征与模拟标签一起输入解码器模型，完成模拟人脸图片的生成。

（4）将第（3）步的模拟人脸图片与真实的图片输入判别器，模型进行图片真伪的判断和属

性分类的计算。

1. 搭建 AttGAN 模型中的技术细节

在标签计算之前,统一进行一次值域变化,将标签的值域从 0~1 变为-0.5~0.5,见代码第 75 行。

在模拟标签部分,代码中给出了 3 种方法:直接乱序、用 uniform 随机值进行变化、用 truncated_normal 随机值进行变化,见代码第 77~82 行。

完整的代码如下。

代码 10-6　trainattgan(续)

```
72  lr = tf.placeholder(dtype=tf.float32, shape=[])  #定义学习率占位符
73  xa = tr_data.batch_op[0]                         #定义获取训练图片数据的 OP
74  a = tr_data.batch_op[1]                          #定义获取训练标签数据的 OP
75  _a = (tf.cast(a,tf.float32) * 2 - 1) * thres_int  #改变标签值域
76  b = tf.random_shuffle(a)          #打乱属性标签的对应关系,用于生成器模型的输入
77  if b_distribution == 'none':      #构建生成器模型的随机值标签
78      _b = (tf.cast(b,tf.float32) * 2 - 1) * thres_int
79  elif b_distribution == 'uniform':
80      _b = (tf.cast(b,tf.float32) * 2 - 1) * tf.random_uniform(tf.shape(b)) * 
    (2 * thres_int)
81  elif b_distribution == 'truncated_normal':
82      _b = (tf.cast(b,tf.float32) * 2 - 1) * (tf.truncated_normal(tf.shape(b)) 
    + 2) / 4.0 * (2 * thres_int)
83
84  xa_sample = tf.placeholder(tf.float32, [None, img_size, img_size, 3])
85  _b_sample = tf.placeholder(tf.float32, [None, n_att])
86
87  #构建生成器模型
88  z = Genc(xa)                      #用编码器模型提取特征
89  xb_ = Gdec(z, _b)                 #将编码器模型输出的特征配合随机属性,生成人脸图片(用于对抗)
90  with tf.control_dependencies([xb_]):
91      xa_ = Gdec(z, _a)  #将编码器模型输出的特征配合原有标签属性,生成人脸图片(用于重建)
92
93  #构建判别器模型
94  xa_logit_gan, xa_logit_att = D(xa)
95  xb__logit_gan, xb__logit_att = D(xb_)
96
97  #计算判别器模型损失
98  if mode == 'wgan':                                #用 wgan-gp 方式
99      wd = tf.reduce_mean(xa_logit_gan) - tf.reduce_mean(xb__logit_gan)
100     d_loss_gan = -wd
101     gp = models.gradient_penalty(D, xa, xb_)
102 elif mode == 'lsgan':                             #用 lsgan-gp 方式
103     xa_gan_loss = tf.losses.mean_squared_error(tf.ones_like(xa_logit_gan), 
    xa_logit_gan)
```

```python
104     xb__gan_loss =
    tf.losses.mean_squared_error(tf.zeros_like(xb__logit_gan), xb__logit_gan)
105     d_loss_gan = xa_gan_loss + xb__gan_loss
106     gp = models.gradient_penalty(D, xa)
107
108 #计算分类器模型的重建损失
109 xa_loss_att = tf.losses.sigmoid_cross_entropy(a, xa_logit_att)
110 d_loss = d_loss_gan + gp * 10.0 + xa_loss_att    #最终的判别器模型损失
111
112 #计算生成器模型损失
113 if mode == 'wgan':                               #用 wgan-gp 方式
114     xb__loss_gan = -tf.reduce_mean(xb__logit_gan)
115 elif mode == 'lsgan':                            #用 lsgan-gp 方式
116     xb__loss_gan =
    tf.losses.mean_squared_error(tf.ones_like(xb__logit_gan), xb__logit_gan)
117
118 #计算分类器模型的重建损失
119 xb__loss_att = tf.losses.sigmoid_cross_entropy(b, xb__logit_att)
120 #用于校准生成器模型的生成结果
121 xa__loss_rec = tf.losses.absolute_difference(xa, xa_)
122 #最终的生成器模型损失
123 g_loss = xb__loss_gan + xb__loss_att * 10.0 + xa__loss_rec * 100.0
124
125 t_vars = tf.trainable_variables()                #获得训练参数
126 d_vars = [var for var in t_vars if 'D' in var.name]
127 g_vars = [var for var in t_vars if 'G' in var.name]
128 #定义优化器 OP
129 d_step = tf.train.AdamOptimizer(lr, beta1=0.5).minimize(d_loss,
    var_list=d_vars)
130 g_step = tf.train.AdamOptimizer(lr, beta1=0.5).minimize(g_loss,
    var_list=g_vars)
131 #按照指定属性生成数据，用于测试模型的输出效果
132 x_sample = Gdec(Genc(xa_sample, is_training=False), _b_sample,
    is_training=False)
133
134 def summary(tensor_collection,    #定义 summary 处理函数
135             summary_type=['mean', 'stddev', 'max', 'min', 'sparsity',
    'histogram'],
136             scope=None):
137
138     def _summary(tensor, name, summary_type):
139         if name is None:
140             name = re.sub('%s_[0-9]*/' % 'tower', '', tensor.name)
141             name = re.sub(':', '-', name)
142
143         summaries = []
144         if len(tensor.shape) == 0:
```

```
145             summaries.append(tf.summary.scalar(name, tensor))
146         else:
147             if 'mean' in summary_type:
148                 mean = tf.reduce_mean(tensor)
149                 summaries.append(tf.summary.scalar(name + '/mean', mean))
150             if 'stddev' in summary_type:
151                 mean = tf.reduce_mean(tensor)
152                 stddev = tf.sqrt(tf.reduce_mean(tf.square(tensor - mean)))
153                 summaries.append(tf.summary.scalar(name + '/stddev', stddev))
154             if 'max' in summary_type:
155                 summaries.append(tf.summary.scalar(name + '/max', tf.reduce_max(tensor)))
156             if 'min' in summary_type:
157                 summaries.append(tf.summary.scalar(name + '/min', tf.reduce_min(tensor)))
158             if 'sparsity' in summary_type:
159                 summaries.append(tf.summary.scalar(name + '/sparsity', tf.nn.zero_fraction(tensor)))
160             if 'histogram' in summary_type:
161                 summaries.append(tf.summary.histogram(name, tensor))
162         return tf.summary.merge(summaries)
163
164     if not isinstance(tensor_collection, (list, tuple, dict)):
165         tensor_collection = [tensor_collection]
166
167     with tf.name_scope(scope, 'summary'):
168         summaries = []
169         if isinstance(tensor_collection, (list, tuple)):
170             for tensor in tensor_collection:
171                 summaries.append(_summary(tensor, None, summary_type))
172         else:
173             for tensor, name in tensor_collection.items():
174                 summaries.append(_summary(tensor, name, summary_type))
175         return tf.summary.merge(summaries)
176 #定义生成summary的相关节点
177 d_summary = summary({d_loss_gan: 'd_loss_gan',gp: 'gp',
178     xa_loss_att: 'xa_loss_att',}, scope='D')              #定义判别器模型日志
179
180 lr_summary = summary({lr: 'lr'}, scope='Learning_Rate')   #定义学习率日志
181
182 g_summary = summary({ xb__loss_gan: 'xb__loss_gan',       #定义生成器模型日志
183     xb__loss_att: 'xb__loss_att',xa__loss_rec: 'xa__loss_rec',
184 }, scope='G')
185
186 d_summary = tf.summary.merge([d_summary, lr_summary])
187
188 def counter(start=0, scope=None):                         #对张量进行计数
```

```
189     with tf.variable_scope(scope, 'counter'):
190         counter = tf.get_variable(name='counter',
191                             initializer=tf.constant_initializer(start),
192                             shape=(),
193                             dtype=tf.int64)
194         update_cnt = tf.assign(counter, tf.add(counter, 1))
195         return counter, update_cnt
196 #定义计数器
197 it_cnt, update_cnt = counter()
198
199 #定义saver,用于读取模型
200 saver = tf.train.Saver(max_to_keep=1)
201
202 #定义摘要日志写入器
203 summary_writer = tf.summary.FileWriter('./output/%s/summaries' %
    experiment_name, sess.graph)
```

在计算损失值方面,代码第97~123行中提供了对抗神经网络模型中计算损失值的两种方式——wgan-gp 与 lsgan-gp。这两种方式都是对抗神经网络模型中主流的计算 loss 值的方式。它可以在训练过程中,使生成器模型与判别器模型很好地收敛。

代码第 123 行,在合成最终的生成器模型的损失时,分别为模拟标签的分类损失和真实图片的重建损失添加了 10 和 100 的缩放参数。这样做是为了使损失处于同一数量级。类似的还有代码第 110 行,合成判别器模型的损失部分。

> **提示:**
> 在 AttGAN 的论文(https://arxiv.org/pdf/1711.10678.pdf)中,作者对重建损失、分类损失与对抗损失分别做了单独的实验,从而总结各个损失值对模型的约束意义,以便更好地理解模型内部的机制。具体如下:
> - 重建损失是为了表示属性以外的信息,可以保证与属性无关的人脸部分不被改变。
> - 分类损失是为了表示属性信息,使生成器模型能够按照指定的属性来生成图片。
> - 对抗损失是为了强化生成器模型的属性生成功能,让属性信息可以显现出来。
>
> 如果没有对抗损失,生成器模型生成的图片会很不稳定,用肉眼看去,有的具有属性,有的却没有属性。但这并不代表生成器模型生成的图片没有对应的属性,只不过是人眼无法看出这些属性而已。这时生成器模型相当于一个用于攻击模型的对抗样本生成器模型,即生成具有人眼识别不出来的图片属性(具体参考第 11 章)。而对抗损失用真实的图片与标签进行校准,正好加固了生成器模型的分类生成功能,让生成器模型可以生成人眼可见的属性图片。

代码第 121 行用 tf.losses.absolute_difference 函数计算重建损失。该函数计算的是生成图片与原始图片的平均绝对误差(MAD)。相对于 MSE 算法,平均绝对误差受偏离正常范围的离群样本影响较小,让模型具有更好的泛化性,可以更好地帮助模型在重建方面进行收敛。但缺点是收敛速度比 MSE 算法慢。

代码第 119 行，在计算分类损失时，使用了激活函数 sigmoid 的交叉熵函数 sigmoid_cross_entropy。sigmoid 的交叉熵是将预测值与标签值中的每个分类各做一次 sigmoid 变化，再计算交叉熵。这种方法常常用来解决非互斥类的分类问题。它不同于 softmax 的交叉熵：softmax 的交叉熵在 softmax 环节限定预测值中所有分类的概率值的 "和" 为 1，标签值中所有分类的概率值的 "和" 也为 1，这会导致概率值之间是互斥关应，所以 softmax 的交叉熵适用于互斥类的分类问题。

代码第 134~186 行实现了输出 summary 日志的功能。待模型训练结束之后，可以在 TensorBoard 中查看。

10.3.10 代码实现：训练模型

首先定义 3 个函数 immerge、to_range、imwrite，用在测试模型的输出图片环节。

接着通过循环迭代训练模型。在训练的过程中，每训练 5 次判别器模型，就训练一次生成器模型。具体代码如下：

代码 10-6　trainattgan（续）

```
204 def immerge(images, row, col):#合成图片
205     h, w = images.shape[1], images.shape[2]
206     if images.ndim == 4:
207         img = np.zeros((h * row, w * col, images.shape[3]))
208     elif images.ndim == 3:
209         img = np.zeros((h * row, w * col))
210     for idx, image in enumerate(images):
211         i = idx % col
212         j = idx // col
213         img[j * h:j * h + h, i * w:i * w + w, ...] = image
214
215     return img
216
217 #转化图片值域，从[-1.0, 1.0] 到 [min_value, max_value]
218 def to_range(images, min_value=0.0, max_value=1.0, dtype=None):
219
220     assert np.min(images) >= -1.0 - 1e-5 and np.max(images) <= 1.0 + 1e-5 \
221         and (images.dtype == np.float32 or images.dtype == np.float64), \
222         ('The input images should be float64(32) '
223          'and in the range of [-1.0, 1.0]!')
224     if dtype is None:
225         dtype = images.dtype
226     return ((images + 1.) / 2. * (max_value - min_value) +
227         min_value).astype(dtype)
228
229 def imwrite(image, path):                    #保存图片，数值为 [-1.0, 1.0]
230     if image.ndim == 3 and image.shape[2] == 1: #保存灰度图
231         image = np.array(image, copy=True)
232         image.shape = image.shape[0:2]
```

```
233         return scipy.misc.imsave(path, to_range(image, 0, 255, np.uint8))
234 #创建或加载模型
235 ckpt_dir = './output/%s/checkpoints' % experiment_name
236 try:
237     thisckpt_dir = tf.train.latest_checkpoint(ckpt_dir)
238     restorer = tf.train.Saver()
239     restorer.restore(sess, thisckpt_dir)
240     print(' [*] Loading checkpoint succeeds! Copy variables from % s!' % thisckpt_dir)
241 except:
242     print(' [*] No checkpoint')
243     os.makedirs(ckpt_dir, exist_ok=True)
244     sess.run(tf.global_variables_initializer())
245
246 #训练模型
247 try:
248     #计算训练一次数据集所需的迭代次数
249     it_per_epoch = len(tr_data) // (batch_size * (n_d + 1))
250     max_it = epoch * it_per_epoch
251     for it in range(sess.run(it_cnt), max_it):
252         start_time = time.time()
253         sess.run(update_cnt)                    #更新计数器
254         epoch = it // it_per_epoch              #计算训练一次数据集所需要的迭代次数
255         it_in_epoch = it % it_per_epoch + 1
256         lr_ipt = lr_base / (10 ** (epoch // 100))    #计算学习率
257         for i in range(n_d):                    #训练n_d次判别器模型
258             d_summary_opt, _ = sess.run([d_summary, d_step], feed_dict={lr: lr_ipt})
259         summary_writer.add_summary(d_summary_opt, it)
260         g_summary_opt, _ = sess.run([g_summary, g_step], feed_dict={lr: lr_ipt})
                                                        #训练一次生成器模型
261         summary_writer.add_summary(g_summary_opt, it)
262         if (it + 1) % 1 == 0:                   #显示计算时间
263             print("Epoch: {} {}/{} time: {}".format(epoch, it_in_epoch, it_per_epoch,time.time()-start_time))
264
265         if (it + 1) % 1000 == 0:                #保存模型
266             save_path = saver.save(sess, '%s/Epoch_(%d)_(%dof%d).ckpt' % (ckpt_dir, epoch, it_in_epoch, it_per_epoch))
267             print('Model is saved at %s!' % save_path)
268
269         #用模型生成一部分样本，以便观察效果
270         if (it + 1) % 100 == 0:
271             x_sample_opt_list = [xa_sample_ipt, np.full((n_sample, img_size, img_size // 10, 3), -1.0)]
272             for i, b_sample_ipt in enumerate(b_sample_ipt_list):
273                 _b_sample_ipt = (b_sample_ipt * 2 - 1) * thres_int#标签预处理
274                 if i > 0:    #将当前属性的值域变成 [-1, 1]。如果 i 为 0，则是原始标签
```

```
275                     _b_sample_ipt[..., i - 1] = _b_sample_ipt[..., i - 1] * 
    test_int / thres_int
276                     x_sample_opt_list.append(sess.run(x_sample, 
    feed_dict={xa_sample: xa_sample_ipt, _b_sample: _b_sample_ipt}))
277                 sample = np.concatenate(x_sample_opt_list, 2)
278                 save_dir = './output/%s/sample_training' % experiment_name
279                 os.makedirs(save_dir, exist_ok=True)
280                 imwrite(immerge(sample, n_sample, 1), 
    '%s/Epoch_(%d)_(%dof%d).jpg' % (save_dir, epoch, it_in_epoch, 
    it_per_epoch))
281 except:
282     traceback.print_exc()
283 finally:    #在程序最后保存模型
284     save_path = saver.save(sess, '%s/Epoch_(%d)_(%dof%d).ckpt' % (ckpt_dir, 
    epoch, it_in_epoch, it_per_epoch))
285     print('Model is saved at %s!' % save_path)
286     sess.close()
```

代码运行后，输出如下结果：

```
……
Epoch: 116 233/947 time: 10.196768760681152
Epoch: 116 234/947 time: 10.141278266906738
Epoch: 116 235/947 time: 10.229653596878052
Epoch: 116 236/947 time: 10.178789377212524
……
```

结果中只显示了训练的进度和时间。内部的损失值可以通过 TensorBoard 来参看，如图 10-7 所示。

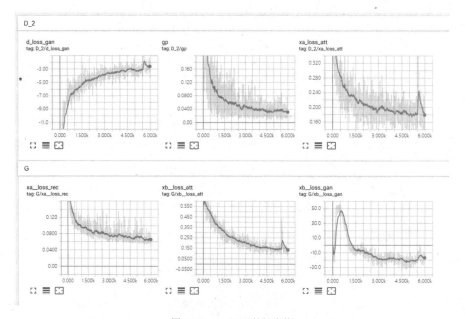

图 10-7　AttGAN 的损失值

在当前目录的 output\128_shortcut1_inject1_None\sample_training 文件下，可以看到生成的人脸图片情况，如图 10-8 所示。

图 10-8 AttGAN 所合成的人脸图片

图 10-8 中，每一行是具体图片按照指定属性生成的结果。其中，第 1 列为原始图片。第 2 列到最后一列是按照代码 66 行 b_sample_ipt_list 变量中的属性标签生成的，其中包括带有眼袋、头帘、黑头发、金色头发、棕色头发等属性的人脸图片。

代码第 274 行，在生成图片时，将每个用于显示图片主属性的值设为 1，高于训练时的特征最大值 0.5。这么做是为了让生成器模型生成特征更加明显的人脸图片。另外还可以通过该值的大小来调节属性的强弱，见 10.3.11 小节。

10.3.11 实例 56：为人脸添加不同的眼镜

在 AttGAN 模型中，每个属性都是通过数值大小来控制的。按照这个规则，可以通过调节某个单一的属性值，来实现在编辑人脸时某个属性显示的强弱。

下面通过编码来实现具体的实验效果。在定义参数、构建模型之后，按如下步骤实现：

（1）添加代码载入模型（见代码第 1～14 行）。
（2）设置图片的人脸属性及标签强弱（见代码第 16～19 行）。
（3）生成图片，并保存。

具体代码如下：

代码 10-7 testattgan（片段）

```
01 ……
02 ckpt_dir = './output/%s/checkpoints' % experiment_name
03 print(ckpt_dir)
04 thisckpt_dir = tf.train.latest_checkpoint(ckpt_dir)
05 print(thisckpt_dir)
06 restorer = tf.train.Saver()
07 restorer.restore(sess, thisckpt_dir)
08
09 try:                                    #载入模型
```

```
10      thisckpt_dir = tf.train.latest_checkpoint(ckpt_dir)
11      restorer = tf.train.Saver()
12      restorer.restore(sess, thisckpt_dir)
13 except:
14      raise Exception(' [*] No checkpoint!')
15
16 n_slide =10                        #生成10个图片
17 test_int_min = 0.7                 #特征值从0.7开始
18 test_int_max = 1.2                 #特征值到1.2结束
19 test_att = 'Eyeglasses'            #只使用一个眼镜属性
20 try:
21      for idx, batch in enumerate(te_data):#遍历样本数据
22          xa_sample_ipt = batch[0]
23          b_sample_ipt = batch[1]
24          #处理标签
25          x_sample_opt_list = [xa_sample_ipt, np.full((1, img_size, img_size //
   10, 3), -1.0)]
26          for i in range(n_slide):#生成10个图片
27              test_int = (test_int_max - test_int_min) / (n_slide - 1) * i +
   test_int_min
28              _b_sample_ipt = (b_sample_ipt * 2 - 1) * thres_int
29              _b_sample_ipt[..., att_default.index(test_att)] = test_int
30              #用模型生成图片
31              x_sample_opt_list.append(sess.run(x_sample,
   feed_dict={xa_sample: xa_sample_ipt, _b_sample: _b_sample_ipt}))
32          sample = np.concatenate(x_sample_opt_list, 2)
33          #保存结果
34          save_dir = './output/%s/sample_testing_slide_%s' % (experiment_name,
   test_att)
35
36          os.makedirs(save_dir, exist_ok=True)
37          imwrite(sample.squeeze(0), '%s/%d.png' % (save_dir, idx + 182638))
38          print('%d.png done!' % (idx + 182638))
39 except:
40      traceback.print_exc()
41 finally:
42      sess.close()
```

代码运行后会看到，在本地 output\128_shortcut1_inject1_None\sample_testing_slide_Eyeglasses 文件夹下生成了若干图片。以其中的一个为例，如图10-9所示。

图10-9 带有不同眼镜的人脸图片

可以看到，从左到右眼镜的颜色在变深、变大，这表示AttGAN模型已经能够学到眼镜属

性在人脸中的特征分布情况。根据眼镜属性值的大小不同，生成的眼镜的风格也不同。

10.3.12 扩展：AttGAN 模型的局限性

看似强大的 AttGAN 模型也有它的短板。AttGAN 模型的作者在用 AttGAN 模型处理跨域较大的风格转化任务时（例如，将现实图片转换成油画风格），发现效果并不理想。这表明 AttGan 模型适用于图片纹理变化相对较小的图片风格转换任务（例如，根据风景图片生成四季的效果），但不适用于纹理或颜色变化较大的图片转换任务。

这是因为，AttGan 模型更侧重于单个样本的生成，即对单个样本进行微小改变。所以，该模型在批量数据上的风格改变效果并不优秀。在实际应用中，读者应根据具体的问题选择合适的模型。

10.4 实例 57：用 RNN.WGAN 模型模拟生成恶意请求

实例描述

从网络中获取到一部分恶意请求数据。用该数据来训练 RNN.WGAN 模型，让模型可以拟合现有样本的特征，并模拟生成相似的恶意请求数据。

该实例源于网络安全领域中的一个真实场景。在用有监督的训练方式训练模型时，通常需要很大的样本量。然而准备大量带有标注的样本并不是一件很容易的事。在有限的样本下，如想实现用海量数据训练出来的模型效果，则可以用生成式网络模型模拟出更多的样本，以扩充训练数据集。

10.4.1 获取样本：通过 Panabit 设备获取恶意请求样本

本案例使用的数据集来自 Panabit 设备。该设备的主要功能是：对网络流量进行控制、管控 DNS、优化网络效率。它在识别网络应用的基础上，还实现了智选路由、负载均衡、二级路由、移动设备等功能。

在深度学习中，可以从该设备源源不断地取出数据，用于训练。下面简单介绍一下从 Panabit 设备获取数据的方法。

1. 创建自己的 Panabit 设备

Panabit 官网提供了一个可以独立安装的免费软件。可以将其安装在 PC 上，以实现 Panabit 设备同等的能力。对于手里没有 Panabit 设备但也想得到网络实时数据的读者，可以按本节的方法自己动手创建一台 Panabit 设备。

（1）Panabit 的安装包。

Panabit 有两部分构成：Panabit 系统、Panalog 软件。

- Panabit 系统：该安装包是一个 IOS 格式的镜像文件。其安装方法与操作系统的安装方法类似。需要制作 U 盘的启动盘，并从 U 盘启动进行安装。

- Panalog 软件：是在 Panabit 系统中安装的一个软件，可以实现日志收集、保存安全防护、态势感知，以及大数据分析等功能。

（2）Panabit 的安装方法。

Panabit 软件的具体下载路径及安装方式可以从如下链接中获得：

http://forum.panabit.com/

该网站是一个技术论坛。论坛中的"Panabit 路由流控"和"Panalog 日志分析"板块中有详细的安装教程，如图 10-10 所示。

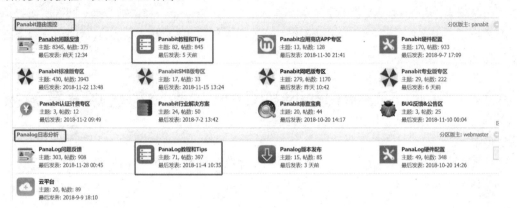

图 10-10　Panabit 论坛

在"Panabit 教程和 Tips"板块中，介绍了 Panabit 软件的安装方法。在"PanaLog 教程和 Tips"板块中，介绍了如何安装 PanaLog，以及导出网络日志的方法。

> **提示：**
> Panabit 作为一款网络管理软件，要求本机至少配有 3 张或以上 Intel 1000M 网卡：一个用于管理，另外两个用作网桥。

按照教程中的方法将 Panabit 软件安装好之后，直接串联到自己的内网出口，便可以创建一台自己的 Panabit 设备。

2. 从 Panabit 设备中导出样本

在 Panabit 软件安装完成之后，可以用以下步骤导出样本。

（1）打开 Panabit 日志分析软件，选择"用户行为"界面下的"URL 查询"，然后根据访问方式、目的 IP 地址、域名关键词、URL 关键词、协议等信息进行具体查询。

例如，查询 IP 地址为 100.64.160.209 的主机以 GET 方式访问的 URL 信息，则可以直接在界面中输入 IP 地址，如图 10-11 所示。

第 10 章 生成式模型——能够输出内容的模型 | 599

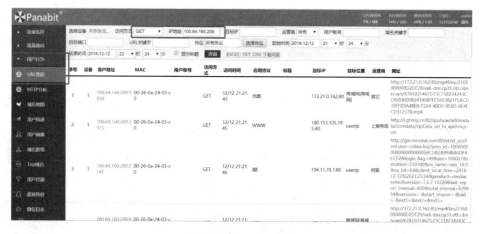

图 10-11　PanaLog 界面

（2）根据以上检索条件查询到的 URL 信息，可以按照 EXCEL、TXT、CSV 等格式生成报表，并提供下载，如图 10-12 所示。

图 10-12　用 PanaLog 导出数据

（3）下载后的 Excel 文档包含 URL 的所有关键信息，包括目标 IP、域名、URL、协议类型、所属运营商、所属地区等，如图 10-13 所示。

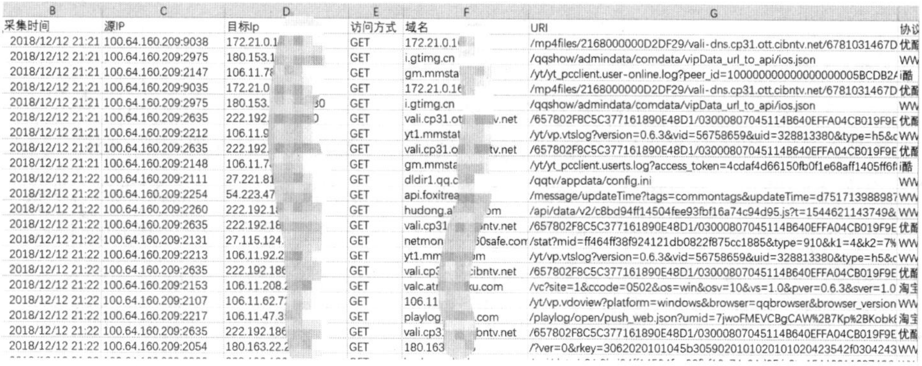

图 10-13　查看 PanaLog 中导出的数据

在本例中，将图 10-13 中的 URI 列单独提取出来，保存到 TXT 文件中。通过人工将跨站攻击、SQL 注入、webshell 等恶意 URI 数据挑选出来，组合成恶意样本（见随书资源中的"s2_bad_webshell.txt"与"s5_badqueries.txt"样本文件）。

10.4.2 了解 RNN.WGAN 模型

在普通的对抗网络模型中，生成器模型部分一般由反卷积或全连接网络等组成。该模型擅长生成连续类型的模拟数据。而恶意请求数据是由字符组成的序列数据，属于离散类型的数据，所以不适合用单纯的反卷积或全连接网络等技术来模拟生成。

RNN.WGAN 模型的核心是：将 RNN 模型用在生成器模型中，使得该网络模型可以模拟生成离散类型的数据样本。下面分别介绍 RNN.WGAN 模型中的生成器模型和判别器模型，以及训练方式。

1. 生成器模型

在 RNN.WGAN 模型中，生成器模型部分把随机数与真实样本放在一起，并对其做了基于序列的样本离散化处理，然后用于训练。这样便可以使网络模型模拟出与原有样本相似的数据。具体过程如图 10-14 所示。

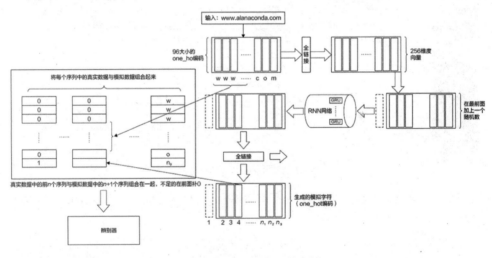

图 10-14　RNN.WGAN 的流程

如图 10-14 所示，RNN.WGAN 的生成器模型的处理过程大体可以分为以下步骤：
（1）将 one_hot 编码的输入字符通过全链接转成与 RNN 模型对应维度的向量序列数据。
（2）将生成的随机数作为生成的向量序列数据的第 1 个序列，并一起放到 RNN 模型中。
（3）将 RNN 模型输出的结果再通过一次全链接，转成 one_hot 编码的模拟字符向量。
（4）将模拟字符与输入字符混合起来，作为训练用的生成器模型的输出样本。模拟字符中的每一个序列数据，都作为生成样本中的最后一个数据。该序列前面的数据使用输入字符的数据，不足的地方用 0 填充。

在生成器模型训练好之后，用该模型生成模拟数据的步骤如下：

（1）生成指定维度的随机数，作为模拟数据的起始值。

（2）将随机数传入生成器模型，输出下一时刻的预测字符。

（3）将生成器模型的数据结果作为当前时刻的输入数据，再次输入生成器模型中，得到下一时刻的预测字符。

（4）按照指定的输出长度，重复第（3）步操作。如果中途预测出结束字符，则停止循环。

这部分内容与《深度学习之 TensorFlow——入门、原理与进阶实战》一书中 9.6 节"利用 RNN 模型训练语言模型"的例子一致。

2. 判别器模型

判别器模型的结构非常简单——一个 RNN 模型加全链接。具体的实现见 10.4.3 小节的详细代码。

3. 训练方式

RNN.WGAN 模型使用了 WGAN 模型的方法进行训练。详细做法可以参考如下论文：

https://arxiv.org/abs/1704.00028

10.4.3 代码实现：构建 RNN.WGAN 模型

RNN.WGAN 模型主要由三部分组成：判别器模型（又叫评判器）、生成器模型和反向传播部分。具体代码如下：

1. 判别器模型

判别器模型用 256 个 GRU 单元提取序列数据的特征，并将输出结果通过全链接网络生成 1 维数据。该数据代表对输入样本的判别结果——1 为真、0 为假。

代码 10-8　RNNWGAN 模型

```
01  import tensorflow as tf
02  from tensorflow.contrib.rnn import GRUCell
03
04  #定义网络参数
05  DISC_STATE_SIZE = 256       #定义判别器模型中 RNN 模型 cell 节点的个数
06  GEN_STATE_SIZE = 256        #定义生成器模型中 RNN 模型 cell 节点的个数
07  GEN_RNN_LAYERS = 1          #生成器模型中 RNN 模型 cell 的层数
08  LAMBDA = 10.0               #惩罚参数
09
10  #定义判别器模型函数
11  def Discriminator_RNN (inputs, charmap_len, seq_len, reuse=False, rnn_cell
    =None):
12      with tf.variable_scope("Discriminator", reuse=reuse):
13          flat_inputs = tf.reshape(inputs, [-1, charmap_len])
14
15          weight = tf.get_variable("embedding", shape=[charmap_len,
    DISC_STATE_SIZE],
```

```
16          initializer=tf.random_uniform_initializer(minval=-0.1,
   maxval=0.1))
17
18       #通过全链接转成与 RNN 模型同样维度的向量
19       inputs = tf.reshape(flat_inputs@weight, [-1, seq_len,
   DISC_STATE_SIZE])
20       inputs = tf.unstack(tf.transpose(inputs, [1,0,2]))
21       #输入 RNN
22       cell = rnn_cell(DISC_STATE_SIZE)
23       output, state =
   tf.contrib.rnn.static_rnn(cell,inputs,dtype=tf.float32)
24
25       weight = tf.get_variable("W", shape=[DISC_STATE_SIZE, 1],
26
   initializer=tf.random_uniform_initializer(minval=-0.1, maxval=0.1))
27       bias = tf.get_variable("b", shape=[1],
   initializer=tf.random_uniform_initializer(minval=-0.1, maxval=0.1))
28       #通过全链接网络生成判别结果
29       prediction = output[-1]@weight + bias
30
31       return prediction
```

2. 生成器模型

在生成器模型函数 Generator_RNN 中实现的步骤如下：

（1）定义内置函数 get_noise 和 create_initial_states，用于初始化 RNN 的状态值。

（2）搭建生成器的主体结构。

（3）根据传入的参数 gt 来选择内部所运行的代码分支是运行训练代码，还是运行评估代码。参数 gt 代表所传入的真实样本。如果参数 gt 有值，则运行训练代码，否则运行评估代码。

具体代码如下：

代码 10-8　RNNWGAN 模型（续）

```
32 #定义生成器模型函数
33 def Generator_RNN (n_samples, charmap_len,
   BATCH_SIZE,LIMIT_BATCH,seq_len=None, gt=None, rnn_cell=None):
34
35    def get_noise(BATCH_SIZE):#生成随机数
36        noise_shape = [BATCH_SIZE, GEN_STATE_SIZE]
37        return tf.random_normal(noise_shape,mean = 0.0, stddev=10.0),
   noise_shape
38    def create_initial_states(noise):
39        states = []
40        for l in range(GEN_RNN_LAYERS):
41            states.append(noise)
42        return states
43
44    with tf.variable_scope("Generator"):
```

```
45         sm_weight = tf.Variable(tf.random_uniform([GEN_STATE_SIZE,
   charmap_len], minval=-0.1, maxval=0.1))
46         sm_bias = tf.Variable(tf.random_uniform([charmap_len], minval=-0.1,
   maxval=0.1))
47
48         embedding = tf.Variable(tf.random_uniform([charmap_len,
   GEN_STATE_SIZE], minval=-0.1, maxval=0.1))
49
50         #获得生成器模型的原始随机数
51         char_input = tf.Variable(tf.random_uniform([GEN_STATE_SIZE],
   minval=-0.1, maxval=0.1))
52         #转成一批次的原始随机数据
53         char_input = tf.reshape(tf.tile(char_input, [n_samples]), [n_samples,
   1, GEN_STATE_SIZE])
54
55         cells = []
56         for l in range(GEN_RNN_LAYERS):
57             cells.append(rnn_cell(GEN_STATE_SIZE))
58         if seq_len is None:
59             seq_len = tf.placeholder(tf.int32, None,
   name="ground_truth_sequence_length")
60
61         #初始化 RNN 模型的 states
62         noise, noise_shape = get_noise(BATCH_SIZE)
63         train_initial_states = create_initial_states(noise)
64         inference_initial_states = create_initial_states(noise)
65         if gt is not None:                #如果 GT 不为 none，则表示当前为训练状态
66             train_pred = get_train_op(cells, char_input, charmap_len,
   embedding, gt, n_samples, GEN_STATE_SIZE, seq_len, sm_bias, sm_weight,
   train_initial_states,BATCH_SIZE,LIMIT_BATCH)
67             inference_op = get_inference_op(cells, char_input, embedding,
   seq_len, sm_bias, sm_weight, inference_initial_states,
68                 GEN_STATE_SIZE, charmap_len, BATCH_SIZE,reuse=True)
69         else:                     #如果 GT 为 None，则表示当前为 eval 状态
70             inference_op = get_inference_op(cells, char_input, embedding,
   seq_len, sm_bias, sm_weight, inference_initial_states,
71                 GEN_STATE_SIZE,charmap_len, BATCH_SIZE,reuse=False)
72             train_pred = None
73
74         return train_pred, inference_op
75
76 #生成用于训练的模拟样本
77 def get_train_op(cells, char_input, charmap_len, embedding, gt, n_samples,
   num_neurons, seq_len, sm_bias, sm_weight, states,BATCH_SIZE,LIMIT_BATCH):
78     gt_embedding = tf.reshape(gt, [n_samples * seq_len, charmap_len])
79     gt_RNN_input = gt_embedding@embedding
```

```python
80      gt_RNN_input = tf.reshape(gt_RNN_input, [n_samples, seq_len,
    num_neurons])[:, :-1]
81      gt_sentence_input = tf.concat([char_input, gt_RNN_input],
    axis=1)#gt_sentence_input 的 shape[n_samples, seq_len+1, num_neurons]
82      RNN_output, _ = rnn_step_prediction(cells, charmap_len,
    gt_sentence_input, num_neurons, seq_len, sm_bias, sm_weight,
    states,BATCH_SIZE)
83      train_pred = []
84      #从 seq_len+1 中取出前 seq_len 个特征，每一个生成的特征都与原来的输入重新组成一个序列
85      for i in range(seq_len):
86          train_pred.append( #每个序列特征前面加 0 数据，前 i-1 行数据
87              tf.concat([tf.zeros([BATCH_SIZE, seq_len - i - 1, charmap_len]),
    gt[:, :i], RNN_output[:, i:i + 1, :]],
88                  axis=1))
89
90      train_pred = tf.reshape(train_pred, [BATCH_SIZE*seq_len, seq_len,
    charmap_len])
91
92      if LIMIT_BATCH:#从 BATCH_SIZE*seq_len 个序列中随机取出 BATCH_SIZE 个样本进行判断
93          indices = tf.random_uniform([BATCH_SIZE], 0, BATCH_SIZE*seq_len,
    dtype=tf.int32)#获得随机索引
94          train_pred = tf.gather(train_pred, indices)#按照随机索引取数据
95
96      return train_pred
97
98  #定义模型函数，通过 RNN 对数据进行特征分析
99  def rnn_step_prediction (cells, charmap_len, gt_sentence_input, num_neurons,
    seq_len, sm_bias, sm_weight, states,BATCH_SIZE
100                 ,reuse=False):
101     with tf.variable_scope("rnn", reuse=reuse):
102         RNN_output = gt_sentence_input
103         for l in range(GEN_RNN_LAYERS):
104             RNN_output, states[l] = tf.nn.dynamic_rnn(cells[l], RNN_output,
    dtype=tf.float32,
105                 initial_state=states[l], scope="layer_%d" % (l + 1))
106     RNN_output = tf.reshape(RNN_output, [-1, num_neurons])
107     RNN_output = tf.nn.softmax(RNN_output@sm_weight + sm_bias)
108     RNN_output = tf.reshape(RNN_output, [BATCH_SIZE, -1, charmap_len])
109     return RNN_output, states
110
111 #模拟生成真实样本
112 def get_inference_op(cells, char_input, embedding, seq_len, sm_bias,
    sm_weight, states, num_neurons, charmap_len,BATCH_SIZE,
113                 reuse=False):
114     inference_pred = []
```

```
115     embedded_pred = [char_input]#第一个序列字符是随机生成的，后面的序列字符由RNN
        模型生成的，每个字符通过全链接转成与RNN模型匹配的向量，再输入RNN模型
116     for i in range(seq_len):
117         step_pred, states = rnn_step_prediction (cells, charmap_len,
        tf.concat(embedded_pred, 1), num_neurons, seq_len,
118                                 sm_bias, sm_weight,
        states,BATCH_SIZE, reuse=reuse)
119         best_chars_tensor = tf.argmax(step_pred, axis=2)
120         best_chars_one_hot_tensor = tf.one_hot(best_chars_tensor,
        charmap_len)
121         best_char = best_chars_one_hot_tensor[:, -1, :]
122         inference_pred.append(tf.expand_dims(best_char, 1))
123         embedded_pred.append(tf.expand_dims(best_char@embedding, 1))
124         reuse = True             #设置变量生成方式为resue
125
126     return tf.concat(inference_pred, axis=1)
```

3. 反向传播部分

该部分代码主要实现了 WGAN 模型的损失值计算。代码如下：

代码 10-8　RNNWGAN 模型（续）

```
127 #获得指定训练参数
128 def params_with_name(name):
129     return [p for p in tf.trainable_variables() if name in p.name]
130
131 def get_optimization_ops(disc_cost, gen_cost, global_step, gen_lr,
    disc_lr):
132     gen_params = params_with_name('Generator')
133     disc_params = params_with_name('Discriminator')
134     print("Generator Params: %s" % gen_params)
135     print("Disc Params: %s" % disc_params)
136     gen_train_op = tf.train.AdamOptimizer(learning_rate=gen_lr, beta1=0.5,
    beta2=0.9).minimize(gen_cost,
137         var_list=gen_params,
138         global_step=global_step)
139
140     disc_train_op = tf.train.AdamOptimizer(learning_rate=disc_lr, beta1=0.5,
    beta2=0.9).minimize(disc_cost,
141         var_list=disc_params)
142     return disc_train_op, gen_train_op
143
144 #将输入的序列数据打散。每一个序列作为一个样本
145 def get_substrings_from_gt(real_inputs, seq_length,
    charmap_len,BATCH_SIZE,LIMIT_BATCH):
146     train_pred = []
147     for i in range(seq_length):
148         train_pred.append(
```

```python
149                 tf.concat([tf.zeros([BATCH_SIZE, seq_length - i - 1, charmap_len]),
    real_inputs[:, :i + 1]],
150                 axis=1))
151
152     all_sub_strings = tf.reshape(train_pred, [BATCH_SIZE * seq_length,
    seq_length, charmap_len])
153
154     if LIMIT_BATCH:                          #按照指定批次随机取值
155         indices = tf.random_uniform([BATCH_SIZE], 1,
    all_sub_strings.get_shape()[0], dtype=tf.int32)
156         all_sub_strings = tf.gather(all_sub_strings, indices)
157         return all_sub_strings[:BATCH_SIZE]
158     else:
159         return all_sub_strings
160
161
162 def define_objective(charmap, real_inputs_discrete, seq_length,
    BATCH_SIZE,LIMIT_BATCH):
163
164     real_inputs = tf.one_hot(real_inputs_discrete, len(charmap))
165
166     train_pred, _ = Generator_RNN(BATCH_SIZE, len(charmap),
    BATCH_SIZE,LIMIT_BATCH,seq_len=seq_length, gt=real_inputs,
    rnn_cell=GRUCell)
167
168     #将输入real_inputs按照序列展开，再随机取值
169     real_inputs_substrings = get_substrings_from_gt(real_inputs, seq_length,
    len(charmap),BATCH_SIZE,LIMIT_BATCH)
170
171     disc_real = Discriminator_RNN( real_inputs_substrings, len(charmap),
    seq_length, reuse=False, rnn_cell=GRUCell)
172     disc_fake = Discriminator_RNN( train_pred, len(charmap), seq_length,
    reuse=True, rnn_cell=GRUCell)
173
174     disc_cost, gen_cost = loss_d_g(disc_fake, disc_real, train_pred,
    real_inputs_substrings, charmap, seq_length, Discriminator_RNN, GRUCell)
175
176     return disc_cost, gen_cost, train_pred, disc_fake, disc_real
177
178 #WGAN损失函数
179 def loss_d_g(disc_fake, disc_real, fake_inputs, real_inputs, charmap,
    seq_length, Discriminator, GRUCell):
180     disc_cost = tf.reduce_mean(disc_fake) - tf.reduce_mean(disc_real)
181     gen_cost = -tf.reduce_mean(disc_fake)
182
183     #计算WGAN模型的惩罚项
184     alpha = tf.random_uniform(
```

```
185        shape=[tf.shape(real_inputs)[0], 1, 1],
186        minval=0.,
187        maxval=1.
188    )
189    differences = fake_inputs - real_inputs
190    interpolates = real_inputs + (alpha * differences)
191    gradients = tf.gradients(Discriminator(interpolates, len(charmap),
    seq_length, reuse=True, rnn_cell=GRUCell), [interpolates])[0]
192    slopes = tf.sqrt(tf.reduce_sum(tf.square(gradients),
    reduction_indices=[1, 2]))
193    gradient_penalty = tf.reduce_mean((slopes - 1.) ** 2)
194    disc_cost += LAMBDA * gradient_penalty
195
196    return disc_cost, gen_cost
```

10.4.4　代码实现：训练指定长度的RNN.WGAN模型

训练模型部分主要分为两步：样本处理与训练模型。

1. 样本处理

样本处理有如下步骤：

（1）将样本"no"文件夹放到本地代码的同级目录下。

（2）实现字典的生成（见本书配套资源中的代码文件"10-9　prepro.py"）。

（3）实现数据集的建立（见本书配套资源中的代码文件"10-10　mydataset.py"）。

（4）编写样本的处理函数（用于训练和测试）。

数据预处理函数getbacthdata用于训练。它主要是把数据集返回的批次字符数据转化成向量，并进行统一长度的填充。

样本数据处理函数generate_argmax_samples_and_gt_samples用于测试。它主要是生成模拟样本，并取出真实样本，方便在训练过程中对模型效果进行评估。

代码10-11　train_a_sequence

```
01  import os
02  import time
03  import sys
04
05  sys.path.append(os.getcwd())
06
07  import numpy as np
08  import tensorflow as tf
09
10  model = __import__("10-8  RNNWGAN模型")
11  prepro = __import__("10-9  prepro")
12  preprosample = prepro.preprosample
13  dataset = __import__("10-10  mydataset")
14  mydataset = dataset.mydataset
```

```
15
16  #定义单个长度训练的相关参数
17  CRITIC_ITERS = 2         #每次训练GAN中，迭代训练两次判别器模型
18  GEN_ITERS = 10           #每次训练GAN中，迭代训练10次生成器模型
19  DISC_LR =2e-4            #定义判别器模型的学习率
20  GEN_LR = 1e-4            #定义生成器模型的学习率
21
22  PRINT_ITERATION =100             #定义输出打印信息的迭代频率
23  SAVE_CHECKPOINTS_EVERY = 1000   #定义保存检查点的迭代频率
24
25  LIMIT_BATCH = True       #让生成器模型生成同批次的数据
26
27  #样本数据预处理（用于训练）
28  def getbacthdata(sess,dosample,next_element,words_redic,BATCH_SIZE,END_SEQ):
29      def getone():
30          batchx,batchlabel = sess.run(next_element)
31          batchx = dosample.ch_to_v([strname.decode() for strname in batchx],words_redic,0)
32          batchlabel = np.asarray(batchlabel,np.int32)#no===0  yes==1
33          sampletpad ,sampletlengths = dosample.pad_sequences(batchx,maxlen=END_SEQ)#都填充为最大长度END_SEQ
34          return sampletpad,batchlabel,sampletlengths
35
36      sampletpad,batchlabel,sampletlengths = getone()
37      iii = 0
38      while np.shape(sampletpad)[0]!=BATCH_SIZE: #取出不够批次的尾数据
39          iii=iii+1
40          tf.logging.warn("_____iii %d"%iii)
41          sampletpad,batchlabel,sampletlengths = getone()
42
43      sampletpad = np.asarray(sampletpad,np.int32)
44      return sampletpad,batchlabel,sampletlengths
45
46  #获得模拟样本和真实样本（用于测试）
47  def generate_argmax_samples_and_gt_samples(session, inv_charmap,
    fake_inputs, disc_fake, _data, real_inputs_discrete, feed_gt=True):
48      scores = []
49      samples = []
50      samples_probabilites = []
51      for i in range(10):
52          argmax_samples, real_samples, samples_scores = 
    generate_samples(session, inv_charmap, fake_inputs, disc_fake,
53                                                                          _data,
    real_inputs_discrete, feed_gt=feed_gt)
54          samples.extend(argmax_samples)
55          scores.extend(samples_scores)
```

```
56            samples_probabilites.extend(real_samples)
57        return samples, samples_probabilites, scores
58
59    #获得生成的模拟样本
60    def generate_samples(session, inv_charmap, fake_inputs, disc_fake, _data,
      real_inputs_discrete, feed_gt=True):
61        if feed_gt:
62            f_dict = {real_inputs_discrete: _data}
63        else:
64            f_dict = {}
65
66        fake_samples, fake_scores = session.run([fake_inputs, disc_fake],
      feed_dict=f_dict)
67        fake_scores = np.squeeze(fake_scores)
68
69        decoded_samples = decode_indices_to_string(np.argmax(fake_samples,
      axis=2), inv_charmap)
70        return decoded_samples, fake_samples, fake_scores
71
72    #将向量转成字符
73    def decode_indices_to_string(samples, inv_charmap):
74        decoded_samples = []
75        for i in range(len(samples)):
76            decoded = []
77            for j in range(len(samples[i])):
78                decoded.append(inv_charmap[samples[i][j]])
79
80            strde = "".join(decoded)
81            decoded_samples.append(strde)
82        return decoded_samples
```

2. 完成训练流程

因为序列数据具有长度的属性,所以在训练模型时需要指定所训练数据的序列长度。这里用 run 函数中的参数 seq_length 来设置序列长度。具体代码如下:

代码 10-11　train_a_sequence(续)

```
83    def run(iterations, seq_length, is_first,BATCH_SIZE,
      prev_seq_length,DATA_DIR,END_SEQ):
84        if len(DATA_DIR) == 0:
85            raise Exception('Please specify path to data directory in
      single_length_train.py!')
86
87        dosample = preprosample()
88        inv_charmap,charmap = dosample.make_dictionary()
89
90        #获取数据
91        next_element = mydataset(DATA_DIR,BATCH_SIZE)
```

```
 92
 93      real_inputs_discrete = tf.placeholder(tf.int32, shape=[BATCH_SIZE,
    seq_length])
 94
 95      global_step = tf.Variable(0, trainable=False)
 96      disc_cost, gen_cost, fake_inputs, disc_fake, disc_real =
    model.define_objective(charmap, real_inputs_discrete, seq_length,
    BATCH_SIZE,LIMIT_BATCH)
 97
 98      disc_train_op, gen_train_op = model.get_optimization_ops(
 99          disc_cost, gen_cost, global_step, DISC_LR, GEN_LR)
100
101      saver = tf.train.Saver(tf.trainable_variables())
102
103      config=tf.ConfigProto( log_device_placement=False,    #定义配置文件
104   allow_soft_placement=True )
105      config.graph_options.optimizer_options.global_jit_level =
    tf.OptimizerOptions.ON_1
106
107      with tf.Session(config=config) as session:
108          checkpoint_dir = './'+str(seq_length)
109
110          session.run(tf.global_variables_initializer())
111          if not is_first:
112              print("Loading previous checkpoint...")
113              internal_checkpoint_dir = './'+str(prev_seq_length)
114
115              kpt = tf.train.latest_checkpoint(internal_checkpoint_dir)
116              print("load model:",kpt,internal_checkpoint_dir,seq_length)
117              startepo= 0
118              if kpt!=None:
119                  saver.restore(session, kpt)
120
121          _gen_cost_list = []
122          _disc_cost_list = []
123          _step_time_list = []
124
125          for iteration in range(iterations):
126              start_time = time.time()
127
128              #训练判别器模型
129              for i in range(CRITIC_ITERS):
130                  _data,batchlabel,sampletlengths
    =getbacthdata(session,dosample,next_element,charmap,BATCH_SIZE,END_SEQ)
131                  _data= _data[:,:seq_length]
132                  _disc_cost, _, real_scores = session.run( [disc_cost,
    disc_train_op, disc_real], feed_dict={real_inputs_discrete: _data} )
133                  _disc_cost_list.append(_disc_cost)
```

```
134
135                    #训练生成器模型
136                    for i in range(GEN_ITERS):
137                        _data,batchlabel,sampletlengths
    =getbacthdata(session,dosample,next_element,charmap,BATCH_SIZE,END_SEQ)
138                        _data= _data[:,:seq_length]
139                        _gen_cost, _ = session.run([gen_cost, gen_train_op],
    feed_dict={real_inputs_discrete: _data})
140                        _gen_cost_list.append(_gen_cost)
141
142                    _step_time_list.append(time.time() - start_time)
143
144                    #显示训练过程中的信息
145                    if iteration % PRINT_ITERATION == PRINT_ITERATION-1:
146                        _data,batchlabel,sampletlengths
    =getbacthdata(session,dosample,next_element,charmap,BATCH_SIZE,END_SEQ)
147                        _data= _data[:,:seq_length]
148
149                        tf.logging.info("iteration %s/%s"%(iteration, iterations))
150                        tf.logging.info("disc cost {} gen cost {} average step time
    {}".format( np.mean(_disc_cost_list), np.mean(_gen_cost_list),
    np.mean(_step_time_list)) )
151                        _gen_cost_list, _disc_cost_list, _step_time_list = [], [], []
152
153                        fake_samples, samples_real_probabilites, fake_scores =
    generate_argmax_samples_and_gt_samples(session, inv_charmap, fake_inputs,
    disc_fake, _data, real_inputs_discrete,feed_gt=True)
154
155                        print(fake_samples[:2], fake_scores[:2], iteration,
    seq_length, "train")
156                        print(decode_indices_to_string(_data[:2], inv_charmap),
    real_scores[:2], iteration, seq_length, "gt")
157
158                    #保存检查点
159                    if iteration % SAVE_CHECKPOINTS_EVERY ==
    SAVE_CHECKPOINTS_EVERY-1:
160                        saver.save(session, checkpoint_dir+"/gan.cpkt",
    global_step=iteration)
161
162            saver.save(session, checkpoint_dir+"/gan.cpkt",
    global_step=iteration)
163            session.close()
164
```

在训练过程中，考虑到生成器模型相对于判别器模型收敛速度较慢，在训练过程中，以 2 次判别器模型的训练与 10 次生成器模型的训练为一组，进行多次迭代。

10.4.5 代码实现：用长度依次递增的方式训练模型

为了让生成式模型性能更稳定，可用长度依次递增的方式训练模型：
（1）让生成器模型输出的最大长度为 1，并按照指定迭代次数训练模型。
（2）在训练完成后，将生成器模型输出的最大长度加 1。
（3）加载上一次训练后的模型权重，然后按照指定迭代次数再次训练模型。
（4）通过循环来重复执行第（2）、（3）步，直到模型输出的最大长度达到最终长度的指定值（见代码第 21 行，最终长度设置为 256）。

具体代码如下：

代码 10-12　train_model

```
01  import tensorflow as tf
02  train_a_sequence = __import__("10-11 train_a_sequence")
03
04  tf.logging.set_verbosity(tf.logging.INFO)
05
06  #定义相关参数
07  DATA_DIR ='./no'                            #定义载入的样本路径
08
09  TRAIN_FROM_CKPT =False                      #是否从检查点开始训练
10
11  DYNAMIC_BATCH = False                       #是否使用动态批次
12  BATCH_SIZE = 256                            #定义批次大小
13
14  SCHEDULE_ITERATIONS = True                  #是否根据长度调整训练次数
15  SCHEDULE_MULT = 200                         #每个长度增加的训练次数
16  ITERATIONS_PER_SEQ_LENGTH = 2000            #定义每个长度训练时的迭代次数
17
18  REAL_BATCH_SIZE = BATCH_SIZE
19
20  START_SEQ = 1                               #待训练的起始长度
21  END_SEQ  = 256                              #最终长度
22
23  #开始训练
24  stages = range(START_SEQ, END_SEQ)
25  printstr = '----Stages : ' + ' '.join(map(str, stages)) + "-------"
26  tf.logging.info(printstr)
27
28  for i in range(len(stages)):     #从 START_SEQ 开始依次对每个长度的模型进行训练
29      prev_seq_length = stages[i-1] if i>0 else 0  #定义变量，用于获得上次模型的
    路径名称
30      seq_length = stages[i]
31
32      printstr = "--Training on Seq Len = %d, BATCH SIZE: %d--" % (seq_length,
    BATCH_SIZE)
```

```
33      tf.logging.info(printstr)
34
35      tf.reset_default_graph()
36
37      if SCHEDULE_ITERATIONS:         #计算训练的迭代次数
38          iterations = min((seq_length + 1) * SCHEDULE_MULT,
   ITERATIONS_PER_SEQ_LENGTH)
39      else:
40          iterations = ITERATIONS_PER_SEQ_LENGTH
41
42      is_first = seq_length == stages[0] and not (TRAIN_FROM_CKPT)
43      #开始训练
44      train_a_sequence.run( iterations, seq_length,is_first,BATCH_SIZE ,
   prev_seq_length,DATA_DIR,END_SEQ )
45
46      if DYNAMIC_BATCH:
47          BATCH_SIZE = REAL_BATCH_SIZE / seq_length
```

可以看到，训练任务从标签 START_SEQ 一步一步地来到标签 END_SEQ。每增加一步，都会调用一次 run 函数进行训练。在 run 函数中，会将上一次的序列长度模型载入，并接着开始本次序列长度模型的训练。

由于刚开始的长度很短，不需要训练太多次数，所以这里采用了动态次数的设计。即在刚开始时，每增加一个长度，训练的次数增加 200 次（见代码第 38~41 行）。

10.4.6 运行代码

代码运行后，可以看到以下输出：

```
INFO:tensorflow:iteration 99/400
INFO:tensorflow:disc cost 0.9284327626228333 gen cost -0.14586441218852997 average step time 0.27192285776138303
['"', '<'] [0.100293025, 0.2281375] 99 1 train
['/', '/'] [[0.807168 ]
 [0.4004431]] 99 1 gt
INFO:tensorflow:iteration 199/400
INFO:tensorflow:disc cost 0.018268248066306114 gen cost -0.49142125248908997 average step time 0.2696471452713013
['%', '%'] [0.43393168, 0.43629712] 199 1 train
['?', '/'] [[0.44106907]
 [0.3808497 ]] 199 1 gt
……
```

其中，倒数第 3 行是模型输出的测试结果，第 1 个[' %', ' %']是模型生成的模拟数据，后面的[0.43393168, 0.43629712]是判别器模型的输出结果，大于 0 的都是正确数据。倒数第 2 行是判别器模型对真实数据的判别结果。

10.4.7 扩展：模型的使用及优化

实例 57 是一个很通用的框架，可以仿照训练模型的代码使用模型。还可以在判别器模型和生成器模型的实现函数中，增加更深层复杂的网络结构。

1. 模型的应用

在收集样本困难的情况下，模型可以很好地补充现有数据集。例如：在训练结束之后，编写简单的代码调用生成器模型，让其生成如下模拟样本数据：

```
CALULNULULULULUL0003C    0.897428
/eve/tyx.php?stuff="print;bsh3s    0.537700
/javascript/dmad.exe    0.844558
/eve/tyx.php?stuff="print;bsh3s    0.537700
??%u2216??%u2215??%u2215??%u2215    0.552321
/top.exe    0.991244
<yvgrang="Ca:../winkodkes/search.mscripti    0.200083
%2e.0x2f..0x2f..0x2f..0x2f..0x2f..0x2f..    0.791354
/main.php?stuff="print;bsh3s    0.598888
%2e.0x2f..0x2f..0x2f..0x2f..0x2f..0x2f..    0.791354
&#X0003C    1.046342
/ionstalsart/oounttaysart.chp    0.646257
'"><a href="x:x #    0.961426
/ionstalsart/oounttaysart.chp    0.646257
%2e.0x2f..0x2f..0x2f..0x2f..0x2f..0x2f..    0.791354
%f0%80%80%80%80%80%80%80%80%80%80%80%80    -0.147070
<img srint(ber0=0003C    0.855602
/javascript/dmad.exe    0.844558
/eve/tyx.php?stuff="print;bsh3s    0.537700
%2e.0x2f..0x2f..0x2f..0x2f..0x2f..0x2f..    0.791354
%5C..%%35%%63boot.ini    0.801754
%c0%fe%c0%fe%c0%fe%c0%fe%c0%fe%c0%f0%80%    0.384254
..\..\..\..\..\..\..\..\..\..\..\..\..\.    0.182383
/eve/tyx.php?stuff="print;bsh3s    0.537700
/od-wcyascriptionsbgis/iastovest.htm?<sc    0.240135
%uff0e%uff0x6e\\xa0bbsveep2endar aa aaaa    0.224024
N.../-ss.exe    0.963894
ssse\x09>q5968855#assue    0.828035
```

以上结果是用训练好的模型生成的模拟恶意域名请求数据。可以看到，这些都是很明显的 webshell 注入命令。使用这样的模型，可以非常方便地丰富数据集。

2. 模型的优化

该实例使用的 RNN 模型相对简单，意在提供一个对抗神经网络模型解决序列数据的思路，以及配合 RNN 模型的方法。可以在包含判别器模型和生成器模型的 RNN 模型中使用更为优秀的 cell 单元，例如 IndRNN 单元、JANENT 单元等。还可以使用更高级的网络结构，例如：多层 RNN、双向 RNN 等。

另外，还可以在判别器模型中加上分类层，将其改造成 GAN-cls 模型或 ACGAN 模型，让整个模型具备分类的功能（关于 GAN-cls 模型和 ACGAN 模型可以参考《深度学习之 TensorFlow——入门、原理与进阶实战》一书中 12.7 节与 12.3.2 小节）。带有分类功能的判别器模型，可以直接用在恶意请求的识别分类任务中。

第 11 章

模型的攻与防——看似智能的AI也有脆弱的一面

在实际项目中,很多时候并不需要我们从头来开发或是训练模型,而是使用已有的模型进行改造。这样的模型实现方便,且性能稳定、可靠。

但是,原封不动地使用现成的模型,也会带来一定的安全隐患。了解深度学习的人只要稍加处理,便可以让模型失效。

另外,即使是自己原生开发的模型,在应用中也会因受到攻击而失效。模型的攻防技术,伴随着模型的发展也在不断地革新和进步。如果要将 AI 工程化,则必须了解这部分的知识。

本章讲解模型的攻防技巧。

11.1 快速导读

在学习实例之前,有必要了解一下模型攻防方面的基础知识。

11.1.1 什么是 FGSM 方法

攻击模型主要通过对抗样本来实现。对抗样本是一种看上去与真实样本一样,但又会使模型输出错误结果的样本。该样本主要用于攻击模型,所以又被叫作攻击样本。

FGSM(Fast Gradient Sign Method)是一种生成对抗样本的方法。该方法的描述如下:

(1)将输入图片当作训练的参数,使其在训练过程中可以被调整。

(2)在训练时,通过损失函数诱导模型对图片生成错误的分类。

(3)当多次迭代导致模型收敛后,训练出来的图片就是所要得到的对抗样本。

具体可以参考论文:

https://arxiv.org/pdf/1607.02533.pdf

11.1.2 什么是 cleverhans 模块

在 TensorFlow 中有一个子项目叫作 cleverhans。该项目可以被当作模块单独引入代码中。cleverhans 模块中封装了多种生成对抗样本的方法和多种加固模型的方法。可以通过以下命令安装 cleverhans 模块：

```
pip install cleverhans
```

在 https://github.com/tensorflow/cleverhans 中，有与 cleverhans 模块相关的教程、文档和代码实例。

该链接的示例代码中，提供了 TensorFlow（包括静态图和动态图）、Keras、Pytorch 相关的攻防代码。

> **提示：**
> cleverhans 模块的代码并不像 TensorFlow 的代码那样具有较好的向下兼容性。使用不同版本的 cleverhans 模块开发的代码，有可能互不兼容。
> 这会导致从 GitHub 网站上下载的 cleverhans 代码实例有可能无法在本机的 cleverhans 模块中成功运行。因为，使用 pip 命令安装的 cleverhans 发布版本往往要落后于 GitHub 网站上正在开发的 cleverhans 版本。
> 为了解决这种问题，可以单独把 GitHub 网站中的 cleverhans 源码下载下来，并将当前代码的工作区设为 cleverhans 源码所在的路径（具体操作参考 11.4 节），然后让示例代码优先加载源码中的库模块。

11.1.3 什么是黑箱攻击

攻击模型的方法，本质是"训练"神经网络来欺骗自己。所以前提是，需要有被攻击网络的模型文件。

在实际生活中，攻击者很难拿到被攻击模型的源代码或模型文件。如果想要对其进行攻击，则需要使用黑箱攻击技术。

黑箱攻击是指，在没有被攻击模型的源代码或模型文件的情况下制作出对抗样本，对目标模型进行攻击。

该方法的主要原理是，从表象上复制被攻击模型。即：利用探测目标网络模型的结果动向来镜像同步自己的网络，从而训练一个可以替代目标网络模型的被攻击模型；然后制作关于替代模型的对抗样本，通过攻击替代模型的方式来间接的攻击目标网络。

这种攻击技术适用于任何场景，没有范围限制。所产生的后果取决于被攻击网络所应用的场景，例如：
- 将"停车"路标伪造成一个绿灯，来欺骗自动驾驶汽车。容易引起车祸！
- 将指纹伪造成万能钥匙，使指纹锁失效。容易丢失财务！
- 将病毒伪造成正常文件，让网络防护失效。会导致病毒的恶意传播！

> **提示：**
> 如果重要场景中的模型被攻击成功，则导致的后果将是灾难性的。

> 建议读者不要滥用该技术，以免承担不必要的道德或法律责任。

如果要想训练出一个健壮的模型，则必须要了解和掌握黑箱攻击技术。这样才能做到"知己知彼"。即在了解对手的攻击方式之上研究自己的防护手段，才会使模型更安全，使用起来更放心。

11.1.4 什么是基于雅可比矩阵的数据增强方法

基于雅可比（Jacobian）矩阵的数据增强方法，是一种常用的黑箱攻击方法。该方法可以快速构建出近似于被攻击模型的决策边界，从而使用最少量的输入样本。即：构建出代替模型，并进行后续的攻击操作。

详细请见如下链接：

https://arxiv.org/abs/1602.02697

1. 黑箱方式的攻击思路

黑箱方式的攻击思路如下：

（1）将收集好的样本送入被攻击模型里，得到标签。
（2）将样本与标签合成待训练的样本数据集。
（3）搭建一个具有同等功能的模型。
（4）使用第（2）步的样本数据集训练第（3）步的模型，得到替代模型。
（5）对替代模型进行攻击，获得对抗样本。

因为神经网络的能力与架构之间具有可转移性，所以从理论上说，在替代模型下生成的对抗样本同样也适应于被攻击的模型。

2. 黑箱方式的挑战

训练神经网络模型需要依赖大量的样本数据。数据收集问题是训练替代模型所面临的挑战。

为了获取被攻击模型对应的样本，只能通过向模型输入数据并获得其返回结果的方式制作数据集。然而大量的访问行为很容易被屏蔽（一般的网络模型都会有攻击防护机制）。

3. 雅可比矩阵的数据增强方法的原理

雅可比矩阵的数据增强方法，主要用来解决训练替代模型中的数据收集问题。它是一种寻找输入样本的方法。通过少量的输入样本，即可试出目标模型的决策边界。通过决策边界的来制作样本，并训练出与目标模型相同决策边界的替代模型。

因为在攻击场景中，构建替代模型关注的是被攻击模型的决策边界，所以，只要替代模型与被攻击模型的决策边界拟合，即可在其基础之上进行攻击。

雅可比矩阵的启发式方法的主要作用是：在输入域进行探索，最小化地找到有用输入样本。这些样本沿着某个方向上的连续取值，并输入目标模型，可以快速找到能够使目标模型预测出不同标签的样本。

雅可比矩阵本质上是，函数的所有分量（m 个）对向量 x 的所有分量（n 个）的一阶偏导数组成的矩阵。该矩阵是对梯度的一种泛化。矩阵中每个导数的符号代表该输入点相对于目标模型决策边界的方向（正向或负向）。

4. 实现雅可比矩阵的数据增强方法——构建 jacobian 矩阵图

实现雅可比矩阵的数据增强方法分为两步。

（1）构建雅可比矩阵图：使用 cleverhans.attacks_tf 模块中的 jacobian_graph 函数。

（2）数据增强算法的实现：使用 cleverhans.attacks_tf 模块中的 jacobian_augmentation 函数。

5. 构建雅可比矩阵图

jacobian_graph 函数可以构建一个关于输入 x 的导数列表。该列表用于后续的增强算法实现。在该列表中，元素的个数是标签类别的个数。具体源码如下：

```python
def jacobian_graph(predictions, x, nb_classes):    #构建雅可比矩阵图
    list_derivatives = []                          #存放导数的列表
    for class_ind in xrange(nb_classes):           #计算每一类结果关于x的偏导数
        derivatives, = tf.gradients(predictions[:, class_ind], x)
        list_derivatives.append(derivatives)       #将TF图形式的导数保存到列表中
    return list_derivatives                        #返回该列表，创建雅可比矩阵图完成
```

在 jacobian_graph 函数中，参数的含义如下：

- predictions 代表所构建替代模型的输出张量。
- x 代表输入。
- nb_classes 代表生成的标签个数（用于定义被攻击模型的策略边界）。

6. 数据增强算法的实现

jacobian_augmentation 函数的作用是，从传入的 jacobian 矩阵图中选出具体的输入样本 x。其内部的实现步骤如下：

（1）选出一部分待输入的样本数据。

（2）在原有梯度模型上，计算出该输入样本标签所对应的导数方向（通过取该导数符号 sign 的方式获得方向）。

（3）在导数方向上对样本进行变化，公式是：$\lambda(x+\lambda\text{sign})$。

（4）将变化后的结果作为下一次的输入样本。

该做法可以保证每次的样本选取都是有针对性的，即根据自身模型梯度来选取输入样本。具体代码如下：

```python
def jacobian_augmentation(sess, x, X_sub_prev, Y_sub, grads, lmbda,
                          feed=None):
    input_shape = list(x.get_shape())                      #获取输入样本形状
    input_shape[0] = 1                                     #得到单个样本形状
    X_sub = np.vstack([X_sub_prev, X_sub_prev])            #复制一份输入样本
    for ind, prev_input in enumerate(X_sub_prev):          #循环取出每个输入样本
        grad = grads[Y_sub[ind]]                           #从雅可比矩阵图中获取该样本的梯度
        feed_dict = {x: np.reshape(prev_input, input_shape)}   #构造注入字典
        if feed is not None:                               #将额外的数据更新到字典里，用于注入
            feed_dict.update(feed)
```

```
            grad_val = sess.run([tf.sign(grad)], feed_dict=feed_dict)[0]  #获得样本的梯度
方向
            X_sub[X_sub_prev.shape[0] + ind] = X_sub[ind] + lmbda * grad_val#构造输入样本
    return X_sub      #返回结果
```

在 jacobian_graph 函数中，各个参数的具体意义如下。

- sess：传入当前的会话。
- x：输入的占位符。
- X_sub_prev：用于输入模型的原始样本。
- Y_sub：原始样本所对应的标签。
- grads：存放每个决策边界的导数列表（即雅可比矩阵图）。
- lmbda：在更新输入样本时，让每个输入点沿着梯度方向所前进的步长λ。
- feed：在注入模型时，除样本数据外的其他输入。

函数 jacobian_graph 最终返回的结果 X_sub 包含两部分内容：原始的输入样本、构造好的输入样本。

在构造好输入样本之后，便可以将其输入被攻击模型中，从而得到对应的标签。接着就可以用这组数据（输入样本和标签）训练替代模型。将在该替代模型上做出的对抗样本放到被攻击模型中，也会起到一样的攻击效果。

11.1.5 什么是数据中毒攻击

在联网模式的模型应用中，常常会用再训练模式来应用模型，即模型在应用的过程中同步收集样本。收集到的样本又会自动用于模型再训练，训练好的模型在线继续提供服务。这一套流程全部自动化实现。

由于模型都是基于现有数据集进行训练的，没有人可以完全掌控结果数据的分布情况。所以，一旦结果数据的分布情况出现较大的变化，则直接影响模型的使用效果。这种部署方式，可以让模型一直随最新的数据分布来调整其拟合规则，从而实现与时俱进。

看似完美的流程，却忽略了一个致命的环节——来自未来的假数据。数据中毒的攻击方式正式利用了这一缺陷。它的原理是：

（1）伪造带有引导性的样本（构建大量带有负向样本特征的正向样本）。

（2）使用第（1）步的样本，利用僵尸网络之类的大规模数据源对模型发起攻击。

（3）大量的伪造样本会使模型的准确度降低，模型为了能够适应最新的数据会自动触发再训练行为。

（4）在模型启动再训练后，会把这些假样本当作真实环境下的数据来修正自己，最终使得模型的预测结果与真实数据差距越来越大。

典型的例子就是针对垃圾邮件识别模型的攻击。具体过程如下：

（1）攻击者伪造大量具有恶意邮件特征的真实邮件。

（2）用这些邮件在多个账户中频繁往来。

（3）反垃圾邮件模型会报出识别率下降的事件，从而触发再训练机制。

(4)一旦训练好了之后,模型将丧失对垃圾邮件的识别功能。

基于再训练模式的部署,一定要对数据中毒这种情况加以防范。包括:
- 指定模型的回退机制。
- 利用其他版本的模型或算法来辅助告警机制。

一旦发生告警事件,还需要由人工来对样本进行抽样检查,以便核对所收集样本的真实性。

11.2 实例58:用FGSM方法生成样本,并攻击PNASNet模型,让其将"狗"识别成"盘子"

实例描述

将一张哈士奇狗的照片输入PNASNet模型,观察其返回结果。

通过梯度下降算法训练一个模拟样本,让PNASNet模型对模拟样本识别错误:将"哈士奇"识别成"盘子"。

11.2.1 代码实现:创建PNASNet模型

代码文件"3-1 使用AI模型来识别图像.py"是一个用预训练模型PNASNet识别图片的例子。本实例基于它进行修改:

(1)复制代码文件"3-1 使用AI模型来识别图像.py"所在的整个工作目录,并将代码文件"3-1 使用AI模型来识别图像.py"改名为"11-1 用梯度下降方法攻击PNASNet模型.py"。

(2)在代码文件"11-1 用梯度下降方法攻击PNASNet模型.py"中编写代码,添加pnasnetfun函数,实现模型的创建。

完整的代码如下:

代码11-1 用梯度下降方法攻击PNASNet模型

```
01  import sys                                           #初始化环境变量
02  nets_path = r'slim'
03  if nets_path not in sys.path:
04      sys.path.insert(0,nets_path)
05  else:
06      print('already add slim')
07
08  import tensorflow as tf                              #引入模块
09  from nets.nasnet import pnasnet
10  import numpy as np
11  from tensorflow.python.keras.preprocessing import image
12
13  import matplotlib as mpl
14  import matplotlib.pyplot as plt
15  mpl.rcParams['font.sans-serif']=['SimHei']           #用来正常显示中文标签
16  mpl.rcParams['font.family'] = 'STSong'
```

```python
17 mpl.rcParams['font.size'] = 15
18
19 slim = tf.contrib.slim
20 arg_scope = tf.contrib.framework.arg_scope
21
22 tf.reset_default_graph()
23 image_size = pnasnet.build_pnasnet_large.default_image_size#获得图片的输入尺寸
24 LANG = 'ch'                                              #使用中文标签
25
26 if LANG=='ch':
27     def getone(onestr):
28         return onestr.replace(',',' ').replace('\n','')
29
30     with open('中文标签.csv','r+') as f:                  #打开文件
31         labelnames =list( map(getone,list(f))  )
32         print(len(labelnames),type(labelnames),labelnames[:5])#输出中文标签
33 else:
34     from datasets import imagenet
35     labelnames = imagenet.create_readable_names_for_imagenet_labels() #获得数据集标签
36     print(len(labelnames),labelnames[:5])                 #显示输出标签
37
38 def pnasnetfun(input_imgs,reuse ):
39     preprocessed = tf.subtract(tf.multiply(tf.expand_dims(input_imgs, 0), 2.0), 1.0)
40     arg_scope = pnasnet.pnasnet_large_arg_scope()         #获得模型命名空间
41
42     with slim.arg_scope(arg_scope):                       #创建PNASNet模型
43         with slim.arg_scope([slim.conv2d,
44                             slim.batch_norm, slim.fully_connected,
45                             slim.separable_conv2d],reuse=reuse):
46
47             logits, end_points = pnasnet.build_pnasnet_large(preprocessed,num_classes = 1001, is_training=False)
48             prob = end_points['Predictions']
49     return logits, prob
```

代码第 13~17 行是对显示的图像进行设置，使其可以支持中文。

代码第 43 行用共享变量的方式复用 PNASNet 模型的权重参数。

> **提示：**
> 在构建模型时，需要将其设为不可训练（见代码第 47 行）。这样才能保证，在后面 11.2.3 小节中通过训练生成对抗样本时 PNASNet 模型不会有变化。

（4）一旦训练好了之后，模型将丧失对垃圾邮件的识别功能。

基于再训练模式的部署，一定要对数据中毒这种情况加以防范。包括：
- 指定模型的回退机制。
- 利用其他版本的模型或算法来辅助告警机制。

一旦发生告警事件，还需要由人工来对样本进行抽样检查，以便核对所收集样本的真实性。

11.2 实例58：用FGSM方法生成样本，并攻击 PNASNet模型，让其将"狗"识别成"盘子"

实例描述

将一张哈士奇狗的照片输入PNASNet模型，观察其返回结果。

通过梯度下降算法训练一个模拟样本，让PNASNet模型对模拟样本识别错误：将"哈士奇"识别成"盘子"。

11.2.1 代码实现：创建PNASNet模型

代码文件"3-1 使用AI模型来识别图像.py"是一个用预训练模型PNASNet识别图片的例子。本实例基于它进行修改：

（1）复制代码文件"3-1 使用AI模型来识别图像.py"所在的整个工作目录，并将代码文件"3-1 使用AI模型来识别图像.py"改名为"11-1 用梯度下降方法攻击PNASNet模型.py"。

（2）在代码文件"11-1 用梯度下降方法攻击PNASNet模型.py"中编写代码，添加pnasnetfun函数，实现模型的创建。

完整的代码如下：

代码11-1 用梯度下降方法攻击PNASNet模型

```
01  import sys                                       #初始化环境变量
02  nets_path = r'slim'
03  if nets_path not in sys.path:
04      sys.path.insert(0,nets_path)
05  else:
06      print('already add slim')
07
08  import tensorflow as tf                          #引入模块
09  from nets.nasnet import pnasnet
10  import numpy as np
11  from tensorflow.python.keras.preprocessing import image
12
13  import matplotlib as mpl
14  import matplotlib.pyplot as plt
15  mpl.rcParams['font.sans-serif']=['SimHei']       #用来正常显示中文标签
16  mpl.rcParams['font.family'] = 'STSong'
```

```
17 mpl.rcParams['font.size'] = 15
18
19 slim = tf.contrib.slim
20 arg_scope = tf.contrib.framework.arg_scope
21
22 tf.reset_default_graph()
23 image_size = pnasnet.build_pnasnet_large.default_image_size#获得图片的输入尺寸
24 LANG = 'ch'                                              #使用中文标签
25
26 if LANG=='ch':
27     def getone(onestr):
28         return onestr.replace(',',' ').replace('\n','')
29
30     with open('中文标签.csv','r+') as f:                  #打开文件
31         labelnames =list( map(getone,list(f)) )
32         print(len(labelnames),type(labelnames),labelnames[:5])#输出中文标签
33 else:
34     from datasets import imagenet
35     labelnames = imagenet.create_readable_names_for_imagenet_labels() #获得数据集标签
36     print(len(labelnames),labelnames[:5])                #显示输出标签
37
38 def pnasnetfun(input_imgs,reuse ):
39     preprocessed = tf.subtract(tf.multiply(tf.expand_dims(input_imgs, 0), 2.0), 1.0)
40     arg_scope = pnasnet.pnasnet_large_arg_scope()        #获得模型命名空间
41
42     with slim.arg_scope(arg_scope):                      #创建PNASNet模型
43         with slim.arg_scope([slim.conv2d,
44                             slim.batch_norm, slim.fully_connected,
45                             slim.separable_conv2d],reuse=reuse):
46
47             logits, end_points = pnasnet.build_pnasnet_large(preprocessed,num_classes = 1001, is_training=False)
48             prob = end_points['Predictions']
49     return logits, prob
```

代码第13~17行是对显示的图像进行设置,使其可以支持中文。

代码第43行用共享变量的方式复用PNASNet模型的权重参数。

 提示:

在构建模型时,需要将其设为不可训练(见代码第47行)。这样才能保证,在后面11.2.3小节中通过训练生成对抗样本时PNASNet模型不会有变化。

11.2.2 代码实现：搭建输入层并载入图片，复现 PNASNet 模型的预测效果

在构建输入层时，用张量来代替占位符。该张量由函数 tf.Variable 定义，其用法与占位符的使用方式一样，同样支持静态图的注入机制。这么做是为了在制作对抗样本时，可以对其进行修改（因为张量支持修改操作，而占位符只能用作输入）。

在构建好输入层之后，便是载入图片、载入预训练模型、将图片注入预训练模型，并最终以可视化的形式输出预测结果。完整的代码如下：

代码 11-1　用梯度下降方法攻击 PNASNet 模型（续）

```
50  input_imgs = tf.Variable(tf.zeros((image_size, image_size, 3)))
51  logits, probs = pnasnetfun(input_imgs,reuse=False)
52  checkpoint_file = r'pnasnet-5_large_2017_12_13\model.ckpt'    #定义模型路径
53  variables_to_restore = slim.get_variables_to_restore()
54  init_fn = slim.assign_from_checkpoint_fn(checkpoint_file,
       variables_to_restore,ignore_missing_vars=True)
55
56  sess = tf.InteractiveSession()         #建立会话
57  init_fn(sess)                          #载入模型
58
59  img_path = './dog.jpg'                 #载入图片
60  img = image.load_img(img_path, target_size=(image_size, image_size))
61  img = (np.asarray(img) / 255.0).astype(np.float32)
62
63  def showresult(img,p):                 #定义函数，将模型输出结果可视化
64      fig, (ax1, ax2) = plt.subplots(1, 2, figsize=(10, 8))
65      fig.sca(ax1)
66
67      ax1.axis('off')
68      ax1.imshow(img)
69      fig.sca(ax1)
70
71      top10 = list((-p).argsort()[:10])
72      lab= [labelnames[i][:15] for i in top10]
73      topprobs = p[top10]
74      print(list(zip(top10,lab,topprobs)))
75
76      barlist = ax2.bar(range(10), topprobs)
77
78      barlist[0].set_color('g')
79      plt.sca(ax2)
80      plt.ylim([0, 1.1])
81      plt.xticks(range(10), lab, rotation='vertical')
82      fig.subplots_adjust(bottom=0.2)
83      plt.show()
```

```
84
85  p = sess.run(probs, feed_dict={input_imgs: img})[0]
86  showresult(img,p)
```

代码运行后,显示如下结果:

[(249, '爱斯基摩犬 哈士奇   ', 0.35189062), (251, '哈士奇   ', 0.34352344), (250, '雪橇犬 阿拉斯加爱斯基摩狗   ', 0.007250515), (271, '白狼 北极狼   ', 0.0034629034), (175, '挪威猎犬   ', 0.0028237076), (538, '狗拉雪橇   ', 0.0025286602), (270, '灰狼   ', 0.0022800271), (274, '澳洲野狗 澳大利亚野犬   ', 0.0018357899), (254, '巴辛吉狗   ', 0.0015468642), (280, '北极狐狸 白狐狸   ', 0.0009330675)]

并得到可视化图片,如图 11-1 所示。

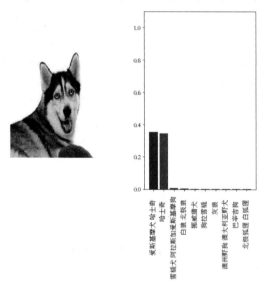

图 11-1 PNASNet 模型输出

在图 11-1 中,左侧是输入的图片,右侧是预测的结果。可以看到,模型成功地预测出该图片的内容是一只哈士奇狗。

11.2.3 代码实现:调整参数,定义图片的变化范围

在制作样本时,不能让图片的变化太大,要让图片通过人眼看上去能够接收才行。这里需要手动设置阈值,限制图片的变化范围。然后将生成的图片显示出来,由人眼判断图片是否正常可用,以确保没有失真。

完整的代码如下:

代码 11-1 用梯度下降方法攻击 PNASNet 模型(续)

```
87  def floatarr_to_img(floatarr):                    #将浮点型数值转化为图片像素
88      floatarr=np.asarray(floatarr*255)
89      floatarr[floatarr>255]=255
90      floatarr[floatarr<0]=0
```

```
91      return floatarr.astype(np.uint8)
92
93   x = tf.placeholder(tf.float32, (image_size, image_size, 3))  #定义占位符
94   assign_op = tf.assign(input_imgs, x)                          #为 input_imgs 赋值
95   sess.run( assign_op, feed_dict={x: img})
96
97   below = input_imgs - 2.0/255.0                                #定义图片的变化范围
98   above = input_imgs + 2.0/255.0
99
100  belowv,abovev = sess.run( [below,above])                      #生成阈值图片
101
102  plt.imshow(floatarr_to_img(belowv))                           #显示图片，用于人眼验证
103  plt.show()
104  plt.imshow(floatarr_to_img(abovev))
105  plt.show()
```

代码第 94 行，用 tf.assign 函数将输入图片 x 赋值给张量 input_imgs。因为输入层的张量 input_imgs 被定义之后一直没有被初始化，所以该值必须在被赋值之后才可以使用。如果在使用时没有对其赋值，则需要先用 input_imgs.initializer 函数将其初始化。

代码第 97、98 行，将图片的变化范围设置为：每个像素上下变化最大不超过 2。

代码运行后，输出的图片如图 11-2、图 11-3 所示。

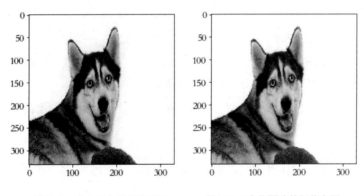

图 11-2　变化图片的阈值下限　　　图 11-3　变化图片的阈值上限

如图 11-2、图 11-3 所示，该图片完全在人眼接受范围。一眼看去，就是一只哈士奇狗。

11.2.4　代码实现：用梯度下降方式生成对抗样本

与正常的模型训练目标不同，这里的训练目标不是模型中的权重，而是输入模型的张量。在 11.2.1 小节中，在生成模型的同时，已经将模型固定好（设为不可训练）。这样在训练模型的过程中，反向梯度传播所修改的值就是输入的张量 input_imgs，即最终的所要得到的对抗样本。

具体训练步骤：（1）设定一个其他类别的标签；（2）创建损失值 loss 节点，使得每次优化时模型的输出都接近于设置的标签类别。

完整的代码如下：

代码 11-1　用梯度下降方法攻击 PNASNet 模型（续）

```
106  label_target = 880                                    #设定一个其他类别的目标标签
107  label =tf.constant(label_target)
108  #定义计算loss值的节点
109  loss        =       tf.nn.sparse_softmax_cross_entropy_with_logits(logits=logits,
     labels=[label])
110  learning_rate = 1e-1                                  #定义学习率
111  optim_step = tf.train.GradientDescentOptimizer(       #定义优化器
112      learning_rate).minimize(loss, var_list=[input_imgs])
113
114  #将调整后的图片按照指定阈值截断
115  projected = tf.clip_by_value(tf.clip_by_value(input_imgs, below, above), 0, 1)
116  with tf.control_dependencies([projected]):
117      project_step = tf.assign(input_imgs, projected)
118
119  demo_steps = 400                                      #定义迭代次数
120  for i in range(demo_steps):                           #开始训练
121      _, loss_value = sess.run([optim_step, loss])
122      sess.run(project_step)
123
124      if (i+1) % 10 == 0:                               #输出训练状态
125          print('step %d, loss=%g' % (i+1, loss_value))
126          if loss_value<0.02:                           #达到标准后提前结束
127              break
```

代码运行后，输出如下结果：

```
step 10, loss=5.29815
step 20, loss=0.00202808
```

代码显示，仅迭代 20 次模型就达到了标准。在实际运行中，由于选用的图片和指定的其他类别不同，所以迭代次数有可能不同。

11.2.5　代码实现：用生成的样本攻击模型

接下来就是最有意思的环节了——用训练好的对抗样本来攻击模型。

实现起来非常简单，直接将张量 input_imgs 作为输入，运行模型。具体代码如下：

代码 11-1　用梯度下降方法攻击 PNASNet 模型（续）

```
128  adv = input_imgs.eval()                               #获取图片
129  p = sess.run(probs)[0]                                #得到模型结果
130  showresult(floatarr_to_img(adv),p)                    #可视化模型结果
131  plt.imsave('dog880.jpg',floatarr_to_img(adv))         #保存模型
```

代码运行后，得到如下结果：

```
[(880, '伞        ', 0.9981244), (930, '雪糕 冰棍 冰棒      ', 0.00011489283), (630, '唇膏 口
红       ', 8.979097e-05), (553, '女用长围巾       ', 4.4915465e-05), (615, '和服      ',
3.441378e-05), (729, '塑料袋      ', 3.353129e-05), (569, '裘皮大衣      ', 3.0552055e-05),
```

(904, '假发   ', 2.2152075e-05), (898, '洗衣机 自动洗衣机   ', 2.1341652e-05), (950, '草莓   ', 2.0412743e-05)]

并得到可视化图片，如图 11-4 所示。

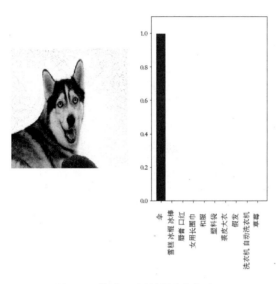

图 11-4　模型识别对抗样本的结果

从输出结果和图 11-4 可以看出，模型已经把哈士奇狗当成了伞。

11.2.6　扩展：如何防范攻击模型的行为

防范攻击模型的行为可以从非技术手段和技术手段两方面入手。
- 非技术手段：严格保密模型所使用的算法及预训练文件的信息，让攻击者无从下手。
- 技术手段：用数据增强方式对预训练模型进行微调，并将数据增强方法同步施加于应用场景。对输入的对抗样本做混淆处理，使其失效。

11.2.7　代码实现：将数据增强方式用在使用场景，以加固 PNASNet 模型，防范攻击

本实例所使用的预训练模型文件"pnasnet-5_large_2017_12_13"是 PNASNet 模型在 ImageNet 数据集上训练出来的。从 slim 模块的代码中可以看到，该预训练模型在训练过程中使用了数据增强方法，即 ImageNet 数据集中的图片在进行翻转、旋转、明暗变化后都能够被正确识别。

这里以图片的旋转操作举例。输入 11.2.5 小节生成的对抗样本 dog880.jpg，并对输入图片进行旋转，然后输入模型中，让对抗样本失效。具体代码如下：

代码 11-2　用数据增强抗攻击

```
01  ......
```

```
02 def pnasnetfun(input_imgs,reuse ):
03    ……
04    return logits, prob
05 ……
06 def showresult(img,p):
07    ……
08    plt.show()
09
10 img_path = './dog880.jpg'                                            #载入图片
11 imgtest = image.load_img(img_path, target_size=(image_size, image_size))
12 imgtest = (np.asarray(imgtest) / 255.0).astype(np.float32)
13
14 ex_angle = np.pi/8                                                   #对图片进行旋转
15 angle = tf.placeholder(tf.float32, ())
16 rotated_image = tf.contrib.image.rotate(input_imgs, angle)
17 rotated_example = rotated_image.eval(feed_dict={input_imgs: imgtest, angle:
   ex_angle})
18 p = sess.run(probs, feed_dict={input_imgs: rotated_example})[0]#对旋转后的
   图片进行预测
19 showresult(rotated_example,p)                                        #输出结果
```

前半部分代码来自于代码文件"11-1 用梯度下降方法攻击 PNASNet 模型.py"中的代码，这里直接略过。

代码第 10 行，载入对抗样本 dog880.jpg，接着将其旋转（见代码第 14~17 行）。最后输入模型中并显示结果（见代码第 18、19 行）。代码运行后输出以下文件并输出可视化图片（如图 11-5 所示）。

```
[(251, '哈士奇          ', 0.43900266), (249, '爱斯基摩犬 哈士奇    ', 0.26704812), (250, '
雪橇犬 阿拉斯加爱斯基摩狗    ', 0.0077105653), (538, '狗拉雪橇         ', 0.0028206212), (271, '
白狼 北极狼       ', 0.00260258), (175, '挪威猎犬         ', 0.0025108932), (254, '巴辛吉狗         ',
0.0018674432), (274, '澳洲野狗 澳大利亚野犬         ', 0.0018472295), (270, '灰狼           ',
0.0017202504), (224, '舒柏奇犬      ', 0.0011743238)]
```

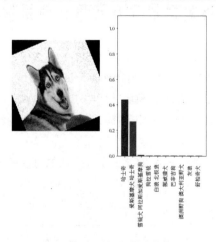

图 11-5 模型识别对抗样本的结果

从结果可以看到,将对抗样本进行旋转再输入模型得到了正确的结果。旋转输入图片的方式使得对抗样本失效,起到了加固模型的作用。

11.3 实例59:击破数据增强防护,制作抗旋转对抗样本

攻与防是一对矛盾,互相衍化,相互制约,却又相互依赖,谁也消灭不了谁。在模型的攻防领域中,攻与防两方面的技术发展也是永无止境的。下面在11.2节的基础上,再介绍一种效果更好的攻击模型方法:通过制作抗旋转的对抗样本进行攻击。

实例描述

对一张哈士奇狗的照片进行处理,让其输入PNASNet模型后被预测成为盘子。并且,无论如何旋转图片,PNASNet模型都无法输出正确的结果。

该实例的原理是典型的攻防博弈实例,即所谓的"以彼之道还之彼身"。既然PNASNet模型使用数据增强进行防守,那么在生成对抗样本时,也可以直接用数据增强方法进行生成。同样,也是以数据增强中的旋转操作为例,具体实现如下。

11.3.1 代码实现:对输入的数据进行多次旋转

为了覆盖所有角度的应用场景,所以在训练时,需要对图片进行随机角度的旋转。将一张图片变成多张旋转后的图片,进行批次输入。

在实现时,还需要将11.2节的单张处理改成批次处理。具体的代码如下:

代码11-3 制造鲁棒性更好的对抗样本

```
01  ……
02      print(len(labelnames),labelnames[:5])          #显示输出标签
03
04  batchsize=4                                        #定义批次数据为4
05
06  def pnasnetfunrotate(input_imgs,reuse ):           #创建带数据增强的模型
07      rotatedarr = []                                #存放旋转样本
08      for i in range(batchsize):                     #按照指定批次进行旋转
09          rotated = tf.contrib.image.rotate(input_imgs,
10                              tf.random_uniform(), minval=-np.pi/4,
    maxval=np.pi/4))
11          rotatedarr.append(tf.reshape(rotated,[1,image_size,image_size,3]))
12
13      inputarr = tf.concat(rotatedarr,axis = 0)    #组合样本
14      preprocessed = tf.subtract(tf.multiply(inputarr, 2.0), 1.0)#2
    *( input_imgs / 255.0)-1.0                        #样本预处理
15
16      arg_scope = pnasnet.pnasnet_large_arg_scope()   #获得模型的命名空间
17
```

```
18    with slim.arg_scope(arg_scope):                       #构建模型
19        with slim.arg_scope([slim.conv2d,
20                    slim.batch_norm, slim.fully_connected,
21                    slim.separable_conv2d],reuse=reuse):
22
23            rotated_logits, end_points =
   pnasnet.build_pnasnet_large(preprocessed,num_classes = 1001,
   is_training=False)
24            prob = end_points['Predictions']
25        return rotated_logits, prob                        #返回批次输出结果
26
27 input_imgs = tf.Variable(tf.zeros((image_size, image_size, 3)))  #定义输入
28 rotated_logits, probs = pnasnetfunrotate(input_imgs,reuse=False) #构建模型
29 checkpoint_file = r'pnasnet-5_large_2017_12_13\model.ckpt'    #定义模型路径
30 variables_to_restore = slim.get_variables_to_restore()#(exclude=exclude)
31 init_fn = slim.assign_from_checkpoint_fn(checkpoint_file,
   variables_to_restore,ignore_missing_vars=True)
32 sess = tf.InteractiveSession()                            #建立会话
33 init_fn(sess)                                             #载入模型
34 img_path = './dog.jpg'                                    #读入原始图片
35 img = image.load_img(img_path, target_size=(image_size, image_size))
36 img = (np.asarray(img) / 255.0).astype(np.float32)
37
38 def showresult(img,p):                                    #可视化结果
39     fig, (ax1, ax2) = plt.subplots(1, 2, figsize=(10, 8))
40     ……
41     plt.show()
42
43 p = sess.run(probs, feed_dict={input_imgs: img})[0]       #进行预测
44 showresult(img,p)
```

在以上代码中,省略号部分均与文件"11-1 用梯度下降方法攻击 PNASNet 模型.py"一致,这里不再详细描述。将输入图片随机旋转 4 次,并输入模型里进行预测。输出结果均是哈士奇。输出的结果与 11.2.7 小节类似,这里省略。

11.3.2 代码实现:生成并保存鲁棒性更好的对抗样本

修改 11.2 节训练部分的代码,将单张处理改成批次处理,让模型向预测错误的方向训练。具体的代码如下:

代码 11-3 制造鲁棒性更好的对抗样本(续)

```
45 def floatarr_to_img(floatarr):
46     ……
47
48 x = tf.placeholder(tf.float32, (image_size, image_size, 3))    #定义输入
49 assign_op = tf.assign(input_imgs, x)                #为 input_imgs 赋值
```

```
50
51  sess.run( assign_op, feed_dict={x: img})
52
53  below = input_imgs - 8.0/255.0                              #定义图片的变化范围
54  above = input_imgs + 8.0/255.0
55
56  belowv,abovev = sess.run( [below,above])                    #输出结果并人工校验
57  ……
58
59  label_target = 880                                          #指定其他类别标签
60  label =tf.constant(label_target)
61  labels = tf.tile([label],[batchsize])                       #按照batchsize进行复制
62  loss = tf.reduce_mean(tf.nn.sparse_softmax_cross_entropy_with_logits(
63          logits=rotated_logits, labels=labels)  )
64
65  learning_rate=2e-1                                          #定义学习率
66  optim_step_rotated = tf.train.GradientDescentOptimizer(
67      learning_rate).minimize(loss, var_list=[input_imgs])
68
69  projected = tf.clip_by_value(tf.clip_by_value(input_imgs, below, above), 0,
    1)
70  with tf.control_dependencies([projected]):
71      project_step = tf.assign(input_imgs, projected)         #按照控制的阈值生成图片
72
73  demo_steps = 400                                            #定义训练次数
74  for i in range(demo_steps):
75      _, loss_value = sess.run( [optim_step_rotated, loss])
76      sess.run(project_step)
77      if (i+1) % 10 == 0:
78          print('step %d, loss=%g' % (i+1, loss_value))
79          if loss_value<0.02:                                 #提前结束
80              break
81  adv = input_imgs.eval()                                     #获取图片
82
83  p = sess.run(probs)[0]
84  showresult(floatarr_to_img(adv),p)
85  plt.imsave('dog880rotated.jpg',floatarr_to_img(adv))        #保存图片
86  sess.close()
```

该代码的流程与 11.2 节非常类似，这里不再详细介绍。代码运行后，输出如下结果：

```
step 10, loss=5.33923
step 20, loss=0.0115749
```

同样迭代了 20 次完成了训练。生成了图片 dog880rotated.jpg。

11.3.3　代码实现：在 PNASNet 模型中比较对抗样本的效果

为了更直观地显示 11.3 节的对抗样本与 11.2 节的对抗样本在 PNASNet 模型中的效果，下

面通过一系列连续的旋转角度对两种对抗样本进行变化,并将结果可视化。在代码文件"11-2 用数据增强抗攻击.py"中添加以下代码:

代码11-2 用数据增强抗攻击(续)

```
20  img_path = './dog880rotated.jpg'              #载入支持旋转的对抗样本
21  imgtestrotated = image.load_img(img_path, target_size=(image_size,
    image_size))
22  imgtestrotated = (np.asarray(imgtestrotated) / 255.0).astype(np.float32)
23
24  thetas = np.linspace(-np.pi/4, np.pi/4, 301)    #生成一系列连续旋转角度
25  label_target = 880
26  p_naive = []
27  p_robust = []
28  for theta in thetas:                #对两个样本进行旋转,并输入模型进行结果预测
29      rotated = rotated_image.eval(feed_dict={input_imgs: imgtestrotated,
    angle: theta})
30      p_robust.append(probs.eval(feed_dict={input_imgs:
    rotated})[0][label_target])
31
32      rotated = rotated_image.eval(feed_dict={input_imgs: imgtest, angle:
    theta})
33      p_naive.append(probs.eval(feed_dict={input_imgs:
    rotated})[0][label_target])
34  #可视化结果
35  robust_line, = plt.plot(thetas, p_robust, color='b', linewidth=2, label='
    支持旋转的对抗样本')
36  naive_line, = plt.plot(thetas, p_naive, color='r', linewidth=2, label='不
    支持旋转对抗样本')
37  plt.ylim([0, 1.05])
38  plt.xlabel('旋转角度')
39  plt.ylabel('880 类别的概率')
40  plt.legend(handles=[robust_line, naive_line], loc='lower right')
41  plt.show()
42
43  sess.close()
```

代码运行后,输出结果如图11-6所示。

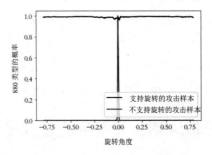

图11-6 对抗样本的比较结果

在图 11-6 中有两条线。具体解读如下：
- 上面的那条线是支持旋转的对抗样本。可以看出，在整个横坐标区域内，模型预测 880 类的概率都为 1。
- 下面的那条线是不支持旋转的对抗样本。可以看出，只有横坐标值为 0 时，模型预测 880 类的概率为 1，其他情况下都是 0。

11.4 实例60：以黑箱方式攻击未知模型

实例描述

通过黑箱方式攻击一个能够分类 MNIST 数据集的神经网络模型，构造出对抗样本，让未知结构的 MNIST 数据集分类器失效。

这里重点介绍黑箱攻击的实现原理。读者对黑箱攻击技术有了直观的印象和感受之后，便可以更有针对地对自有模型进行加固。

11.4.1 准备工程代码

按以下步骤准备工程代码。

1. 获取代码

按照 11.1.2 小节中的 Gitbub 地址，将源码下载下来。将其解压缩之后，在 cleverhans-master\cleverhans_tutorials 路径下，找到 mnist_blackbox.py。该代码即为本实例所要讲解的示例代码。

2. 配置工作区

配置工作区的方法在 11.1.2 小节的 "提示" 部分已经介绍过。cleverhans 项目的不同版本代码，兼容性不是很友好。为了避免多版本不兼容的问题，这里直接在工作区里设置优先加载与示例代码版本相同的 cleverhans 库。具体做法如下：

（1）在 spyder 中单击当前代码文件，确保该代码文件在主工作区内。接着选择菜单栏 "Run" → "configuration per file…" 命令，如图 11-7 所示。

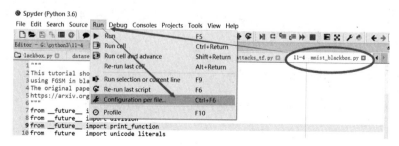

图 11-7 找到工作区设置菜单

（2）弹出配置窗口。在 "Working Directory Settings" 中单击 "The following directory" 选项，

以及后面的文件夹按钮，在弹出的对话框中选择 cleverhans-master 工程源码所在的路径，如图 11-8 所示。

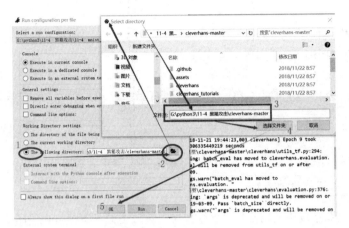

图 11-8　工作区设置窗口

11.4.2　代码实现：搭建通用模型框架

在 cleverhans 模块中单独实现了一套模型框架，用于构建攻防实验模型。

该框架只是在原有的 TensorFlow 接口上做了一些微小的封装。如果读者已经掌握了 TensorFlow 的机制，会很容易了解该框架的原理，并学会使用该框架。下面详细解读一下。

在源码的 cleverhans-master\cleverhans\model.py 文件里有一个 Model 类，它用于实现攻防模型的基本框架。其核心代码如下：

代码 model（片段）

```
01  class Model(object):
02      __metaclass__ = ABCMeta                       #定义元类
03      #定义常量字符串（用于构建字典类型中的 key。在描述网络层时使用）
04      O_LOGITS, O_PROBS, O_FEATURES = 'logits probs features'.split()
05
06      def __init__(self, scope=None, nb_classes=None, hparams=None,
07                   needs_dummy_fprop=False):        #初始化函数
08
09          self.scope = scope or self.__class__.__name__
10          self.nb_classes = nb_classes
11          self.hparams = hparams or {}
12          self.needs_dummy_fprop = needs_dummy_fprop
13
14      def __call__(self, *args, **kwargs):          #调用函数
15          ……
16
17          return self.get_probs(*args, **kwargs)
18
19      def get_logits(self, x, **kwargs):            #获得输出层
```

```
20
21      outputs = self.fprop(x, **kwargs)
22      if self.O_LOGITS in outputs:
23        return outputs[self.O_LOGITS]
24      raise NotImplementedError(str(type(self)) + "must implement
    `get_logits`"
25                          " or must define a " + self.O_LOGITS +
26                          " output in `fprop`")
27
28   def get_predicted_class(self, x, **kwargs):    #获得模型预测的分类结果
29
30      return tf.argmax(self.get_logits(x, **kwargs), axis=1)
31
32   def get_probs(self, x, **kwargs):              #获得模型的输出结果
33
34      d = self.fprop(x, **kwargs)
35      if self.O_PROBS in d:
36        output = d[self.O_PROBS]
37        min_prob = tf.reduce_min(output)
38        max_prob = tf.reduce_max(output)
39        asserts = [utils_tf.assert_greater_equal(min_prob,
40                                  tf.cast(0., min_prob.dtype)),
41                   utils_tf.assert_less_equal(max_prob,
42                                  tf.cast(1., min_prob.dtype))]
43        with tf.control_dependencies(asserts):
44          output = tf.identity(output)
45        return output
46      elif self.O_LOGITS in d:
47        return tf.nn.softmax(logits=d[self.O_LOGITS])
48      else:
49        raise ValueError('Cannot find probs or logits.')
50
51   def fprop(self, x, **kwargs):                  #构建模型的前向结构
52
53      raise NotImplementedError('`fprop` not implemented.')
54
55   def get_params(self):                          #获得模型的超参
56
57      if hasattr(self, 'params'):
58        return list(self.params)
59
60      #支持动态图的方法
61      try:
62        if tf.executing_eagerly():
63          raise NotImplementedError("For Eager execution - get_params "
64                              "must be overridden.")
65      except AttributeError:
```

```python
66        pass
67
68     #对静态图的处理
69     scope_vars = tf.get_collection(tf.GraphKeys.TRAINABLE_VARIABLES,
70                         self.scope + "/")
71
72     if len(scope_vars) == 0:
73       self.make_params()
74       scope_vars = tf.get_collection(tf.GraphKeys.TRAINABLE_VARIABLES,
75                         self.scope + "/")
76       assert len(scope_vars) > 0
77
78     #断言语句。如果参数发生变化,则程序将会报错
79     if hasattr(self, "num_params"):
80       if self.num_params != len(scope_vars):
81         print("Scope: ", self.scope)
82         print("Expected " + str(self.num_params) + " variables")
83         print("Got " + str(len(scope_vars)))
84         for var in scope_vars:
85           print("\t" + str(var))
86         assert False
87     else:
88       self.num_params = len(scope_vars)
89
90     return scope_vars
91
92   def make_params(self):                      #设置模型的超参
93     if self.needs_dummy_fprop:
94       if hasattr(self, "_dummy_input"):
95         return
96       self._dummy_input = self.make_input_placeholder()
97       self.fprop(self._dummy_input)
98
99   def get_layer_names(self):                  #获取网络层名称(以列表形式呈现)
100     raise NotImplementedError
101
102   def get_layer(self, x, layer, **kwargs):    #根据指定名称获取网络层
103     return self.fprop(x, **kwargs)[layer]
104
105   def make_input_placeholder(self):           #定义输入样本层
106
107     raise NotImplementedError(str(type(self)) + " does not implement "
108                       "make_input_placeholder")
109
110   def make_label_placeholder(self):           #定义输入标签层
111
112     raise NotImplementedError(str(type(self)) + " does not implement "
```

```
113                             "make_label_placeholder")
114
115     def __hash__(self):                     #重载hash算法的函数
116         return hash(id(self))
117
118     def __eq__(self, other):                #重载相等的函数
119         return self is other
```

代码第 2 行引入了元类属性，让 model 类成为一个模板类。

提示：

关于元类的介绍，请参考《Python 带我起飞——入门、进阶、商业实战》一书的 9.11 节。

model 类作为攻防模型的基类，负责统一管理整个模型的接口。在定义模型时，只需要继承该类，并实现相关的必要接口。具体使用方法可以参考 11.4.3 小节。

11.4.3　代码实现：搭建被攻击模型

在本例中需要准备一个被攻击的模型，作为黑盒攻击的对象。

这里直接使用 cleverhans-master\cleverhans_tutorial\tutorial_models.py 中的 ModelBasicCNN 模型。该模型的类定义代码如下：

代码 tutorial_models（片段）

```
01  class ModelBasicCNN(Model):                 #定义模型类
02      #初始化模型
03      def __init__(self, scope, nb_classes, nb_filters, **kwargs):
04          del kwargs
05          Model.__init__(self, scope, nb_classes, locals())
06          self.nb_filters = nb_filters
07
08          #构建模型
09          self.fprop(tf.placeholder(tf.float32, [128, 28, 28, 1]))
10          self.params = self.get_params()     #获得模型的超参
11
12      def fprop(self, x, **kwargs):           #定义模型的前向结构
13          del kwargs
14          my_conv = functools.partial(
15              tf.layers.conv2d, activation=tf.nn.relu,
16              kernel_initializer=initializers.HeReLuNormalInitializer)
17          with tf.variable_scope(self.scope, reuse=tf.AUTO_REUSE):
18              y = my_conv(x, self.nb_filters, 8, strides=2, padding='same')
19              y = my_conv(y, 2 * self.nb_filters, 6, strides=2, padding='valid')
20              y = my_conv(y, 2 * self.nb_filters, 5, strides=1, padding='valid')
21              logits = tf.layers.dense(
22                  tf.layers.flatten(y), self.nb_classes,
23                  kernel_initializer=initializers.HeReLuNormalInitializer
```

```
24        return {self.O_LOGITS: logits,
25                self.O_PROBS: tf.nn.softmax(logits=logits)}
```

代码第 12 行,在 ModelBasicCNN 类中重载了 fprop 方法。在 fprop 方法中定义了模型的前向网络结构:

(1)使用 3 层卷积操作加一个全连接的网络结构,对 MNIST 数据集分类。
(2)在结果中返回了模型的最终预测值 O_LOGITS 和分类结果 O_PROBS。

11.4.4 代码实现:训练被攻击模型

cleverhans 模块中的模型框架,只支持到正向连接部分。如果对其进行训练,则还需要实现计算 loss 值部分,并调用另外一个封装好的函数——cleverhans.train 函数。

在本实例的代码文件"11-4 mnist_blackbox.py"中,用 prep_bbox 函数实现了模型的训练过程。

具体代码如下:

代码 11-4 mnist_blackbox(片段)

```
01 def prep_bbox(sess, x, y, x_train, y_train, x_test, y_test,
02               nb_epochs, batch_size, learning_rate,
03               rng, nb_classes=10, img_rows=28, img_cols=28, nchannels=1):
04
05     #定义被攻击模型
06     nb_filters = 64
07     model = ModelBasicCNN('model1', nb_classes, nb_filters)
08     loss = CrossEntropy(model, smoothing=0.1)       #定义损失函数
09     predictions = model.get_logits(x)               #获取输出结果
10     print("Defined TensorFlow model graph.")
11
12     #定义训练参数
13     train_params = {'nb_epochs': nb_epochs, 'batch_size': batch_size,
14         'learning_rate': learning_rate }
15     #训练模型
16     train(sess, loss, x_train, y_train, args=train_params, rng=rng)
17
18     #评估模型
19     eval_params = {'batch_size': batch_size}
20     accuracy = model_eval(sess, x, y, predictions, x_test, y_test,
21                     args=eval_params)
22     print('Test accuracy of black-box on legitimate test '
23         'examples: ' + str(accuracy))               #输出准确率
24
25     return model, predictions, accuracy
```

本小节完成了一个很普通的分类器模型,充当实例中的目标模型。在后面的操作中,将要对该分类器模型进行攻击。

11.4.5 代码实现：搭建替代模型

在搭建替代模型时，要求输入和输出必须一致。其他的内部结构和参数对整个攻击的结果影响不大。一个有经验的深度学习开发者，会根据模型的具体任务搭建出与其近似的模型。

> **提示：**
> 有时可能需要搭建多个不同架构的模型进行尝试，从中找出效果更好的模型。

在本实例中，用多层全连接网络来搭建替代模型。具体代码如下：

代码 11-4　mnist_blackbox（片段）

```python
26 class ModelSubstitute(Model):#构建替代模型
27     def __init__(self, scope, nb_classes, nb_filters=200, **kwargs):
28         del kwargs
29         Model.__init__(self, scope, nb_classes, locals())
30         self.nb_filters = nb_filters
31 
32     def fprop(self, x, **kwargs):#搭建网络的前向结构
33         del kwargs
34         my_dense = functools.partial(
35             tf.layers.dense, kernel_initializer=HeReLuNormalInitializer)
36         with tf.variable_scope(self.scope, reuse=tf.AUTO_REUSE):
37             y = tf.layers.flatten(x)
38             y = my_dense(y, self.nb_filters, activation=tf.nn.relu)
39             y = my_dense(y, self.nb_filters, activation=tf.nn.relu)
40             logits = my_dense(y, self.nb_classes)
41             return {self.O_LOGITS: logits,
42                     self.O_PROBS: tf.nn.softmax(logits=logits)}
```

从代码第 32~40 行可以看到，模型 ModelSubstitute 的输入为 x，输出为 logits。输入 x 需要在调用时被指定。输出 logits 返回的维度与初始化参数 nb_classes 有关（见代码第 40 行）。

> **提示：**
> 在构建替代模型的过程中，核心内容是对决策边界的发现。对替代模型的层数要求并不是特别严格。例如在本实例中，如果在原有的替代模型基础上多加几层全连接，也不会有很明显的效果提升。

11.4.6 代码实现：训练替代模型

训练替代模型是本实例的关键环节。该环节主要是用雅可比矩阵的数据增强技术来制作有效样本（见 11.1.4 小节）。具体代码如下：

代码 11-4　mnist_blackbox（片段）

```python
43 def train_sub(sess, x, y,        #定义参数：会话、输入的样本、标签占位符
```

```
44                         bbox_preds,         #黑箱模型的输出张量
45                         x_sub, y_sub,       #初始一部分训练样本、标签
46                         nb_classes,         #分类个数
47                         nb_epochs_s, batch_size, learning_rate, data_aug, lmbda,
48                         aug_batch_size, rng, img_rows=28, img_cols=28,
49                         nchannels=1):
50
51    model_sub = ModelSubstitute('model_s', nb_classes)     #定义替代模型的结构
52    preds_sub = model_sub.get_logits(x)
53    loss_sub = CrossEntropy(model_sub, smoothing=0)        #定义损失函数
54
55    print("Defined TensorFlow model graph for the substitute.")
56    grads = jacobian_graph(preds_sub, x, nb_classes)       #定义雅可比矩阵
57
58    for rho in xrange(data_aug):                    #按照指定数据增强次数训练替代模型
59        print("Substitute training epoch #" + str(rho))
60        train_params = {                            #指定替代模型的训练参数
61            'nb_epochs': nb_epochs_s,               #训练的迭代次数
62            'batch_size': batch_size,               #批次大小
63            'learning_rate': learning_rate          #学习率
64        }
65        with TemporaryLogLevel(logging.WARNING, "cleverhans.utils.tf"):
66            train(sess, loss_sub, x_sub, to_categorical(y_sub, nb_classes),
67                  init_all=False, args=train_params, rng=rng,
68                  var_list=model_sub.get_params())  #用生成的数据训练模型
69
70        if rho < data_aug - 1:       #最后一次不需要再做雅可比数据增强了，直接退出
71            print("Augmenting substitute training data.")
72            #执行基于雅可比矩阵的数据增强方法
73            lmbda_coef = 2 * int(int(rho / 3) != 0) - 1 #动态调整步长参数lmbda_coef
74            x_sub = jacobian_augmentation(sess, x, x_sub, y_sub, grads,
75                                          lmbda_coef * lmbda, aug_batch_size)
76            print("Labeling substitute training data.")
77
78            y_sub = np.hstack([y_sub, y_sub])
79            x_sub_prev = x_sub[int(len(x_sub)/2):]      #获得构造好的输入点
80            eval_params = {'batch_size': batch_size}    #定义评估参数
81            #将构造好的x放入被攻击模型，生成标签
82            bbox_val = batch_eval(sess, [x], [bbox_preds], [x_sub_prev],
83                                  args=eval_params)[0]
84            #获得输入点对应的标签
85            y_sub[int(len(x_sub)/2):] = np.argmax(bbox_val, axis=1)
86            showimg(rho,y_sub[int(len(x_sub)/2):],x_sub_prev,batch_size)#显示图片
87    return model_sub, preds_sub
```

代码第 74 行，用 jacobian_augmentation 函数获得了一部分输入样本点。在 11.1.4 小节介绍过，该返回值分为原始的输入样本与计算出来的输入样本。

在代码第 79 行，从 jacobian_augmentation 函数的返回值 x_sub_prev 中，取出输入样本点的后半部分（构造好的输入点）作为下次训练模型的样本数据。

代码第 82 行，用 batch_eval 函数将构造好的输入点送入被攻击模型 bbox_preds 中，以便获取对应的标签。如果被攻击模型在网络侧（云端），则这行代码要改成通过网络请求向模型发送输入样本，并取得标签结果。

训练替代模型的次数与构造样本的次数相对应。每次生成的样本都会与原始的输入样本结合起来，再构造出对应的标签（见代码第 85 行）。这些样本与标签组成数据集会被送入模型中，然后按照指定的迭代次数 nb_epochs_s 进行训练。

代码第 86 行，用函数 showimg 将生成的样本显示出来。函数 showimg 的定义见 4.3.4 小节。

11.4.7 代码实现：黑箱攻击目标模型

训练替代模型是本实例的关键环节。该环节主要是用雅可比矩阵的数据增强技术来制作有效样本。具体代码如下：

代码 11-4　mnist_blackbox（片段）

```
88  def mnist_blackbox(train_start=0, train_end=60000, test_start=0,
89                    test_end=10000, nb_classes=NB_CLASSES,
90                    batch_size=BATCH_SIZE, learning_rate=LEARNING_RATE,
91                    nb_epochs=NB_EPOCHS, holdout=HOLDOUT, data_aug=DATA_AUG,
92                    nb_epochs_s=NB_EPOCHS_S, lmbda=LMBDA,
93                    aug_batch_size=AUG_BATCH_SIZE):
94
95      set_log_level(logging.DEBUG)        #设置日志级别
96      accuracies = {}
97      assert setup_tutorial()
98      sess = tf.Session()                 #定义 session
99
100     #构建 MNIST 数据集
101     mnist = MNIST(train_start=train_start, train_end=train_end,
102             test_start=test_start, test_end=test_end)
103     x_train, y_train = mnist.get_set('train')
104     x_test, y_test = mnist.get_set('test')
105
106     x_sub = x_test[:holdout]    #取出一部分原始样本，用于训练替代模型所需的数据集
107     y_sub = np.argmax(y_test[:holdout], axis=1)
108
109     x_test = x_test[holdout:]        #用于测试被攻击模型的准确率
110     y_test = y_test[holdout:]
111
112     #定义图片参数
113     img_rows, img_cols, nchannels = x_train.shape[1:4]
114     nb_classes = y_train.shape[1]    #定义分类个数
115
```

```
116    #定义占位符
117    x = tf.placeholder(tf.float32, shape=(None, img_rows, img_cols,
118                                          nchannels))
119    y = tf.placeholder(tf.float32, shape=(None, nb_classes))
120    rng = np.random.RandomState([2017, 8, 30])    #定义随机值种子
121
122    #训练一个模型，作为黑箱攻击的目标
123    print("Preparing the black-box model.")
124    prep_bbox_out = prep_bbox(sess, x, y, x_train, y_train, x_test, y_test,
125                              nb_epochs, batch_size, learning_rate,
126                              rng, nb_classes, img_rows, img_cols, nchannels)
127    model, bbox_preds, accuracies['bbox'] = prep_bbox_out
128
129    #训练替代模型
130    print("Training the substitute model.")
131    train_sub_out = train_sub(sess, x, y, bbox_preds, x_sub, y_sub,
132                              nb_classes, nb_epochs_s, batch_size,
133                              learning_rate, data_aug, lmbda, aug_batch_size,
134                              rng, img_rows, img_cols, nchannels)
135    model_sub, preds_sub = train_sub_out
136
137    #评估替代模型
138    eval_params = {'batch_size': batch_size}
139    acc = model_eval(sess, x, y, preds_sub, x_test, y_test, args=eval_params)
140    accuracies['sub'] = acc
141    print("The accuracy of substitute model",acc)    #输出替代模型的准确率
142    #用FGSM方法攻击模型
143    fgsm_par = {'eps': 0.3, 'ord': np.inf, 'clip_min': 0., 'clip_max': 1.}
144    fgsm = FastGradientMethod(model_sub, sess=sess)    #构建fgsm操作
145
146    eval_params = {'batch_size': batch_size}
147    x_adv_sub = fgsm.generate(x, **fgsm_par)           #对输入x用fgsm进行变换
148
149    #将变换后的x_adv_sub张量放到被攻击模型里，并注入测试数据，测试准确率
150    accuracy = model_eval(sess, x, y, model.get_logits(x_adv_sub),
151                          x_test, y_test, args=eval_params)
152    print('Test accuracy of oracle on adversarial examples generated '
153          'using the substitute: ' + str(accuracy))   #输入模型的准确率
154    accuracies['bbox_on_sub_adv_ex'] = accuracy
155
156    return accuracies
```

与 11.2 节的例子相比，cleverhans 模块中的 FGSM 方法功能更为强大。在 cleverhans 模块中，FGSM 方法的实现被封装在 FastGradientMethod 类中，该类用 FGSM 方法可以生成两种类型的对抗样本：

- 使模型输出错误标签的对抗样本。

- 使模型输出指定标签的对抗样本。

代码第 143 行，通过构建参数字典 fgsm_par 指定 FGSM 的实现细节。代码中使用了默认值，即让模型输出错误标签的对抗样本。有关字典 fgsm_par 中每个 key 的含义，可以参考代码文件"cleverhans-master\cleverhans\attacks.py"（见 11.4.1 小节）中 FastGradientMethod 类的定义。

> **提示：**
> 如果想让模型输出指定标签的对抗样本，则需要在字典 fgsm_par 中添加 key 为"y_target"的键值对，并将目的标签设置到 value 中。

代码第 144 行，将替代模型 model_sub 对象传入 FastGradientMethod 类的初始化方法里，得到实例化对象 fgsm。该对象用于实现 FGSM 方法。

代码第 147 行，用 fgsm 的 generate 方法对原始的输入 x 进行变化。在 generate 方法中，调用 fgm 函数，用梯度下降的方法对输入的样本进行扰动处理。

在函数 fgm 中，具体的处理过程如下：
（1）将输入样本 x 传入替代模型，算出对应的标签。
（2）求出该标签与模型的原始输出值之间的 loss 值。
（3）根据 loss 值求出 x 的梯度。
（4）在梯度中添加干扰项（本实例中干扰项为 0.3，见代码第 143 行）。
（5）将干扰项更新到原来的输入样本 x 上。

经过多次迭代之后，再将变化后的输入样本 x 传入替代模型时，替代模型将会输出错误的结果。

fgm 的代码片段如下：

```
def fgm(x, logits, y=None, eps=0.3, ord=np.inf, clip_min=None, clip_max=None, targeted=False,
        sanity_checks=True):#ord 为扰动样本的计算方式
    asserts = []
    ……
    if y is None:                                          #用模型中的 y 值做标签
        preds_max = reduce_max(logits, 1, keepdims=True)   #取出替代模型的分类结果
        y = tf.to_float(tf.equal(logits, preds_max))       #将 y 变为 one-hot 标签
        y = tf.stop_gradient(y)                            #固定 y 值，停止梯度
    y = y / reduce_sum(y, 1, keepdims=True)                #使其总概率为 1（对 one-hot 无影响）
    loss = softmax_cross_entropy_with_logits(labels=y, logits=logits)#计算损失
    ……
    grad, = tf.gradients(loss, x)                          #求关于 x 的梯度

    optimal_perturbation = optimize_linear(grad, eps, ord) #对梯度做干扰
    adv_x = x + optimal_perturbation                       #更新 x 的值
    if (clip_min is not None) or (clip_max is not None):   #对 x 值进行剪辑，变化在指定值之间
        assert clip_min is not None and clip_max is not None
        adv_x = utils_tf.clip_by_value(adv_x, clip_min, clip_max)
    ……
    return adv_x                                           #返回对抗样本
```

在代码第 150 行，将扰动后的张量作为输入接入被攻击模型。将测试数据注入进去，并利用 model_eval 函数评测其准确率。观察黑箱攻击的效果。

> **提示：**
> 由于本实例只是模拟攻击，所以在代码第 150 行，将经过 FGSM 方法处理后的张量传入被攻击模型的输入接口进行评测。这里采用这样的做法，只是为了简化代码，并不符合真实场景。
> 在实际场景中，攻击者接触不到被攻击模型的真正输入接口。所以，只能将测试数据注入 fgsm 模型以生成扰动后的图片，然后再将该图片作为对抗样本输入被攻击模型。

代码运行后，输入如下结果：

（1）训练被攻击模型的结果。

```
Defined TensorFlow model graph.
num_devices: 1
……
[INFO 2018-11-23 14:37:26,917 cleverhans] Epoch 9 took 7.253604888916016 seconds
Test accuracy of black-box on legitimate test examples: 0.99248730964467
```

结果显示，该模型的准确率为 0.99。

（2）训练替代模型的结果。

```
Training the substitute model.
Defined TensorFlow model graph for the substitute.
Substitute training epoch #0
num_devices: 1
0
……
4
```

图 11-9　生成的待输入样本

```
Substitute training epoch #5
num_devices: 1
The accuracy of substitute model 0.7469035532994924
```

图 11-9 所显示的是使用雅可比矩阵生成的待输入样本。最后一行是该模型的准确率。

可以看到，准确率只有 0.74。虽然比被攻击模型的准确率低很多，但它们拥有同样的决策边界。

（3）输出模型被攻击后的准确率。

```
Test accuracy of oracle on adversarial examples generated using the substitute: 0.686497461928934
```

从结果可以看到，将用黑盒攻击方式得到的对抗样本输入目标模型中，让模型的准确率降低到了 0.68。

11.4.8 扩展：利用黑箱攻击中的对抗样本加固模型

加固模型的方法有很多种，最直接的就是通过扩充样本集。在实现时，可以将用黑箱攻击得到的对抗样本放入训练集中对模型做二次训练。这样训练出的模型会有更强的抗攻击能力。

第 5 篇　实战——深度学习实际应用

本篇侧重于深度学习的工程化应用，即用 TensorFlow 框架训练出模型之后的事情。本篇主要介绍在不同场景中模型的制作方法和部署方法（包括网络端和移动端的部署）、人工智能在工程化项目中的应用方法和技巧，以及人工智能的价值和要面对的挑战。

本篇将读者从专注技术的视角提升到关注行业的视角。

"以商业为中心，以价值为导向"的技术，才是最有用途的技术。本篇的内容可以帮助读者更好地驾驭这种技术。

- 第 12 章　TensorFlow 模型制作——一种功能，多种身份
- 第 13 章　TensorFlow 模型部署——模型与项目的深度结合
- 第 14 章　商业实例——科技源于生活，用于生活

第 12 章

TensorFlow模型制作———一种功能，多种身份

本章主要介绍与模型文件相关的操作。通过本章的例子，读者可以掌握模型的导入和导出方法，以及制作冻结图的方法。

12.1 快速导读

在学习实例之前，有必要了解一下模型制作方面的基础知识。

12.1.1 详细分析检查点文件

在训练过程中，TensorFlow 生成的检查点文件是由多个文件组成的。下面以 6.2 节的线性回归程序为例。运行 6.2 节的代码后，在 log 文件夹中生成的检查点文件如图 12-1 所示。

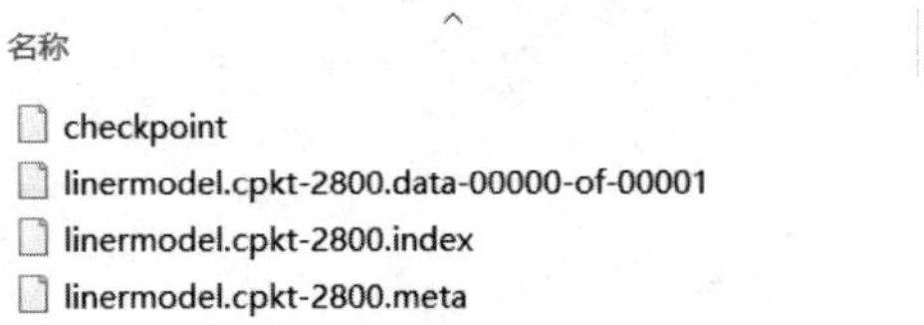

```
名称
    checkpoint
    linermodel.cpkt-2800.data-00000-of-00001
    linermodel.cpkt-2800.index
    linermodel.cpkt-2800.meta
```

图 12-1　检查点文件

从图 12-1 中可以看到，一共有 4 种类型的文件。

- checkpoint：一个模型索引文件，记录当前最新的检查点文件的名称。
- *.data-00000-of-00001：存放模型中每个参数的具体值。
- *.index：存放模型中参数名称与值之间的对应关系。
- *.meta：存放模型的结构，即神经网络模型结构的节点名称。文件格式是 pb（protocol buffer）。

在有源码的情况下，*.meta 文件是没用的。可以通过设置来关闭生成*.meta 文件的功能。设置方法请见 6.2.1 小节"提示"部分。

在没有源码的情况下，需要用*.meta 文件来恢复模型结构。具体做法见 12.2 节实例。

> **提示：**
> 在《深度学习之 TensorFlow——入门、原理与进阶实战》的 4.1.11 小节中，介绍了用 print_tensors_in_checkpoint_file 函数查看模型文件中张量内容的方法。可以通过该方法查看模型中的具体张量的名称及对应的数值。

12.1.2 什么是模型中的冻结图

冻结图是一个模型的最终导出文件。训练结束后，可以用冻结图来实现具体的应用。

冻结图不可以被用来做二次训练，只能用来计算结果。因为在运行冻结图时，可以不需要模型的源代码。所以，冻结图一般用在项目的最终交付环节。

具体生成和使用冻结图的方法请见 12.3 节。

12.1.3 什么是 TF Serving 模块与 saved_model 模块

TF Serving 模块的主要功能是将训练好的模型部署到生产环境中。可以让模型以远程调用的方式对外提供服务，并能够保持很高的性能。

TensorFlow 中还为 TF Serving 提供一个 saved_model 模块。用 saved_model 模块可以很方便地生成带有标签的冻结图文件。这种带有 TF Serving 标签的冻结图文件可以直接用到 TF Serving 的部署中。具体做法见 12.5 节、13.2 节。

12.1.4 用编译子图（defun）提升动态图的执行效率

编译子图的 API 为 tf.contrib.eager.defun，其中的 defun 是 define function 的缩写。tf.contrib.eager.defun 函数的作用是，将 Python 函数编译成一个可调用的子图，完成计算功能。这种方式可以提升代码的运行速度。

1. 使用方法

被编译的子图比 Python 函数的运行效率更高。但是，它不能够被 pdb 调试工具或 print 函数跟踪内部的执行情况。

另外，因为在程序运行时，被编译的子图在首次加载时也需要一定的开销。所以这种方案更适合 Python 函数中运算操作较多、较复杂的情况。

tf.contrib.eager.defun 函数的使用方法举例，代码片段如下：

```
import tensorflow as tf
tf.enable_eager_execution()

def f(x, y):                                    #定义函数 f
  return tf.reduce_mean(tf.multiply(x ** 2, 3) + y)
g = tf.contrib.eager.defun(f)                   #将函数 f 编译成可调用子图
```

```
x = tf.constant([[2.0, 3.0]])
y = tf.constant([[3.0, -2.0]])

print(f(x, y).numpy())                    #输出调用函数 f 的结果：20.0
print(g(x, y).numpy())                    #输出调用函数 g 的结果：20.0
```

tf.contrib.eager.defun 函数除可以将 Python 函数编译成子图外，还可以将类中的 call 函数编译成子图。例如以下代码片段：

```
class MyModel(tf.keras.Model):            #定义模型类
  def __init__(self, keep_probability=0.2):  #定义节点
    super(MyModel, self).__init__()
    ……

  @tf.contrib.eager.defun                 #装饰 call 方法
  def call(self, inputs, training=True):
    ……
```

2. 指定输入

向子图中传入形状不同的张量后，系统会生成不同的子图。可以通过输入来指定使用某个固定形状的子图。例如：

```
@tf.contrib.eager.defun(input_signature=[
  tf.contrib.eager.TensorSpec(shape=[None, 50, 300], dtype=tf.float32),
  tf.contrib.eager.TensorSpec(shape=[300, 100], dtype=tf.float32)
])
def my_sequence_model(words, another_tensor):
  ……
```

在上面代码片段中，用 tf.contrib.eager.TensorSpec 函数指定参数 words 和 another_tensor 的形状。其中，参数 words 支持不同批次的输入。

3. 注意事项

用 tf.contrib.eager.defun 函数修饰后的方法，与原有方法的处理逻辑是一样的。但也有几个特殊情况。具体如下：

（1）在函数中存在取随机数的情况。

在被编译后的子图里，随机数会失效。例：

```
import tensorflow as tf
tf.enable_eager_execution()
import numpy as np
def fn():                                 #定义函数 fn
  a = np.random.randn(1)                  #取随机值
  x = tf.constant(2.)+ a                  #计算张量
  print("a",a,end=',')                    #输出随机值
  return x                                #返回张量

g = tf.contrib.eager.defun(fn)            #编译子图 g
print(fn().numpy())                       #输出调用函数 fn 的结果：a [0.1783442]，[2.1783442]
print(fn().numpy())                       #输出调用函数 fn 的结果：a [0.1783442]，[2.1783442]
```

```
    print(g().numpy())          #输出调用子图 g 的结果: a [-0.39338869],[1.6066113]
    print(g().numpy())          #输出调用子图 g 的结果: [1.6066113]
    print(g().numpy())          #输出调用子图 g 的结果: [1.6066113]
```

从上面的输出中可以看到:
- 每次调用子图 fn 都会得到不同值。
- 每次调用函数 g 都会得到相同值。

而且子图 g 只有第一次被调用时会输出 print 信息,再次被调用时不会有信息输出。这表示在第一次被调用时,系统将 fn 编译生成了子图,固化了随机值并且去掉了 print 信息。在后面运行时,直接用子图中的运算流来处理,所以每次都是一样的值。

> **提示:**
> 为避免在子图中随机数失效这种情况发生,尽量不要把随机值放到函数内部。可以将其当作一个参数来输入,进行计算。

(2)在函数中存在 BOOL(逻辑)运算的情况。

在被编译后的子图里,只允许对输入参数进行 Python 语法的 BOOL(逻辑)运算。对内部的张量做 BOOL(逻辑)计算时,需要用函数 tf.conf 来代替。例如:

```
import tensorflow as tf
tf.enable_eager_execution()
def fn(train = True):                   #定义函数 fn
  x = tf.constant(2.)
  y = tf.constant(2.)
  if train:                             #对输入进行判断
      x = x*2
  else :
      x= x-1
  def f1():                             #分支函数
    return x*10
  def f2():                             #分支函数
    return x*100
  x =tf.cond(x < y, f1,f2)              #在内部进行判断

  return x

g = tf.contrib.eager.defun(fn)          #编译子图 g
print(fn(True).numpy())                 #输出调用函数 fn 的结果: 400.0
print(fn(False).numpy())                #输出调用函数 fn 的结果: 10.0
print(g(True).numpy())                  #输出调用子图 g 的结果: 400.0
print(g(False).numpy())                 #输出调用子图 g 的结果: 10.0
```

可以看到,调用函数 fn 与子图 g 的结果完全相同。

> **提示:**
> 在编译子图的内部,除需要替换 BOOL 语句外,还需要将循环语句(while)替换成 tf.while_loop 语句。

(3)在函数中存在定义变量语句的情况。

在被编译后的子图里,只有第一次被调用时会运行全部代码。在后续调用时,只运行其编译后的子图分支。分支内容是在编译时决定的。

在编译过程中,定义参数的函数 tf.Variable 也会被优化掉。这是需要注意的地方。例如:

```
import tensorflow as tf
tf.enable_eager_execution()
def fn():                            #定义函数 fn
    x = tf.Variable(0.0)             #定义变量
    x.assign_add(1.0)                #执行加 1 操作
    return x.read_value()            #返回结果

g = tf.contrib.eager.defun(fn)       #编译子图 g
print(fn().numpy())                  #输出调用函数 fn 的结果:1.0
print(fn().numpy())                  #输出调用函数 fn 的结果:1.0
print(g().numpy())                   #输出调用子图 g 的结果:1.0
print(g().numpy())                   #输出调用子图 g 的结果:2.0
```

从程序运行的结果中可以看到:
- 在两次运行函数 fn 时,内部都会重新定义一个变量给 x。每次运行时,变量 x 的值都会先变成 0,然后再加 1,最终返回结果 1.0。
- 在两次调用子图 g 时,第一次调用时,与运行函数 fn 一样——返回了 1.0。第二次调用时,x 已经在编译好的子图中存在,且 x = tf.Variable(0.0)语句已经被优化掉了。于是变量 x 再加 1,变成了 2.0。

> **提示:**
> 编译子图只适用与 TensorFlow 1.x 版本。在 TensorFlow 2.x 版本中推荐使用更高级的自动图功能,该功能不仅有编译子图同样的性能,而且还有比编译子图更简单的开发方式。详情请见 6.1.16 小节。

12.1.5 什么是 TF_Lite 模块

TF_Lite(TensorFlow Lite)模块可以将现有的 TensorFlow 模型文件,转化成体积比较小的模型文件。它是 TensorFlow 针对移动和嵌入式设备的轻量级解决方案。它可以让神经网络模型很方便地运行在计算资源受限的设备上。

1. TF_Lite 模块的使用方式及帮助文档

TF_Lite 模块提供了命令行和调用 API 两种转化方式,用于生成 lite 格式的文件,并配有非常丰富的使用文档。其中:

(1)命令行方式的使用文档如下:

https://github.com/tensorflow/tensorflow/blob/master/tensorflow/lite/g3doc/convert/cmdline_reference.md

（2）API 接口调用方式的使用文档如下：

```
https://github.com/tensorflow/tensorflow/blob/master/tensorflow/lite/g3doc/convert/python_api.md
```

需要说明的是，在 TensorFlow 1.12.0 及之前的版本中 TF_Lite 还并不完善：
- Windows 系统中的 TF_Lite 模块无法使用。如果使用 TensorFlow 1.12.0 及之前的版本，则只能在 Linux 系统中使用 TF_Lite 模块。
- 官方文档中的 API 与代码中的 API 对应不上。如果在使用过程中发生错误，则可以通过参考 TF_Lite 模块的源码进行解决。

在 TensorFlow 1.13.0 及之后的版本中，TF_Lite 模块相对比较成熟，并且支持在 Windows 系统下运行。

2. TF_Lite 的使用举例

以命令行的方式为例。用 TF_Lite 模块转化模型文件时，具体命令如下：

```
toco  --graph_def_file=./retrained_graph.pb      --input_format=TENSORFLOW_GRAPHDEF
--output_format=TFLITE      --output_file=graph.tflite        --inference_type=FLOAT
--input_type=FLOAT         --input_arrays=input        --output_arrays=final_result
--input_shapes=1,224,224,3
```

该例子是在 TensorFlow 1.13.1 版本上实现的。其中，参数 input_arrays 与参数 output_arrays 是模型文件 retrained_graph.pb 中输入和输出节点的名称。这两个节点名称需要单独提取。提取的方式有两种：
- 通过 TensorBoard 工具在浏览器中查看。具体方法可以参考 12.4.2 小节。
- 在代码中，用 print 函数将张量的名字打印出来。

执行 toco 命令后，TF_Lite 模块将根据输入的冻结图生成 graph.tflite 文件。该文件可以应用在 Android 或 IOS 等系统上。具体实例可参考 13.3 节。

12.1.6　什么是 TFjs-converter 模块

TFjs-converter 模块是 TFjs 模块的配套接口，可以很方便地将训练好的 SavedModel、Keras h5、Frozen Model、TF-Hub 模型文件转化为 Web 接口的模型文件，以便通过 JavaScript 语言调用它。

具体细节可以参考如下地址：

```
https://github.com/tensorflow/tfjs-converter
```

12.2　实例 61：在源码与检查点文件分离的情况下，对模型进行二次训练

在公司与公司，或部门与部门之间合作开发时，出于对知识产权的保护，往往都需要将模

型的源代码进行隐藏。

例如：乙方为甲方提供模型算法服务，乙方开发的模型需要用甲方的数据进行训练。甲方的数据比较机密，希望将乙方的模型拿到甲方公司里来训练；而在合同没有履行完之前，乙方不希望将模型源码全部交给甲方。

在这种情况下，可以用模型的源代码与检查点文件相分离的方式进行合作。具体的实现方法为：

（1）乙方将模型的源代码与检查点文件分离。
（2）将检查点文件及流程代码（非模型的源代码部分）交给甲方。
（3）甲方拿到后，在自己公司内部进行训练模型，并反馈给乙方。
（4）乙方根据反馈进行模型的调优及改良。
（5）双方经过多次交互之后，完成模型的开发及训练过程。
（6）待合同流程全部履行完之后，乙方再将源码交付给甲方。

下面实现一个在源码与检查点文件分离情况的进行二次训练的实例。

实例描述

开发一个模型，让模型在一组混乱的数据集中找到 $y \approx 2x$ 的规律。并通过脱离模型源代码的情况下，对模型进行二次训练。

本实例的实现原理很简单：在模型训练的过程中，会用到网络模型代码中的几个节点（例如：输入、输出、优化器等）。核心思想就是，将需要用到的节点单独添加到模型的集合中，在二次训练时，将模型中用到的节点取出来。实现方式是：通过 tf.add_to_collection 函数将指定网络节点保存到模型的集合中，并用 tf.get_collection 函数读出模型中要使用的节点。

12.2.1　代码实现：在线性回归模型中，向检查点文件中添加指定节点

定义一个张量对象 saver（见代码第 37 行）。在会话运行中，用张量对象 saver 的 save 方法将检查点文件保存下来（见代码第 71、74 行）。完整的代码如下：

代码 12-1　在线性回归模型中添加指定节点到检查点文件

```
01  import tensorflow as tf
02  import numpy as np
03  import matplotlib.pyplot as plt
04
05  #（1）生成模拟数据
06  train_X = np.linspace(-1, 1, 100)
07  train_Y = 2 * train_X + np.random.randn(*train_X.shape) * 0.3 #y=2x，但是
    加入了噪声
08  #图形显示
09  plt.plot(train_X, train_Y, 'ro', label='Original data')
10  plt.legend()
11  plt.show()
12
```

```python
13  tf.reset_default_graph()
14
15  #(2)构建网络模型
16  #占位符
17  X = tf.placeholder("float")
18  Y = tf.placeholder("float")
19  #模型参数
20  W = tf.Variable(tf.random_normal([1]), name="weight")
21  b = tf.Variable(tf.zeros([1]), name="bias")
22  #前向结构
23  z = tf.multiply(X, W)+ b
24  global_step = tf.Variable(0, name='global_step', trainable=False)
25  #反向优化
26  cost =tf.reduce_mean( tf.square(Y - z))
27  learning_rate = 0.01
28  optimizer =
    tf.train.GradientDescentOptimizer(learning_rate).minimize(cost,global_st
    ep) #梯度下降
29  #初始化所有变量
30  init = tf.global_variables_initializer()
31  #定义学习参数
32  training_epochs = 20
33  display_step = 2
34  savedir = "log2/"
35  saver = tf.train.Saver(tf.global_variables(), max_to_keep=1)#生成saver,
    max_to_keep=1 表示只保留一个检查点文件
36
37  #将指定节点通过添加到集合的方式放到模型里
38  tf.add_to_collection('optimizer', optimizer)
39  tf.add_to_collection('X', X)
40  tf.add_to_collection('Y', Y)
41  tf.add_to_collection('cost', cost)
42  tf.add_to_collection('result', z)
43  tf.add_to_collection('global_step', global_step)
44  #定义生成loss值可视化的函数
45  plotdata = { "batchsize":[], "loss":[] }
46  def moving_average(a, w=10):
47      if len(a) < w:
48          return a[:]
49      return [val if idx < w else sum(a[(idx-w):idx])/w for idx, val in
    enumerate(a)]
50
51  #(3)建立session进行训练
52  with tf.Session() as sess:
53      sess.run(init)
54      kpt = tf.train.latest_checkpoint(savedir)
55      if kpt!=None:
```

```
56            saver.restore(sess, kpt)
57
58        #向模型输入数据
59        while global_step.eval()/len(train_X) < training_epochs:
60            step = int( global_step.eval()/len(train_X) )
61            for (x, y) in zip(train_X, train_Y):
62                sess.run(optimizer, feed_dict={X: x, Y: y})
63
64            #显示训练中的详细信息
65            if step % display_step == 0:
66                loss = sess.run(cost, feed_dict={X: train_X, Y:train_Y})
67                print ("Epoch:", step+1, "cost=", loss,"W=", sess.run(W), "b=", sess.run(b))
68                if not (loss == "NA" ):
69                    plotdata["batchsize"].append(global_step.eval())
70                    plotdata["loss"].append(loss)
71                saver.save(sess, savedir+"linermodel.cpkt", global_step)
72
73        print (" Finished!")
74        saver.save(sess, savedir+"linermodel.cpkt", global_step)
75        print ("cost=", sess.run(cost, feed_dict={X: train_X, Y: train_Y}), "W=", sess.run(W), "b=", sess.run(b))
76
77        #显示模型
78        plt.plot(train_X, train_Y, 'ro', label='Original data')
79        plt.plot(train_X, sess.run(W) * train_X + sess.run(b), label='Fitted line')
80        plt.legend()
81        plt.show()
82
83        plotdata["avgloss"] = moving_average(plotdata["loss"])
84        plt.figure(1)
85        plt.subplot(211)
86        plt.plot(plotdata["batchsize"], plotdata["avgloss"], 'b--')
87        plt.xlabel('Minibatch number')
88        plt.ylabel('Loss')
89        plt.title('Minibatch run vs. Training loss')
90
91        plt.show()
```

上面代码运行完后,输出如下结果:

```
Epoch: 1 cost= 1.1687633 W= [0.5381455] b= [0.4353026]
……
Epoch: 19 cost= 0.10066107 W= [2.1154778] b= [-0.03748273]
 Finished!
cost= 0.100661084 W= [2.1154814] b= [-0.03748437]
```

生成的 loss 值图如图 12-2 所示。

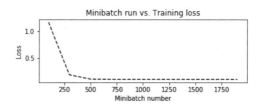

图 12-2　回归模型训练 2000 次的损失值

在程序运行之后，系统会在 log2 文件夹下生成了几个以 "linermodel.cpkt-2000" 开头的文件。它们就是检查点文件。

12.2.2　代码实现：在脱离源码的情况下，用检查点文件进行二次训练

将检查点文件中的模型的结构载入到当前运行图中，并从运行图中取得可操作的张量节点。具体步骤如下：

（1）调用函数 tf.train.import_meta_graph，将检查点文件（该检查点文件是由 12.2.1 小节代码所生成的）中的节点名称导入到当前运行图中（见代码第 30 行）。

（2）调用 tf.get_collection 函数，在当前运行图的集合中根据结合的名称找到对应的张量（见代码第 33~39 行）。

（3）建立会话，训练模型。

完整的代码如下：

代码 12-2　用源码分离的方式进行二次训练

```
01 import tensorflow as tf
02 import numpy as np
03 import matplotlib.pyplot as plt
04
05 #生成模拟数据
06 train_X = np.linspace(-1, 1, 100)
07 train_Y = 2 * train_X + np.random.randn(*train_X.shape) * 0.3 #y=2x，但是
   加入了噪声
08 #图形显示
09 plt.plot(train_X, train_Y, 'ro', label='Original data')
10 plt.legend()
11 plt.show()
12
13 #定义生成loss值可视化的函数
14 plotdata = { "batchsize":[], "loss":[] }
15 def moving_average(a, w=10):
16     if len(a) < w:
17         return a[:]
18     return [val if idx < w else sum(a[(idx-w):idx])/w for idx, val in enumerate(a)]
19
```

```python
20  tf.reset_default_graph()
21
22  #定义学习参数
23  training_epochs = 58    #设置迭代次数为58
24  display_step = 2
25
26  with tf.Session() as sess:
27      savedir = "log2/"
28      kpt = tf.train.latest_checkpoint(savedir)                  #找到检查点文件
29      print("kpt:",kpt)
30      new_saver = tf.train.import_meta_graph(kpt+'.meta') #从检查点的meta文件
    中导入变量
31      new_saver.restore(sess, kpt)                              #恢复检查点数据
32
33      print(tf.get_collection('optimizer'))                     #通过集合取张量
34      optimizer = tf.get_collection('optimizer')[0]             #返回的是一个list，
    只是取第1个
35      X=tf.get_collection('X')[0]
36      Y=tf.get_collection('Y')[0]
37      cost=tf.get_collection('cost')[0]
38      result=tf.get_collection('result')[0]
39      global_step = tf.get_collection('global_step')[0]
40
41      #节点恢复完成，可以继续训练
42      while global_step.eval()/len(train_X) < training_epochs:
43          step = int( global_step.eval()/len(train_X) )
44          for (x, y) in zip(train_X, train_Y):
45              sess.run(optimizer, feed_dict={X: x, Y: y})
46
47          #显示训练中的详细信息
48          if step % display_step == 0:
49              loss = sess.run(cost, feed_dict={X: train_X, Y:train_Y})
50              print ("Epoch:", step+1, "cost=", loss)
51              if not (loss == "NA" ):
52                  plotdata["batchsize"].append(global_step.eval())
53                  plotdata["loss"].append(loss)
54              new_saver.save(sess, savedir+"linermodel.cpkt", global_step)
55
56      print (" Finished!")
57      new_saver.save(sess, savedir+"linermodel.cpkt", global_step)
58      print ("cost=", sess.run(cost, feed_dict={X: train_X, Y: train_Y}))
59
60      plotdata["avgloss"] = moving_average(plotdata["loss"])
61      plt.figure(1)
62      plt.subplot(211)
63      plt.plot(plotdata["batchsize"], plotdata["avgloss"], 'b--')
64      plt.xlabel('Minibatch number')
```

```
65      plt.ylabel('Loss')
66      plt.title('Minibatch run vs. Training loss')
67
68      plt.show()
```

代码运行后，显示如下结果：

```
kpt: log2/linermodel.cpkt-2000
INFO:tensorflow:Restoring parameters from log2/linermodel.cpkt-2000
[<tf.Operation 'GradientDescent' type=AssignAdd>]
Epoch: 21 cost= 0.099750884
……
Epoch: 57 cost= 0.099868104
 Finished!
cost= 0.099868104
```

输出结果的第 1 行表示从检查点文件"log2/linermodel.cpkt-2000"中载入模型数据。

从输出结果的第 4 行可以看到，输出的损失值是 0.09。这说明模型是接着 2000 次的训练结果继续进行的（12.2.1 小节中，模型迭代训练 2000 次后损失值是 0.1）。

在训练结束后，程序生成的损失值（loss）图如图 12-3 所示。

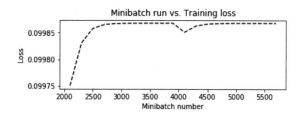

图 12-3　回归模型 5800 训练次的损失值

在图 12-3 中，表面看去好像是损失值越来越高。其实该曲线是在小数点后 4 位发生的抖动（见 y 坐标轴的单位），这属于正常现象。

> **提示：**
> 如果是动态图或是估算器框架生成的模型，则可以先将其先转成静态图模式，再用本实例的方式将源码与文件分离。
> 将估算器模型代码转成静态图模型代码的例子可以参考 6.5 节。
> 将动态图模型代码转为静态图模型代码相对难度不大，读者可以自行尝试。

12.2.3　扩展：更通用的二次训练方法

在 12.2.2 小节的代码 30 行，调用函数 tf.train.import_meta_graph，将检查点文件中的节点导入程序的运行图中，并根据集合的名称恢复节点实现模型的二次训练。这种方法用起来相对比较简单，也好理解。

在这里再介绍一种更为通用的方法：直接用张量的名字代替集合进行操作。具体如下。

1. 获得运行图中需要的节点名称

在 12.2.1 小节代码的最后添加如下代码,将运行图中需要的节点打印出来:

```
print(optimizer.name)
print(X.name)
print(Y.name)
print(cost.name)
print(z.name)
print(global_step.name)
```

代码运行后,输出如下结果:

```
GradientDescent
Placeholder:0
Placeholder_1:0
Mean:0
add:0
global_step:0
```

显示的名称都是该节点在运行图中对应的名字。在载入模型时,可以通过这些名称获得具体的张量节点。

 提示:

还可以在定义张量时为其指定好名称,这样使用时直接在名称后面加上索引值即可。名称和索引值的关系可以参考《深度学习之 TensorFlow——入门、原理与进阶实战》一书的 4.3 节。

2. 根据节点名称获取运行图中的张量

在 12.2.2 小节代码第 33～39 行,将从集合中恢复节点的部分换作从图中恢复节点。具体代码如下:

```
    my_graph = tf.get_default_graph()                    #获得当前运行图
#根据名字从运行图中获得对应的操作符(OP)及张量
    optimizer = my_graph.get_operation_by_name('GradientDescent')
    X = my_graph.get_tensor_by_name('Placeholder:0')
    Y = my_graph.get_tensor_by_name('Placeholder_1:0')
    cost = my_graph.get_tensor_by_name('Mean:0')
    result = my_graph.get_tensor_by_name('add:0')
    global_step = my_graph.get_tensor_by_name('global_step:0')
```

得到张量后,便可以对模型进行二次训练了。完整的代码见配套资源的代码文件。"12-3　使用源码分离方式二次训练-扩展.py"

 提示:

在根据名字恢复节点的操作中,恢复 OP 与恢复张量的函数是不同的:

- 根据名字获取 OP,要使用 get_operation_by_name 函数。
- 根据名字获取张量,要使用 get_tensor_by_name 函数。

有关更多的图操作可以参考《深度学习之 TensorFlow——入门、原理与进阶实战》一书的 4.4 节。

另外，还可以用 as_graph_def 方法获取图中全部变量的定义。见源码文件"12-3 使用源码分离方式二次训练-扩展.py"的最后 3 行代码：

```
graph_def = my_graph.as_graph_def()                          #获得全部定义
    print(graph_def)                                         #输出全部定义
    tf.train.write_graph(graph_def, savedir, 'expert-graph.pb')   #将定义保存到文件里
```

在大型的模型文件中，节点的信息会有很多，可以先将其输出到文件中，再进行查看。

12.3 实例 62：导出/导入冻结图文件

冻结图文件是开发模型过程中的最终产物，专用于在生产环境中进行。

实例描述

开发一个模型，让模型在一组混乱的数据集中找到 $y \approx 2x$ 的规律。在模型训练好之后，将其导出成冻结图文件，并通过编写代码将该冻结图文件导入，用于预测。

在 6.2 节的线性回归模型基础上，用 TensorFlow 中 freeze_graph 工具的脚本实现冻结图的导出、导入功能。该脚本也支持以命令行的方式运行。具体描述如下：

12.3.1 熟悉 TensorFlow 中的 freeze_graph 工具脚本

在 TensorFlow 的安装路径中可以找到 freeze_graph 工具脚本，具体如下：

```
Anaconda3\lib\site-packages\tensorflow\python\tools\freeze_graph.py
```

该脚本可以命令行的方式使用，也可以通过模块载入的方式在代码中使用。脚本中的核心函数是 freeze_graph 函数，具体如下：

```
def freeze_graph(input_graph,      #图定义文件 GraphDef，见 12.2.3 小节"提示"部分的介绍
                 input_saver,                 #要载入的 sever 文件，一般为空
                 input_binary,                #输入文件是否为二进制格式
                 input_checkpoint,            #输入的检查点文件
                 output_node_names,           #要导出的节点名称，不能带后面的序号
                 restore_op_name,             #该参数已舍弃
                 filename_tensor_name,        #该参数已舍弃
                 output_graph,                #输出的冻结图路径及名称
                 clear_devices,#是否删除节点的设备信息，一般选 True，否则会导致设备不兼容
                 initializer_nodes,           #运行冻结图之前需要被初始化的节点
                 variable_names_whitelist="", #需要将变量转化为常量的白名单
                 variable_names_blacklist="", #指定某些变量不需要转化为常量
                 input_meta_graph=None,       #检查点的 meta 文件。
                 input_saved_model_dir=None,#输入检查点文件的路径
                 saved_model_tags=tag_constants.SERVING,#模型的标签。默认支持 TF Serving 布署
                 checkpoint_version=saver_pb2.SaverDef.V2):  #冻结图版本
```

可以看到，虽然该函数有很多参数，但是大部分参数都有默认值。使用时，只需要关注少量的必填参数即可。具体如下：
- 如果以命令行方式运行 freeze_graph 脚本，则需要在参数 input_graph 或参数 input_meta_graph 中指定一个，并填入参数 output_node_names、参数 output_graph_path 的值。
- 如果在代码里调用 freeze_graph 函数，则参数没有默认值，这时可以按照命令行中的默认值为 freeze_graph 函数的参数赋值。

12.3.2　代码实现：从线性回归模型中导出冻结图文件

将 6.2 节的全部代码复制过来，在其后面添加代码，导出冻结图文件。具体如下：

1. 添加函数，导出冻结图文件，并输出节点名称

编写代码实现如下步骤：

（1）定义函数 exportmodel，将现有运行图中的节点导出成冻结图。
（2）将模型代码中的输入节点 X、输出节点 z 的名称打印出来。

提示：
因为在应用场景中是不需要输入标签的，所以没有导出 Y。

具体代码如下：

代码 12-4　将线性回归模型导出成为冻结图文件

```
01  ……           #6.2节中的全部代码，这里略过
02  import os
03  from tensorflow.python.tools import freeze_graph
04  def exportmodel(thisgraph,saverex,thissavedir,outnode='',freeze_file_name
    = 'expert-graph-yes.pb'):
05
06      with tf.Session(graph=thisgraph) as sessex:
07          sessex.run(tf.global_variables_initializer())
08          kpt = tf.train.latest_checkpoint(thissavedir)
09
10          print("kpt:",kpt)
11
12          if kpt!=None:
13              saverex.restore(sessex, kpt)
14
15              #获取图中全部变量的定义
16              graph_def = thisgraph.as_graph_def()
17              #将变量的定义信息保存到expert-graph.pb文件中
18              tf.train.write_graph(graph_def, thissavedir, 'expert-graph.pb')
19
20              input_graph_path = os.path.join( thissavedir, 'expert-graph.pb')
```

```
21              input_saver_def_path = ""
22              input_binary = False
23              #指定导出节点的名字
24              output_node_names = outnode
25              restore_op_name = "save/restore_all"
26              filename_tensor_name = "save/Const:0"
27              output_graph_path = os.path.join(thissavedir, freeze_file_name)
28              clear_devices = True
29              input_meta_graph = ""
30
31              freeze_graph.freeze_graph(
32                      input_graph_path, input_saver_def_path, input_binary, kpt,
33                      output_node_names, restore_op_name, filename_tensor_name,
34                      output_graph_path, clear_devices, "", "")
35
36 print(z.name,X.name)#将节点打印出来
```

代码第 4 行定义了函数 exportmodel，该函数用来实现具体的动态图导出操作。在该函数中，具体步骤如下：

（1）载入指定图中的检查点文件。

（2）将图中全部变量的定义信息导出到模型文件"expert-graph.pb"中。

（3）调用 freeze_graph 函数，按照参数 freeze_file_name 所指定的文件名称生成冻结图。

代码运行后，输出如下结果：

```
add:0 Placeholder:0
```

在输出结果可以看到：

- 输出节点 z（通过计算得来，具有可变属性）的名称是"add:0"（add 为的名称，0 为序号）。
- 输入节点 X（来自于样本，具有不变的属性）的名称是"Placeholder:0"。

2. 调用函数，实现导出冻结图文件功能

编写代码实现如下步骤：

（1）获得当前的运行图。

（2）生成 saver 对象用于保存模型文件

（3）用函数 exportmodel 生成冻结图文件。

具体代码如下：

代码 12-4　将线性回归模型导出成为冻结图文件（续）

```
37 thisgraph = tf.get_default_graph()
38 saverex = tf.train.Saver()                                    #生成 saver 对象
39 exportmodel(thisgraph,saverex,savedir,"add,Placeholder")
```

代码第 39 行，在调用函数 exportmodel 时传入"add,Placeholder"，用来指定导出节点的名称。其中，"add"是输出节点 z 的名称，"Placeholder"是输入节点 X 的名称。这里只需要传

入节点名称中":"之前的部分。

代码运行后，会在本地 log 文件夹中生成两个模型文件：
- expert-graph.pb（运行图的定义文件）。
- expert-graph-yes.pb（冻结图文件）。

其中的模型文件 expert-graph-yes.pb 就是最终输出的冻结图文件。

12.3.3 代码实现：导入冻结图文件，并用模型进行预测

编写代码实现如下步骤：
（1）用 tf.GraphDef 函数获得一个运行图对象 my_graph_def。
（2）将冻结图导入运行图对象 my_graph_def 中。
（3）用运行图对象 my_graph_def 的 ParseFromString 方法对冻结图文件进行解析。
（4）用 tf.import_graph_def 函数将冻结图对象 my_graph_def 的内容导入运行图中（见代码第 13 行）。
（5）用 tf.get_default_graph 函数获得运行图对象 my_graph。
（6）用运行图对象 my_graph 的 get_tensor_by_name 方法获得运行图中的输入、输出张量。
（7）建立会话，向输入张量中注入数据，获得输出张量的预测结果。

具体代码如下：

代码 12-5　导入冻结图并用模型进行预测

```
01  import tensorflow as tf
02
03  tf.reset_default_graph()
04
05  savedir = "log/"
06  PATH_TO_CKPT = savedir +'/expert-graph-yes.pb'
07
08  my_graph_def = tf.GraphDef()                            #定义 GraphDef 对象
09  with tf.gfile.GFile(PATH_TO_CKPT, 'rb') as fid:
10      serialized_graph = fid.read()
11      my_graph_def.ParseFromString(serialized_graph)      #读取 pb 文件
12      print(my_graph_def)
13      tf.import_graph_def(my_graph_def, name='')          #恢复到运行图中
14
15  my_graph = tf.get_default_graph()                       #获得运行图
16  result = my_graph.get_tensor_by_name('add:0')           #将运行图中的 z 赋值给 result
17  x = my_graph.get_tensor_by_name('Placeholder:0')        #运行图中的 X 赋值给 x
18
19  with tf.Session() as sess:
20      y = sess.run(result, feed_dict={x: 5})              #传入 5，进行预测
21      print(y)
```

代码运行后，输出如下内容：

```
node {
  name: "Placeholder"
  ......
node {
  name: "weight"
  op: "Const"
  attr {
    key: "dtype"
    value {
      type: DT_FLOAT
    }
  }
  attr {
    key: "value"
    value {
      tensor {
        dtype: DT_FLOAT
        tensor_shape {
          dim {
            size: 1
          }
        }
        float_val: 2.004253387451172
      }
    }
  }
}
......
}
library {
}
[10.033242]
```

输出结果的最后一行是模型的预测结果（向模型中输入 5，预测出 10）。

输出结果中最后一行之前的所有信息都是运行图中定义的节点。这些定义就是从冻结图中读取出来的模型内容。

12.4 实例 63：逆向分析冻结图文件

冻结图虽然隐藏了很多信息，但是通过 TensorFlow 中的第三方工具，还是可以看到原始模型的样子。本实例用 TensorBoard 工具查看冻结图的网络结构。

实例描述

有一个冻结图文件，要求将其翻译到 TensorBoard 中以观察其模型结构。

12.2.3 小节的代码第 13 行，是以文本方式将冻结图的内容打印出来，直观性相对较差。还可以通过 import_to_tensorboard 工具将生成的冻结图文件导入到概要日志中，并用 TensorBoard 工具进行查看。具体做法如下：

12.4.1 使用 import_to_tensorboard 工具

在 TensorFlow 的安装路径中可以找到 import_to_tensorboard 工具的脚本。具体如下：

```
Anaconda3\lib\site-packages\tensorflow\python\tools\ import_pb_to_tensorboard.py
```

代码文件"import_pb_to_tensorboard.py"是一个可以单独在命令行中运行的脚本文件，可以在命令行中使用它，也可以在代码中使用它。

1. 在命令行里使用 import_to_tensorboard 工具

在命令行里使用 import_to_tensorboard 工具，可以输入如下命令：

```
python import_pb_to_tensorboard.py --model_dir 冻结图文件路径 --log_dir 导出的概要日志路径
```

该命令在执行时，会调用脚本中的 import_to_tensorboard 函数。该函数的具体定义如下：

```
def import_to_tensorboard(model_dir, log_dir)
```

2. 在代码中使用 import_to_tensorboard 工具

编写代码来使用 import_to_tensorboard 工具。具体如下：

```
from tensorflow.python.tools import import_pb_to_tensorboard
input_graph_path = "log/expert-graph-yes.pb"    #冻结图文件
import_pb_to_tensorboard.import_to_tensorboard(input_graph_path,'./pbvisualize')
```

上面代码运行后，会在"./pbvisualize"路径下生成概要日志。该概要日志可以被 TensorBoard 工具读取。

12.4.2 用 TensorBoard 工具查看模型结构

首先启动 TensorBoard 工具，接着在浏览器中查看模型结构。具体如下：

1. 在命令行中启动 TensorBoard 工具

在 12.4.1 小节中的程序运行之后，会在"./pbvisualize"路径下得到概要日志。

在命令行窗口中，将当前位置切换到 pbvisualize 文件夹的上级目录（作者的路径为 G:\python3），并启动 TensorBoard 工具。输入命令如下：

```
G:\python3>tensorboard --logdir=./pbvisualize
```

该命令执行之后，输出结果如图 12-4 所示。

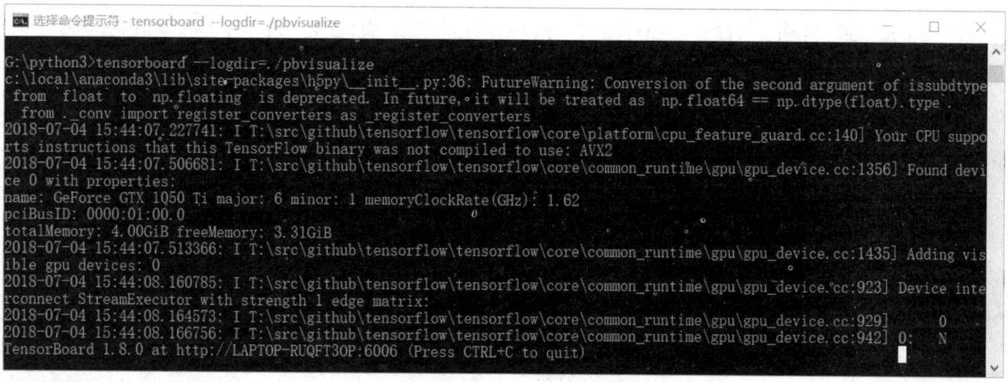

第 12 章　TensorFlow 模型制作——一种功能，多种身份 | 667

图 12-4　启动 TensorBoard

如图 12-4 所示，最后 1 行是 TensorBoard 工具的访问地址。

在浏览器中输入"http://LAPTOP-RUQFT3OP:6006"可以看到模型结构，如图 12-5 所示。

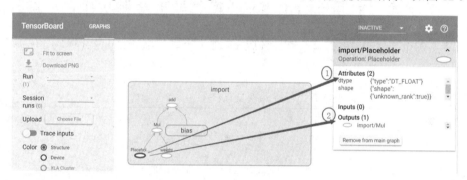

图 12-5　在 TensorBoard 中查看网络结构

单击图 12-5 中任意一个节点，都可以看到具体的属性信息。以图 12-5 中左下方节点为例：

- 该节点的属性 Attributes 是 2，表示有两个属性（见图 12-5 中标注 1 的内容）。
- 该节点的输入节点 Inputs 是 0，表示没有输入节点（见标注 2 的内容）。
- 该节点的输出节点 Outputs 是 1，表示有 1 个输出节点（见标注 2 的内容）。

> **提示：**
>
> 在 Windows 系统中，TensorBoard 工具的运行并不是太稳定。有时在浏览器中会弹出类似"xxx 拒绝了我们的连接请求"这样的提示，提示无法访问日志结果。在这种情况下，可以尝试将访问地址改成 localhost 或 127.0.0.1。
>
> 例如：
>
> http://localhost:6006
>
> http://127.0.0.1:6006
>
> 如果还是访问不了，则可以尝试将所有的安全软件退出，并关闭 Windows 系统自带的防火墙，再运行 TensorBoard 工具。

12.5 实例64：用 saved_model 模块导出与导入模型文件

用 saved_model 模块生成的是一种冻结图文件。与 12.3 节的冻结图文件不同之处是，用 saved_model 模块生成的模型文件集成了打标签操作，可以被更方便地布署在生产环境中。

实例描述

开发一个模型，让模型在一组混乱的数据集中找到 $y≈2x$ 的规律。在模型训练好之后：
（1）用 saved_model 模块生成适用于 TF Serving 的模型。
（2）比较该模型与 12.3 节中生成的冻结图文件的区别。
（3）通过编写代码载入该模型，并进行数据预测。

本实例在 6.2 节的模型上面做简单改进，并完成模型的生成与载入功能。具体如下：

12.5.1 代码实现：用 saved_model 模块导出模型文件

将 6.2 节的全部代码复制过来，并在其后面添加代码，用 saved_model 模块导出模型文件。具体代码如下：

代码 12-6　用 saved_model 模块导出与导入模型文件

```
01    ……#6.2节中的全部代码，这里略过
02    from tensorflow.python.saved_model import tag_constants
03    builder = tf.saved_model.builder.SavedModelBuilder(savedir+'tfservingmodel')
04    #将节点的定义和值加到 builder 中
05    builder.add_meta_graph_and_variables(sess, [tag_constants.SERVING])
06    builder.save()
```

上面代码的具体解读如下。
- 代码第 2 行：载入了 tag_constants 库。
- 代码第 3 行：将模型的所在路径传入 tf.saved_model.builder.SavedModelBuilder 函数中，生成 builder 对象。
- 代码第 5 行：将图中的节点和值传入 builder 对象中。其中第 2 个参数是字符串类型，代表标签。该参数需要与载入模型时的标签相对应。
- 代码第 6 行：将 builder 对象中的内容保存到文件中。

代码运行后，输出如下结果：

```
INFO:tensorflow:SavedModel written to: b'log/tfservingmodel\\saved_model.pb'
```

在输出信息的同时，程序会在 log 文件夹下生成模型文件，如图 12-6 所示。

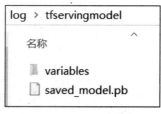
（a）tfservingmodel 文件夹

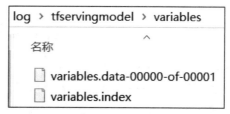
（b）variables 文件夹

图 12-6　saved_model 生成线性回归模型

从图 12-6（a）中可以看到，tfservingmodel 文件夹包含了一个文件和一个文件夹：
- 文件 saved_model.pb 是模型的定义文件。
- 文件夹 variables 中放置了具体的模型文件。

图 12-6（b）中可以看到，variables 文件夹包含了两个模型文件：
- *.data-00000-of-00001 文件，模型中参数的值。
- *.index 文件：模型中节点符号的定义。

可以看到，variables 文件夹中的模型结构与检查点文件的结构完全一样。只不过，本实例所生成的模型文件里只有模型的正向传播相关节点，没有优化器等与训练有关的节点。

12.5.2　代码实现：用 saved_model 模块导入模型文件

用 saved_model 模块导入模型很简单，只需要一行代码即可（见代码第 10 行）。

代码 12-6　用 saved_model 模块导出与导入模型文件（续）

```
07 tf.reset_default_graph()
08
09 with tf.Session() as sess:
10     meta_graph_def = tf.saved_model.loader.load(sess,
   [tag_constants.SERVING], savedir+'tfservingmodel')
11     my_graph = tf.get_default_graph()   #获得当前图
12     result = my_graph.get_tensor_by_name('add:0')#获得当前图中的z赋值给result
13     x = my_graph.get_tensor_by_name('Placeholder:0')#获得当前图中的X赋值给x
14     y = sess.run(result, feed_dict={x: 5})#传入5，进行预测
15     print(y)
```

在代码第 10 行中，用 tf.saved_model.loader.load 方法恢复模型。其中的参数说明如下：
- 第 1 个参数是会话。
- 第 2 个参数是标签，必须要与生成模型时的一致。
- 第 3 个参数是模型的路径。

代码运行后，输出如下结果：

```
INFO:tensorflow:Restoring parameters from b'log/tfservingmodel\\variables\\variables'
[10.140872]
```

12.5.3 扩展：用 saved_model 模块导出带有签名的模型文件

saved_model 模块可以用签名机制实现指定节点的导出、导入。
（1）在导出模型文件时，将指定节点以签名的形式添加到模型文件中。
（2）在导入模型文件时，通过读取签名的方式导入节点。

> **提示：**
> saved_model 模块可以给导出的模型添加多个标签。每个标签的结构都由输入节点、输出节点、标签名称 3 部分组成。并且，输入节点、输出节点的名字可以任意指定。
> 在使用模型文件时，通过不同的标签可以取到不同的输入节点、输出节点名字，并根据具体的名字取出张量，再来调用模型。
> saved_model 模块的签名机制可以使导出的模型支持不同场景，并按照不同输入节点名称、输出节点名称进行部署。

1. 导出带有签名的模型文件

编写代码，按照以下步骤导出带有签名的模型文件：
（1）用 saved_model 模块的 builder.SavedModelBuilder 类实例化一个 builder 对象。
（2）构建标签的输入节点 inputs。该输入节点的名字为"input_x"。该名字是模型文件中输入节点的名字（可以任意取名）。
（3）构建标签的输出节点 outputs。该输入节点的名字为"output"。
（4）调用 build_signature_def 函数，并将标签的输入节点、输出节点和标签的名字（sig_name）传入，生成具体的标签。
（5）用 builder 对象的 add_meta_graph_and_variables 方法将标签添加到模型中。
（6）调用 builder 对象导出带有标签的模型文件。

具体代码如下：

代码 12-7　用 saved_model 模块生成与载入带签名的模型

```
01  from tensorflow.python.saved_model import tag_constants
02  builder = tf.saved_model.builder.SavedModelBuilder(savedir+'tfservingmodel')
03
04  #定义输入签名，X 为输入 tensor
05  inputs = {'input_x': tf.saved_model.utils.build_tensor_info(X)}
06  #定义输出签名， z 为最终需要的输出结果 tensor
07  outputs = {'output' : tf.saved_model.utils.build_tensor_info(z)}
08
09  signature = tf.saved_model.signature_def_utils.build_signature_def(inputs, outputs, 'sig_name')
```

```
10
11      #将节点的定义和值加到 builder 中
12      builder.add_meta_graph_and_variables(sess, [tag_constants.SERVING],
    {'my_signature':signature})
13      builder.save()
```

代码运行后，系统会生成冻结图文件。该文件的结构与 12.5.1 小节的一样。

 提示：

需要将 12.5.1 小节例子中生成的模型文件删掉，才可以运行本节代码，否则会报错，说已经存在该模型文件。

2. 导入模型文件，并根据签名找到网络节点

编写代码实现如下步骤：

（1）用 saved_model 模块中的 loader.load 方法导入冻结图文件。
（2）用 signature_def 方法从导入的模型文件中取出签名。
（3）以字典取值的方式取出输入、输出节点。
（4）向模型注入数据，并输出结果。

具体代码如下：

代码 12-7　用 saved_model 模块生成与载入带签名的模型（续）

```
14  tf.reset_default_graph()
15
16  with tf.Session() as sess:
17      meta_graph_def = tf.saved_model.loader.load(sess,
    [tag_constants.SERVING], savedir+'tfservingmodel')
18      #从 meta_graph_def 中取出 SignatureDef 对象
19      signature = meta_graph_def.signature_def
20
21      #从 signature 中找出具体输入输出的 tensor name
22      x = signature['my_signature'].inputs['input_x'].name
23      result = signature['my_signature'].outputs['output'].name
24
25      y = sess.run(result, feed_dict={x: 5})#传入 5，进行预测
26      print(y)
```

代码运行后，输出如下结果：

```
[10.140872]
```

从结果中可以看到，程序成功导入模型文件，并能够进行预测。

12.6 实例65：用 saved_model_cli 工具查看及使用 saved_model 模型

实例描述

在命令行中，用 saved_model_cli 工具查看和使用 12.5 节生成的 saved_model 模型。具体要求如下：

（1）找出模型中的 signature、输入、输出节点等相关信息。
（2）以命令行的方式向模型输入数据，使其运行并输出结果。

saved_model_cli 工具共有两个主要的参数。
- show 参数：侧重用于查看模型中的信息。
- run 参数：侧重于运行模型。

12.6.1 用 show 参数查看模型

本节使用的模型为 12.5 节所生成的模型文件。以路径 G:\python3\log\tfservingmodel 为例。具体代码如下：

1. 查看模型文件中的签名

（1）在命令行中查看模型文件中的 tag（标签）。具体命令如下：

```
saved_model_cli show --dir G:\python3\log\tfservingmodel
```

该命令执行后，可以看到如下结果输出：

```
The given SavedModel contains the following tag-sets:
serve
```

输出结果的最后一行是 serve，表示模型中的 tag（标签）名字。该名字对应于 12.5.3 节中的代码第 12 行（tag_constants.SERVING 字符串）。

（2）查看 tag 下的签名。具体命令如下：

```
saved_model_cli show --dir G:\python3\log\tfservingmodel --tag_set serve
```

该命令执行后，输出如下内容：

```
The given SavedModel MetaGraphDef contains SignatureDefs with the following keys:
SignatureDef key: "my_signature"
```

输出结果的最后一行是 my_signature。该值对应于 12.5.3 小节中的代码第 12 行签名字典中的 key 值 "my_signature"。

2. 查看模型文件中输入、输出节点的名称

在命令行中，可以用 saved_model_cli show 工具中的 "--signature_def" 参数查看模型的输

入、输出节点名称。具体命令如下：

```
saved_model_cli show --dir G:\python3\log\tfservingmodel --tag_set serve --signature_def my_signature
```

该命令执行后，输出如下内容：

```
MetaGraphDef with tag-set: 'serve' contains the following SignatureDefs:
signature_def['my_signature']:
  The given SavedModel SignatureDef contains the following input(s):
    inputs['input_x'] tensor_info:
        dtype: DT_FLOAT
        shape: unknown_rank
        name: Placeholder:0
  The given SavedModel SignatureDef contains the following output(s):
    outputs['output'] tensor_info:
        dtype: DT_FLOAT
        shape: unknown_rank
        name: add:0
  Method name is: sig_name
```

从上面的输出内容可以看出，模型输入的节点张量为 input_x（见输出结果的第 4 行），输出的节点张量为 output（见输出结果的第 9 行）。

3. 查看模型文件中的全部信息

在命令行中，可以用 saved_model_cli show 工具中的 "--all" 参数查看模型文件中的全部信息。具体命令如下：

```
saved_model_cli show --dir G:\python3\log\tfservingmodel --all
```

该命令执行后，输出的结果与本节 "2. 查看模型文件中的输入、输出节点名称" 中的输出结果一致。（该命令可以将模型文件中所有的标签都打印出来。）

12.6.2 用 run 参数运行模型

用 saved_model_cli 工具的 run 参数时，需要先指定好模型的路径、tag（标签）及签名，再往模型里面输入数据，并运行结果。

在输入数据部分，可以用参数来指定不同的输入方式。

- --inputs：后面跟具体的文件。文件类型支持 numpy 文件（npy、npz）和 pickle 文件（plk）。
- --input_exprs：指定某个变量，向模型注入数据。
- --input_examples：用字典向模型注入数据。

以 "--input_exprs" 为例，具体命令如下：

```
saved_model_cli run --dir G:\python3\log\tfservingmodel --tag_set serve --signature_def my_signature --input_exprs "input_x=4.2"
```

输出结果为：

```
[8.522742]
```

更多使用方式可以参考 TensorFlow 中的源码。具体路径如下：

Anaconda3\lib\site-packages\tensorflow\python\tools\saved_model_cli.py

12.6.3 扩展：了解 scan 参数的黑名单机制

在 TensorFlow 的每个版本中，都会有一个黑名单列表_OP_BLACKLIST。该黑名单中定义了当前版本中不推荐使用的 OP（操作符），即这些 OP 有可能会使当前版本出现性能或兼容问题。例如：TensorFlow 1.10 版本的 OP 黑名单为 WriteFile、ReadFile 操作符。

在 saved_model_cli 工具中，还可以用参数 scan 扫描模型中是否存在被 TensorFlow 当前版本纳入黑名单的 OP（操作符）。这样可以提前了解模型文件与 TensorFlow 当前版本的兼容性。

12.7 实例 66：用 TF-Hub 库导入、导出词嵌入模型文件

在 5.5 节中介绍了用 TF-Hub 库对模型进行微调的方法。本节将基于 5.5 节实现导入、导出支持 TF-Hub 库的模型文件。

实例描述

模拟一个训练好的词嵌入文件。用 TF-Hub 库将词嵌入文件包装成模型，并导出。再用 TF-Hub 库将导出的模型载入，并用该模型进行词嵌入的转换。

本实例将介绍词嵌入模型的使用方法。在样本不充足的情况下，使用已经训练好的词嵌入模型可以增加模型的泛化性。

 提示：

如何训练词嵌入模型，可以参考《深度学习之 TensorFlow——入门、原理与进阶实战》一书的 9.7 节 word2vec 的训练方法。

12.7.1 代码实现：模拟生成通用词嵌入模型

通用的词嵌入模型常以 key-value 的格式保存，即把词所对应的向量一一列出来。这种方式具有更好的通用性，它可以不依赖任何框架。

编写代码，模拟一个已经训练好的词嵌入模型。具体代码如下：

代码 12-8 TF-Hub 模型例子

```
01  import os
02  import shutil
03  import tempfile
04  import numpy as np
05  import tensorflow as tf
06  import tensorflow_hub as hub
07
```

```
08  #定义词嵌入内容
09  _MOCK_EMBEDDING = "\n".join(
10      ["cat 1.11 2.56 3.45", "dog 1 2 3", "mouse 0.5 0.1 0.6"])
11  _embedding_file_path = "./mock_embedding_file.txt"
12  #生成词嵌入文件
13  with tf.gfile.GFile(_embedding_file_path, mode="w") as f:
14      f.write(_MOCK_EMBEDDING)
```

代码第 9 行是模拟的词嵌入数据。每个词对应于 3 个维度的特征值。

代码运行后可以看到，在本地目录下生成一个名为 mock_embedding_file.txt 的文件。接下来将该词嵌入文件转化成具体可用的模型文件。

12.7.2　代码实现：用 TF-Hub 库导出词嵌入模型

在 TF-Hub 库中，所有的模型操作都是通过 ModuleSpec 类型对象实现的。

定义函数 make_module_spec，用来生成 ModuleSpec 类型对象。在 make_module_spec 函数中支持的参数有：

- 字典文件（vocabulary_file）。
- 字典大小（vocab_size）。
- 词嵌入的全部特征数据（embeddings_dim）。
- 未识别的预留字符个数（num_oov_buckets）。
- 是否支持预处理（preprocess_text）。

在 make_module_spec 函数内部，可用以下两种内嵌函数构建模型。

- 内嵌函数 module_fn：创建一般模型。该函数可以将输入的单个词转为词嵌入。
- 内嵌函数 module_fn_with_preprocessing：创建支持预处理的模型。该函数可以对输入的多个词做符号过滤、对齐处理，还可以对其生成的词嵌入做归约运算。

具体代码如下：

代码 12-8　TF-Hub 模型例子（续）

```
15  def parse_line(line):#解析词嵌入文件中的一行
16      columns = line.split()
17      token = columns.pop(0)
18      values = [float(column) for column in columns]
19      return token, values
20
21  def load(file_path, parse_line_fn):#按照指定的方法加载词嵌入
22      vocabulary = []
23      embeddings = []
24      embeddings_dim = None
25      for line in tf.gfile.GFile(file_path):
26          token, embedding = parse_line_fn(line)
27          if not embeddings_dim:
28              embeddings_dim = len(embedding)
```

```python
29      elif embeddings_dim != len(embedding):
30        raise ValueError(
31            "Inconsistent embedding dimension detected, %d != %d for token %s",
32            embeddings_dim, len(embedding), token)
33      vocabulary.append(token)
34      embeddings.append(embedding)
35    return vocabulary, np.array(embeddings)
36
37  #返回TF-Hub的spec模型
38  def make_module_spec(vocabulary_file, vocab_size, embeddings_dim,
39                       num_oov_buckets, preprocess_text):
40    def module_fn():                          #正常的、不带预处理功能的模型
41      tokens = tf.placeholder(shape=[None], dtype=tf.string, name="tokens")
42      embeddings_var = tf.get_variable(    #定义词嵌入变量
43          initializer=tf.zeros([vocab_size + num_oov_buckets, embeddings_dim]),
44          name='embedding', dtype=tf.float32)
45
46      lookup_table = tf.contrib.lookup.index_table_from_file(
47          vocabulary_file=vocabulary_file,
48          num_oov_buckets=num_oov_buckets)
49
50      ids = lookup_table.lookup(tokens)
51      combined_embedding = tf.nn.embedding_lookup(params=embeddings_var, ids=ids)
52      hub.add_signature("default", {"tokens": tokens},
53                        {"default": combined_embedding})
54
55    def module_fn_with_preprocessing():    #定义函数，创建带有预处理功能的网络模型
56      sentences = tf.placeholder(shape=[None], dtype=tf.string, name="sentences")
57
58      #用正则表达式删除特殊符号
59      normalized_sentences = tf.regex_replace(
60          input=sentences, pattern=r"\pP", rewrite="")
61      #按照空格分词得到稀疏矩阵
62      tokens = tf.string_split(normalized_sentences, " ")
63
64      embeddings_var = tf.get_variable(    #定义词嵌入变量
65          initializer=tf.zeros([vocab_size + num_oov_buckets, embeddings_dim]),
66          name='embedding', dtype=tf.float32)
67      #用字典将词变为词向量
68      lookup_table = tf.contrib.lookup.index_table_from_file(
69          vocabulary_file=vocabulary_file,
70          num_oov_buckets=num_oov_buckets)
71
```

```
72      #将稀疏矩阵用词嵌入转化
73      sparse_ids = tf.SparseTensor(
74          indices=tokens.indices,
75          values=lookup_table.lookup(tokens.values),
76          dense_shape=tokens.dense_shape)
77
78      #为稀疏矩阵添加空行
79      sparse_ids, _ = tf.sparse_fill_empty_rows(
80          sparse_ids, lookup_table.lookup(tf.constant("")))
81
82      #结果进行平方和再开根号的规约计算
83      combined_embedding = tf.nn.embedding_lookup_sparse(
84          params=embeddings_var,sp_ids=sparse_ids,
85          sp_weights=None, combiner="sqrtn")
86
87      #添加签名
88      hub.add_signature("default", {"sentences": sentences},
89                       {"default": combined_embedding})
90
91   if preprocess_text:
92      return hub.create_module_spec(module_fn_with_preprocessing)
93   else:
94      return hub.create_module_spec(module_fn)
```

代码第 15、21 行是两个辅助函数——parse_line 与 load，这两个函数用来读取生成好的模拟词嵌入文件。

代码第 55 行是生成预处理模型的关键函数。该函数的步骤如下：

（1）用正则表达式对输入进行字符过滤，去掉不符合要求的字符。

（2）将其用空格分开，得到稀疏矩阵形式的数组。

（3）定义变量用来存放所有的词嵌入，以便查找。

（4）将稀疏矩阵数组中的词转为词向量。

（5）用 tf.nn.embedding_lookup_sparse 函数进行基于稀疏矩阵的词嵌入转化。其中的参数 combiner 代表规约运算的方式。这里传入的是 sqrtn 算法，表示对一个句子中的多个词嵌入结果进行平方加和再开根号运算（见代码 83 行）。

（6）添加签名，并用 create_module_spec 函数返回模型的 ModuleSpec 对象。

在代码第 88 行，添加签名是个很重要的环节。整个 TF-Hub 库都是通过签名与模型进行交互的。

在本实例中统一使用默认的 default 作为签名。如果签名不是 default，则需要在调用模型时进行指定。

另外，如果模型的输入、输出是多个值，则需要将其用字典的形式进行传递。

12.7.3 代码实现：导出 TF-Hub 模型

编写代码实现如下步骤：

（1）将字典保存到文件中。
（2）将字典文件名传入 make_module_spec 函数中，生成 ModuleSpec 对象。
（3）用 hub.Module 函数将 ModuleSpec 对象转化成真正的模型 m。
（4）用 m 的 export 方法将模型保存到本地。

具体代码如下：

代码 12-8　TF-Hub 模型例子（续）

```python
95  #导出 TF-Hub 模型
96  def export(export_path, vocabulary, embeddings, num_oov_buckets,
97           preprocess_text):#模型是否支持预处理
98
99      #建立临时文件夹
100     tmpdir = tempfile.mkdtemp()
101     #建立目录
102     vocabulary_file = os.path.join(tmpdir, "tokens.txt")
103
104     #将字典 vocabulary 写入文件
105     with tf.gfile.GFile(vocabulary_file, "w") as f:
106         f.write("\n".join(vocabulary))
107
108     spec = make_module_spec(vocabulary_file, len(vocabulary),
    embeddings.shape[1], num_oov_buckets, preprocess_text)
109     try:
110         with tf.Graph().as_default():
111             #将 spec 转化为真正的模型
112             m = hub.Module(spec)
113             p_embeddings = tf.placeholder(tf.float32)
114             #为定义好的词嵌入赋值（恢复模型）
115             load_embeddings = tf.assign(m.variable_map['embedding'],
116                                         p_embeddings)
117
118             with tf.Session() as sess:
119                 #以注入的方式将模型权重恢复到模型中去
120                 sess.run([load_embeddings], feed_dict={p_embeddings: embeddings})
121                 m.export(export_path, sess)#生成模型
122
123     finally:
124         shutil.rmtree(tmpdir)
125
126  os.makedirs('./emb', exist_ok=True)            #创建模型目录
127  os.makedirs('./peremb', exist_ok=True)
128
```

```
129 export_module_from_file(                          #生成一个词嵌入模型
130     embedding_file=_embedding_file_path,
131     export_path='./emb',
132     parse_line_fn=parse_line,
133     num_oov_buckets=1,
134     preprocess_text=False)
135
136 #生成一个带有预处理的词嵌入模型
137 export_module_from_file(
138     embedding_file=_embedding_file_path,
139     export_path='./peremb',
140     parse_line_fn=parse_line,
141     num_oov_buckets=1,
142     preprocess_text=True)
```

代码第 115 行是恢复模型权重的操作。用 tf.assign 函数将词嵌入赋值给模型中的张量。需要注意的是，模型中的张量是通过 m.variable_map 字典中的名字得到的。这个名字是在代码第 42 和第 64 行定义张量 embeddings_var 时指定的。

> **提示：**
> 如果代码第 52、87 行添加签名时指定的签名不是 default，则在代码第 112 行获取模型时，还需要指定具体的签名才行。
> 另外，如果模型的输入、输出节点有多个，并以字典的形式传入，还需要指定字典类型。代码如下：
> outputs = hub_module("输入字典", signature="自定义签名",as_dict=True)
> 该代码执行后，得到的 outputs 是一个字典。可以通过字典里的 key 来获取对应的结果。代码如下：
> features = outputs["key"]#通过字典的 key 取出结果

代码第 129、137 行，分别生成了一个普通的词嵌入模型和一个带有预处理的词嵌入模型。

代码执行后，在本地目录下生成两个文件夹 emb 与 peremb。以 peremb 为例，其文件结构如图 12-7 所示。

图 12-7 生成的 TF-Hub 模型文件

从图 12-7 中可以看到，相比 saved_model 模块生成的模型文件，TF-Hub 模型文件多出了

assets 文件夹和 tfhub_module.pb 文件：
- assets 文件夹中是字典文件。
- tfhub_module.pb 文件中是 TF-Hub 库可以独立使用的模型文件。

12.7.4 代码实现：用 TF-Hub 库导入并使用词嵌入模型

编写代码实现如下步骤：

（1）将 12.7.3 小节生成的两个模型目录分别传入 hub.Module 函数里，实现模型文件的导入。

（2）定义两个模拟的字符串列表数据，传入模型进行计算。

具体代码如下：

代码 12-8　TF-Hub 模型例子（续）

```
143 with tf.Graph().as_default():
144     hub_module = hub.Module('./emb')                      #载入模型
145     tokens = tf.constant(["cat", "lizard", "dog"])#定义模拟数据
146
147     perhub_module = hub.Module('./peremb')
148     pertesttokens = tf.constant(["cat", "cat cat", "lizard.dog", "cat? dog",
    ""])
149
150     embeddings = hub_module(tokens)                       #将数据传入模型
151     perembeddings = perhub_module(pertesttokens)
152     with tf.Session() as session:                         #启动会话
153         session.run(tf.tables_initializer())              #初始化
154         session.run(tf.global_variables_initializer())
155         print(session.run(embeddings))                    #输出计算结果
156         print(session.run(perembeddings))
```

上面代码执行后，输出如下结果：

```
[[1.11 2.56 3.45] [0.  0.  0. ] [1.  2.  3. ]]
[[1.11       2.56       3.45      ]
 [1.5697771  3.6203866  4.879037  ]
 [0.70710677 1.4142135  2.1213205 ]
 [1.4919955  3.224407   4.5608387 ]
 [0.         0.         0.        ]]
```

输出结果的第 1 行是不带预处理模型的输出内容，其中有 3 个列表。每个列表是传入词的词嵌入结果。

输出结果的倒数 5 行是带预处理功能模型的输出内容。它们分别是 5 个句子对应的词向量经过 sqrtn 算法规约计算后的结果。

第 13 章

部署TensorFlow模型——模型与项目的深度结合

深度学习模型本质上是工程项目中的算法模块，最终还需要被部署到生产环境中，与工程程序结合起来使用。本章将通过实例介绍部署模型的方法。

13.1 快速导读

在学习实例之前，有必要了解一下部署模型方面的基础知识。

13.1.1 什么是 gRPC 服务与 HTTP/REST API

gRPC 服务、HTTP/REST API 是 TF Serving 模块对外支持服务的两种通信技术。通过这两种通信技术，可以远程使用 TensorFlow 模型。

1. RPC

了解 gRPC 之前，先来介绍一下远程过程调用协议（Remote Procedure Call Protocol，RPC）。

现有两台服务器（服务器 A、服务器 B）。一个应用程序部署在 A 服务器上，它要去调用 B 服务器上的函数或方法。由于 A 服务器上的应用程序和 B 服务器上的应用程序不在一个内存空间，需要用网络将 A 服务器上的调用语义传递到 B 服务器上，才可以调用 B 服务器上的应用程序。

2. gRPC

gRPC 是谷歌发布的首款基于 Protocol Buffers（Google 公司开发的一种数据描述语言）的 RPC 框架，是一个高性能、开源、通用的 RPC 框架，面向移动和 HTTP 2.0 设计。

gRPC 具有双向流、流控、头部压缩、单 TCP 连接上的多复用请求等特性。这些特性使得其在移动设备上表现更好，更省电、省空间。

当前 gRPC 可以分为 gRPC、gRPC-Java、gRPC-Go 三个版本。

- gRPC 版本支持 C、C++、Node.js、Python、Ruby、Objective-C、PHP 和 C#语言。
- gRPC-Java 版本支持 Java 语言。
- gRPC-Go 版本支持 Go 语言。

用 gRPC 版本实现 gRPC 服务的例子，可以参考本书 13.8 节。

3. gRPC 的服务

gRPC 的服务有以下 4 种。

- 单项 RPC：客户端发送一个请求给服务端，从服务端获取一个应答。它类似于普通的函数调用。
- 服务端流式 RPC：客户端发送一个请求给服务端，可以从服务端获取一个可读数据流。客户端从数据流里一直读取数据，直到没有更多消息为止。
- 客户端流式 RPC：客户端发送一个请求给服务端，并从服务端获取一个可写数据流。客户端向数据流里一直写入数据，直到将数据全部写入，然后等待服务端读取这些消息并返回应答。
- 双向流式 RPC：客户端与服务端都可以通过读写数据流来发送数据。这两个数据流操作是相互独立的，客户端和服务端可以按其指定的任意顺序读写。例如，服务端可以在写应答前等待所有的客户端消息，也可以先读一个消息再写一个消息；还可以采用读写相结合的其他方式。每个数据流里消息的顺序会保持不变。

4. HTTP/REST API

HTTP/REST API 主要是让远程服务方式以 HTTP 的 URL 通信方式对外暴露出来。这使得访问远程服务就像访问 URL 一样方便。

13.2 节是一个用 HTTP/REST API 方式使用 TF Serving 服务的例子。

13.1.2 了解 TensorFlow 对移动终端的支持

用 TensorFlow 训练好的模型，可以运行在安卓、苹果系统的移动终端上。配合 TF_Lite 模块，模型可以运行得更加流畅。TF_Lite 模块与模型的部署关系如图 13-1 所示。

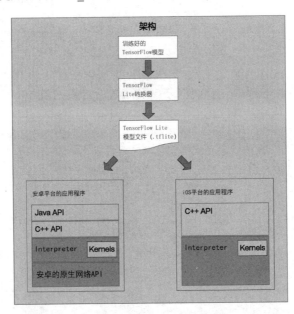

图 13-1　TF-Lite 模块与模型的部署关系

另外，在 GitHub 网站上也提供了大量的帮助文档，供用户学习使用。具体链接如下：

https://github.com/tensorflow/tensorflow/tree/master/tensorflow/lite/g3doc

在 12.1.5 小节简单介绍过 TF-Lite 模块转化冻结图的方法。13.3 节还会通过一个在安卓系统上部署的例子详细介绍具体操作。

13.1.3 了解树莓派上的人工智能

树莓派（Raspberry PI）是一个采用 ARM 架构的开放式嵌入式系统，外形小巧，却具有强大的系统功能和接口资源。它由英国的慈善组织"Raspberry Pi 基金会"开发。

迄今为止树莓派已经有多个型号，见表 13-1。

表 13-1 树莓派型号

项目	Raspberry Pi 2 Model B	Raspberry Pi Zero	Raspberry Pi 3 Model B
发布时间	2015-02	2015-11	2016-02
Soc（系统级芯片）	BCM2836	BCM2835	BCM2837
CPU	ARM Cortex-A7 900MHz，单核	ARM 1176JZF-S 核心 700MHz，单核	ARM Cortex-A53 1.2GHz，四核
GPU	Broadcom 公司的 VideoCore IV 图像处理器 加载 OpenGL ES 2.0 驱动程序 支持 1080p 30fps,h.264/MJPEG-4 AVC 高清解码		
RAM	1GB	512MB	1GB
USB 接口	USB 2.0×4	Micro USB 2.0×1	USB 2.0×4
SD 卡接口	Micro SD 卡接口	Micro SD 卡接口	Micro SD 卡接口
网络接口	10/100 以太网接口（RJ45 接口）	无	10/100 以太网接口（RJ45 接口）

1. 树莓派的主流型号

目前市场的主流型号为 3 Model B。该型号配备一枚博通（Broadcom）生产的 ARM 架构 4 核 1.2GHz BCM2837 处理器、1GB LPDDR2 内存，使用 SD 卡当作储存媒体，且拥有 1 个 Ethernet 接口、4 个 USB 接口，以及 HDMI（支持声音输出）和音频接口。除此之外，它还支持蓝牙 4.1 和 WI-FI，可以运行 Linux 系统和 Windows IOT 系统，可以应用在嵌入式和物联网领域，完成一些特定的功能。

2. 树莓派的上的人工智能

树莓派硬件的运算能力有限，很难在其上直接运行较大的复杂 AI 模型。

如果在树莓派上运行 AI 模型，需要做二次优化。一般会有两个主要的大方向：修改模型、加速框架。

- 修改模型：用更低的权重精度和权重剪枝。

- 加速框架：通过计算技巧（例如：优化矩阵之间的乘法），或者使用 GPU、DSP 或 FPGA 等硬件来加速框架的执行时间。

本书主要侧重于修改模型。在 13.5 节中将介绍一个把优化后的模型运行在树莓派上的例子。

13.2 实例 67：用 TF_Serving 部署模型并进行远程使用

训练好的模型在使用过程中有多种场景。TensorFlow 中提供了一种 TF_Serving 接口，可以将模型布署在远端服务器上，并以服务的方式对外提供接口。

实例描述

用 TF_Serving 接口将一个线性的回归模型部署在 Linux 服务器上，让模型以服务的形式对外提供接口。用 gRPC 与 HTTP/REST API 远程访问模型，使其计算出结果，并返回结果。

本节使用的线性回归模型与 12.5 节一致。在准备好模型文件之后，还需要安装 TF_Serving 模块。

13.2.1 在 Linux 系统中安装 TF_Serving

在 Linux 系统中在线安装 TF_Serving 时，因为要使用"apt-get"命令从 storage.googleapis.com 下载对应的软件包，所以必须保证本机 IP 所在的网络可以到达 storage.googleapis.com 域名地址（可以使用 ping 命令进行测试）。具体操作可以分为以下几个步骤。

1. 检测 Linux 版本

以作者的本地机器为例，输入命令后显示如下：

```
root@user-NULL:~# cat /proc/version
Linux version 4.13.0-36-generic (buildd@lgw01-amd64-033) (gcc version 5.4.0 20160609
(Ubuntu 5.4.0-6ubuntu1~16.04.9)) #40~16.04.1-Ubuntu SMP Fri Feb 16 23:25:58 UTC 2018
```

2. 添加下载地址

输入如下命令，向"apt-get"添加 TF_Serving 安装包的下载地址：

```
echo "deb [arch=amd64] http://storage.googleapis.com/tensorflow-serving-apt stable tensorflow-model-server tensorflow-model-server-universal" | sudo tee /etc/apt/sources.list.d/tensorflow-serving.list && \
curl https://storage.googleapis.com/tensorflow-serving-apt/tensorflow-serving.release.pub.gpg | sudo apt-key add -
```

3. 更新 apt-get

通过以下命令切换到 sudo 账户，并升级 apt-get：

```
sudo su
sudo apt-get update
```

在运行过程中，有可能会提示"没有数字签名"错误。可以忽略该提示，不影响正常使用。

4. 下载 tensorflow-model-server

使用以下命令进行 tensorflow-model-server 软件包的安装：

```
apt-get install tensorflow-model-server
```

在安装过程中，仍然会提示"没有数字签名是否允许安装"。直接输入"y"即可。

 提示：

默认的 tensorflow-model-server 版本需要安装在支持 SSE4 和 AVX 指令集的服务器上。如果本地的机器过于老旧不支持该指令集，需要安装 tensorflow-model-server-universal 版本。具体命令为：

apt-get install tensorflow-model-server-universal

如果已经安装好 tensorflow-model-server，则需要将 tensorflow-model-server 卸载后才能再安装 tensorflow-model-server-universal。卸载 tensorflow-model-server 的命令如下：

apt-get remove tensorflow-model-server

如果在已有的 tensorflow-model-server 上做更新，可以输入如下命令：

```
apt-get upgrade tensorflow-model-server
```

13.2.2 在多平台中用 Docker 安装 TF_Serving

Docker 作为一个加独立的跨平台工具，可以将应用环境与开发环境独立开来。它可以将所有的环境、配置、代码，甚至 Linux 底层，都打包在一起，使用者不需要考虑新的服务器环境是否兼容。这给工程部署带来了方便。

1. 安装 Docker

Docker 的有 CE（免费版）和 EE（付费版）两个版本。可以安装在各个主流操作系统之上。关于 Docker 的安装方法，可以参考官方帮助文档：

```
https://docs.docker.com/install/
```

如在 Windows 10 中安装，则需要额外对系统进行配置，可使用其自带的 Hyper-V（虚拟机）功能来实现：打开"控制面板"→程序→启用或关闭 Windows 功能→选中 Hyper-V。但是这个功能只在 Windows 10 的企业版有。

如果当前的 Windows 10 系统里没有 Hyper-V 选项，则需要安装 DockerToolbox。下载地址如下：

```
https://get.daocloud.io/toolbox/
```

在 Ubuntu 安装 Docker 的实例可以参考 13.5.2 小节。

2. 在 Docker 中使用 TF_Serving

在安装好 Docker 之后，可以使用以下命令下载一个带有 TF_Serving 的镜像。

```
docker pull tensorflow/serving
```

还可以手动去以下地址下载更多其他版本的镜像文件：

```
https://hub.docker.com/r/tensorflow/serving/tags/
```

更多操作说明可以参考官方网站的帮助文档，这里不再详述。

```
https://www.tensorflow.org/serving/docker
```

13.2.3 编写代码：固定模型的签名信息

在 12.5.3 小节中，用函数 saved_model 在模型中添加签名。为了让生成的模型支持 TF_Serving 服务，在 TensorFlow 中对模型的签名做了统一的规定。在签名中规定，模型在处理分类、预测、回归这三种任务时，必须使用对应的输入与输出接口。具体接口的定义在 tensorflow.saved_model.signature_constants 模块下，见表 13-2。

表 13-2 统一的签名接口规则

任务	输入与输出
分类任务： CLASSIFY_METHOD_NAME （"tensorflow/serving/classify"）	输入：CLASSIFY_INPUTS（"inputs"） 输出（分类结果）：CLASSIFY_OUTPUT_CLASSES（"classes"） 输出（分类概率）：CLASSIFY_OUTPUT_SCORES（"scores"）
预测任务： PREDICT_METHOD_NAME （"tensorflow/serving/predict"）	输入：PREDICT_INPUTS（"inputs"） 输出：PREDICT_OUTPUTS（"outputs"）
回归任务： REGRESS_METHOD_NAME （"tensorflow/serving/regress"）	输入：REGRESS_INPUTS（"inputs"） 输出：REGRESS_OUTPUTS（"outputs"）

另外，还提有一个默认的接口 DEFAULT_SERVING_SIGNATURE_DEF_KEY（"serving_default"），用于扩展。

> **提示：**
> 在表 13-2 中，任务列里的签名是必须的，且只能有这 3 种签名。如使用其他的签名则会报错误。
> "输入与输出"列中的签名是可选的，可以使用其他签名，但要求服务端与客户端必须严格匹配。在没有特殊需求的情况下，建议使用规定的签名，以避免客户端与服务器名称不匹配情况的发生。

改写代码"12-7 用 saved_model 模块生成与载入带签名的模型.py"，并仿照 12.5.3 小节中的方法为模型添加规定签名。具体代码如下：

代码 13-1　支持远程调用的模型

```
01　……
02　from tensorflow.python.saved_model import tag_constants
03　    builder = tf.saved_model.builder.SavedModelBuilder(savedir+'tfservingmodelv1')
04
05　    #定义输入签名，X为输入tensor
06　    inputs = {'input_x': tf.saved_model.utils.build_tensor_info(X)}
07　    #定义输出签名，z是最终需要的输出结果tensor
08　    outputs = {'output' : tf.saved_model.utils.build_tensor_info(z)}
09　    #添加支持远程调用的签名
10　    signature = tf.saved_model.signature_def_utils.build_signature_def(
11　    inputs=inputs,
12　    outputs=outputs,
13　    method_name=tf.saved_model.signature_constants.PREDICT_METHOD_NAME)
14
15　    #将节点的定义和值加到builder中，并加入了标签
16　    builder.add_meta_graph_and_variables(sess, [tag_constants.SERVING],
    {'my_signature':signature})
17　    builder.save()
```

上面的代码与代码文件"12-7　用 saved_model 模块生成与载入带签名的模型.py"只有 1 行不同——代码第 10 行用 tf.saved_model.signature_def_utils.build_signature_def 函数生成签名。向其中传入的参数需要符合表 13-2 的规范。本实例要实现的是一个预测任务，所以需要传入 PREDICT_METHOD_NAME。

> **提示：**
> 预测任务是最灵活的签名方式，可以覆盖分类和回归两种任务。代码第 10 行中的 build_signature_def 函数还可以替换成更高级的接口调用，具体如下：
> - 生成回归签名函数：regression_signature_def。
> - 生成分类签名函数：classification_signature_def。
> - 生成预测签名函数：predict_signature_def。
>
> 这3个函数是在build_signature_def函数函数基础上进行封装的。它们使用起来更加方便，但是灵活性会差一些。regression_signature_def 与 classification_signature_def 函数支持单一的输入，并统一按照表13-2中的签名规则，将其传入到张量节点中即可。具体可以参考源码定义。例如，以作者本地源码为例，路径如下：
>
> C:\local\Anaconda3\lib\site-packages\tensorflow\python\saved_model\signature_def_utils_impl.py

代码运行之后，在本地的 log\tfservingmodelv1 下可以找到生成的模型文件。

13.2.4 在 Linux 中开启 TF_Serving 服务

在 13.2.4 小节中，生成的模型文件所在的文件夹为 tfservingmodelv1。下面将该文件夹整个传到服务器上。

1. 构建模型版本号

在使用 tensorflow_model_server 命令之前，还需要对模型文件夹结构做一些改变。默认情况下，模型文件必须要放在具有数字命名的文件夹里，才可以被 tensorflow_model_server 命令启动。其中的数字代表该模型的版本号。

在 tfservingmodelv1 下定义一个新的文件夹 123456（代表版本号），并将模型文件全部移动到 123456 下面。具体操作如下：

```
cd tfservingmodelv1/              #进入 tfservingmodelv1 中
mkdir 123456                      #建立文件夹代表版本号
mv saved_model.pb 123456/         #移动模型文件
mv variables 123456/
```

2. 启动 gRPC 服务

直接使用 tensorflow_model_server 命令，并指定端口和文件路径。具体如下：

```
tensorflow_model_server --port=9000 --model_base_path= /test/tfservingmodelv1/
```

如果看到类似如下信息，则代表服务已经启动。

```
……tensorflow/cc/saved_model/loader.cc:259] SavedModel load for tags { serve };
Status: success. Took 37293 microseconds.
…… tensorflow_serving/core/loader_harness.cc:86] Successfully loaded servable
version {name: default version: 123456}
……model_servers/server.cc:285] Running gRPC ModelServer at 0.0.0.0:9000 ...
```

上面是从输出结果中摘选的 3 条信息，分别以省略号开始。其中解读如下：
- 第 1 条显示结果有 "Status: success" 的信息，表示模型已经成功载入。
- 第 2 条显示结果有 name 和 version 信息，它们分别代表模型名称和版本号。在 tensorflow_model_server 命令中，还可以通过 "--model_name" 参数为模型指定具体名称。
- 第 3 条显示结果表示 gRPC 服务已经正常启动，监听的端口为 9000。

这里只是列举了 tensorflow_model_server 的主要参数。如想了解 tensorflow_model_server 中的更多参数及使用，请参考 GitHub 网站上的源代码文件。具体链接如下：

```
https://github.com/tensorflow/serving/blob/master/tensorflow_serving/model_servers/main.cc
```

更多示例和文档，也可以参考如下链接：

```
https://github.com/tensorflow/serving
https://github.com/tensorflow/serving/blob/master/tensorflow_serving/g3doc
```

3. 启动 HTTP/REST API 服务

启动 HTTP/REST API 服务的命令，只需要将"--port"参数换作"--rest_api_port"。其他参数和含义都完全一样。当 HTTP/REST API 服务启动成功后，可以在输出信息中找到如下信息：

```
……model_servers/server.cc:301] Exporting HTTP/REST API at:localhost:8500 ...
```

上面的输出结果表示 HTTP/REST API 已经成功启动，监听本机的 8500 端口。

> **提示：**
> 在 tensorflow_model_server 命令中，参数"--port"和"--rest_api_port"是可以同时出现的，但它们必须使用不同的端口。

4. 在后台启动服务

如想把该服务作为后台命令启动，可以在后面加上&符号，并指定输出的日志（log）文件。具体如下：

```
tensorflow_model_server --port=9000 --model_base_path=/test/tfservingmodelv1/ &> log &
```

启动模型过程中的输出将会被保存到当前目录下的 log 文件中。

13.2.5　编写代码：用 gRPC 访问远程 TF_Serving 服务

用 gRPC 访问远程 TF_Serving 服务时，需要在代码中引入 tensorflow-serving-api 模块，来实现本机与 TF_Serving 服务的通信。tensorflow-serving-api 模块的安装命令如下：

```
pip install tensorflow-serving-api
```

编写代码，实现如下步骤：

（1）在代码中引入 tensorflow-serving-api 中的 prediction_service_pb2_grpc 模块。
（2）实例化 prediction_service_pb2_grpc.PredictionServiceStub 类，得到对象 stub。
（3）用 predict_pb2.PredictRequest 函数建立一个请求对象 request。
（4）为 request 对象添加模型名称、签名、输入节点等信息。
（5）将请求对象 request 传入 stub 对象的 Predict 方法中，与远端服务器建立一个连接。

> **提示：**
> prediction_service_pb2_grpc.PredictionServiceStub 类封装了多个向服务端请求的远程调用方法，其中包括：Classify（分类）、Regress（回归）、Predict（预测）。这些方法分别与 13.2.3 小节中表 13-2 中的签名接口规则相对应。

具体代码如下：

代码 13-2　grpc 客户端

```
01 import grpc
```

```python
02  import numpy as np
03  import tensorflow as tf
04  import time
05  from tensorflow_serving.apis import predict_pb2
06  from tensorflow_serving.apis import prediction_service_pb2_grpc
07
08  def client_gRPC(data):
09      channel = grpc.insecure_channel('127.0.0.1:9000')    #建立一个通道
10      #连接远端服务器
11      stub = prediction_service_pb2_grpc.PredictionServiceStub(channel)
12
13      #初始化请求
14      request = predict_pb2.PredictRequest()
15      request.model_spec.name = 'md'                        #指定模型名称
16      request.model_spec.signature_name = "my_signature"    #指定模型签名
17      request.inputs['input_x'].CopyFrom(tf.contrib.util.make_tensor_proto(data))
18      #开始调用远端服务，执行预测任务
19      start_time = time.time()
20      result = stub.Predict(request)
21
22      #输出预测时间
23      print("cost time: {}".format(time.time()-start_time))
24
25      #解析结果并返回
26      result_dict = {}
27      for key in result.outputs:
28          tensor_proto = result.outputs[key]
29          nd_array = tf.contrib.util.make_ndarray(tensor_proto)
30          result_dict[key] = nd_array
31
32      return result_dict
33
34  def main():
35      a = 4.2                           #传入单个数值
36      result= client_gRPC(a)
37      print("-------单个数值预测结果-------")
38      print(list(result['output']))
39      #传入多个数值
40      data = np.asarray([4.2,4.0],dtype = np.float32)
41      result= client_gRPC(data)
42      print("-------多个数值预测结果-------")
43      print(list(result['output']))
44
45  #主模块运行函数
46  if __name__ == '__main__':
47      main()
```

代码中，分别传入了一个和多个数值到远端服务进行计算。在代码运行之前，需要按照 13.2.4 小节的内容在服务端启动 gRPC 服务。具体命令如下：

```
tensorflow_model_server --port=9000 --model_base_path=/home1/test/tfservingmodel/ --model_name=md --rest_api_port=8500
```

为了方便起见，直接将 gRPC 与 REST API 两个服务同时启动，分别监听 9000 端口与 8500 端口。

将代码运行后，输出如下内容：

```
花费时间：0.18953657150268555
--------单个数值预测结果--------
[8.396306]
花费时间：0.16954421997070312
--------多个数值预测结果--------
[8.396306, 7.9942493]
```

在输出结果中，第 3 行是单个数值的预测结果，最后 1 行是多个数值的预测结果。

实例中连接的是本机 IP（见代码第 26 行）。在实际使用过程中，将代码第 26 行的本机 IP 地址 127.0.0.1 换成指定的目标服务器 IP 地址即可。

13.2.6　用 HTTP/REST API 访问远程 TF_Serving 服务

Web 接口无疑是当今应用最广泛的接口之一。将模型提供的服务封装为以 URL 方式访问的形式，可以兼容更多的终端，适用于更多的场景。

使用 HTTP/REST API 时，要通过 POST 方式请求一个 URL，并带上 JSON 数据来完成。具体的说明如下。

1. URL 说明

URL 地址可以分为 3 部分：目的 IP 和端口、固定的路径（/v1/models）、模型名称（md）与预测方法（predict）。其中，模型名称与预测方法需要与模型文件中的名称与预测方法严格匹配。例如：

```
http://localhost:8500/v1/models/md:predict
```

其中，localhost:8500 是第 1 部分；v1/models 是第 2 部分（是固定不变的）；md:predict 是第 3 部分（md 为模型名称、predict 为模型的预测任务）。

如果是分类任务或回归任务，则第 3 部分的内容要写成 "md:classify" 或 "md:regress"。

 提示：

如果同时部署多个版本，则在使用时还需要指定版本，即在第 3 部分的模型名称前加上版本信息。例如：

```
http://localhost:8500/v1/models/md/versions/123456:predict
```

其中，versions/123456 为版本信息，表示用 123456 版本的模型进行预测。

2. POST 请求中的 JSON 数据格式

在 POST 请求中的 JSON 数据需要按照模型的具体任务（分类、回归、预测）所对应的格式来构建。

（1）对于分类和回归任务，构建的格式是一样的，具体如下：

```
{ "signature_name": 签名字符串, "context": {"公共字段名":值或列表},"examples": [{"字段名":值或列表 } ] }
```

具体解释如下：

- signature_name 是模型中的签名。当服务端的模型使用默认签名时，可以不填。
- examples 里面可以包括多个{}，每个{}代表一个具体要预测输入样本。每个{}内部也可以有多个字段，代表输入。当多个样本具有相同的输入值时，可以将其单独提出来放到 context 里面。
- context 是可选项，代表从 examples 中提取出来的具有相同值的公共输入字段，可以有多个。

（2）对于预测任务，构建的格式如下：

```
{"signature_name": 签名字符串,"instances":值或列表, "inputs": 值或列表}
```

具体解释如下：

- signature_name 是模型中的签名。如果服务端模型使用的是默认签名，则可以不填。
- instances 是输入的样本字段。如果只有一个输入列，则直接填值。如果有多个输入列，则可以用 JSON 格式继续扩展填充内容。预测的结果将以行的形式来显示。
- inputs 也是输入的样本字段。与 instances 不同的是，用 inputs 预测的结果将以列的形式显示。

> **提示：**
> 在使用时，inputs 与 instances 不可同时使用。

3. POST 返回中的 JSON 数据的格式

不同的任务返回的 JSON 格式是不同的，具体如下：

（1）分类任务的返回格式描述。

```
{ "result": [  [ [<label1>, <score1>], [<label2>, <score2>], ... ],    ... ] }
```

在返回的 JSON 格式中，label 是分类结果，score 该分类的概率结果。

（2）回归任务的返回格式描述。

```
{ "result": [ <value1>, <value2>, <value3>, ...] }
```

在返回的 JSON 格式中，每个 value 都是回归任务的返回值。这些 value 的顺序是按照输入样本的顺序进行排列。

（3）预测任务的返回格式描述。

预测任务的返回结果有两种。

① 如果按照行的方式请求，则返回结果如下：

```
{ "predictions": 值或列表}
```

② 如果按照列的方式请求，则返回结果如下：

```
{"outputs": 值或列表}
```

4. 在 Linux 通过 CURL 访问服务

在了解完 HTTP/REST API 的具体使用细节后，便可以开始构建请求数据了。

可用 CURL 命令来模拟一个 URL 请求。CURL 是一个利用 URL 语法在命令行下工作的文件传输工具，在 Web 开发中应用广泛，常用于接口间的测试与对接。具体操作如下：

（1）启动服务器。

还是采用 13.2.5 小节的启动命令。这里不再详述。具体命令如下：

```
tensorflow_model_server --port=9000 --model_base_path=/home1/test/tfservingmodel/ --model_name=md --rest_api_port=8500
```

（2）输入 CURL 命令。

在 Linux 命令行下直接输入以下命令：

```
curl -d '{"instances": [1.0,2.0,5.0],"signature_name":"my_signature"}' -X POST http://localhost:8500/v1/models/md:predict
```

命令中的参数解读如下。

- -d：具体的数据内容。它是 JSON 格式的数据，具体见"2. POST 请求中 JSON 数据的格式"。
- -X POST：以 POST 方式发送请求。后面跟的是 URL 连接。

（3）执行 CURL 命令。

该命令执行后，可以看到如下输出：

```
{
    "predictions": [1.96339, 3.97367, 10.0045]
}
```

从结果中可以看出，返回结果也是 JSON 格式的数据。其中的内容为模型计算后的结果。

5. 在 Windows 中通过 CURL 访问服务

CURL 工具也支持 Windows 版本。只不过在 Windows 中，需要对 JSON 格式的字符做转义。

以一个列结果输出的例子为演示，具体输入如下：

```
curl -d "{\"inputs\":[2.0,3.0],\"signature_name\":\"my_signature\"}" -X POST http://服务器的ip地址:8500/v1/models/md:predict
```

在参数-d 之后的 JSON 数据中，每个双引号都进行了转义。同时将输入关键字 instances 换成了 inputs，使其以列的形式返回。命令执行后，输出如下结果：

```
{
    "outputs": [
```

```
        3.97367,
        5.98396
    ]
}
```

13.2.7　扩展：关于 TF_Serving 的更多例子

前文实现一个极为简单的例子，意在讲解 TF_Serving 模块的完整用法。在以下网站中，还有更多使用的例子：

https://github.com/tensorflow/serving/tree/master/tensorflow_serving/example

13.3　实例68：在安卓手机上识别男女

在 5.2 节介绍过通过微调模型识别男女的例子。本节继续使用该数据集。
现将模型部署在安卓系统上，调用手机的摄像头来识别人物的性别。

实例描述

　　有一组照片，分为男人和女人。将其作为数据集，用来微调一个 ImgNet 上训练好的成熟模型，使该模型能够识别人物的性别。并将其布署到安卓手机上进行应用。

本节使用的数据集与 5.2 节的一致。微调部分也在第 5 章有详细介绍。这里将把分辨男女的模型布署到安卓手机中。

13.3.1　准备工程代码

TensorFlow 在提供 lite 模块的同时，也提供了一个非常好的教学工程。该工程将在训练脚本及安卓、苹果系统上的 App 项目一起打包实现，以方便用户学习。本实例也使用该工程的代码。该代码的下载链接如下：

https://github.com/googlecodelabs/tensorflow-for-poets-2

将该工程下载并解压缩后，再将 5.2 节的数据集（data 目录）复制到该目录下，完成整体工程的部署。目录结构如图 13-2 所示。

图 13-2　TF-Lite 模块 demo 项目的目录结构

其中的目录描述如下。
- idea：开发工具自动生成的隐藏文件夹，可以忽略。
- android：存放安卓端 App 的工程代码。
- data：存放男女图片的数据集。
- ios：存放苹果端 App 的工程代码。
- scripts：存放再训练模型相关的工具脚本。
- tf_lites：存放准备使用的 lite 模型文件。

下面将用 scripts 目录下的脚本微调模型，用 android 目录下的工程加载模型。在 android 目录下有两个文件夹 tflite 与 tfmobile，分别代表两个工程。前者是在安卓系统中加载 lite 格式的模型；后者是在安卓系统中加载冻结图格式的模型。

13.3.2　微调预训练模型

预训练模型使用的是 scripts 目录中的源代码文件"retrain.py"，该文件的使用方法与 5.5 节类似。在该文件中的代码第 1143 行及以下，可以看到该文件运行时所需要的具体参数。例如：

```
if __name__ == '__main__':
  parser = argparse.ArgumentParser()
  parser.add_argument(
      '--image_dir',
      type=str,
      default='',
      help='Path to folders of labeled images.'
  )
  parser.add_argument(……
```

在上面代码中可以看到，每个参数都有具体的解释（在 help 参数中）和默认值（在 default 参数中）。读者可以自行查看。

1. 介绍 retrain 的参数及选取模型的方法

其中需要重点关注的参数有两个。

（1）--final_tensor_name：指定模型最终输出的张量名称，在转化模型时会用到。默认为 final_result。

（2）--architecture：在微调过程中，指定所选择的预训练模型。所支持的模型可以在以下链接中找到：

```
https://research.googleblog.com/2017/06/mobilenets-open-source-models-for.html
```

本实例中使用的模型是 MobileNet_1.0_224。

2. 微调模型

在"开始"菜单的"运行"框中运行 cmd 命令，来到命令行模式。通过 cd 命令进入当前代码所在的路径下，然后直接用以下命令微调模型：

```
python scripts/retrain.py --image_dir=data\train --random_crop=10 --random_scale=10 --random_brightness=10 --architecture=MobileNet_1.0_224 --learning_rate=0.001 --how_many_training_steps=100 --output_graph=tf_files/retrained_graph.pb --output_labels=tf_files/retrained_labels.txt
```

上面的命令含义是：选择 MobileNet_1.0_224 预训练模型，用数据增强方法训练 data\train 下的数据集，训练的次数为 100 次，生成的模型文件是 tf_files/retrained_graph.pb，标签文件是 tf_files/retrained_labels.txt。

系统运行时，会默认去网上下载 MobileNet_1.0_224 预训练模型，并放到本地盘符的根目录 tmp 下。例如，作者的本地代码在 G 盘，MobileNet_1.0_224 模型就会下载到 G:\tmp\imagenet 下。如果是 Linux 系统，则模型被直接下载到/tmp 下。

> **提示：**
>
> 如果由于网络原因无法下载该模型，则可以使用本书配套资源中的模型文件。直接将 tmp 文件夹解压缩出来，放到盘符的根目录下即可。

3. 获得微调后的模型

运行微调模型的命令后，会输出如下信息：

（1）标签信息，如图 13-3 所示。

```
INFO:tensorflow:Looking for images in 'man'
INFO:tensorflow:Looking for images in 'woman'
```

图 13-3　微调模型的输出标签信息

（2）数据处理信息，如图 13-4 所示。

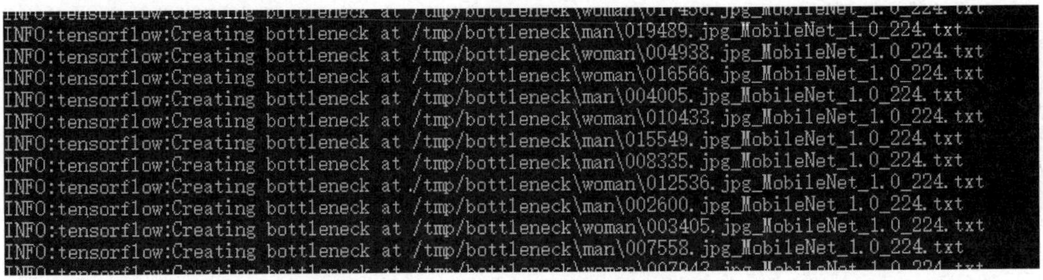

```
INFO:tensorflow:Creating bottleneck at /tmp/bottleneck\man\019489.jpg_MobileNet_1.0_224.txt
INFO:tensorflow:Creating bottleneck at /tmp/bottleneck\woman\004938.jpg_MobileNet_1.0_224.txt
INFO:tensorflow:Creating bottleneck at /tmp/bottleneck\woman\016566.jpg_MobileNet_1.0_224.txt
INFO:tensorflow:Creating bottleneck at /tmp/bottleneck\man\004005.jpg_MobileNet_1.0_224.txt
INFO:tensorflow:Creating bottleneck at /tmp/bottleneck\woman\010433.jpg_MobileNet_1.0_224.txt
INFO:tensorflow:Creating bottleneck at /tmp/bottleneck\man\015549.jpg_MobileNet_1.0_224.txt
INFO:tensorflow:Creating bottleneck at /tmp/bottleneck\man\008335.jpg_MobileNet_1.0_224.txt
INFO:tensorflow:Creating bottleneck at /tmp/bottleneck\woman\012536.jpg_MobileNet_1.0_224.txt
INFO:tensorflow:Creating bottleneck at /tmp/bottleneck\man\002600.jpg_MobileNet_1.0_224.txt
INFO:tensorflow:Creating bottleneck at /tmp/bottleneck\woman\003405.jpg_MobileNet_1.0_224.txt
INFO:tensorflow:Creating bottleneck at /tmp/bottleneck\man\007558.jpg_MobileNet_1.0_224.txt
```

图 13-4　微调模型后输出数据处理信息

（3）训练信息，如图 13-5 所示。

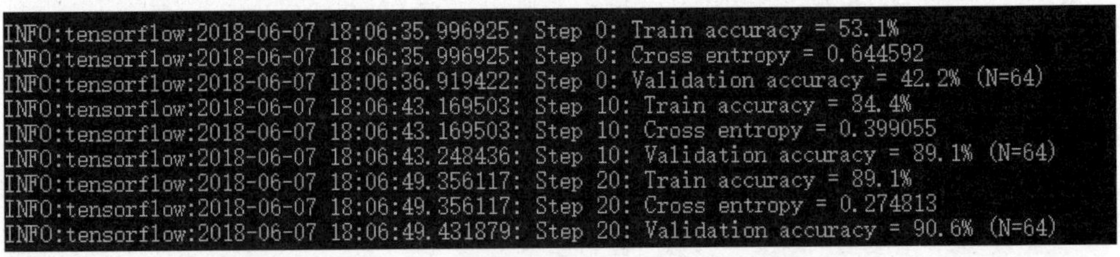

```
INFO:tensorflow:2018-06-07 18:06:35.996925: Step 0: Train accuracy = 53.1%
INFO:tensorflow:2018-06-07 18:06:35.996925: Step 0: Cross entropy = 0.644592
INFO:tensorflow:2018-06-07 18:06:36.919422: Step 0: Validation accuracy = 42.2% (N=64)
INFO:tensorflow:2018-06-07 18:06:43.169503: Step 10: Train accuracy = 84.4%
INFO:tensorflow:2018-06-07 18:06:43.169503: Step 10: Cross entropy = 0.399055
INFO:tensorflow:2018-06-07 18:06:43.248436: Step 10: Validation accuracy = 89.1% (N=64)
INFO:tensorflow:2018-06-07 18:06:49.356117: Step 20: Train accuracy = 89.1%
INFO:tensorflow:2018-06-07 18:06:49.356117: Step 20: Cross entropy = 0.274813
INFO:tensorflow:2018-06-07 18:06:49.431879: Step 20: Validation accuracy = 90.6% (N=64)
```

图 13-5　微调模型后输出训练信息

（4）训练结束后，在 tf_files 文件夹中生成模型文件和标签文件，如图 13-6 所示。

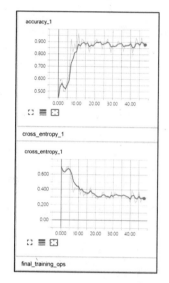

图 13-6　微调后的结果

（5）在训练过程中，生成的日志信息存放在 tmp\retrain_logs\train 目录下。（作者本地路径是 G:\tmp\retrain_logs\train）。用 TensorBoard 工具进行查看，过程图和结构图如图 13-7 所示。

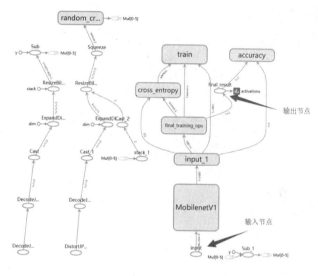

（a）模型的训练过程图　　　　　　（b）模型的结构图

图 13-7　微调后的模型日志

图 13-7（a）显示了模型训练过程中准确率和损失值的变化情况。图 13-7（b）中显示了模型的内部结构。在模型结构图的最下方可以找到输入节点 input；在模型结构图的最上方第 2 行中间可以找到输出节点 final_result。

> 提示：
> 还可以用 scripts 文件夹下的脚本对训练好的冻结图文件进行二次瘦身。例如：
> （1）删去输入、输出中不用的节点，并将预处理过程的归一化操作与卷积操作合并。这样减少了模型的运算次数，提升了模型的整体运算速度。
>
> python -m tensorflow.python.tools.optimize_for_inference --input=tf_files/retrained_graph.pb --output=tf_files/optimized_graph.pb --input_names="input" --output_names="final_result"
>
> （2）通过压缩权重的方式量化模型，使模型变得更小。

```
python scripts/quantize_graph.py --input=tf_files/optimized_graph.pb --output=tf_files/rounded_graph.pb –output_node_names=final_result --mode=weights_rounded
```

13.3.3 搭建安卓开发环境

模型准备好之后，就可以将其安装到安卓系统上了。
通过本节的操作，先将安卓的开发环境搭建起来。

1. 下载安卓开发工具

安卓开发工具的下载地址如下：

```
https://developer.android.com/studio/
```

打开该地址后会出现如图13-8所示的页面，单击左上角的"DOWNLOAD"进入下载通道。

图13-8 下载安卓开发工具

> **提示：**
> 在打开软件时，可能会由于网络原因无法访问官网进行更新。可以通过设置代理来完成更新。具体方法可以自行在百度或谷歌里进行搜索。

安装好 Android Studio 之后，双击该程序将其打开。刚打开 AndroidStudio 之后系统会自动更新软件包。等待片刻，待其更新之后将弹出如图13-9所示界面。

图13-9 安卓开发工具启动界面

2. 打开工程代码，并编译程序

（1）在图 13-9 中选择第二项（打开一个存在的程序），然后选中 tensorflow-for-poets-2-master\android\tflite 目录，这时系统会下载 gradle 包装器，如图 13-10 所示。

（2）当 gradle 加载完成后，会出现如图 13-11 所示工作区界面，系统会自动编译该项目。如出现问题，则单击 Error 后面的链接，系统会自动下载缺失的软件包（图 13-11 中的箭头处）。

图 13-10 下载 gradle 安装包

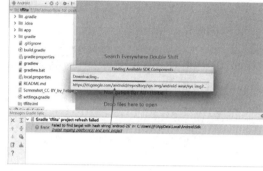

图 13-11 安卓工作区

（3）当软件包下载完成后，会弹出如图 13-12 所示界面。

（4）单击图 13-12 中的 Accept 按钮，并单击 Next 按钮，开始安装，如图 13-13 所示。

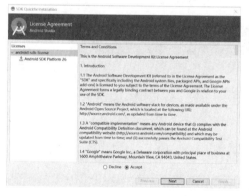

图 13-12 缺失的安卓包下载完毕

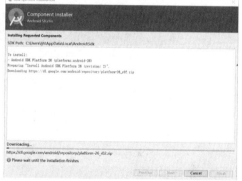

图 13-13 正在安装

（5）安装好之后，系统会再次自动编译程序。如果再次遇到缺失软件包的错误，则接着按照图 13-11 进行操作。直到编译完成，没有任何错误为止。

3. 创建虚拟设备

在开发安卓软件时，除需要 APP 代码外，还需要有移动设备的测试环境。

（1）用安卓开发工具自带的模拟环境来创建一个模拟的移动设备，以进行测试。

（2）待编译好后，单击图 13-14 中画圈的按钮来创建一个虚拟设备。

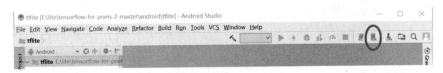

图 13-14　创建虚拟设备

（3）单击图 13-15 中的 create Virtual Device 按钮，进入创建虚拟设备页面，如图 13-16 所示。

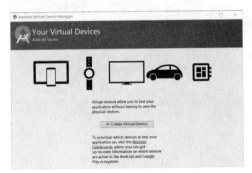
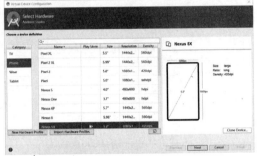

图 13-15　创建虚拟设备　　　　　图 13-16　创建虚拟设备界面

（4）在图 13-16 中选择指定的手机型号，单击 Next 按钮，进入如图 13-17 所示的页面。

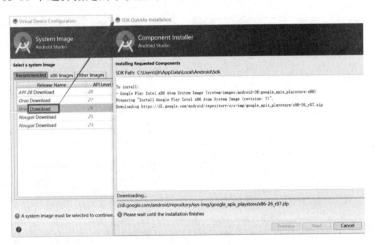

图 13-17　指定 API 版本

（5）在图 13-17 中选择左侧指定版本的 API 软件包，然后进入下载页面。当下载完成后，会出现如图 13-18 所示的界面。

（6）单击 Show Advanced Settings 按钮，进入高级设置界面，如图 13-19 所示。

（7）将前后摄像头都设置成本机的摄像头 Webcam0（前提保证本机电脑上已经安装了摄像头设备），如图 13-19 所示。最终单击图 13-18 中的 Finish 按钮，完成虚拟设备的创建。

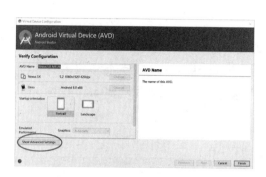
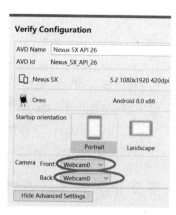

图 13-18　设置虚拟设备　　　　　图 13-19　设置虚拟设备的摄像头

4. 测试工程代码

工程代码 tensorflow-for-poets-2 本身是可以执行的,其内部已经嵌入了一个小型的图片分类器模型。可以在该工程中用虚拟设备将内部的分类器模型载入进来,并用其进行识别。

按照图 13-20 中的箭头顺序依次单击,以两步程序和启动虚拟设备。最终单击 OK 按钮,完成虚拟设备的选择。

选择好虚拟设备之后,系统会启动一个手机程序,并调用本机摄像头。手机上的画面如图 13-21 所示。

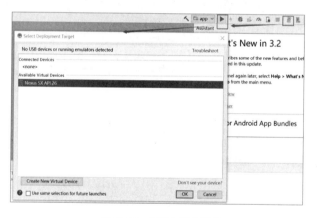

图 13-20　同步与启动设备　　　　　图 13-21　运行示例程序

在图 13-21 的下方显示了 4 行信息。第 1 行是输入模型的采样帧率,后面 3 行是模型所识别出的结果中概率最大的 3 个类别。

13.3.4　制作 lite 模型文件

将 13.3.2 小节训练好的 retrained_graph.pb 文件放到装有 TensorFlow 的 Linux 机器上(如果使用 TensorFlow 1.13.1 版本,则可以直接在 Windows 系统下运行)。用以下命令将其转化为 lite 文件:

```
toco  --graph_def_file=./retrained_graph.pb    --input_format=TENSORFLOW_GRAPHDEF
--output_format=TFLITE       --output_file=graph.lite         --inference_type=FLOAT
```

```
--input_type=FLOAT          --input_arrays=input          --output_arrays=final_result
--input_shapes=1,224,224,3
```

该命令在 12.1.5 小节已经有过介绍。命令执行后，会生成 lite 格式的模型文件 graph.lite。

得到模型文件之后，便可按照以下步骤完成模型的替换：

（1）将 13.3.2 小节所生成的标签文件 retrained_labels.txt 改名为 labels.txt。

（2）将标签文件 labels.txt 与模型文件 graph.lite 一起放到 tensorflow-for-poets-2-master\android\tflite\app\src\main\assets 目录下，并替换原有文件。

13.3.5 修改分类器代码，并运行 App

本实例中使用的模型与实际工程中的模型参数比较接近，所以只需要改动显示的分类个数即可。

如图 13-22 所示，打开 ImageClassifier.java 文件，将其中 RESULTS_TO_SHOW 的值设为 2。原因是：在识别男女模型中标签只有两个；而在 App 中，页面设置了显示 3 个分类结果的概率。所以，需要将其改成 2。

另外，如果使用的模型的输入尺寸不是 224，也可以在改代码中进行修改。

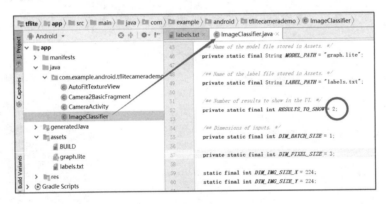

图 13-22　调整显示的分类个数

一切准备好之后，按照图 13-20 再运行一次程序。App 可以加载自己的模型，并判别出男女。显示的结果如图 13-23 所示。

图 13-23　App 运行结果

如图 13-23 所示,在图片旁边显示了 3 行信息。同样,第 1 行是帧率,第 2、3 行是分类的结果。

> **提示:**
> 在替换模型过程中,一定要让 ImageClassifier.java 中的指定模型和标签文件名称与 tensorflow-for-poets-2-master\android\tflite\app\src\main\assets 目录下的一致。这是很容易犯错的地方。如果不一致,则会报 "Uninitialized classifier or invalid context." 错误。
> 另外,整个项目都应该在英文路径下进行。否则,编译时会报类似 "Your project path contains non-ASCII characters" 错误。

13.4 实例 69:在 iPhone 手机上识别男女并进行活体检测

在 13.3.4 小节制作好的 lite 模型基础之上,实现一个活体检测程序。

实例描述

在 iOS 上实现一个活体检测程序。

要求:在进行活体检测之前,能够识别出人物性别,并根据性别显示问候语。

本实例可以分为两部分功能:第 1 部分是性别识别,第 2 部分是活体检测。

13.4.1 搭建 iOS 开发环境

在实现功能开发之前,先通过本节的操作将 iOS 开发环境搭建起来。

1. 下载 iOS 开发工具

Xcode 是 iOS 的集成开发工具,并且免费向大众提供。可以通过 AppStore 下载它。
在 AppStore 中搜索 Xcode,然后单击"安装"按钮,如图 13-24 所示。

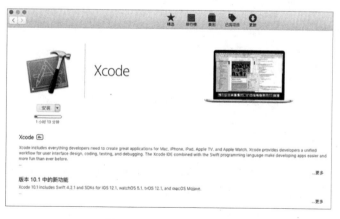

图 13-24 Xcode 的安装界面

2. 安装 CocoaPods

CocoaPods 是一个负责管理 iOS 项目中第三方开源库的工具。

CocoaPods 能让我们、统一地管理第三方开源库，从而节省设置和更新第三方开源库的时间。具体安装方法如下：

（1）安装 CocoaPods 需要用到 Ruby。虽然 Mac 系统自带 Ruby，但是需要将其更新到最新版本。更新方法是，在命令行模式下输入以下命令：

```
sudo gem update --system
```

（2）更换 Ruby 的软件源。有时会因为网络原因无法访问到 Ruby 的软件源"rubygems.org"，所以需要将"rubygems.org"地址更换为更容易访问的地址，即把 Ruby 的软件源切换至 ruby-china。执行命令：

```
gem sources --add https://gems.ruby-china.com/
gem sources --remove https://rubygems.org/
```

（3）检查源路径是否替换成功。执行命令：

```
gem sources -l
```

该命令执行完后，可以看到 Ruby 的软件源已经更新，如图 13-25 所示。

图 13-25　Ruby 软件源已经更新

（4）安装 CocoaPods，执行命令：

```
sudo gem install cocoapods
```

（5）安装本地库，执行命令：

```
pod setup
```

13.4.2　部署工程代码并编译

下面使用 13.3.1 小节所下载的工程代码 tensorflow-for-poets-2。导入及编译该工程中的 iOS 代码的步骤如下：

1. 更新工程代码所需的第三方库

因为工程代码 tensorflow-for-poets-2 中隐藏了 .xcworkspace 的配置，所以，在运行前需要用 CocoaPods 更新管理的第三方库。更新步骤如下：

（1）打开 Mac 操作系统的终端窗口。

（2）输入"cd"，并且按空格键。

(3)将工程目录下的文件夹拖入终端窗口,按 Enter 键。
(4)输入"pod update"指令来更新第三方库。
完整的流程如图 13-26 所示。

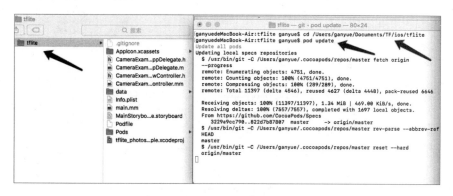

图 13-26　更新代码第三方库

2. 打开工程代码,并编译程序

完成更新之后,在项目目录下会生成一个.xcworkspace 文件。双击该文件打开 Xcode 工具。在 Xcode 工具中选择需要运行的模拟器(见图 13-27 中标注 1 部分),并单击"运行"按钮(见图 13-27 中标注 2 部分)在模拟器中启动应用程序,如图 13-27 所示。

图 13-27　运行 APP 程序

3. 常见错误及解决办法

在最新的 Xcode10 中运行此工程代码会报错,如图 13-28 所示。

图 13-28　错误异常

解决方法是：单击 TARGETS 下的 tflite_photos-example，然后单击 Build Phases，将 Copy Bundle Resources 下的 Info.plist 文件删掉，如图 13-29 所示。

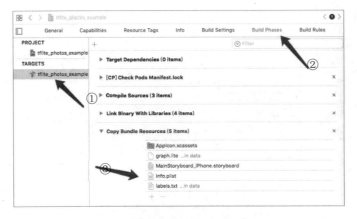

图 13-29　解决错误方法

> **提示：**
> 在打开工程项目时，需要双击的是.xcworkspace 文件，而不是.xcproject 文件。
> 另外，如果在运行过程中，如果因为找不到 tensorflow/contrib/lite/tools/mutable_op_resolver.h 文件而报错，则可以使用以下方式来解决：
> 在代码文件 "CameraExampleViewController.mm" 中的开头部分，找到如下代码：
> #include "tensorflow/contrib/lite/tools/mutable_op_resolver.h"
> 将该行代码删除即可。

13.4.3　载入 Lite 模型，实现识别男女功能

搭建好环境之后，便可以将 13.3.4 小节制作好的 lite 模型集成进来，实现识别男女功能。

1. 将自编译模型导入工程

将 13.3.4 小节制作好的 lite 模型和 13.3.2 小节中生成的标签文件，拖到工程代码 tensorflow-for-poets-2-master/ios/tflite/data 目录下，并替换原有文件，如图 13-30 左侧的箭头部分。

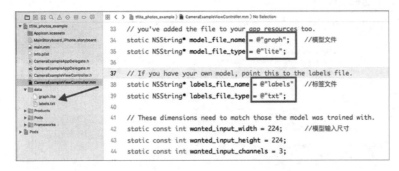

图 13-30　替换文件

提示：

在替换过程中，需确保文件名与代码中配置的一致。在运行 App 过程中，一旦发生不一致的情况，则找不到文件，导致 App 进程崩溃。

另外，lite 模型输入尺寸应与代码中保持一致，否则影响识别率。

2. 修改分类代码

因为标签文件中只有男女两个标签（在屏幕上最多只能显示两个结果），所以将图 13-31 中的 kNumResults 值设为 2。

```
const int output_size = (int)labels.size();
const int kNumResults = 2;  ←
const float kThreshold = 0.1f;
```

图 13-31　调整显示的分类个数

3. 运行程序，查看效果

这一环节是在模拟器上实现的。事先将图片保存至模拟器相册，然后从模拟器相册中获取图片来进行人物性别识别。

模拟器运行之后，显示的结果如图 13-32 所示。

图 13-32　在 iPhone 8 上 App 的运行结果

13.4.4　代码实现：调用摄像头并采集视频流

因为活体检测功能需要用到摄像头，所以需要在原来工程代码中添加摄像头功能。具体操作如下：

1. 增加 GoogleMobileVision 库

活体检测主要是通过计算人脸特征点的位置变化来判断被检测人是否完成了指定的行为动作。该功能是借助谷歌训练好的人脸特征 API 来实现的。该 API 为 GoogleMobileVision。将其引入到工程中的操作如下：

（1）双击打开工程代码 tensorflow-for-poets-2-master/ios/tflite 下的 Podfile，如图 13-33 所示。

图 13-33　Podfile 文件

（2）增加"pod 'GoogleMobileVision'"，如图 13-34 所示。

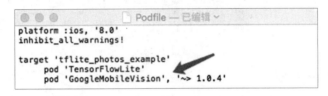

图 13-34　增加 GoogleMobileVision 后的 Podfile 文件

（3）按照 13.4.2 小节的"1. 更新工程代码所需的第三方库"中的内容更新第三方库。

2. 自定义相机

（1）进入工程中，在左侧工程目录下右击文件，在弹出的菜单中选择"New File"命令，如图 13-35 所示。

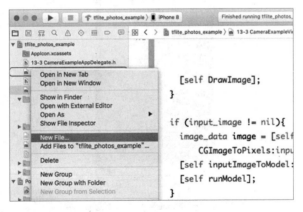

图 13-35　新建文件

（2）弹出如图 13-36 所示界面，在其中选择需要创建的平台。这里选择 iOS，然后选择 Source 下的 Cocoa Touch Class。

（3）进入 Choose options for your new file 界面，在"Class:"文本框中输入要创建文件的名字，在"Subclass of:"文本框中输入继承的父类名称，在"Language:"文本框中选择 Objective-C，如图 13-37 所示。

第 13 章 部署 TensorFlow 模型——模型与项目的深度结合 | 709

图 13-36 选择要创建的平台

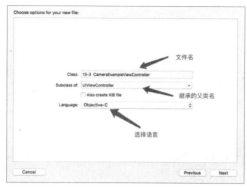

图 13-37 选择文件类型

（4）在创建的代码文件"13-3　CameraExampleViewController.mm"中声明自定义相机变量。具体代码如下：

代码 13-3　CameraExampleViewController

```
01  //AVCaptureSession 对象来执行输入设备和输出设备之间的数据传递
02  @property(nonatomic,strong)AVCaptureSession *session;
03  //视频输出流
04  @property(nonatomic,strong)AVCaptureVideoDataOutput *videoDataOutput;
05  //预览图层
06  @property(nonatomic,strong)AVCaptureVideoPreviewLayer *previewLayer;
07  //显示方向
08  @property(nonatomic,assign)UIDeviceOrientation lastDeviceOrientation;
```

（5）添加自定义相机的初始化变量。具体代码如下：

代码 13-3　CameraExampleViewController（续）

```
09  self.session = [[AVCaptureSession alloc] init];
10  //设置 session 显示分辨率
11  self.session.sessionPreset = AVCaptureSessionPresetMedium;
12  [self.session beginConfiguration];
13  NSArray *oldInputs = [self.session inputs];
14  //移除 AVCaptureSession 对象中原有的输入设备
15  for (AVCaptureInput *oldInput in oldInputs) {
16      [self.session removeInput:oldInput];
17  }
18  //设置摄像头方向
19  AVCaptureDevicePosition desiredPosition =
20  AVCaptureDevicePositionFront;
21  AVCaptureDeviceInput *input = [self cameraForPosition:desiredPosition];
22  //添加输入设备
23  if (!input) {
24      for (AVCaptureInput *oldInput in oldInputs) {
25          [self.session addInput:oldInput];
26      }
27  } else {
28      [self.session addInput:input];
```

```
29   }
30   [self.session commitConfiguration];
31   self.videoDataOutput = [[AVCaptureVideoDataOutput alloc] init];
32   //设置像素输出格式
33   NSDictionary *rgbOutputSettings = @{
34           (__bridge NSString*)kCVPixelBufferPixelFormatTypeKey:
35           @(kCVPixelFormatType_32BGRA)
36                                     };
37   [self.videoDataOutput setVideoSettings:rgbOutputSettings];
38   [self.videoDataOutput setAlwaysDiscardsLateVideoFrames:YES];
39   self.videoDataOutputQueue=
     dispatch_queue_create("VideoDataOutputQueue",DISPATCH_QUEUE_SERIAL);
40   [self.videoDataOutput                          setSampleBufferDelegate:self
     queue:self.videoDataOutputQueue];
41   //添加输出设备
42   [self.session addOutput:self.videoDataOutput];
43   //相机拍摄预览图层
44   self.previewLayer =
45   [[AVCaptureVideoPreviewLayer alloc] initWithSession:self.session];
46   [self.previewLayer setBackgroundColor:[[UIColor clearColor] CGColor]];
47   [self.previewLayer setVideoGravity:AVLayerVideoGravityResizeAspectFill];
48   self.overlayView = [[UIView alloc]initWithFrame:self.view.bounds];
49   self.overlayView.backgroundColor = [UIColor darkGrayColor];
50   [self.view addSubview:self.overlayView];
51   CALayer *overlayViewLayer = [self.overlayView layer];
52   [overlayViewLayer setMasksToBounds:YES];
53   [self.previewLayer setFrame:[overlayViewLayer bounds]];
54   [overlayViewLayer addSublayer:self.previewLayer];
```

（6）添加自定义相机的代理方法。具体代码如下：

代码 13-3　CameraExampleViewController（续）

```
55   #pragma mark - AVCaptureVideoDataOutputSampleBufferDelegate
56   -(void)captureOutput:(AVCaptureOutput*)captureOutput
     didOutputSampleBuffer:(CMSampleBufferRef)sampleBuffer
     fromConnection:(AVCaptureConnection *)connection{
57   //将CMSampleBuffer转换为UIImage
58   UIImage *image = [GMVUtility sampleBufferTo32RGBA:sampleBuffer];
59   }
```

在上面代码中，用 AVCaptureVideoDataOutputSampleBufferDelegate 代理方法获取实时的 image。在获取到 image 之后，将其分为两个分支：一个用于识别男女性别，另一个用于活体检测。

13.4.5　代码实现：提取人脸特征

本小节用 GoogleMobileVision 接口获取人脸关键点，进行人脸特征提取。

1. 创建人脸检测器

在代码文件"13-3 CameraExampleViewController.mm"的初始化方法中创建人脸检测器。具体代码如下:

代码 13-3 CameraExampleViewController(续)

```
60  //配置检测器
61  NSDictionary *options = @{
62    GMVDetectorFaceMinSize : @(0.1),
63    GMVDetectorFaceTrackingEnabled : @(YES),
64    GMVDetectorFaceLandmarkType : @(GMVDetectorFaceLandmarkAll),
65    GMVDetectorFaceClassificationType : @(GMVDetectorFaceClassificationAll),
66    GMVDetectorFaceMode : @(GMVDetectorFaceFastMode)
67  };
68  //创建并返回已配置的检测器
69  self.faceDetector = [GMVDetector detectorOfType:GMVDetectorTypeFace
        options:options];
```

2. 获取人脸

在代码文件"13-3 CameraExampleViewController.mm"的相机代理方法中,调用GoogleMobileVision框架的GMVDetector检测功能,获取屏幕上所有的人脸。具体代码如下:

代码 13-3 CameraExampleViewController(续)

```
70  UIImage *image = [GMVUtility sampleBufferTo32RGBA:sampleBuffer];
71  //建立图像方向
72  UIDeviceOrientation deviceOrientation = [[UIDevice currentDevice] orientation];
73  GMVImageOrientation orientation = [GMVUtility
      imageOrientationFromOrientation:deviceOrientation
      withCaptureDevicePosition:AVCaptureDevicePositionFront
      defaultDeviceOrientation:self.lastKnownDeviceOrientation];
74  //定义图像显示方向,用于指定面部特征检测
75  NSDictionary *options = @{GMVDetectorImageOrientation : @(orientation)};
76  //使用 GMVDetector 检测功能
77  NSArray<GMVFaceFeature*>*faces = [self.faceDetector featuresInImage:image
        options:options];
78  CMFormatDescriptionRef fdesc = CMSampleBufferGetFormatDescription(sampleBuffer);
79  CGRect clap = CMVideoFormatDescriptionGetCleanAperture(fdesc, false);
80  //计算比例因子和偏移量以正确显示特征
81  CGSize parentFrameSize = self.previewLayer.frame.size;
82  CGFloat cameraRatio = clap.size.height / clap.size.width;
83  CGFloat viewRatio = parentFrameSize.width / parentFrameSize.height;
84  CGFloat xScale = 1;
85  CGFloat yScale = 1;
86  CGRect videoBox = CGRectZero;
87  //判断视频预览尺寸与相机捕获视频帧尺寸
88  if (viewRatio > cameraRatio) {
89    videoBox.size.width = parentFrameSize.height * clap.size.width / clap.size.height;
90    videoBox.size.height = parentFrameSize.height;
```

```
 91       videoBox.origin.x = (parentFrameSize.width-videoBox.size.width) / 2;
 92       videoBox.origin.y =(videoBox.size.height-parentFrameSize.height) / 2;
 93       xScale = videoBox.size.width / clap.size.width;
 94       yScale = videoBox.size.height / clap.size.height;
 95     } else {
 96       videoBox.size.width = parentFrameSize.width;
 97       videoBox.size.height  =  clap.size.width  *  (parentFrameSize.width  /
    clap.size.height);
 98       videoBox.origin.x = (videoBox.size.width-parentFrameSize.width) / 2;
 99       videoBox.origin.y =(parentFrameSize.height-videoBox.size.height) / 2;
100       xScale = videoBox.size.width / clap.size.height;
101       yScale = videoBox.size.height / clap.size.width;
102     }
103 dispatch_sync(dispatch_get_main_queue(), ^{
104     //移除之前添加的功能视图
105     for (UIView *featureView in self.overlayView.subviews) {
106         [featureView removeFromSuperview];
107     }
108     for (GMVFaceFeature *face in faces) {
109         //所有的face
110         ......
111     }
```

13.4.6 活体检测算法介绍

通过获取人脸的 GMVFaceFeature 对象可以得到五官参数，从而实现微笑检测、向左转、向右转、抬头、低头、张嘴等功能。

代码第 77 行，会返回一个 GMVFaceFeature 对象。该对象包含人脸的具体信息。其中所包括的字段及含义如下。

- smilingProbability：用于检测微笑，该字段是 CGFloat 类型，取值范围为 0~1。微笑尺度越大，则 smilingProbability 字段越大。
- noseBasePosition：检测图像在视图坐标系中的鼻子坐标。
- leftCheekPosition：检测图像在视图坐标系中的左脸颊坐标。
- rightCheekPosition：检测图像在视图坐标系中的右脸颊脸颊坐标。
- mouthPosition：检测图像在视图坐标系中的嘴角坐标。
- bottomMouthPosition：检测图像在视图坐标系中的下唇中心坐标。
- leftEyePosition：检测图像在视图坐标系中的左眼坐标。

在活体检测的行为算法中，只有微笑行为可以直接用 smilingProbability 进行判断。其他的行为需要多个字段联合判断，具体代码如下。

- 左转、右转：通过 noseBasePosition、leftCheekPosition、rightCheekPosition 三点之间的间距进行判断。
- 抬头：通过 noseBasePosition、leftEyePosition 两点之间的间距进行判断。
- 低头：通过 noseBasePosition、rightCheekPosition 两点之间的间距进行判断。

- 张嘴：通过 mouthPosition、bottomMouthPosition 两点之间的间距进行判断。

13.4.7 代码实现：实现活体检测算法

在了解原理之后，就可以编写代码实现人脸检测算法。具体如下：

1. 识别左转、右转行为

左转、右转的识别行为算法是通过鼻子与左、右脸颊 x 坐标的间距之差来判断的。如果左边间距比右边间距大 20 以上，即为左转；反之则为右转。具体代码如下：

代码 13-3　CameraExampleViewController（续）

```
112 //鼻子的坐标
113 CGPoint nosePoint = [weakSelf scaledPoint:face.noseBasePosition xScale:xScale
    yScale:yScale offset:videoBox.origin];
114 //左脸颊的坐标
115 CGPoint   leftCheekPoint   =   [weakSelf   scaledPoint:face.leftCheekPosition
    xScale:xScale yScale:yScale offset:videoBox.origin];
116 //右脸颊的坐标
117 CGPoint   rightCheekPoint   =   [weakSelf   scaledPoint:face.rightCheekPosition
    xScale:xScale yScale:yScale offset:videoBox.origin];
118 //鼻子与右脸颊之间的距离
119 CGFloat leftRightFloat1 = rightCheekPoint.x - nosePoint.x;
120 //鼻子与左脸颊之间的距离
121 CGFloat leftRightFloat2 = nosePoint.x - leftCheekPoint.x;
122 if (leftRightFloat2 - leftRightFloat1 > 20) {
123     //左转
124 }else if (leftRightFloat1 - leftRightFloat2 > 20) {
125     //右转
126 }else{
127     //没有转动，或者转动幅度小
128 }
```

2. 识别抬头、低头行为

通过计算鼻子和左眼的 y 坐标之差是否小于 24，来判断是否为抬头的行为。如果鼻子与右脸颊的 y 坐标之差大于 0，则为低头行为。具体代码如下：

代码 13-3　CameraExampleViewController（续）

```
129 //鼻子的坐标
130 CGPoint nosePoint = [weakSelf scaledPoint:face.noseBasePosition xScale:xScale
    yScale:yScale offset:videoBox.origin];
131 //左眼的坐标
132 CGPoint leftEyePoint = [weakSelf scaledPoint:face.leftEyePosition xScale:xScale
    yScale:yScale offset:videoBox.origin];
133 //右脸颊的坐标
134 CGPoint   rightCheekPoint   =   [weakSelf   scaledPoint:face.rightCheekPosition
    xScale:xScale yScale:yScale offset:videoBox.origin];
135 if(nosePoint.y - leftEyePoint.y < 24){
136     //抬头
```

```
137     }else if(nosePoint.y - rightCheekPoint.y > 0){
138         //低头
139     }
```

3. 识别张嘴行为

通过计算上唇中心 y 坐标与下唇中心 y 坐标之差是否大于 18，来判定是否为张嘴的行为。具体代码如下：

代码 13-3　CameraExampleViewController（续）

```
140     //下唇中心的坐标
141     CGPoint bottomMouthPoint = [weakSelf scaledPoint:face.bottomMouthPosition xScale:xScale yScale:yScale offset:videoBox.origin];
142     //上唇中心的坐标
143     CGPoint mouthPoint = [weakSelf scaledPoint:face.mouthPosition xScale:xScale yScale:yScale offset:videoBox.origin];
144     if(bottomMouthPoint.y - mouthPoint.y > 18){
145         //张嘴
146         ……
147     }
```

4. 识别微笑行为

微笑行为可直接通过 face.smilingProbability 属性判断出来。具体代码如下：

代码 13-3　CameraExampleViewController（续）

```
148     //微笑判断，0.3是经过验证后的经验值
149     if (face.smilingProbability > 0.3) {
150         //微笑
151         ……
152     }
```

13.4.8　代码实现：完成整体功能并运行程序

将男女识别算法与所有的活体检测算法结合起来，完成完整流程。并在其中添加问候语。具体代码如下：

1. 实现完整流程

代码 13-3　CameraExampleViewController（续）

```
153 for (GMVFaceFeature *face in faces) {
154     CGRect faceRect = [weakSelf scaledRect:face.bounds xScale:xScale yScale:yScale offset:videoBox.origin];
155     //判断是否在指定的尺寸里
156     if (CGRectContainsRect(weakSelf.bgView.frame, faceRect)) {
157         //如果 index 为1，则表示微笑行为
158         if(index == 1){
159             if(face.smilingProbability > 0.3){
160             }
161         //如果 index 为2，则表示左转、右转行为
```

```
162         }else if(index == 2){
163             //鼻子的坐标
164             CGPoint  nosePoint  =  [weakSelf  scaledPoint:face.noseBasePosition
    xScale:xScale yScale:yScale offset:videoBox.origin];
165             //左脸颊的坐标
166             CGPoint leftCheekPoint = [weakSelf scaledPoint:face.leftCheekPosition
    xScale:xScale yScale:yScale offset:videoBox.origin];
167             //右脸颊的坐标
168             CGPoint rightCheekPoint = [weakSelf scaledPoint:face.rightCheekPosition
    xScale:xScale yScale:yScale offset:videoBox.origin];
169             //鼻子与右脸颊之间的距离
170             CGFloat leftRightFloat1 = rightCheekPoint.x - nosePoint.x;
171             //鼻子与左脸颊之间的距离
172             CGFloat leftRightFloat2 = nosePoint.x - leftCheekPoint.x;
173             if (leftRightFloat2 - leftRightFloat1 > 20) {
174                 //左转
175             }else if (leftRightFloat1 - leftRightFloat2 > 20) {
176                 //右转
177             }
178         //如果index为3,则表示张嘴行为
179         }else if(index == 3){
180             //下唇中心的坐标
181             CGPoint    bottomMouthPoint    =    [weakSelf    scaledPoint:face.
    bottomMouthPosition xScale:xScale yScale:yScale offset:videoBox.origin];
182             //上唇中心的坐标
183             CGPoint  mouthPoint  =  [weakSelf  scaledPoint:face.mouthPosition
    xScale:xScale yScale:yScale offset:videoBox.origin];
184             if(bottomMouthPoint.y - mouthPoint.y > 18){
185                 //张嘴
186             }
187         //如果index为4,则表示抬头、低头行为
188         }else if(index == 4){
189             //鼻子的坐标
190             CGPoint  nosePoint  =  [weakSelf  scaledPoint:face.noseBasePosition
    xScale:xScale yScale:yScale offset:videoBox.origin];
191             //左眼的坐标
192             CGPoint  leftEyePoint  =  [weakSelf  scaledPoint:face.leftEyePosition
    xScale:xScale yScale:yScale offset:videoBox.origin];
193             //右脸颊的坐标
194             CGPoint rightCheekPoint = [weakSelf scaledPoint:face.rightCheekPosition
    xScale:xScale yScale:yScale offset:videoBox.origin];
195             if(nosePoint.y - leftEyePoint.y < 24){
196                 //抬头
197             }else if(nosePoint.y - rightCheekPoint.y > 0){
198                 //低头
199             }
200         }
201     }
202 }
```

2. 添加问候语

在代码文件 CameraExampleViewController.mm 中添加下列代码，实现问候语的显示功能。具体代码如下：

代码 13-3　CameraExampleViewController（续）

```
203  //遍历获取到的所有结果
204  for (const auto& item : newValues) {
205      std::string label = item.second;
206      const float value = item.first;
207      if (value > 0.5) {
208          NSString    *nsLabel    =    [NSString   stringWithCString:label.c_str()
     encoding:[NSString defaultCStringEncoding]];
209          NSString *textString;
210          if ([nsLabel isEqualToString:@"man"]) {
211              textString = @"先生你好";
212          }else{
213              textString = @"女士你好";
214          }
215      }
216      //创建 UILaebl 显示对应的问候语
217      ......
218  }
```

3. 运行程序并显示效果

将苹果手机通过 USB 接口连接到电脑上。先选择真机，然后单击"运行"按钮进行程序同步，如图 13-38 所示。

图 13-38　选择真机调试

在手机上打开 App 即可运行程序。当手机屏幕显示绿色边框时，表示正在检测。手机屏幕离人脸 50cm 为最佳距离。以检测微笑、张嘴的行为为例，程序运行结果如图 13-39、图 13-40 所示。

第 13 章 部署 TensorFlow 模型——模型与项目的深度结合 | 717

图 13-39　微笑检测

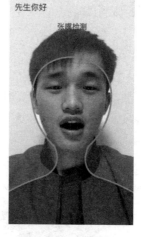
图 13-40　张嘴检测

图 13-39 表示程序识别出微笑行为，图 13-40 表示程序识别出张嘴行为。

> **提示：**
> 在 iOS 9 之后的操作系统中，使用相机功能需要在项目 Info.plist 文件中增加了"Privacy - Camera Usage Description"权限提示，否则会报出异常。

13.5　实例 70：在树莓派上搭建一个目标检测器

深度学习的出现，让人们看到人工智能在现实世界中创造出了巨大的机会。但深度学习往往需要巨大的计算能力，有时我们身边没有强大的服务器或 NVIDIA 的 GPU 加速平台，而只有一个 ARM CPU，那我们如何将深度学习部署到 ARM CPU 上呢？本节将利用树莓派和 TensorFlow 开发一个 CNN 目标检测器。

实例描述

在树莓派上安装一个目标检测器模型，让其能够通过摄像头完成目标检测功能。

本实例使用的树莓派型号是 Raspberry P i3 Model B。该型号是目前市面上常见的一款树莓派主板，在各大主流电商平台都可以买到。其外观如图 13-41 所示。

图 13-41　树莓派 Raspberry P i3 Model B 的外观

13.5.1 安装树莓派系统

当准备好树莓派主板之后,需要为其安装操作系统。具体步骤如下。

1. 准备硬件

在安装之前,除需要树莓派外,还需要准备一张 TF 卡,用于存放系统程序。卡的速度直接影响树莓派的运行速度。这里推荐使用型号为 class10、容量在 8GB 以上的 TF 卡。同时还得配备一个读卡器,如图 13-42 所示。

图 13-42　读卡器(左)和 TF 卡(右)

2. 下载树莓派系统的镜像文件

树莓派使用的是 raspbian 系统。该镜像文件的下载地址如下:

```
http://www.raspberrypi.org/downloads/
```

访问该网站后会找到镜像文件的下载链接,如图 13-43 所示。

图 13-43　树莓派 3b 镜像下载

这里选择的是右边的 RSPBIAN STRETCH WITH DESKTOP 版本。如果出现下载缓慢或者超时,可以使用第三方下载工具来进行下载。

3. 下载安装镜像文件的工具软件

可以在 Windows 7 或 Windows 10 下用 SDFormatter 和 Raspberry P i3 Model B 软件将系统安装到树莓派上。

- **SDFormatter**:是一款格式化软件,符合 SD 协会(SDA)创建的 SD 文件系统规范。可以将 SD 存储卡、SDHC 存储卡、SDXC 存储卡进行格式化。下载链接如下:

```
https://www.sdcard.org/downloads/formatter_4/
```

- **Win32 Disk Imager**:是一款将原生镜像写入移动设备的软件。它可以将 SD/CF 卡或其他 USB sticks 上的镜像系统写入移动设备，或者从移动设备中备份镜像。下载链接：

https://sourceforge.net/projects/win32diskimager/files/Archive/win32diskimager-v0.9-binary.zip/download

4. 安装步骤

当硬件和软件都准备好后，便可以按以下步骤进行安装。

（1）把下载的 raspbain 系统解压缩成 IMG 格式（注意：如果镜像保存的路径中有中文字符，则在镜像烧录时可能发生错误）。

（2）将 TF 卡插入读卡器，连上电脑，用 SDFormatter 软件对 SD 卡进行格式化，Drive 是 SD 卡盘符，如图 13-44 所示。

（3）格式化完成后，用 Win32 Disk Imager 进行镜像烧录。如图 13-45 所示，打开镜像所在路径并选择 SD 卡盘符，单击 Write 按钮，如果出现对话框，则选择"yes"进行安装。

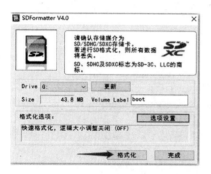

图 13-44　格式化 SD 卡

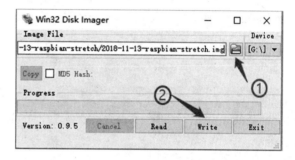

图 13-45　烧录镜像

（4）安装结束后如弹出完成对话框，则说明安装完成了。如果不成功，则尝试关闭防火墙之类的软件，重新插入 TF 卡进行安装。

> **提示：**
> 在 Windows 系统中会看到 TF 卡只有 58MB 或更小。这是正常现象，因为 Linux 中的分区在 Windows 中是看不到的。

5. 连接摄像头

将烧录好镜像的 TF 卡插入树莓派背面的 TF 卡槽中，准备一个 USB micro 接头适配器（5v 2A）给树莓派供电，一根 HDMI 线（或 HDMI 转 VGA 线）连接树莓派和显示器，如图 13-46 所示 。

在选取 USB 摄像头时，推荐使用的硬件配置为：支持 USB 2.0 接口、分辨率在 640×480 pixel 以上的摄像头。本实例所采用的摄像头，具体参数如下。

- 型号：罗技 C170。
- USB 接口类型：2.0。
- 捕获图像分辨率：1027 pixel×768 pixel。

树莓派的 RSPBIAN 系统原生支持 UVC 设备驱动，可直接使用 USB 摄像头。

图 13-46　连接树莓派 3B 与摄像头

> **提示：**
> UVC 设备的全称为 USB video class 或 USB video device class。它是 Microsoft 与另外几家设备厂商联合推出的为 USB 视频捕获设备定义的协议标准。

6. 初始化配置

在首次上电之后，会出现欢迎界面。然后便可进行初始配置操作：设置国家、语言、时钟、设置系统密码、设置连接无线网等操作，如图 13-47 所示。

图 13-47　上电初始化配置

在基本的配置完成后，还需要开启树莓派的 CAMERA、SSH、VNC 功能。具体操作如图 13-48 所示。

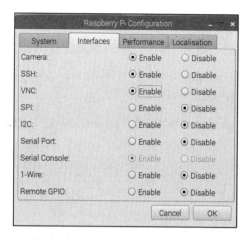

图 13-48　开启 CAMERA、SSH、VNC 功能

7．更换软件源

由于树莓派使用的软件下载源来自国外，所以在安装软件的过程中可能会出现下载缓慢或者超时的问题。下面将软件源更换为中科大的源。

```
sudo cp /etc/apt/sources.list /etc/apt/sources.list.bak    #先将源进行备份
sudo vi /etc/apt/sources.list                              #更改为以下内容
#使用清华镜像
deb http://mirrors.tuna.tsinghua.edu.cn/raspbian/raspbian/ stretch main contrib non-free rpi
deb-src http://mirrors.tuna.tsinghua.edu.cn/raspbian/raspbian/ stretch main contrib non-free rpi
#使用 neusoft 镜像
deb http://mirrors.neusoft.edu.cn/raspbian/raspbian/ stretch main contrib non-free rpi
deb-src http://mirrors.neusoft.edu.cn/raspbian/raspbian/ stretch main contrib non-free rpi
#使用 ustc 镜像
deb http://mirrors.ustc.edu.cn/raspbian/raspbian/ stretch main contrib non-free rpi
deb-src http://mirrors.ustc.edu.cn/raspbian/raspbian/ stretch main contrib non-free rpi
```

修改完之后，将其保存。执行下面的命令进行更新：

```
sudo apt-get update
```

13.5.2　在树莓派上安装 TensorFlow

树莓派上安装 TensorFlow 的方式有多种，可以安装现成的软件包，也可以从源码编译。最方便的方法是直接用 pip 命令进行安装。不过，由于嵌入式设备的定制化配置更加灵活，所以很多情况下无法找到与其匹配的软件包。源码编译的安装方式更为通用。本小节将介绍 3 种安装方式：用 pip 安装、用源码编译安装、通过 Docker 交叉编译源码进行安装。

1. 在树莓派上，用 pip 安装 TensorFlow

可以通过以下链接从 GitHub 网站下载 TensorFlow for ARM 软件：

```
https://github.com/lhelontra/tensorflow-on-arm/releases
```

具体步骤如下：

（1）以 Python 版本 3.5、TensorFlow 版本 1.8.0 为例，使用以下命令下载相应的软件包：

```
mkdir tf
cd tf
wget https://github.com/lhelontra/tensorflow-on-arm/releases/download/v1.8.0/tensorflow-1.8.0-cp35-none-linux_armv7l.whl
```

（2）安装 TensorFlow 1.8.0 版本，具体命令如下：

```
sudo pip3 install /home/pi/tf/tensorflow-1.8.0-cp35-none-linux_armv7l.whl
sudo pip3 install /home/pi/tf/tensorflow-1.8.0-cp35-none-linux_armv7l.whl -i https://pypi.tuna.tsinghua.edu.cn/simple
```

在安装过程中，如果出现校验和不同导致的失败，则可以多试几次。如果出现下载超时，则可以选用清华大学的 pypi 镜像站。

（3）更新软件源，并安装 TensorFlow 的其他依赖项，具体命令如下：

```
sudo apt-get update
sudo apt-get install libatlas-base-dev
sudo pip3 install pillow lxml jupyter matplotlib cython
sudo apt-get install python-tk
```

2. 在树莓派上编译源码，并安装 TensorFlow

（1）用以下命令下载 TensorFlow 源码：

```
git clone https://github.com/tensorflow/tensorflow.git
```

该命令使用的是 GIT 工具，该工具的下载方法见 8.1.7 小节。

（2）用以下命令编译 TensorFlow 并安装：

```
cd ~/tensorflow
tensorflow/contrib/makefile/download_dependencies.sh     #安装依赖项
sudo apt-get install -y autoconf automake libtool gcc-4.8 g++-4.8
cd tensorflow/contrib/makefile/downloads/protobuf/        #编译安装 protobuf
./autogen.sh
./configure
make
sudo make install
sudo ldconfig                                             #刷新动态链接库缓存
cd ../../../../../..
export HOST_NSYNC_LIB=`tensorflow/contrib/makefile/compile_nsync.sh`
export TARGET_NSYNC_LIB="$HOST_NSYNC_LIB"
```

（3）针对树莓派 3 Model B 型号，对编译项进行优化。具体命令如下：

```
make -f tensorflow/contrib/makefile/Makefile HOST_OS=PI TARGET=PI OPTFLAGS="-Os
-mfpu=neon-vfpv4 -funsafe-math-optimizations -ftree-vectorize" CXX=g++-4.8
```

执行该命令后，系统便进入较长的编译环节。

> **提示：**
> （1）编译时要加上"CXX=g++-4.8"选项，否则会使用系统默认的"g++-4.9"，这样可能会出现一些"__atomic_compare_exchange"和"malloc(): memory corruption"等错误。
> （2）如果出现"virtual memory exhausted: Cannot allocate memory"这样的错误，则需要分配更大的虚拟内存。可以通过"free –m"命令查看内存使用情况。增大虚拟内存的具体操作如下：
>
> ```
> cd /var
> sudo swapoff /var/swap
> sudo dd if=/dev/zero of=swap bs=1M count=2048    #创建2G虚拟内存
> sudo mkswap /var/swap
> sudo swapon /var/swap
> free –m                                          #查看内存情况
>
> total       used       free      shared  buff/cache  available
> Mem:         927        332        505           9          88        536
> Swap:       2047        130       1917
> ```
>
> （3）另外，编译时可以加上"-j2"选项，以提高编译速度。

（4）编译完成之后安装 libjpeg：

```
sudo apt-get install -y libjpeg-dev
```

（5）下载模型。

```
curl  https://storage.googleapis.com/download.tensorflow.org/models/inception_dec_2015_stripped.zip -o /tmp/inception_dec_2015_stripped.zip
unzip  /tmp/inception_dec_2015_stripped.zip  -d  tensorflow/contrib/pi_examples/label_image/data/
```

（6）编译例子程序。

```
cd ~/tensorflow
make -f tensorflow/contrib/pi_examples/label_image/Makefile
tensorflow/contrib/pi_examples/label_image/gen/bin/label_image   #尝试用默认的 Grace Hopper 图像进行图像标注
I tensorflow/contrib/pi_examples/label_image/label_image.cc:384] Running model succeeded!
I tensorflow/contrib/pi_examples/label_image/label_image.cc:284] military uniform (866): 0.624293
```

```
    I tensorflow/contrib/pi_examples/label_image/label_image.cc:284] suit (794):
0.0473981
    I tensorflow/contrib/pi_examples/label_image/label_image.cc:284] academic gown
(896):
    0.0280926
    I tensorflow/contrib/pi_examples/label_image/label_image.cc:284] bolo tie (940):
    0.0156956
    I tensorflow/contrib/pi_examples/label_image/label_image.cc:284] bearskin (849):
    0.0143348
```

3. 在树莓派上，通过 Docker 交叉编译源码的方式安装 TensorFlow

用 Docker 交叉编译源码的方式在树莓派上安装 TensorFlow 最为常用。这种方式利用 Docker 容器在性能强大的主机上虚拟出树莓派环境，并在该环境下进行编译 Tensorflow 的源码。这样可以大大提升编译的效率。这种方式也被叫作交叉编译。具体操作如下：

（1）在 Ubuntu 16.04 LTS 64 中安装 Docker。

```
    $ sudo apt-get install -y apt-transport-https ca-certificates curl
software-properties-common
    #安装以上包，以使 apt 可以通过 HTTPS 使用存储库（repository）
    $ curl -fsSL https://download.docker.com/linux/ubuntu/gpg | sudo apt-key add - #
添加 Docker 官方的 GPG 密钥
    $ sudo add-apt-repository "deb [arch=amd64]
https://download.docker.com/linux/ubuntu $(lsb_release -cs) stable"          #设置
stable 存储库
    $ sudo apt-get update              #更新一下 apt 包索引
    $ sudo apt-get install -y docker-ce       #安装最新版本的 Docker CE
    $ sudo systemctl start docker         #启动 Docker 服务
    $ sudo docker run hello-world         #查看是否启动成功
```

上面命令执行之后，如果看到如图 13-49 所示的输出信息，则表示 Docker 软件已安装成功。

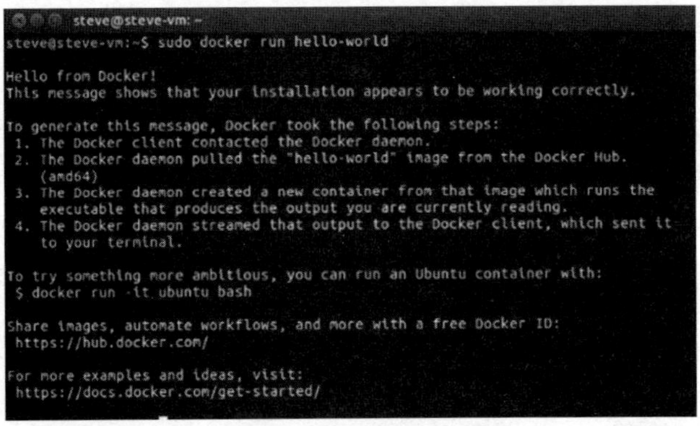

图 13-49　Docker 启动界面

（2）用 GIT 工具下载 TensorFlow 源代码。具体如下：

```
git clone https://github.com/tensorflow/tensorflow.git
cd tensorflow
```

（3）用以下命令交叉编译 TensorFlow 源代码：

```
CI_DOCKER_EXTRA_PARAMS="-e CI_BUILD_PYTHON=python3 -e \
CROSSTOOL_PYTHON_INCLUDE_PATH=/usr/include/python3.5m" \
tensorflow/tools/ci_build/ci_build.sh PI-PYTHON3 \
  tensorflow/tools/ci_build/pi/build_raspberry_pi.sh
```

该命令执行完后（约 30 分钟左右），会在 output-artifacts 目录下找到一个安装包文件"tensorflow-version-cp35-none-linux_armv7l.whl"。

（4）将文件"tensorflow-version-cp35-none-linux_armv7l.whl"复制到树莓派中，并通过 pip 命令进行安装。具体命令如下：

```
pip3 install tensorflow-version-cp35-none-linux_armv7l.whl
```

13.5.3 编译并安装 Protobuf

Protobuf 是一种平台无关、语言无关、可扩展且轻便高效的序列化数据结构的协议，可以用于网络通信和数据存储。它独立于语言，独立于平台。目标检测 API 会用到处理 Protobuf 协议的软件包。这个包的名字是 Protobuf。具体安装如下：

（1）用以下命令安装一些依赖项：

```
sudo apt-get install autoconf automake libtool curl
```

（2）用以下命令编译并安装 Protobuf：

```
wget
https://github.com/google/protobuf/releases/download/v3.5.1/protobuf-all-3.5.1.tar.gz
tar -zxvf protobuf-all-3.5.1.tar.gz
cd protobuf-3.5.1
./configure                    #配置、编译并安装
make
sudo make install
cd python                      #编译 Python 版 protobuf
export LD_LIBRARY_PATH=../src/.libs
python3 setup.py build --cpp_implementation
python3 setup.py test --cpp_implementation
sudo python3 setup.py install --cpp_implementation
export PROTOCOL_BUFFERS_PYTHON_IMPLEMENTATION=cpp
export PROTOCOL_BUFFERS_PYTHON_IMPLEMENTATION_VERSION=3
sudo ldconfig
```

（3）通过如下命令验证 protobuf 的安装情况：

```
protoc
```

该命令运行完，将会出现如下信息，则表示 protobuf 已经安装成功。

```
Usage: protoc [OPTION] PROTO_FILES
Parse PROTO_FILES and generate output based on the options given:
  -IPATH, --proto_path=PATH   Specify the directory in which to search for
                              imports.  May be specified multiple times;
```

```
                            directories will be searched in order. If not
                            given, the current working directory is used.
```

13.5.4 安装 OpenCV

安装 Open CV 的命令相对简单。具体如下：

（1）安装依赖项，命令如下：

```
sudo apt-get install libjpeg-dev libtiff5-dev libjasper-dev libpng12-dev
sudo apt-get install libavcodec-dev libavformat-dev libswscale-dev libv4l-dev
sudo apt-get install libxvidcore-dev libx264-dev
sudo apt-get install qt4-dev-tools
```

（2）安装 Open CV，命令如下：

```
pip3 install opencv-python
```

13.5.5 下载目标检测模型 SSDLite

所有的软件包安装完毕之后，便开始下载目标检测模型，这里使用 SSDLite 模型。该模型属于 TensorFlow 中 Object Detection 模块的一部分（见《深度学习之 TensorFlow——入门、原理与进阶实战》11.7 节）。在使用之前需要下载含有 Object Detection API 的 models 模块的源码。具体步骤如下：

（1）在命令行中，用 GIT 工具下载 models 代码。具体命令如下：

```
mkdir tf-ws
cd tf-ws
git clone --recurse-submodules https://github.com/tensorflow/models.git
```

（2）设置环境变量。具体命令如下：

```
sudo nano ~/.bashrc
export PYTHONPATH=$PYTHONPATH:/home/pi/tf-ws/models/research:/home/pi/tf-ws/models/research/slim    #在 ~/.bashrc 末尾增加
```

（3）将 *.proto 文件转化为 *_pb2.py 文件：

```
cd /home/pi/ tf-ws /models/research
protoc object_detection/protos/*.proto --python_out=.
```

（4）下载/ssdlite_mobilenet_v2 模型文件：

```
cd /home/pi/tensorflow1/models/research/object_detection
wget http://download.tensorflow.org/models/object_detection/ssdlite_mobilenet_v2_coco_2018_05_09.tar.gz
tar -xzvf ssdlite_mobilenet_v2_coco_2018_05_09.tar.gz
```

13.5.6 代码实现：用 SSDLite 模型进行目标检测

创建代码文件"13-4 Object_detection_usbcam.py"，并在其中添加调用代码，具体代码如下：

代码 13-4　Object_detection_usbcam

```
01  import os                                  #导入软件包
02  import cv2
03  import numpy as np
04  import tensorflow as tf
05  import sys
06  sys.path.append('..')                      #添加系统路径
07  from utils import label_map_util            #导入工具包
08  from utils import visualization_utils as vis_util
09  #设置摄像头分辨率
10  IM_WIDTH = 640                             #用较小的分辨率，可以得到较快的检测帧率
11  IM_HEIGHT = 480
12
13  MODEL_NAME = 'ssdlite_mobilenet_v2_coco_2018_05_09'#使用的模型名字
14
15  CWD_PATH = os.getcwd()                     #获取当前工作目录的路径
16  #获取 detect model 文件的路径
17  PATH_TO_CKPT = os.path.join(CWD_PATH,MODEL_NAME,'frozen_inference_graph.pb')
18
19  #获取 label map 文件路径
20  PATH_TO_LABELS = os.path.join(CWD_PATH,'data','mscoco_label_map.pbtxt')
21
22  NUM_CLASSES = 90                           #定义目标种类的数量
23
24  label_map = label_map_util.load_labelmap(PATH_TO_LABELS)    #载入标签
25  categories = label_map_util.convert_label_map_to_categories(label_map,
    max_num_classes=NUM_CLASSES, use_display_name=True)
26  category_index = label_map_util.create_category_index(categories)
27
28  detection_graph = tf.Graph()               #将模型加载到内存中
29  with detection_graph.as_default():
30      od_graph_def = tf.GraphDef()
31      with tf.gfile.GFile(PATH_TO_CKPT, 'rb') as fid:
32          serialized_graph = fid.read()
33          od_graph_def.ParseFromString(serialized_graph)
34          tf.import_graph_def(od_graph_def, name='')
35      sess = tf.Session(graph=detection_graph)
36
37  #定义输入
38  image_tensor = detection_graph.get_tensor_by_name('image_tensor:0')
39
```

```python
40  #定义输出：检测框、种类的分值
41  detection_boxes = detection_graph.get_tensor_by_name('detection_boxes:0')
42  detection_scores = detection_graph.get_tensor_by_name('detection_scores:0')
43  detection_classes = detection_graph.get_tensor_by_name('detection_classes:0')
44
45  #获得目标种类的数量
46  num_detections = detection_graph.get_tensor_by_name('num_detections:0')
47
48  frame_rate_calc = 1                          #初始化帧率
49  freq = cv2.getTickFrequency()
50  font = cv2.FONT_HERSHEY_SIMPLEX
51
52  camera = cv2.VideoCapture(0)                 #初始化USB摄像头
53  ret = camera.set(3,IM_WIDTH)
54  ret = camera.set(4,IM_HEIGHT)
55
56  while(True):
57      t1 = cv2.getTickCount()
58      ret, frame = camera.read()               #读取一张图片，并扩展维度成：[1, None, None, 3]
59      frame_expanded = np.expand_dims(frame, axis=0)
60
61      (boxes, scores, classes, num) = sess.run(    #运行模型
62          [detection_boxes, detection_scores, detection_classes, num_detections],
63          feed_dict={image_tensor: frame_expanded})
64
65    vis_util.visualize_boxes_and_labels_on_image_array(   #显示检测的结果
66          frame,
67          np.squeeze(boxes),
68          np.squeeze(classes).astype(np.int32),
69          np.squeeze(scores),
70          category_index,
71          use_normalized_coordinates=True,
72          line_thickness=8,
73          min_score_thresh=0.85)
74      #显示帧率
75      cv2.putText(frame,"FPS: {0:.2f}".format(frame_rate_calc),(30,50),font,1,(255,255,0),2,cv2.LINE_AA)
76      cv2.imshow('Object detector', frame)     #显示图像
77
78      t2 = cv2.getTickCount()
79      time1 = (t2-t1)/freq
80      frame_rate_calc = 1/time1
81
82      if cv2.waitKey(1) == ord('q'):           #按q键退出
83          break
84  camera.release()
85  cv2.destroyAllWindows()
```

执行程序,显示结果如图 13-50 所示。

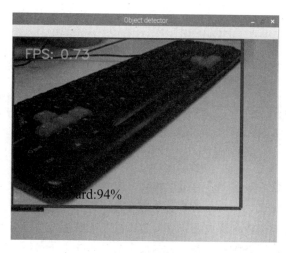

图 13-50　检测结果

如图 13-50 所示,图片上显示了帧率(FPS)为 0.73。图片中用矩形框标注了所识别的键盘,并在矩形框的左下角显示出 keyboard:94%。这表示,模型认为矩形框中的物体有 94% 的可能性是键盘。

第 14 章

商业实例——科技源于生活，用于生活

好的科研成果诞生于实验室，再应用于社会，造福于人类。而商业化则是科研成果流到社会的重要途径。在这一过程中，需要投入大量的人力、物力。一般来讲，一个科研成果所需要的科研人员数量，会远远低于将该成果商业化的工程人员数量。

而人工智能当今的人才分布现状是，工程人员基数远远小于科研人员。这一缺口将是未来人才培养的驱动力。

本章将通过几个实际的实例，介绍一下人工智能在商业化中要经历的一些过程。其中包括做事的思路、遇到的问题及解决方案。

14.1 实例71：将特征匹配技术应用在商标识别领域

本节将通过一个商标识别实例，讲解图片特征匹配任务的实现，以及该问题的处理细节和解决思路。

14.1.1 项目背景

这是一个来自某商标局的需求。在申请商标过程中，审核过程是由人来操作的。审核通过的商标将收到法律保护，不允许市面上有与其一样甚至相似的商标图案出现。一旦出现这种情况，则商标所属的公司可以通过法律手段来追责。

科技的发展，使得这种情况得以改善。在审核过程中，可以通过技术手段从成千上万个商标中发现和预申请商标类似的商标。这样可以从源头上控制商标冲突事件的发生。

同样，这类需求还可以泛化成为根据商品图片智能识别出该商品的所属品牌。本节以这种泛化后的任务需求来讲解实现过程。

14.1.2 技术方案

商标识别属于神经网络中的相似度匹配任务，与人脸识别的解决方案类似。具体做法是：

（1）将每个商标的特征提取出来。
（2）计算所有样本的特征之间的相似度。
（3）将商标按照相似度由大到小的顺序显示出来。

在完成核心算法之后，可以在前端使用目标识别模型（例如 YOLO、SSD）或是分离前景和背景的模型（例如 RPN 网络模型），即可实现基于图片的商标自动识别功能。

其中，前端模型负责将图片中的商标图案裁剪下来，商标识别的核心算法负责商标特征的相似度匹配。

14.1.3 预处理图片——统一尺寸

收集来的商标图案来自不同场景，大小不一。

必须将图标样本的尺寸调整成统一大小，才能用于计算。这个环节有两种方法：
- 通过 resize 函数将图片缩放到指定的尺寸。
- 保存高宽比，按照最大的边长进行缩放，并对图片的短边部分补 0（见 8.7 节的处理方式）。

这里建议用 resize 函数直接对图片尺寸进行调整。

14.1.4 用自编码网络加夹角余弦实现商标识别

用自编码网络压缩图片的特征，然后依次计算每两个图片特征的夹角余弦（见《深度学习之 TensorFlow：入门、原理与进阶实战》一书的 9.7.4 节）来实现商标的识别。这种方案在样本处理方面比较省劲，直接使用全量样本进行学习即可。

在处理细节上，做了如下一些工作：
- 将所有图片都归一化为 0～1 之间的浮点数。
- 用数据增强方法对图片做对比度、翻转、随机剪辑操作。
- 在自编码部分，使用变分自编码网络。
- 事先将所有库中的样本图片做好特征提取，并保存。在查找时，直接通过夹角余弦进行计算比对。

经过实验后发现该方案是可行的。唯一的弊端是：模型训练过程太长，收敛太慢。而且这种没有目标指导的无监督训练所提取的特征，并不能与人眼的相似度判定标准完全吻合。

为了进一步提升效果，采用有监督的方式进行训练，详见 14.1.5 小节。

14.1.5 用卷积网络加 triplet-loss 提升特征提取效果

监督式训练最大的代价是需要对样本进行标注处理。然而，人工标注后的样本在模型训练中会得到更好的表现。

人工标注样本的步骤如下：

（1）对现有的样本进行分类。将相同品牌的图标放在一起，如图 14-1 所示。

（2）用带有 SwitchableNor 归一化算法的卷积网络和 Swish 激活函数搭建网络模型，完成特征的计算。

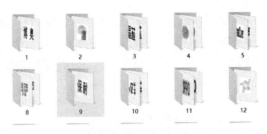

图 14-1　将样本分类存放

> **提示：**
> SwitchableNor 归一化算法的介绍见 10.1.6 小节。激活函数 Swish 的介绍请参见《深度学习之 TensorFlow——入门、原理与进阶实战》一书 6.2.4 小节。

在损失值部分使用到损失函数 triplet-loss。在每次特征提取时，同步输入与该样本相同类别和非同类别的两个样本。利用监督学习，让该样本特征与同类的样本特征间的差异越来越小，与非同类样本特征间的差异越来越大，如图 14-2 所示。

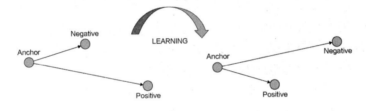

图 14-2　triplet-loss 损失函数

在图 14-2 中，Anchor 代表输入样本，Positive 与 Negative 分别代表了同步输入的同类样本与非同类样本。通过监督学习，让 Anchor 经过网络计算之后的特征与 Positive 的特征更近，与 Negative 特征更远。

> **提示：** 由于篇幅有限，这里不再详细介绍 `triplet-loss` 的代码细节。为读者推荐一个比较好的例子实现，链接如下：
> https://github.com/omoindrot/tensorflow-triplet-loss

该代码用矩阵方式计算 triplet-loss，效率较高。读者可以自行研究。

利用改动之后的网络，可以解决 14.1.4 小节特征指向不明确的问题。

14.1.6　进一步的优化空间

该问题还可以理解成为一个图片搜索问题。在特征提取方面上，还可以有提升空间。例如，用特征学习效果比较好的胶囊网络代替卷积网络，或用带有对抗网络的自编码网络 AEGAN。

14.2　实例 72：用 RNN 抓取蠕虫病毒

本节将介绍一个应用在网络安全领域的 AI 实例。

14.2.1 项目背景

该项目源于本书作者在 2017 年发表的一篇文章。它的主要技术是用 RNN 发现恶意域名的特征。该项目背景在文章里已有详细介绍。具体链接如下：

https://github.com/jinhong0427/domain_malicious_detection

该文章介绍了项目背景，还介绍了编写 TensorFlow 代码的工程化静态图框架、训练及设计模型的一些心得，并提供了除模型以外的流程化代码。

本节属于该文章在应用层面的延伸——将文章中的技术用于实际的环境当中。

14.2.2 判断是否恶意域名不能只靠域名

所谓"没有不好的技术，只有不好的应用"。该项目是用 RNN 来拟合已有的恶意域名特征，从而发现与该特征一样的域名。其本质是域名间的特征匹配，并不是真正意义上的识别恶意域名。

之所以会有识别恶意域名的效果，是因为被匹配的域名都属于恶意域名。但是，被匹配的域名不代表全部的恶意域名。

如果将其错误的理解成"该模型能够发现恶意域名"并将其使用，那必然会效果很差。这里便解释了——为什么有些读者直接将其用于发现恶意域名得到的效果并不理想。

14.2.3 如何识别恶意域名

识别恶意域名的本质是识别恶意网站。最终还需要根据网站的信息内容来定性。判别恶意网站的特征有很多种，包括：内容、流量、IP、域名。所有该网站所带的信息都可以理解为该网站的特征。单纯从域名并不能完全识别。域名只是反映了恶意网站的一部分特征而已。所以，通过一个点来判定一条线，这本身就是伪命题。

在真正进行恶意域名识别时，通过域名特征来匹配恶意域名只是其中的一种技术手段。必须综合其他特征的识别，才能最终判定被检测域名是否是恶意的。

在使用时，可以将"根据域名特征来匹配恶意域名"技术用于对海量域名数据进行初步识别。并在模型报出的结果中找出正常的域名，将其补充到训练集的正向样本中，继续训练模型。另外，也需要将收集到的恶意域名补充到训练集的负向样本中。

在整个过程中，"根据域名特征来匹配恶意域名"这一技术的价值在于，能够从海量的域名里，找到值得关注的、具有恶意域名特征的域名。该技术相当于一张过滤网，从域名的角度来对海量域名进行一次过滤，从而大大缩小需要检测的域名范围。

同时，在对过滤后的域名内容进行检测时，会得到真实的标签信息，为过滤模型提供了更多可靠的训练样本。将这些样本补充到过滤模型的数据集里，又可以实现过滤模型再训练的自我升级，使模型越用越精确。

在真实项目中，该模型在系统中的架构如图 14-7 所示。

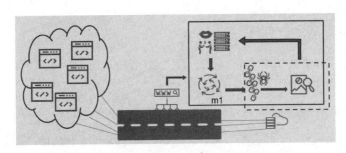

图 14-7 恶意域名检测系统架构图

在图 14-7 中，m1 模型使用了"根据域名特征来匹配恶意域名"这项技术，被该模型筛查过的域名会被放入爬虫系统里进行二次判断。爬虫系统按照指定的域名列表爬取网站首页的内容，并将爬到的内容通过一个神经网络分类器模型来判别其是否为恶意网站。判别得到的结果会被作为 m1 模型的训练数据集，以支持 m1 模型的在线训练、自我更新。

14.3　实例73：迎宾机器人的技术关注点——体验优先

如果要做一个迎宾机器人，你会怎么做？这里介绍一个来自真实项目的解决方案，希望读者通过该实例的学习，能够触类旁通，对于类似的项目可以有的放矢。

14.3.1　迎宾机器人的产品背景

制作一个迎宾机器人，将其放置在酒店、商场、机场等公共场所，为用户提供基本业务的咨询服务，提高用户体验。

迎宾机器人是一个将多种技术融于一体的科技产品。在实现这种产品之前，分析清楚自身的能力边界尤为重要。想清楚自己能做什么、不能做什么、哪些可以自己做、哪些需要对接外部的成熟模块。

下面以一套实际的商业产品为例，来介绍研发过程中的思路、方案，以及所遇到的问题和处理方法。

14.3.2　迎宾机器人的实现方案

由于商业规则的限制，这里不会透露任何技术以外的其他细节，会将该实例的技术思想泛化到行业技术视角来讲解。

整个产品可以拆分为机器人本体、外观、语音识别系统、内部的 AI 对话系统，以及行为交互几个功能。每个功能的实现方案如下：

1. 机器人本体及外观的技术实现方案

首先要对自己公司的主营业务方向做出明确的定位——公司是否是一个专业制作仿人机器人的公司。如果当前乃至未来没有这方面的规划，则应优先从外部寻找成熟的机器人本体，并根据使用场景，选择不同型号及外观的机器人本体。

2. 语音识别系统的实现方案

迎宾机器人的语音识别系统是一个非常大的挑战——它要求响应速度快并且容错率高（需要兼容更多的地方口音）。在某些特殊场景了，还需要它具有噪音分离、静音检测之类的声音预处理功能。

声音预处理部分相对比较独立。如果使用环境较安静，则可以直接使用现成的开源算法，做简单的去噪增强，并配合静音检测实现断句功能。如果使用环境吵架，则还得依靠集成专用硬件来解决。

语音识别过程一般做法是：将常用语与非常用语分成两个模型进行训练。
- 常用语模型内置在机器人本体，用于快速响应。
- 非常用语模型用于云端的精细化识别。

所有的输入都会先通过常用语模型识别一遍。常用语模型背后的控制算法决定是选择该识别结果，还是使用云端服务进行精确识别。为了加强用户体验，一般在使用云端识别时，都会同步让机器人发出"嗯、哦……"之类的语气词，以优化用户的等待体验。

控制语音识别结果的算法，是计算常用语的识别结果与常用语之间的加权语义相似度，并根据设定好的相似度阈值来决定是否匹配成功。如果匹配不到常用语，则将语音转发至云端。

其中的加权部分，来源于对话过程中的句子索引。因为在正常对话中，前几句出现常用语的概率比较高，所以用该索引计算出的衰减权重可以使匹配效果更好。

3. 智能对话系统的实现方案

智能对话系统的特点比较明显，因为使用的场景较为固定，都与具体业务相关，所以处理语音的内容不至于太过发散，机器人的知识储备内容相对可控。

该系统的最大的挑战是，用户的输入内容不可控，即无法控制用户的输入边界。遇到"不按套路出牌"的用户，会使机器人对话的体验直接拉低到 0 分。而这种"不按套路出牌"的用户在现实生活中经常出现。再者，用户的问题不会完全按照程序设置的方式输入，有些问题甚至还用到上下文相关的代词。这对于目前还不是完全成熟的 AI 算法是致命的。机器人会以一些不知所云或答非所问的内容来回答用户。这在真实场景中是绝对不允许发生的。

在这一环节中，并没有直接使用 AI 聊天机器人，而是用 AI 算法来关联"用户问题的语义"与"语料库中的标准问题语义"。

用 AI 算法直接回答用户的问题是很有挑战的，但是通过 AI 算法来猜测用户的意思，并返回给用户做二次确认，是可以实现的。在实现细节上，可以利用语言的技巧，让用户自己对 AI 的结果再做一遍人工核对。例如：某用户问"哪里能让我洗个手？"AI 算法可以根据语义匹配找到最相近的问题，并反问"您是想问洗手间在哪吗？"一旦用户说了"是的"，则系统便直接调出"洗手间在哪"对应的标准答案。

在实际应用中，这种算法达到了预期的效果。它的关键在于：将 AI 算法用在输入规范化环节，而不是投入大量的人力、财力去研发一套类似于人类客服的聊天机器人算法。

4. 人工接口的实现方案

业界所有的成熟迎宾机器人系统都有一个人工接口。通过该接口，后台的真人客服可以借助迎宾机器人的外表来为用户服务。一方面可以给用户提供近乎完美的科技体验；另一方面这部分数据会用作语聊样本，不断提升算法精度。

在这种场景中，后台的客服只需对机器匹配出的问题进行二次确认，并直接选择对应的答案。只有在找不到该问题答案的情况行下，才会用人工解答。这大大提升了服务效率。

纯人工成本太高，纯智能体验不好。在体验优先的需求之下，最佳的方案一定是人工与智能相结合。

5. 行为交互系统的实现方案

行为交互是指，机器人在完成本职工作的同时，表现出与人类相近的肢体行为。这会让机器像人一样对话。带有行为交互的机器人能够大大提升体验感。

一般需要做的几个重要功能包括：看着对话人的眼睛、将头转向对话人和与对话人保持一定的对话距离等。具体实现如下：

- 看着对话人的眼睛功能，通过前置摄像头配合人脸检测技术可以实现。找到摄像图像中人眼的位置，再调整对应的头部角度即可实现。
- 将头转向对话人功能，需要在头顶安装一圈 8 个方向的麦克风接收器，通过声音能量来计算旋转的角度。对于旋转较大的角度，有的还需要转身功能与其配合。这需要机器人本体的功能支撑。
- 与对话人保持一定的距离功能，这个一般由红外摄像头配合普通摄像头的人脸检测技术一起实现。红外摄像头主要负责测距，人脸检测技术负责目标。这一功能要控制机器人的移动范围。在公开场所下，通用的做法是将机器人限定在可控范围内，因为可移动机器人的商用化并不成熟（主要是在避障环节）。由于成本限制，机器人身上不可能搭载太多的激光雷达。而低成本的雷达，又有受限于发射材料的限制、覆盖盲区等问题，效果很不理想。

14.3.3 迎宾机器人的同类产品

人机交互类机器人，可以各种形态出现在我们的生活。以屏幕为主的软体机器人，商用价值往往较高。例如各种公共场所的电子广告屏幕、某些饭店的触摸屏点菜系统、银行理财推荐广告屏、移动营业厅的自助服务一体机等。如在原有的系统基础上将其拟人化，对客户来说都将是很好的体验。

在环境相对简单的场景中，移动机器人是有商用价值的。例如夜间的巡检机器人，可以按照指定的寻路轨迹搭载摄像头，并配合 YOLO 之类的目标识别算法，实现动态巡逻和及时报警功能。

随着人工智能的到来，越来越多的机器人产品将会陆续进入我们的生活。而机器人研发产业，也有巨大的商业空间。

14.4 实例 74：基于摄像头的路边停车场项目

路边停车场是指在道路两边的收费停车位。它没有固定的出口和进口，一般都是通过人工来收费和管理。这类停车场受效率低、高成本、监管难、记录数据缺失、容易漏收费等问题困扰。本节介绍一个低成本的解决方案。

14.4.1 项目背景

用科技手段来管理的路边停车场，一般有为 3 种技术手段：地磁感应器、车桩识别器、路侧摄像头。相对来讲，地磁感应器与车桩识别器的普及度比较高。

但在某种场景中，路侧摄像头方法也有其不可取代的地位。下面从需求角度介绍路侧摄像头方式的适用场景。

1. 项目需求

来自香港客户的需求：随着城市的不断繁荣发展，一些具有特殊意义的老城街道，具有马路窄、停车位少、车辆多的特点。路边停车位建设是非常需要的，但是传统的管理模式必须要有大量的人工来维护，而地磁等高科技手段对空间的占用需求比较高。渴望得到一种可以减小人工又不会占用太多空间的解决方案。

来自北方寒冷区域的需求：路边停车场无法使用场地停车中的车牌识别技术来减少人工。目前可行的方案只能是地磁。但是由于北方寒冷的气候加上冰雪的覆盖，大大影响了地磁停车技术的灵敏度。再者，对设备的维护也需要更昂贵的费用。急迫需要使用视觉或其他技术手段实现停车管理方案。

2. 路侧摄像头方案

路侧摄像头方案是在路边的街灯杆或建筑物上安装摄像头，向马路对侧进行拍摄。通过图像识别的算法动态跟踪车位情况，从而实现车位的管理，如图 14-8 所示。

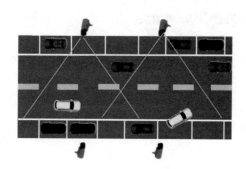

图 14-8 路侧摄像头技术方案

由于该方案是从旁侧拍摄，无法获得车牌号。车牌号的关联还需要靠人工解决。虽然该方案不能完全取代人工，但可以大大提升人工管理的效率。管理员只需要按照"管理员端 App"中的指示对车牌拍照，并上传到云端即可。计时和收费（通过关联账户的方式）等工作全由系统自动完成。并且该方案从源头上获得了停车数据，避免了监管难、容易漏收费等问题。

用户也更加方便：不再需要与停车场管理员接触，可以即停即走。

14.4.2 技术方案

该方案主要使用的是目标识别算法。按照摄像头所拍摄的车位，在图像上划出需关注的坐标范围。根据车位的使用情况，输出每个车位的"空闲""已占"两种状态。再根据车位在时间轴上的状态，判断出该车的"入库""出库"行为。接着便可对车位进行计时、收费等相关流程。现场的应用情况如图 14-19 所示。

图 14-19　路边停车场现场

图 14-19 是路边停车场摄像头采集的图片。在该停车场中，一个摄像头管理 4 个车位。

14.4.3 方案缺陷

该方案的最大特点是成本低廉。平均下来，一个车位的建设成本不足地磁感应器或车桩识别器的 1/10。当然该方案也又不足之处，具体如下：

- 该方案只适用于中小型街道。对于 4 排车道以上的宽马路并不适合。
- 该方案的致命缺陷是过度依赖摄像头。一旦车位被中间路过的大车遮挡，车位的监管便会失效。这将会打乱整个流程。
- 摄像头的位置要求精确。这过于脆弱：当摄像头角度受到外部因素干扰而发生变化时，系统将无法管理车位。

任何实验室中出来的产品原型都不可能是完美的，必须再通过工程化的手段将其商业化后，才可以真正使用。将带有缺陷的方案变为真实可用，这便是工程化的价值。具体做法见 14.4.4 小节。

14.4.4 工程化补救方案

该项目的真正工作量并不是在算法部分，而是主要来自工程化部分。一旦进入市场进行使用，系统必须能够处理任何可能发生的异常。整个产品体验的各个环节都不能放过。这便是工作量的所在之处。具体如下：

- 前端硬件需要通过微处理器对多个摄像头进行分级管理，负责采集、预处理和上传。当然还包括维护、自检、告警、自动化配置等辅助功能。
- 通过后台系统对已经部署的车位、摄像头、微处理器进行统一编号管理。使其支持动态更新配置、维护、调用测试接口、实时发现告警、信息统计等操作。
- 使用大数据平台对终端图片进行统一管理。大数据平台支持快速存取即状态判定工作。
- 由于考虑到车位被遮挡的情况，对车位的判定状态做了复杂的设计。
- 通过算法发现车位被遮挡事件，并根据遮挡时长及时通知管理员，让其前去协调。
- 将停车记录照片（包括起始、结束）同步到用户终端，并支持申请退款功能，用于弥补系统异常给用户带来的损失。
- 在后端系统中，还要有停车场管理员的维护系统，包括管理员轮班制度、绩效指标等。其中的绩效包括：上传车牌的次数、错误率、漏传车牌的次数、上班时长等。
- 客户端的业务也是相当复杂。因为停车事件可以暴露个人行踪，所以要考虑隐私方面的因素。另外，一辆车可以由多个用户使用，一个用户也可以开多辆车。这里的关键是：在维持这种多对多的关系同时，还要通过权限控制实现每个用户的信息独立。

还有一些可能发生的异常现象，也都是由工程化环节所来解决的。例如：由于没有管理员当面收费，用户停完车后不付费或忘记付费也是常见的情况。通过自建征信系统或打通市政征信系统，解决欠费车辆与车主之间的联系。还要对车辆进行套牌检查，以保证欠费车辆的有效性等。

经过以上这些功能的开发，最终才可以实现系统的完整性，实现其商业价值。

14.5 实例 75：智能冰箱产品——硬件成本之痛

随着白色家电日趋普及，其价格变得越来越低，功能变得越来越多。冰箱——这一个改变人们生活方式的家电，已经走进了千家万户。使用者的基数决定了市场价值。虽然非智能领域的白色家电已经进入一片红海，但是，传统产品搭载人工智能将是一片商界蓝海，也是该领域众多厂商高度关注的方向之一。

14.5.1 智能冰箱系列的产品背景

白色家电智能化是人工智能产品在人们日常生活中的主要应用场景。

1. 商业价值

智能冰箱主要可以从个人及商业两方面发挥价值：
- 从个人服务方面，智能冰箱可以让机器了解人类对食物的存储及使用习惯，从而更好地管理饮食。
- 从商业应用方面，智能冰箱（或冰柜）可以做成售卖一体机、冷链终端的超市货架。

2. 技术方案

从技术角度来分析，这类场景都有以下共同的环节。

- 采集：通过摄像头、麦克风之类的输入设备，获取人类的原始行为数据。
- 处理：对原始行为数据做加工识别，变成结构化的可用信息。或者，把机器需要表达的信息转化为人类能够接受的信息方式。
- 分析：根据若干统计、关联、神经网络等算法，从可用信息中得到有价值的信息或数据。
- 呈现：通过网络终端以音频、图像、文字等方式回馈给人类。

在整个环节中，采集与呈现部分属于人机交互环节，需要基础硬件的支撑。而处理部分涉及人工智能技术。分析部分则属于人工智能在数据分析方面的技术。

这里重点讲解基于传统产品的技术改进方案（采集、处理部分）。对于分析环节，可以根据某个单一产品的具体定位、受众人群细分出更多的功能点和业务需求。这里不进行展开。

14.5.2 智能冰箱的技术基础

智能冰箱的工作流程相对简单。甚至稍有产品概念的用户都可以想到。但如果通过技术将其实现，则考验工程能力及集成能力。

1. 智能冰箱的工作流程

智能冰箱的工作流程如下：

冰箱打开门之后，启动监控流程。一旦发现有手伸进来拿东西，则开始拍照，并按照一定算法识别出"手伸进去"和"取出东西"这两个行为。并选出相对优质的图片，传入后端。后端通过 YOLO、SSD 之类的目标识别算法识别出具体的物体，形成有效记录信息。

后端会根据这些有效的信息记录并结合具体的业务场景进行运算，最终再将信息返给用户。

2. 基础硬件

如想将传统的冰箱智能化，需要添加以下基础硬件。

- 摄像相机：负责采集图片。一般的做法是：在冰箱内部安装 2、3 个摄像头。
- 前端逻辑控制器：用于控制摄像头、适配冰箱接口、与云端交互，以及实现整体的业务逻辑。它可以是一个单片机、工控机等设备。
- 神经网络处理器：专用于快速处理前端的采集数据。它是一个独立的计算单元。
- 网络模块：用于与云端交互。

14.5.3 真实的非功能性需求——低成本

白色家电市场的特点之一就是量大。这个特点直接决定了对人工智能技术的硬性要求——低成本。一台的成本降低 1 块钱，1 亿台直接就可以省出 1 亿元的成本。这对任何一个厂家都是不可忽视的问题。

1. 功能性需求决定着硬件的选取

至今为止，智能化技术所依赖的硬件还是比较昂贵的。因为在神经网络里需要进行大量的浮点运算，所以对算力有要求；因为图片的清晰度直接影响目标识别之类的图片算法，所以对拍摄相机有要求；因为用户完成取物品的时间较短，所以对整体的处理能力（包括网络速度）

有要求。尤其是公共售卖机，如果不能与用户在时间上同步，则大大影响客户体验。

这些便是该产品的真正需求点。它依赖人工智能的算法，但要求的并不仅仅是精度。智能化需要使用更匹配实际需求的算法，并结合大量的工程化工作，才能够完成。

2. 非功能性需求阻碍了行业的发展

追溯起来，早先智能冰箱方案中，算法部分大多都是基于 caffee 框架实现的。当时的解决方案是：在前端用小型的工控机连接 2、3 个高速摄像机（需要采集高清图片，支持算法识别），再搭载英特尔的计算神经棒来实现（如果使用英伟达显卡，则成本将变得更高）。主板要求至少支持 8 线程（因为连接的外设较多，每个外设都需要单独的线程处理）。

整个方案所需的硬件成本已经突破 5000 元人民币，相当于一台中端传统冰箱的价格。而这还不算开发系统的人工成本和冰箱本身的成本。

智能产品的人工研发成本也相当高。目前需要的是工程化的人才。他们主要的工作是对接并适配模型、标注、训练、测试、剪枝等工作。因为对于企业而言，将精度提高 1%与将成本压缩 1%相比，显然后者更有诱惑力。尤其是在开发前端的算法模块中，工程师们一直会尝试将 YOLO、SSD 之类的目标检测模型进行优化和精简，降低模型的运算需求。而并非我们常见的如何调优参数、增加准确率、提高模型训练收敛度之类的目标。这就是制造出一个智能化产品所需的工作与代价。

通过硬件和软件的投入成本可以看出，为什么市面上带有人工智能概念的家电几乎没有一万元以下的。为了一个看是锦上添花的功能，付出一倍以上的价格。这样的性价比显然不能让主流用户满意。

显然，在当今时代，智能冰箱之类产品的发展，已经被自身的市场价值所阻碍。从这一点看去，人工智能想要更广、更快地普及下，仍需要很长的路要走。

14.5.4 未来的技术趋势及应对策略

不断进步的科技总会给我们带来新的希望。新的技术体系的应用，在改进现有产品窘状的道路上从来没有停滞过，甚至在某些环节上已经能够降低成本。例如：用 TensorFlow 的 lite 模块对模型进行转化，使神经网络可以运行在"至强"系列主板或树莓派之类的低功耗主板上。这种方案在降低成本的同时，还简化了嵌入工控机的电源适配问题；用模糊图片优化算法配合普通相机，来替代高速相机等。

1. 高科技企业之痛

对于一个研发了几年的成熟产品线来讲，想要将新技术快速应用起来并非易事。如果框架和技术栈已经自成体系，则任何一个涉及框架级别的技术改动都需要付出巨大的代价。然而又有多少公司能大刀阔斧地将已有成果推倒重新再来。新技术的调头困难和旧技术的成本压力，将是这类公司永远的痛。

2. 应对策略

"真正看清科技发展局势，调整自有研发体系与之适应才"是高科技产品的存活之本。人工智能时代技术发展是飞速的。这要求企业的研发团队不仅要有超强的工程能力，还要有与时俱进的学习能力。追踪新技术、调整老框架将会是家常便饭。

在产品研发期间，构建灵活、高效的架构要优先于稳定健壮的架构。尤其是对于中小型企业或是大公司里的小规模独立团队来说，巨大的生存压力使其根本不允许在科研技术上进行过大的投入。凭借自身超强的工程化能力，将课题性技术转化为产品可用的商业技术，是人工智能时代大部分企业的大部分工作，也是小规模智能化企业的生存之道。只有大量的这种工程化人工智能企业崛起，才会实现真正推动人工智能的普及，才标志着人工智能时代的到来。